一线资深工程师教你学 CAD/CAE/CAM 丛书

CATIA V5R20 从入门到精通

北京兆迪科技有限公司　编著

机 械 工 业 出 版 社

本书共分 15 章，从 CATIA V5R20 基础入门讲起，以循序渐进的方式详细讲解了草图设计、零件设计、装配设计、工程图设计、创成式曲面设计、自由曲面设计、IMA 曲面设计、钣金设计、自顶向下设计、高级渲染、有限元分析、模具设计、数控加工与编程和运动仿真与分析。书中配有大量的综合应用案例。本书讲解所使用的模型和应用案例均来自各行各业真实的产品。

本书附带 1 张多媒体 DVD 教学光盘，制作了与本书全程同步的语音视频文件，含大量 CATIA 应用技巧和具有针对性的教学视频（全部提供语音教学视频）。光盘还包含了本书所有的素材文件、练习文件和范例的源文件。

在内容安排上，本书结合大量的实例对 CATIA V5R20 软件各个模块中一些抽象的概念、命令、功能和应用技巧进行讲解，通俗易懂，化深奥为简易。另外，本书所举范例均为一线实际产品，这样的安排能使读者较快地进入实战状态；在写作方式上，本书紧贴 CATIA V5R20 软件的真实界面进行讲解，使读者能够准确地操作软件，提高学习效率。读者在系统学习本书后，能够迅速地运用 CATIA 软件来完成复杂产品的设计、运动与结构分析和制造等工作。本书可作为工程技术人员 CATIA 自学用参考书籍，也可供大专院校机械专业师生教学参考。

图书在版编目（CIP）数据

CATIA V5R20 从入门到精通/北京兆迪科技有限公司编著. —北京：机械工业出版社，2019.10
(一线资深工程师教你学 CAD/CAE/CAM 丛书)
ISBN 978-7-111-63829-2

Ⅰ. ①C… Ⅱ. ①北… Ⅲ. ①机械设计—计算机辅助设计—应用软件 Ⅳ. ①TH122

中国版本图书馆 CIP 数据核字（2019）第 215752 号

机械工业出版社（北京市百万庄大街 22 号 邮政编码 100037）
策划编辑：丁 锋 责任编辑：丁 锋
责任校对：佟瑞鑫 封面设计：张 静
责任印制：张 博
三河市宏达印刷有限公司印刷
2020 年 1 月第 1 版第 1 次印刷
184mm×260 mm · 29.25 印张 · 544 千字
标准书号：ISBN 978-7-111-63829-2
ISBN 978-7-88803-001-5（光盘）
定价：89.90 元（含多媒体 DVD 光盘 1 张）

电话服务 网络服务
客服电话：010-88361066 机 工 官 网：www.cmpbook.com
010-88379833 机 工 官 博：weibo.com/cmp1952
010-68326294 金 书 网：www.golden-book.com
封底无防伪标均为盗版 机工教育服务网：www.cmpedu.com

前　言

CATIA 是由达索系统公司开发的一套功能强大的三维 CAD/CAM/CAE 软件系统，其功能涵盖了产品从概念设计、工业造型设计、三维模型设计、分析计算、动态模拟与仿真、工程图输出到生产加工的全过程，应用范围涉及航空航天、汽车、机械、造船、工程机械、医疗器械和电子等诸多领域。CATIA V5 是达索公司在为数字化企业服务过程中不断探索的结晶，与其他同类软件相比具有领先地位。

本书是一本 CATIA V5R20 从入门到精通的教程，主要特点是“全”。

◆ **内容全：**除了包括常见的草图设计、零件设计装配设计、工程图设计、创成式曲面设计、自由曲面设计、IMA 曲面设计、钣金设计、自顶向下设计、高级渲染、有限元分析、模具设计、数控加工与编程和运动仿真与分析等内容，还包括目前市场上同类书中少有的有限元结构分析、管道布线设计等模块。

◆ **实例、案例全：**对软件中的复杂命令和功能，先结合简单的实例进行讲解，然后安排一些较复杂的综合范例或案例，帮助读者深入理解和灵活应用。另外，由于书的纸质容量有限，随书光盘中存放了大量的应用录像案例（含语音）讲解，这样安排可以迅速提高读者的软件使用能力和技巧，同时提高了全书的性价比。

◆ **配套教学视频全：**本书附带 1 张多媒体 DVD 教学光盘，制作了全程配套的教学视频录像，并进行了详细的语音讲解，可以帮助读者轻松、高效地学习。

◆ **配套素材全：**光盘中提供了本书所有的素材文件、练习文件和案例的源文件。

本书由北京兆迪科技有限公司编著，参加编写的人员有詹友刚、王焕田、刘静、刘海起、魏俊岭、任慧华、詹路、冯元超、刘江波、周涛、侯俊飞、龙宇、詹棋、高政、孙润、詹超、尹佩文、赵磊、高策、冯华超、周思思、黄光辉、詹聪、平迪、李友荣。本书已经经过多次审校，仍不免有疏漏之处，恳请广大读者予以指正。

本书随书光盘中含有“读者意见反馈卡”的电子文档，请读者认真填写本反馈卡，并 E-mail 给我们。E-mail: 兆迪科技 zhanygjames@163.com，丁锋 fengfener@qq.com。

咨询电话：010-82176248，010-82176249。

编　者

读者购书回馈活动

为了感谢广大读者对兆迪科技图书的信任与支持，兆迪科技面向读者推出“免费送课”活动，即日起，读者凭有效购书证明，可领取价值 100 元的在线课程代金券 1 张，此券可在兆迪科技网校（http://www.zalldy.com/）免费换购在线课程 1 门。活动详情可以登录兆迪网校或者关注兆迪公众号查看。

兆迪网校

兆迪公众号

本 书 导 读

为了能更好地学习本书的知识，请您仔细阅读下面的内容。

【写作软件蓝本】

本书采用的写作蓝本是 CATIA V5R20 版。

【写作计算机操作系统】

本书使用的操作系统为 Windows XP，对于 Win7 操作系统，本书的内容和范例也同样适用。

【光盘使用说明】

为了使读者方便、高效地学习本书，特将本书中所有的练习文件，素材文件，已完成的实例、范例或案例文件，软件的相关配置文件和视频语音讲解文件等按章节顺序放入随书附带的光盘中，读者在学习过程中可以打开相应的文件进行操作、练习和查看视频。

本书附带多媒体 DVD 助学光盘 1 张，建议读者在学习本书前，先将 DVD 光盘中的所有内容复制到计算机硬盘的 D 盘中。

在光盘的 catrt20 目录下共有两个子文件夹，分述如下。

（1）work 子文件夹：包含本书全部已完成的实例、范例或案例文件。

（2）video 子文件夹：包含本书讲解中所有的视频文件（含语音讲解），学习时，直接双击某个视频文件即可播放。

光盘中带有“ok”扩展名的文件或文件夹表示已完成的实例、范例或案例。

【本书约定】

◆ 本书中有关鼠标操作的简略表述说明如下。

- 单击：将鼠标指针光标移至某位置处，然后按一下鼠标的左键。
- 双击：将鼠标指针光标移至某位置处，然后连续快速地按两次鼠标的左键。
- 右击：将鼠标指针光标移至某位置处，然后按一下鼠标的右键。
- 单击中键：将鼠标指针光标移至某位置处，然后按一下鼠标的中键。
- 滚动中键：只是滚动鼠标的中键，而不按中键。

- 选择（选取）某对象：将鼠标指针光标移至某对象上，单击以选取该对象。
- 拖移某对象：将鼠标指针光标移至某对象上，然后按下鼠标的左键不放，同时移动鼠标，将该对象移动到指定的位置后再松开鼠标的左键。

◆ 本书中的操作步骤分为“任务”“步骤”两个级别，说明如下。

- 对于一般的软件操作，每个操作步骤以步骤01开始。例如，下面是草绘环境中绘制矩形操作步骤的表述。

  ☑ 步骤01 选择下拉菜单 插入 → 轮廓 ▸ → 预定义的轮廓 ▸ → 矩形 命令（或在“轮廓”工具栏单击“矩形”按钮）。

  ☑ 步骤02 定义矩形的第一个角点。根据系统提示 选择或单击第一点以创建矩形，在图形区某位置单击，放置矩形的一个角点，然后将该矩形拖至所需大小。

  ☑ 步骤03 定义矩形的第二个角点。根据系统提示 选择或单击第二点以创建矩形，再次单击，放置矩形的另一个角点。此时，系统即在两个角点间绘制一个矩形。

- 每个“步骤”操作视其复杂程度，其下面可含有多级子操作。例如，步骤01下可能包含（1）、（2）、（3）等子操作，（1）子操作下可能包含①、②、③等子操作，①子操作下可能包含a）、b）、c）等子操作。
- 对于多个任务的操作，每个“任务”冠以任务01、任务02、任务03等，每个“任务”操作下则包含“步骤”级别的操作。
- 由于已建议读者将随书光盘中的所有文件复制到计算机硬盘的D盘中，书中在要求设置工作目录或打开光盘文件时，所述的路径均以“D:”开始。

即日起，读者凭有效购书证明（购书发票、购书小票，订单截图、图书照片等），即可享受读者回馈、光盘文件下载、最新图书信息咨询、与主编大咖在线直播互动交流等服务。

- 读者回馈活动。为了感谢广大读者对兆迪科技图书的信任与支持，兆迪科技面向读者推出“免费送课”活动，即日起，读者凭有效购书证明，可领取价值100元的在线课程代金券1张，此券可在兆迪科技网校（http://www.zalldy.com/）免费换购在线课程1门，活动详情可以登录兆迪网校或者关注兆迪公众号查看。
- 图书光盘下载。为了方便大家的学习，我们将为读者提供随书光盘文件下载服务，如果您的随书光盘损坏或者丢失，可以登录网站 http://www.zalldy.com/page/book 下载。

咨询电话：010-82176248，010-82176249。

目　录

第 1 章　CATIA V5 基础

1.1　CATIA V5 功能简介

CATIA 软件的全称是 Computer Aided Tri-Dimensional Interface Application，是法国 Dassault System 公司（达索公司）开发的 CAD/CAE/CAM 一体化应用软件。CATIA 诞生于 20 世纪 70 年代，从 1982 年到 1988 年，CATIA 相继发布了 V1 版本、V2 版本、V3 版本，并于 1993 年发布了功能强大的 V4 版本，现在的 CATIA 软件分为 V4 和 V5 两个版本，V4 版本应用于 UNIX 系统，V5 版本可用于 UNIX 系统和 Windows 系统。

为了扩大软件的用户群并使软件能够易学易用，Dassauh System 公司于 1994 年开始重新开发全新的 CATIA V5 版本，新的 V5 版本界面更加友好，功能也日趋强大，并且开创了 CAD/CAE/CAM 软件的一种全新风貌。围绕数字化产品和电子商务集成概念进行系统结构设计的 CATIA V5 版本，可为数字化企业建立一个针对产品整个开发过程的工作环境。在这个环境中，可以对产品开发过程的各个方面进行仿真，并能够实现工程人员和非工程人员之间的电子通信。产品整个开发过程包括概念设计、详细设计、工程分析、成品定义和制造乃至成品在整个生命周期（PLM）中的使用和维护。

在 CATIA V5R20 中共有 13 个模组，分别是基础结构、机械设计、形状、分析与模拟、AEC 工厂、加工、数字化装配、设备与系统、制造的数字化处理、加工模拟、人机工程学设计与分析、知识工程模块和 ENOVIA V5 VPM（见图 1.1.1），各个模组里又有一个到几十个不同的模块。认识 CATIA 中的模块，可以快速地了解它的主要功能。下面介绍 CATIA V5R20 中的一些主要模组。

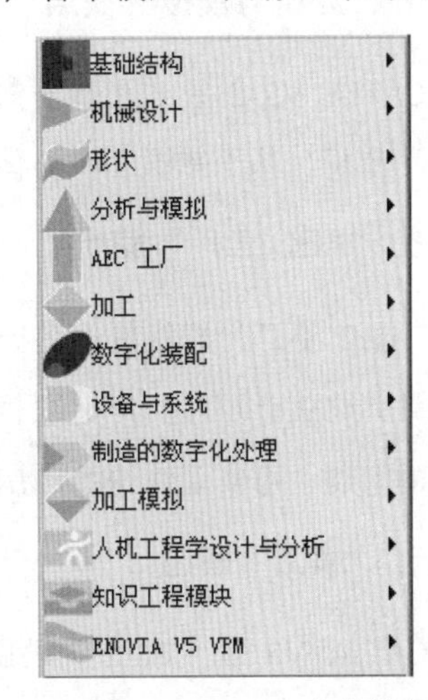

图 1.1.1　CATIA V5R20 中的模组菜单

1．“基础结构”模组

“基础结构”模组主要包括产品结构、材料库、CATIA 不同版本之间的转换、图片制作、实时渲染等基础模块。

2．“机械设计”模组

从概念到细节设计，再到实际生产，CATIA V5

的“机械设计”模组可加速产品设计的核心活动。“机械设计”模组还可以通过专用的应用程序来满足钣金与模具制造商的需求，以大幅提升其生产力并缩短上市时间。

“机械设计”模组提供了机械设计中所需要的绝大多数模块，包括零部件设计、装配件设计、草图绘制器、工程制图、线框和曲面设计等模块。本书中将主要介绍该模组中的一些模块。

3. “形状”模组

CATIA 外形设计和风格造型给用户提供有创意、易用的产品设计组合，方便用户进行构建、控制和修改工程曲面和自由曲面，包括了自由曲面造型（FreeStyle）、汽车白车身设计（Automotive Class A）、创成式曲面设计（Generative Shape Design）和快速曲面重建（Quick Surface Reconstruction）等模块。

“自由曲面造型”模块给用户提供一系列工具，来定义复杂的曲线和曲面。对 NURBS 的支持使得曲面的建立和修改，以及与其他 CAD 系统的数据交换更加轻而易举。

“汽车白车身设计”模块对设计类似于汽车内部车体面板和车体加强筋这样复杂的薄板零件提供了新的设计方法。可使设计人员定义并重新使用设计和制造规范，通过 3D 曲线对这些形状的扫掠，便可自动地生成曲面，从而得到高质量的曲面和表面，并避免了重复设计，节省了时间。

“创成式曲面设计”模块的特点是通过对设计方法和技术规范的捕捉和重新使用，从而加速设计过程，在曲面技术规范编辑器中对设计意图进行捕捉，使用户在设计周期中的任何时候都能方便快速地实施重大设计更改。

4. “分析与模拟”模组

CATIA V5 创成式和基于知识的工程分析解决方案可快速对任何类型的零件或装配件进行工程分析，基于知识工程的体系结构，可方便地利用分析规则和分析结果优化产品。

5. “AEC 工厂”模组

“AEC 工厂”模组提供了方便的厂房布局设计功能，该模组可以优化生产设备布置，从而达到优化生产过程和产出的目的。“AEC 工厂”模组主要用于处理空间利用和厂房内物品布置的问题，可实现快速的厂房布置和厂房布置的后续工作。

6. “加工”模组

CATIA V5 的“加工”模组提供了高效的编程能力及变更管理能力，相对于其他现有的数控加工解决方案，其优点如下。

- 高效的零件编程能力。
- 高度自动化和标准化。
- 高效的变更管理。
- 优化刀具路径并缩短加工时间。
- 减少管理和技能方面的要求。

7. “数字化装配”模组

“数字化装配”模组提供了机构的空间模拟、机构运动、结构优化的功能。

8. “设备与系统”模组

“设备与系统”模组可用于在 3D 电子样机配置中模拟复杂电气、液压传动和机械系统的协同设计和集成、优化空间布局。CATIA V5 的工厂产品模块可以优化生产设备布置，从而达到优化生产过程和产出的目的，它包括了电气系统设计、管路设计等模块。

9. “人机工程学设计与分析”模组

“人机工程学设计与分析”模组使工作人员与其操作使用的作业工具安全而有效地加以结合，使作业环境更适合工作人员，从而在设计和使用安排上统筹考虑。“人机工程学设计与分析”模组提供了人体模型构造（Human Measurements Editor）、人体姿态分析（Human Posture Analysis）、人体行为分析（Human Activety Analysis）等模块。

10. “知识工程模块”模组

“知识工程模块”模组可以方便地进行自动设计，同时还可以有效地捕捉和重用知识。

1.2 CATIA V5 软件的安装

1.2.1 CATIA V5 的硬件安装要求

- CPU 芯片：一般要求 Pentium3 以上，推荐使用 Intel 公司生产的奔腾双核处理器。
- 内存：一般要求 2GB 以上。如果要装配大型部件或产品，进行结构、运动仿真分析或产生数控加工程序，则建议使用 4GB 以上的内存。
- 显卡：一般要求支持 Open_GL 的 3D 显卡，分辨率为 1024×768 像素以上，推荐至少使用 64 位独立显卡，显存 512MB 以上。如果显卡性能太低，打开软件后，会自动退出。

- 网卡：以太网卡。
- 硬盘：安装 CATIA V5 软件系统的基本模块，需要 3.5GB 左右的硬盘空间，考虑到软件启动后虚拟内存及获取联机帮助的需要，建议在硬盘上准备 4.2GB 以上的空间。
- 显示器：一般要求使用 15in 以上显示器。
- 鼠标：强烈建议使用三键（带滚轮）鼠标，如果使用二键鼠标或不带滚轮的三键鼠标，会极大地影响工作效率。
- 键盘：标准键盘。

1.2.2 CATIA V5 的安装过程

本节将介绍 CATIA V5 的安装过程，用户如需安装 LUM 与加设许可服务器相关的注册码，请洽询 CATIA 的经销单位。

下面以 CATIA V5R20 为例，简单介绍 CATIA V5 主程序和服务包的安装过程。

步骤 01 先将安装光盘放入光驱内（如果已将系统安装文件复制到硬盘上，可双击系统安装目录下的 setup.exe 文件），等待片刻后，会出现“选择设置语言”对话框。选择欲安装的语言系统，在中文版的 Windows 系统中建议选择“简体中文”选项，单击 确定 按钮。

步骤 02 系统弹出“CATIA V5R20 欢迎”对话框，单击 下一步 > 按钮。

步骤 03 在系统弹出的对话框中继续单击 下一步 > 按钮。

若用户已经申请节点锁定许可密钥，并收到注册文件，可单击“导入节点锁许可证”按钮，输入节点锁定许可密钥文件的位置。用户也可略过此步骤，等待 LUM 安装完成后，在 LUM 中设置节点锁定许可密钥。使用流动许可的用户，在安装完主程序后，安装 LUM，以联机到许可服务器取得许可。

步骤 04 接受系统默认的安装路径，单击 下一步 > 按钮。

步骤 05 此时系统弹出“确认创建目录”对话框，单击 是(Y) 按钮。

步骤 06 接受系统默认的环境配置路径，单击 下一步 > 按钮。

步骤 07 系统弹出“确认创建目录”对话框，单击 是(Y) 按钮。

步骤 08 采用系统默认的安装类型 完全安装-将安装所有软件，单击 下一步 > 按钮。

步骤 09 设置 Orbix 相关选项。接受系统默认设置，单击 下一步 > 按钮。

步骤 10 设置服务器超时的时间。接受系统默认设置，单击 下一步 > 按钮。

步骤 11 设置 ENOVIA 保险库文件客户机。接受系统默认设置(不安装),单击 下一步 > 按钮。

步骤 12 设置快捷方式。接受默认设置，单击 下一步 > 按钮。

步骤 13 设置装联机文档。接受系统默认（不安装联机文档）设置，单击 下一步 > 按钮。

步骤 14 单击 安装 按钮。

步骤 15 此时系统开始安装 CATIA 主程序，并显示安装进度。几分钟后，系统同时安装完成，单击 完成 按钮退出安装程序。

1.3 CATIA V5 的启动与退出

一般来说，有两种方法可启动并进入 CATIA V5 软件环境。

方法一：双击 Windows 桌面上的 CATIA V5 软件快捷图标（图 1.3.1）。

只要是正常安装，Windows 桌面上都会显示 CATIA V5 软件快捷图标。快捷图标的名称可根据需要进行修改。

方法二：从 Windows 系统“开始”菜单进入 CATIA V5，操作方法如下。

步骤 01 单击 Windows 桌面左下角的 开始 按钮。

步骤 02 选择 程序(P) → CATIA → CATIA V5R20 命令，如图 1.3.2 所示，系统便进入 CATIA V5 软件环境。

图 1.3.1 CATIA V5 快捷图标

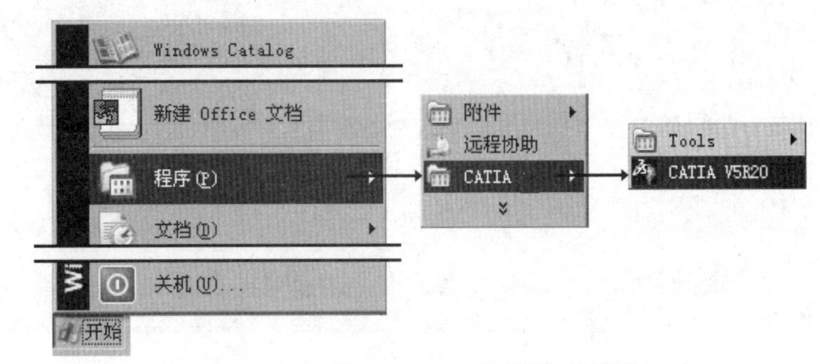

图 1.3.2 从 Windows“开始”菜单进入

退出 CATIA V5 软件环境的方法与其他软件相似，单击标题栏右上角的 ☒ 按钮，即可退出软件环境。

1.4 CATIA V5 工作环境与定制

1.4.1 工作环境介绍

在学习本节时，请先打开一个模型文件。具体的打开方法是：选择下拉菜单 文件 → 打开... 命令，在“选择文件”对话框中选择 D:\catrt20\work\ch01.04 目录，选中 Product1.CATProduct 文件后单击 打开(O) 按钮。

CATIA V5 中文用户界面包括特征树、下拉菜单区、指南针、右工具栏按钮区、下部工具栏按钮区、功能输入区、消息区以及图形区（图 1.4.1）。

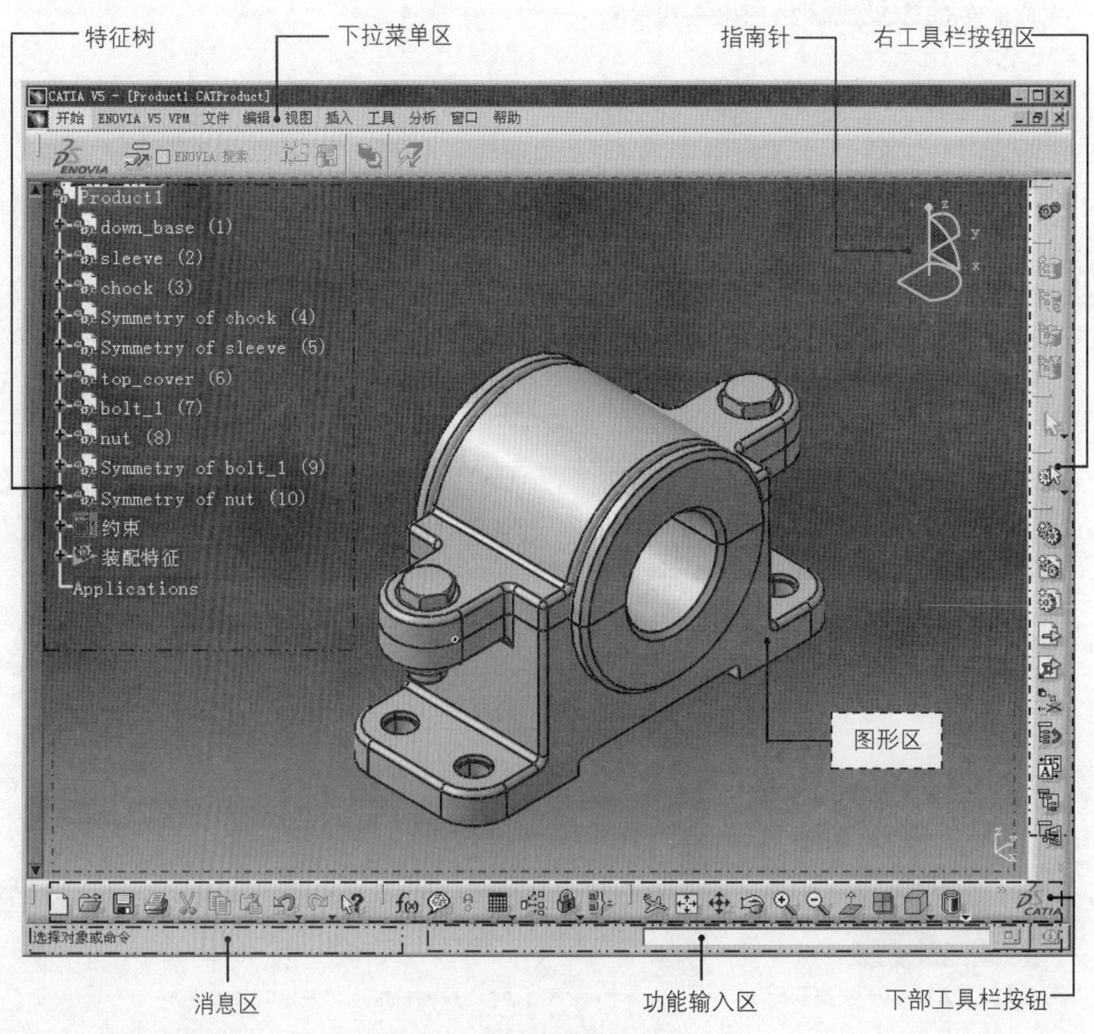

图 1.4.1 CATIA V5 中文用户界面

1. 特征树

“特征树”中列出了活动文件中的所有零件及特征，并以树的形式显示模型结构，根对象（活动零件或组件）显示在特征树的顶部，其从属对象（零件或特征）位于根对象之下。例如在活动装配文件中，“特征树”列表的顶部是装配体，装配体下方是每个零件的名称；在活动零件文件中，“特征树”列表的顶部是零件，零件下方是每个特征的名称。若打开多个 CATIA V5 模型，则“特征树”只反映活动模型的内容。

2. 下拉菜单区

下拉菜单中包含创建、保存、修改模型和设置 CATIA V5 环境的一些命令。

3. 工具栏按钮区

工具栏中的命令按钮为快速进入命令及设置工作环境提供了极大的方便，用户可以根据具体情况自定义工具栏。

在图 1.4.1 所示的 CATIA V5 界面中用户会看到部分菜单命令和按钮处于非激活状态（呈灰色，即暗色），这是因为该命令及按钮目前还没有处在发挥功能的环境中，一旦它们进入有关的环境，便会自动激活。

4. 指南针

指南针代表当前的工作坐标系，当物体旋转时指南针也随着物体旋转。关于指南针的具体操作参见本章后面的内容介绍。

5. 消息区

在用户操作软件的过程中，消息区会实时地显示与当前操作相关的提示信息等，以引导用户操作。

6. 功能输入区

用于从键盘输入 CATIA 命令字符来进行操作。

7. 图形区

CATIA V5 各种模型图像的显示区。

1.4.2 定制工作环境

本节主要介绍 CATIA V5 中的定制功能，使读者对于软件工作界面的定制了然于心，从而合理地设置工作环境。

进入 CATIA V5 系统后，在建模环境下选择下拉菜单 工具 → 自定义... 命令，系统弹出图 1.4.2 所示的“自定义”对话框，利用此对话框可对工作界面进行定制。

1. 开始菜单的定制

在图 1.4.2 所示的“自定义”对话框（一）中单击开始菜单选项卡，即可进行开始菜单的定制。通过此选项卡，用户可以设置偏好的工作台列表，使之显示在开始下拉菜单的顶部。下面以图 1.4.2 所示的零件设计工作台为例说明定制过程。

步骤 01 在“开始菜单”选项卡的可用的列表中选择零件设计工作台，然后单击对话框中的⟹按钮，此时零件设计工作台出现在对话框右侧的收藏夹中。

步骤 02 单击对话框中的关闭按钮。

步骤 03 选择下拉菜单开始命令，此时可以看到零件设计工作台显示在开始菜单的顶部（图 1.4.3）。

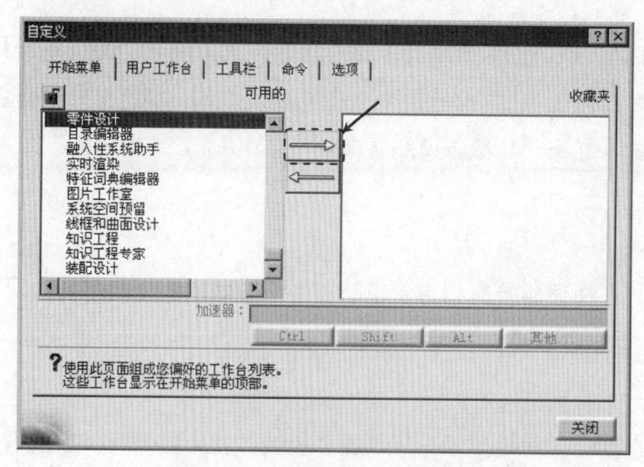

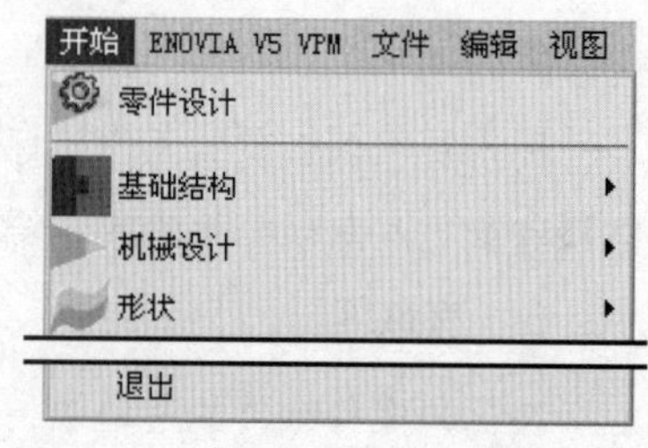

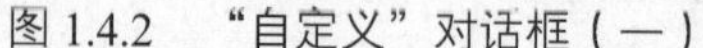

图 1.4.2 “自定义”对话框（一）　　图 1.4.3 “开始”下拉菜单（一）

说明：在步骤 01 中，添加零件设计工作台到收藏夹后，对话框的加速键：文本框即被激活（图 1.4.4），此时用户可以通过设置快捷键来实现工作台的切换，如设置快捷键为 Ctrl + Shift，则用户在其他工作台操作时，只需使用这个快捷键即可回到零件设计工作台。

2. 用户工作台的定制

在图 1.4.4 所示的“自定义”对话框中单击用户工作台选项卡，即可进行用户工作台的定制。通过“用户工作台”选项卡（图 1.4.5），用户可以新建工作台作为当前工作台。下面以新建“我的工作台”为例说明定制过程。

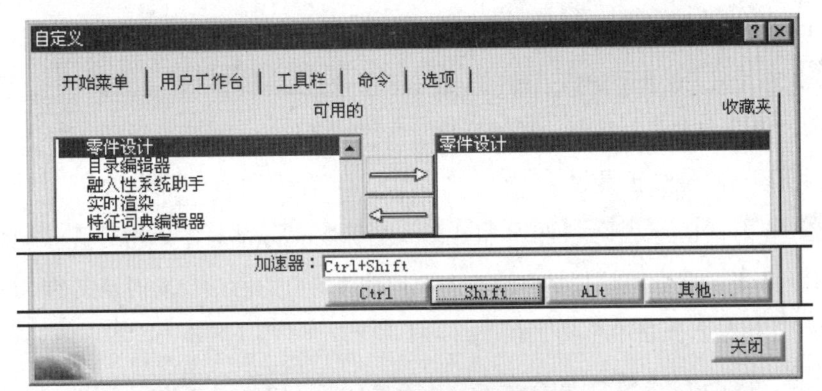

图 1.4.4 “自定义”对话框

步骤 01 在图 1.4.5 所示的选项卡中单击 新建... 按钮，系统弹出图 1.4.6 所示的“新用户工作台”对话框。

步骤 02 在对话框的 工作台名称: 文本框中输入名称“我的工作台”，单击对话框中的 确定 按钮，此时新建的工作台出现在 用户工作台 区域中。

步骤 03 单击对话框中的 关闭 按钮。

步骤 04 选择 开始 下拉菜单，此时可以看到 我的工作台 显示在 开始 下拉菜单中（图 1.4.7）。

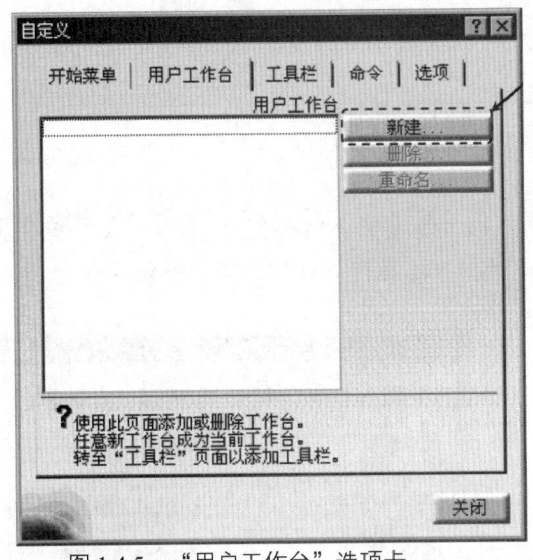

图 1.4.5 “用户工作台”选项卡

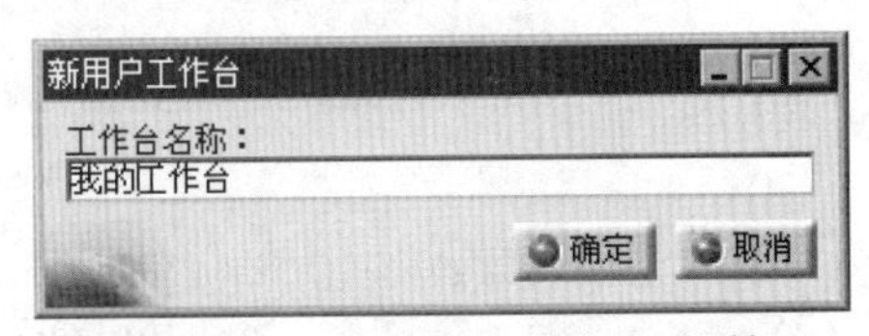

图 1.4.6 “新用户工作台”对话框

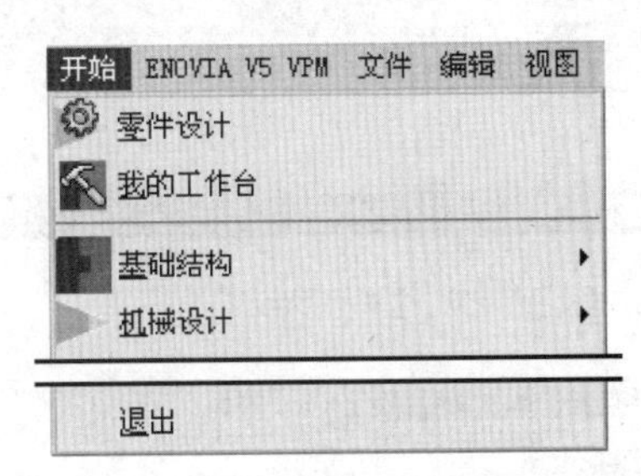

图 1.4.7 “开始”下拉菜单（二）

3. 工具栏的定制

在图 1.4.2 所示的“自定义”对话框中单击 工具栏 选项卡，即可进行工具栏的定制（图 1.4.8）。通过此选项卡，用户可以新建工具栏并对其中的命令进行添加、删除操作。下面以新建“my toolbar”工具栏为例说明定制过程。

步骤 01 在图 1.4.8 所示的“工具栏”选项卡中单击 新建... 按钮，系统弹出图 1.4.9 所示的“新工具栏”对话框，默认新建工具栏的名称为“自定义已创建默认工具栏名称 001”，同时出现一个空白工具栏。

步骤 02 在对话框的工具栏名称：文本框中输入名称“my toolbar”，单击对话框中的 确定 按钮。此时，新建的空白工具栏将出现在主应用程序窗口的右端，同时定制的“my toolbar”（我的工具栏）被加入列表中（图 1.4.10）。

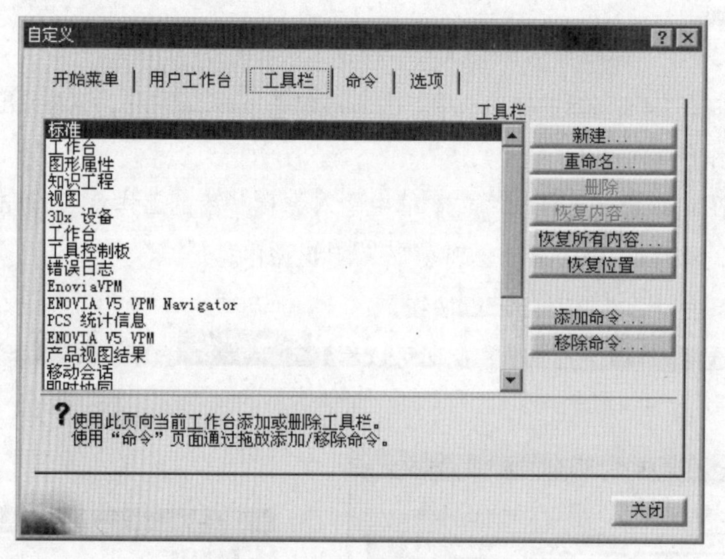

图 1.4.8 “工具栏”选项卡

定制的“my toolbar”（我的工具栏）加入列表后，“自定义”对话框中的 删除 按钮被激活，此时可以执行工具栏的删除操作。

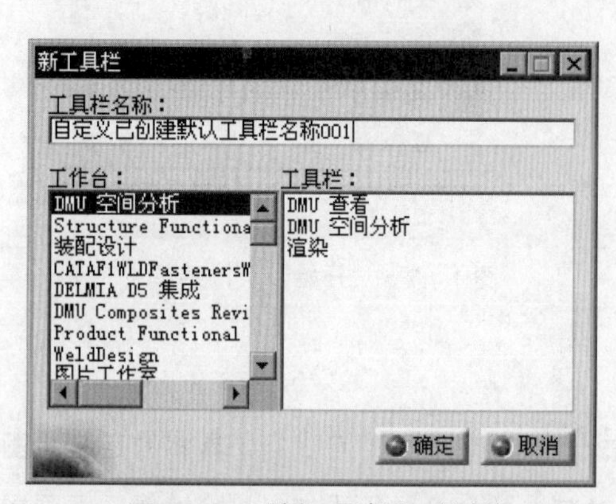

图 1.4.9 “新工具栏”对话框

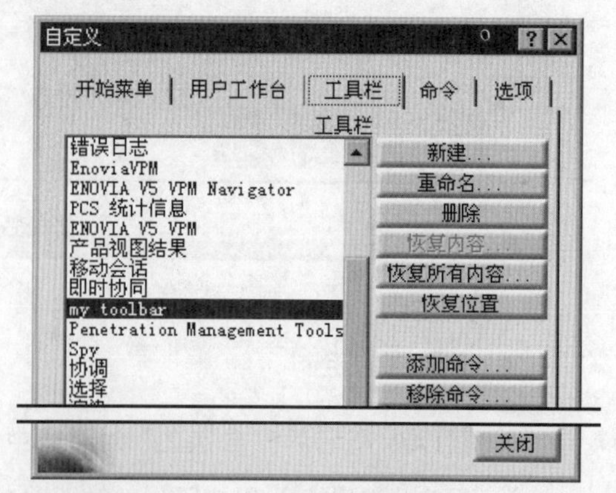

图 1.4.10 “自定义”对话框（二）

步骤 03 在“自定义”对话框中选中“my toolbar”工具栏，单击对话框中的 添加命令... 按钮，系统弹出图 1.4.11 所示的“命令列表”对话框（一）。

步骤 04 在对话框的列表项中按住 Ctrl 键选择 “虚拟现实”光标 、“虚拟现实”监视器 和 “虚拟现实”视图追踪 三个选项，然后单击对话框中的 确定 按钮，完成命令的添加。此时“my toolbar”工具栏如图 1.4.12 所示。

图 1.4.11 “命令列表”对话框（一）

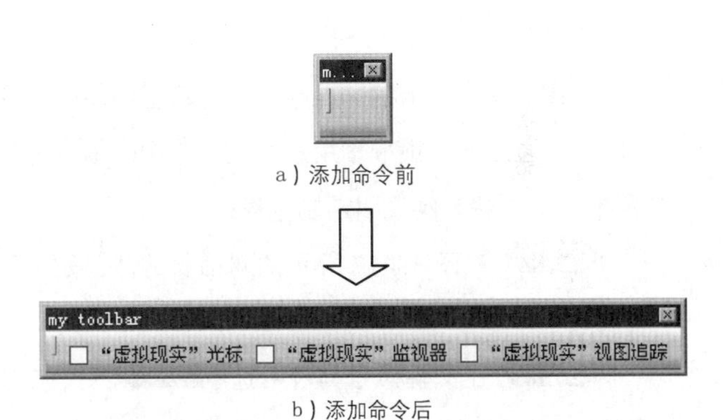

图 1.4.12 “my toolbar”工具栏

◆ 单击“自定义”对话框中的 重命名... 按钮，系统弹出图 1.4.13 所示的“重命名工具栏”对话框，在此对话框中可修改工具栏的名称。
◆ 单击“自定义”对话框中的 移除命令... 按钮，系统弹出图 1.4.14 所示的“命令列表”对话框（二），在此对话框中可进行命令的删除操作。
◆ 单击“自定义”对话框中的 恢复所有内容... 按钮，系统弹出图 1.4.15 所示的“恢复所有工具栏”对话框（一），单击对话框中的 确定 按钮，可以恢复所有工具栏的内容。
◆ 单击“自定义”对话框中的 恢复位置 按钮，系统弹出图 1.4.16 所示的“恢复所有工具栏”对话框（二），单击对话框中的 确定 按钮，可以恢复所有工具栏的位置。

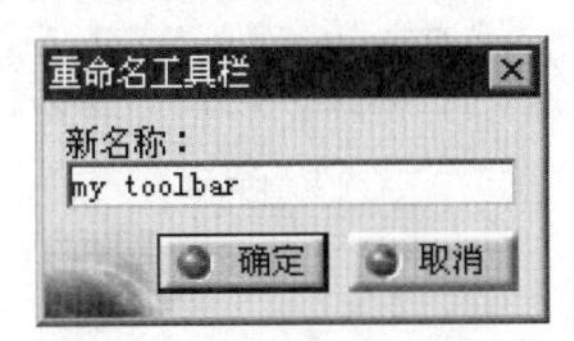

图 1.4.13 “重命名工具栏”对话框

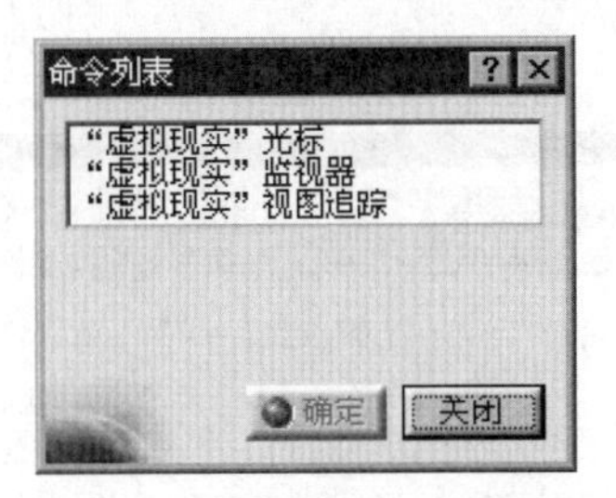

图 1.4.14 “命令列表”对话框（二）

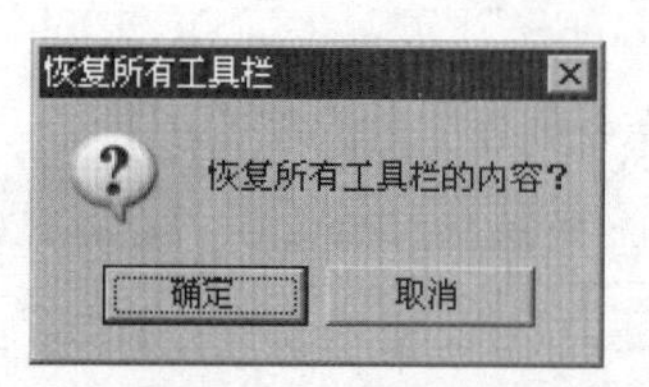

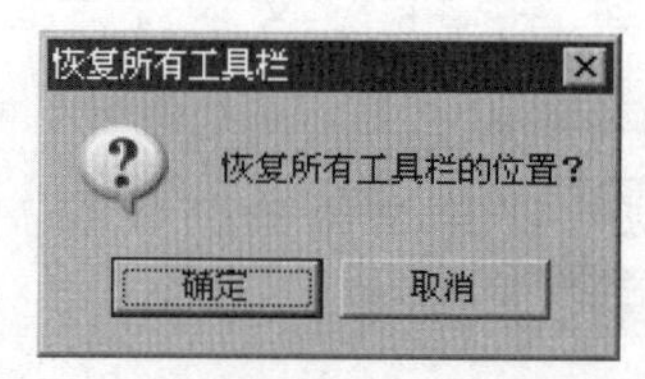

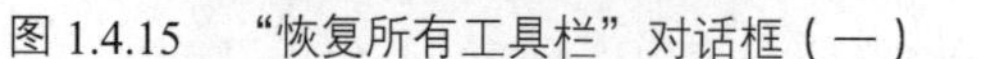

图 1.4.15 “恢复所有工具栏”对话框（一）　　图 1.4.16 “恢复所有工具栏”对话框（二）

4. 命令定制

在图 1.4.2 所示的“自定义”对话框中单击“命令”选项卡，即可进行命令的定制（图 1.4.17）。通过此选项卡，用户可以对其中的命令进行拖放操作。下面以拖放“目录”命令到“标准”工具栏为例说明定制过程。

步骤 01 在图 1.4.17 所示的对话框的“类别”列表中选择“文件”选项，此时在对话框右侧的“命令”列表中出现对应的文件命令。

步骤 02 在文件命令列表中选中 目录 命令，按住鼠标左键不放，将此命令拖放到“标准”工具栏，此时“标准”工具栏如图 1.4.18 所示。

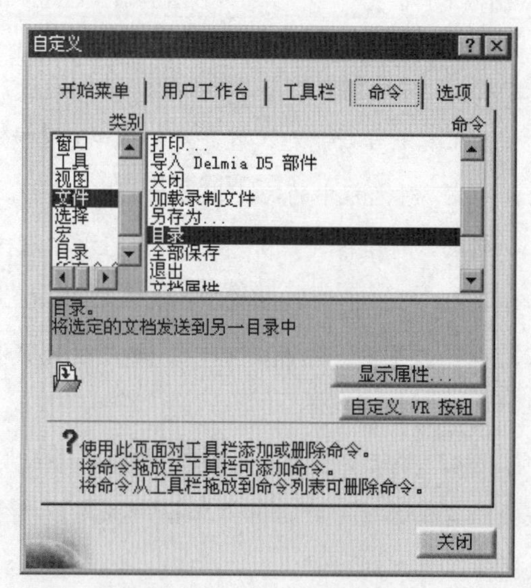

图 1.4.17 “命令”选项卡

a）拖放前

b）拖放后

图 1.4.18 “标准”工具栏

单击图 1.4.17 所示选项卡中的显示属性...按钮，可以展开“自定义”对话框的隐藏部分（图 1.4.19）。在对话框的命令属性区域，可以更改所选命令的属性，如名称、图标、命令的快捷方式等。命令属性区域中各按钮说明如下。

- ...按钮：单击此按钮，系统将弹出“图标浏览器”对话框，从中可以选择新图标以替换原有的“目录”图标。
- 按钮：单击此按钮，系统将弹出“选择文件”对话框，用户可导入外部文件作为“目录”图标。
- 重置...按钮：单击此按钮，系统将弹出图 1.4.20 所示的“重置”对话框，单击对话框中的确定按钮，可将命令属性恢复到原来的状态。

5. 选项定制

在图 1.4.2 所示的“自定义”对话框中单击选项选项卡，即可进行选项的自定义（图 1.4.21）。通过此选项卡，可以更改图标大小、图标比率、工具提示和用户界面语言等。

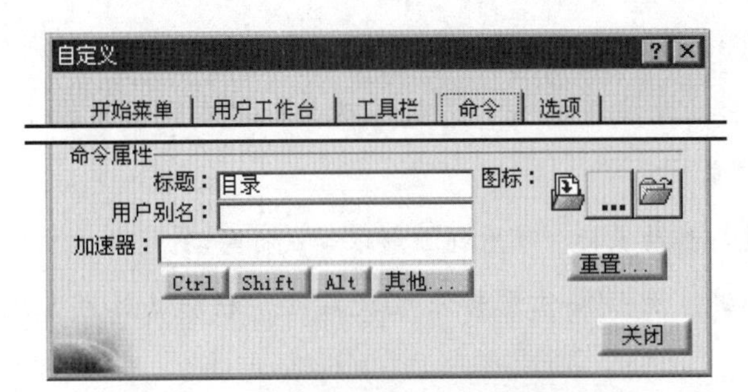

图 1.4.19　“自定义”对话框的隐藏部分

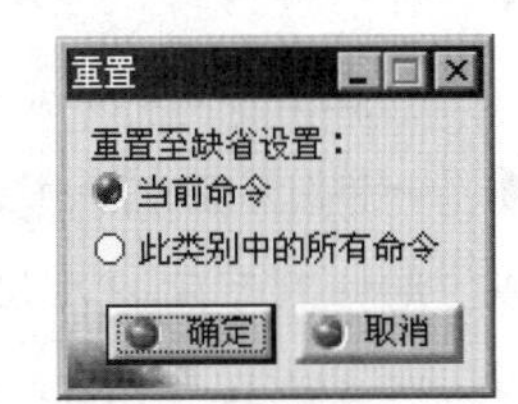

图 1.4.20　“重置”对话框

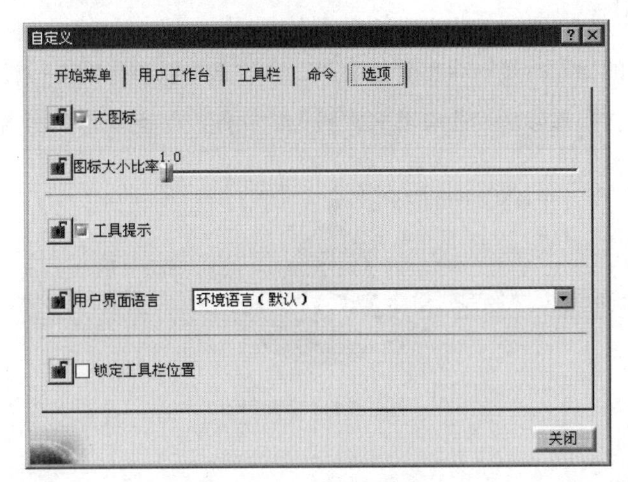

图 1.4.21　“选项”选项卡

在此选项卡中，除☐锁定工具栏位置 选项外，更改其余选项均需重新启动软件，才能使更改生效。

1.5 CATIA V5 鼠标和键盘操作

1. 模型控制操作

与其他 CAD 软件类似，CATIA 提供各种鼠标按钮的组合功能，包括执行命令、选择对象、编辑对象以及对视图和树进行平移、旋转和缩放等。

在 CATIA 工作界面中选中的对象被加亮（显示为橙色）。选择对象时，在图形区与在特征树上选择是相同的，并且是相互关联的。利用鼠标也可以操作几何视图或特征树，要使几何视图或特征树成为当前操作的对象，可以单击特征树或窗口右下角的坐标轴图标。

移动视图是最常用的操作，如果每次都单击工具栏中的按钮，将会浪费用户很多时间。用户可以通过鼠标快速地完成视图的移动。

CATIA 中鼠标操作的说明如下。

- 缩放图形区：按住鼠标中键，单击或右击，向前移动鼠标可看到图形在变大，向后移动鼠标可看到图形在缩小。
- 平移图形区：按住鼠标中键，移动鼠标，可看到图形跟着鼠标移动。
- 旋转图形区：按住鼠标中键，然后按住鼠标左键或右键，移动鼠标可看到图形在旋转。

2. 指南针操作

图 1.5.1 所示的指南针是一个重要的工具，通过它可以对视图进行旋转、移动等多种操作。同时，指南针在操作零件时也有着非常强大的功能。下面简单介绍指南针的基本功能。

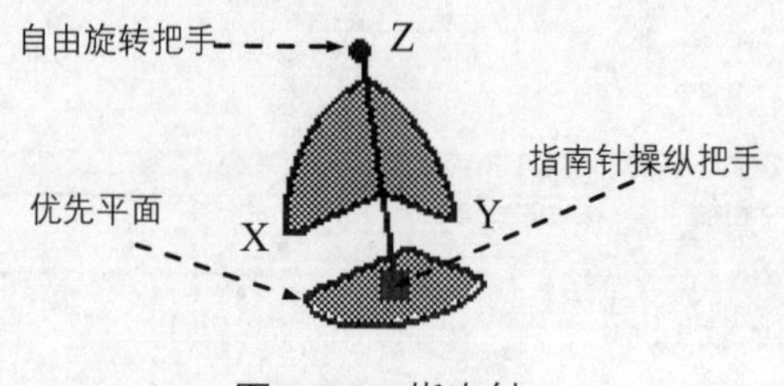

图 1.5.1 指南针

指南针位于图形区的右上角，并且总是处于激活状态，用户可以选择下拉菜单 视图 → 指南针 命令来隐藏或显示指南针。使用指南针既可以对特定的模型进行特定的操作，还可以对视点进行操作。

图 1.5.1 中，字母 X、Y、Z 表示坐标轴，Z 轴起到定位的作用；靠近 Z 轴的点称为自由旋转把手，用于旋转指南针，同时图形区中的模型也将随之旋转；红色方块是指南针操纵把手，用于拖动指南针，并且可以将指南针置于物体上进行操作，也可以使物体绕该点旋转；指南针底部的 XY 平面是系统默认的优先平面，也就是基准平面。

指南针可用于操纵未被约束的物体，也可以操纵彼此之间有约束关系但是属于同一装配体的一组物体。

（1）视点操作

视点操作是指使用鼠标对指南针进行简单的拖动，从而实现对图形区的模型进行平移或者旋转操作。

将鼠标移至指南针处，鼠标指针由 变为 ，并且鼠标所经过之处，坐标轴、坐标平面的弧形边缘以及平面本身皆会以亮色显示。

单击指南针上的轴线（此时鼠标指针变为 ）并按住鼠标拖动，图形区中的模型会沿着该轴线移动，但指南针本身并不会移动。

单击指南针上的平面并按住鼠标移动，则图形区中的模型和空间也会在此平面内移动，但是指南针本身不会移动。

单击指南针平面上的弧线并按住鼠标移动，图形区中的模型会绕该法线旋转，同时，指南针本身也会旋转，而且鼠标离红色方块越近旋转越快。

单击指南针上的自由旋转把手并按住鼠标移动，指南针会以红色方块为中心点自由旋转，且图形区中的模型和空间也会随之旋转。

单击指南针上的 X、Y 或 Z 字母，则模型在图形区以垂直于该轴的方向显示，再次单击该字母，视点方向会变为反向。

（2）模型操作

使用鼠标和指南针不仅可以对视点进行操作，而且可以把指南针拖动到物体上，对物体进行操作。

将鼠标移至指南针操纵把手处（此时鼠标指针变为 ），然后拖动指南针至模型上释放，此时指南针会附着在模型上，且字母 X、Y、Z 变为 W、U、V，这表示坐标轴不再与文件窗口右下角的绝对坐标相一致。这时，就可以按上面介绍的对视点的操作方法对物体进行操作了。

- 对模型进行操作的过程中，移动的距离和旋转的角度均会在图形区显示。显示的数据为正，表示与指南针指针正向相同；显示的数据为负，表示与指南针指针的正向相反。
- 将指南针恢复到默认位置的方法：拖动指南针操纵把手到离开物体的位置，松开鼠标，指南针就会回到图形区右上角的位置，但是不会恢复为默认的方向。
- 将指南针恢复到默认方向的方法：将其拖动到窗口右下角的绝对坐标系处；在拖动指南针离开物体的同时按 Shift 键，且先松开鼠标左键；选择下拉菜单 视图 → 重置指南针 命令。

3. 对象选取操作

在 CATIA V5 中选择对象常用的几种方法说明如下。

（1）选取单个对象

- 直接单击需要选取的对象。
- 在“特征树”中单击对象的名称，即可选择对应的对象，被选取的对象会高亮显示。

（2）选取多个对象

按住 Ctrl 键，单击多个对象，可选择多个对象。

（3）利用图 1.5.2 所示的“选择”工具栏选取对象

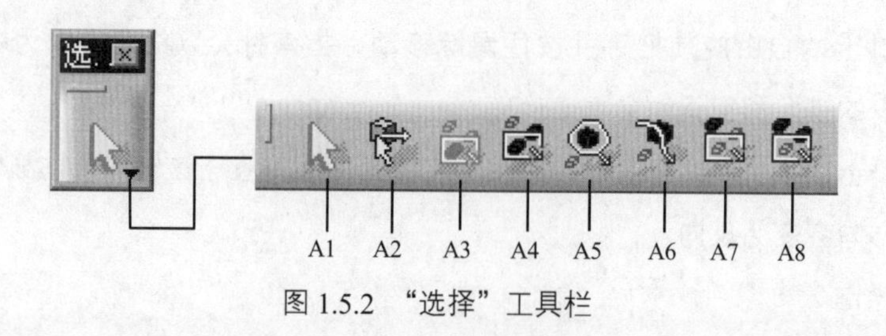

图 1.5.2 “选择”工具栏

图 1.5.2 所示“选择”工具栏中按钮的说明如下。

A1：选择。选择系统自动判断的元素。

A2：几何图形上方的选择框。

A3：矩形选择框。选择矩形内包括的元素。

A4：相交矩形选择框。选择与矩形内及与矩形相交的元素。

A5：多边形选择框。用鼠标绘制任意一个多边形，选择多边形内部的所有元素。

A6：手绘选择框。用鼠标绘制任意形状，选择其包括的元素。

A7：矩形选择框之外。选择矩形外部的元素。

A8：相交于矩形选择框之外。选择与矩形相交的元素及矩形以外的元素。

（4）利用"编辑"下拉菜单中的"搜索"功能，选择具有同一属性的对象

"搜索"工具可以根据用户提供的名称、类型、颜色等信息快速选择对象。下面以一个例子说明其具体操作过程。

步骤 01 打开文件。选择下拉菜单 文件 → 打开... 命令。在"选择文件"对话框中找到 D:\catrt20\work\ch01.05 目录，选中 break-clamp-body.CATPart 文件后单击 打开(O) 按钮。

步骤 02 选择命令。选择下拉菜单 编辑 → 搜索... 命令，系统弹出"搜索"对话框。

步骤 03 定义搜索名称。在"搜索"对话框 常规 选项卡下的 名称： 下拉列表中输入*平面。

步骤 04 选择搜索结果。单击"搜索"对话框 常规 选项卡下的按钮，"搜索"对话框下方则显示出符合条件的元素。单击 确定 按钮后，符合条件的对象被选中。

*是通配符，代表任意字符，可以是一个字符也可以是多个字符。

1.6 CATIA V5 的文件操作

1.6.1 创建工作文件目录

使用 CATIA V5 软件时，应该注意文件的目录管理。如果文件管理混乱，会造成系统找不到正确的相关文件，从而严重影响 CATIA V5 软件的全相关性，同时也会使文件的保存、删除等操作产生混乱，因此应按照操作者的姓名、产品名称（或型号）建立用户文件夹。如本书要求在 E 盘上创建一个文件夹，名称为 cat-course（如果用户的计算机上没有 E 盘，在 C 盘或 D 盘上创建也可）。

1.6.2 文件的新建

创建一个新零件文件，可以采用以下步骤。

步骤 01 如图 1.6.1 所示，选择下拉菜单 文件(F) → 新建... 命令（或在“标准”工具栏中单击□按钮），此时系统弹出如图 1.6.2 所示的“新建”对话框。

步骤 02 选择文件类型。在“新建”对话框的类型列表：中选择文件类型为 Part，然后单击对话框中的 确定 按钮，采用系统默认的名称，完成新零件文件的创建。

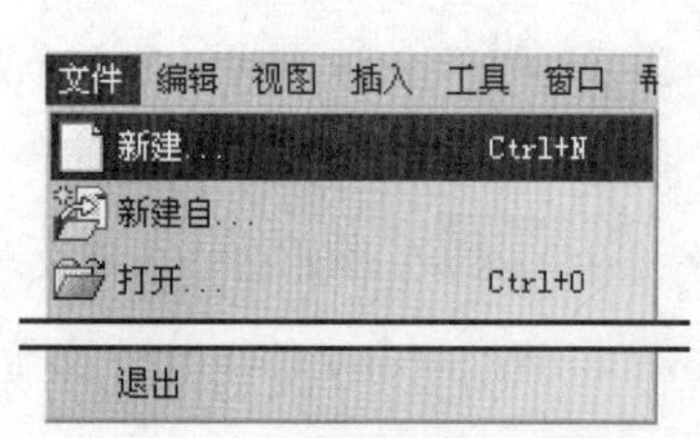

图 1.6.1 “文件”下拉菜单

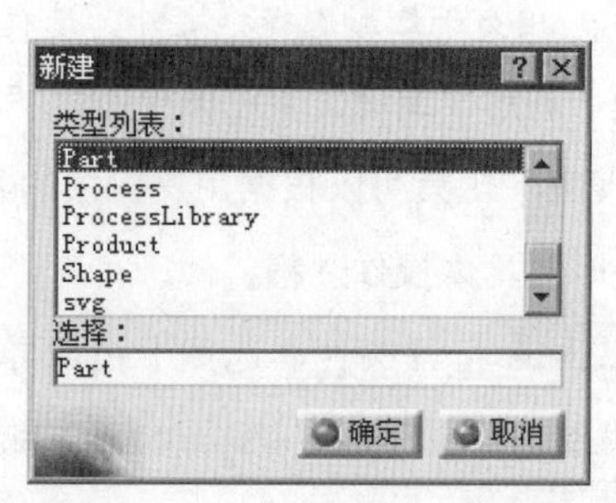

图 1.6.2 “新建”对话框

这里创建的是零件，每次新建时 CATIA 都会显示一个默认名，默认名的格式是 Part 后跟序号（如 Part1），以后再新建一个零件，序号自动加 1。读者也可根据需要定义其他类型文件。

1.6.3 文件的打开

假设已经退出 CATIA 软件，重新进入软件环境后，要打开文件，其操作过程如下。

步骤 01 选择下拉菜单 文件 → 打开... 命令，系统弹出“选择文件”对话框。

步骤 02 单击 查找范围(I): 文本框右下角的▼按钮，找到 D:\catrt20\work\ch01.06 目录，在文件列表中选择要打开的文件名 break-clamp-body.CATPart，单击 打开(O) 按钮，即可打开文件。

1.6.4 文件的保存

步骤 01 选择下拉菜单 文件 → 保存 命令（或单击“标准”工具栏中的 按钮），系统弹出图 1.6.3 所示的“另存为”对话框。

步骤 02 在“另存为”对话框的 保存在(I): 下拉列表中选择文件保存的路径，在 文件名(N): 文本框中输入文件名称，单击“另存为”对话框中的 保存(S) 按钮即可保存文件。

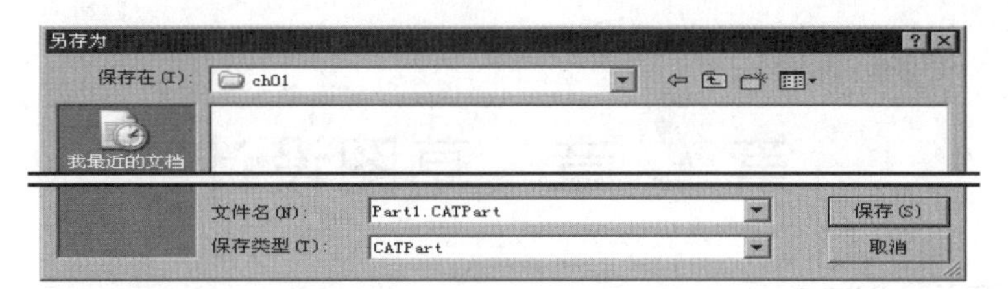

图 1.6.3 “另存为”对话框

- 保存路径可以包含中文字符，但输入的文件名中不能含有中文字符。
- 文件 下拉菜单中还有一个 另存为... 命令，保存 与 另存为... 命令的区别在于：保存 命令是保存当前的文件，另存为... 命令是将当前的文件复制进行保存，原文件不受影响。
- 如果打开多个文件，并对这些文件进行了编辑，可以用下拉菜单中的 全部保存 命令，将所有文件进行保存。若打开的文件中有新建的文件，系统会弹出图 1.6.4 所示的“全部保存”对话框，提示文件无法被保存，用户须先将以前未保存过的文件保存，才可使用此命令。
- 选择下拉菜单 文件 → 保存管理... 命令，系统弹出图 1.6.5 所示的“保存管理”对话框，在该对话框中可对多个文件进行“保存”或“另存为”操作。方法是：选择要进行保存的文件，单击 另存为... 按钮，系统弹出图 1.6.3 所示的“另存为”对话框，选择想要存储的路径并输入文件名，即可保存为一个新文件；对于经过修改的旧文件，单击 保存(S) 按钮，即可完成保存操作。

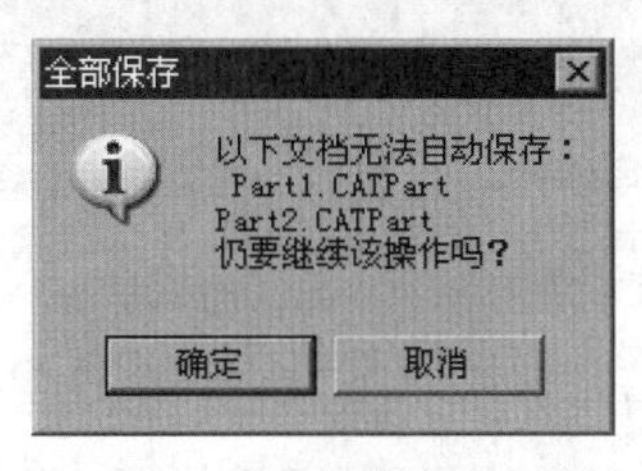

图 1.6.4 “全部保存”对话框

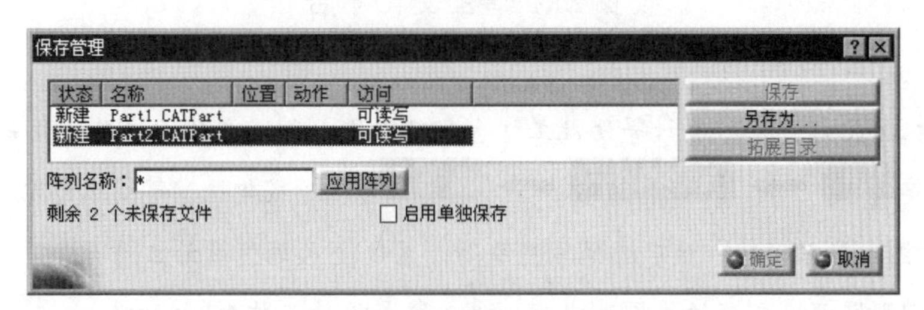

图 1.6.5 “保存管理”对话框

第 2 章　草图设计

2.1　草图设计基础

草图是空间某平面上的二维几何图形，草图是零件设计与建模的基础，大部分的三维实体和曲面都是通过草图来创建的。

2.1.1　进入与退出草图设计工作台

1. 进入草图设计工作台的操作方法

打开 CATIA V5 后，选择下拉菜单 开始 → 机械设计 → 草图编辑器 命令，系统弹出“新建零件”对话框；在 输入零部件名称 文本框中输入文件名称（也可采用默认的名称 Part1），单击 确定 按钮；在特征树中选择 xy 平面为草图平面，系统即可进入草图设计工作台（图 2.1.1）。

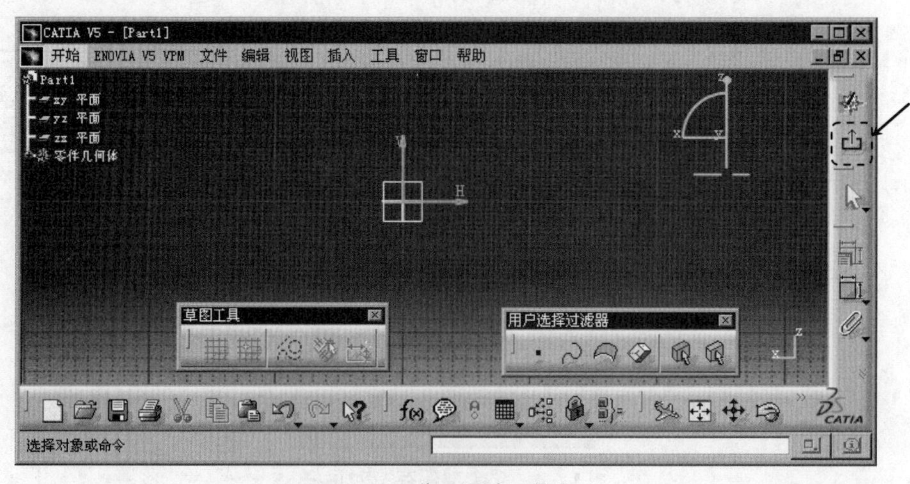

图 2.1.1　草图设计工作台

说明：

- 从机械设计、外形设计等设计工作台都可以进入草图工作台，其方法是：选择下拉菜单 插入 → 草图编辑器 → 草图 命令（或单击“草图编辑器”工具栏中的“草图”按钮），然后选择草图平面，系统进入草图设计工作台。
- 在图形区双击已有的草图可以直接进入草图设计工作台。

注意：要进入草图设计工作台必须先选择一个草图平面，也就是要确定新草图在三维空间的放置位置。草图平面是草图所在的某个空间平面，它可以是基准平面，也可以是实体的某个表面等。绘制模型中的第 1 个草图时，可以在图形窗口中选择三个基准平面（xy 平面、yz 平面、zx 平面）中的一个，也可以在特征树上选择。

2. 退出草图设计工作台的操作方法

在草图设计工作台中，选择下拉菜单 开始 → 机械设计 → 零件设计 命令（或单击“工作台”工具栏中的“退出工作台”按钮），即可退出草图设计工作台。

2.1.2 草图工作台的选项设置及界面调整

1. 设置网格间距

根据模型的大小，可设置草图设计工作台中的网格大小，其操作流程如下。

步骤 01 选择下拉菜单 工具 → 选项... 命令。

步骤 02 系统弹出“选项”对话框，在该对话框的左边列表中，选择“机械设计”中的 草图编辑器 选项（图 2.1.2）。

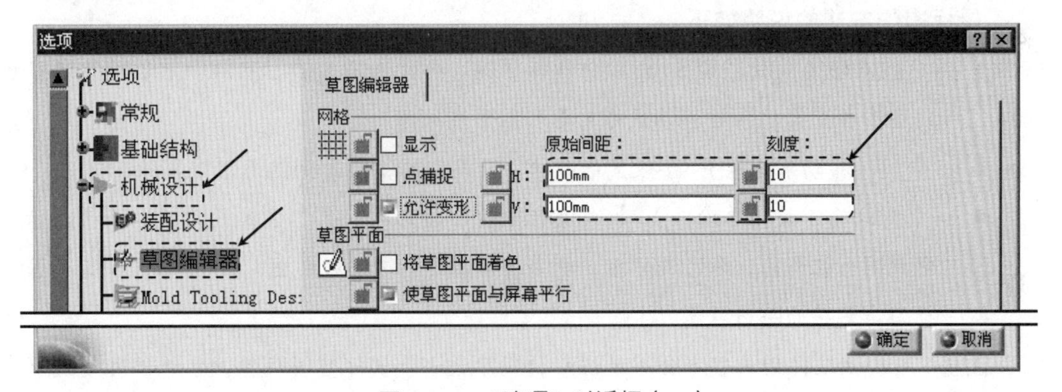

图 2.1.2 “选项”对话框（一）

步骤 03 设置网格参数。选中 允许变形 复选项；在 网格 选项组中的 原始间距： 和 刻度： 文本框中输入 H 和 V 方向的间距值；在“选项”对话框中单击 确定 按钮，结束网格设置。

2. 设置自动约束

在“选项”对话框的 草图编辑器 选项卡中，可以设置在创建草图过程中是否自动产生约束（图 2.1.3）。只有在这里选中了这些显示选项，在绘制草图时，系统才会自动创建几何约束和尺寸约束。

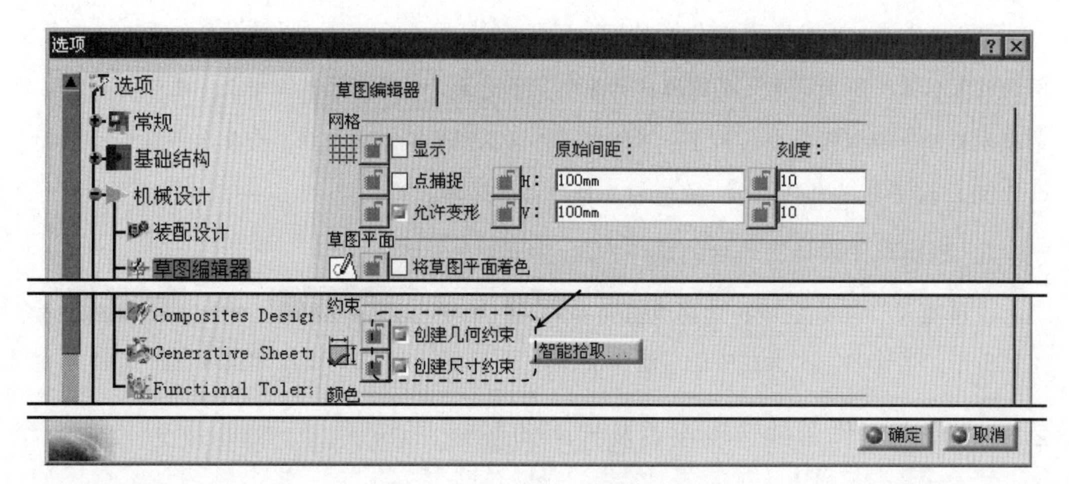

图 2.1.3 “选项”对话框（二）

3. 草绘区的界面调整

单击“草图工具”工具栏中的“网格”按钮，可以控制草图设计工作台中网格的显示。当网格显示时，如果看不到网格，或者网格太密，可以缩放草绘区；如果想调整图形在草绘区的上下、左右的位置，可以移动草绘区。

鼠标操作方法的说明如下。

- 中键滚轮（缩放草绘区）：按住鼠标中键，再单击或右击，然后向前移动鼠标可看到图形在变大，向后移动鼠标可看到图形在缩小。
- 中键（移动草绘区）：按住鼠标中键，移动鼠标，可看到图形跟着鼠标移动。
- 中键滚轮（旋转草绘区）：按住鼠标中键，然后按住鼠标左键或右键，移动鼠标可看到图形在旋转。草图旋转后，单击屏幕下部的“法线视图”按钮，可使草图回至与屏幕平面平行状态。

注意：草绘区这样的调整不会改变图形的实际大小和实际空间位置，它的作用是便于用户查看和操作图形。

2.2 二维草图的绘制

2.2.1 “草图工具”命令及下拉菜单介绍

1. 草图工具命令介绍

进入草图设计工作台后，屏幕上会出现草图设计中所需要的各种工具按钮，其中常用工具按钮及其功能注释如图 2.2.1、图 2.2.2 和图 2.2.5 所示，操作中的注意事项参见图 2.2.3、

图 2.2.4。

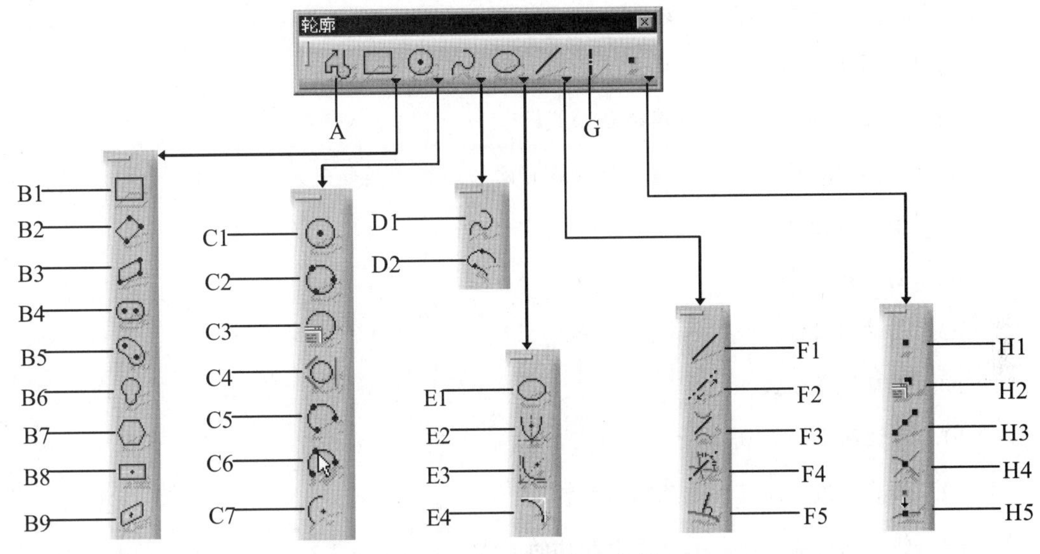

图 2.2.1 “轮廓”工具栏

图 2.2.1 所示“轮廓”工具栏中的按钮说明如下。

A：创建连续轮廓线，可连续绘制直线、相切弧和三点弧。

B1：通过确定矩形的两个对角顶点，绘制与坐标轴平行的矩形。

B2：选择三点来创建矩形。

B3：通过选择三点来创建平行四边形。选择的三个点为平行四边形的三个顶点。

B4：创建延长孔。延长孔是由两段圆弧和两条直线组成的封闭轮廓。

B5：创建弧形延长孔，也称圆柱形延长孔。圆柱形延长孔是由四段圆弧组成的封闭轮廓。

B6：创建钥匙孔轮廓。钥匙孔轮廓是由两平行直线和两段圆弧组成的封闭轮廓。

B7：创建正六边形。

B8：创建定义中心的矩形。

B9：创建定义中心的平行四边形。

C1：通过确定圆心和半径创建圆。

C2：通过确定圆上的三个点来创建圆。

C3：通过输入圆心坐标值和半径值来创建圆。

C4：创建与三个元素相切的圆。

C5：通过三个点绘制圆弧。

C6：在草图平面上选择三个点，系统过这三个点作圆弧，其中第一个点和第三个点分别作为圆弧的起点和终点。

C7：通过确定圆弧起点、终点以及圆心绘制弧。

D1：通过定义多个点来创建样条曲线。

D2：创建样条连接线，即通过样条线将两条曲线连接起来。

E1：创建椭圆。

E2：创建抛物线。

E3：创建双曲线。

E4：创建圆锥曲线。

F1：通过两点创建线。

F2：创建直线，该直线是无限长的。

F3：创建双切线，即与两个元素相切的直线。

F4：创建角平分线。角平分线是无限长的直线。

F5：创建曲线的法线。

G：通过两点创建轴线。创建的轴线在图形区以点画线形式显示。

H1：创建点。

H2：通过定义点的坐标来创建点。

H3：创建等距点（是在已知曲线上生成若干等距离点）。

H4：创建交点。

H5：创建投影点。

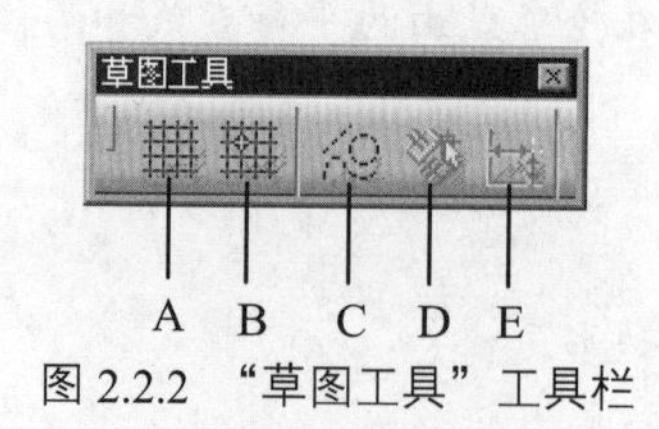

图 2.2.2 “草图工具”工具栏

图 2.2.2 所示“草图工具”工具栏中的按钮说明如下。

A：打开或关闭网格。

B：打开或关闭网格捕捉。

C：切换标准或构造几何体。

D：打开或关闭几何约束。

E: 打开或关闭自动标注尺寸。

注意：在创建圆角、倒角、延长孔、钥匙孔轮廓、圆柱形延长孔时，若将“草图工具”工具栏中的“几何约束”按钮和“尺寸约束”按钮激活，则创建后系统会自动添加几何约束和尺寸约束，如图 2.2.3 所示；若关闭，则不会自动添加，如图 2.2.4 所示。本章学习圆角、倒角、延长孔、钥匙孔轮廓、圆柱形延长孔时，“几何约束”“尺寸约束”均为关闭状态。

图 2.2.3　激活“几何约束”和“尺寸约束”　　图 2.2.4　关闭“几何约束”和“尺寸约束”

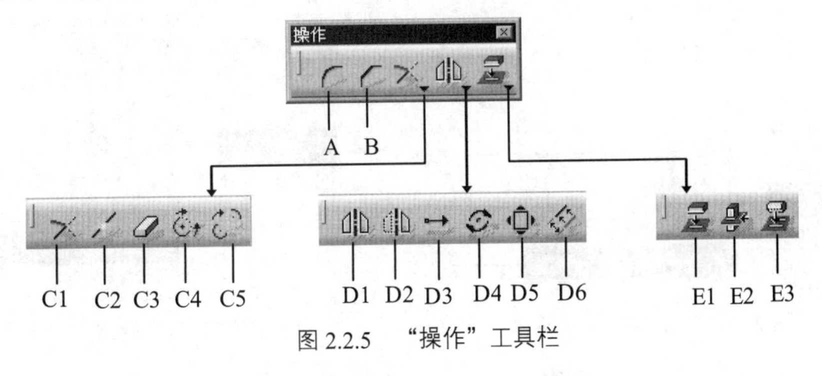

图 2.2.5　“操作”工具栏

图 2.2.5 所示“操作”工具栏中的按钮说明如下。

A: 创建圆角。

B: 创建倒角。

C1: 使用边界修剪元素。

C2: 将选定的元素断开。

C3: 快速修剪选定的元素。

C4: 将不封闭的圆弧或椭圆弧转换为封闭的圆或椭圆。

C5: 将圆弧或者椭圆弧转换为与之互补的圆弧或者椭圆弧。

D1: 镜像选定的对象。镜像后保留原对象。

D2: 对称命令。在镜像复制选择的对象后删除原对象。

D3: 平移命令。将图形沿着某一条直线方向移动一定的距离。

D4: 旋转命令。将图形绕中心点旋转一定的角度。

D5: 比例缩放选定的对象。

D6：将图形沿着法向进行偏置。

E1：平面投影。将三维物体的边线投影到草图工作平面上。

E2：平面交线。用于创建实体的面与草图工作平面的交线。

E3：析出轮廓。可以将与草图工作平面无相交的实体轮廓投影到草图工作平面上。

2. 草图工具下拉菜单介绍

插入(I) 下拉菜单是草图设计工作台中的主要菜单，它的功能主要包括草图轮廓的绘制、约束和操作等，如图 2.2.6 ~ 图 2.2.8 所示。

单击该下拉菜单，即可弹出其中的命令，其中绝大部分命令都以快捷按钮方式出现在屏幕的工具栏中。

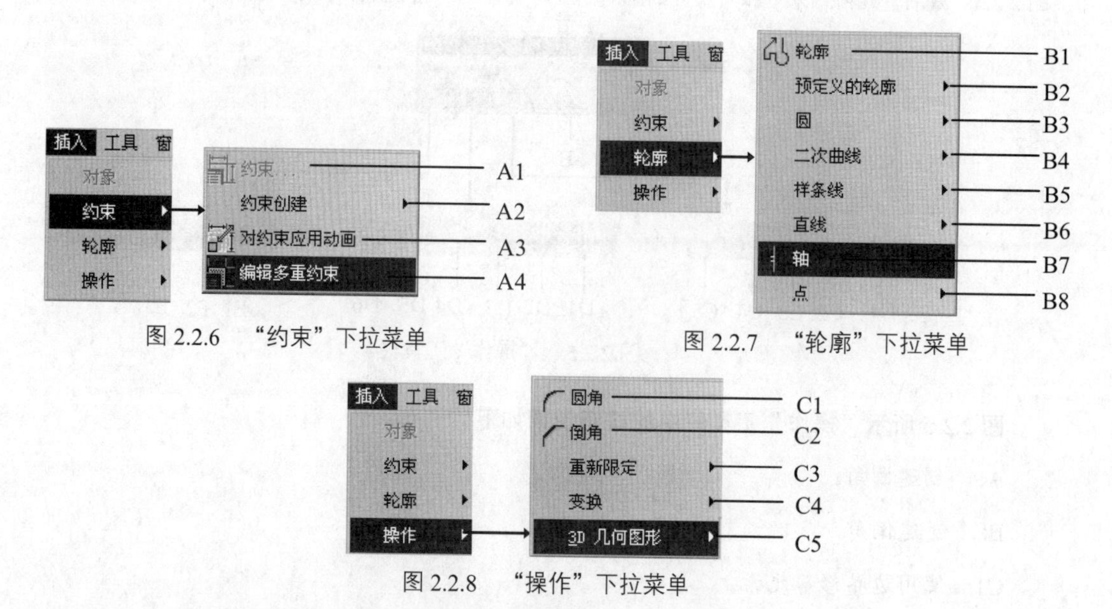

图 2.2.6　“约束”下拉菜单

图 2.2.7　“轮廓”下拉菜单

图 2.2.8　“操作”下拉菜单

图 2.2.6～图 2.2.8 所示下拉菜单中的命令说明如下。

A1：对选定的元素进行约束，在使用该命令时，必须先选中元素。

A2：建立元素及元素之间的尺寸约束和几何约束。

A3：建立变量约束。

A4：用于修改选定对象的尺寸约束。

B1：创建连续轮廓线（可连续绘制直线和圆弧/轮廓线，也可以是直线或圆弧）。

B2：建立预定义好的图形模板。

B3：创建圆，包括四种创建圆的方法和三种创建圆弧的方法。

B4：创建二次曲线，包括椭圆、抛物线、双曲线及圆锥曲线的创建。

B5: 创建样条曲线及连接曲线。

B6: 创建直线，可用五种不同的方式创建直线。

B7: 创建轴线。

B8: 创建点，可用五种不同的方式创建点。

C1: 创建圆角，包括六种不同的圆角方式。

C2: 创建倒角，包括六种不同的倒角方式。

C3: 草图的再限制操作，用于对草图进行修剪、分段、快速修剪、封闭及互补等操作。

C4: 草图的变换操作，用于对草图进行移动、镜像、旋转和比例缩放等操作。

C5: 三维实体操作，包括三维元素的投影、相交操作等。

2.2.2 草图绘制概述

要绘制草图，应先从草图设计工作台中的工具栏按钮区或 插入 下拉菜单中选取一个绘图命令，然后可通过在图形区中选取点来创建草图。

在绘制草图的过程中，当移动鼠标指针时，CATIA 系统会自动确定可添加的约束并将其显示。

绘制草图后，用户还可通过“约束定义”对话框继续添加约束。

说明：草绘环境中鼠标的使用。

- 草绘时，可单击在图形区选择点。
- 当不处于绘制元素状态时，按 Ctrl 键并单击，可选取多个项目。

2.2.3 绘制轮廓线

“轮廓”命令用于连续绘制直线和（或）圆弧，它是绘制草图时最常用的命令之一。轮廓线可以是封闭的，也可以是不封闭的。

步骤 01 选择命令。选择下拉菜单 插入 → 轮廓▸ → 轮廓 命令，此时“草图工具”工具栏如图 2.2.9 所示。

图 2.2.9 “草图工具”工具栏

步骤 02 选用系统默认的“直线”按钮，在图形区绘制如图 2.2.10 所示的直线，此时“草图工具”工具栏中的“相切弧”按钮被激活，单击该按钮，绘制如图 2.2.11 所示的相切圆弧。

步骤 03 按两次 Esc 键完成轮廓线的绘制。

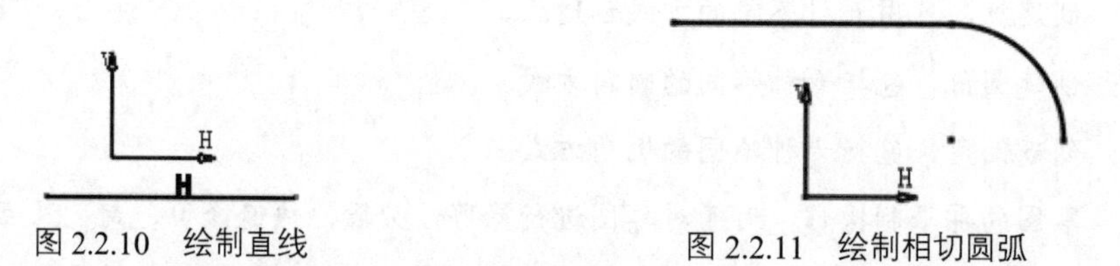

图 2.2.10 绘制直线　　图 2.2.11 绘制相切圆弧

- 轮廓线包括直线和圆弧，其区别在于，轮廓线可以连续绘制线段和（或）圆弧。
- 绘制线段或圆弧后，若要绘制相切弧，可以在画圆弧起点时拖动鼠标，系统自动转换到圆弧模式。
- 可以利用动态输入框确定轮廓线的精确参数。
- 结束轮廓线的绘制有三种方法：按两次 Esc 键；单击工具栏中的“轮廓线”按钮；在绘制轮廓线的结束点位置双击。
- 如果绘制时轮廓已封闭，则系统自动结束轮廓线的绘制。

2.2.4 绘制直线

步骤 01 进入草图设计工作台前，在特征树中选取任意一个平面（如 xy 平面）作为草绘平面。

- 如果创建新草图，则在进入草图设计工作台之前必须先选取草绘平面，也就是要确定新草图在空间的哪个平面上绘制。
- 以后在创建新草图时，如果没有特别的说明，则草绘平面为 xy 平面。

步骤 02 选择命令。选择下拉菜单 插入 → 轮廓 ▸ → 直线 ▸ → 直线 命令（或单击“轮廓”工具栏“直线”按钮中的▾，再单击按钮）。此时，“草图工具”工具栏如图 2.2.12 所示。

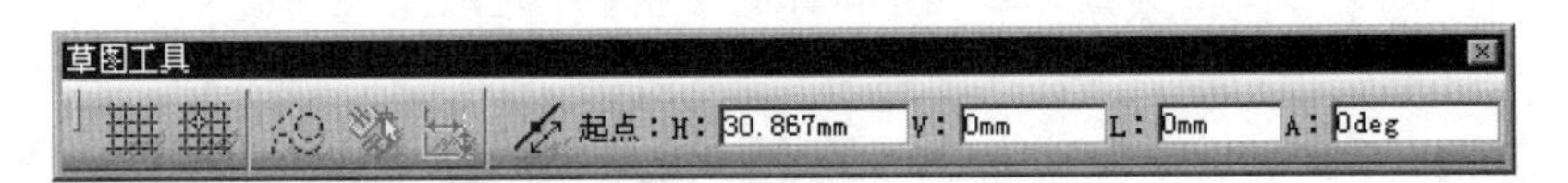

图 2.2.12 “草图工具”工具栏

步骤 03 定义直线的起始点。根据系统提示 选择一点或单击以定位起点，在图形区中的任意位置单击，以确定直线的起始点，此时可看到一条“橡皮筋”线附着在鼠标指针上。

- 单击╱按钮完成一条直线的绘制后，系统自动结束直线的绘制；双击╱按钮可以连续绘制直线。草图设计工作台中的大多数工具按钮均可用双击来连续操作。
- 系统提示 选择一点或单击以定位起点 显示在消息区。

步骤 04 定义直线的终止点。根据系统提示 选择一点或单击以定位终点，在图形区中的任意位置单击，以确定直线的终止点，系统便在两点间创建一条直线。

- 在草图设计工作台中，单击“撤销”按钮可撤销上一个操作，单击“重做”按钮重新执行被撤销的操作。这两个按钮在绘制草图时十分有用。
- “橡皮筋”是指操作过程中的一条临时虚构线段，它始终是当前鼠标光标的中心点与前一个指定点的连线。因为它可以随着光标的移动而拉长或缩短并可绕前一点转动，所以被形象地称为“橡皮筋”。
- CATIA 具有尺寸驱动功能，即图形的大小随着图形尺寸的改变而改变。
- 直线的精确绘制可以通过在“草图工具”工具栏中输入相关的参数来实现，其他曲线的精确绘制也一样。

2.2.5 绘制矩形

方法一：

步骤 01 选择下拉菜单 插入 → 轮廓 ▸ → 预定义的轮廓 ▸ → □ 矩形 命令。

步骤 02 定义矩形的第一个角点。根据系统提示 选择或单击第一点以创建矩形，在图形区某位置单击，放置矩形的一个角点，然后将该矩形拖至所需大小。

步骤 03 定义矩形的第二个角点。根据系统提示 选择或单击第二点创建矩形，再次单击，放置矩形的另一个角点。此时，系统即在两个角点间绘制一个矩形。

方法二：

步骤 01 选择命令。选择下拉菜单 插入 → 轮廓▸ → 预定义的轮廓▸ → ◇ 斜置矩形 命令。

步骤 02 定义矩形的起点。根据系统提示 选择一个点或单击以定位起点，在图形区某位置单击，放置矩形的起点，此时可看到一条“橡皮筋”线附着在鼠标指针上。

步骤 03 定义矩形的第一边终点。在系统 选择点或单击以定位第一边终点 提示下，单击以放置矩形的第一边终点，然后将该矩形拖至所需大小。

步骤 04 定义矩形的一个角点。在系统 单击或选择一点，定义第二面 提示下，再次单击，放置矩形的一个角点。此时，系统以第二点与第一点的距离为长，以第三点与第二点的距离为宽创建一个矩形。

方法三：

步骤 01 选择命令。选择下拉菜单 插入 → 轮廓▸ → 预定义的轮廓▸ → 居中矩形 命令。

步骤 02 定义矩形中心。根据系统提示 选择或单击一点，创建矩形的中心，在图形区某位置单击，创建矩形的中心。

步骤 03 定义矩形的一个角点。在系统 选择或单击第二点，创建居中矩形 提示下，将该矩形拖至所需大小再次单击，放置矩形的一个角点。此时，系统即创建一个矩形。

2.2.6 绘制圆

方法一：中心/点——通过选取中心点和圆上一点来创建圆。

步骤 01 选择命令。选择下拉菜单 插入 → 轮廓▸ → 圆▸ → ◯ 圆 命令。

步骤 02 定义圆的中心点及大小。在某位置单击，放置圆的中心点，然后将该圆拖至所需大小并单击确定。

方法二：三点——通过选取圆上的三个点来创建圆。

方法三：使用坐标创建圆。

步骤 01 选择命令。选择下拉菜单 插入 → 轮廓▸ → 圆▸ → 使用坐标创建圆 命令，系统弹出如图 2.2.13 所示的“圆定义”对话框。

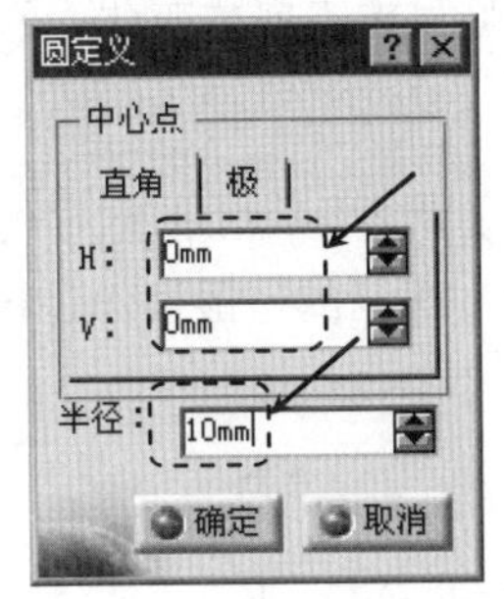

图 2.2.13 “圆定义”对话框

步骤 02 定义参数。在“圆定义”对话框中输入中心点坐标和半径，单击 确定 按钮，系统立即创建一个圆。

方法四：三切线圆。

步骤 01 选择命令。选择下拉菜单 插入 → 轮廓 ▸ → 圆 ▸ → 三切线圆 命令。

步骤 02 选取相切元素。分别选取三个元素，系统便自动创建与这三个元素相切的圆。

2.2.7 绘制圆弧

共有三种绘制圆弧的方法。

方法一：圆心/端点圆弧。

步骤 01 选择命令。选择下拉菜单 插入 → 轮廓 ▸ → 圆 ▸ → 弧 命令。

步骤 02 定义圆弧中心点。在某位置单击，确定圆弧中心点，然后将圆拉至所需大小。

步骤 03 定义圆弧端点。在图形区单击两点以确定圆弧的两个端点。

方法二：起始受限制的三点弧——确定圆弧的两个端点和弧上的一个附加点来创建三点圆弧。

步骤 01 选择下拉菜单 插入 → 轮廓 ▸ → 圆 ▸ → 起始受限的三点弧 命令。

步骤 02 定义圆弧端点。在图形区某位置单击，放置圆弧一个端点；在另一位置单击，放置另一端点。

步骤 03 定义圆弧上一点。移动鼠标，圆弧呈橡皮筋样变化，单击圆弧中间的一个点。

方法三：三点弧——确定圆弧上连续的三个点来创建一个三点圆弧。

步骤 01 选择命令。选择下拉菜单 插入 → 轮廓 ▸ → 圆 ▸ → 三点弧 命令。

步骤 02 在图形区某位置单击，放置圆弧的一个起点；在另一位置单击，放置圆弧上的点。

步骤 03 此时移动鼠标指针，圆弧呈橡皮筋样变化，单击放置圆弧上的另一端点。

2.2.8 绘制圆角

下面以图 2.2.14 为例，来说明绘制圆角的一般操作过程。

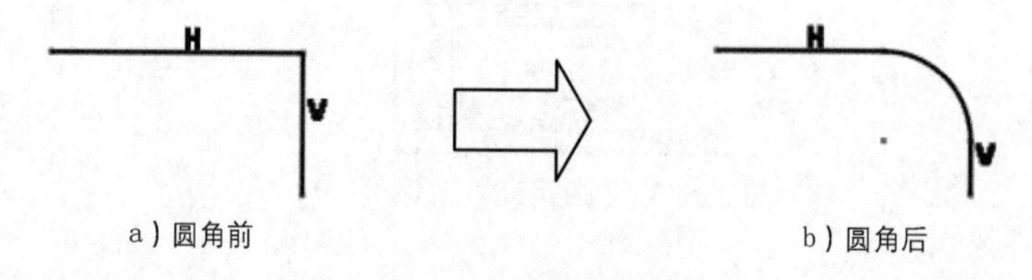

a）圆角前　　b）圆角后

图 2.2.14 绘制圆角

步骤 01 打开文件 D:\catrt20\work\ch02.02.08\fillet.CATPart。

步骤 02 选择命令。选择下拉菜单 插入 → 操作 ▸ → 圆角 命令，此时“草图工具”工具栏如图 2.2.15 所示。

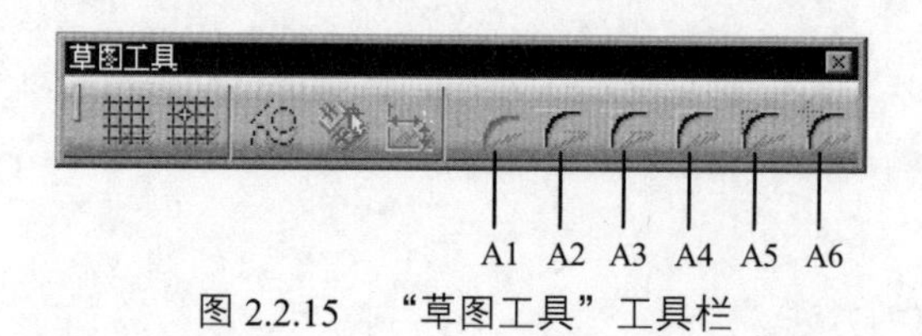

图 2.2.15 “草图工具”工具栏

对如图 2.2.15 所示的“草图工具”工具栏中部分按钮说明如下。

A1：所有元素被修剪。　　A2：第一个元素被修剪。

A3：不修剪。　　A4：标准线修剪。

A5：构造线修剪。　　A6：构造线未修剪。

步骤 03 选用系统默认的“修剪所有元素”方式，分别选取图 2.2.14a 所示的两条边线为参照，然后在图 2.2.14a 所示的点处单击以确定圆角位置，系统便在这两个元素间创建圆角。

2.2.9 绘制样条曲线

下面以图 2.2.16 为例，来说明绘制样条曲线的一般操作过程。

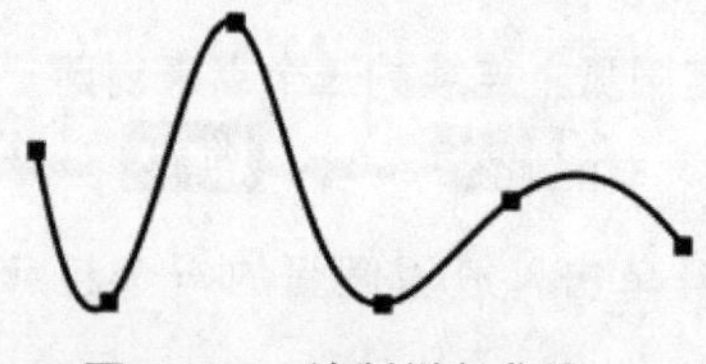

图 2.2.16 绘制样条曲线

步骤 01 选择命令。选择下拉菜单 插入 → 轮廓 ▸ → 样条线 ▸ → 样条线 命令。

步骤 02 定义样条曲线的控制点。单击一系列点，可观察到一条“橡皮筋”样条附着在鼠标指针上。

步骤 03 按两次 Esc 键结束样条线的绘制。

- 当绘制的样条线形成封闭曲线时，系统自动结束样条线的绘制。
- 结束样条线的绘制有三种方法：按两次 Esc 键；单击工具栏中的“样条线”按钮；在绘制轮廓线的结束点位置双击。

2.2.10 绘制点

步骤 01 选择命令。选择下拉菜单 插入 → 轮廓 ▸ → 点 ▸ → 点 命令。

步骤 02 在图形区的某位置单击以放置该点。

2.3 二维草图的编辑

2.3.1 操纵草图中的图元

1. 直线的操纵

CATIA 提供了元素操纵功能，可方便地旋转、拉伸和移动元素。

操纵 1 的操作流程：在图形区，把鼠标指针移到直线上，按下左键不放，同时移动鼠标（此时鼠标指针变为），此时直线随着鼠标指针一起移动（图 2.3.1），达到绘制意图后，松开鼠标左键。

操纵 2 的操作流程：在图形区，把鼠标指针移到直线的某个端点上，按下左键不放，同时移动鼠标，此时会看到直线以另一端点为固定点伸缩或转动（图 2.3.2），达到绘制意图后，松开鼠标左键。

2. 圆的操纵

操纵 1 的操作流程：把鼠标指针移到圆的边线上，按下左键不放，同时移动鼠标，此时会看到圆在变大或缩小（图 2.3.3）。达到绘制意图后，松开鼠标左键。

操纵 2 的操作流程：把鼠标指针移到圆心上，按下左键不放，同时移动鼠标，此时会看到圆随着指针一起移动（图 2.3.4）。达到绘制意图后，松开鼠标左键。

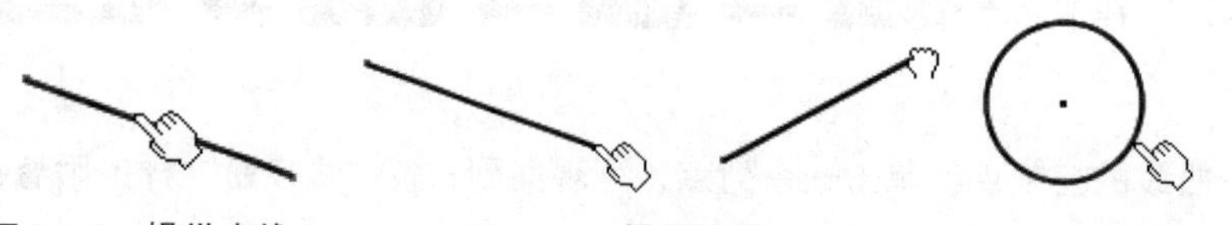
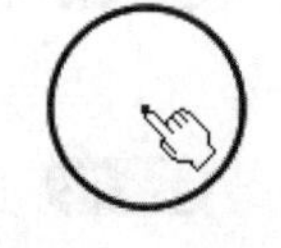

图 2.3.1　操纵直线 1　　图 2.3.2　操纵直线 2　　图 2.3.3　操纵圆 1　　图 2.3.4　操纵圆 2

3. 圆弧的操纵

操纵 1 的操作流程：把鼠标指针移到圆弧上，按下左键不放，同时移动鼠标，此时会看到圆弧随着指针一起移动（图 2.3.5）。达到绘制意图后，松开鼠标左键。

操纵 2 的操作流程：把鼠标指针移到圆弧的圆心点上，按下左键不放，同时移动鼠标，此时圆弧以某一端点为固定点旋转，并且圆弧的包角及半径也在变化（图 2.3.6）。达到绘制意图后，松开鼠标左键。

操纵 3 的操作流程：把鼠标指针移到圆弧的某个端点上，按下左键不放，同时移动鼠标，此时会看到圆弧以另一端点为固定点旋转，并且圆弧的包角也在变化（图 2.3.7）。达到绘制意图后，松开鼠标左键。

图 2.3.5　操纵圆弧 1

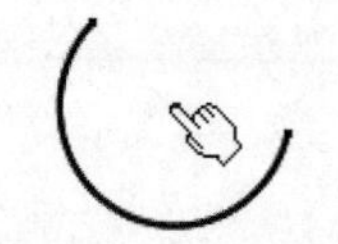

图 2.3.6　操纵圆弧 2

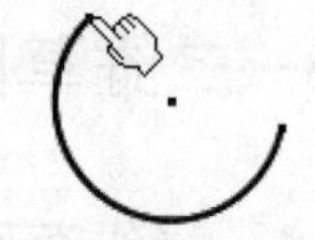

图 2.3.7　操纵圆弧 3

点的操纵很简单，读者不妨自己试一试。

4. 样条曲线的操纵

操纵 1 的操作流程（图 2.3.8）：把鼠标指针移到样条曲线的某个端点上，按住左键不放，同时移动鼠标，此时样条线以另一端点为固定点旋转，同时大小也在变化。达到绘制意图后，松开鼠标左键。

操纵 2 的操作流程（图 2.3.9）：把鼠标指针移到样条曲线的中间点上，按住左键不放，同时移动鼠标，此时样条曲线的拓扑形状（曲率）不断变化。达到绘制意图后，松开鼠标左键。

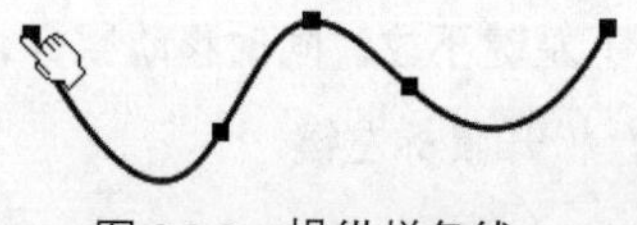

图 2.3.8　操纵样条线 1

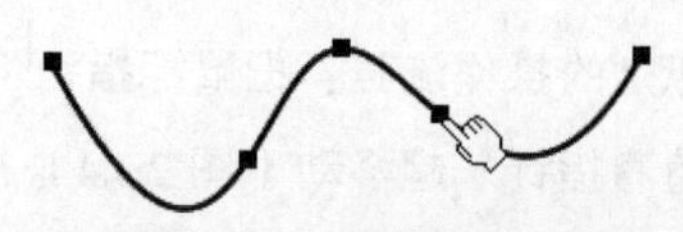

图 2.3.9　操纵样条线 2

2.3.2 删除草图

步骤 01 在图形区单击或框选要删除的元素。

步骤 02 按一下键盘上的 Delete 键，所选元素即被删除。

也可采用下面两种方法删除元素：

- 右击，在弹出的快捷菜单中选择 删除 命令。
- 在 编辑 下拉菜单中选择 删除 命令。

2.3.3 修剪草图

步骤 01 选择命令。选择下拉菜单 插入 → 操作 ▸ → 重新限定 ▸ → 修剪 命令。

步骤 02 定义修剪对象。依次单击两个相交元素上要保留的一侧（如图 2.3.10a）所示的直线 1 的下部分和直线 2 的右部分），修剪结果如图 2.3.10b 所示。

如果所选两元素不相交，系统将自动对其延伸，并将延伸后的线段修剪至交点。

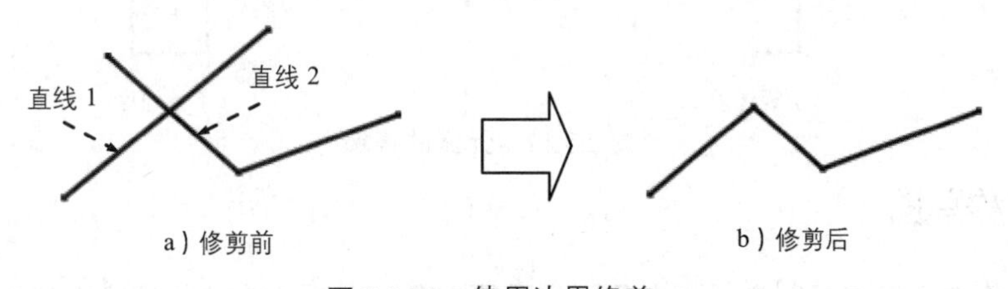

图 2.3.10 使用边界修剪

2.3.4 快速修剪

步骤 01 选择命令。选择下拉菜单 插入 → 操作 ▸ → 重新限定 ▸ → 快速修剪 命令。

步骤 02 定义修剪对象。在图形区选取如图 2.3.11a 所示的直线 1 的下半部分为要剪掉部分。

步骤 03 修剪图形。再次选择下拉菜单 插入 → 操作 ▸ → 重新限定 ▸ → 快速修剪 命令，选取如图 2.3.11a 所示的直线 2 的左半部分为要剪掉部分，修剪结果如图 2.3.11b 所示。

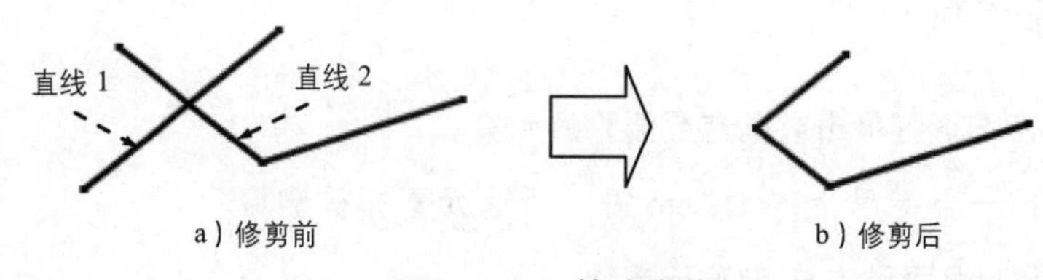

a）修剪前　　b）修剪后

图 2.3.11　快速修剪

2.3.5 镜像草图

镜像操作就是以一条线（或轴）为中心对称复制选择的对象。下面以图 2.3.12 为例，来说明镜像草图的一般操作过程。

步骤 01 打开文件 D:\catrt20\work\ch02.03.05\mirror.CATPart。

步骤 02 选取对象。在图形区选取图 2.3.12a 所示的草图为要镜像的元素。

步骤 03 选择命令。选择下拉菜单 插入 → 操作 ▸ → 变换 ▸ → 镜像 命令。

步骤 04 定义镜像中心线。选取图 2.3.12a 所示的垂直轴线为镜像中心线。

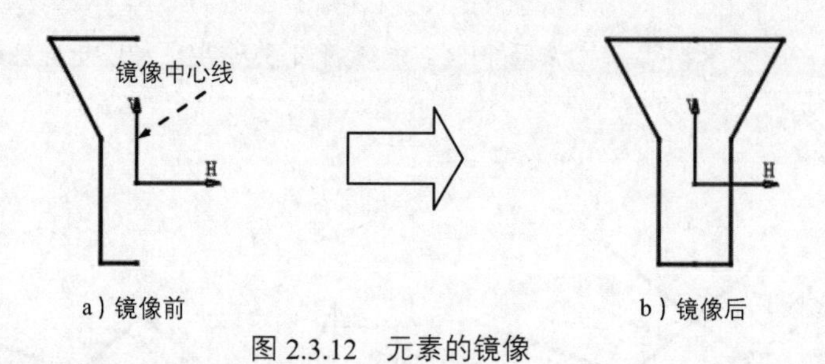

a）镜像前　　b）镜像后

图 2.3.12　元素的镜像

2.3.6 对称草图

对称操作是在镜像复制选择的对象后删除原对象，其操作方法与镜像操作相同，这里不再赘述。

2.3.7 偏移草图

下面以图 2.3.13 为例，来说明偏移草图的一般操作过程。

步骤 01 打开文件 D:\catrt20\work\ch02.03.07\excursion.CATPart。

步骤 02 选取对象。按住 Ctrl 键，在图形区选取图 2.3.13a 所示的所有曲线。

步骤 03 选择命令。选择下拉菜单 插入 → 操作 ▸ → 变换 ▸ → 偏移 命令。

步骤 04 定义偏移位置。在图形区移动鼠标至合适位置单击，完成曲线的偏移操作。

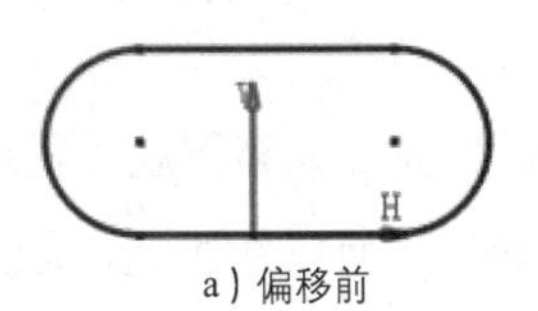
a）偏移前

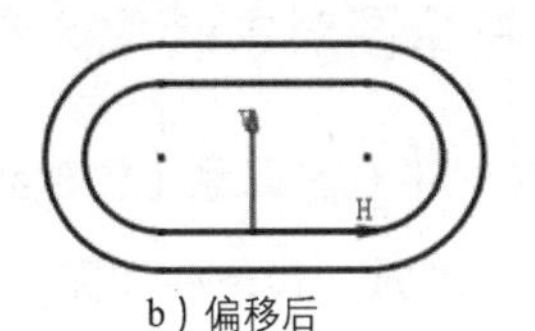

b）偏移后

图 2.3.13 曲线的偏移

2.3.8 缩放草图

下面以图 2.3.14 为例，来说明缩放草图的一般操作过程。

步骤 01 打开文件 D:\catrt20\work\ch02.03.08\scaling.CATPart。

步骤 02 选取对象。在图形区单击或框选（框选时要框住整个元素）图 2.3.14a 所示的所有曲线。

步骤 03 选择命令。选择下拉菜单 插入 → 操作 ▸ → 变换 ▸ → 缩放 命令，系统弹出图 2.3.15 所示的“缩放定义”对话框。

步骤 04 定义是否复制。在“缩放定义”对话框中取消选中 □ 复制模式 复选框。

步骤 05 定义缩放中心点。在图形区单击坐标原点以确定缩放的中心点。此时，“缩放定义”对话框中 缩放 选项组下的文本框被激活。

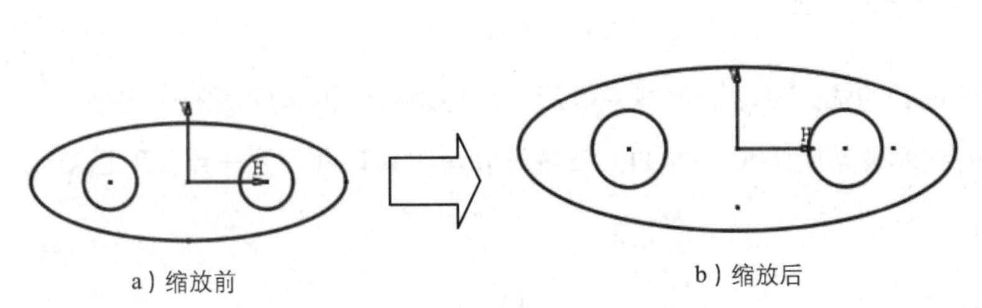
a）缩放前　　b）缩放后

图 2.3.14 “缩放对象”示意图

图 2.3.15 “缩放定义”对话框

步骤 06 定义缩放参数。在 缩放 选项组下的文本框中输入数值 1.4，单击 确定 按钮完成对象的缩放操作。

- 在进行缩放操作时，可以先选择命令，然后再选择需要缩放的对象。
- 在定义缩放值时，可以在图形区中移动鼠标至所需数值，单击即可。

2.3.9 将草图对象转化为参考线

CATIA 中构造元素（构建线）的作用为辅助线（参考线），构造元素以虚线显示。草绘中的直线、圆弧、样条线和椭圆等元素都可以转化为构造元素。下面以图 2.3.16 为例，说明转化创建方法。

步骤 01 打开文件 D:\catrt20\work\ch02.03.09\reference.CATPart。

步骤 02 选取图 2.3.16a 中的大圆。

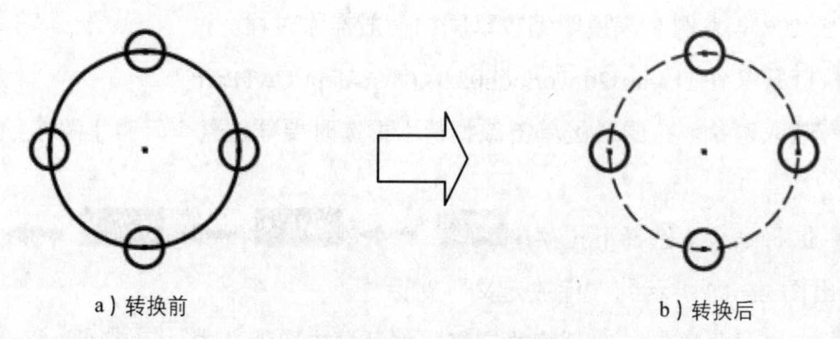

图 2.3.16 将草图对象转化为参考线

步骤 03 在“草绘工具”工具栏中单击“构造/标准元素”按钮，被选取的元素就转化成参考线。

2.4 二维草图中的几何约束

按照工程技术人员的设计习惯，在草绘时或草绘后，希望对绘制的草图增加一些平行、相切、相等、共线等几何约束来帮助定位，CATIA 系统可以很容易地做到这一点。下面对几何约束进行详细的介绍。

2.4.1 几何约束的显示

1. 约束的屏幕显示控制

在“可视化”工具栏中单击“几何图形约束”按钮，即可控制约束符号在屏幕中的显示/关闭。

2. 约束符号颜色含义

- 约束：显示为黑色。
- 鼠标指针所在的约束：显示为橙色。
- 选定的约束：显示为橙色。

2.4.2 几何约束的类型

CATIA 所支持的约束类型见表 2.4.1。

表 2.4.1 CATIA 所支持的约束类型

按 钮	约 束
距离	约束两个指定元素之间的距离（元素可以为点、线、面等）
长度	约束一条直线的长度
角度	定义两个元素之间的角度
半径/直径	定义圆或圆弧的直径或半径
半长轴	定义椭圆的长半轴的长度
半短轴	定义椭圆的短半轴的长度
对称	使两点或两直线对称于某元素
中点	定义点在曲线的中点上
等距点	使空间三个点彼此之间的距离相等
固定	使选定的对象固定
相合	使选定的对象重合
同心度	当两个元素（直线）被指定该约束后，它们的圆心将位于同一点上
相切	使选定的对象相切
平行	当两个元素（直线）被指定该约束后，这两条直线将自动处于平行状态
垂直	当两个元素（直线）被指定该约束后，这两条直线将自动处于垂直状态
水平	使直线处于水平状态
竖直	使直线处于竖直状态

2.4.3 添加几何约束

下面以图 2.4.1 所示的相切约束为例，来说明添加几何约束的一般操作过程。

步骤 01 打开文件 D:\catrt20\work\ch02.04.03\add-restrain.CATPart。

步骤 02 选择对象。按住 Ctrl 键，在图形区选取图 2.4.1a 所示的直线和圆弧边线。

步骤 03 选择命令。选择下拉菜单 插入 → 约束 ▸ → 约束... 命令（或单击"约束"工具栏中的按钮），系统弹出图 2.4.2 所示的"约束定义"对话框。

说明：在"约束定义"对话框中，选取的元素能够添加的所有元素变为可选。

步骤 04 定义约束。在"约束定义"对话框中选中 相切 复选框，单击 确定 按钮，完成相切约束的添加。

步骤 05 重复步骤 02 ~ 步骤 04，可创建其他的约束。

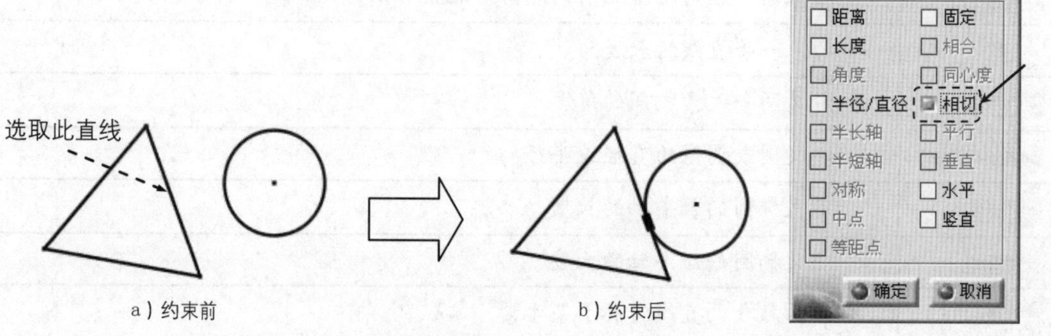

a）约束前　b）约束后

图 2.4.1　元素的相切约束

图 2.4.2　"约束定义"对话框

2.4.4　删除几何约束

下面以图 2.4.3 为例，说明删除约束的一般操作过程。

步骤 01 打开文件 D:\catrt20\work\ch02.04.04\delete-restrain.CATPart。

步骤 02 选择要删除的约束对象。在如图 2.4.4 所示的特征树中单击要删除的约束。

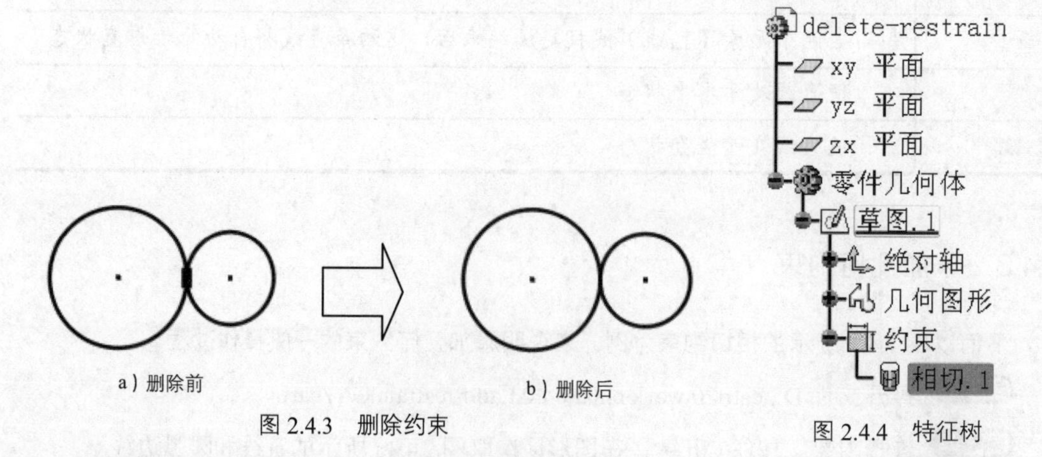

a）删除前　b）删除后

图 2.4.3　删除约束

图 2.4.4　特征树

步骤 03 选择命令。右击，在系统弹出的如图 2.4.5 所示的快捷菜单中选择 删除 命令（或按下 Delete 键），系统删除所选的约束。

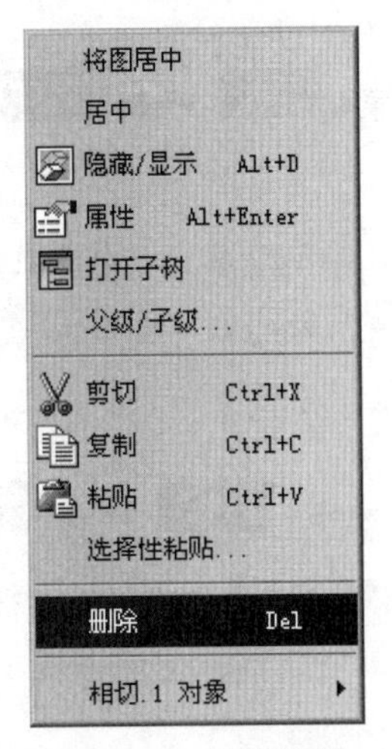

图 2.4.5 快捷菜单

2.5 二维草图中的尺寸约束

草图标注是决定草图中的几何图形的尺寸，如长度、角度、半径和直径等，它是一种以数值来确定草绘元素精确尺寸的约束形式。一般情况下，在绘制草图之后，需要对图形进行尺寸定位，使尺寸满足预定的要求。

2.5.1 尺寸约束（标注）的显示

图 2.5.1 所示的“可视化”工具栏可以用来控制尺寸的显示。单击“可视化”工具栏中的“尺寸约束”按钮（单击后按钮显示为橙色），图形区中显示标注的尺寸；再次单击该按钮，则系统关闭尺寸的显示。

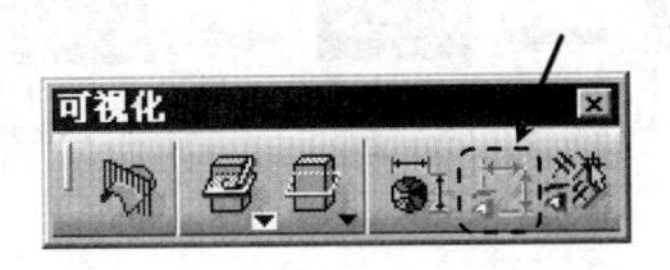

图 2.5.1 “可视化”工具栏

2.5.2 添加尺寸标注

下面来介绍添加尺寸标注几种常用方式，首先打开文件 D:\catrt20\work\ch02.05.02\measurement.CATPart。

1. 线段长度的标注

步骤 01 选择命令。选择下拉菜单 插入 → 约束 ▸ → 约束创建 ▸ → 约束 命令。

步骤 02 选取要标注的元素。单击位置 1 以选取直线，如图 2.5.2 所示。

步骤 03 确定尺寸的放置位置。在位置 2 处单击。

2. 两条平行线间距离的标注

步骤 01 选择下拉菜单 插入 → 约束 ▸ → 约束创建 ▸ → 约束 命令。

步骤 02 分别单击位置 1 和位置 2 以选择两条平行线，然后单击位置 3 以放置尺寸，如图 2.5.3 所示。

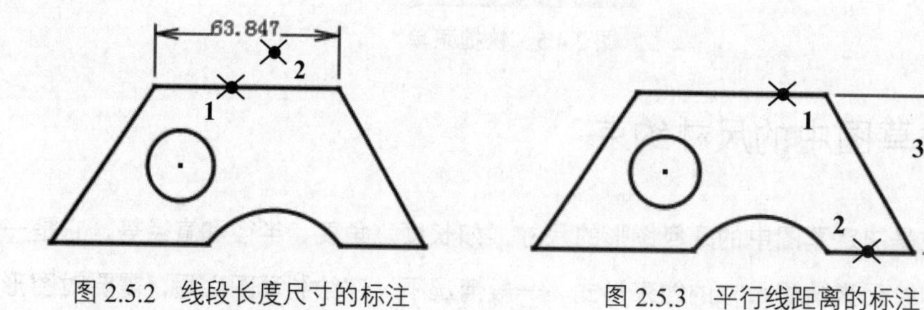

图 2.5.2 线段长度尺寸的标注　　图 2.5.3 平行线距离的标注

3. 点和直线之间距离的标注

步骤 01 选择下拉菜单 插入 → 约束 ▸ → 约束创建 ▸ → 约束 命令。

步骤 02 单击位置 1 以选择点，单击位置 2 以选择直线；单击位置 3 放置尺寸，如图 2.5.4 所示。

4. 两点间距离的标注

步骤 01 选择下拉菜单 插入 → 约束 ▸ → 约束创建 ▸ → 约束 命令。

步骤 02 分别单击位置 1 和位置 2 以选择两点，单击位置 3 放置尺寸，如图 2.5.5 所示。

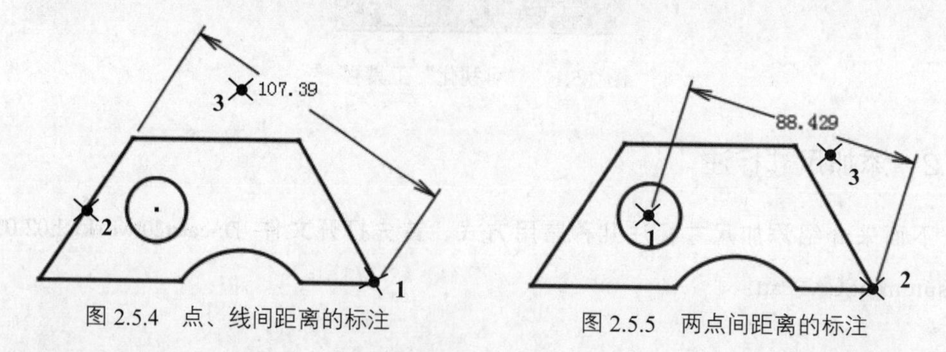

图 2.5.4 点、线间距离的标注　　图 2.5.5 两点间距离的标注

5. 直径的标注

步骤 01 选择下拉菜单 插入 → 约束 ▸ → 约束创建 ▸ → 约束 命令。

步骤 02 选取要标注的元素。单击位置 1 以选择圆，如图 2.5.6 所示。

步骤 03 确定尺寸的放置位置。在位置 2 处单击，如图 2.5.6 所示。

6. 半径的标注

步骤 01 选择下拉菜单 插入 → 约束 ▸ → 约束创建 ▸ → 约束 命令。

步骤 02 单击位置 1 选择圆弧，然后单击位置 2 放置尺寸，如图 2.5.7 所示。

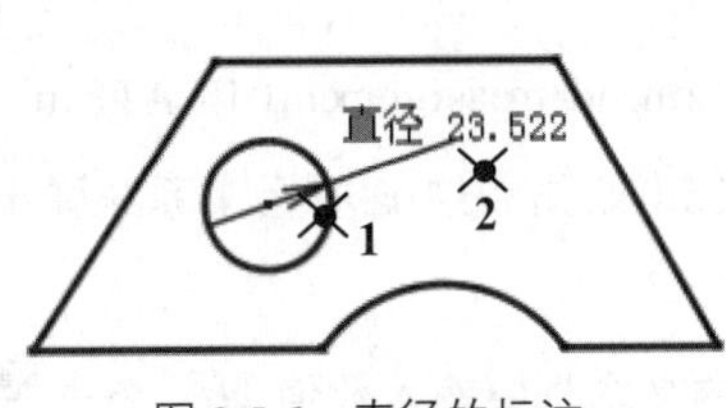

图 2.5.6 直径的标注

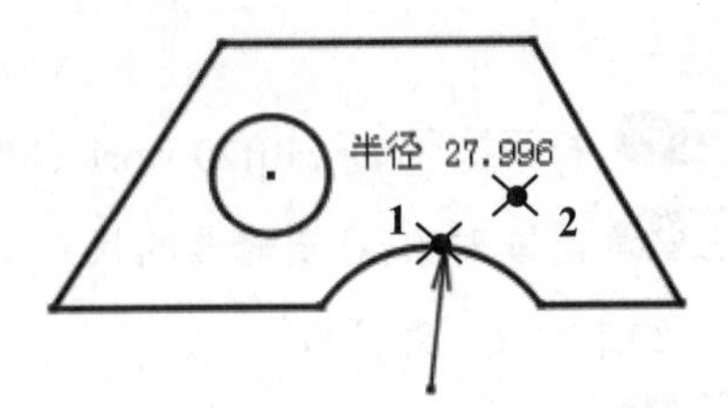

图 2.5.7 半径的标注

7. 两条直线间角度的标注

步骤 01 选择下拉菜单 插入 → 约束 ▸ → 约束创建 ▸ → 约束 命令。

步骤 02 分别在两条直线上选取点 1 和点 2；单击位置 3 放置尺寸（锐角，如图 2.5.8 所示），或单击位置 4 放置尺寸（钝角，如图 2.5.9 所示）。

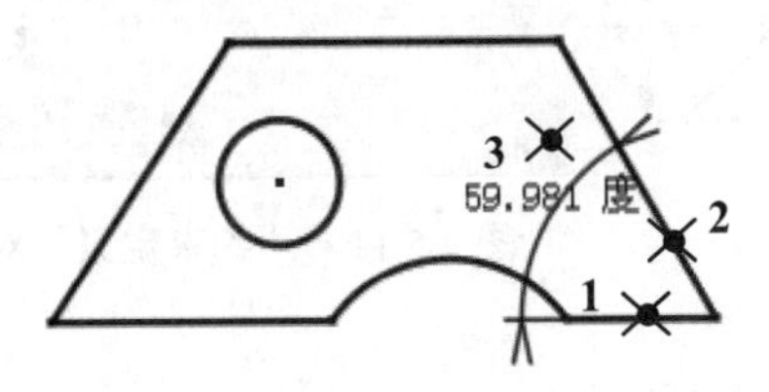

图 2.5.8 两条直线间角度的标注——锐角

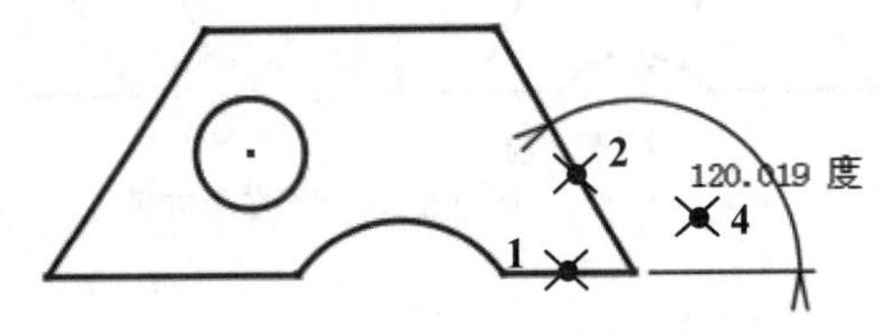

图 2.5.9 两条直线间角度的标注——钝角

2.5.3 尺寸移动

1. 移动尺寸文本

移动尺寸文本的位置，可按以下步骤操作。

步骤 01 单击要移动的尺寸文本。

步骤 02 按下左键并移动鼠标，将尺寸文本拖至所需位置。

2. 移动尺寸线

移动尺寸线的位置，可按下列步骤操作。

步骤 01 单击要移动的尺寸线。

步骤 02 按下左键并移动鼠标，将尺寸线拖至所需位置（尺寸文本随着尺寸线的移动而移动）。

2.5.4 修改尺寸值

有两种方法可修改标注的尺寸值。

方法一：

步骤 01 打开文件 D:\catrt20\work\ch02.05.04\amend-measurement01.CATPart。

步骤 02 选取对象。在要修改的尺寸文本上双击（如图 2.5.10a 所示），系统弹出如图 2.5.11 所示的“约束定义”对话框。

步骤 03 定义参数。在“约束定义”对话框的文本框中输入数值 40，单击 确定 按钮完成尺寸的修改操作，如图 2.5.10b 所示。

步骤 04 重复 步骤 02 ~ 步骤 03，可修改其他尺寸值。

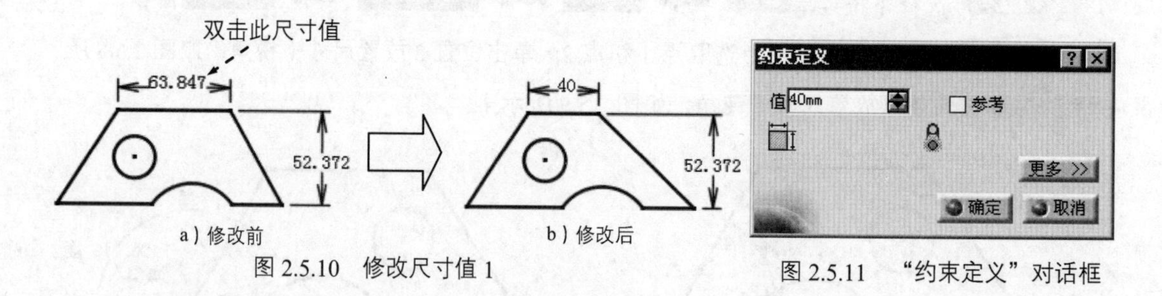

a）修改前　　b）修改后

图 2.5.10　修改尺寸值 1

图 2.5.11　“约束定义”对话框

方法二：

步骤 01 打开文件 D:\catrt20\work\ch02.05.04\amend-measurement02.CATPart。

步骤 02 选择下拉菜单 插入 → 约束 ▸ → 编辑多重约束 命令，系统弹出如图 2.5.12 所示的“编辑多重约束”对话框，图形区中的每一个尺寸约束和尺寸参数都出现在列表框中。

步骤 03 在列表框中选择需要修改的尺寸约束，然后在文本框中输入新的尺寸值。

步骤 04 修改完毕后，单击 确定 按钮。修改后的结果如图 2.5.13 所示。

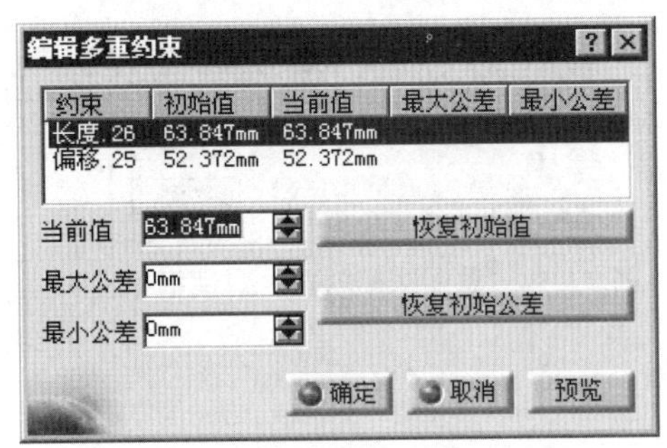

图 2.5.12 “编辑多重约束”对话框

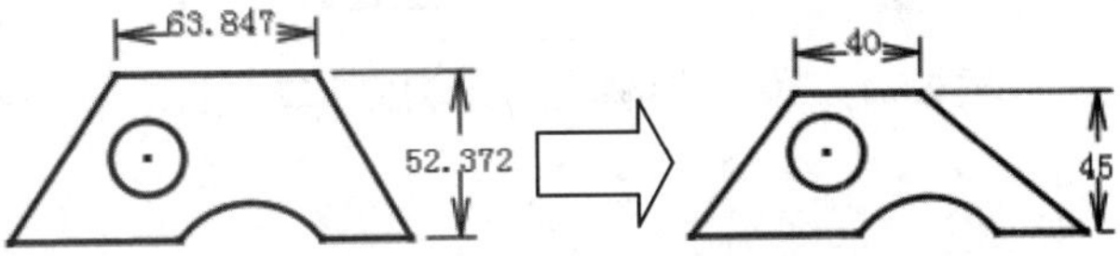

63.847 52.372 40 45

a）修改前 b）修改后

图 2.5.13 修改尺寸值 2

2.6 二维草图检查工具

完成草图的绘制后，应该对它进行一些简单的分析。在分析草图的过程中，系统显示草图未完全约束、已完全约束和过度约束等状态，然后通过此分析可进一步地修改草图，从而使草图完全约束。

2.6.1 草图求解状态

草图求解状态就是对草图轮廓做简单的分析，判断草图是否完全约束。下面介绍草图求解状态的一般操作过程。

步骤 01 打开草图文件 D:\catrt20\work\ch02.06.01\sketch-analysis.CATPart（图 2.6.1）。

步骤 02 在图 2.6.2 所示的“工具”工具栏中，单击“草图求解状态”按钮中的▾，再单击按钮，系统弹出图 2.6.3 所示的“草图求解状态”对话框（一）。此时，对话框中显示“不充分约束”字样，表示该草图未完全约束。

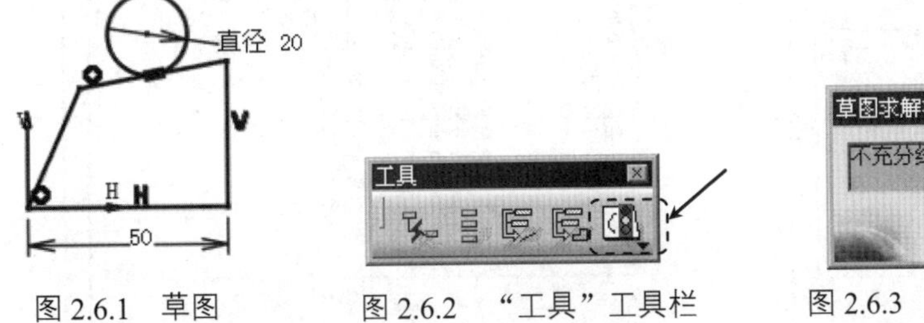

图 2.6.1 草图　　图 2.6.2 “工具”工具栏

图 2.6.3 “草图求解状态”对话框（一）

说明：当草图完全约束和过度约束时，“草图求解状态”对话框分别如图 2.6.4 和图 2.6.5 所示。

图 2.6.4 “草图求解状态”对话框（二）

图 2.6.5 “草图求解状态”对话框（三）

2.6.2 草图分析

利用 工具 下拉菜单中的 草图分析 命令可以对草图几何图形、草图投影/相交和草图状态等进行分析。下面介绍利用“草图分析”命令分析草图的一般操作过程。

步骤 01 打开文件 D:\catrt20\work\ch02.06.02\sketch-analysis.CATPart。

步骤 02 选择下拉菜单 工具 ➡ 草图分析 命令（或在“工具”工具栏中，单击“草图求解状态”按钮中的，再单击按钮），系统弹出图 2.6.6 所示的“草图分析”对话框。

步骤 03 在“草图分析”对话框中单击 诊断 选项卡，其列表框中显示草图中所有的几何图形和约束以及它们的状态（图 2.6.7）。

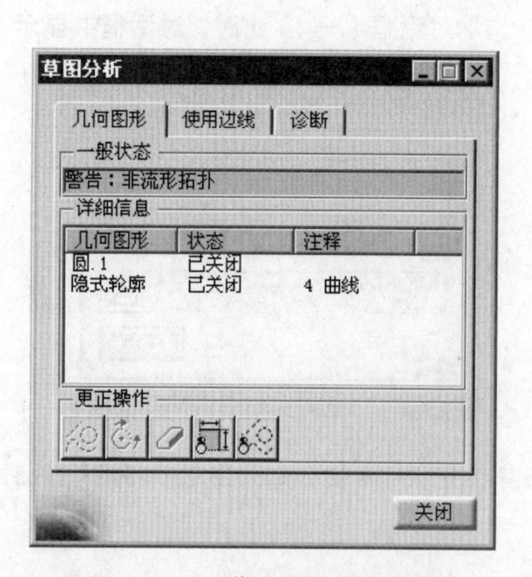

图 2.6.6 “草图分析”对话框

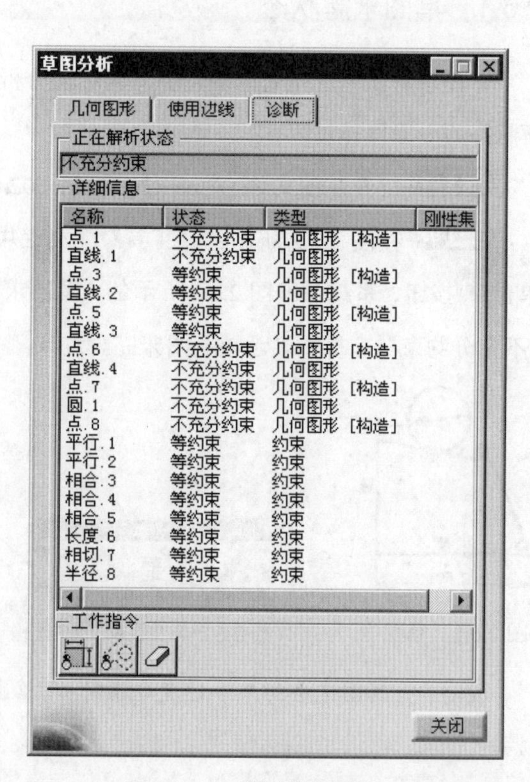

图 2.6.7 “诊断”选项卡

2.7 草图设计综合应用案例一——吊钩截面草图

案例概述：

本案例主要介绍图 2.7.1 所示的吊钩截面草图的绘制、编辑和标注。绘制草图的一般流程是先绘制截面轮廓，然后处理几何约束，再标注尺寸，尺寸标注完毕后，检查草图的约束状态，最后在修改尺寸到最终尺寸。

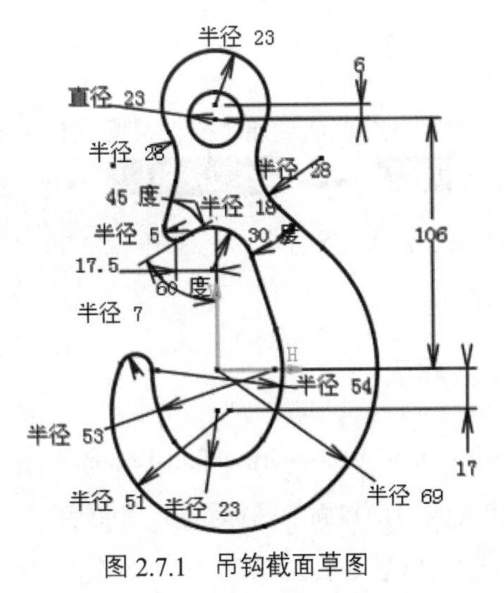

图 2.7.1 吊钩截面草图

2.8 草图设计综合应用案例二——连杆截面草图

案例概述：

本案例主要介绍图 2.8.1 所示的连杆截面草图的绘制过程，其中对该截面草图的绘制以及圆弧之间相切约束的添加是学习的重点和难点，本例绘制过程中应注意让草图尽可能较少的变形，希望广大读者对本例认真领会和思考。

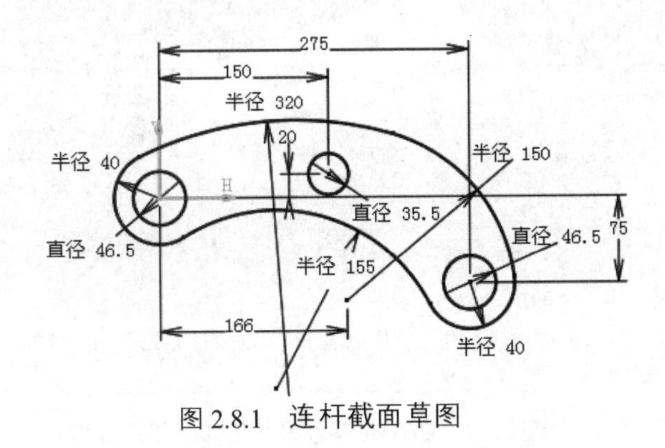

图 2.8.1 连杆截面草图

第 3 章　零件设计

3.1　零件设计工作台简介

3.1.1　进入零件设计工作台

进入 CATIA 软件环境后，系统默认创建了一个装配文件，名称为 Product1，此时应关闭该文件，然后选择下拉菜单 开始 → 机械设计 ▸ → 零件设计 命令，系统弹出"新建零件"对话框，在对话框中输入零件名称，选中 启用混合设计 复选框，单击 确定 按钮，即可进入零件设计工作台。

3.1.2　零件设计工作台界面

在学习本节时，请先打开 D:\catrt20\work\ch03.01\connector-side-plate.CATPart。

CATIA 零件设计工作台的用户界面包括标题栏、下拉菜单区、工具栏区、消息区、特征树区、图形区和功能输入区，如图 3.1.1 所示，其中右工具栏区是零部件工作台的常用工具栏区。

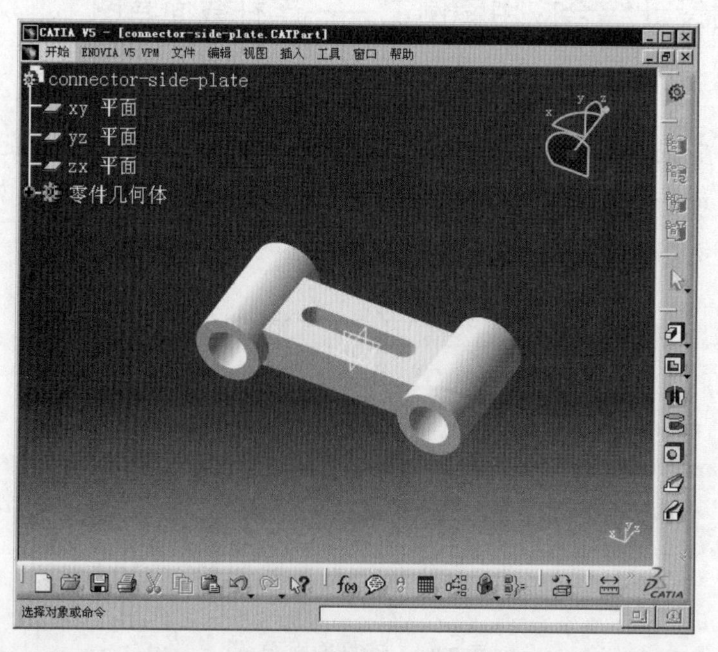

图 3.1.1　CATIA 零件设计工作台用户界面

3.1.3 零件设计工作台的下拉菜单

1. 插入下拉菜单

插入下拉菜单是零件设计工作台中的主要菜单，如图 3.1.2 所示，它的主要功能包括编辑草图、建立基于草图的特征、修饰特征等。

单击插入下拉菜单，即可显示其中的命令，其中大部分命令都以快捷按钮方式出现在屏幕的右工具栏按钮区。

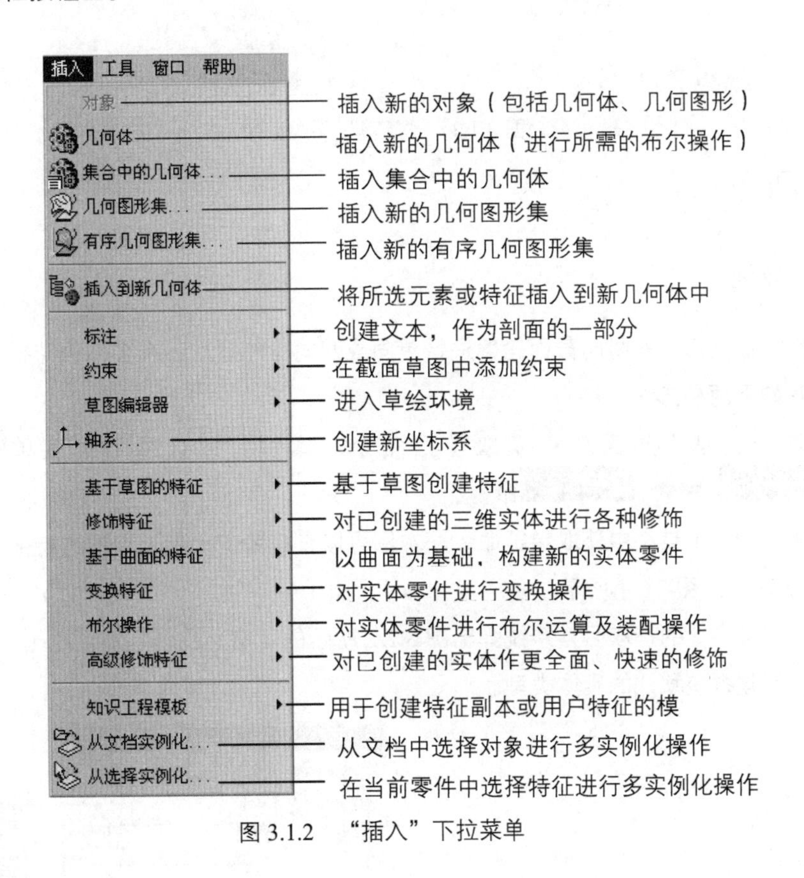

图 3.1.2 “插入”下拉菜单

2. 工具下拉菜单

工具下拉菜单中有两个实用性非常强的命令——显示和隐藏命令（图 3.1.3）。当图形区中元素过多时，为使模型便于观察及操作，可以使用这两个命令进行不同类型元素的显示和隐藏操作。

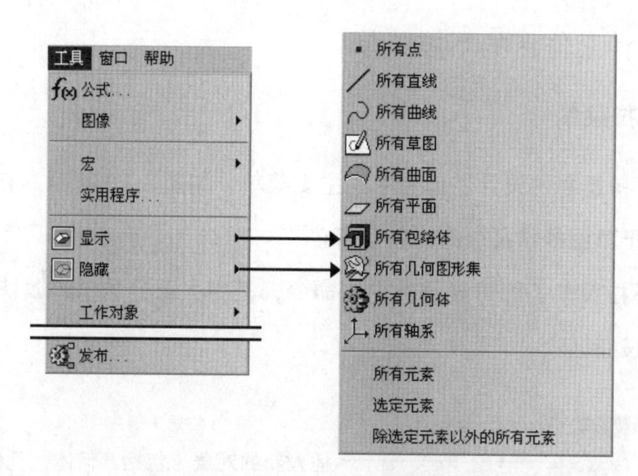

图 3.1.3 “工具”下拉菜单

3.2 凸台

3.2.1 概述

凸台特征是通过对封闭截面轮廓进行单向或双向拉伸建立三维实体的特征。选取特征命令一般有如下两种方法。

方法一：从下拉菜单中获取特征命令。本例可以选择下拉菜单 插入 → 基于草图的特征 → 凸台... 命令。

方法二：从工具栏中获取特征命令。本例可以直接单击“基于草图的特征”工具栏中的 命令按钮，如图 3.2.1 所示。

完成特征命令的选取后，系统弹出图 3.2.2 所示的“定义凸台”对话框（一），不进行选项操作，创建系统默认的实体类型。

图 3.2.1 “基于草图的特征”工具栏

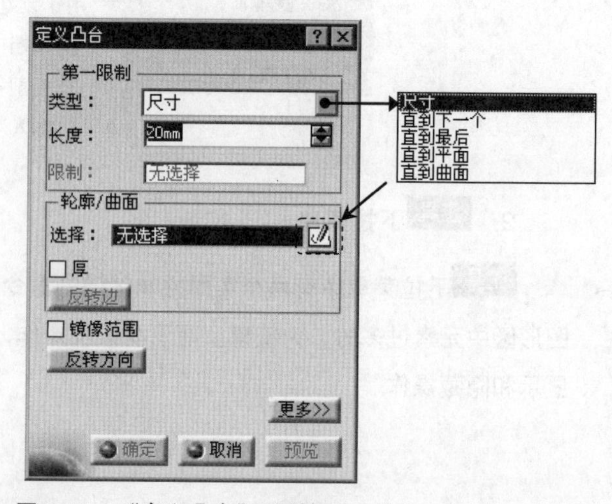

图 3.2.2 “定义凸台”对话框（一）

利用“定义凸台”对话框可以创建实体和薄壁两种类型的特征。

◆ 实体类型：创建实体类型时，特征的截面草图完全由材料填充，如图 3.2.3 所示。

◆ 薄壁类型：在“定义凸台”对话框的轮廓/曲面区域选中厚选项，通过展开对话框的隐藏部分可以将特征定义为薄壁类型（图 3.2.4）。在由草图截面生成实体时，薄壁特征的草图截面则由材料填充成均厚的环，环的内侧或外侧或中心轮廓边是截面草图，如图 3.2.4 所示。

◆ 如图 3.2.5 所示，单击“定义凸台”对话框中第一限制区域的类型：下拉列表，可以选取特征的拉伸深度类型，各选项说明如下。

- 尺寸选项。特征将从草图平面开始，按照所输入的数值（即拉伸深度值）向特征创建的方向一侧进行拉伸。
- 直到下一个选项。特征将拉伸至零件的下一个曲面处终止。

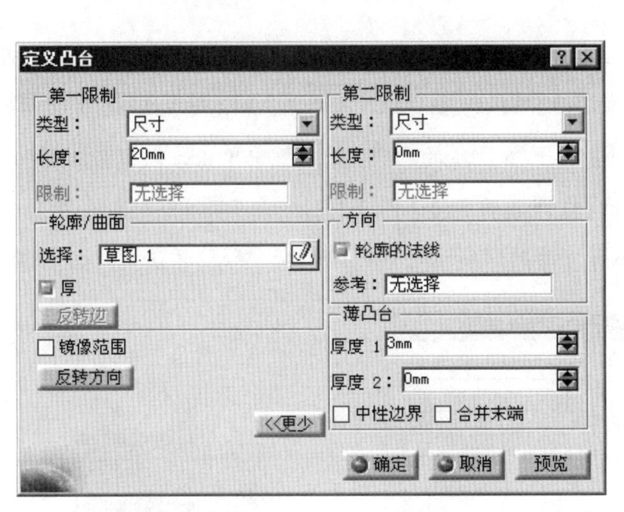

图 3.2.5 “定义凸台”对话框（二）

图 3.2.3 实体类型

图 3.2.4 薄壁类型

- 直到最后选项。特征在拉伸方向上延伸，直至与所有曲面相交。
- 直到平面选项。特征在拉伸方向上延伸，直到与指定的平面相交。
- 直到曲面选项。特征在拉伸方向上延伸，直到与指定的曲面相交。

◆ 选择拉伸深度类型时，要考虑下列规则。

- 如果特征要拉伸至某个终止曲面，则特征截面草图的大小不能超出终止的曲面（或面组）范围。

- 如果特征应终止于其到达的第一个曲面，必须选择 直到下一个 选项。
- 如果特征应终止于其到达的最后曲面，必须选择 直到最后 选项。
- 使用 直到平面 选项时，可以选择一个基准平面（或模型平面）作为终止面。
- 穿过特征没有与深度有关的参数，修改终止平面（或曲面）可改变特征深度。

图 3.2.6 显示了凸台特征的有效拉伸深度选项。

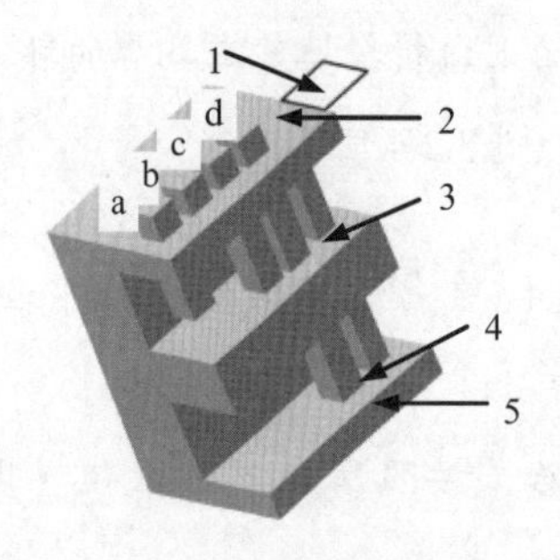

1 —草绘平面　　2 —下一个曲面（平面）

3 、4、5 —模型的其他表面（平面）

a —尺寸　　b —直到下一个

c —直到平面　　d —直到最后

图 3.2.6　拉伸深度选项示意图

退出草绘工作台后，接受系统默认的拉伸方向（截面法向），即进行凸台的法向拉伸。

CATIA V5 中的凸台特征可以通过定义方向来实现法向或斜向拉伸。若不选择拉伸的参考方向，则系统默认为法向拉伸（图 3.2.7）。若在图 3.2.8 所示的“定义凸台”对话框（三）的 方向 区域的 参考： 文本框中单击，则可激活斜向拉伸，这时只要选择一条斜线作为参考方向（图 3.2.9），便可实现实体的斜向拉伸。必须注意的是，作为参考方向的斜线必须事先绘制好，否则无法创建斜实体。

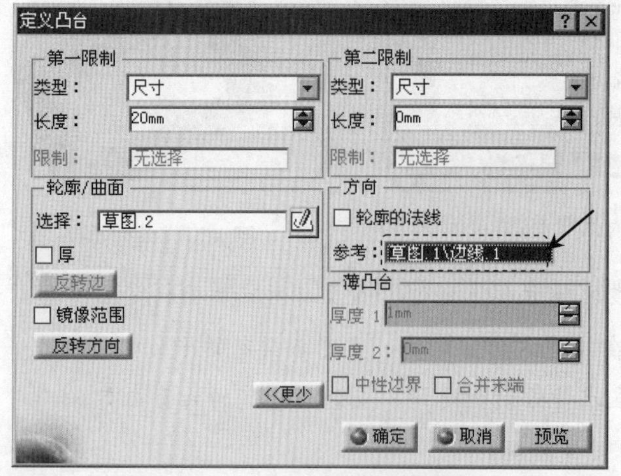

图 3.2.8　“定义凸台”对话框（三）

图 3.2.7　法向拉伸

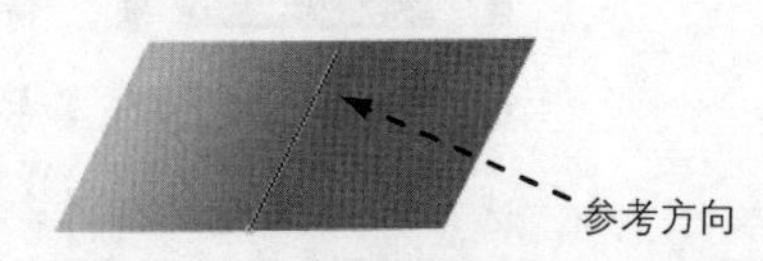

图 3.2.9　选择参考方向

3.2.2 创建凸台特征

下面以图 3.2.10 所示的凸台（Pad）特征为例说明创建凸台特征的一般过程。

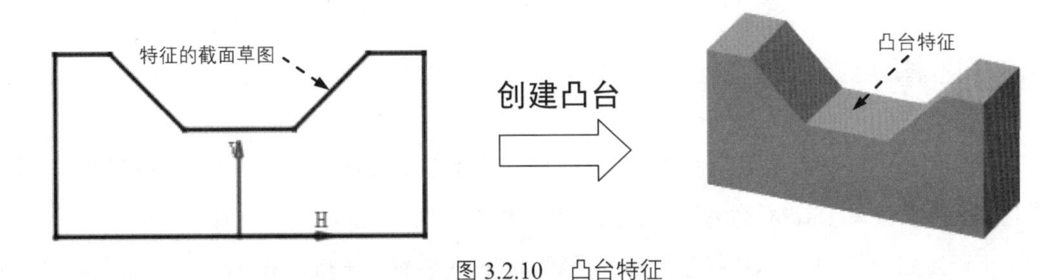

图 3.2.10 凸台特征

步骤 01 选择下拉菜单 文件(F) → 新建... 命令（或在“标准”工具栏中单击 按钮），此时系统弹出“新建”对话框。

步骤 02 选择文件类型。在“新建”对话框的 类型列表: 中选择文件类型为 Part，然后单击对话框中的 确定 按钮，在弹出的“新建零件”对话框中输入文件名称 base。

步骤 03 选择命令。选择下拉菜单 插入(I) → 基于草图的特征 → 凸台... 命令（或单击“基于草图的特征”工具栏中的 按钮），系统弹出“定义凸台”对话框。

步骤 04 创建截面草图。

（1）选择草图命令并选取草图平面。在“定义凸台”对话框中单击 按钮，选取 yz 平面为草图平面，进入草绘工作台。

（2）绘制图 3.2.11 所示的截面草图。完成草图绘制后，单击“工作台”工具栏中的 按钮，退出草绘工作台。

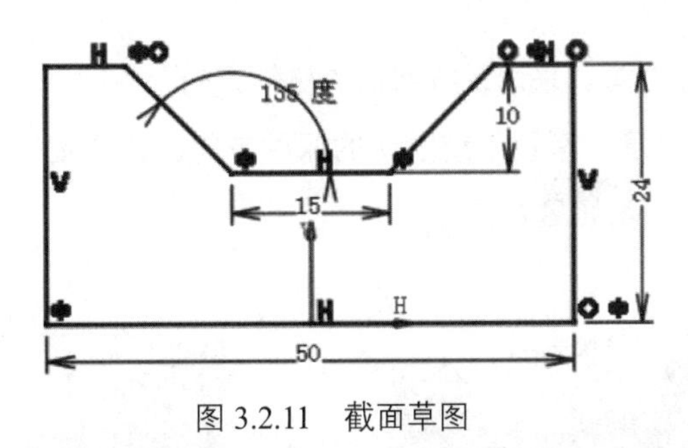

图 3.2.11 截面草图

步骤 05 选取拉伸方向。采用系统默认的拉伸方向（单击 反转方向 按钮，可使特征反向拉伸）。

步骤 06 定义拉伸深度。

（1）选取深度类型。在“定义凸台”对话框 第一限制 区域的 类型: 下拉列表中选取 尺寸选项。

（2）定义深度值。在 长度： 文本框中输入深度值 20.0。

步骤 07 单击“定义凸台”对话框中的 确定 按钮，完成特征的创建。

3.3 凹槽

凹槽特征的创建方法与凸台特征基本一致，只不过凸台是增加实体（加材料特征），而凹槽则是减去实体（减材料特征），其实两者本质上都属于拉伸。

下面以如图 3.3.1 所示的模型为例，说明创建凹槽特征的一般过程。

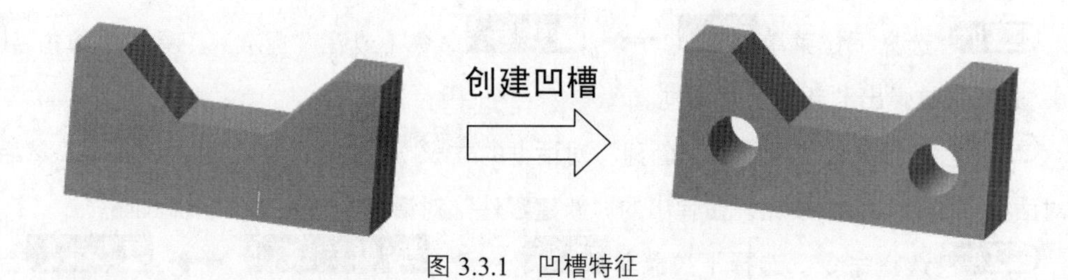

图 3.3.1 凹槽特征

步骤 01 打开文件 D:\catrt20\work\ch03.03\indentation.CATPart。

步骤 02 选择命令。选择下拉菜单 插入 → 基于草图的特征 → 凹槽... 命令（或单击“基于草图的特征”工具栏中的 按钮），系统弹出“定义凹槽”对话框。

步骤 03 创建截面草图。在对话框中单击 按钮，选取如图 3.3.2 所示的模型表面为草绘基准面；在草绘工作台中创建如图 3.3.3 所示的截面草图；单击“工作台”工具栏中的 按钮，退出草绘工作台。

步骤 04 选取拉伸方向。采用系统默认的拉伸方向。

步骤 05 定义拉伸深度。采用系统默认的深度方向；在“定义凹槽”对话框 第一限制 区域的 类型： 下拉列表中选择 直到最后 选项。

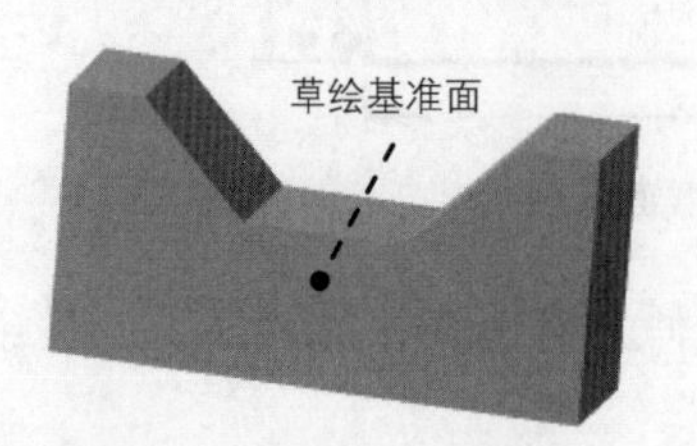

图 3.3.2 选取草绘基准面

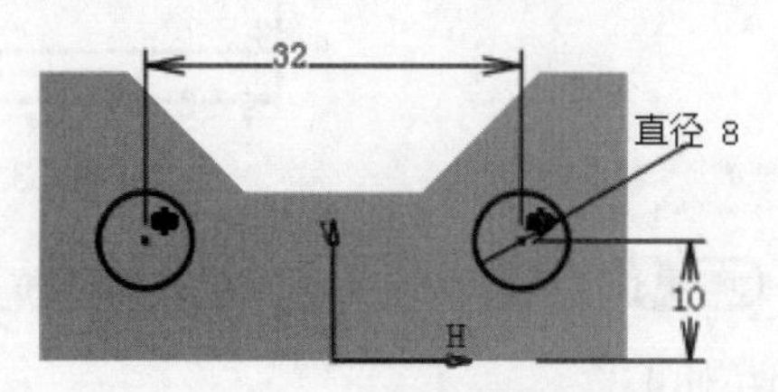

图 3.3.3 截面草图

"定义凹槽"对话框 第一限制 区域的 偏移: 文本框中的数值表示的是偏移凹槽特征拉伸终止面的距离。

步骤 06 单击"定义凹槽"对话框中的 确定 按钮，完成特征的创建。

3.4 旋转体

3.4.1 概述

旋转体特征是将截面草图绕着一条轴线旋转以形成实体的特征，如图 3.4.1 所示。旋转体特征分为旋转体和薄旋转体。旋转体的截面必须是封闭的，而薄旋转体截面则可以不封闭。

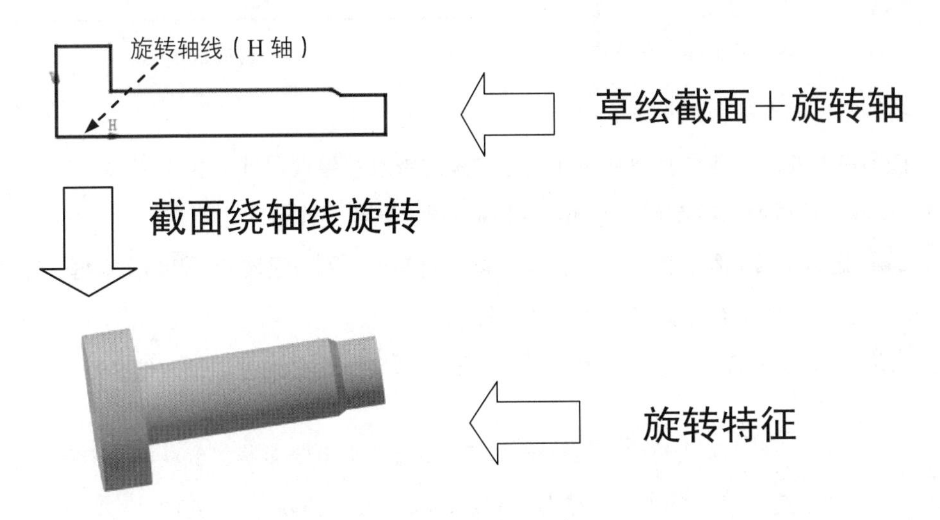

图 3.4.1 旋转体特征示意图

3.4.2 创建旋转体特征

步骤 01 在零件工作台中新建一个文件，命名为 revolve1。

步骤 02 选择命令。选择下拉菜单 插入 → 基于草图的特征 → 旋转体... 命令（或单击"基于草图的特征"工具栏中的按钮），系统弹出图 3.4.2 所示的"定义旋转体"对话框。

步骤 03 定义截面草图。

（1）选择草图平面。单击对话框中的按钮，选择 XY 平面为草图平面，进入草绘工作台。

（2）绘制图3.4.3所示的截面草图。

图3.4.2 “定义旋转体”对话框

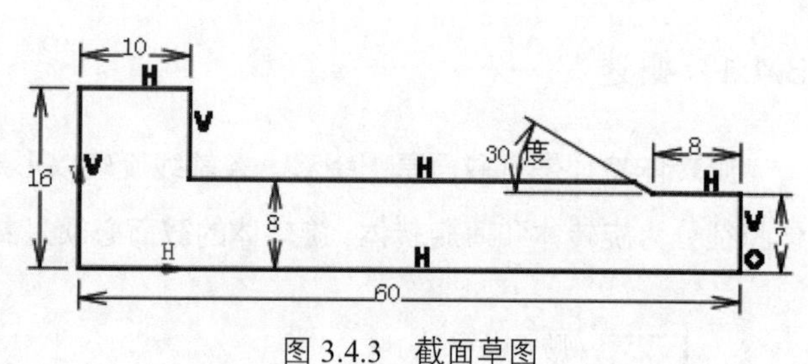

图3.4.3 截面草图

① 绘制几何图形的大致轮廓。

② 按图中的要求，建立几何约束和尺寸约束，修改并整理尺寸。

（3）完成特征截面的绘制后，单击按钮，退出草绘工作台。

步骤 04 定义旋转轴线。激活“定义旋转体”对话框 轴线 区域的 选择： 文本框，在图形区选择长度值为60的直线作为旋转体的中心轴线。

步骤 05 定义旋转角度。在对话框 限制 区域的 第一角度： 文本框中输入值360°。

限制 区域的 第一角度： 文本框中的值，表示截面草图绕旋转轴沿逆时针转过的角度，第二角度： 中的值与之相反，二者之和必须小于360°。

步骤 06 单击对话框中的 确定 按钮，完成旋转体的创建。

◆ 旋转截面必须有一条轴线，围绕轴线旋转的草图只能在该轴线的一侧。

◆ 如果轴线和轮廓是在同一个草图中，系统会自动识别。

“定义旋转体”对话框中的 第一角度： 和 第二角度： 的区别在于：第一角度： 是以逆时针方向为正向，从草图平面到起始位置所转过的角度；而 第二角度： 是以顺时针方向为正向，从草图平面到终止位置所转过的角度。

3.5 旋转槽

旋转槽特征是将截面草图绕着一条轴线旋转成体并从另外的实体中切去。下面说明创建旋转槽的详细过程。

步骤 01 打开文件 D:\catrt20\work\ch03.05\revolve-groove.CATPart。

步骤 02 选择命令。选择下拉菜单 插入 → 基于草图的特征 → 旋转槽... 命令，系统弹出“定义旋转槽”对话框。

步骤 03 定义截面草图。

（1）选择草图平面。单击对话框中的按钮，选择 yz 平面为草图平面，系统进入草绘工作台。

（2）绘制截面草图，如图 3.5.1 所示。

（3）完成特征截面的绘制后，单击按钮，退出草绘工作台。

步骤 04 定义旋转轴线。单击“定义旋转体”对话框 轴线 区域的 选择： 文本框后，在图形区中选择图 3.5.1 所示的直线作为旋转体的中心轴线。

步骤 05 定义旋转角度。在对话框 限制 区域的 第一角度： 文本框中输入数值 360。

步骤 06 单击对话框中的 确定 按钮，完成旋转槽的创建，结果如图 3.5.2 所示。

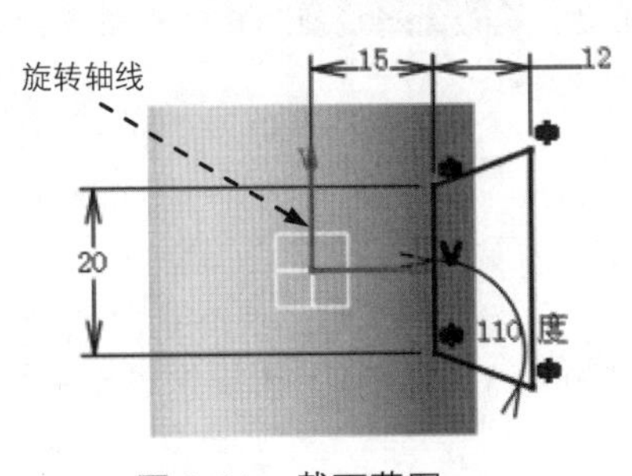

图 3.5.1 截面草图

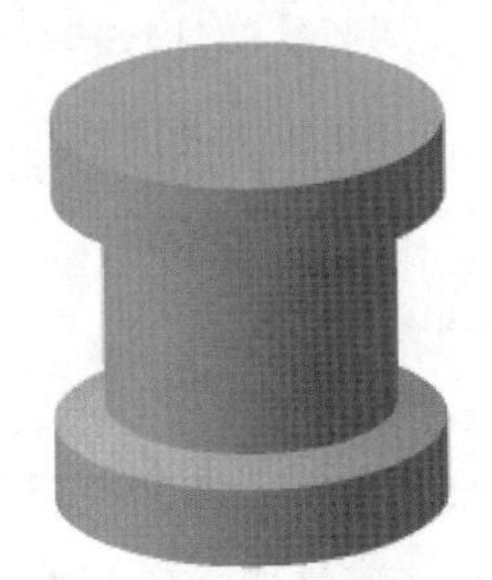

图 3.5.2 旋转槽特征

3.6 倒角

下面以图 3.6.1 为例说明创建倒角特征的一般过程。

步骤 01 打开文件 D:\catrt20\work\ch03.06\chamfer.CATPart。

步骤 02 选择命令。选择下拉菜单 插入 → 修饰特征 → 倒角... 命令，系统弹出“定义倒角”对话框。

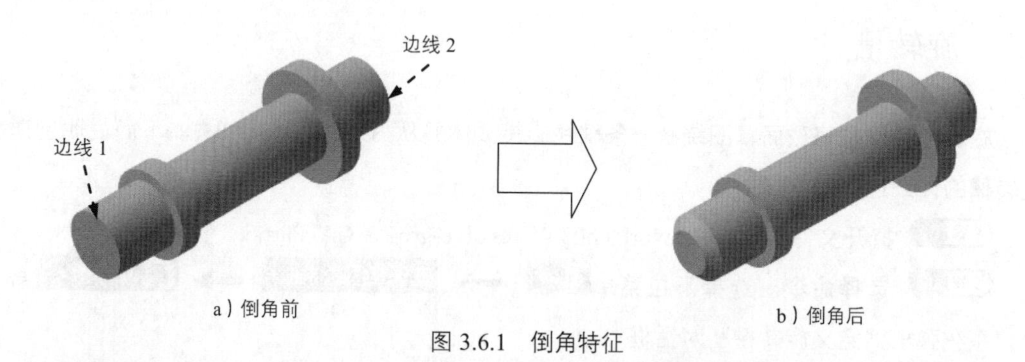

a）倒角前　　b）倒角后

图 3.6.1　倒角特征

步骤 03 选择要倒角的对象。在 拓展： 下拉列表中选择 相切 选项，选取图 3.6.1a 所示的边线 1、2 为要倒角的对象。

步骤 04 定义倒角参数。

（1）定义倒角模式。在 模式： 下拉菜单中选择 长度 1/角度 选项。

（2）定义倒角尺寸。在 长度 1： 和 角度： 文本框中分别输入数值 2 和 45。

步骤 05 单击对话框中的 确定 按钮，完成倒角特征的定义。

◆ "定义倒角" 对话框的 模式： 下拉列表用于定义倒角的表示方法，模式中有两种类型：长度 1/角度 设置的数值中，长度 1： 表示一个面的切除长度，角度： 表示斜面和切除面所成的角度；长度 1/长度 2 设置的数值分别表示两个面的切除长度。

3.7　倒圆

倒圆特征是零件工作台中非常重要的修饰特征，CATIA V5 中提供了三种倒圆的方法，用户可以根据不同情况进行倒圆操作。

下面以图 3.7.1 所示的模型为例，说明创建倒圆特征的一般过程。

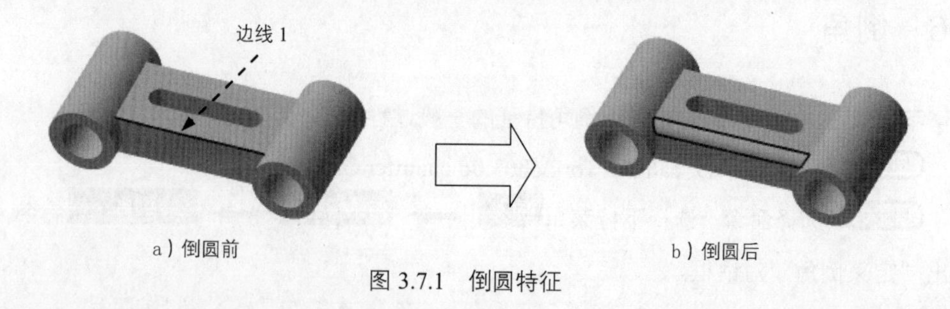

a）倒圆前　　b）倒圆后

图 3.7.1　倒圆特征

步骤01 打开文件 D:\catrt20\work\ch03.07\fillet-01.CATPart。

步骤02 选择命令。选择下拉菜单 插入 → 修饰特征 ▸ → 倒圆角... 命令（或单击“修饰特征”工具栏中的按钮），系统弹出“倒圆角定义”对话框。

步骤03 定义要倒圆的对象。在“倒圆角定义”对话框的 选择模式： 下拉列表中选择 相切 选项，然后在系统 选择边线或面以便编辑圆角。 提示下，选择图 3.7.1 所示的边线 1 为要倒圆的对象。

步骤04 定义倒圆半径。在对话框的 半径： 文本框中输入数值 10.0。

步骤05 单击对话框中的 确定 按钮，完成倒圆特征的创建。

说明：

- 在对话框的 拓展： 下拉列表中选择 相切 选项时，要圆角化的对象只能为面或锐边，且在选取对象时模型中与所选对象相切的边线也将被选择；选择 最小 选项时，要圆角化的对象只能为面或锐边，且系统只对所选对象进行操作；选择 相交 选项时，要圆角化的对象只能为特征，且系统只对与所选特征相交的锐边进行操作；选择 与选定特征相交 选项时，要圆角化的对象只能为特征，且还要选择一个与其相交的特征为相交对象，系统只对相交时所产生的锐边进行操作。
- 利用“倒圆角定义”对话框还可创建面倒圆特征。选择图 3.7.2 所示的模型表面 1 作为要倒圆的对象，再定义倒圆参数即可完成特征的创建。

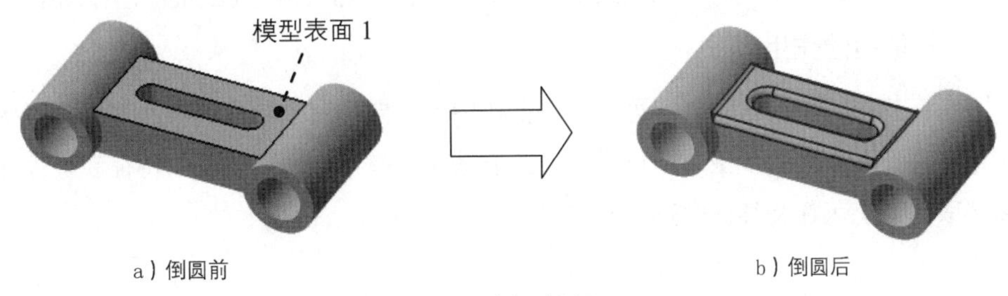

a）倒圆前　　b）倒圆后

图 3.7.2　面倒圆特征

- 单击“倒圆角定义”对话框中的 更多>> 按钮，对话框变为图 3.7.3 所示的“倒圆角定义”对话框，在对话框可以选择要保留的边线和限制元素等（限制元素即倒圆的边界）。

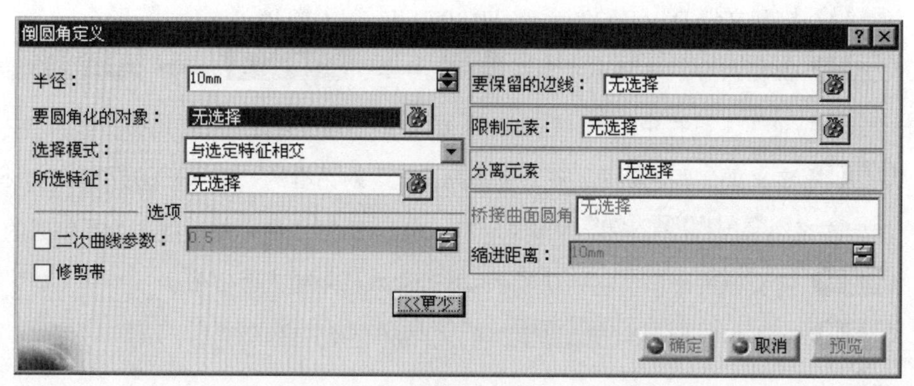

图 3.7.3 “倒圆角定义”对话框

3.8 CATIA V5 特征树的作用及操作

CATIA V5 特征树的功能是以树的形式显示当前活动模型中的所有特征或零件，在树的顶部显示根（主）对象，并将从属对象（零件或特征）置于其下，一般出现在屏幕左侧。在零件模型中，特征树列表的顶部是零部件名称，零部件名称下方是每个特征的名称；在装配体模型中，特征树列表的顶部是总装配，总装配下是各子装配和零件，每个子装配下方则是该子装配中每个零件的名称，每个零件名的下方是零件的各个特征的名称。

如果打开了多个 CATIA 窗口，则特征树内容只反映当前活动文件（即活动窗口中的模型文件）。

在学习本节时，请先打开 D:\catrt20\work\ch03.08\connector-side-plate.CATPart。

1. 特征树的作用

（1）在特征树中选取对象。可以从特征树中选取要编辑的特征或零件对象，当要选取的特征或零件在图形区的模型中不可见时，此方法尤为有用；当要选取的特征和零件在模型中禁用选取时，仍可在特征树中进行选取操作。

CATIA 的特征树中列出了特征的几何图形（即草图的从属对象），但在特征树中，几何图形的选取必须是在草绘状态下。

（2）在特征树中使用快捷命令。右击特征树中的特征名或零件名，可打开一个快捷菜单，从中可选择相对于选定对象的特定操作命令。

2. 特征树的操作

（1）特征树的平移与缩放。

方法一：在 CATIA V5 软件环境下，滚动鼠标滚轮可使特征树上下移动。

方法二：单击图 3.8.1 所示图形区右下角的坐标系，模型颜色将变灰暗，此时，按住中键不放移动鼠标，特征树将随鼠标移动而平移；按住鼠标中键不放，再右击，上移鼠标可放大特征树，下移鼠标可缩小特征树（若要重新用鼠标操纵模型，需再单击坐标系）。

（2）特征树的显示与隐藏。

方法一：选择下拉菜单 视图 → 规格 命令（或按 F3 键），可以切换特征树的显示与隐藏状态。

方法二：选择下拉菜单 工具 → 选项... 命令，系统弹出“选项”对话框，选中对话框左侧 常规 下的 显示 选项，通过 树外观 选项卡中的 树显示/不显示模式 复选框可以调整特征树的显示与隐藏状态。

（3）特征树的折叠与展开。

方法一：单击特征树根对象左侧的 ➕ 按钮，可以展开对应的从属对象，单击根对象左侧的 ➖ 按钮，可以折叠对应的从属对象。

方法二：选择下拉菜单 视图 → 树展开 ▸ 命令，在图 3.8.2 所示的下拉菜单中可以控制特征树的展开和折叠。

在用鼠标对特征树进行缩放时，可能将特征树缩为无限小，此时用特征树的“显示与隐藏”操作是无法使特征树复原的，使特征树重新显示的方法是：单击图 3.8.1 所示的坐标系，然后在图形区右击，从系统弹出的快捷菜单中选择 重新构造图形 选项，即可使特征树重新显示。

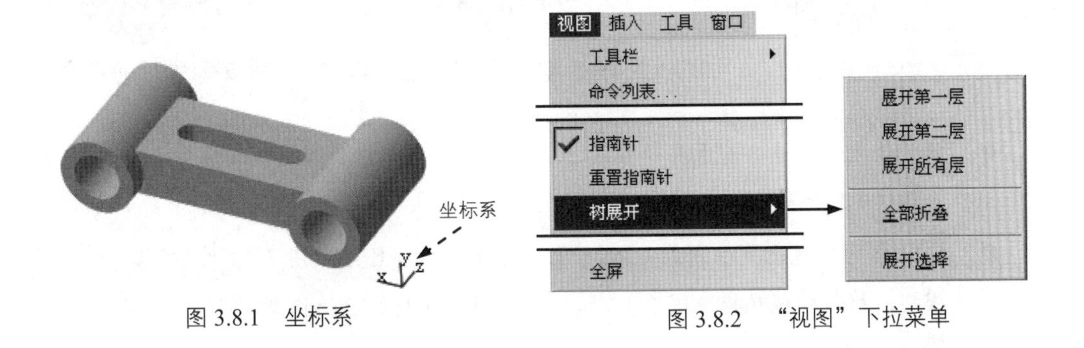

图 3.8.1 坐标系

图 3.8.2 “视图”下拉菜单

3. 修改模型名称

右击位于特征树顶部的零件名称，在系统弹出的快捷菜单中选择 属性 命令，然后在弹出的“属性”对话框中选择 产品 选项卡，通过 零件编号 文本框即可修改模型的名称。

装配模型名称的修改方法与上面介绍的相同：在装配特征树中，选取某个部件，然后右击，选择 属性 命令，通过 零件编号 文本框，即可修改所选部件的名称。

3.9 零件模型的显示方式与控制

学习本节时，请先打开模型文件 D:\catrt20\work\ch03.09\connector-side-plate-01.CATPart。

3.9.1 零件模型的显示方式

对于模型的显示，CATIA 提供了六种方法，可通过选择下拉菜单 视图 → 渲染样式 ▸ 命令，或单击“视图（V）”工具栏中 按钮右下方的小三角形，从弹出的“视图方式”工具栏中选择显示方式。

- ◆ （着色显示方式）：单击此按钮，只对模型表面着色，不显示边线轮廓，如图 3.9.1 所示。
- ◆ （含边线着色显示方式）：单击此按钮，显示模型表面，同时显示边线轮廓，如图 3.9.2 所示。
- ◆ （带边着色但不光顺显示方式）：这是一种渲染方式，也显示模型的边线轮廓，但是光滑连接面之间的边线不显示出来，如图 3.9.3 所示。

图 3.9.1 着色显示方式

图 3.9.2 含边线着色显示方式

图 3.9.3 带边着色但不光顺显示方式

- ◆ （含边和隐藏边着色显示方式）：显示模型可见的边线轮廓和不可见的边线轮廓，如图 3.9.4 所示。
- ◆ （含材料着色显示方式）：这种显示方式可以将已经应用了新材料的模型显示出模型的材料外观属性。图 3.9.5 所示即应用了新材料后的模型显示。
- ◆ （线框显示方式）：单击此按钮，模型将以线框状态显示，如图 3.9.6 所示。

图 3.9.4　含边和隐藏边着色显示方式

图 3.9.5　含材料着色显示方式

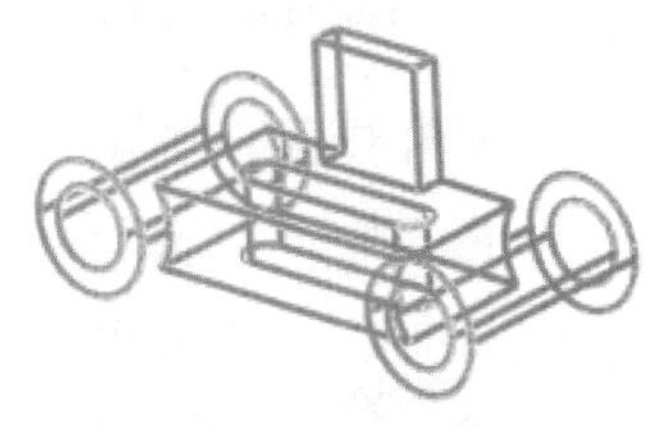
图 3.9.6　线框显示方式

选择下拉菜单 视图 → 渲染样式 ▸ → 自定义视图 命令，系统将弹出“视图模式自定义”对话框，用户可以根据自己的需要选择模型的显示方式。

3.9.2　零件模型的平移、旋转与缩放控制

视图的平移、旋转与缩放等操作只改变模型的视图方位而不改变模型的实际大小和空间位置，是零部件设计中的常用操作，操作方法叙述如下。

1. 平移视图的操作方法

方法一：选择下拉菜单 视图 → 平移 命令，在图形区按住左键不放并移动鼠标，此时模型会随鼠标移动而平移。

方法二：按住鼠标中键不放并移动鼠标，模型将随鼠标移动而平移。

2. 旋转视图的操作方法

方法一：选择下拉菜单 视图 → 旋转 命令，然后在图形区按住左键并移动鼠标，此时模型会随鼠标移动而旋转。

方法二：先按住鼠标中键，再按住鼠标左（或右）键不放并移动鼠标，模型将随鼠标移动而旋转（单击鼠标中键可以确定旋转中心）。

3. 缩放视图的操作方法

方法一：选择下拉菜单 视图 → 缩放 命令，然后在图形区按住左键并移动鼠标，此时模型会随鼠标移动而缩放，向上可使视图放大，向下则使视图缩小。

方法二：选择下拉菜单 视图 → 修改 ▸ → 放大 命令，可使视图放大。

方法三：选择下拉菜单 视图 → 修改 ▸ → 缩小 命令，可使视图缩小。

方法四：按住鼠标中键不放，再单击或右击，光标变成一个上下指向的箭头，向上移动鼠标可将视图放大，向下移动鼠标是缩小视图。

若缩放过度使模型无法显示清楚，可在“视图”工具栏中单击按钮，使模型填满整个图形区。

3.9.3 视图定向操作

利用模型的“定向”功能可以将绘图区中的模型精确定向到某个视图方向。

在“视图”工具栏中单击按钮右下方的小三角形，可以展开图 3.9.7 所示的“快速查看”工具栏，工具栏中的按钮介绍如下（视图的默认方位如图 3.9.8 所示）。

- ◆ （等轴测视图）：单击此按钮，可将模型视图旋转到等轴三维视图模式，如图 3.9.9 所示。

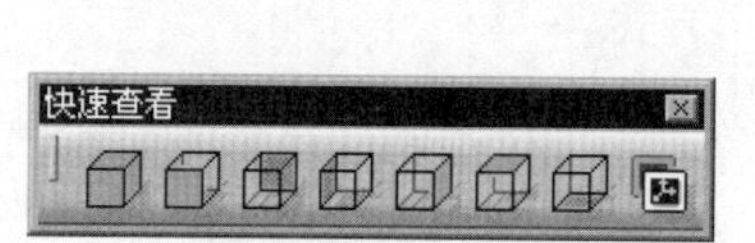

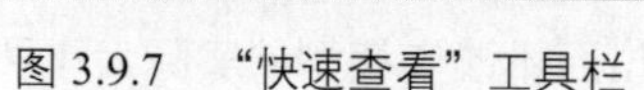

图 3.9.7 “快速查看”工具栏

图 3.9.8 默认方位

图 3.9.9 等轴测视图

- ◆ （正视图）：沿着 x 轴正向查看得到的视图，如图 3.9.10 所示。
- ◆ （背视图）：沿着 x 轴负向查看得到的视图，如图 3.9.11 所示。
- ◆ （左视图）：沿着 y 轴正向查看得到的视图，如图 3.9.12 所示。

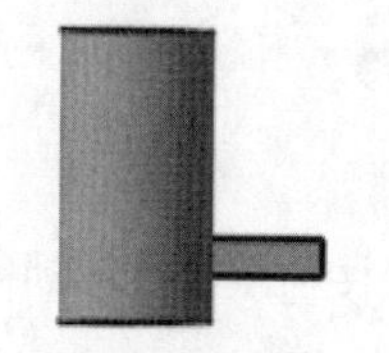

图 3.9.10 正视图

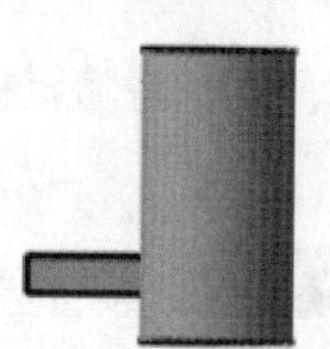

图 3.9.11 背视图

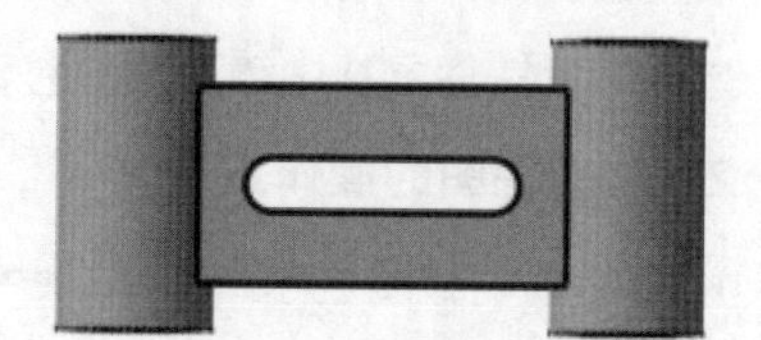

图 3.9.12 左视图

- ◆ （右视图）：沿着 y 轴负向查看得到的视图，如图 3.913 所示。
- ◆ （俯视图）：沿着 z 轴负向查看得到的视图，如图 3.9.14 所示。
- ◆ （仰视图）：沿着 z 轴正向查看得到的视图，如图 3.9.15 所示。

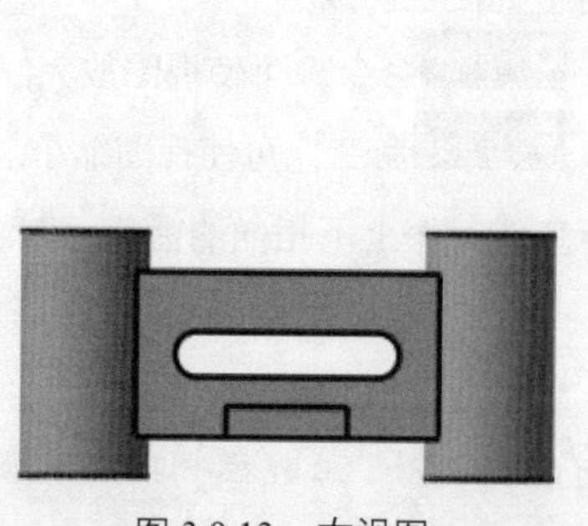

图 3.9.13 右视图

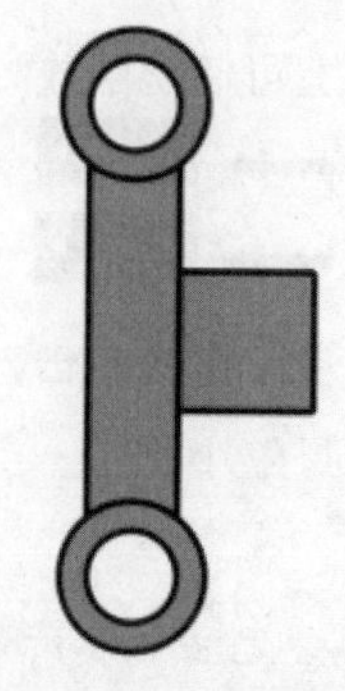

图 3.9.14 俯视图

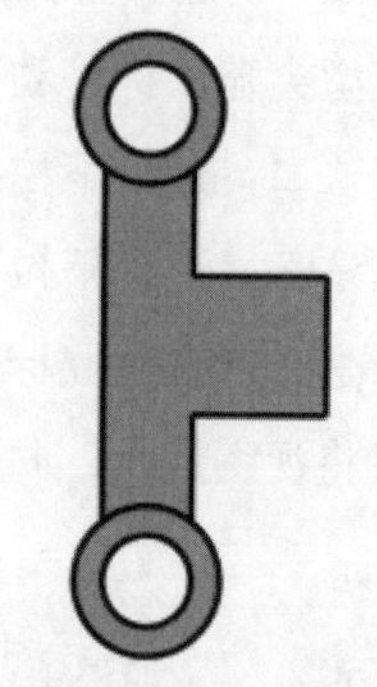

图 3.9.15 仰视图

◆ (已命名的视图)：这是一个定制视图方向的命令，用于保存某个特定的视图方位，若用户需要经常查看某个模型方位，可以将该模型方位通过命名保存起来，然后单击按钮，便可找到已命名的这个视图方位。

定制视图方向的操作方法如下。

（1）将模型旋转到预定视图方位，在“快速查看”工具栏中单击按钮，系统弹出 “已命名的视图”对话框。

（2）在“已命名的视图”对话框中单击添加按钮，系统自动将此视图方位添加到对话框的视图列表中，并将之命名为 camera 1（也可输入其他名称，如 C1）。

（3）单击“已命名的视图”对话框中的确定按钮，完成视图方位的定制。

（4）将模型旋转后，单击按钮，在“已命名的视图”对话框的视图列表中，选中 camera 1 视图，然后单击对话框中的确定按钮，即可观察到模型快速回到 camera 1 视图方位。

◆ 如要重新定义视图方位，只需旋转到预定的角度，再单击“已命名的视图”对话框中的修改按钮即可。
◆ 单击“已命名的视图”对话框中的反转按钮，即可反转当前的视图方位。
◆ 单击“已命名的视图”对话框中的属性按钮，系统弹出“相机属性”对话框，在该对话框中可以修改视图方位的相关属性。

3.10 CATIA V5 的层操作

3.10.1 概述

CATIA V5 中提供了一种有效组织管理零件要素的工具，这就是“层（Layer）”。通过层，可以对所有共同的要素进行显示、隐藏等操作。在模型中，可以创建 0 ~ 999 层。通过组织层中的模型要素并用层来简化显示，可以使很多任务流水线化，并可提高可视化程度，极大地提高工作效率。

在学习本节时，请先打开 D:\catrt20\work\ch03.10\connector-side-plate.CATPart。

3.10.2 层界面及层的创建方法

层的操作界面位于图 3.10.1 所示的“图形属性”工具栏中，进入层的操作界面和创建新层的操作方法如下。

“图形属性”工具栏最初在用户界面中是不显示的，如要使显示，只需在工具栏区右击，从系统弹出的快捷菜单中选中 ✓ 图形属性 复选框即可。

步骤 01 单击工具栏“层” 无 下拉列表中的 ▾ 按钮，在“层”列表中选择 其他层... 选项，系统弹出图 3.10.2 所示的“已命名的层”对话框。

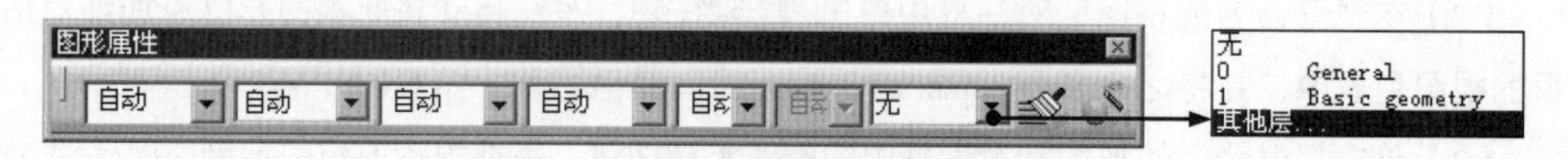

图 3.10.1 “图形属性”工具栏

步骤 02 单击“已命名的层”对话框中的 新建 按钮，系统将在列表中创建一个编号为 2 的新层，在新层的名称处单击，将其修改为 layer-01（图 3.10.2），单击“已命名的层”对话框中的 确定 按钮，完成新层的创建。

图 3.10.2 “已命名的层”对话框

3.10.3 将对象添加至图层

层中的内容，如特征、零部件、参考元素等，称为层的“项目”。本例中需将三个基准平面添加到层 1 Basic geometry 中，同时将模型添加到层 2 my layer 中，具体操作如下。

步骤 01 打开“图形属性”工具栏。

步骤 02 按住 Ctrl 键，在特征树中选取三个基准平面为需要添加到层 1 Basic geometry 中的项目。

步骤 03 单击“图形属性”工具栏“层” 无 下拉列表中的 ▾ 按钮，在“层”列表中选择 1 Basic geometry 为项目所要放置的层。

步骤 04 在特征树中选中 零件几何体 为需要添加到层 2 layer-01 中的项目。

步骤 05 单击“图形属性”工具栏“层” 无 下拉列表中的 ▾ 按钮，在“层”列表中选择 2 layer-01 为项目所要放置的层。

3.10.4 设置层的隐藏

将某个层设置为“过滤”状态，则其层中的项目（如特征、零部件、参考元素等）在模型中将被隐藏。设置的一般方法如下。

步骤01 选择下拉菜单 工具 → 可视化过滤器... 命令，系统弹出“可视化过滤器”对话框。

步骤02 单击对话框中的 新建 按钮，系统将弹出“可视化过滤器编辑器”对话框。

步骤03 在“可视化过滤器编辑器”对话框的 条件： 图层 下拉列表中选择 2 layer-01 选项加入过滤器，操作完成后，单击对话框中的 确定 按钮，新的过滤器将被命名为 过滤器001 并加入过滤器列表中。

步骤04 单击“图形属性”工具栏“层” 无 下拉列表中的 按钮，在“层”列表中选择 0 General 选项，在“可视化过滤器”对话框的过滤器列表中选中 只有当前层可视 选项，单击“可视化过滤器”对话框中的 应用 按钮，使当前不显示任何项目。

步骤05 在过滤器列表中选中 过滤器001 选项，单击“可视化过滤器”对话框中的 应用 按钮，则图形区中仅模型可见，而三个基准平面则被隐藏。

步骤06 单击对话框中的 确定 按钮，完成其他层的隐藏。

在“可视化过滤器编辑器”对话框的 条件： 图层 栏中可进行层的 And 和 Or 操作，此操作的目的是将需要显示的层加入过滤器中。

3.11 零件模型属性设置

3.11.1 零件模型材料设置

在零件工作台中，选择下拉菜单 开始 → 基础结构 → 材料库 命令，系统弹出“材料库工作台”，通过该工作台可以创建新材料并定义材料属性。

下面说明设置零件模型材料属性的一般操作步骤，操作前请打开模型文件 D:\catrt20\work\ch03.11.01\connector-side-plate.CATPart。

步骤01 定义新材料。

（1）选择下拉菜单 开始 → 基础结构 → 材料库 命令，系统弹出材料库工作台。

（2）在材料库工作台的 新系列 选项卡中双击“新材料”图标，系统弹出“属性”

对话框（图 3.11.1）。

（3）选择“属性”对话框中的特征属性选项卡，在特征名称：文本框中输入特征名称 material-01；在分析选项卡的材料下拉列表中选择各向同性材料选项，在杨氏模量、泊松比、密度、屈服强度和热膨胀文本框中输入相应的数值（图 3.11.1），然后单击“属性”对话框中的确定按钮，完成材料的定义。

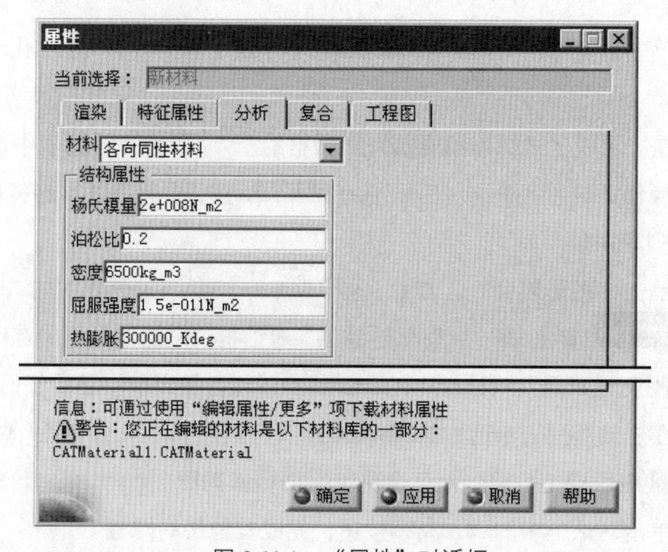

图 3.11.1 “属性”对话框

步骤 02 将定义的材料进行保存。

（1）选择下拉菜单 文件 → 保存 命令，系统弹出“另存为”对话框。

（2）在对话框的“保存在”下拉列表中选择文件的保存路径为 D:\catrt20\work\ch03.11.01，在“文件名”文本框中采用默认名称 CATMmaterial1，然后单击对话框中的保存(S)按钮，完成新材料的保存。

（3）选择下拉菜单 文件 → 关闭 命令，退出材料库工作台。

步骤 03 为当前模型指定材料。

（1）在零件工作台的“应用材料”工具栏中单击按钮，系统弹出“库（只读）”对话框。

若此时系统弹出“打开”对话框，在该对话框中单击确定即可。

（2）在“库（只读）”对话框中单击按钮，在系统弹出的“选择文件”对话框查找范围(I):下拉列表中选择步骤 02 中保存的路径，选中材料库文件 CATMmaterial1，单击对话框中的打开(O)按钮，此时“库(只读)”对话框中将只显示材料 material-01。

(3)在“库(只读)”对话框中选中材料 material-01，按住左键不放并将其拖动到模型上，然后单击“库(只读)”对话框中的 确定 按钮。

(4)选择下拉菜单 视图(V) → 渲染样式 ▸ → 含材料着色 命令，将模型切换到材料显示模式，此时模型表面颜色将变暗，如图 3.11.2 所示。

单击“库(只读)”对话框中的按钮，在系统弹出“选择文件”对话框的同时，还将出现图 3.11.3 所示的“浏览”对话框，但此对话框处于不可操作状态。若读者选择材料 material-01 时进行了别的无关操作，“选择文件”对话框将消失，此时只需单击“浏览”对话框中的“文件”按钮，即可重新选取材料。

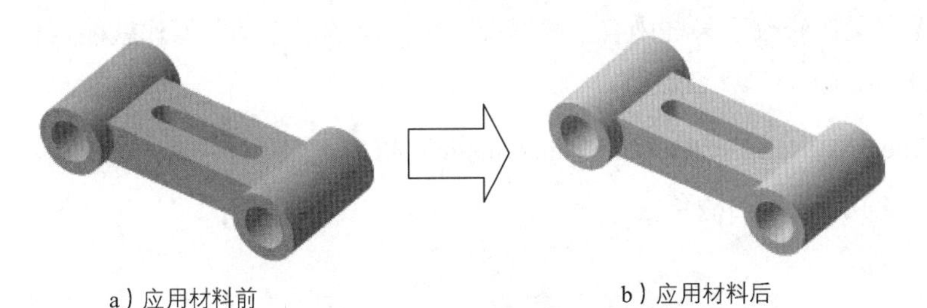

a）应用材料前　　b）应用材料后

图 3.11.2　给模型指定材料

图 3.11.3　“浏览”对话框

3.11.2　零件模型单位设置

选择下拉菜单 工具 → 选项... 命令，在系统弹出的对话框的 参数和测量 选项中可以设置或更改模型的单位系统。本书所采用的是米制单位系统，其设置方法如下。

步骤 01 选择命令。在零件工作台中选择下拉菜单 工具 → 选项... 命令，系统弹出“选项”对话框。

步骤 02 在“选项”对话框左侧的 常规 列表中选择 参数和测量 选项，对话框右侧将出现相应的内容，此时在 单位 选项卡的 单位 区域中显示的即是默认单位系统。

(1)设置长度单位。在“选项”对话框的 单位 列表框中选择 长度 选项，然后在 单位 列表框右下方的下拉列表中选择 毫米 (mm) 选项。

(2)将角度单位设置为 度 (deg) 选项。

(3)将时间单位设置为 秒 (s)。

(4)将质量单位设置为 千克 (kg)。

步骤 03 单击 确定 按钮，完成单位系统的设置。

- 在 单位 选项卡的 尺寸显示 区域可以调整尺寸显示值的小数位和尾部零显示的指数记数法。
- 若读者有兴趣，可在单位系统修改后，对模型进行简单的测量，再查看测量结果中的单位变化（模型的具体测量方法参见其他章节的相关内容）。

3.12 特征编辑的常用操作

3.12.1 特征的撤销与重做

CATIA V5 提供了多级撤销及重做功能，这意味着，在所有对特征、组件和制图的操作中，如果错误地删除、重定义或修改了某些内容，只需要一个简单的“撤销”操作就能恢复原状。下面以一个例子进行说明。

步骤 01 打开文件 D:\catrt20\work\ch03.12.01\cancel-undo.CATPart。

步骤 02 创建如图 3.12.1 所示的凹槽特征。

图 3.12.1 凹槽特征

步骤 03 然后单击工具栏中的按钮，则刚刚创建的凹槽特征被删除。如果再单击工具栏中的按钮，则恢复被删除的凹槽特征。

3.12.2 特征的编辑、删除及重定义

1. 特征的编辑

特征的编辑是指对特征的尺寸和相关修饰元素进行修改，以下将举例说明其操作方法。

步骤 01 打开文件 D:\catrt20\work\ch03.12.02\feature-edit.CATPart。

步骤 02 在特征树中右击要编辑的特征 孔.1，在系统弹出的快捷菜单中选择 孔.1 对象 ▸ → 编辑参数 命令，此时该特征的所有尺寸都显示出来，以便进行编辑。

通过上述方法进入尺寸的编辑状态后，如果要修改特征的某个尺寸值，方法如下。

步骤 03 在模型中双击要修改的直径尺寸，系统弹出“参数定义”对话框。

步骤 04 在对话框的值文本框中输入新的尺寸 40，并单击对话框中的确定按钮。

步骤 05 编辑特征的尺寸后，必须进行“更新”操作，重新生成模型，这样修改后的尺寸才会重新驱动模型。方法是选择下拉菜单编辑 → 更新命令。

2. 特征的删除

删除特征的一般操作过程如下。

步骤 01 选择命令。在特征树中右击要删除的特征孔.1，在弹出的快捷菜单中选择删除命令，系统弹出图 3.12.2 所示的“删除”对话框。

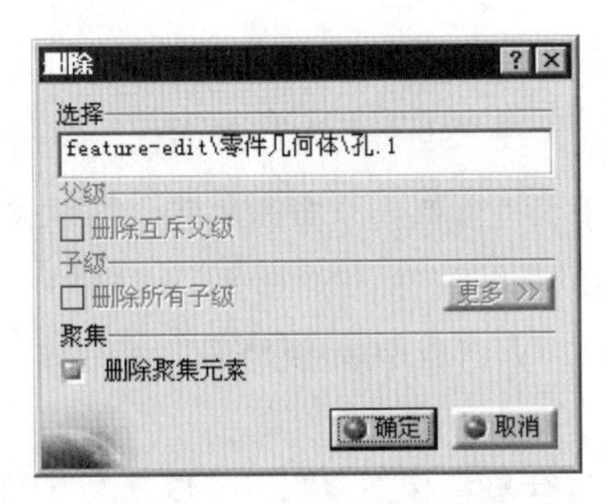

图 3.12.2 “删除”对话框

步骤 02 定义是否删除聚集元素。在“删除”对话框中选中删除聚集元素复选框。

聚集元素即所选特征的子级特征，如本例中所选特征的聚集元素即为草图.6，若取消选中删除聚集元素复选框，则系统执行删除命令时，只删除特征，而不删除草图。

步骤 03 单击对话框中的确定按钮，完成特征的删除。

如果要删除的特征是零部件的基础特征，系统将弹出“警告”对话框，提示零部件几何体的第一个实体不能删除。

3. 特征的重定义

当特征创建完毕后，如果需要重新定义特征的属性、草绘平面、截面的形状或特征的深度选项类型，就必须对特征进行“重定义”，也叫“编辑定义”。特征的重定义有两种方法，下面以模型（feature-edit）的凸台特征为例说明其操作方法。

方法一：从快捷菜单中选择“定义”命令，然后进行尺寸的编辑。

在特征树中右击凸台特征（特征名为凸台.2），在弹出的快捷菜单中选择凸台.2 对象 → 定义...命令，此时该特征的所有尺寸和“定义凸台”对话框都将显示出来，以便进行编辑。

方法二：双击模型中的特征，然后进行尺寸的编辑。

这种方法是直接在图形区的模型上双击要编辑的特征，此时该特征的所有尺寸和“定义凸台”对话框也都会显示出来。对于简单的模型，这是重定义特征的一种常用方法。

（一）重定义特征的属性

在操控板中重新选定特征的深度类型和深度值及拉伸方向等属性。

（二）重定义特征的截面草绘

步骤 01 打开文件 D:\catrt20\work\ch03.12.02\feature-edit.CATPart。

步骤 02 双击凸台 3 特征，在“定义凸台”对话框中单击按钮，进入草绘工作台。

步骤 03 在草绘环境中修改特征截面草图的尺寸、约束关系、形状等。修改完成后，单击按钮，退出草绘工作台。

步骤 04 单击“定义凸台”对话框中的 确定 按钮，完成特征的修改。

在重定义特征的过程中可能需要修改草绘的基准平面，其方法是在特征树中右击 草图.5，从弹出的快捷菜单中选择 草图.5 对象 → 更改草图支持面... 命令，系统将弹出“警告”对话框（此对话框的含义是草图基准面基于其他特征，不可更改约束），单击对话框中的 确定 按钮，系统将弹出“草图定位”对话框，在对话框 草图定位 区域的 参考: 文本框中可以选择草图平面。

3.12.3 特征的重新排序及插入

1. 特征的重新排序

下面以塑件壳体为例，说明特征重新排序（Reorder）的操作方法。

步骤 01 打开文件 D:\catrt20\work\ch03.12.03\feature-readjust.CATPart。

步骤 02 在如图 3.12.3 所示的特征树中右击 盒体.1 特征，在系统弹出的快捷菜单中选择 盒体.1 对象 → 重新排序... 命令，系统弹出图 3.12.4 所示“重新排序特征”对话框。

步骤 03 在特征树中选择特征 拔模.1，在“重新排序特征”对话框的下拉列表中选择 之后 选项，单击 确定 按钮。

步骤 04 右击抽壳特征，从快捷菜单中选择 定义工作对象 命令，模型将重新生成抽壳特征。

- 特征重新排序后，右击抽壳特征，从快捷菜单中选择定义工作对象命令，模型将重新生成抽壳特征及排列在抽壳特征以前的所有特征。
- 特征的重新排序（Reorder）是有条件的，条件是不能将一个子特征拖至其父特征的前面。
- 如果要调整有父子关系的特征的顺序，必须先解除特征间的父子关系。解除父子关系有两种办法：一是改变特征截面的参照基准或约束方式；二是重定义特征的草图平面，选取别的平面作为草绘平面。

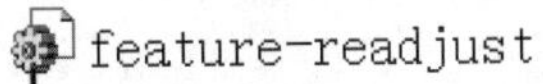

xy 平面
yz 平面
zx 平面
零件几何体
旋转体.1
盒体.1
拔模.1

图 3.12.3 特征树

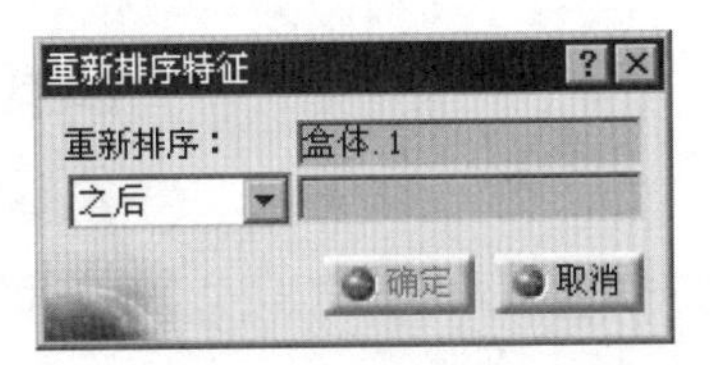

图 3.12.4 “重新排序特征”对话框

2. 特征的插入

假如要在盒体.1特征之前添加一个如图 3.12.5 所示的倒圆特征，并要求该特征添加在倒圆角.1特征的后面，利用“特征的插入”功能可以满足这一要求。下面以塑件壳体为例，说明特征插入的具体操作方法。

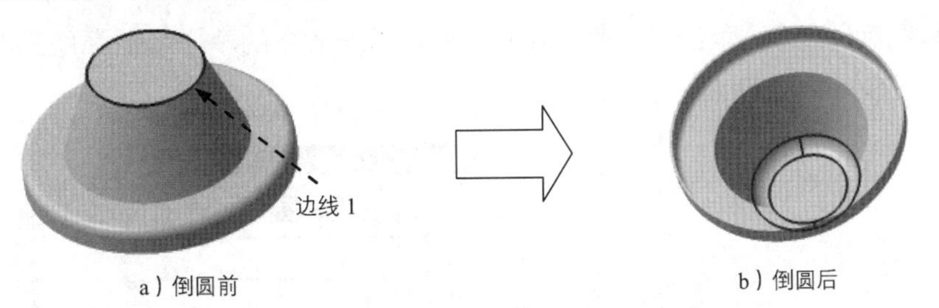

a）倒圆前 b）倒圆后

图 3.12.5 添加倒圆特征

步骤 01 打开文件 D:\catrt20\work\ch03.12.03\feature-insert.CATPart。

步骤 02 定义添加特征的位置。在特征树中右击拔模.1节点，从快捷菜单中选中定义工作对象命令。

步骤 03 定义添加的特征。选择下拉菜单 插入 → 修饰特征 ▸ → 倒圆角... 命令，选取如图 3.12.5a 所示的边线 1，在 半径: 文本框中输入数值 6.0，创建倒圆特征。

步骤 04 完成倒圆特征的创建后，右击特征树中的 盒体.1，从快捷菜单中选择 定义工作对象 命令，显示整个模型的所有特征。

3.13 基准特征

CATIA V5 中的基准特征包括基准点、基准直线和基准平面等，这些基准特征可作为其他几何体构建时的参照物，在创建零件的一般特征、曲面、零件的剖切面、装配中起着非常重要的作用。

基准特征的命令按钮集中在图 3.13.1 所示的“参考元素（扩展）”工具栏中，从图标上即可清晰辨认点、线、面基准特征。

图 3.13.1 “参考元素（扩展）”工具栏

3.13.1 基准点

“基准点”的功能用于作为其他实体创建的参考元素。

1. 利用“坐标”创建基准点

下面以图 3.13.2 所示的实例，说明利用坐标方式创建基准点的一般过程。

步骤 01 打开文件 D:\catrt20\work\ch03.13.01\point-01.CATPart。

步骤 02 选择命令。单击“参考元素（扩展）”工具栏中的 按钮，系统弹出图 3.13.3 所示的“点定义”对话框（一）。

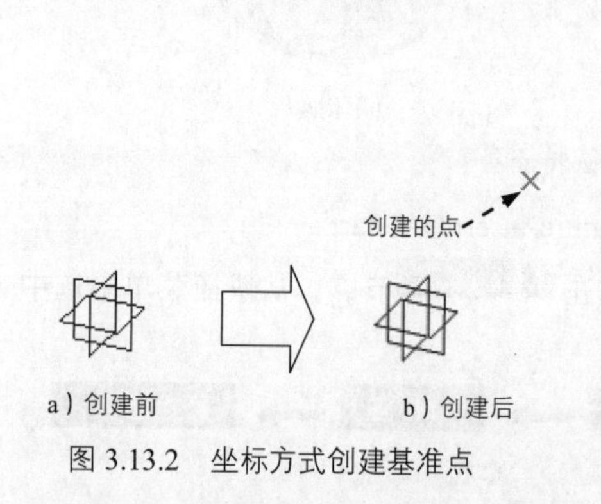

图 3.13.2 坐标方式创建基准点

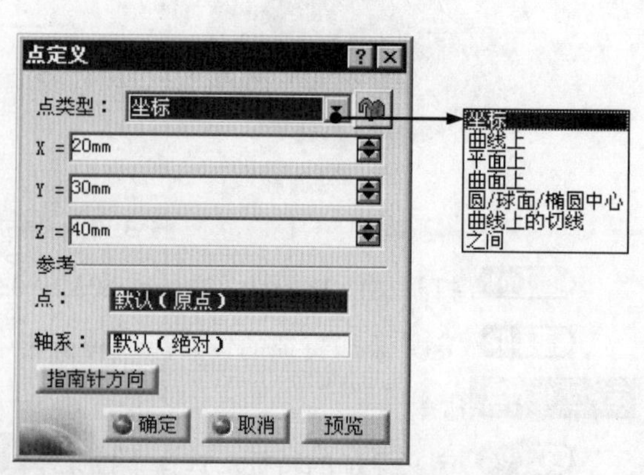

图 3.13.3 “点定义”对话框（一）

步骤 03 定义基准点类型。在 点类型： 下拉列表中选择 坐标 选项。

步骤 04 选择参考点。单击 参考 区域的 点： 后面的文本框，采用默认的原点为参考。

步骤 05 定义基准点坐标。在 X 文本框中输入数值 20；在 Y 文本框中输入数值 30；在 Z 文本框中输入数值 40。

步骤 06 完成基准点的创建。其他设置保持系统默认，单击 确定 按钮，完成基准点的创建。

2. 利用“曲线上”创建基准点

下面介绍图 3.13.4 所示点的创建过程。

步骤 01 打开文件 D:\catrt20\work\ch03.13.01\point-02.CATPart。

步骤 02 选择命令。单击“参考元素（扩展）”工具栏中的 按钮，系统弹出图 3.13.5 所示的“点定义”对话框（二）。

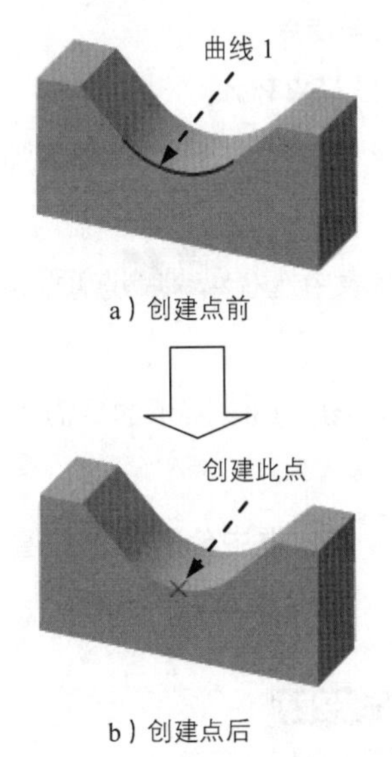

图 3.13.4 在“曲线上”创建基准点

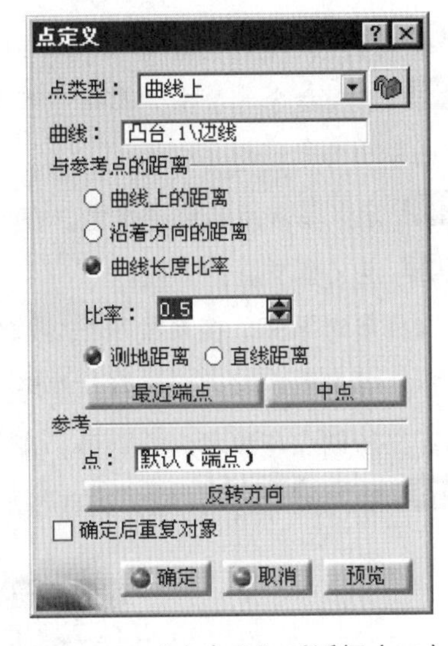

图 3.13.5 “点定义”对话框（二）

步骤 03 定义基准点的创建类型。在 点类型： 下拉列表中选择 曲线上 选项。

步骤 04 定义基准点的参数。

（1）选择曲线。在系统 选择曲线 的提示下，选取图 3.13.4 所示的曲线 1。

（2）定义参考点。采用系统默认的端点作为参考点。

在对话框 参考 区域的 点： 文本框中显示了参考点的名称。

（3）定义所创基准点与参考点的距离。在 与参考点的距离 区域中选中 曲线长度比率 单选项，在 比率: 文本框中输入数值 0.5。

步骤 05 单击 确定 按钮，完成基准点的创建。

3. 利用“平面上”创建基准点

下面介绍图 3.13.6 所示基准点的创建过程。

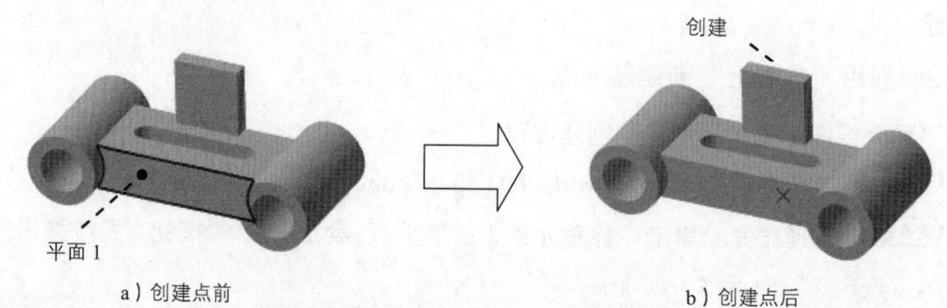

图 3.13.6 在“平面上”创建基准点

步骤 01 打开文件 D:\catrt20\work\ch03.13.01\point-03.CATPart。

步骤 02 选择命令。单击“参考元素（扩展）”工具栏中的 按钮，系统弹出图 3.13.7 所示的“点定义”对话框（三）。

步骤 03 定义基准点的创建类型。在 点类型: 下拉列表中选择 平面上 选项。

步骤 04 定义基准点的参数。

（1）选择参考平面。在系统 选择平面 的提示下，选取图 3.13.6 所示的平面 1。

（2）定义参考点。采用系统默认参考点（原点）。

（3）定义所创点与参考点的距离。在 H: 文本框和 V: 文本框中分别输入数值 40 和 6。

步骤 05 单击 确定 按钮，完成基准点的创建。

图 3.13.7 “点定义”对话框（三）

4. 利用“曲面上”创建基准点

下面以图 3.13.8 所示的实例，说明在曲面上创建基准点的一般过程。

步骤 01 打开文件 D:\catrt20\work\ch03.13.01\point-04.CATPart。

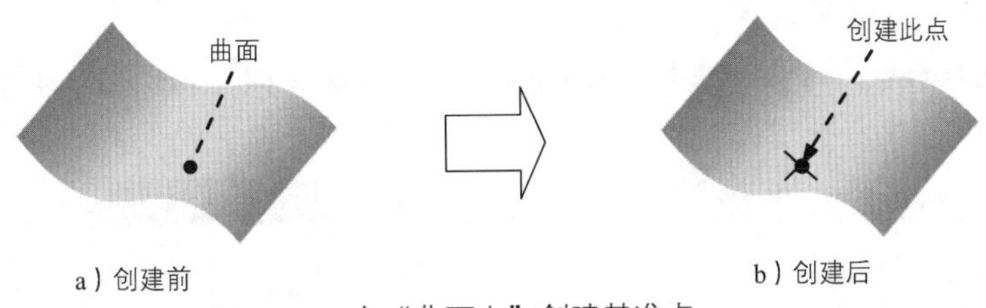

图 3.13.8 在“曲面上”创建基准点

步骤 02 创建基准点。

（1）选择命令。单击“参考元素（扩展）”工具栏中的 按钮，系统弹出“点定义”对话框。

（2）定义基准点类型。在 点类型： 下拉列表中选择 曲面上 选项，此时对话框如图 3.13.9 所示。

（3）选取参考曲面。单击 曲面： 后的文本框，选取图 3.13.8a 所示的曲面。

（4）选取创建方向。单击 方向： 后的文本框，选取图 3.13.10 所示的边线。

（5）确定距离。在 距离： 文本框中输入数值 15。

（6）完成基准点的创建。其他设置保持系统默认值，单击 确定 按钮，完成基准点的创建。

图 3.13.9 所示“点定义”对话框中的部分说明如下。

曲面： 文本框：单击此文本框后可在图形区选择创建点的参考曲面。

方向： 文本框：单击此文本框后可在图形区选择创建点的参考方向。

距离： 文本框：用于输入创建点与参考点的距离值，如不选择，则以原点为参考。

图 3.13.9 “点定义”对话框（四）

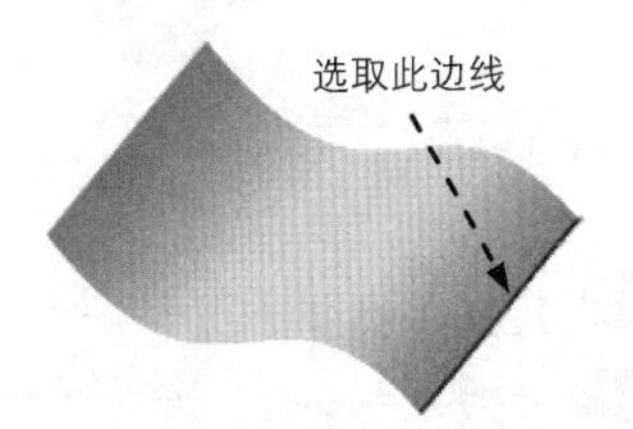

图 3.13.10 选取方向边线

5. 利用“圆/球面/椭圆中心”创建基准点

下面以图 3.13.11 所示的实例，说明在圆/球面/椭圆中心创建基准点的一般过程。

步骤 01 打开文件 D:\ catrt20\work\ch03.13.01\point-05.CATPart。

步骤 02 创建基准点。

（1）选择命令。单击“参考元素（扩展）”工具栏中的按钮，系统弹出“点定义”对话框。

（2）定义点类型。在点类型：下拉列表中选择圆/球面/椭圆中心选项，此时对话框如图 3.13.12 所示。

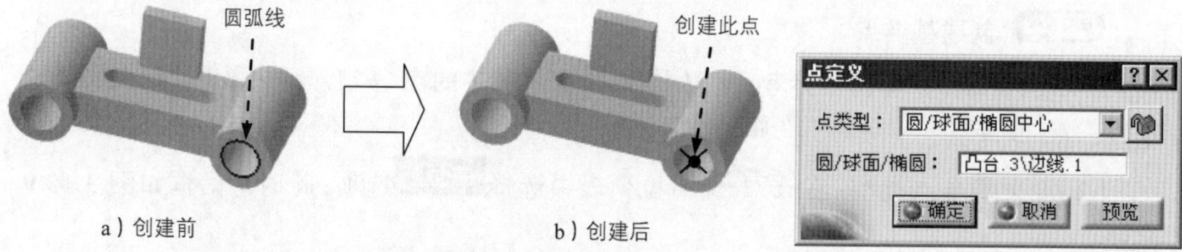

a）创建前　　b）创建后

图 3.13.11　在“圆/球面上”创建基准点

图 3.13.12　“点定义”对话框（五）

（3）选取参考边线。单击圆/球面/椭圆：后的文本框，选取图 3.13.11a 所示的圆弧线。

（4）完成基准点的创建。单击确定按钮，完成基准点的创建。

6. 利用“曲线上的切线”创建基准点

下面以图 3.13.13 所示的实例，说明通过曲线的切线创建点的一般过程。

步骤 01 打开文件 D:\catrt20\work\ch03.13.01\point-06.CATPart。

步骤 02 选择命令。单击“参考元素（扩展）”工具栏中的按钮，系统弹出“点定义”对话框。

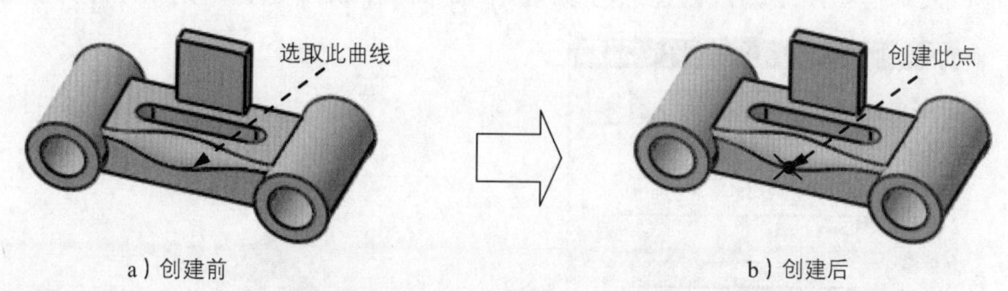

a）创建前　　b）创建后

图 3.13.13　在“曲线上的切线”创建基准点

步骤 03 定义点类型。在点类型：下拉列表中选择曲线上的切线选项。

步骤 04 选取参考曲线。单击曲线：后的文本框，选取图 3.13.13a 所示的曲线。

步骤 05 选取参考方向。单击方向：后的文本框，然后右击，在弹出的快捷菜单中选择

X 部件。

步骤06 完成点的创建。单击 确定 按钮，完成点的创建。

7. 利用“两点之间”创建基准点

下面以图 3.13.14 所示的实例，说明在两点之间创建基准点的一般过程。

步骤01 打开文件 D:\catrt20\work\ch03.13.01\point-07.CATPart。

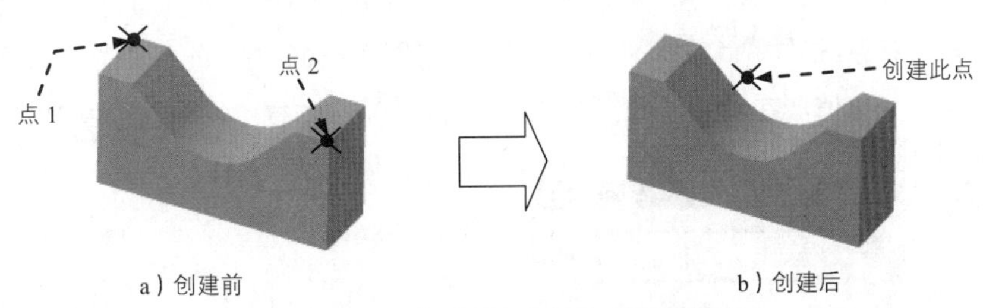

a）创建前　　b）创建后

图 3.13.14　在“两点之间”创建基准点

步骤02 选择命令。单击“参考元素（扩展）”工具栏中的 按钮，系统弹出“点定义”对话框。

步骤03 定义基准点类型。在 点类型： 下拉列表中选择 之间 选项。

步骤04 选取参考点。单击 点 1： 后的文本框，选取图 3.13.14a 所示的点 1；单击 点 2： 后的文本框，选取图 3.13.14a 所示的点 2。

步骤05 确定基准点位置。在 比率： 文本框中输入数值 0.4。

步骤06 完成基准点的创建。其他设置保持系统默认值，单击 确定 按钮，完成基准点的创建。

3.13.2　基准直线

“基准直线”的功能是在零件设计模块中建立直线，作为其他实体创建的参考元素。

1. 利用“点－点”创建直线

下面介绍图 3.13.15 所示直线的创建过程。

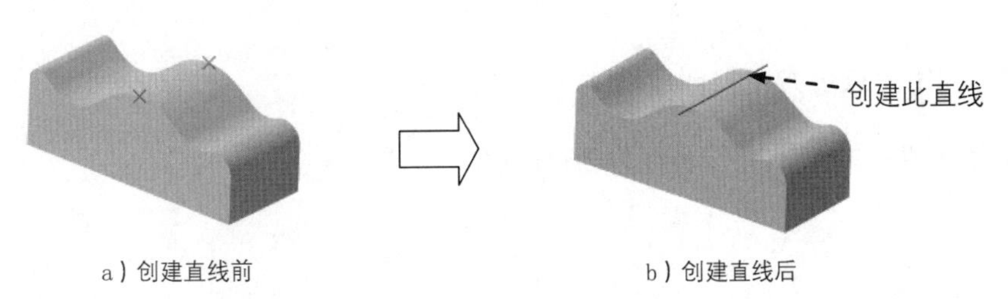

a）创建直线前　　b）创建直线后

图 3.13.15　利用“点－点”创建直线

步骤 01 打开文件 D:\catrt20\work\ch03.13.02\point_point.CATPart。

步骤 02 选择命令。单击“参考元素（扩展）”工具栏中的 按钮，系统弹出图 3.13.16 所示的“直线定义”对话框（一）。

步骤 03 定义直线的创建类型。在对话框的 线型: 下拉列表中选择 点-点 选项。

步骤 04 定义直线参数。

（1）选择元素。在系统 选择第一元素（点、曲线甚至曲面）的提示下，选取图 3.13.17 所示的点 1 为第一元素；在系统 选择第二点或方向 的提示下，选取图 3.13.17 所示的点 2 为第二元素。

（2）定义长度值。在对话框的 起点: 文本框和 终点: 文本框中均输入数值 10。

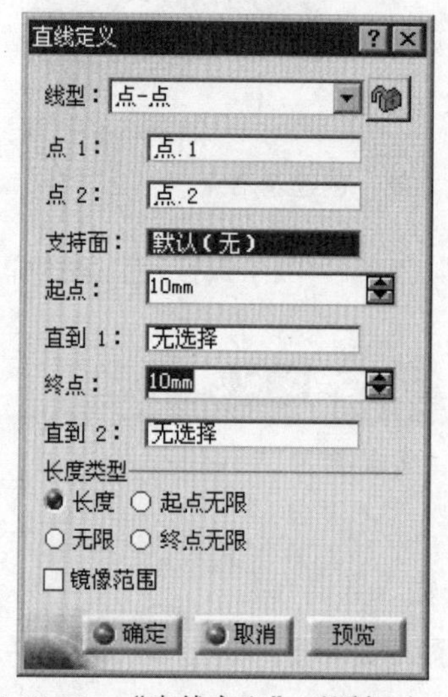

图 3.13.16 “直线定义”对话框（一）

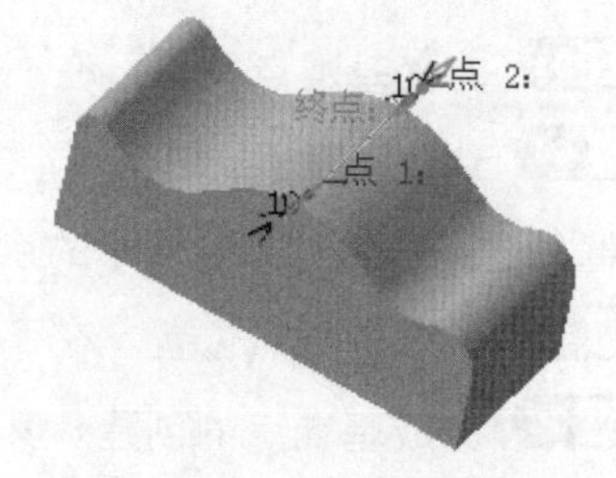

图 3.13.17 定义参考元素

步骤 05 单击对话框中的 确定 按钮，完成直线的创建。

- “直线定义”对话框中的 起点: 和 终点: 文本框用于设置第一元素和第二元素反向延伸的数值。
- 在对话框的 长度类型 区域中，用户可以定义直线的长度类型。

2. 利用“点—方向”创建直线

下面介绍图 3.13.18 所示直线的创建过程。

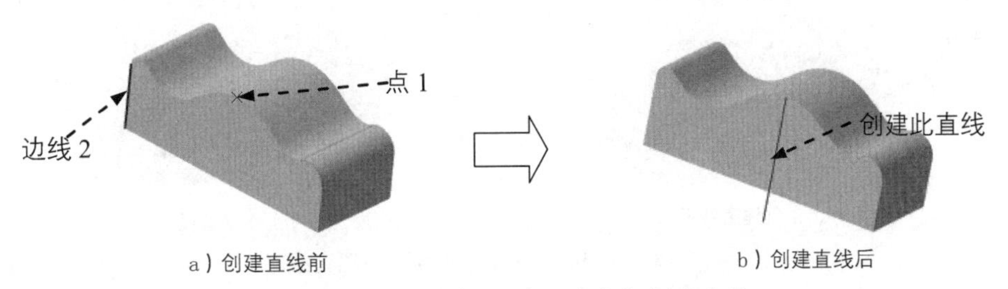

a）创建直线前　　b）创建直线后

图 3.13.18　利用“点 – 方向”创建直线

步骤 01 打开文件 D:\catrt20\work\ch03.13.02\point_direction.CATPart。

步骤 02 选择命令。单击“参考元素(扩展)”工具栏中的 按钮，系统弹出图 3.13.19 所示的“直线定义”对话框（二）。

步骤 03 定义直线的创建类型。在对话框的 线型： 下拉列表中选择 点-方向 选项。

步骤 04 定义直线参数。

（1）选择第一元素。选取图 3.13.18 所示的点 1 为第一元素。

（2）定义方向。选取图 3.13.18 所示的边线 2 为方向线，然后单击对话框中的 反转方向 按钮，完成方向的定义。

（3）定义起始值和结束值。在对话框的 起点： 文本框和 终点： 文本框中分别输入值 0 和值 60，定义之后模型如图 3.13.20 所示。

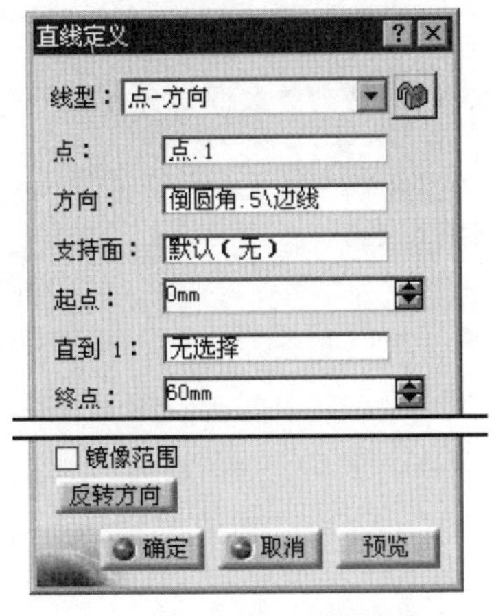

图 3.13.19　“直线定义”对话框（二）

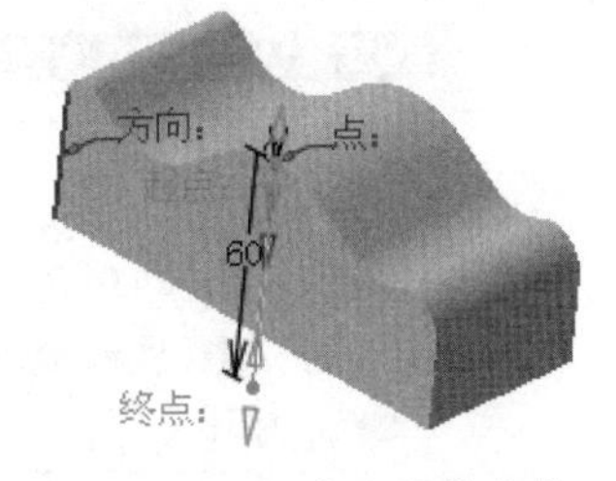

图 3.13.20　定义直线参数

步骤 05 单击对话框中的 确定 按钮，完成直线的创建。

3．利用“角平分线”创建直线

下面介绍图 3.13.21 所示直线的创建过程。

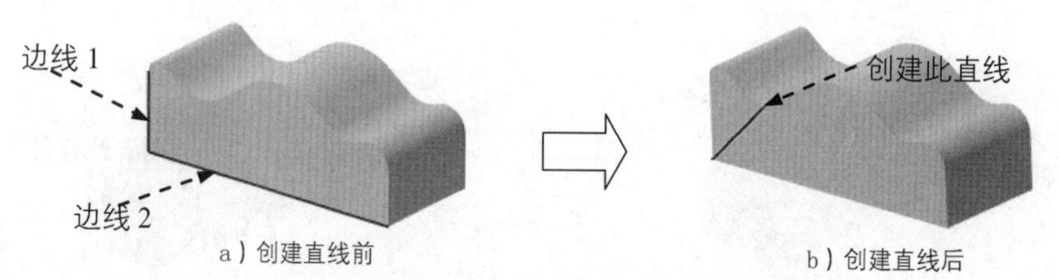

图 3.13.21 利用“角平分线”创建直线

步骤 01 打开文件 D:\catrt20\work\ch03.13.02\bisecting.CATPart。

步骤 02 选择命令。单击“参考元素（扩展）”工具栏中的按钮，系统弹出图 3.13.22 所示的“直线定义”对话框（三）。

步骤 03 定义直线的创建类型。在对话框的 线型: 下拉列表中选择 角平分线 选项。

步骤 04 定义直线参数。

（1）定义第一条直线。选取图 3.13.21 所示的边线 1。

（2）定义第二条直线。选取图 3.13.21 所示的边线 2。

（3）定义解法。单击对话框中的 下一个解法 按钮，选择解法 2。

创建直线的两种不同解法如图 3.13.23 所示，解法 2 为加亮尺寸线所示的直线。

（4）定义起始值和结束值。在对话框的 起点: 文本框和 终点: 文本框中分别输入数值 0、40，定义之后模型如图 3.13.23 所示。

步骤 05 单击对话框中的 确定 按钮，完成直线的创建。

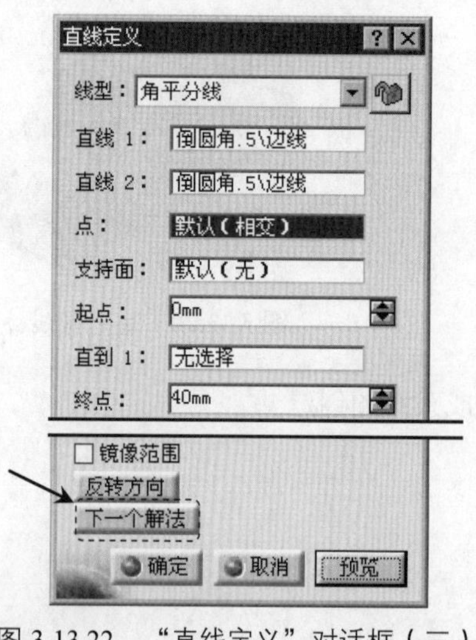

图 3.13.22 “直线定义”对话框（三）

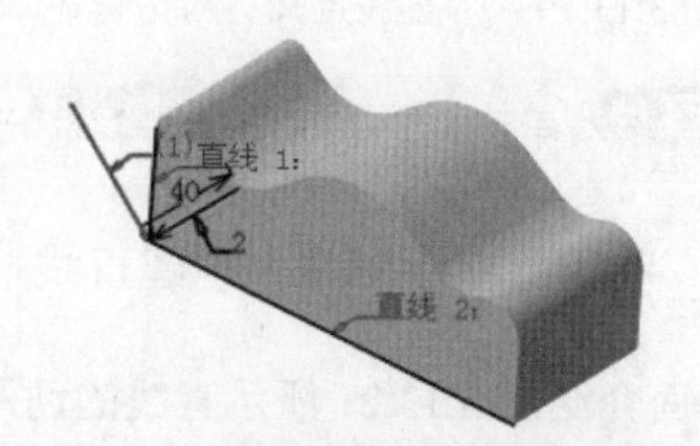

图 3.13.23 定义解法

3.13.3　基准平面

“基准平面”功能是在零件设计模块中建立平面，作为其他实体创建的参考元素。注意：若要选择一个平面，可以选择其名称或一条边界。

1. 利用“偏移平面”创建基准平面

下面介绍图 3.13.24b 所示偏移基准平面的创建过程。

步骤 01 打开文件 D:\catrt20\work\ch03.13.03\plane-01.CATPart。

步骤 02 选择命令。单击“参考元素（扩展）”工具栏中的按钮，系统弹出图 3.13.25 所示的“平面定义”对话框。

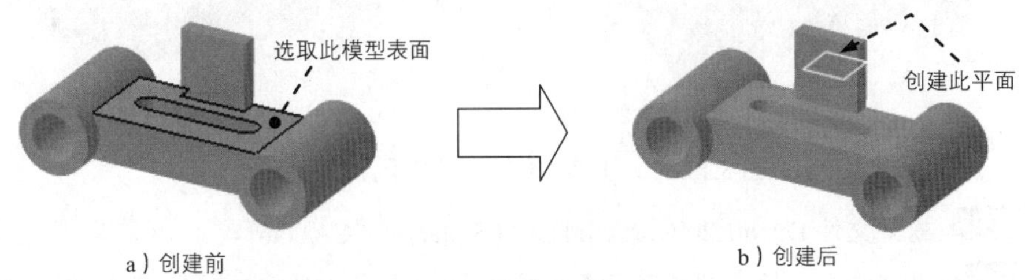

图 3.13.24　创建偏移基准平面

步骤 03 定义基准平面的创建类型。在对话框的平面类型：下拉列表中选择偏移平面选项。

步骤 04 定义基准平面参数。

（1）定义偏移参考平面。选取图 3.13.24a 所示的模型表面为偏移参考平面。

（2）定义偏移方向。接受系统默认的偏移方向。

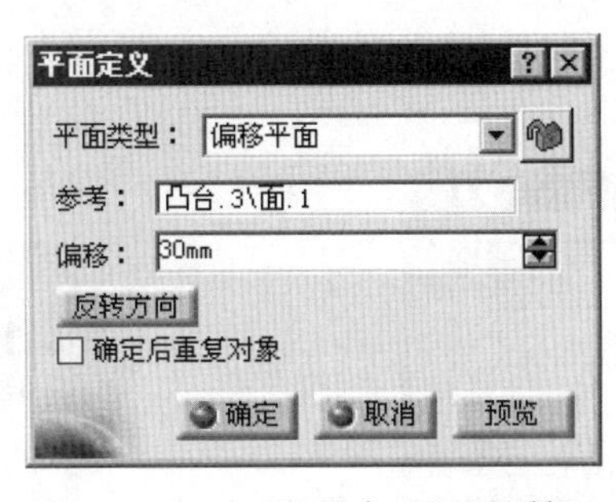

图 3.13.25　“平面定义”对话框

如需更改方向，单击对话框中的反转方向按钮即可。

（3）输入偏移值。在对话框的偏移：文本框中输入偏移数值 30。

步骤 05 单击对话框中的确定按钮，完成偏移基准平面的创建。

选中对话框中的 确定后重复对象 复选框，可以连续创建偏移平面，其后偏移平面的定义均以上一个平面为参照。

2. 利用“平行通过基准点”创建平面

下面介绍图 3.13.26 所示平行通过点基准平面的创建过程。

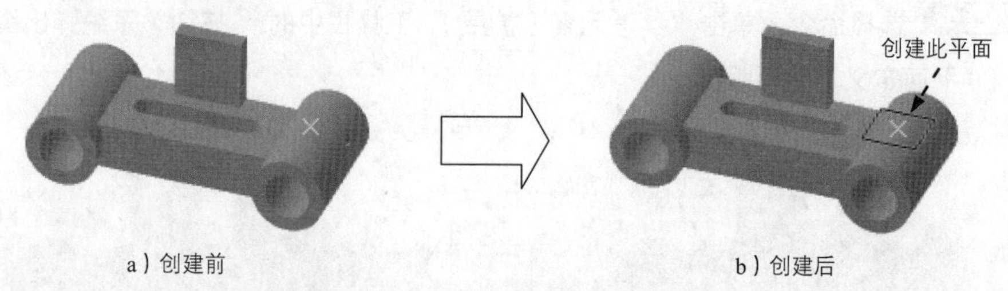

图 3.13.26 创建“平行通过基准点”平面

步骤 01 打开文件 D:\catrt20\work\ch03.13.03\plane-02.CATPart。

步骤 02 选择命令。单击“参考元素（扩展）”工具栏中的按钮，系统弹出“平面定义”对话框。

步骤 03 定义基准平面的创建类型。在对话框的 平面类型： 下拉列表中选择 平行通过点 选项，此时，对话框变为图 3.13.27 所示的“平面定义”对话框（一）。

步骤 04 定义参数。选取图 3.13.28 所示的模型表面为参考平面；选取图 3.13.28 所示的点为平面通过的点。

步骤 05 单击对话框中的 确定 按钮，完成基准平面的创建。

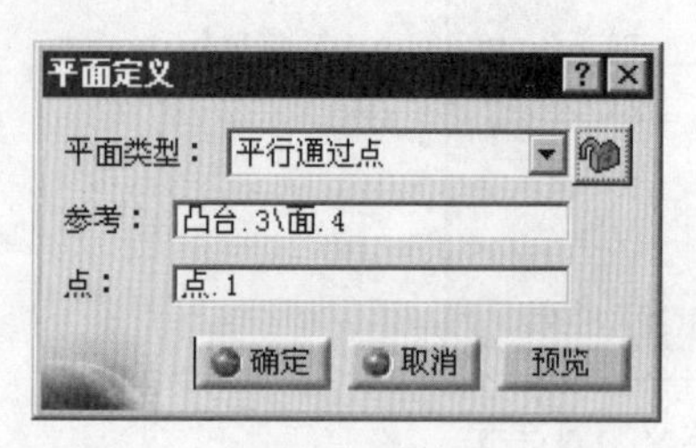

图 3.13.27 “平面定义”对话框（一）

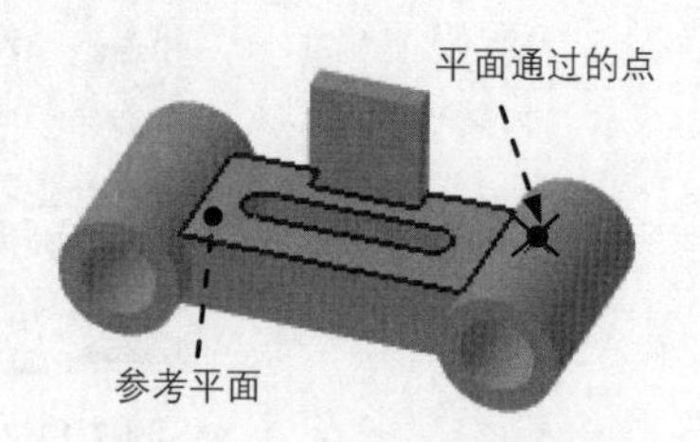

图 3.13.28 定义参考平面

3. 利用“与平面成一定角度或垂直”创建基准平面

下面介绍图 3.13.29 所示的基准平面的创建过程。

步骤 01 打开文件 D:\catrt20\work\ch03.13.03\plane-03.CATPart。

步骤 02 选择命令。单击“参考元素（扩展）”工具栏中的按钮，系统弹出“平面定义”对话框。

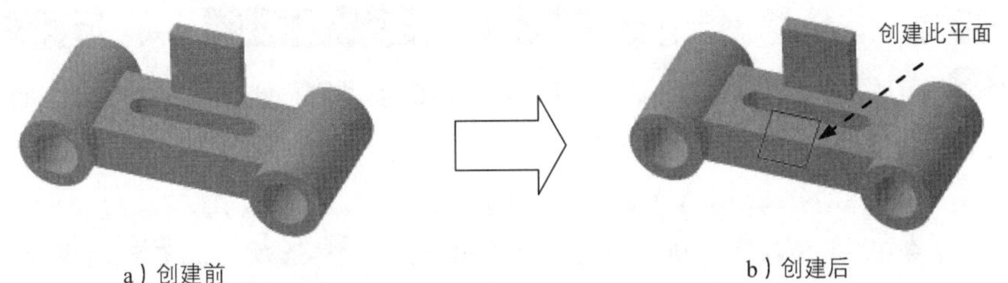

图 3.13.29　创建“与平面成一定角度或垂直”基准平面

步骤 03　定义基准平面的创建类型。在对话框的 平面类型： 下拉列表中选择 与平面成一定角度或垂直 选项，此时，对话框变为图 3.13.30 所示的“平面定义”对话框（二）。

步骤 04　定义基准平面参数。

（1）选择旋转轴。选取图 3.13.31 所示的边线作为旋转轴。

（2）选择参考平面。选取图 3.13.31 所示的模型表面为旋转参考平面。

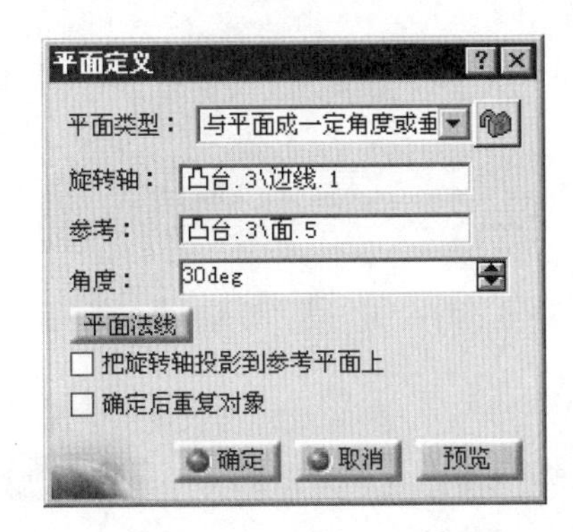

图 3.13.30　“平面定义”对话框（二）

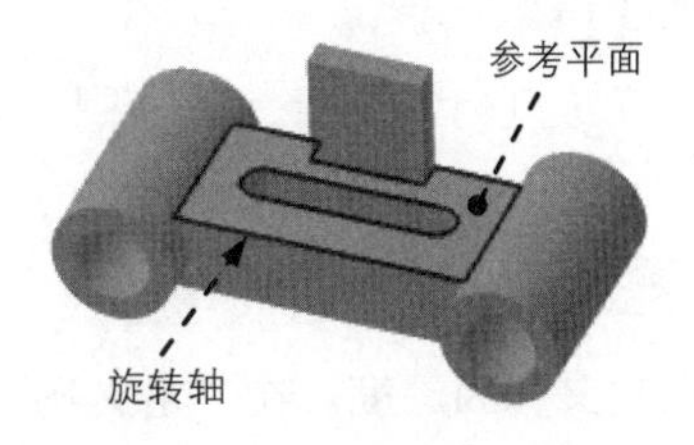

图 3.13.31　定义参考平面

（3）输入旋转角度值。在对话框的 角度： 文本框中输入旋转角度值 30。

步骤 05　单击对话框中的 确定 按钮，完成基准平面的创建。

3.14　孔

1. 直孔的创建

下面以图 3.14.1 所示的模型为例，说明在模型上添加直孔特征的操作过程。

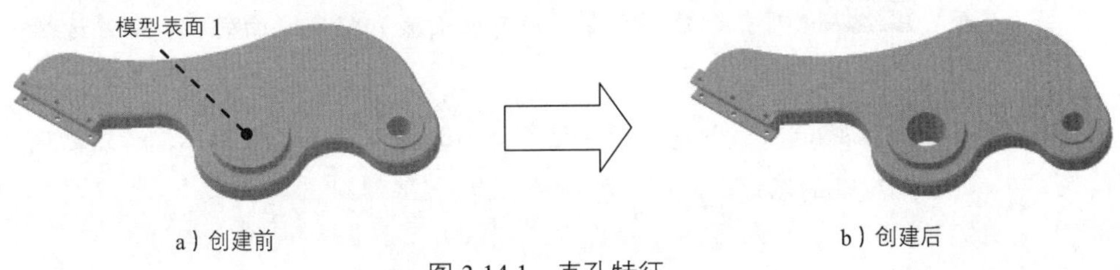

图 3.14.1　直孔特征

步骤 01 打开文件 D:\catrt20\work\ch03.14\hole-01.CATPart。

步骤 02 选择命令。选择下拉菜单 插入 → 基于草图的特征 ▸ → 孔... 命令。

步骤 03 定义孔的放置面。选取图 3.14.1a 所示的模型表面 1 为孔的放置面，此时系统弹出“定义孔”对话框。

- “定义孔”对话框中有三个选项卡：扩展 选项卡、类型 选项卡、定义螺纹 选项卡。扩展 选项卡主要定义孔的直径和深度及延伸类型；类型 选项卡用来设置孔的类型以及直径、深度等参数；定义螺纹 选项卡用于创建标准孔。
- 本例是添加直孔，由于直孔为系统默认类型，所以选取孔类型的步骤可省略。

步骤 04 定义孔的位置。

（1）进入定位草图。单击对话框 扩展 选项卡中的按钮，系统进入草绘工作台。

（2）定义必要的几何约束（同心度约束），结果如图 3.14.2 所示。

（3）完成几何约束后，单击按钮，退出草绘工作台。

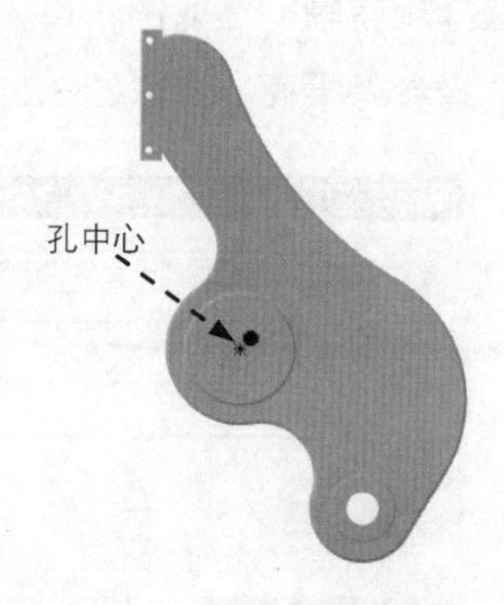

图 3.14.2 定义孔的位置

步骤 05 定义孔的延伸参数。

（1）定义孔的深度。在“定义孔”对话框 扩展 选项卡的下拉列表中选择 直到最后 选项。

（2）定义孔的直径。在对话框 扩展 选项卡的 直径： 文本框中输入数值 50。

步骤 06 单击对话框中的 确定 按钮，完成直孔的创建。

在“定义孔”对话框中，单击 直到下一个 选项后的小三角形，可选择五种深度选项，各深度选项功能如下。

- 盲孔 选项：创建一个平底孔。如果选中此深度选项，则必须指定“深度值”。
- 直到下一个 选项：创建一个一直延伸到零件的下一个面的孔。
- 直到最后 选项：创建一个穿过所有曲面的孔。
- 直到平面 选项：创建一个穿过所有曲面直到指定平面的孔。必须选择一个平面来确定孔的深度。
- 直到曲面 选项：创建一个穿过所有曲面直到指定曲面的孔。必须选择一面来确定孔的深度。

2. 螺孔的创建

下面以图 3.14.3 为例说明创建螺孔（标准孔）的一般过程：

步骤 01 打开文件 D:\catrt20\work\ch03.14\hole-02.CATPart。

步骤 02 选择命令。选择下拉菜单 插入 → 基于草图的特征 → 孔... 命令。

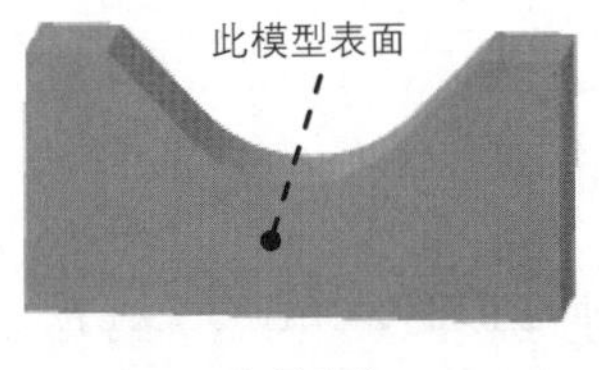

a）创建前

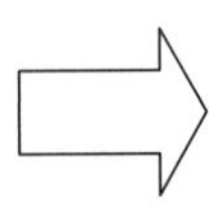

b）创建后

图 3.14.3 创建螺孔

步骤 03 选取孔的定位元素。在图形区中选取图 3.14.3a 所示的模型表面为孔的定位平面，系统弹出“定义孔”对话框。

步骤 04 定义孔的位置。

（1）进入定位草图。单击对话框 扩展 选项卡中的按钮，系统进入草绘工作台。

（2）添加必要的尺寸约束，结果如图 3.14.4 所示。

（3）完成几何约束后，单击按钮，退出草绘工作台。

步骤 05 定义孔的类型。单击 类型 选项卡，在下拉列表中选择 简单 选项。

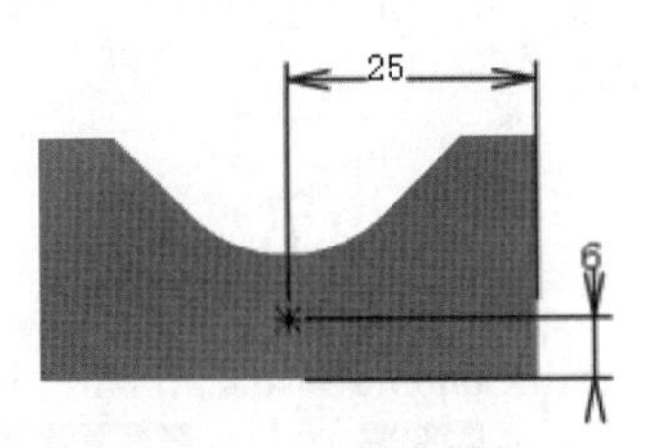

图 3.14.4 定义孔位置

“孔定义”对话框中，孔的五种类型如图 3.14.5 所示。

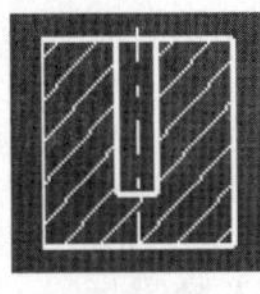

简单

锥形

沉头

埋头

倒钻

图 3.14.5 孔的类型

步骤 06 定义孔的螺纹。单击 定义螺纹 选项卡，选中 螺纹孔 复选框激活“定义螺纹”

区域。

（1）选取螺纹类型。在 定义螺纹 区域的 类型： 下拉列表中选取 公制粗牙螺纹 选项。

（2）定义螺纹描述。在 螺纹描述： 下拉列表中选取 M5 选项。

（3）定义螺纹参数。在 螺纹深度： 和 孔深度： 文本框中分别输入数值 15。

步骤 07 单击对话框中的 确定 按钮，完成孔的创建。

3.15 肋

肋特征是将一个轮廓沿着给定的中心曲线“扫掠”而生成的，如图 3.15.1 所示，所以也叫“扫描”特征。要创建或重新定义一个肋特征，必须给定两个要素，即中心曲线和轮廓。

下面以图 3.15.1 为例，说明创建肋特征的一般过程。

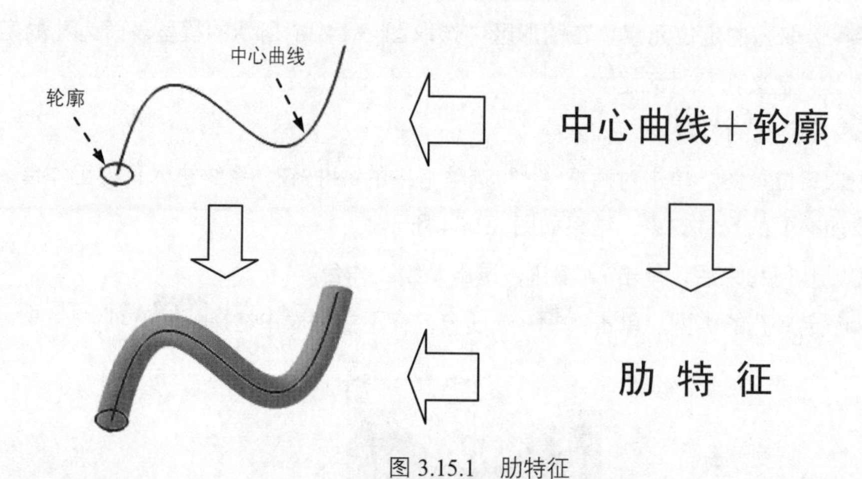

图 3.15.1 肋特征

步骤 01 打开文件 D:\catrt20\work\ch03.15\rib.CATPart。

步骤 02 选取命令。选择下拉菜单 插入 → 基于草图的特征 ▸ → 肋... 命令，系统弹出“定义肋”对话框。

步骤 03 选择中心曲线和轮廓线。单击以激活 轮廓 后的文本框，选取图 3.15.1 所示的草图为轮廓；单击以激活 中心曲线 后的文本框，选取图 3.15.1 所示的中心曲线。

步骤 04 在“定义肋”对话框 控制轮廓 区域的下拉列表中选择 保持角度 选项，单击对话框中的 确定 按钮，完成肋特征的定义。

在“定义肋”对话框中选择 厚轮廓 复选框，在 薄肋 区域的 厚度 1： 文本框中输入厚度值 1，然后单击对话框中的 确定 按钮，模型将变为图 3.15.2 所示的薄壁特征。

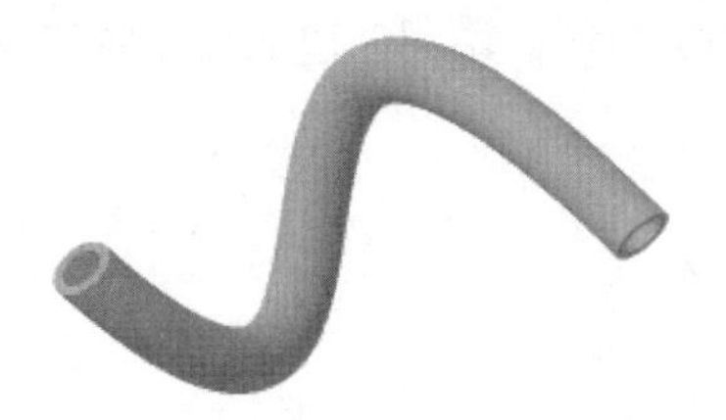

图 3.15.2　薄壁特征

3.16　开槽

开槽特征实际上与肋特征的性质相同，也是将一个轮廓沿着给定的中心曲线“扫掠”而成，二者的区别在于肋特征的功能是生成实体（加材料特征），而开槽特征则是用于切除实体（去材料特征）。

下面以图 3.16.1 为例，说明创建开槽特征的一般过程。

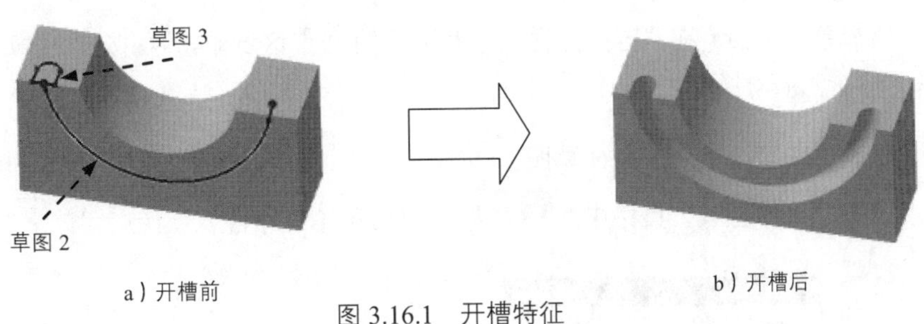

a）开槽前　　b）开槽后

图 3.16.1　开槽特征

步骤 01 打开文件 D:\catrt20\work\ch03.16\rib-cut.CATPart。

步骤 02 选取命令。选择下拉菜单 插入 → 基于草图的特征 → 开槽... 命令，系统弹出“定义开槽”对话框。

步骤 03 定义开槽特征的轮廓。在系统 定义轮廓。 的提示下，选取图 3.16.1 所示的草图 3 作为开槽特征的轮廓。

步骤 04 定义开槽特征的中心曲线。在系统 定义中心曲线。 的提示下，选取图 3.16.1 所示的草图 2 作为开槽特征的中心曲线。

步骤 05 在 控制轮廓 区域的下拉列表中选择 保持角度 选项，单击对话框中的 确定 按钮，完成开槽特征的定义。

3.17　加强肋

加强肋特征的创建过程与凸台特征基本相似，不同的是加强肋特征的截面草图是不封闭的。

下面以图 3.17.1 所示的模型为例，说明创建加强肋特征的一般过程。

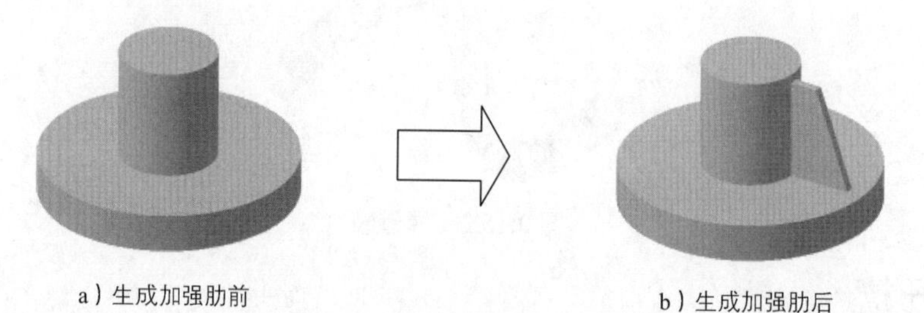

a）生成加强肋前　　b）生成加强肋后

图 3.17.1　加强肋特征

步骤 01 打开文件 D:\catrt20\work\ch03.17\strengthen-rib.CATPart。

步骤 02 选择命令。选择下拉菜单 插入 → 基于草图的特征 ▸ → 加强肋... 命令，系统弹出图 3.17.2 所示的“定义加强肋”对话框。

步骤 03 定义截面草图。

（1）选择草绘平面。在“定义加强肋”对话框的 轮廓 区域单击按钮，选取 xy 平面为草绘平面，进入草绘工作台。

（2）绘制图 3.17.3 所示的截面草图。

（3）单击“工作台”工具栏中的按钮，退出草绘工作台。

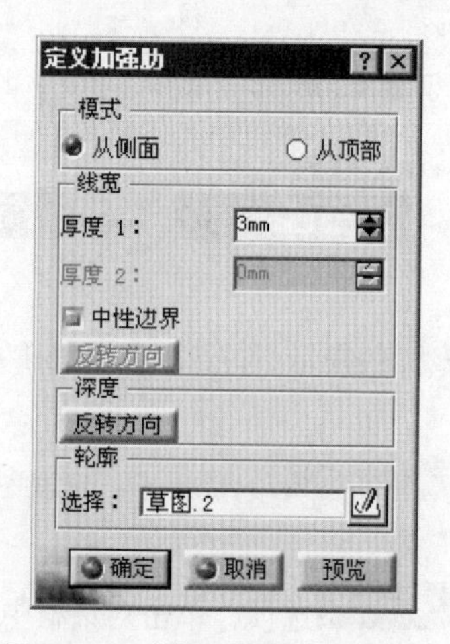

图 3.17.2 “定义加强肋”对话框

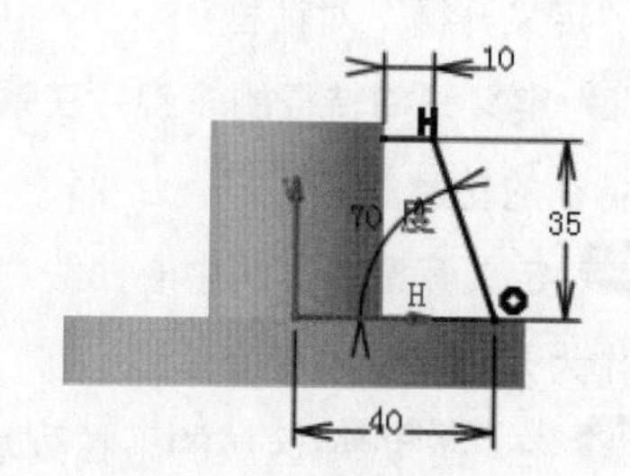

图 3.17.3　截面草图

步骤 04 定义加强肋的参数。

（1）定义加强肋的模式。在对话框的 模式 区域选中 从侧面 单选项。

（2）定义加强肋的生成方向。加强肋的正生成方向如图 3.17.4 所示，若方向相反，可单击对话框 深度 区域的 反转方向 按钮。

◆ 定义加强肋的生成方向时，若未指示正确的方向，预览时系统将弹出图 3.17.5 所示的“特征定义错误”对话框，此时需将生成方向重新定义。

◆ 加强肋的模式 从侧面 表示输入的厚度沿图 3.17.4 所示的箭头方向生成。

（3）定义加强肋的厚度。在 线宽 区域的 厚度 1: 文本框中输入数值 3.0。

步骤 05 单击对话框中的 确定 按钮，完成加强肋的创建。

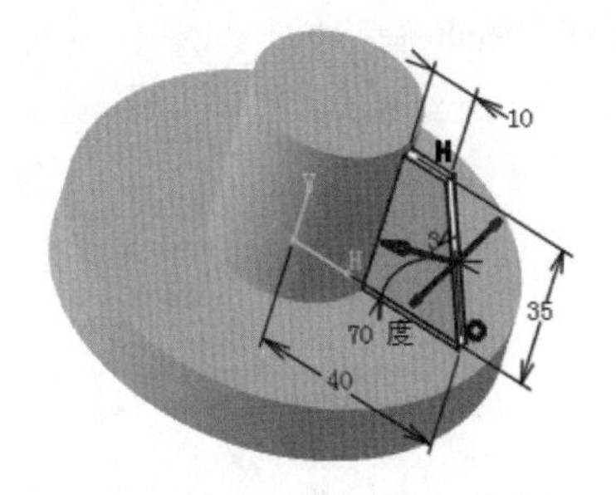

图 3.17.4 定义加强肋的生成方向

图 3.17.5 “特征定义错误”对话框

3.18 多截面实体

多截面实体特征是将一组不同的截面沿其边线用过渡曲面连接形成一个连续的特征。多截面实体特征至少需要两个截面。

下面以图 3.18.1 所示的模型为例，说明多截面实体特征创建的一般过程。

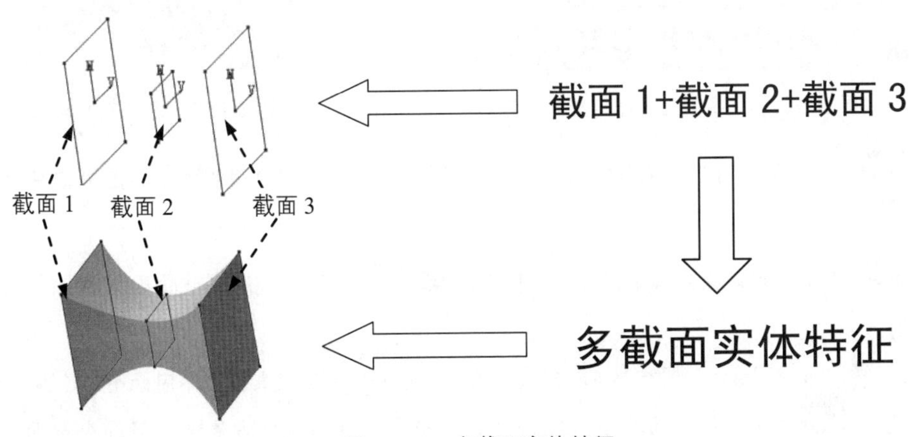

图 3.18.1 多截面实体特征

步骤 01 打开文件 D:\catrt20\work\ch03.18\loft.CATPart。

步骤 02 选取命令。选择下拉菜单 插入 → 基于草图的特征 ▸ → 多截面实体... 命令（或单击“基于草图的特征”工具栏中的按钮），系统弹出图 3.18.2 所示的“多截面实体定义”对话框。

步骤 03 选择截面轮廓。在系统 选择曲线 提示下，分别选择截面 1、截面 2、截面 3 作为多截面实体特征的截面轮廓，闭合点和闭合方向如图 3.18.3 所示。

多截面实体，实际上是利用截面轮廓以渐变的方式生成，所以在选择的时候要注意截面轮廓的先后顺序，否则实体无法正确生成。

步骤 04 选择引导线。本例中未使用引导线。

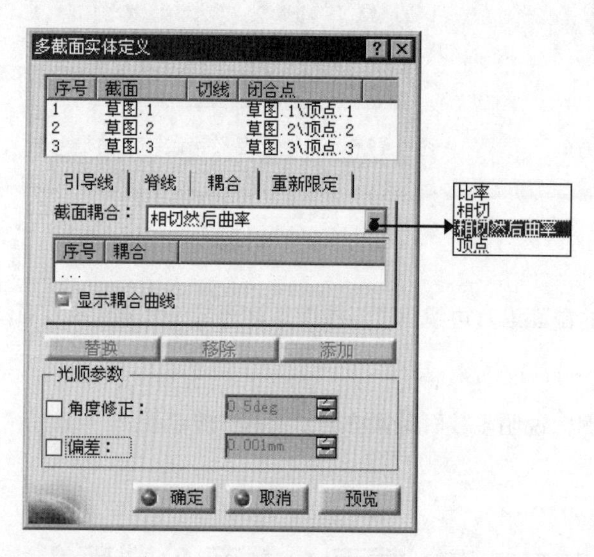

图 3.18.2 “多截面实体定义”对话框

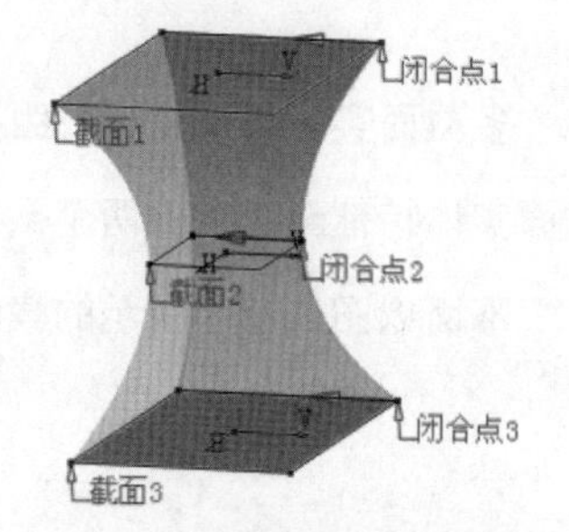

图 3.18.3 选择截面轮廓

步骤 05 选择连接方式。在对话框中单击 耦合 选项卡，在 截面耦合： 下拉列表中选择 相切然后曲率 选项。

步骤 06 单击“多截面实体定义”对话框中的 确定 按钮，完成多截面实体特征的创建。

说明：

- 耦合 选项卡的 截面耦合： 下拉列表中有四个选项，分别代表四种不同的图形连接方式。
  - ☑ 比率 方式：将截面轮廓以比例方式连接，其具体操作方法是先将两个截面间的轮廓线沿闭合点的方向等分，再将等分线段依次连接，这种连接方式通常用在不同几何图形的连接上，例如圆和四边形的连接。

☑ 相切方式：将截面轮廓上的斜率不连续点（即截面的非光滑过渡点）作为连接点，此时，各截面轮廓的顶点数必须相同。

☑ 相切然后曲率方式：将截面轮廓上的相切连续而曲率不连续点作为连接点，此时，各截面轮廓的顶点数必须相同。

☑ 顶点方式：将截面轮廓的所有顶点作为连接点，此时，各截面轮廓的顶点数必须相同。

- 多截面实体特征的截面轮廓一般使用闭合轮廓，每个截面轮廓都应有一个闭合点和闭合方向，各截面的闭合点和闭合方向都应处于相对应的位置，否则会发生扭曲（图 3.18.4）或生成失败。
- 闭合点和闭合方向均可修改。修改闭合点的方法是：在闭合点图标处右击，从弹出的快捷菜单中选择替换命令，然后在正确的闭合点位置单击，即可修改闭合点。修改闭合方向的方法是：在表示闭合方向的箭头上单击，即可使之反向。
- 多截面实体特征可以指定脊线或者引导线来完成（若用户没有指定时，系统采用默认的脊线引导实体生成），它的生成实际上也是截面轮廓沿脊线或者引导线的扫掠过程，图 3.18.5 所示即选定了脊线所生成的多截面实体特征。

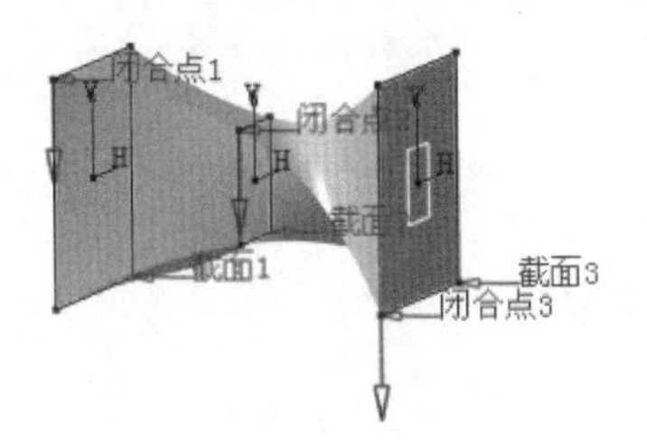

图 3.18.4　闭合截面轮廓

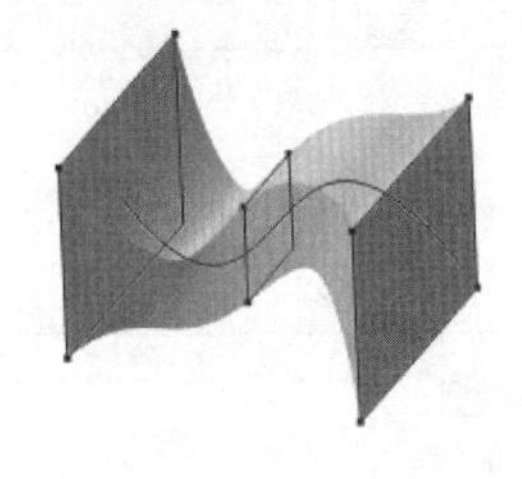

图 3.18.5　脊线生成的多截面实体特征

3.19　已移除的多截面实体

已移除的多截面实体特征（图 3.19.1）实际上是多截面特征的相反操作，即多截面特征是截面轮廓沿脊线扫掠形成实体，而已移除的多截面实体特征则是截面轮廓沿脊线扫掠除去实体，其一般操作过程如下。

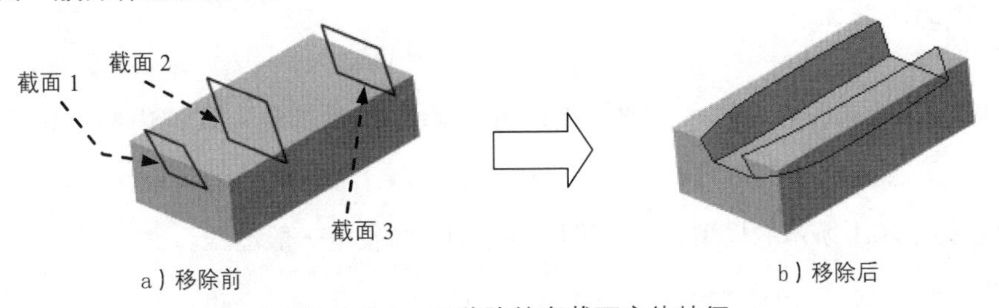

a）移除前　　b）移除后

图 3.19.1　已移除的多截面实体特征

步骤 01 打开文件 D:\catrt20\work\ch03.19\multi-section-cut.CATPart。

步骤 02 选取命令。选择下拉菜单 插入 → 基于草图的特征 → 已移除的多截面实体... 命令（或单击“基于草图的特征”工具栏中的按钮），系统弹出如图 3.19.2 所示的“已移除的多截面实体定义”对话框。

步骤 03 选择截面轮廓。在系统 选择曲线 提示下，分别选择图 3.19.1a 所示的截面 1、截面 2 和截面 3 作为已移除的多截面实体特征的截面轮廓，截面轮廓的闭合点和闭合方向如图 3.19.3 所示。

各截面的闭合点和闭合方向都应处于正确的位置，若需修改闭合点或闭合方向，参见上一节的说明。

步骤 04 选择连接方式。在对话框中选择 耦合 选项卡，在 截面耦合： 下拉列表中选择 相切然后曲率 选项。

步骤 05 单击“已移除的多截面实体定义”对话框中的 确定 按钮，完成特征的创建。

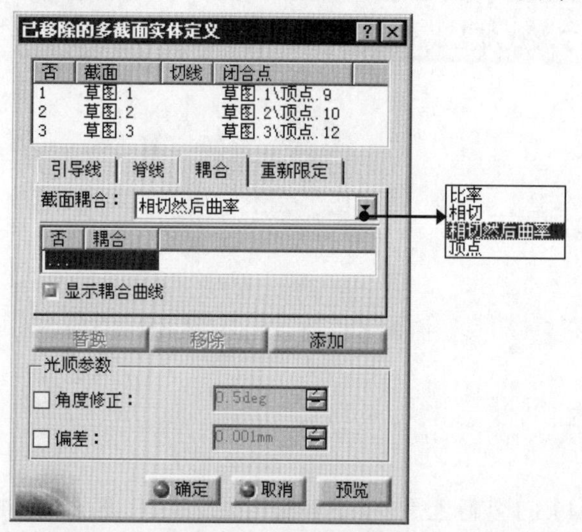

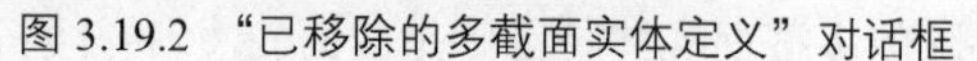
图 3.19.2 “已移除的多截面实体定义”对话框

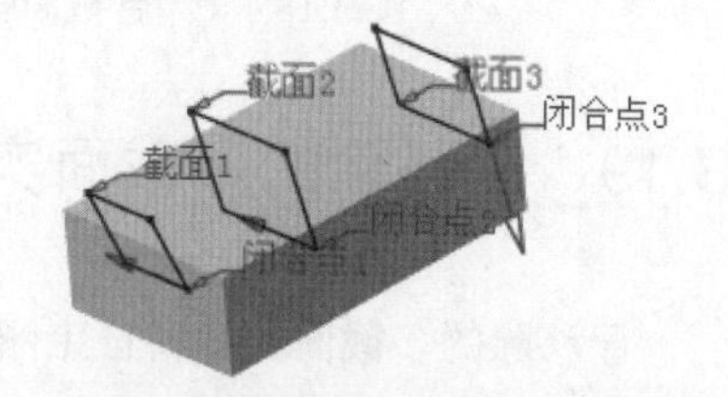

图 3.19.3 截面轮廓的闭合点和闭合方向

3.20 抽壳

“抽壳”特征是将实体的一个或几个表面去除，然后掏空实体的内部，留下一定壁厚的壳。

下面以图 3.20.1 所示的模型为例，说明创建抽壳特征的一般过程。

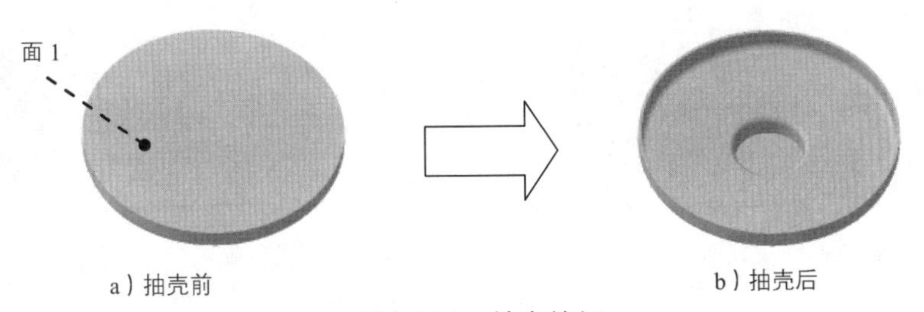

图 3.20.1 抽壳特征

步骤 01 打开文件 D:\catrt20\work\ch03.20\shell.CATPart。

步骤 02 选择命令。选择下拉菜单 插入 → 修饰特征 ▸ → 抽壳... 命令，系统弹出图 3.20.2 所示的“定义盒体”对话框。

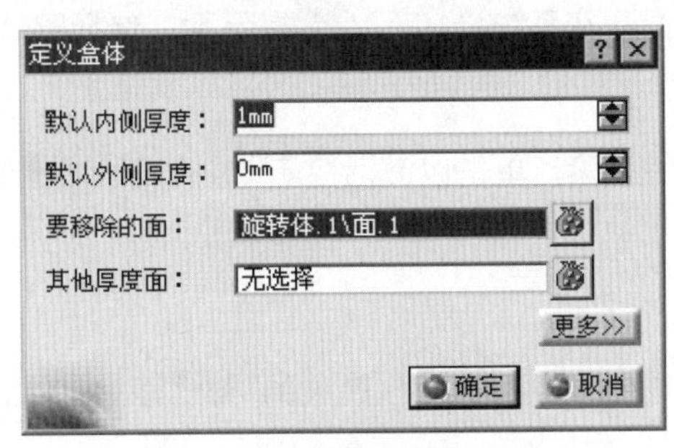

图 3.20.2 “定义盒体”对话框

步骤 03 选取要移除的面。在系统 选择要移除的面。 提示下，选取图 3.20.1 所示的面 1 为要移除的面。

步骤 04 定义抽壳厚度。在对话框的 默认内侧厚度： 文本框中输入数值 1。

步骤 05 单击对话框中的 确定 按钮，完成抽壳特征的创建。

- 默认内侧厚度：是指实体表面向内的厚度。
- 默认外侧厚度：是指实体表面向外的厚度。
- 其他厚度面：用于选择与默认壁厚不同的面，并需设定目标壁厚值，设定方法是双击模型表面的壁厚尺寸线，在弹出的对话框中输入相应的数值。

3.21 拔模

角度拔模的功能是通过指定要拔模的面、拔模方向、中性元素等参数创建拔模斜面。下面以图 3.21.1 所示的简单模型为例，说明创建角度拔模特征的一般过程。

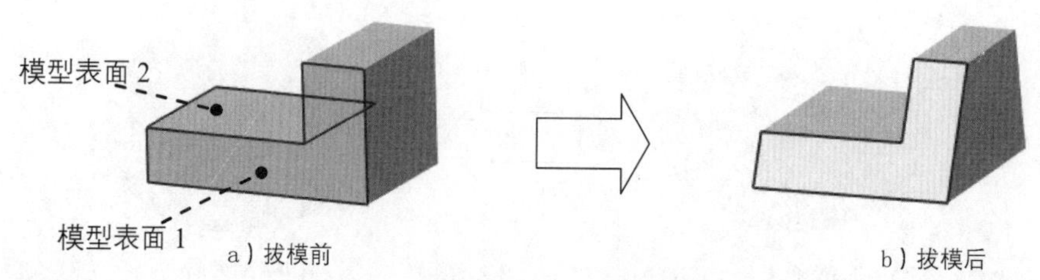

图 3.21.1　拔模特征

步骤 01 打开文件 D:\catrt20\work\ch03.21\draft_angle.CATPart。

步骤 02 选择命令。选择下拉菜单 插入 → 修饰特征 → 拔模... 命令（或单击“修饰特征”工具栏中的按钮），系统弹出图 3.21.2 所示的“定义拔模”对话框。

步骤 03 定义要拔模的面。在系统 选择要拔模的面 提示下，选择图 3.21.1 所示的模型表面 1 为要拔模的面。

步骤 04 定义拔模的中性元素。单击以激活 中性元素 区域的 选择： 文本框，选择模型表面 2 为中性元素。

步骤 05 定义拔模属性。

（1）定义拔模方向。单击以激活 拔模方向 区域的 选择： 文本框，选择 zx 平面为拔模方向面。

在系统弹出“定义拔模”对话框的同时，模型表面将出现一个指示箭头，箭头表明的是拔模方向（即所选拔模方向面的法向），如图 3.21.3 所示。

（2）输入角度值。在对话框的 角度： 文本框中输入角度值 30。

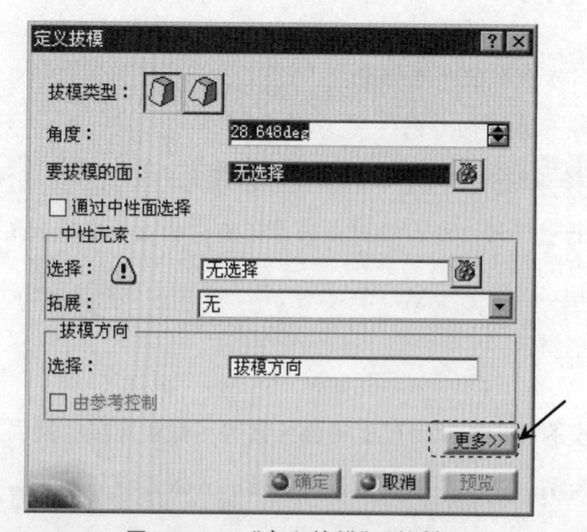

图 3.21.2　“定义拔模”对话框

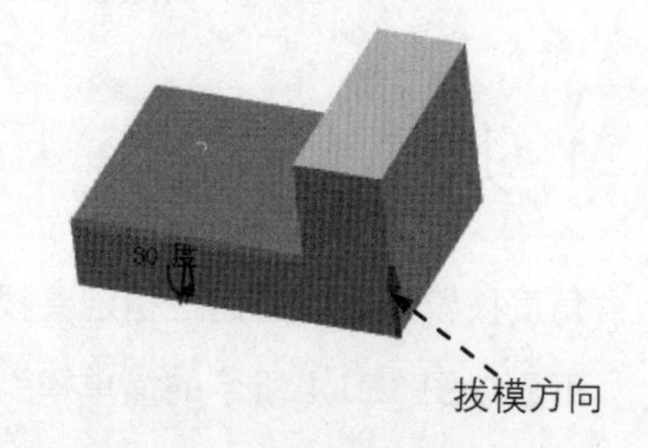

图 3.21.3　拔模方向

步骤 06 单击对话框中的 确定 按钮，完成角度拔模的创建。

3.22 特征的复制操作

CATIA V5 的特征的复制操作包括镜像特征、矩形阵列、圆形阵列、用户自定义阵列、删除阵列和分解阵列等。特征的复制用于创建一个或多个特征的副本。下面将分别介绍它们的操作过程。

本节“特征的复制操作”中的“特征”是指拉伸、旋转、孔、肋、开槽、加强肋（筋）、多截面实体和已移除的多截面实体等这类对象。

3.22.1 特征的镜像

特征的镜像就是将源特征相对于一个平面进行对称复制，从而得到源特征的一个副本。如图 3.22.1 所示，对这个孔特征进行镜像复制的操作过程如下。

步骤 01 打开文件 D:\catrt20\work\ch03.22.01\feature-mirror.CATPart。

步骤 02 选择特征。在特征树中选取“孔.1”作为需要镜像的特征。

步骤 03 选择命令。选择下拉菜单 插入 → 变换特征 ▸ → 镜像... 命令，系统弹出图 3.22.2 所示的“定义镜像”对话框。

步骤 04 选择镜像平面。选取 yz 平面作为镜像中心平面。

步骤 05 单击对话框中的 确定 按钮，完成特征的镜像操作。

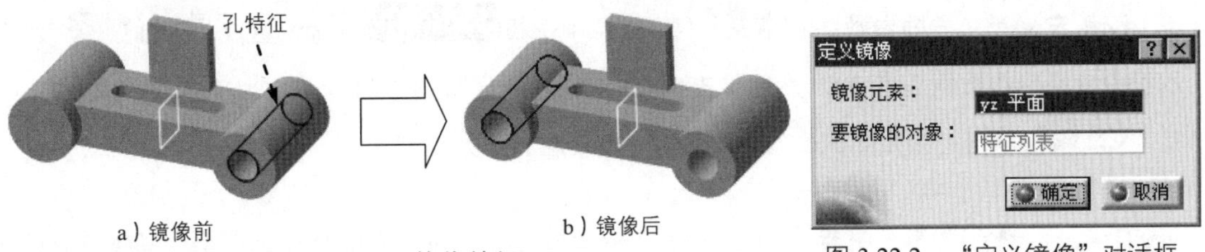

a）镜像前　b）镜像后

图 3.22.1 镜像特征

图 3.22.2 “定义镜像”对话框

3.22.2 特征的矩形阵列

特征的矩形阵列就是将源特征以矩形排列方式进行复制，使源特征产生多个副本。如图 3.22.3 所示，矩形阵列的操作过程如下。

步骤 01 打开文件 D:\catrt20\work\ch03.22.02\rectangle-array.CATPart。

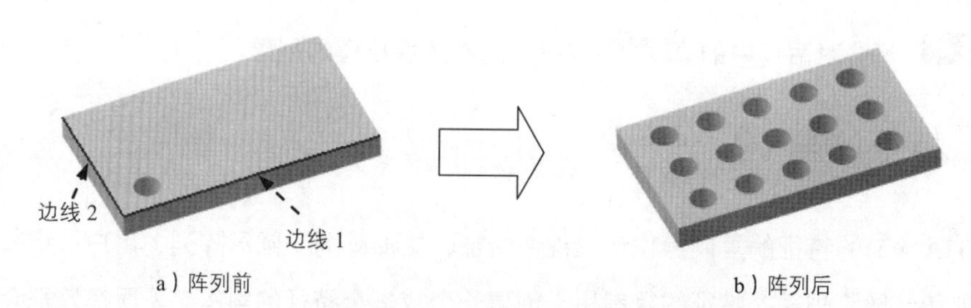

a）阵列前　　b）阵列后

图 3.22.3　特征的矩形阵列

步骤 02 选择要阵列的源特征。在特征树中选取特征凹槽.1作为用户阵列的源特征。

步骤 03 选择命令。选择下拉菜单 插入 → 变换特征 → 矩形阵列... 命令，系统弹出“定义矩形阵列”对话框。

步骤 04 定义阵列参数。

（1）定义第一方向参考元素。单击以激活 参考元素: 文本框，选取图 3.22.3 所示的边线 1 为第一方向参考元素。

（2）定义第一方向参数。在对话框中单击 第一方向 选项卡，在 参数: 下拉列表中选择 实例和间距 选项，在 实例: 和 间距: 文本框中分别输入数值 5 和 20。

参数: 下拉列表中的选项用于定义源特征在第一方向上副本的分布数目和间距（或总长度），选择不同的列表项，则可输入不同的参数定义副本的位置。

（3）选择第二方向参考元素。在对话框中单击 第二方向 选项卡，在 参考方向 区域单击以激活 参考元素: 文本框，选取图 3.22.3 所示的边线 2 为第二方向参考元素。

（4）定义第二方向参数。在 参数: 下拉菜单中选择 实例和间距 选项，在 实例: 和 间距: 文本框中分别输入数值 3 和 20，然后单击 反转 按钮，改变阵列方向。

步骤 05 单击对话框中的 确定 按钮，完成矩形阵列的创建。

- 如果先单击按钮，不选择任何特征，那么系统将对当前整个实体进行阵列操作。
- 如果已经选中某个要阵列的特征，在进行阵列操作的过程中又想将阵列的对象改为整个实体，可以在对话框 要阵列的对象 区域的 对象: 文本框中右击，选择 获取当前实体 选项。
- 单击“定义矩形阵列”对话框中的 更多>> 按钮，展开对话框隐藏的部分，在对话框中可以设置要阵列的特征在图样中的位置。

3.22.3　特征的圆形阵列

特征的圆形阵列就是将源特征通过轴向旋转和（或）径向偏移，以圆周排列方式进行复制，使源特征产生多个副本。下面以图 3.22.4 所示模型为例来说明圆形阵列的一般操作步骤。

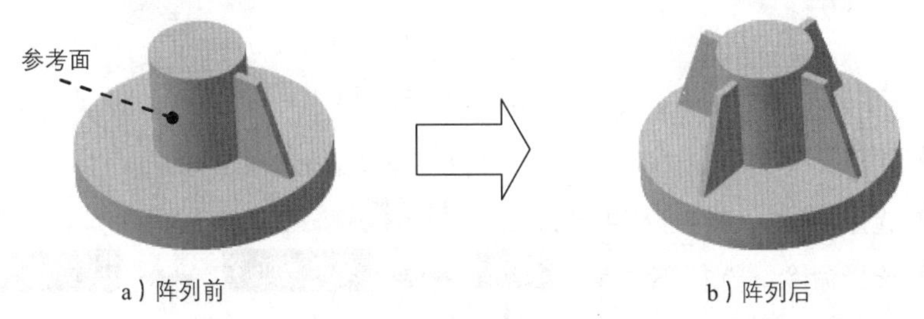

图 3.22.4　特征的圆形阵列

步骤 01 打开文件 D:\catrt20\work\ch03.22.03\circle-array.CATPart。

步骤 02 选择要阵列的源特征。在特征树中选中特征 加强肋.1 作为圆形阵列的源特征。

步骤 03 选择命令。选择下拉菜单 插入 → 变换特征 ▸ → 圆形阵列... 命令，系统弹出“定义圆形阵列”对话框。

步骤 04 定义阵列参数。

（1）选择参考元素。激活 参考元素： 文本框，选取图 3.22.4 所示的参考面为参考元素。

（2）定义轴向阵列参数。在对话框中单击 轴向参考 选项卡，在 参数： 下拉菜单中选择 实例和角度间距 选项，在 实例： 和 角度间距： 文本框中分别输入数值 4 和 90。

参数：下拉列表中的选项用于定义源特征在轴向的副本分布数目和角度间距，选择不同的列表项，则可输入不同的参数定义副本的位置。

步骤 05 单击对话框中的 确定 按钮，完成圆形阵列的创建。

- 参数：下拉列表中的选项用于定义源特征在轴向的副本分布数目和角度间距，选择不同的列表项，则可输入不同的参数定义副本的位置。
- 单击“定义圆形阵列”对话框中的 更多>> 按钮，展开对话框隐藏的部分，在对话框中可以设置要阵列的特征在图样中的位置。

3.22.4　特征的用户阵列

用户阵列就是将源特征复制到用户指定的位置（指定位置一般以草绘点的形式表示），使源特征产生多个副本。如图 3.22.5 所示，对这个凹槽特征进行用户阵列的操作过程如下。

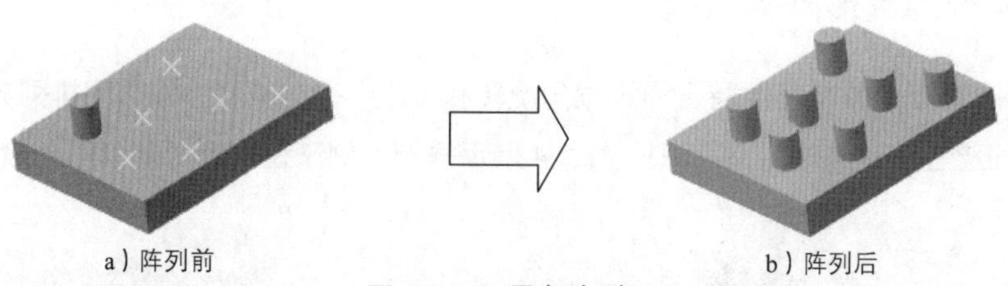

图 3.22.5　用户阵列

步骤 01 打开文件 D:\catrt20\work\ch03.22.04\pattern_user.CATPart。

步骤 02 选择特征。在特征树中选取特征 填充器.2 作为用户阵列的源特征。

步骤 03 选择命令。选择下拉菜单 插入 → 变换特征 → 用户阵列... 命令，系统弹出“定义用户阵列”对话框。

步骤 04 定义阵列的位置。在系统 选择草图. 的提示下，选择 草图.3 作为阵列位置。

步骤 05 单击对话框中的 确定 按钮，完成用户阵列的定义。

“定义用户阵列”对话框中的 定位：文本框使用于指定特征阵列的对齐方式，默认的对齐方式是实体特征的中心与指定放置位置重合。

3.22.5　阵列的删除

下面以图 3.22.6 所示为例，说明删除阵列的一般过程。

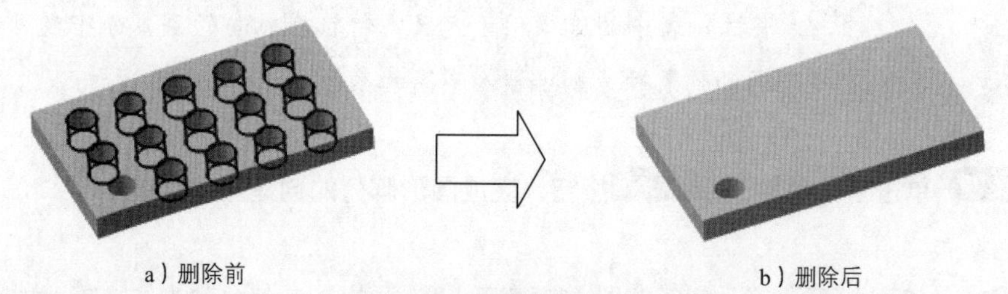

图 3.22.6　删除阵列

步骤 01 打开文件 D:\catrt20\work\ch03.12.05\delete-array.CATPart。

步骤 02 选择命令。在特征树中右击 矩形阵列.1，从弹出的快捷菜单中选择 删除 命令，系统弹出“删除”对话框。

步骤 03 定义是否删除父级。在对话框中取消选中 □ 删除互斥父级 复选框。

若选中 删除互斥父级 复选项，则系统执行删除阵列命令时，还将删除阵列的源特征 凹槽.1。

步骤 04 单击对话框的 确定 按钮，完成阵列的删除。

3.22.6 阵列的分解

阵列的分解就是将阵列的特征分解为与源特征性质相同的独立特征，并且分解后，特征可以单独进行定义和编辑。如图 3.22.7 所示，对这个圆形阵列的分解和特征修改的过程如下。

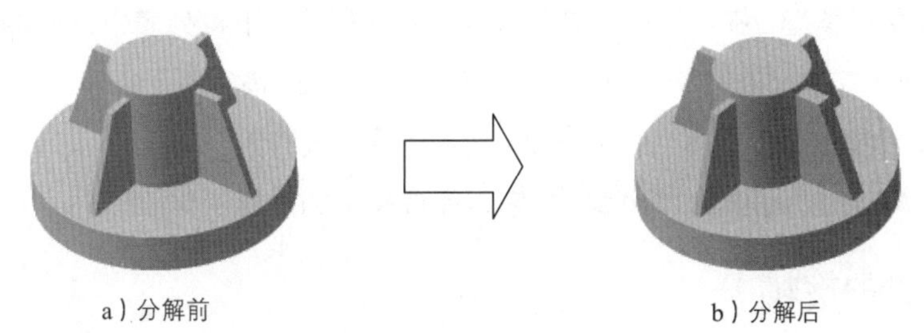

a）分解前　　b）分解后

图 3.22.7 分解阵列

步骤 01 打开文件 D:\catrt20\work\ch03.22.06\explode-array.CATPart。

步骤 02 选择命令。在特征树中右击 圆形阵列.1，从弹出的快捷菜单中选择 圆形阵列.1 对象 → 分解... 命令，完成阵列的分解。

步骤 03 修改特征。在特征树中双击 加强肋.1，将加强肋的厚度值修改为 6，单击 确定 按钮，完成特征的修改。

3.23 模型变换

3.23.1 模型的平移

“平移（Translation）”命令的功能是将模型沿着指定方向移动到指定距离的新位置，此功能不同于视图平移，模型平移是相对于坐标系移动，而视图平移则是模型和坐标系同时移动，模型的坐标没有改变。

下面对图 3.23.1 所示的模型进行平移，操作步骤如下。

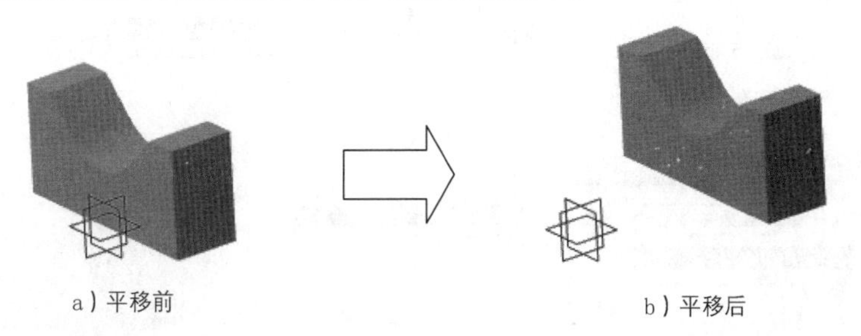

a）平移前　　b）平移后

图 3.23.1 模型的平移

步骤 01 打开文件 D:\catrt20\work\ch03.23.01\model-translation.CATPart。

步骤 02 选择命令。选择下拉菜单 插入 → 变换特征 ▸ → 平移... 命令，系统弹出“问题”对话框。

步骤 03 定义是否保留变换规格。单击对话框中的 是(Y) 按钮，保留变换规格，此时系统弹出“平移定义”对话框。

步骤 04 定义平移类型和参数。

(1) 选择平移类型。在“平移定义”对话框的 向量定义: 下拉列表中选择 方向、距离 选项。

(2) 定义平移方向。选取 yz 平面作为平移的方向平面(模型将平行于 yz 平面进行平移)。

(3) 定义平移距离。在对话框的 距离: 文本框中输入数值 30。

步骤 05 单击对话框中的 确定 按钮，完成模型的平移操作。

3.23.2 模型的旋转

“旋转(Rotation)”命令的功能是将模型绕轴线旋转到新位置。

下面对图 3.23.2 中的模型进行旋转，操作步骤如下。

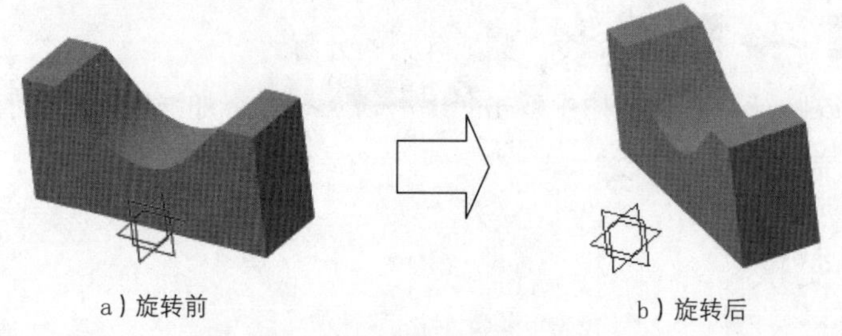

a) 旋转前　　b) 旋转后

图 3.23.2 模型的旋转

步骤 01 打开文件 D:\catrt20\work\ch03.23.02\model-rotation.CATPart。

步骤 02 选择命令。选择下拉菜单 插入 → 变换特征 ▸ → 旋转... 命令，系统弹出“问题”对话框。

步骤 03 定义变换规格。单击对话框中的 是(Y) 按钮，保留变换规格，此时系统弹出图 3.23.3 所示的“旋转定义”对话框。

步骤 04 定义旋转轴线。在 定义模式: 下拉列表中选择 轴线-角度 选项，选取图 3.23.4 所示的边线 1 作为模型的旋转轴线。

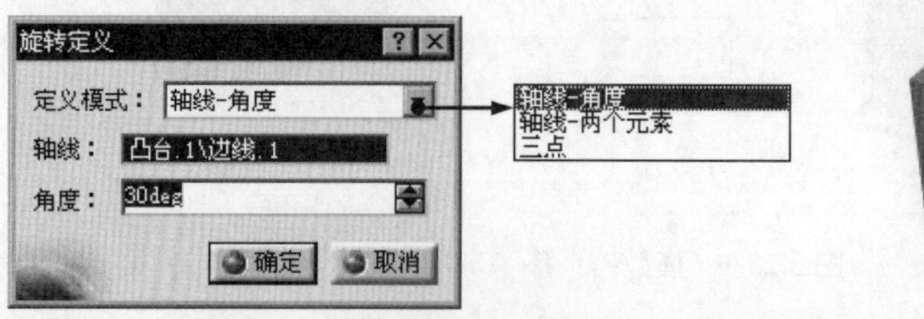

图 3.23.3 “旋转定义”对话框

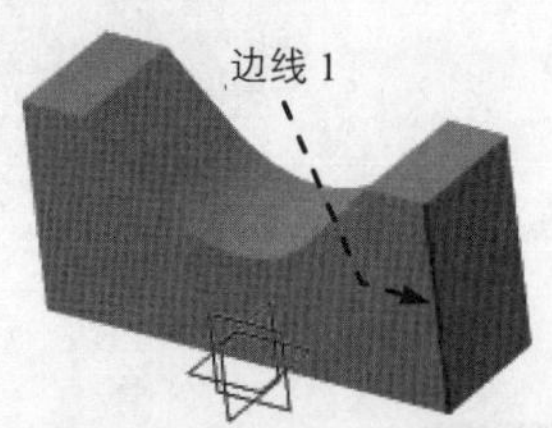

图 3.23.4 定义旋转轴

步骤 05 定义旋转角度。在对话框的角度：文本框中输入角度值 30。

步骤 06 单击对话框中的 确定 按钮，完成模型的旋转操作。

3.23.3 模型的对称

“对称(Symmerty)”命令的功能是将模型关于某个选定平面移动到与原位置对称的位置，即其相对于坐标系的位置发生了变化，操作的结果就是移动。

下面对图 3.23.5 中的模型进行对称操作，操作步骤如下。

步骤 01 打开文件 D:\catrt20\work\ch03.23.03\model-symmetry.CATPart。

步骤 02 选择命令。选择下拉菜单 插入 → 变换特征 ▸ → 对称... 命令，系统弹出“问题”对话框。

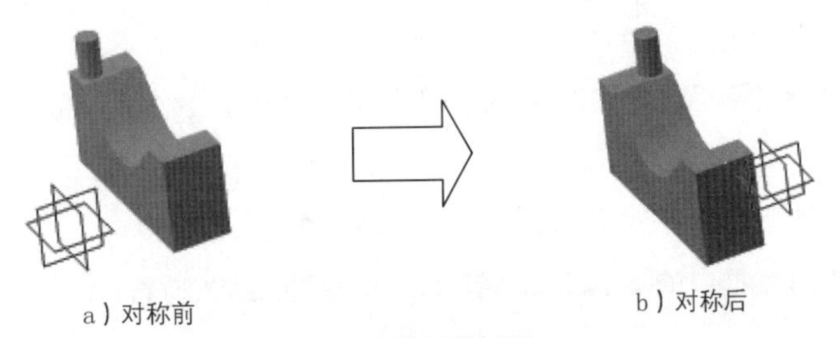

图 3.23.5 模型的对称

步骤 03 定义变换规格。单击对话框中的 是(Y) 按钮，保留变换规格，此时系统弹出图 3.23.6 所示的“对称定义”对话框。

步骤 04 选择对称平面。在参考：文本框中选取 yz 平面作为对称平面，结果如图 3.23.7 所示。

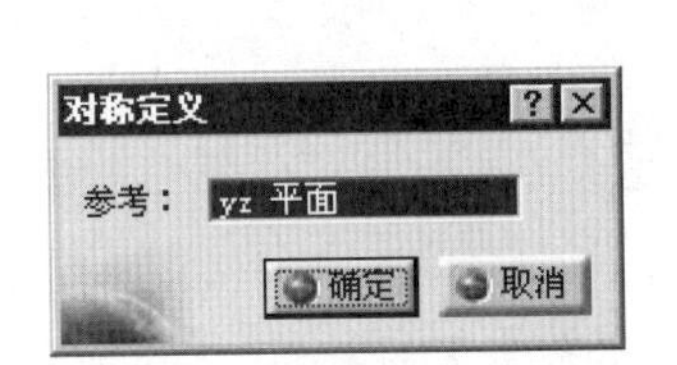

图 3.23.6 “对称定义”对话框

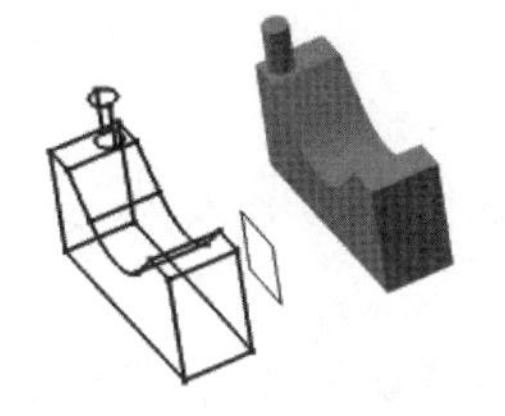

图 3.23.7 选择对称平面

步骤 05 单击对话框中的 确定 按钮，完成模型的对称操作。

3.23.4 模型的缩放

模型的缩放就是将源模型相对于一个点或平面（称为参考点和参考平面）进行缩放，从而改变源模型的大小。采用参考点缩放时，模型的角度尺寸不发生变化，线性尺寸进行缩放（图 3.23.8a）；而选用参考平面缩放时，参考平面的所有尺寸不变，模型的其余尺寸进行缩放

（图 3.23.8c）。

下面将对图 3.23.8 中的模型进行缩放操作，操作步骤如下。

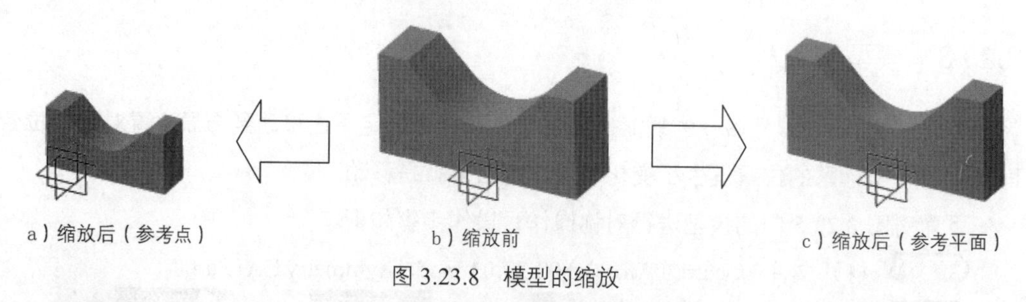

a）缩放后（参考点）　　b）缩放前　　c）缩放后（参考平面）

图 3.23.8　模型的缩放

步骤 01 打开文件 D:\catrt20\work\ch03.23.04\model-scaling.CATPart。

步骤 02 选择命令。选择下拉菜单 插入 → 变换特征 ▸ → 缩放... 命令，系统弹出“缩放定义”对话框。

步骤 03 定义参考平面。选取图 3.23.9a 所示的模型表面 1 作为缩放的参考平面，特征定义如图 3.23.9b 所示。

步骤 04 定义比率值。在对话框的 比率： 文本框中输入数值 0.6。

步骤 05 单击对话框中的 确定 按钮，完成模型的缩放操作。

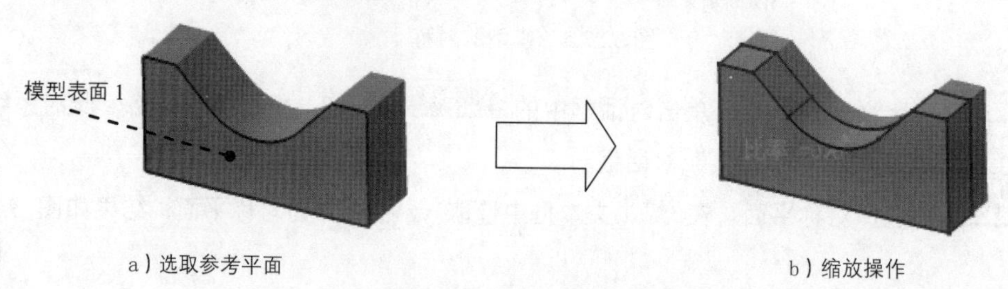

a）选取参考平面　　b）缩放操作

图 3.23.9　定义缩放参考平面

3.24　特征的生成失败及其解决方法

在特征创建或重定义时，若给定的数据不当或参照丢失，就会出现特征生成失败的警告，

3.24.1　特征的生成失败

下面以图 3.24.1 所示的模型为例说明特征生成失败的情况及其解决方法。

步骤 01 打开文件 D:\catrt20\work\ch03.24\feature-fail.CATPart。

步骤 02 在如图 3.24.2 所示的特征树中，右击截面草图标识 草图.1，从弹出的快捷菜单中选择 草图.1 对象 ▸ → 编辑 命令，进入草绘工作台。

步骤 03 修改截面草图。将截面草图改为如图 3.24.3 所示的形状，并建立图中的几何约束和尺寸约束，单击按钮，完成截面草图的修改。

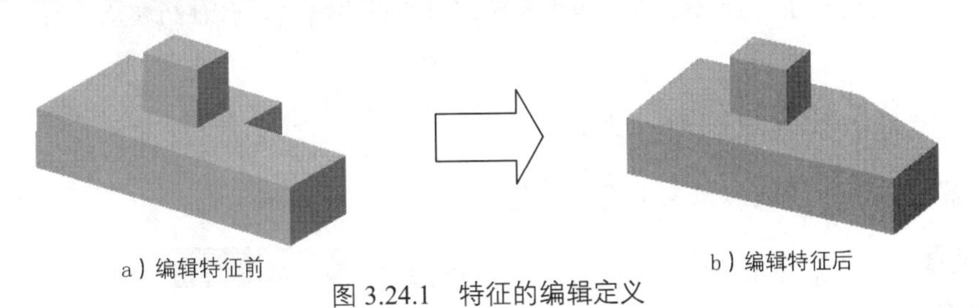

图 3.24.1　特征的编辑定义

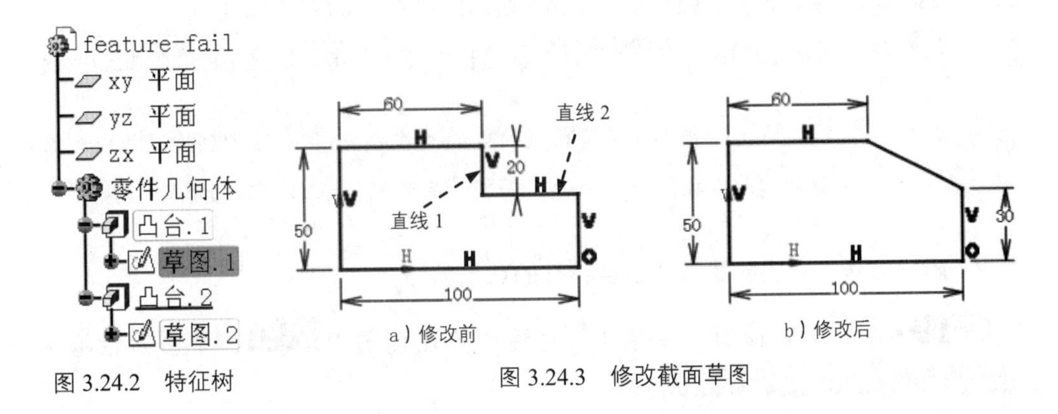

图 3.24.2　特征树

图 3.24.3　修改截面草图

说明：在修改如图 3.24.3a 所示的草图时应先删除直线 1 和直线 2，再添加直线，最后添加尺寸约束。

步骤 04 退出草绘工作台后，系统弹出如图 3.24.4 所示的“更新诊断：草图.1”对话框，提示需要编辑草图以解决这些问题。这是因为第一个凸台特征重定义后，第二个凸台特征的截面草图参照便丢失，所以出现特征生成失败。

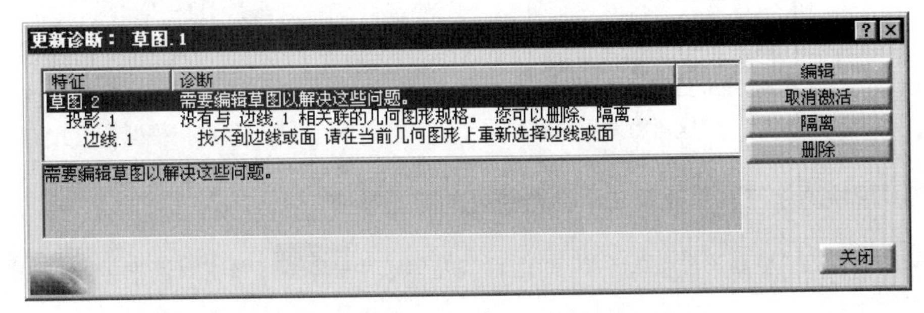

图 3.24.4　“更新诊断：草图.1”对话框

在“更新诊断：草图.1”对话框的白色背景区显示的是存在问题的特征及解决的方法，对话框的灰色背景区则只显示当前错误特征的解决方法。

3.24.2 特征生成失败的解决方法

1. 解决方法一：取消第二个凸台特征

步骤 01 在“更新诊断：草图.1”对话框的左侧选中 草图.2，单击对话框中的 取消激活 按钮，系统弹出如图 3.24.5 所示的“取消激活”对话框。

步骤 02 在对话框中选中 取消激活所有子级 复选框，然后单击对话框中的 确定 按钮。

这是退出特征失败环境比较简单的操作方法。但实际的创建过程中删除特征再重新创建是比较浪费时间的，若想节省时间可求助于其他的解决办法。

2. 解决方法二：去除第二个凸台特征的草绘参照

步骤 01 在“更新诊断：草图.1”对话框的左侧选中 投影.1，单击对话框中的 取消激活 或 隔离 按钮。

步骤 02 完成上步操作后，系统将自动去除第二个凸台特征的草绘参照，生成的模型如图 3.24.6 所示。

这是退出特征失败环境最简单的操作方法，但更改后不符合设计意图。

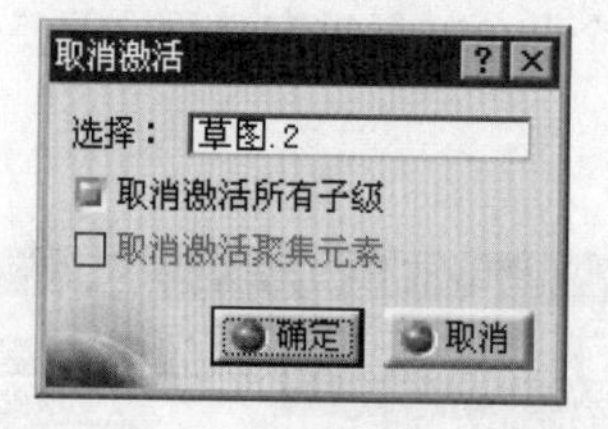

图 3.24.5 “取消激活”对话框

图 3.24.6 模型（一）

3. 解决方法三：更改第二个凸台特征的草绘参照

步骤 01 在“更新诊断：草图.1”对话框的左侧选中 边线.1，单击对话框中的 编辑 按钮。

步骤 02 完成上步操作后，系统弹出如图 3.24.7 所示的“编辑”对话框，此时系统自动选取图 3.24.8 所示的边为草图 2 的参照，单击对话框中的 确定 按钮之后，生成的模型如图 3.24.9 所示。

这是退出特征失败环境并符合设计意图的修改方法。

图 3.24.7　“编辑”对话框

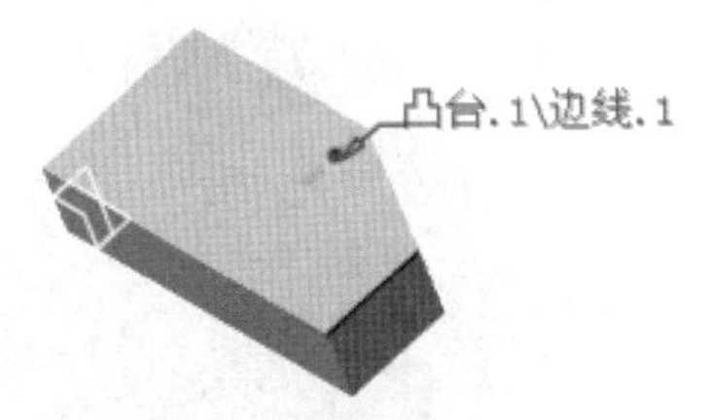

图 3.24.8　自动选取参照

图 3.24.9　模型（二）

3.25　零件设计综合应用案例一——机座

案例概述：

本案例讲述的是机座模型的设计过程，包括“凸台”“凹槽”“孔”“倒圆”“ 镜像”等命令的应用，零件模型如图 3.25.1 所示。

图 3.25.1　零件模型

本案例的详细操作过程请参见随书光盘中 video\ch03\文件下的语音视频讲解文件。模型文件为 D:\catrt20\work\ch03.25\base。

3.26　零件设计综合应用案例二——机械手回转缸体

案例概述：

本实例介绍了一个机械手回转缸体的设计过程。主要讲述旋转体、凸台、镜像、阵列、倒圆等特征命令的应用。在创建特征的过程中，需要注意所用到的技巧和注意事项。零件模型如图 3.26.1 所示。

本案例的详细操作过程请参见随书光盘中 video\ch03\文件下的语音视频讲解文件。模型文件为 D:\catrt20\work\ch03.26\hydraulic-body-lower.prt。

图 3.26.1 机械手回转缸体

3.27 零件设计综合应用案例三——机械手固定鳄板

案例概述：

本实例介绍了一个机械手固定鳄板的设计过程。主要讲述凸台、阵列、抽壳、倒圆等特征命令的应用。在创建特征的过程中，需要注意所用到的技巧和注意事项。零件模型如图 3.27.1 所示。

本案例的详细操作过程请参见随书光盘中 video\ch03\文件下的语音视频讲解文件。模型文件为 D:\catrt20\work\ch03.27\cramp-arm-layout.prt。

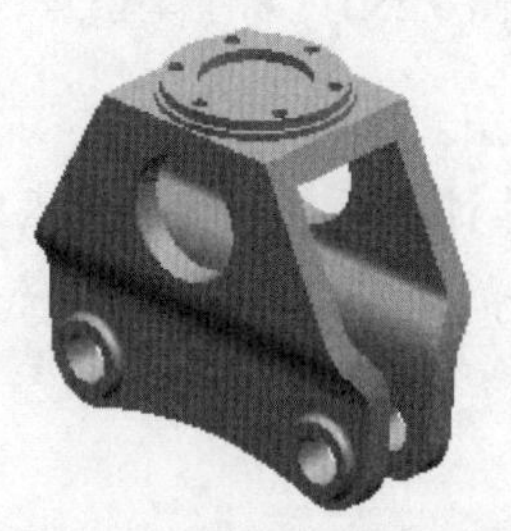

图 3.27.1 机械手固定鳄板

3.28 零件设计综合应用案例四——机械手固定架

案例概述：

本实例介绍了一个机械手固定架的设计过程。主要讲述凸台、孔和边倒圆等特征命令的应用。在创建特征的过程中，需要注意所用到的技巧和注意事项。零件模型如图 3.28.1 所示。

本案例的详细操作过程请参见随书光盘中 video\ch03\文件下的语音视频讲解文件。模型文件为 D:\catrt20\work\ch03.28\crusher-base.prt。

图 3.28.1 机械手固定架

3.29 零件设计综合应用案例五——ABS 控制器盖

案例概述：

本实例介绍了一个 ABS 控制器盖的设计过程。主要讲述凸台、阵列、扫掠、拔模和倒圆等特征命令的应用。在创建特征的过程中，需要注意所用到的技巧和注意事项。零件模型如图 3.29.1 所示。

本案例的详细操作过程请参见随书光盘中 video\ch03\文件下的语音视频讲解文件。模型文件为 D:\catrt20\work\ch03.29\abs-control-cover.prt。

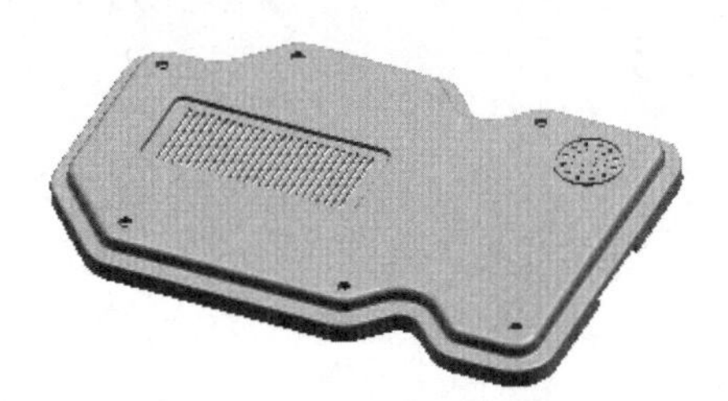

图 3.29.1 ABS 控制器盖

3.30 零件设计综合应用案例六——下控制臂

案例概述：

本实例介绍了一个下控制臂的设计过程。主要讲述凸台、拔模、孔、边倒圆等特征命令的应用。在创建特征的过程中，需要注意所用到的技巧和注意事项。零件模型如图 3.30.1 所示。

本案例的详细操作过程请参见随书光盘中 video\ch03\文件下的语音视频讲解文件。模型文件为 D:\catrt20\work\ch03.30\footrest-connector.prt。

图 3.30.1 下控制臂

第4章 装配设计

4.1 装配设计基础

CAITA V5的装配工作台用来建立零件间的相对位置关系，从而形成复杂的装配体。

CAITA V5提供了自底向上和自顶向下两种装配功能。如果首先设计好全部零件，然后将零件作为部件添加到装配体中，则称之为自底向上装配；如果是首先设计好装配体模型，然后在装配体中组建模型，最后生成零件模型，则称之为自顶向下装配。自底向上装配是一种常用的装配模式，本章主要介绍自底向上装配。

相关术语和概念

零件：组成部件与产品最基本的单位。

部件：可以是一个零件，也可以是多个零件的装配结果。它是组成产品的主要单位。

装配：也称为产品，是装配设计的最终结果。它是由部件之间的约束关系及部件组成的。

约束：在装配过程中，约束是指部件之间相对的限制条件，可用于确定部件的位置。

4.2 创建装配约束

通过创建装配约束，可以指定零件相对于装配体（部件）中其他部件的放置方式和位置。装配约束的类型包括相合、接触、偏移、固定等。在CATIA中，一个零件通过装配约束添加到装配体后，它的位置会随与其有约束关系的部件改变而相应改变，而且约束设置值作为参数可随时修改，并可与其他参数建立关系方程，这样整个装配体实际上是一个参数化的装配体。

4.2.1 "固定"约束

"固定"约束是将部件固定在图形窗口的当前位置。当向装配环境中引入第一个部件时，常常对该部件实施这种约束。"固定"约束的约束符号为 。

4.2.2 “固联”约束

使用“固联”约束可以把装配体中的两个或多个元件按照当前位置固定成为一个群体，移动其中一个部件，其他部件也将被移动。

4.2.3 “相合”约束

“相合”约束可以使两个装配部件中的两个平面（图 4.2.1a）重合，并且可以调整平面方向，如图 4.2.1b、图 4.2.1c 所示；也可以使两条轴线同轴（图 4.2.2）或者两个点重合，约束符号为 ■ 。

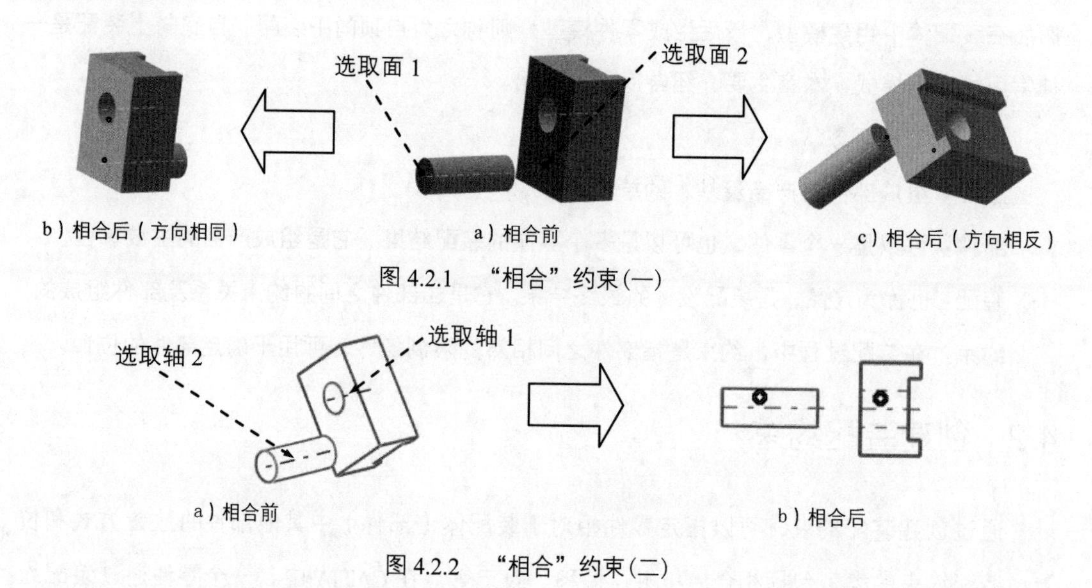

图 4.2.1 “相合”约束(一)

图 4.2.2 “相合”约束(二)

注意：使用“相合”约束时，两个参照不必为同一类型，直线与平面、点与直线等都可使用“相合”约束。

4.2.4 “接触”约束

“接触”约束可以对选定的两个面进行约束，可分为以下三种约束情况。

- 点接触：使球面与平面处于相切状态，约束符号为 ■ ，如图 4.2.3 所示。
- 线接触：使圆柱面与平面处于相切状态，约束符号为 ■ ，如图 4.2.4 所示。
- 面接触：使两个面重合，约束符号为 ■ 。

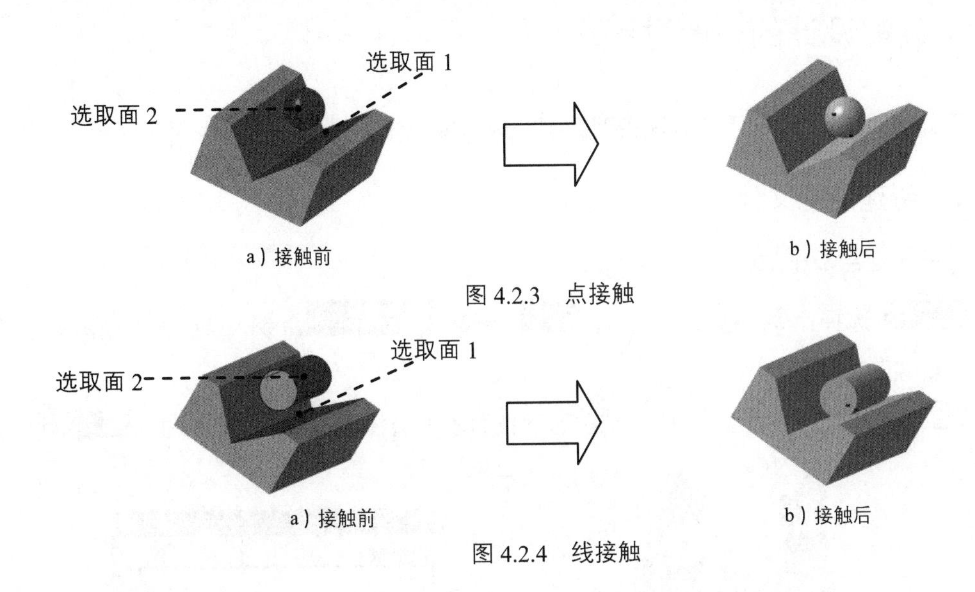

图 4.2.3 点接触

图 4.2.4 线接触

4.2.5 “偏移”约束

用“偏移”约束可以使两个部件上的点、线或面建立一定距离，从而限制部件的相对位置关系，如图 4.2.5 所示。

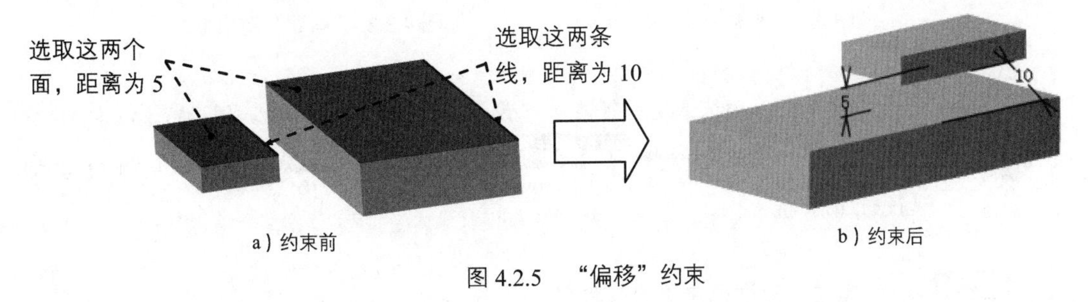

图 4.2.5 “偏移”约束

4.2.6 “角度”约束

用“角度”约束可使两个元件上的线或面建立一个角度，从而限制部件的相对位置关系，如图 4.2.6b 所示。

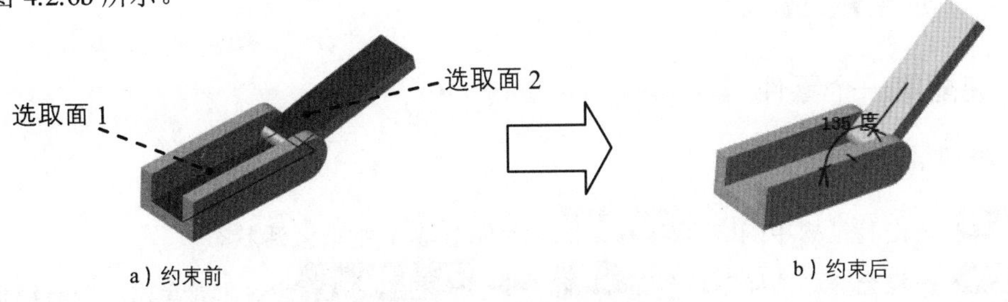

图 4.2.6 “角度”约束

4.3 装配设计的一般过程

下面以如图 4.3.1 所示的装配模型为例，说明装配体创建的一般过程。

4.3.1 新建装配文件

装配文件的创建一般操作过程如下。

步骤 01 选择命令。选择下拉菜单 文件 → 新建... 命令，系统弹出如图 4.3.2 所示的“新建”对话框。

步骤 02 选择文件类型。在 类型列表： 下拉列表中选择 Product 选项，单击 确定 按钮。

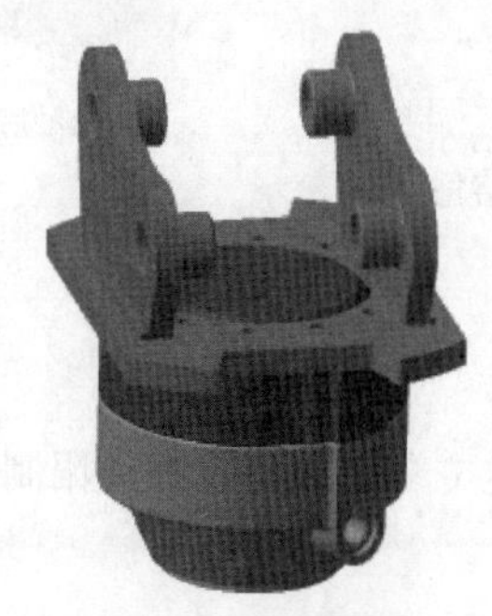

图 4.3.1 装配模型

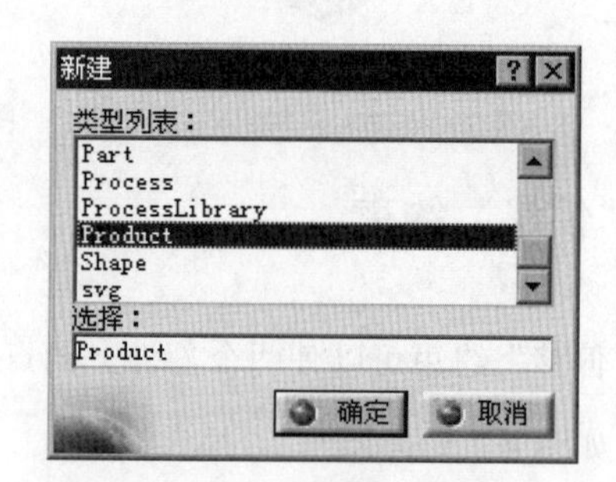

图 4.3.2 “新建”对话框

新建之后确认系统是否在装配设计工作台中，如不是，则进行如下操作：选择下拉菜单 开始 → 机械设计 ▸ → 装配设计 命令，切换到装配件设计工作台。

步骤 03 在“属性”对话框中更改文件名。

（1）右击特征树的 Product1，在系统弹出的快捷菜单中选择 属性 命令，系统弹出“属性”对话框。

（2）在“属性”对话框中选择 产品 选项卡。在 零件编号 文本框中将“Product1”改为“body-asm”，单击 确定 按钮。

4.3.2 装配第一个零件

1. 添加第一个零件

步骤 01 单击特征树中的 body-asm，使 body-asm 处于激活状态。

步骤 02 选择命令。选择下拉菜单 插入 → 现有部件... 命令（或单击“产品结构工具”工具栏中的按钮)。

在特征树中，部件文件和装配文件的图标是不同的。装配文件的图标是，部件的图标为。

步骤 03 选取要添加模型。完成上步操作后，系统将弹出“选择文件”对话框，选择路径 D:\catrt20\work\ch04.03，选取零件模型文件 body.CATPart，单击 打开(O) 按钮。

2．对第一个零件添加约束

选择下拉菜单 插入 → 固定 命令，在系统 选择要固定的部件 的提示下，选取特征树中的 BODY (BODY.1)（或单击模型），此时模型上会显示出“固定”约束符号，说明第一个零件已经完全被固定在当前位置。

4.3.3 装配其他零件

1．添加第二个零件

步骤 01 单击特征树中的 body-asm，使 body-asm 处于激活状态。

步骤 02 选择命令。选择下拉菜单 插入 → 现有部件... 命令。

步骤 03 选取添加文件。在系统弹出“选择文件”对话框中，选取零件模型文件 body-upper.CATPart，单击 打开(O) 按钮。

2．约束第二个零件前的准备

第二个零件引入后，可能与第一个部件重合，或者其方向和方位不便于进行装配放置。解决这种问题的方法如下。

步骤 01 选择命令。选择如图 4.3.3 所示的下拉菜单 编辑 → 移动 → 操作... 命令或在如图 4.3.4 所示的“移动”工具栏中单击按钮，系统弹出如图 4.3.5 所示的“操作参数”对话框。

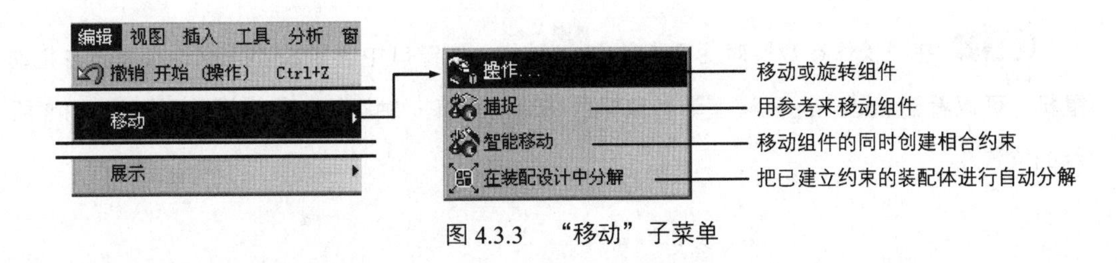

图 4.3.3 “移动”子菜单

对如图 4.3.3 所示的“移动”子菜单中部分命令功能说明如下。

- ◆ 操作...：该命令可以使部件沿各个方向移动或绕某个轴转动，也可以将部件放置到期望的目标位置。
- ◆ 捕捉：通过选择需要移动部件上的点、线或面，与另一个固定部件的点、线或面相对齐。
- ◆ 智能移动：智能移动的功能与敏捷移动类似，只是智能移动不需要选取参考部件，只需要选取被移动部件上的几何元素。

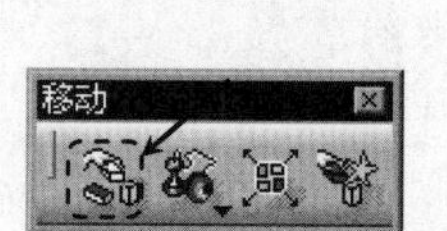

图 4.3.4 “移动”工具栏

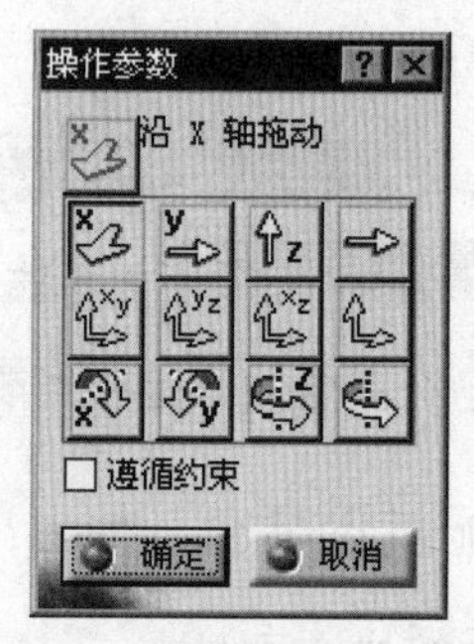

图 4.3.5 “操作参数”对话框

步骤 02 在“操作参数”对话框中单击按钮，在窗口中选定 body-upper 模型，并拖动鼠标，可以看到 body-upper 模型随着鼠标的移动而沿着 y 轴从图 4.3.6 中的位置 1 平移到图 4.3.7 中的位置 2。

图 4.3.6 位置 1

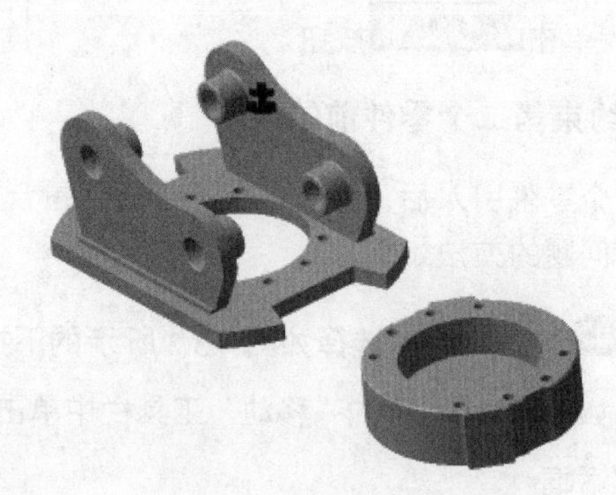

图 4.3.7 位置 2

步骤 03 在“操作参数”对话框中单击按钮，在窗口中选定 body-upper 模型，并拖动鼠标，可以看到 body-upper 模型随着鼠标的移动而绕着 y 轴旋转，将其调整到如图 4.3.8 所示的位置 3。

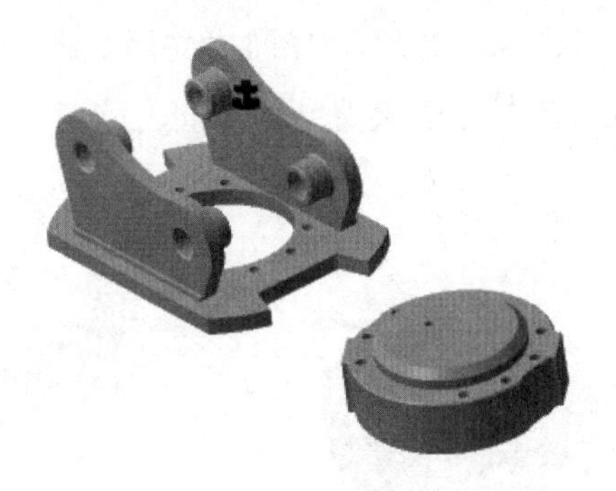

图 4.3.8 位置 3

3. 对第二个零件添加约束

要完全定位 body-upper 零件需添加三个约束，分别为两个相合约束和一个接触约束。

步骤 01 定义第一个装配约束（相合约束）。

（1）选择命令。选择下拉菜单 插入 → 相合... 命令。

（2）定义相合轴。分别选取如图 4.3.9 所示两个零件的模型表面为参照，此时会出现一条连接两个零件轴线的直线，并出现相合符号，如图 4.3.10 所示。

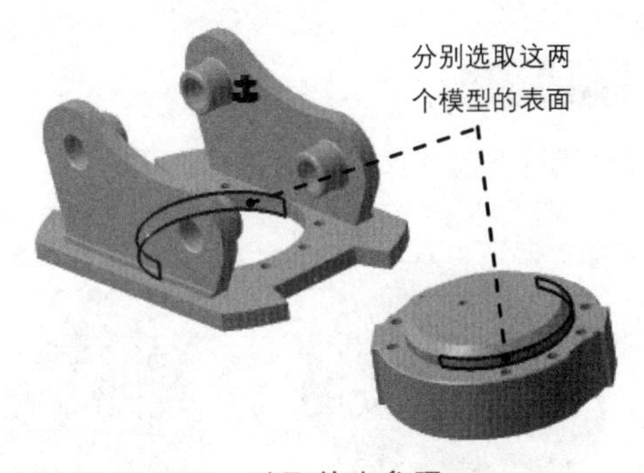

图 4.3.9 选取约束参照

图 4.3.10 建立相合约束

- 选择 相合... 命令后，将鼠标移动到部件的圆柱面之后，系统将自动出现一条轴线，此时只需单击即可选中轴线。
- 设置完一个约束之后，系统不会进行自动更新，可以做完一个约束之后就更新，也可以使部件完全约束之后再进行更新。

步骤 02 定义第二个装配约束（接触约束）。

（1）选择命令。选择下拉菜单 插入 → 接触... 命令。

（2）定义接触面。选取如图 4.3.11 所示的两个接触面，此时会出现一条连接这两个面的直线，并出现面接触的约束符号，如图 4.3.12 所示。

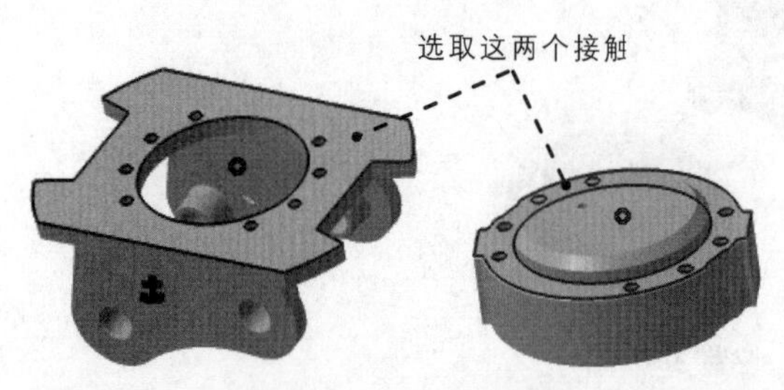

图 4.3.11　选取接触面

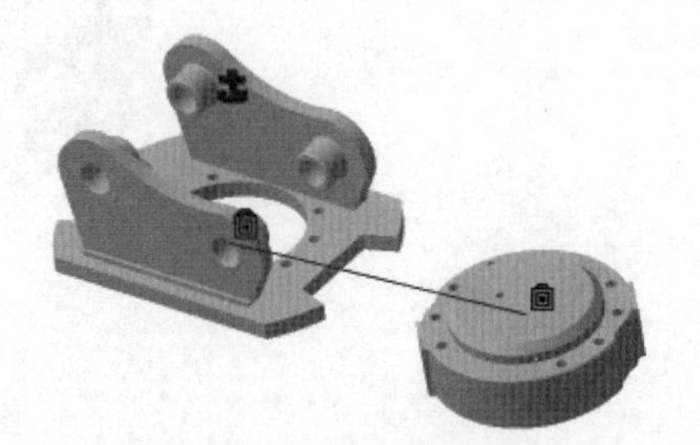

图 4.3.12　建立接触约束

- 本例应用了“面接触”约束方式，该约束方式是“接触”约束中的一种，系统会根据所选的几何元素，来选用不同的接触方式。其余两种接触方式见“4.2.4 接触约束”。
- “面接触”约束方式是把两个面贴合在一起，并且使这两个面的法线方向相反。

步骤 03 定义第三个装配约束（相合约束）。

（1）选择命令。选择下拉菜单 插入 → 相合... 命令。

（2）定义相合面。分别选取如图 4.3.13 所示的面 1、面 2 作为相合面。

图 4.3.13　选取相合面

（3）更新操作。选择下拉菜单 编辑 → 更新 命令，完成 body-upper 零件的装配，如图 4.3.14 所示。

图 4.3.14　完成装配体的创建

4. 添加第三个零件

步骤01 单击特征树中的 body-asm，使 body-asm 处于激活状态。

步骤02 选择命令。选择下拉菜单 插入 → 现有部件... 命令。

步骤03 选取添加文件。在系统弹出“选择文件”对话框中，选取模型文件 body-lower.CATPart，单击 打开(O) 按钮。

步骤04 对引入的 body-lower 零件的方位进行调整。选择下拉菜单 编辑 → 移动 → 操作... 命令，将 body-lower 零件调整至图 4.3.15 所示的方位。

步骤05 定义第一个装配约束（相合约束）。选择下拉菜单 插入 → 相合... 命令；分别选取如图 4.3.16 所示两个零件的模型表面为约束的参照。

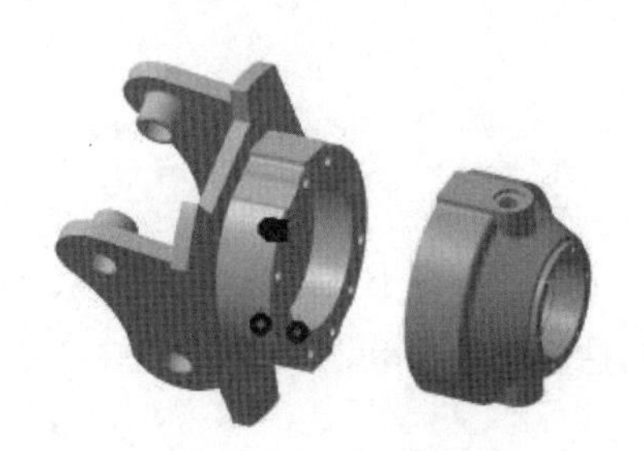

图 4.3.15 调整方位

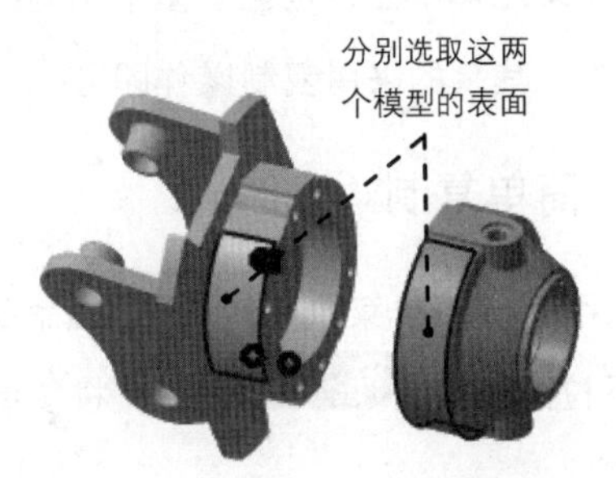

图 4.3.16 选取约束参照

步骤06 定义第二个装配约束（接触约束）。选择下拉菜单 插入 → 接触... 命令；选取如图 4.3.17 所示的两个接触面为约束的参照。

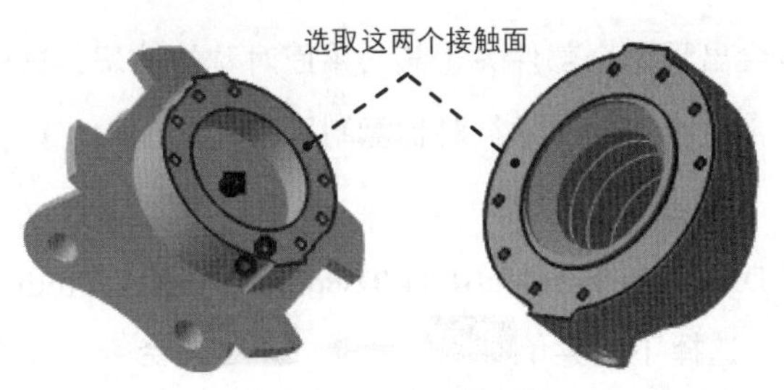

图 4.3.17 选取接触面

步骤07 定义第三个装配约束（相合约束）。选择下拉菜单 插入 → 相合... 命令。分别选取如图 4.3.18 所示的两个模型的表面作为约束的参照。

步骤08 更新操作。选择下拉菜单 编辑 → 更新 命令，完成装配体的创建，如图 4.3.19 所示。

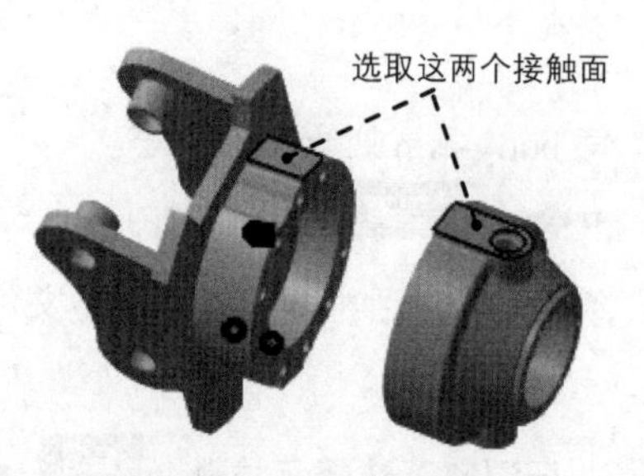

图 4.3.18 选取相合面

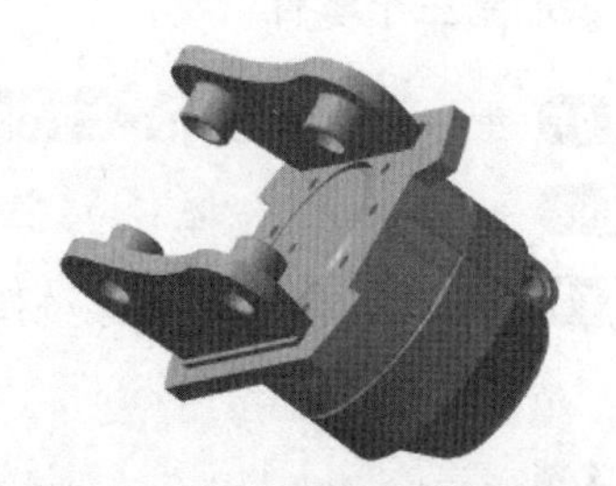

图 4.3.19 完成装配体的创建

4.4 装配设计的高级操作

一个装配体中往往包含了多个相同的部件，在这种情况下，只需将其中一个部件添加到装配体中，其余的采用复制操作即可。

4.4.1 简单复制

使用编辑下拉菜单中的复制命令，复制一个已经存在于装配体中的部件，然后再用编辑下拉菜单中的粘贴命令，将复制的部件粘贴到装配体中。

新部件与原有部件位置是重合的，必须对其进行移动或约束。

4.4.2 对称复制

在装配体中，经常会出现两个部件关于某一平面对称的情况，这时，不需要再次为装配体添加相同的部件，只需对原有部件进行对称复制即可，如图 4.4.1 所示。对称复制操作的一般过程如下。

步骤 01 打开文件 D:\catrt20\work\ch04.04.02\cramp-arm.CATProduct。

步骤 02 选择命令。选择下拉菜单插入 → 对称命令（或在“装配件特征”工具栏中单击按钮），系统弹出如图 4.4.2 所示的“装配对称向导”对话框（一）。

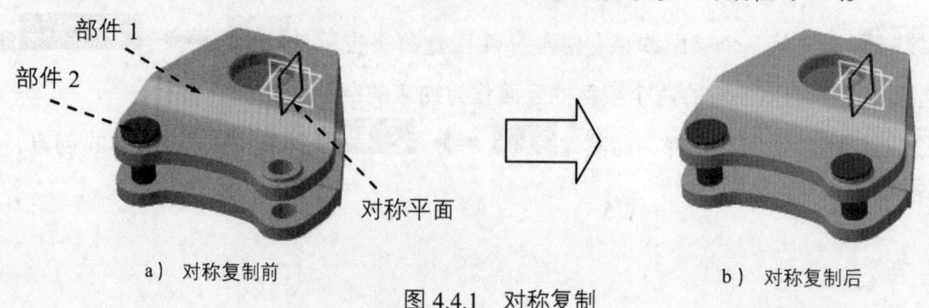

a）对称复制前　　b）对称复制后

图 4.4.1 对称复制

步骤 03 定义对称复制平面。如图 4.4.3 所示，将 CRAMP-ARM-LAYOUT（部件 1）的特征树展开，选取 yz 平面作为对称复制的对称平面。此时“装配对称向导”对话框（二）如图 4.4.4 所示。

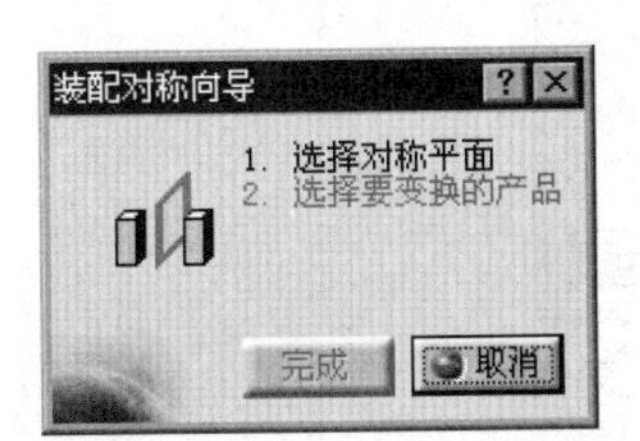

图 4.4.2 “装配对称向导”对话框（一）

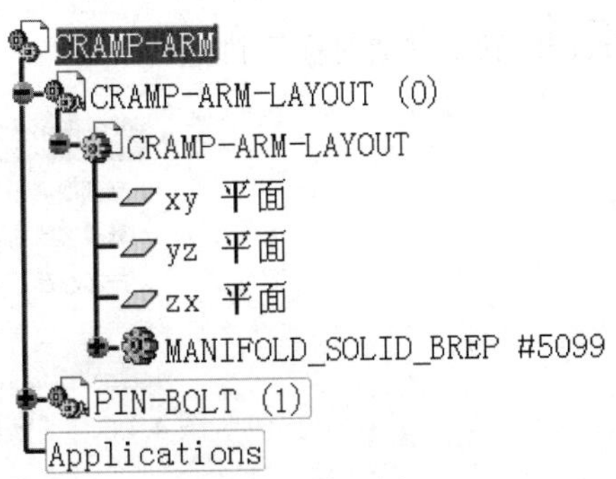

图 4.4.3 特征树

步骤 04 确定对称复制原部件。选取 PIN-BOLT（部件 2）作为对称复制的原部件。系统弹出如图 4.4.5 所示的“装配对称向导”对话框（三）。

图 4.4.4 “装配对称向导”对话框（二）

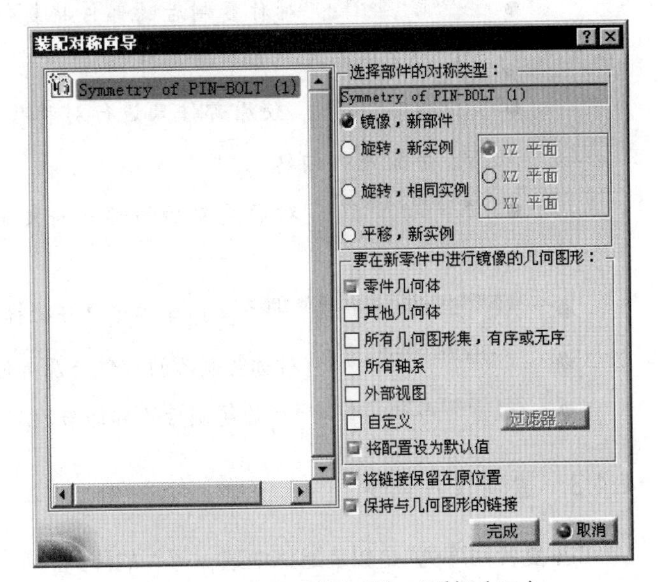

图 4.4.5 “装配对称向导”对话框（三）

子装配也可以进行对称复制操作。

步骤 05 在如图 4.4.5 所示的“装配对称向导”对话框（三）中进行如下操作。

（1）定义类型。在 选择部件的对称类型： 区域选中 镜像，新部件 单选项。

（2）定义结构内容。在 要在新零件中进行镜像的几何图形： 区域选中 零件几何体 复选框。

（3）定义关联性。选中 将链接保留在原位置 和 保持与几何图形的链接 复选框。

步骤 06 单击 完成 按钮，系统弹出如图 4.4.6 所示的“装配对称结果”对话框，单击 关闭 按钮，完成对称复制。

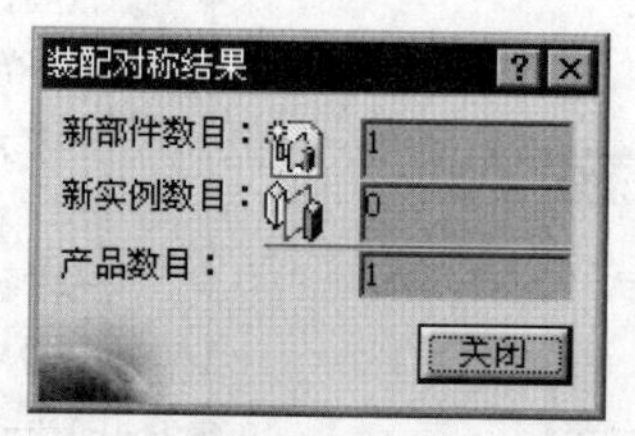

图 4.4.6 “装配对称结果”对话框

对如图 4.4.5 所示的“装配对称向导”对话框（三）说明如下。

◆ 选择部件的对称类型： 区域中提供了镜像复制的类型。
  ● 镜像，新部件：对称复制后的部件只复制原部件的一个体特征。
  ● 旋转，新实例：对称复制后的部件将复制原部件所有特征，可以沿 XY 平面、YZ 平面或 YZ 平面进行翻转。
  ● 旋转，相同实例：使原部件只进行对称移动，可以沿 XY 平面、YZ 平面或 YZ 平面进行翻转。
  ● 平移，新实例：对称复制后的部件将复制原部件所有特征，但不能进行翻转。
◆ 要在新零件中进行镜像的几何图形：区域中提供了原部件的结构内容。
◆ 将链接保留在原位置：对称复制后的部件与原部件保持位置的关联。
◆ 保持与几何图形的链接：对称复制后的部件与原部件保持几何体形状和结构的关联。

4.4.3 重复使用阵列

“重复使用阵列”是以装配体中某一部件的阵列特征为参照来进行部件的复制。在图 4.4.7 中，八个螺钉是参照装配体中部件 1 上的八个阵列孔创建的，所以在使用“重复使用阵列”命令之前，应在装配体的某一部件中创建阵列特征。

下面以图 4.4.7 为例，介绍“重复使用阵列”的操作过程。

步骤 01 打开文件 D:\catrt20\work\ch04.04.03\repeat-array.CATProduct。

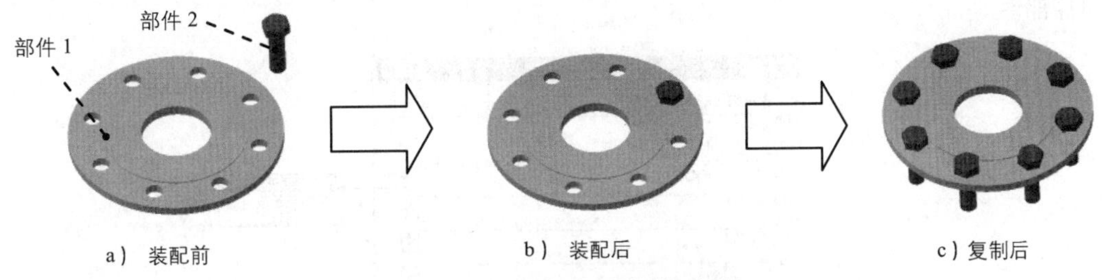

图 4.4.7 “重复使用阵列”复制

步骤 02 选择命令。选择下拉菜单 插入 → 重复使用阵列... 命令，系统弹出“在阵列上实体化”对话框。

步骤 03 选取阵列复制参考。在特征树中将 FLANGE (FLANGE.1) 展开，选中 圆形阵列.1 作为阵列复制的参考。

步骤 04 确定阵列原部件。在特征树上选中 BOLT (BOLT.1) 作为阵列的原部件，单击 确定 按钮，创建出如图 4.4.7c 所示的部件阵列。

在如图 4.4.7c 所示的实例中，可以继续使用“重复使用阵列”命令，将螺母阵列复制到螺钉上。

4.4.4 定义多实例化

如图 4.4.8 所示，可以使用“定义多实例化”将一个部件沿指定的方向进行阵列复制。设置“定义多实例化”的一般过程如下。

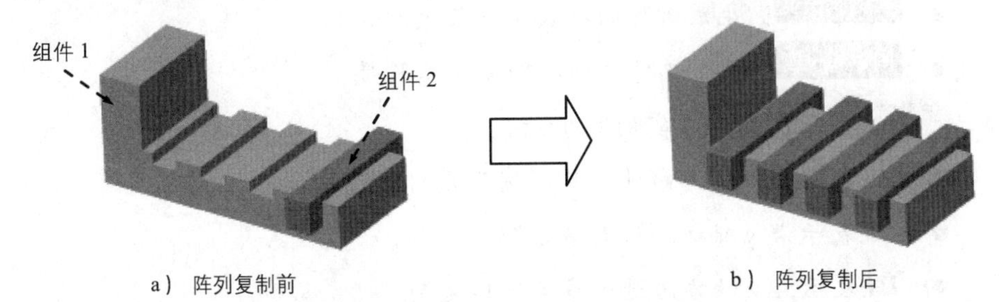

图 4.4.8 “定义多实体化”阵列复制

步骤 01 打开文件 D:\catrt20\work\ch04.04.04\multi-example.CATProduct。

步骤 02 选择命令。选择下拉菜单 插入 → 定义多实例化... 命令，系统弹出如图 4.4.9 所示的“多实例化”对话框。

步骤 03 定义实例化复制的原部件。在特征树上选取 part-02 (2) 作为多实例化复制的原部件。

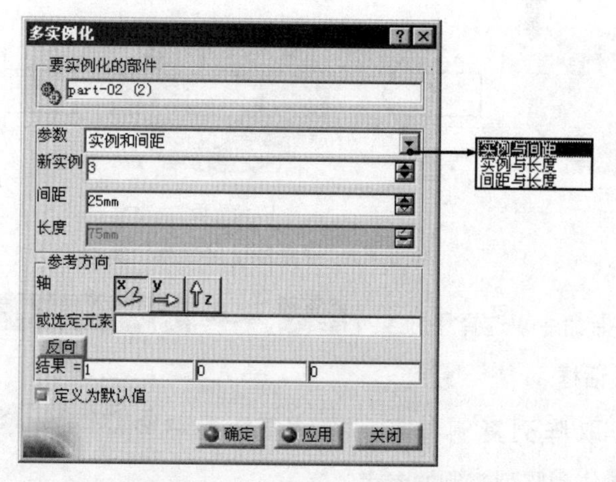

图 4.4.9 “多实例化”对话框

步骤 04 定义多实例化复制的参数。

（1）在“多实例化”对话框的 参数 下拉列表中选取 实例和间距 选项。

（2）确定多实例化复制的新实例和间距。在对话框的 新实例 文本框中输入数值 3，在 间距 文本框中输入数值 25。

步骤 05 确定多实例化复制的方向。单击 参考方向 区域中的 按钮。

步骤 06 单击 确定 按钮，此时，创建出如图 4.4.8b 所示的部件多实例化复制。

对如图 4.4.9 所示的“多实例化”对话框中部分选项说明如下。

- 参数 下拉列表中有三种排列方式。
  - 实例和间距：生成部件的个数和每个部件之间的距离。
  - 实例和长度：生成部件的个数和总长度。
  - 间距和长度：每个部件之间的距离和总长度。
- 参考方向 区域是提供多实例化的方向。
  - :表示沿 x 轴方向进行多实例化复制。
  - :表示沿 y 轴方向进行多实例化复制。
  - :表示沿 z 轴方向进行多实例化复制。
  - 或选定元素：表示沿选定的元素（轴或者是边线）作为实例的方向。
  - 反向：单击此按钮，可使选定的方向相反。
- 定义为默认值：选中后，插入 下拉菜单中的 快速多实例化 命令会以这些参数作为实例化复制的默认参数。

4.5 装配体中部件的编辑

一个装配体完成后，可以对该装配体中的任何部件（包括产品和子装配件）进行如下操作：部件的打开与删除、部件尺寸的修改、部件装配约束的修改（如偏移约束中偏距的修改）和部件装配约束的重定义等。

下面以图 4.5.1 所示的装配体 edit.CATProduct 中的 flange.CATPart 部件为例，说明修改装配体中部件的一般操作过程。

a）修改前

b）修改后

图 4.5.1 修改装配体中的部件

步骤 01 打开文件 D:\catrt20\work\ch04.05\edit.CATProduct。

步骤 02 显示零件 flange 的所有特征。展开特征树中的部件 flange (flange.1)，显示出部件 flange 中所包括的所有特征。

步骤 03 在特征树中右击 旋转体.1，在系统弹出的快捷菜单中选择 旋转体.1 对象 → 定义... 命令，此时系统进入“零件设计”工作台。

在新窗口中打开 则是把要编辑的部件用“零件设计”工作台打开，并建立一个新的窗口，其余部件不发生变化。

步骤 04 重新编辑特征。

（1）在特征树中右击 旋转体.1，在系统弹出的快捷菜单中选择 旋转体.1 对象 → 定义... 命令，系统弹出“定义旋转体”对话框。

（2）修改长度。双击图形区的“30”尺寸，系统弹出“参数定义”对话框，在其中的 值 文本框中输入数值 60，并单击此对话框中的 确定 按钮。

（3）单击“定义旋转体”对话框中的 确定 按钮，完成特征的重定义。此时，部件 flange 的高度将发生变化（保证其装配约束未发生变化），如图 4.5.1b 所示。

步骤 05 选择下拉菜单 开始 → 机械设计 → 装配设计 命令，回到装配工作台。

如果修改之后发现零件 flange 的长度未发生变化，说明系统没有自动更新。选择下拉菜单 编辑 → 更新 命令将其更新。

4.6 装配体的分解

为了便于观察装配设计和反映装配体的结构，可将当前已完成约束的装配体进行自动分解操作。下面以 body-asm.CATProduct 装配文件为例（如图 4.6.1 所示），说明自动分解的操作方法。

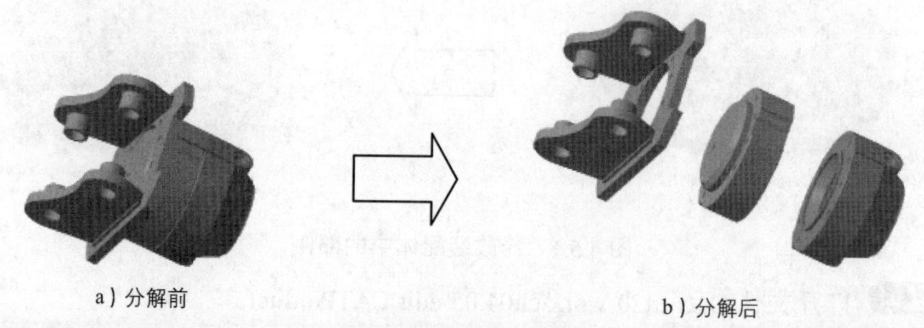

a）分解前　　b）分解后

图 4.6.1　在装配设计中分解

步骤 01 打开文件 D:\catrt20\work\ch04.06\body-asm.CATProduct。

步骤 02 选择命令。选择下拉菜单 编辑 → 移动 ▸ → 在装配设计中分解 命令，系统弹出如图 4.6.2 所示的“分解”对话框（一）。

对如图 4.6.2 所示的“分解”对话框（一）中的部分选项说明如下。

◆ 深度：下拉列表是用来设置分解的层次。
  - 第一级别：将装配体完全分解，变成最基本的部件等级。
  - 所有级别：只将装配体下的第一层炸开，若其中有子装配，在分解时作为一个部件处理。
  - 选择集：确认将要分解的装配体。

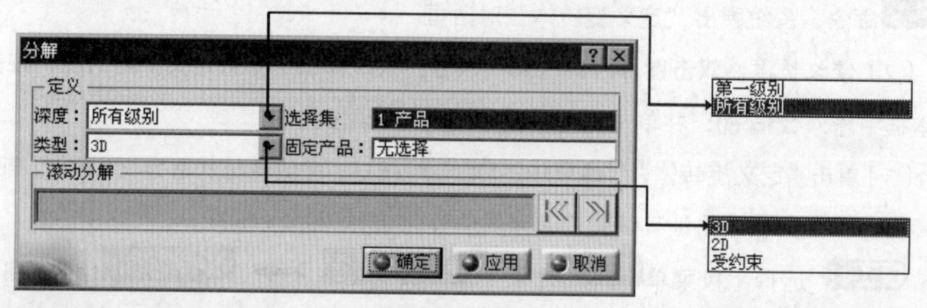

图 4.6.2　“分解”对话框（一）

◆ 类型：下拉列表是用来设置分解的类型。

- 3D：装配体可均匀地在空间中炸开。
- 2D：装配体会炸开并投射到垂直于XY平面的投射面上。
- 受约束：只有在装配体中存在"相合"约束，设置了共轴或共面时才有效。

◆ 固定产品：：选择分解时固定的部件。

步骤03 定义分解图的层次。在对话框的深度：下拉列表中选择所有级别选项。

步骤04 定义分解图的类型。在对话框的类型：下拉列表中选择3D选项。

步骤05 单击应用按钮，系统弹出如图4.6.3所示的"信息框"对话框，单击确定按钮。

步骤06 确定分解程度。将如图4.6.4所示的"分解"对话框（二）的滑块拖拽到0.50，单击对话框中的确定按钮，系统弹出如图4.6.5所示的"警告"对话框。

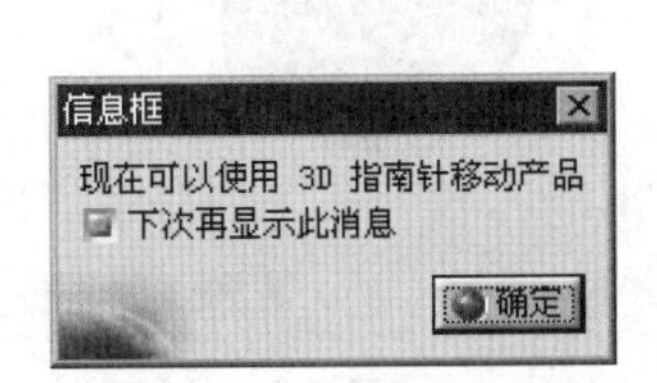

图4.6.3 "信息框"对话框

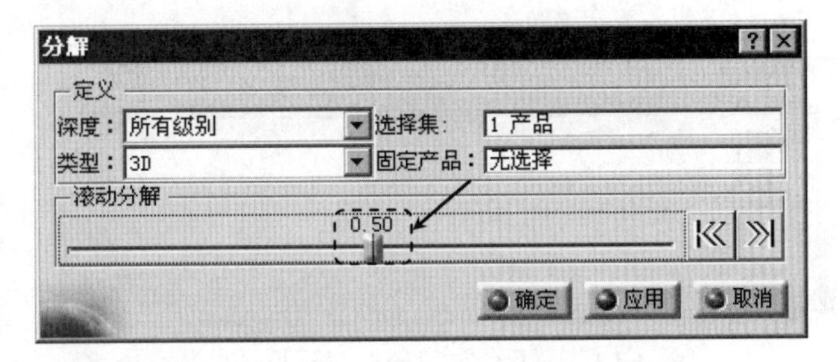

图4.6.4 "分解"对话框（二）

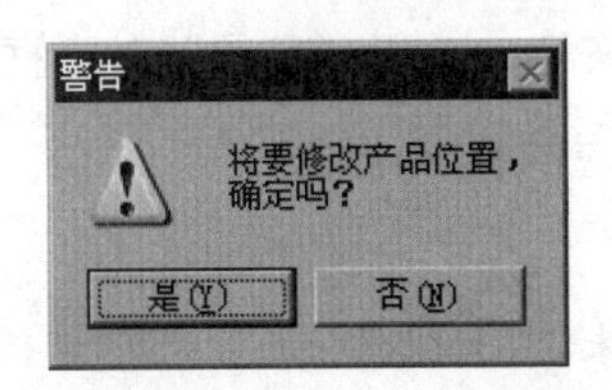

图4.6.5 "警告"对话框

◆ 滚动分解区域中的滑快是用来调解分解的程度。

- ⏮：使分解程度最小。
- ⏭：使分解程度最大。

步骤07 单击对话框中的是(Y)按钮，完成自动分解。

4.7 CATIA的标准件库

CATIA为用户提供了一个标准件库，库中有大量已经完成的标准件。在装配设计中可以直接把这些标准件调出来使用，具体操作方法如下。

步骤 01 选择命令。选择下拉菜单 工具 → 目录浏览器 命令，系统弹出如图 4.7.1 所示的“目录浏览器”对话框。

“零件库”的调用需在“Product”环境下进行。

步骤 02 定义要添加的标准件。在对话框中选择相应的标准件目录，双击此标准件目录，在列出的标准件中双击标准件后系统弹出如图 4.7.2 所示的“目录”对话框。

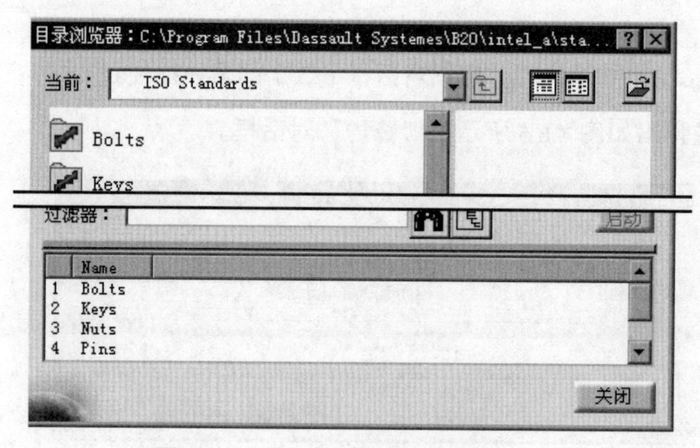

图 4.7.1 “目录浏览器”对话框

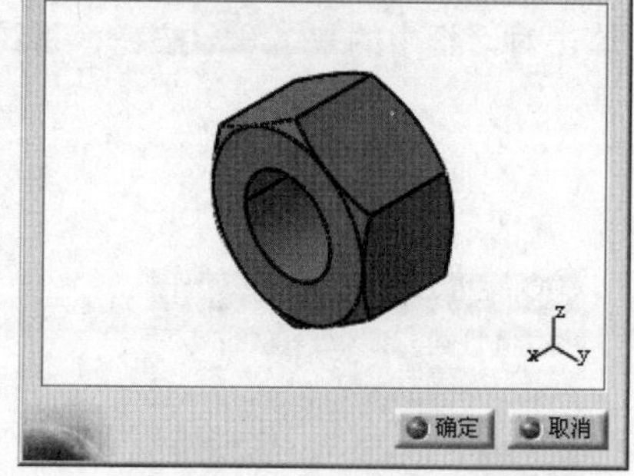

图 4.7.2 “目录”对话框

步骤 03 单击对话框中的 确定 按钮，关闭“目录”对话框，此时，标准件将插入到装配文件中，同时特征树上也添加了相应的标准件信息。

添加到装配文件中的标准件是独立的，可以进行保存和修改等操作。

4.8 模型的基本分析

4.8.1 模型的测量

在零件设计工作台的“测量”工具栏（图 4.8.1）中有三个命令：测量间距、测量项和测量惯性（或称为测量质量属性）。

测量 A1 A2 A3

图 4.8.1 “测量”工具栏

图 4.8.1 所示“测量”工具栏中各按钮的说明如下。

A1（测量间距）：此命令可以测量两个对象之间的参数，如距离、角度等。

A2（测量项）：此命令可以测量单个对象的尺寸参数，如点的坐标、边线的长度、弧的直（半）径、曲面的面积和实体的体积等。

A3（测量惯性）：此命令可以测量一个部件的惯性参数，如面积、质量、重心位置、对点的惯性矩和对轴的惯性矩等。

1. 测量距离

下面以一个简单模型为例，说明测量距离的一般操作方法。

步骤 01 打开文件 D:\catrt20\work\ch04.08.01\measurement01.CATPart。

步骤 02 选择命令。单击“测量”工具栏中的按钮，系统弹出图 4.8.2 所示的“测量间距”对话框（一）。

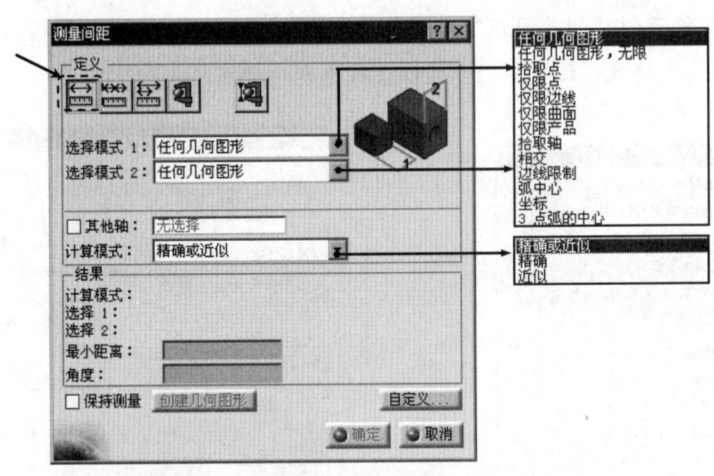

图 4.8.2 “测量间距”对话框（一）

步骤 03 选择测量方式。在对话框中单击按钮，测量面到面的距离。

对图 4.8.2 所示的“测量间距”对话框（一）中的部分选项说明如下。

◆ “测量间距”对话框（一）的 定义 区域中有五个测量的工具按钮，其功能及用法介绍如下。

- 按钮（测量间距）：每次测量限选两个元素，如果要再次测量，则需重新选择。
- 按钮（在链式模式中测量间距）：第一次测量时需要选择两个元素，而以后的测量都是以前一次选择的第二个元素作为再次测量的起始元素。
- 按钮（在扇形模式中测量间距）：第一次测量所选择的第一个元素一直作为以后每次测量的第一个元素，因此，以后的测量只需选择预测量的第二个元素即可。
- 按钮（测量项）：测量某个几何元素的特征参数，如长度、面积、体积等。

- 按钮（测量厚度）：此按钮专用作测量几何体的厚度。

◆ 若需要测量的部位有多种元素干扰用户选择，可在“测量间距”对话框（一）的 选择模式 1: 和 选择模式 2: 下拉列表中，选择测量对象的类型为某种指定的元素类型，以方便测量。

◆ 在“测量间距”对话框（一）的 计算模式: 下拉列表中，读者可以选择合适的计算方式，一般默认计算方式为 精确或近似，这种方式的精确程度由对象的复杂程度决定。

◆ 如果在“测量间距”对话框（一）中单击 自定义... 按钮，系统将弹出图 4.8.3 所示的“测量间距自定义”对话框，在该对话框中有使“测量间距”对话框（一）显示不同测量结果的定制单选项。例如：取消选中“测量间距自定义”对话框中的“角度”单选项，单击对话框中的 应用 按钮，“测量间距”对话框（一）将变为图 4.8.4 所示的“测量间距”对话框（二）（请读者仔细观察对话框的变化），用户可根据实际情况，设置不同参数以获取想要的数据。

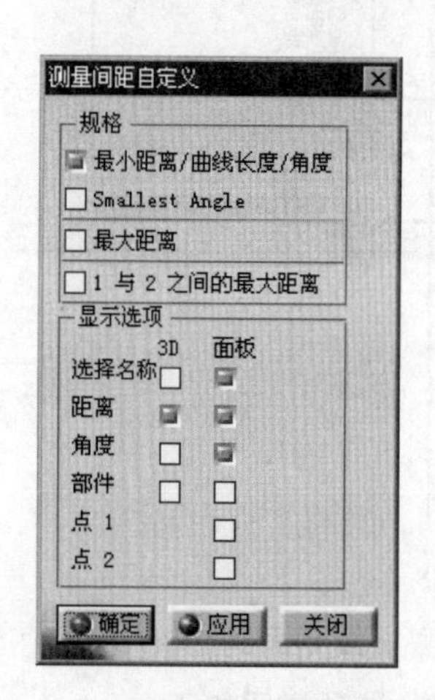

图 4.8.3 “测量间距自定义”对话框

图 4.8.4 “测量间距”对话框（二）

步骤 04 选取要测量的项。在系统 指示用于测量的第一选择项 的提示下，选取图 4.8.5 所示的模型表面 1 为测量第一选择项；在系统 指示用于测量的第二选择项 的提示下，选取图 4.8.5 所示的模型表面 2 为测量第二选择项。

步骤 05 查看测量结果。完成上步操作后，在图 4.8.5 所示的模型左侧可看到测量结果，同时“测量间距”对话框（二）变为图 4.8.6 所示的“测量间距”对话框（三），在该对话框的 结果 区域中也可看到测量结果。

◆ 在测量完成后，若直接单击 确定 按钮，模型表面与对话框中显示的测量结果都会消失，若要保留测量结果，需在“测量间距”对话框（三）中选中 保持测量 复选框，再单击 确定 按钮。

◆ 如在“测量间距”对话框（三）中单击 创建几何图形 按钮，系统将弹出图 4.8.7 所示的“创建几何图形”对话框，该对话框用于保留几何图形，如点、线等。对话框中 ● 关联的几何图形 单选项表示所保留的几何元素与测量物体之间具有关联性； ○ 无关联的几何图形 表示不具有关联性； 第一点 表示尺寸线的起点（即所选第一个几何元素所在侧的点）； 第二点 表示尺寸线的终止点； 直线 表示整条尺寸线。若单击这三个按钮，就表示保留这些几何图形，所保留的图形元素将在特征树上以几何图形集的形式显示出来，如图 4.8.8 所示。

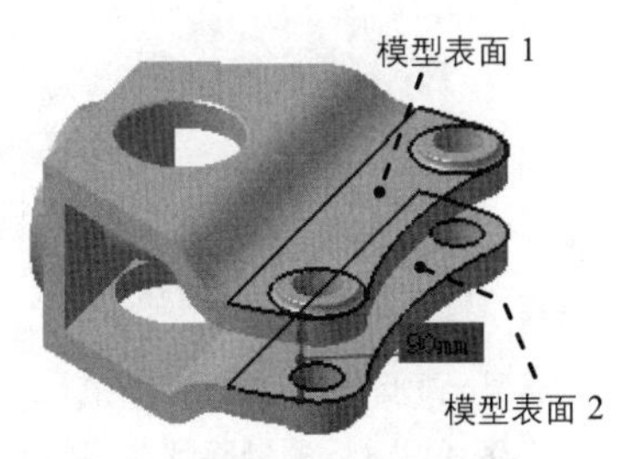

图 4.8.5 测量面到面的距离

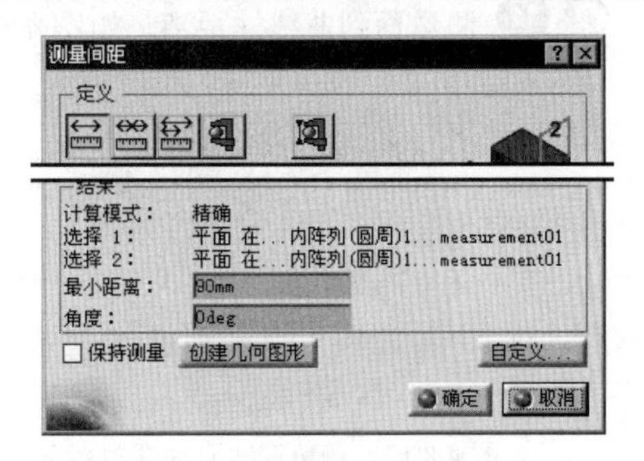

图 4.8.6 “测量间距”对话框（三）

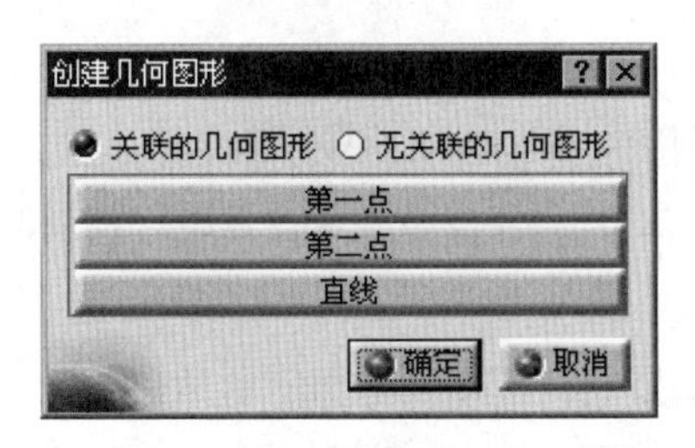

图 4.8.7 “创建几何图形”对话框

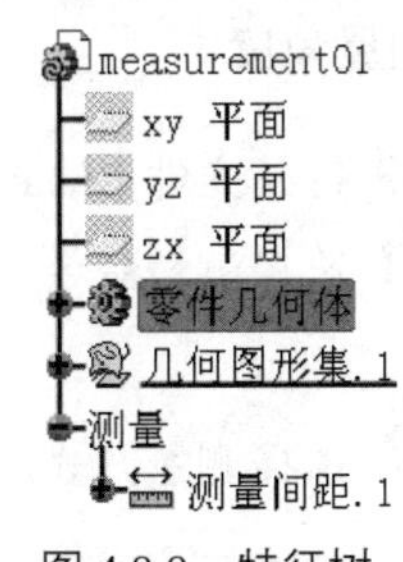

图 4.8.8 特征树

步骤 06 测量点到面的距离，如图 4.8.9 所示，操作方法参见步骤 04。

步骤 07 测量点到线的距离，如图 4.8.10 所示，操作方法参见步骤 04。

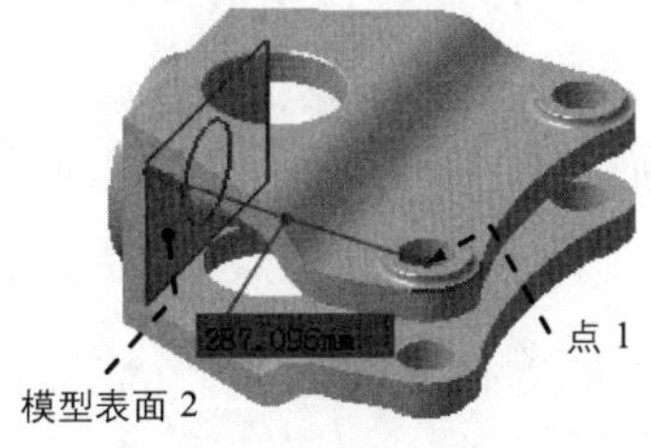

图 4.8.9 测量点到面的距离

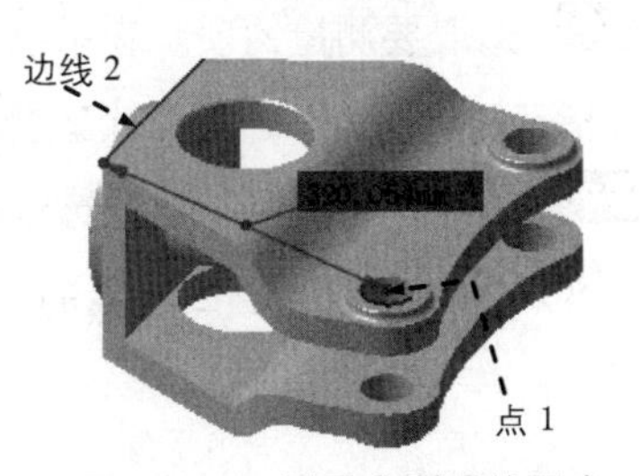

图 4.8.10 测量点到线的距离

步骤 08 测量点到点的距离，如图 4.8.11 所示，操作方法参见步骤 04。

步骤 09 测量线到线的距离，如图 4.8.12 所示，操作方法参见步骤 04。

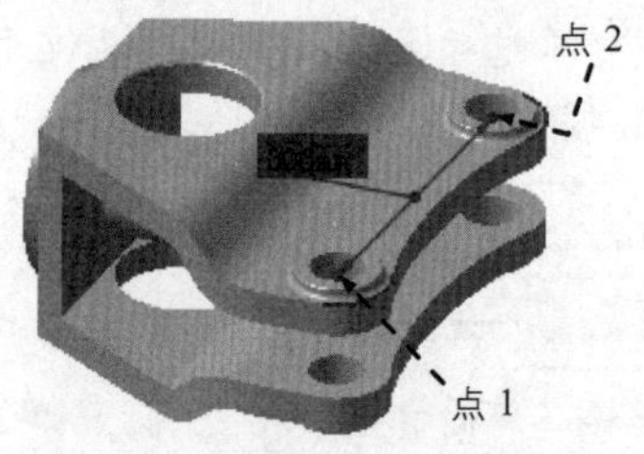

图 4.8.11　测量点到点的距离

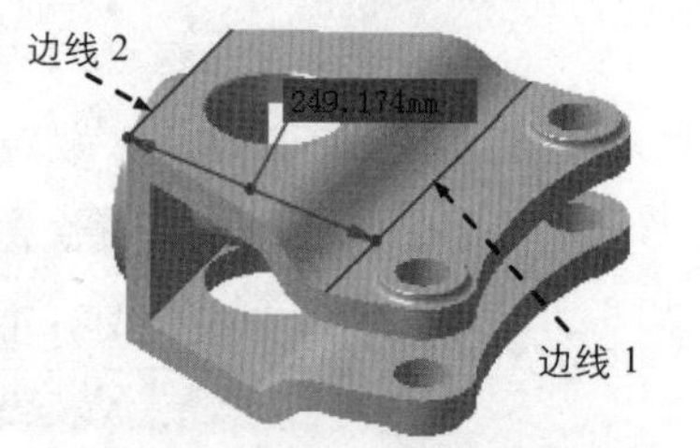

图 4.8.12　测量线到线的距离

步骤 10 测量直线到曲线的距离，如图 4.8.13 所示，操作方法参见步骤 04。

步骤 11 测量面到曲线的距离，如图 4.8.14 所示，操作方法参见步骤 04。

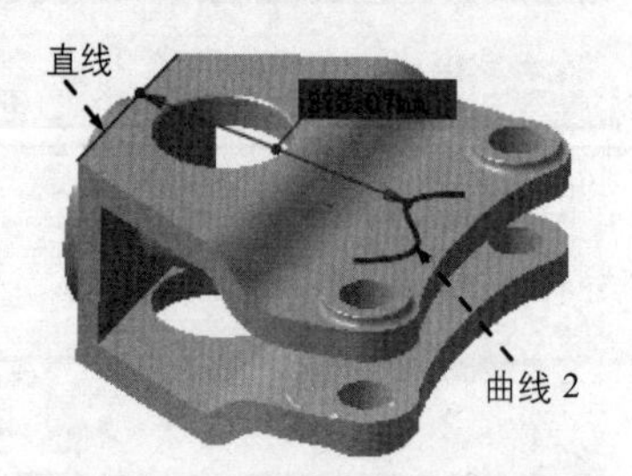

图 4.8.13　测量直线到曲线的距离

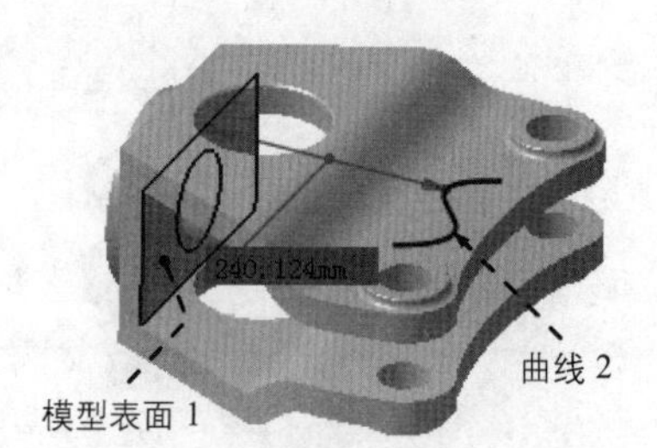

图 4.8.14　测量面到曲线的距离

2. 测量角度

步骤 01 打开文件 D:\catrt20\work\ch04.08.01\measurement02.CATPart。

步骤 02 选择测量命令。单击“测量”工具栏中的按钮，系统弹出“测量间距”对话框（一）。

步骤 03 选择测量方式。在对话框中单击按钮，测量面与面间的角度。

此处已将测量结果定制为只显示角度值，具体操作参见上一小节关于定制的说明，以下测量将作同样操作，因此以后将不再赘述。

步骤 04 选取要测量的项。在系统提示下，分别选取图 4.8.15 所示的模型表面 1 和模型表面 2 为指示测量的第一、第二个选择项。

步骤 05 查看测量结果。完成选取后，在模型表面和图 4.8.16 所示“测量间距”对话框（四）的 结果 区域中均可看到测量的结果。

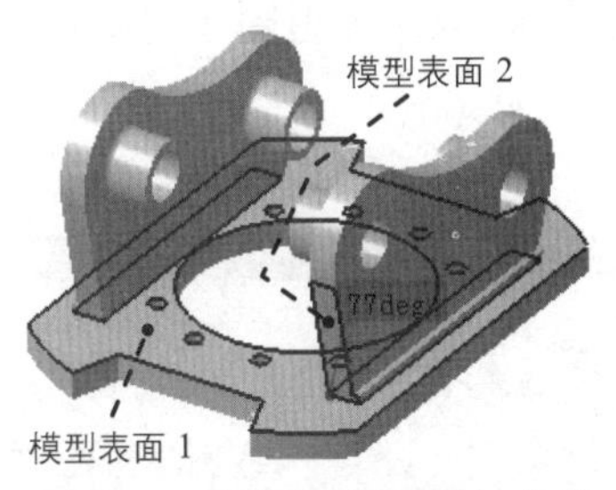

图 4.8.15 测量面与面间的角度

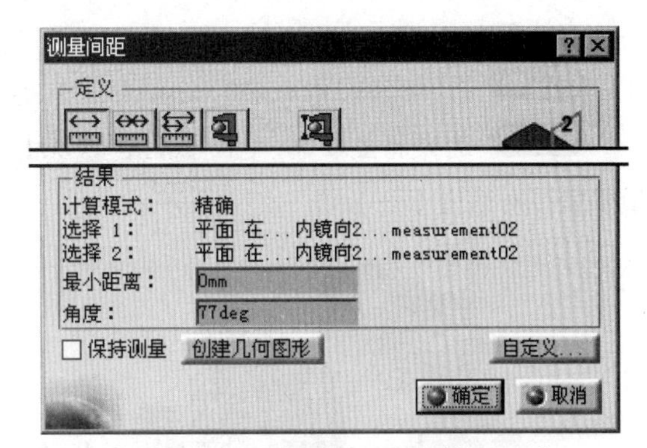

图 4.8.16 “测量间距”对话框（四）

步骤 06 测量线与面间的角度，如图 4.8.17 所示，操作方法参见步骤 04。

步骤 07 测量线与线间的角度，如图 4.8.18 所示，操作方法参见步骤 04。

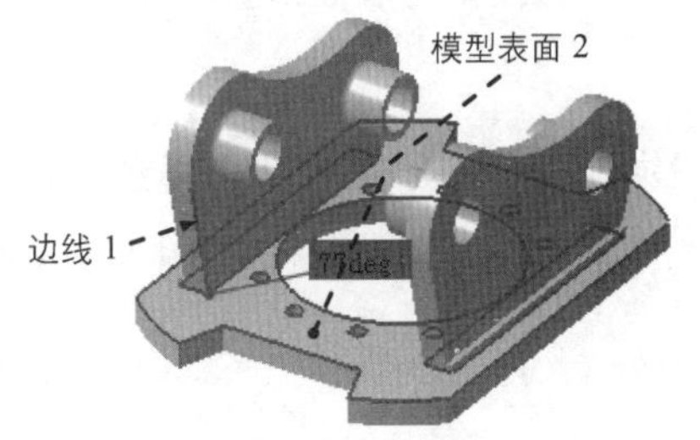

图 4.8.17 测量线与面间的角度

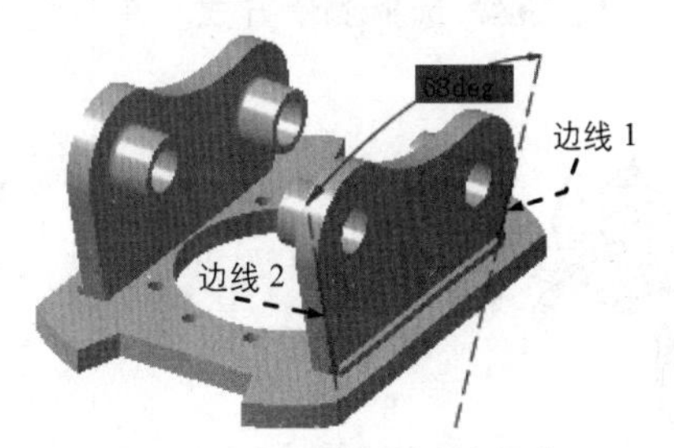

图 4.8.18 测量线与线间的角度

在选取模型表面或边线时，若鼠标点击的位置不同，所测得的角度值可能有锐角和钝角之分。

3. 测量面积

方法一：

步骤 01 打开文件 D:\catrt20\work\ch04.08.01\measurement02.CATPart。

步骤 02 选择测量命令。单击“测量”工具栏中的按钮，系统弹出“测量项”对话框（一）。

步骤 03 选择测量方式。在对话框中单击按钮，测量模型的表面积。

步骤 04 选取要测量的项。在系统指示要测量的项的提示下，选取图 4.8.19 所示的模型表面 1 为要测量的项。

步骤 05 查看测量结果。完成上步操作后，在模型表面和“测量项”对话框的结果区域中均可看到测量的结果。

方法二：

步骤 01 打开文件 D:\catrt20\work\ch04.08.01\measurement02.CATPart。

步骤 02 选择测量命令。单击“测量”工具栏中的按钮，系统弹出图 4.8.20 所示的“测量惯量”对话框（一）。

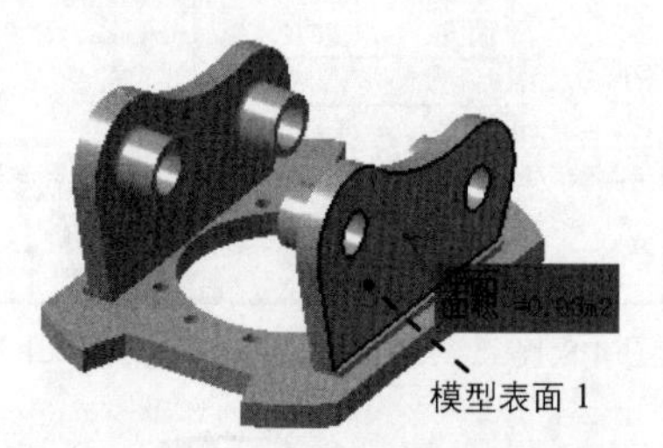

图 4.8.19 选取指示测量的模型表面

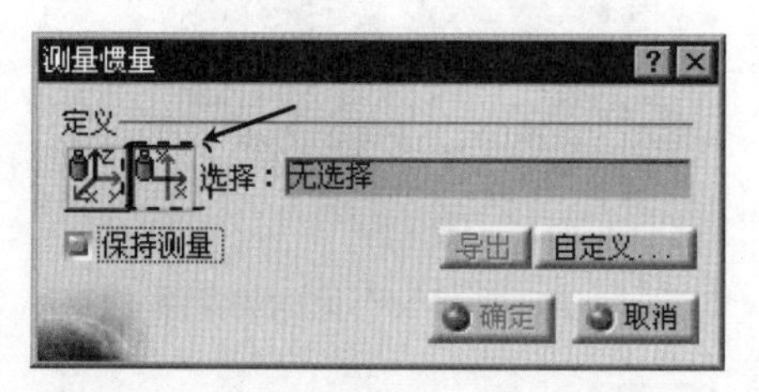

图 4.8.20 “测量惯量”对话框（一）

步骤 03 选择测量方式。在对话框中单击按钮，测量模型的表面积。

此处选取的是“测量 2D 惯量”按钮（图 4.8.20），在“测量惯量”对话框（一）弹出时，默认被按下的按钮是“测量 3D 惯量”按钮，请读者看清两者之间的区别。

步骤 04 选取要测量的项。在系统指示要测量的项的提示下，选取图 4.8.19 所示的模型表面 1 为要测量的项。

步骤 05 查看测量结果。完成上步操作后，“测量惯量”对话框（一）变为图 4.8.21 所示的“测量惯量”对话框（二），此时在模型表面和对话框 结果 区域的 特征 栏中均可看到测量的结果。

在“测量惯量”对话框（一）中单击 定义 区域的按钮，系统自动捕捉的对象仅限于二维元素，即点、线、面；如在“测量惯量”对话框（一）中单击 定义 区域的按钮，则系统可捕捉的对象为点、线、面、体，此按钮的应用将在下一节中讲到。

4. 测量曲线长度

步骤 01 打开文件 D:\catrt20\work\ch04.08.01\measurement02.CATPart。

步骤 02 选择测量命令。单击“测量”工具栏中的按钮，系统弹出“测量项”对话框（一）。

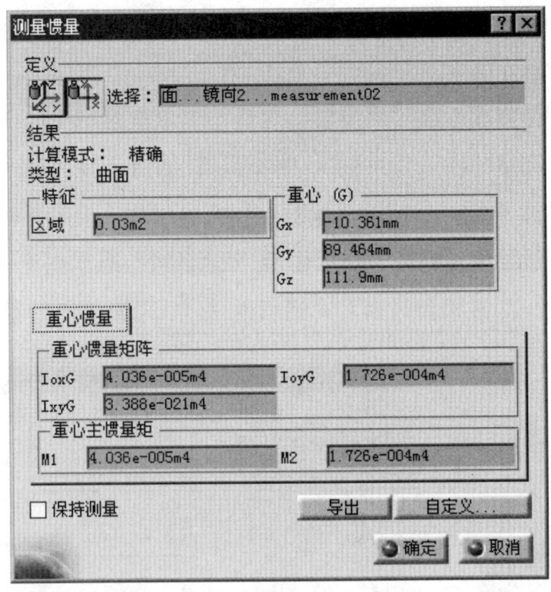

图 4.8.21 “测量惯性”对话框（二）

若需要测量的部位有多个元素可供系统自动选择，可在“测量项”对话框(一)的 选择 1 模式：下拉列表中，选择测量对象的类型为某种指定的元素类型。

步骤 03 选择测量方式。在“测量项”对话框（一）中单击按钮，测量曲线的长度。

步骤 04 选取要测量的项。在系统指示要测量的项的提示下，选取图 4.8.22 所示的曲线 1 为要测量的项。

步骤 05 查看测量结果。完成上步操作后，“测量项”对话框（一）变为图 4.8.23 所示的“测量项”对话框（二），此时在模型表面和对话框的 结果 区域中可看到测量结果。

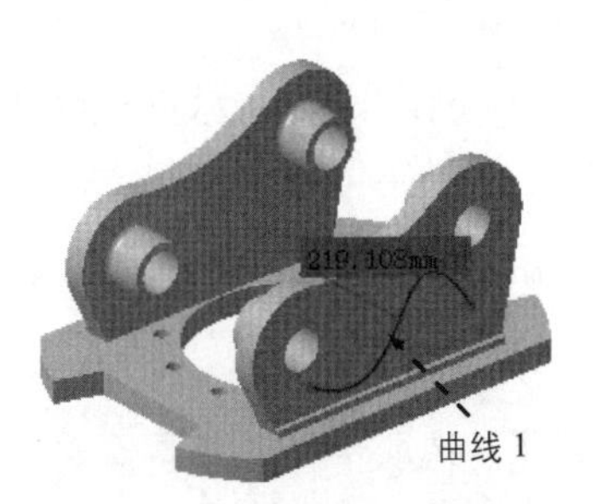

图 4.8.22 选取指示测量的项

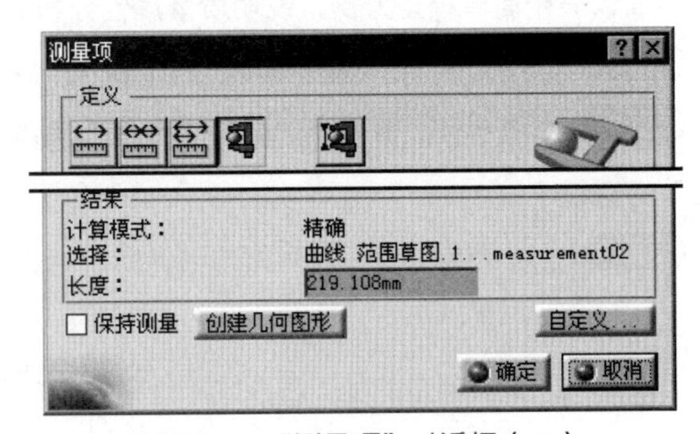

图 4.8.23 “测量项”对话框（二）

5. 测量厚度

步骤 01 打开文件 D:\catrt20\work\ch04.08.01\measurement02.CATPart。

步骤 02 选择测量命令。单击“测量”工具栏中的按钮，系统弹出“测量项”对话框（一）。

步骤 03 选择测量方式。在“测量项”对话框中单击按钮，测量实体的厚度。

步骤 04 选取要测量的项。在系统指示要测量的项的提示下，单击图 4.8.24 所示的模型表面 1 查看表面各处的厚度值，然后单击以确定某个方位作为要测量的项。

步骤 05 查看测量结果。完成上步操作后，“测量项”对话框（一）变为图 4.8.25 所示的“测量项”对话框（三），在模型表面和对话框的结果区域中均可看到测量结果。

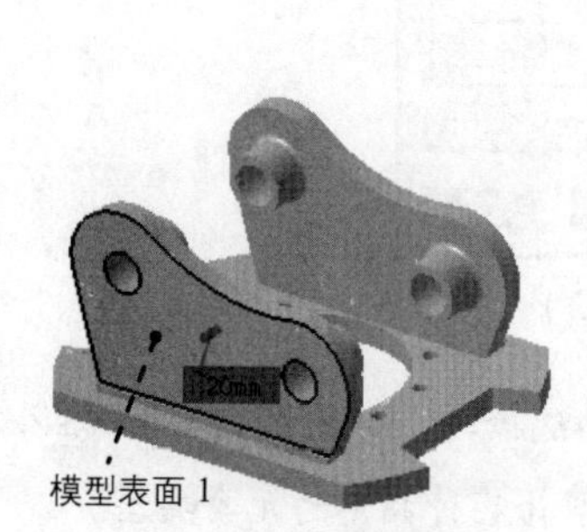

图 4.8.24 测量厚度

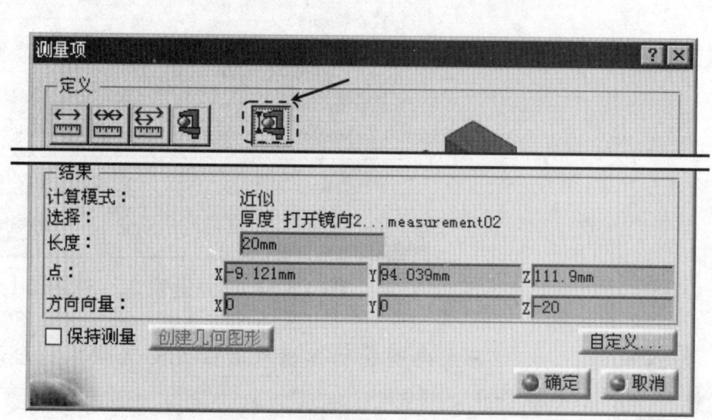

图 4.8.25 “测量项”对话框（三）

4.8.2 质量属性分析

通过模型的质量属性分析命令，可以分析模型的体积、总的表面积、质量、密度、重心位置、重心惯性矩阵和重心主惯性矩等，这对产品设计有很大参考价值。

下面以一个简单模型为例，说明质量属性分析的一般过程。

步骤 01 打开文件 D:\catrt20\work\ch04.08.02\measurement03.CATPart。

步骤 02 选择命令。单击“测量”工具栏中的按钮，系统弹出图 4.8.26 所示的“测量惯量”对话框（三）。

步骤 03 选择测量方式。在“测量惯性”对话框（三）中单击按钮，测量模型的质量属性。

步骤 04 选取要测量的项。在系统指示要测量的项的提示下，选取零件几何体作为测量对象。

步骤 05 查看测量结果。完成上步操作后，模型表面会出现惯性轴的位置，如图 4.8.27 所示。同时“测量惯量”对话框（三）变为图 4.8.28 所示的“测量惯量”对话框（四），在结果区域中可看到质量属性的各项数据。

图 4.8.26 “测量惯量”对话框（三）

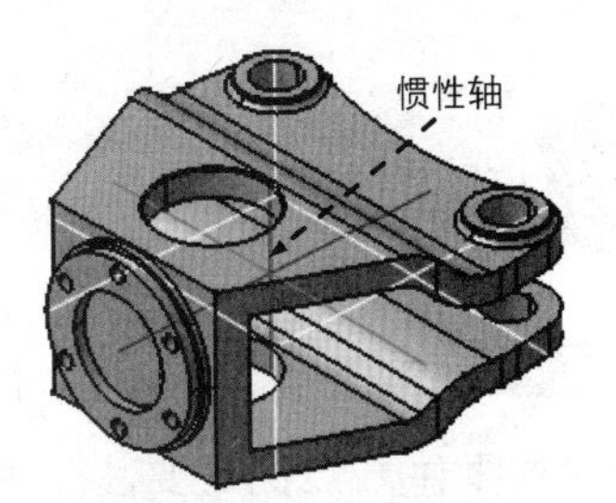

图 4.8.27 惯性轴

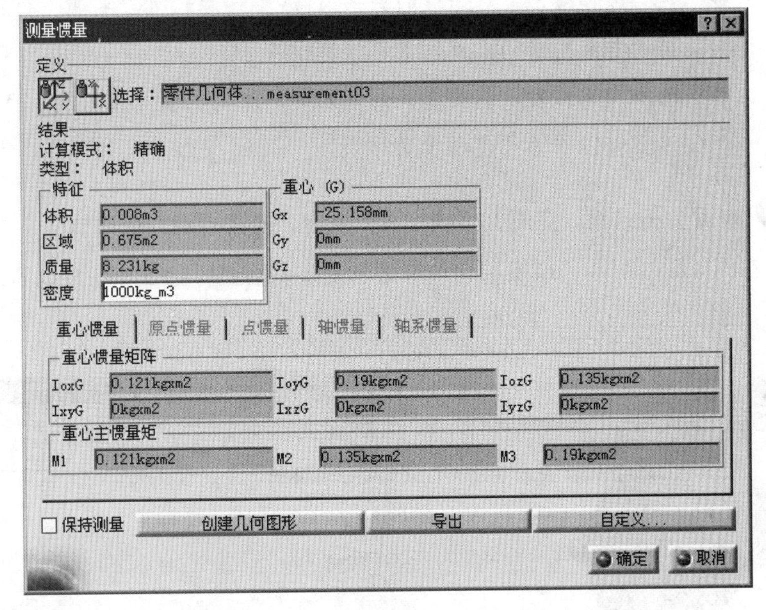

图 4.8.28 “测量惯性”对话框（四）

4.8.3 装配体的干涉检查

碰撞检测和装配分析功能可以帮助设计者了解零部件之间的干涉情况等信息。下面以一个简单的装配说明碰撞检测和装配分析的操作过程。

1. 碰撞检测

步骤 01 打开文件 D:\catrt20\work\ch04.08.03\body-asm.CATProduct。

步骤 02 选择检测命令。选择下拉菜单 分析 → 计算碰撞... 命令，系统弹出“碰撞检测”对话框（一）。

步骤 03 选择检测类型。在 定义 区域的下拉列表中选择 碰撞 选项（一般为默认选项）。

如在 定义 区域的下拉列表中选择 间隙 选项，在下拉列表右侧将出现另一个文本框，文本框中的数值“1mm”表示可以检测的间隙最小值。

步骤 04 选取要检测的零件。按住 Ctrl 键，在图形区（或特征树）选取图 4.8.29 所示装配模型中的零件 1、2 为需要进行碰撞检测的项。

- 在“碰撞检测”对话框的 定义 区域中可看到所选零部件的名称，同时特征树中与之对应的零部件显示加亮。
- 选取零部件时，只要选择的是零部件上的元素（点、线、面），系统都将以该零部件作为计算碰撞的对象。

步骤 05 查看分析结果。完成上步操作后，单击“碰撞检测”对话框（一）中的 应用 按钮，此时在图 4.8.30 所示“碰撞检测”对话框（二）的 结果 区域中可以看到检测结果为碰撞。

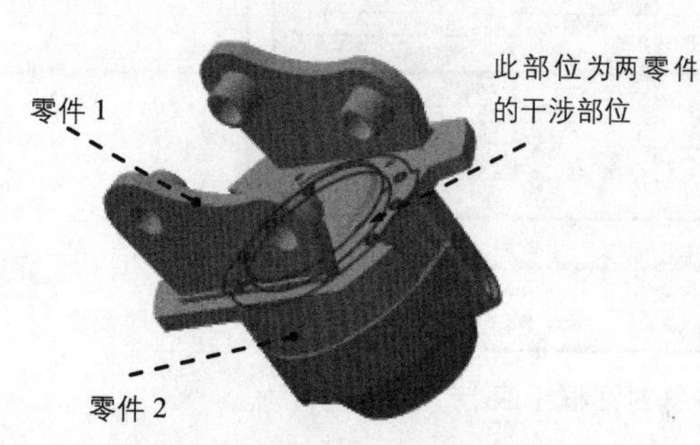

图 4.8.29 选取碰撞检测的项

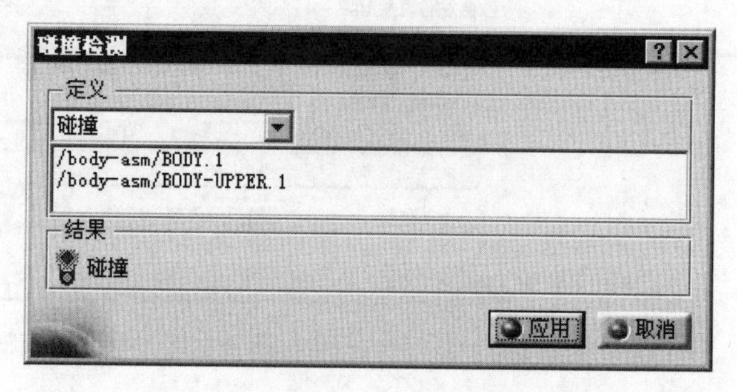

图 4.8.30 “碰撞检测”对话框（二）

2. 装配分析

步骤 01 选择分析命令。选择下拉菜单 分析 → 碰撞... 命令，系统弹出图 4.8.31 所示的“检查碰撞”对话框（一）。

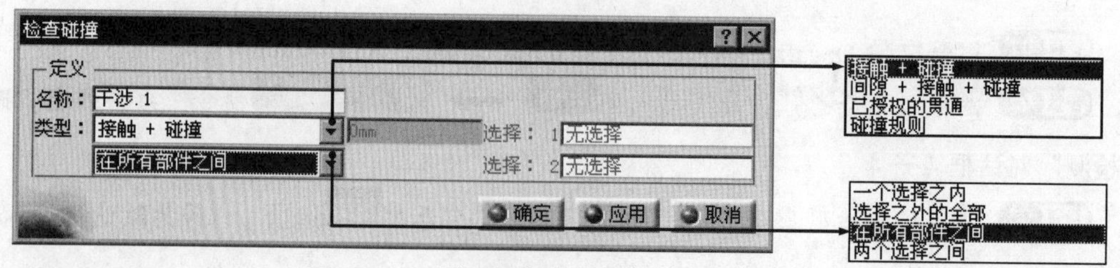

图 4.8.31 “检查碰撞”对话框（一）

图 4.8.31 所示的“检查碰撞”对话框（一）中的部分说明如下。

- ◆ 干涉类型一共有如下三种干涉类型，分别是接触、碰撞和间隙。
  - 接触：表示一旦零部件之间接触，系统视为干涉。
  - 碰撞：表示零部件之间发生相交，系统视为干涉。
  - 间隙：表示零部件之间的最小距离小于设定值时，系统视为干涉。
- ◆ 类型：区域的两个下拉列表，可以设置检查碰撞的类型及需检查碰撞的零件的选取方法。
  - 接触 + 碰撞选项：检查接触和干涉。
  - 间隙 + 接触 + 碰撞选项：此选项与接触 + 碰撞选项相比，除了检查接触和干涉外，还可以检查两个对象之间的最小距离值是否超过设定的规定值。
  - 已授权的贯通选项：可以设定一个干涉的深度值，如果两个对象之间的最小距离值小于此深度值，系统可将其视为不干涉。
  - 碰撞规则选项：针对“知识工程”工作台所设定的检查干涉的规则。
  - 一个选择之内选项：将需检查干涉的零件都放在一个选择组内，检查此组内部的所有对象之间的干涉情况。选择零件时，可直接在图形区选择零件，也可在特征树中选择相应的零件。
  - 选择之外的全部选项：检查所选组内的每个零件相对于整个产品中其他对象之间的干涉情况。
  - 在所有部件之间选项：此选项为系统默认的选项，检查整个产品中的每个对象之间的干涉情况。
  - 两个选择之间选项：将需检查干涉的零件分别放在两个选择组中，检查“选择组 1”中每个零件与“选择组 2”中每个零件之间的干涉情况。

步骤 02 定义分析对象。在“检查碰撞”对话框（一）定义区域的类型：下拉列表中分别选择接触 + 碰撞和在所有部件之间选项；单击“检查碰撞”对话框（一）中的应用按钮，系统弹出“计算...”对话框。

步骤 03 查看分析结果。系统计算完成之后，“检查碰撞”对话框（一）变为图 4.8.32 所示的“检查碰撞”对话框（二），在该对话框的结果区域可查看所有干涉，同时系统还将弹出图 4.8.33 所示的“预览”对话框（一），以显示相应干涉位置的预览。

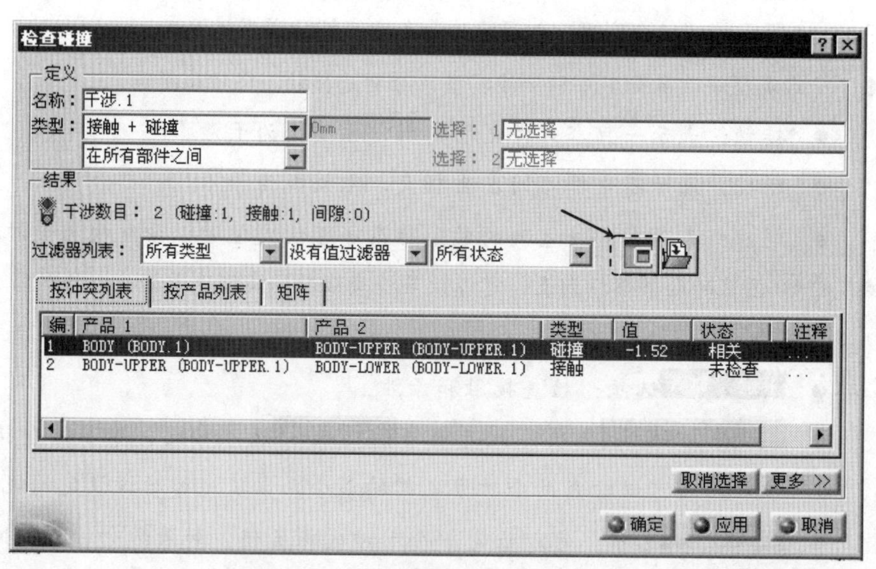

图 4.8.32 “检查碰撞”对话框（二）

说明：

- 在“检查碰撞”对话框（二）的 结果 区域中显示干涉数以及其中不同位置的干涉类型，但除编号 1 表示的位置外，其他各位置显示的状态均为未检查，只有选择列表中的编号选项，系统才会计算干涉数值，并提供相应位置的预览图。如选择列表中的编号 2 选项，系统计算碰撞值为 0，同时“预览”对话框（一）将变为图 4.8.34 所示的“预览”对话框（二），显示的正是装配分析中的碰撞部位。

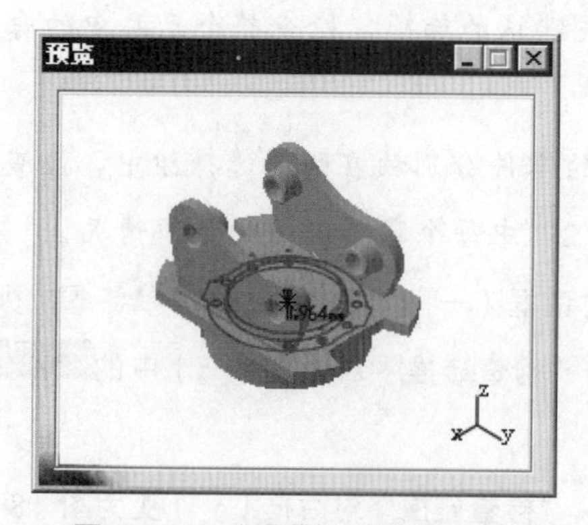

图 4.8.33 “预览”对话框（一）

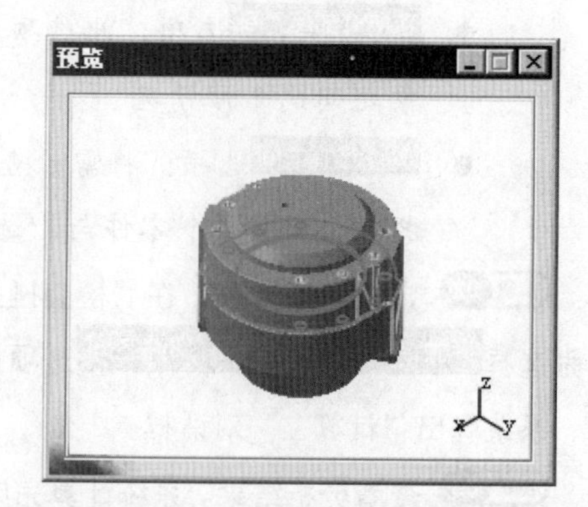

图 4.8.34 “预览”对话框（二）

- 若“预览”对话框被意外关闭，可以单击“检查碰撞”对话框（二）中的按钮，使之重新显示。
- 在“检查碰撞”对话框（二）定义 区域的 类型： 下拉列表右侧文本框中数值“5mm”

表示当前的装配分析中间隙的最大值。

◆ 单击 更多 >> 按钮，展开对话框隐藏部分，在对话框的 详细结果 区域显示当前干涉的详细信息。

◆ “检查碰撞”对话框的 结果 区域中有一个过滤器列表，在下拉列表中可选取用户需要过滤的类型、数值排列方法及所显示的状态，这个功能在进行大型装配分析时具有非常重要的作用。

◆ “检查碰撞”对话框的 结果 区域有三个选项卡：按冲突列表 选项卡、按产品列表 选项卡、矩阵 选项卡。按冲突列表 选项卡是将所有干涉以列表形式显示；按产品列表 选项卡是将所有产品列出，从中可以看出干涉对象；矩阵 选项卡则是将产品以矩阵方式显示，矩阵中的红点显示处即产品发生干涉的位置。

步骤 04 在“检查碰撞”对话框中单击 确定 按钮，干涉的检查结果被保存下来，此时在特征树中生成如图 4.8.35 所示的“干涉”节点及其子节点。

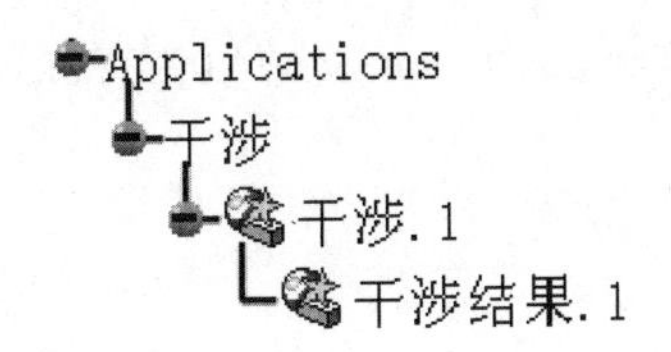

图 4.8.35 生成的“干涉”节点

步骤 05 生成干涉检查报告。在特征树中双击 干涉结果.1 节点，系统弹出“检查碰撞”对话框；在“检查碰撞”对话框中单击“导出为”按钮，在弹出的“发布碰撞-警告”对话框中单击 确定 按钮，此时系统弹出“另存为”对话框，检查报告默认的保存格式为 xml，单击 保存(S) 按钮之后，系统弹出如图 4.8.36 所示干涉检查报告，在报告里可看到所有的干涉信息。

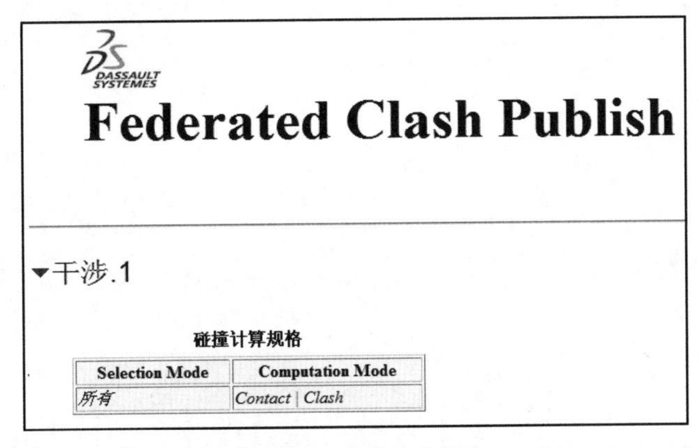

Selection Mode	Computation Mode
所有	Contact | Clash

图 4.8.36 干涉检查报告

4.9 装配设计综合应用案例——机械手夹爪装配

本案例详细讲解了装配图 4.9.1 所示的一个机械手夹爪装配的装配过程，使读者进一步熟悉 CATIA 中的装配操作。读者可以从 D:\catrt20\work\ch04.09 中找到该装配体的所有部件。

图 4.9.1　机械手夹爪装配

本案例的详细操作过程请参见随书光盘中 video\ch04\文件下的语音视频讲解文件。模型文件为 D:\catrt20\work\ch04.09\CRUSHER-ASSY-ASM.CATProduct。

第 5 章　工程图设计

5.1　工程图设计基础

5.1.1　概述

使用 CATIA 工程图可方便、高效地创建三维模型的工程图（图样），且工程图与模型相关联，工程图能够反映模型在设计阶段中的更改，可以使工程图与装配模型或单个零部件保持同步更新。其主要特点如下：

- 用户界面直观、简洁、易用，可以方便快捷地创建图样。
- 可以快速地将视图放置到图样上，并且系统会自动正交对齐视图。
- 能在图形窗口编辑大多数制图对象（如剖面线、尺寸、符号等），用户可以创建制图对象，并立即对其进行编辑。
- 图样中的视图可以有多种显示方式。
- 使用“对图样进行更新”功能可以有效地提高工作效率。

5.1.2　CATIA 工程图的工作界面

在学习本节时,请先打开工程图文件 D:\catrt20\work\ch05.01.02\crusher-base.CATDrawing，CATIA 工程图设计工作台的工作界面如图 5.1.1 所示。

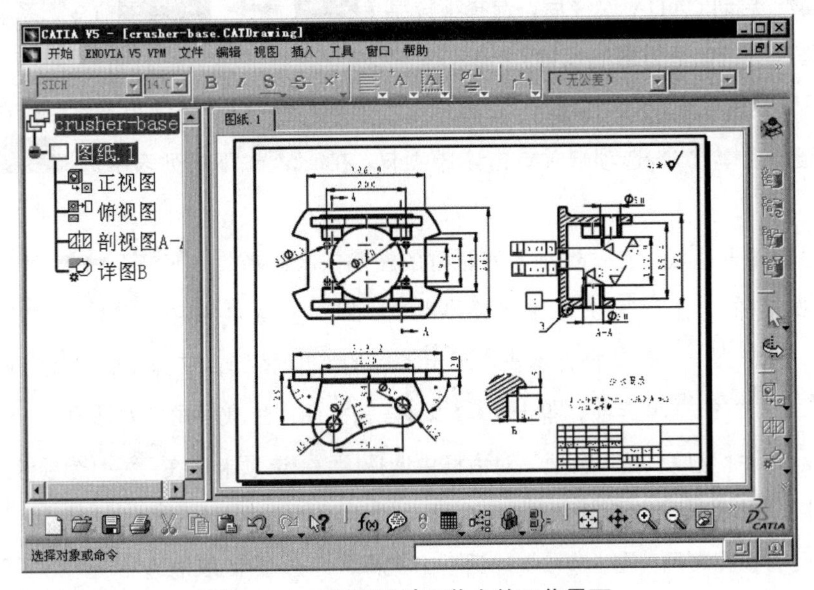

图 5.1.1　工程图设计工作台的工作界面

工程图设计中的主要命令集中在图 5.1.2 所示的“插入”下拉菜单中。

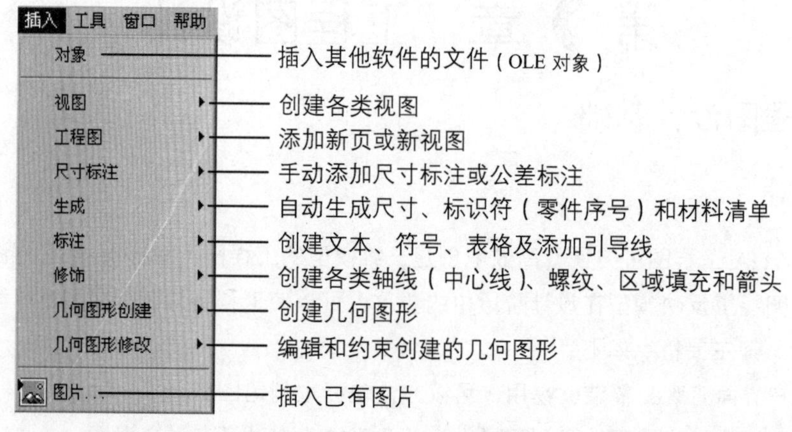

图 5.1.2 “插入”下拉菜单

5.1.3 设置符合国标的工程图环境

本书随书光盘的 cat20-system-file 文件夹中提供了一个 CATIA 软件的系统文件 GB.XML，该系统文件中的配置可以使创建的工程图基本符合我国国标。请读者按下面的方法将这些文件复制到指定目录，并对其进行设置。

步骤 01 复制配置文件。将随书光盘 drafting 文件夹中的 GB.XML 文件复制到 C:\Program Files\Dassault Systemes\B20\intel-a\resources\standard\drafting 文件夹中。

步骤 02 启动 CATIA 软件后，选择下拉菜单 工具 → 选项... 命令，系统弹出“选项”对话框，进行如下方面的设置。

（1）设置制图标准。在“选项”对话框的左侧选择 兼容性，连续单击对话框右上角的 ▶ 按钮，直至出现 IGES 2D 选项卡并单击该选项卡，在 工程制图 下拉列表中选择 GB 选项作为制图标准。

（2）设置图形生成。在“选项”对话框的左侧依次选择 机械设计 → 工程制图，单击 视图 选项卡，在 视图 选项卡的 生成/修饰几何图形 区域中选中 生成轴、生成中心线、生成圆角、应用 3D 规格 复选框，单击 生成圆角 后的 配置 按钮，在弹出的“生成圆角”对话框中选中 投影的原始边线 单选项，单击 关闭 按钮关闭“生成圆角”对话框。

（3）设置尺寸生成。在“选项”对话框中选择 生成 选项卡，在 生成 选项卡的 尺寸生成 区域中选中 生成前过滤 和 生成后分析 复选框。

（4）设置视图布局。在“选项”对话框中选择 布局 选项卡，取消选中 视图名称 和 缩放系数 复选框，完成后单击 确定 按钮，关闭“选项”对话框。

5.1.4 工程图的管理

1. 新建工程图

步骤01 选择下拉菜单 文件 → 新建... 命令，系统弹出“新建”对话框。

步骤02 在“新建”对话框的 类型列表： 选项组中选取 Drawing 选项以创建工程图文件，单击 确定 按钮，系统弹出“新建工程图”对话框。

步骤03 选择制图标准。

（1）在“新建绘图”对话框的 标准 下拉列表中选择 GB。

（2）在 图纸样式 下拉列表中选取 A0 ISO 选项，选中 横向 单选项，取消选中 □启动工作台时隐藏 复选框（系统默认取消选中）。

（3）单击 确定 按钮，至此系统进入工程图工作台。

在特征树中右击 图纸.1，在弹出的快捷菜单中选择 属性 命令，系统弹出图 5.1.3 所示的“属性”对话框。

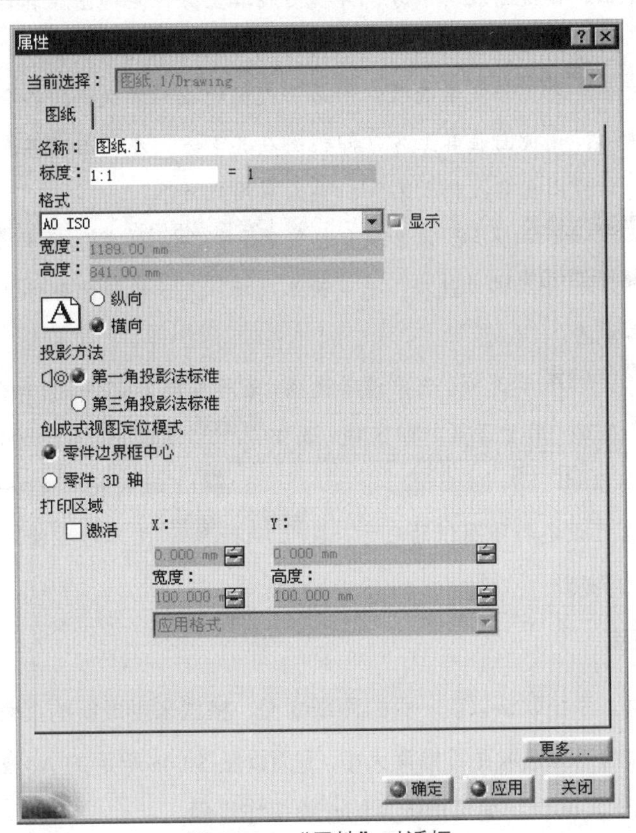

图 5.1.3 “属性”对话框

图 5.1.3 所示的“属性”对话框中各选项的说明如下。

- ◆ 名称：文本框：设置当前图纸页的名称。
- ◆ 标度：文本框：设置当前图纸页中所有视图的比例。
- ◆ 格式区域：在该区域中可进行图纸格式的设置。
  - ● A0 ISO 下拉列表中可设置图纸的幅面大小。选中 显示 复选框，则在图形区显示该图样页的边框，取消选中则不显示。
  - ● 宽度：文本框：显示当前图纸的宽度，不可编辑。
  - ● 高度：文本框：显示当前图纸的高度，不可编辑。
  - ● 纵向 单选项：纵向放置图纸。
  - ● 横向 单选项：横向放置图纸。
- ◆ 投影方法区域：该区域可设置投影视角的类型，包括 第一角投影法标准 单选项和 第三角投影法标准 单选项。
  - ● 第一角投影法标准 单选项：用第一视角的投影方式排列各个视图，即以主视图为中心，俯视图在其下方，仰视图在其上方，左视图在其右侧，右视图在其左侧，后视图在其左侧或右侧；我国以及欧洲采用此标准。
  - ● 第三角投影法标准 单选项：用第三视角的投影方式排列各个视图，即以主视图为中心，俯视图在其上方，仰视图在其下方，左视图在其左侧，右视图在其右侧，后视图在其左侧或右侧；美国常用此标准。
- ◆ 创成式视图定位模式 区域：该区域包括 零件边界框中心 单选项和 零件 3D 轴 单选项。
  - ● 零件边界框中心 单选项：选中该单选项，表示根据零部件边界框中心的对齐来对齐视图。
  - ● 零件 3D 轴 单选项：选中该单选项，表示根据零部件 3D 轴的对齐来对齐视图。
- ◆ 打印区域 区域：用于设置打印区域。选中 激活 复选框，后面的各选项显示为可用；用户可以在 应用格式 下拉列表中选择一种打印图纸规格，也可以自己设定打印图纸的尺寸，在 宽度：和 高度：文本框中输入打印图纸的宽度和高度尺寸即可。

2. 编辑图纸页

在添加页面时，系统默认以前一页的图纸幅面、格式来生成新的页面。在实际工作中，需根据不同的工作需求来选取图纸幅面大小。下面以图 5.1.4a 所示的 A0 图纸更改为图 5.1.4b 所示的 A4 图纸为例，来介绍编辑图纸页的一般操作步骤。

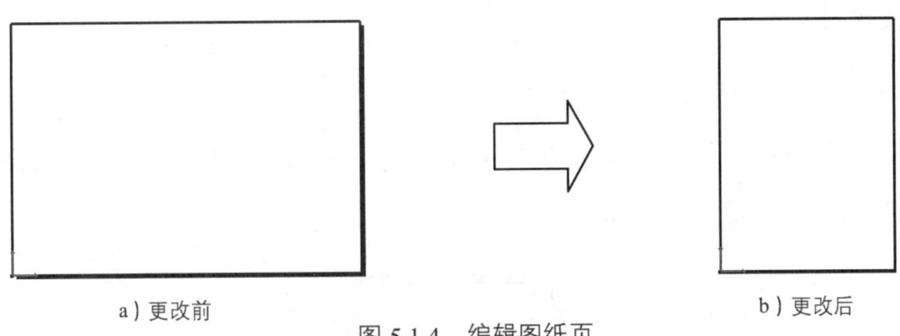

a）更改前　　b）更改后

图 5.1.4　编辑图纸页

步骤 01 打开工程图文件 D:\catrt20\work\ch05.01.04\Drawing1.CATDrawing。

步骤 02 选择下拉菜单 文件 → 页面设置... 命令，系统弹出图 5.1.5 所示的“页面设置”对话框。

- 当前图纸：选中此选项，系统将新的页面设置应用到当前图纸。
- 所有页：选中此选项，系统将新的页面设置应用到所有图纸页。

步骤 03 在对话框的 标准 下拉列表中选取 GB 选项，在 图纸样式 下拉菜单中选取 A4 ISO 选项，选中 纵向 单选项，其他参数采用系统默认设置，单击 确定 按钮完成页面设置。

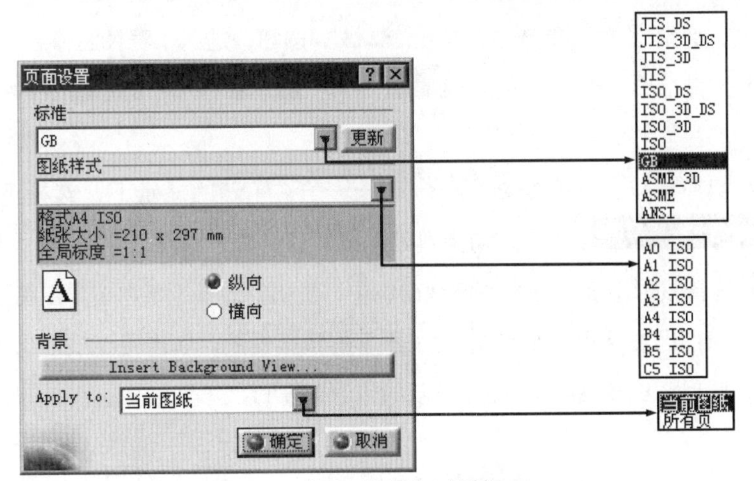

图 5.1.5　“页面设置”对话框

5.2 创建工程图视图（基础）

5.2.1 创建基本视图

基本视图包括主视图和投影视图，本节主要介绍主视图、右视图、俯视图这三种基本视图的一般创建过程。

1. 创建主视图

主视图是工程图中最主要的视图。下面以 body-lower.CATPart 零件模型的主视图为例（图 5.2.1），来说明创建主视图的一般操作过程。

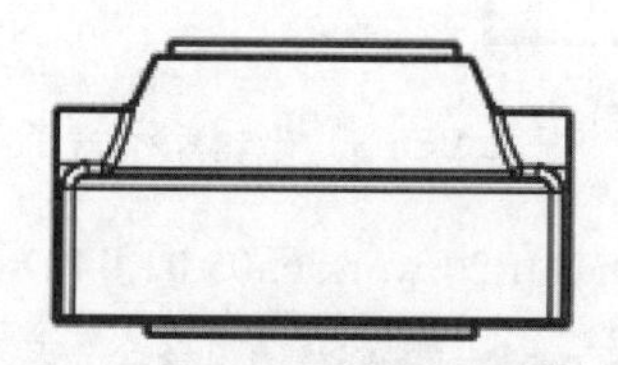

图 5.2.1 创建主视图

步骤 01 打开零件文件 D:\catrt20\work\ch05.02.01\body-lower.CATPart。

步骤 02 新建一个工程图文件。

（1）选择下拉菜单 文件 → 新建... 命令，系统弹出“新建”对话框。

（2）在“新建”对话框的 类型列表： 选项组中选取 Drawing 选项，单击 确定 按钮，系统弹出“新建工程图”对话框。

（3）在“新建工程图”对话框的 标准 下拉列表中选择 GB 选项，在 图纸样式 选项组中选择 A1 ISO 选项，选中 横向 单选项，单击 确定 按钮，进入工程图工作台。

步骤 03 选择命令。选择下拉菜单 插入 → 视图 ▶ → 投影 ▶ → 正视图 命令。

步骤 04 切换窗口。在系统 在 3D 几何图形上选择参考平面 的提示下，选择下拉菜单 窗口 → 1 body-lower.CATPart 命令，切换到零件模型的窗口。

步骤 05 选择投影平面。在零件模型窗口中，将指针放置（不单击）在图 5.2.2 所示的模型表面时，在绘图区右下角会出现图 5.2.3 所示的预览视图；单击图 5.2.2 所示的模型表面作为参考平面，此时系统返回到图 5.2.4 所示的工程图窗口。

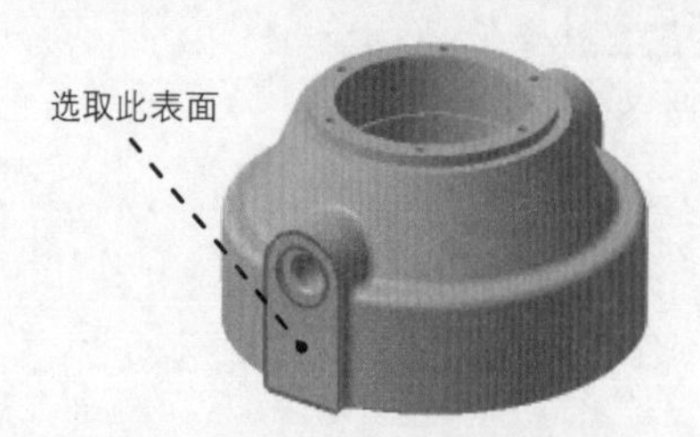

图 5.2.2 选取参考平面

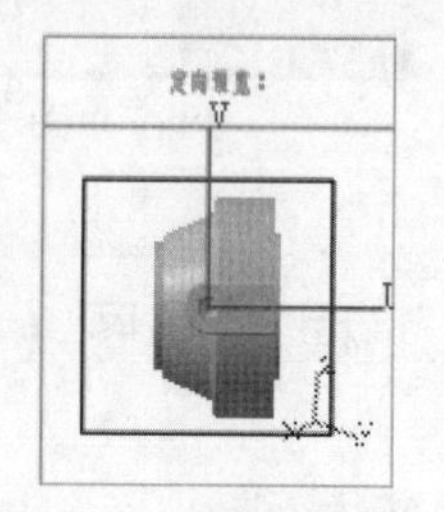

图 5.2.3 预览视图

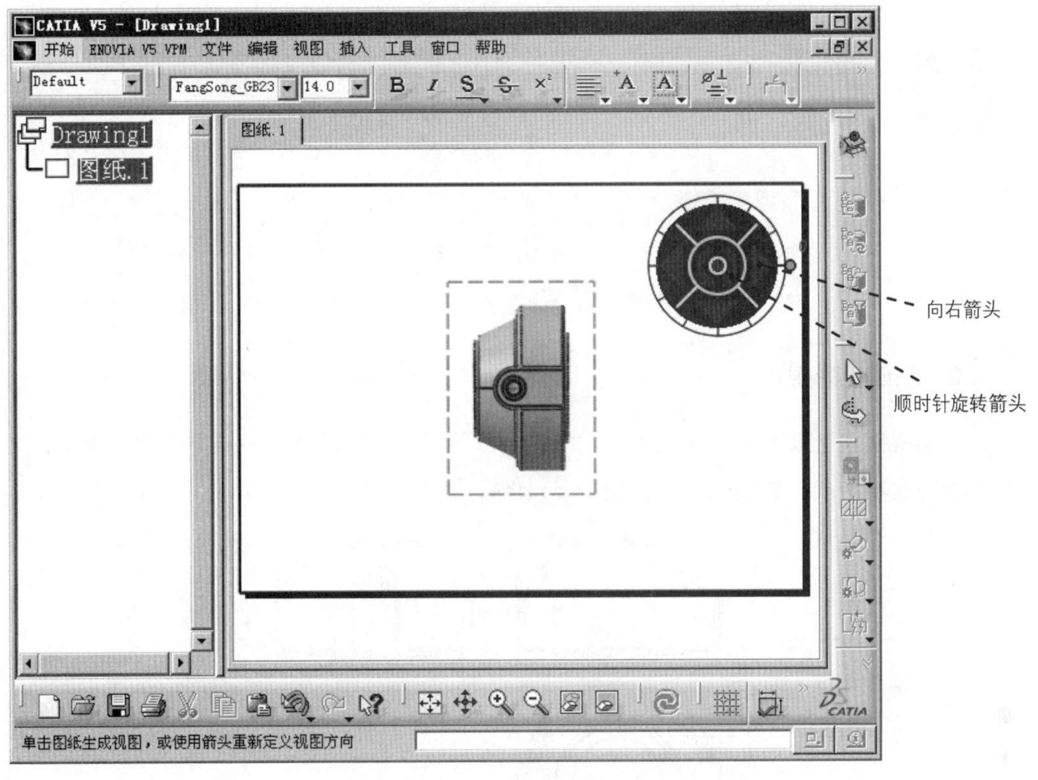

图 5.2.4 主视图预览图

步骤 06 调整视图方位。先单击控制器中的“向上箭头”按钮，然后单击三次控制器中的“顺时针旋转箭头”，此时视图方位及控制器显示如图 5.2.5 所示。

步骤 07 放置视图。在图纸中单击以放置主视图，然后调整位置，完成主视图的创建。

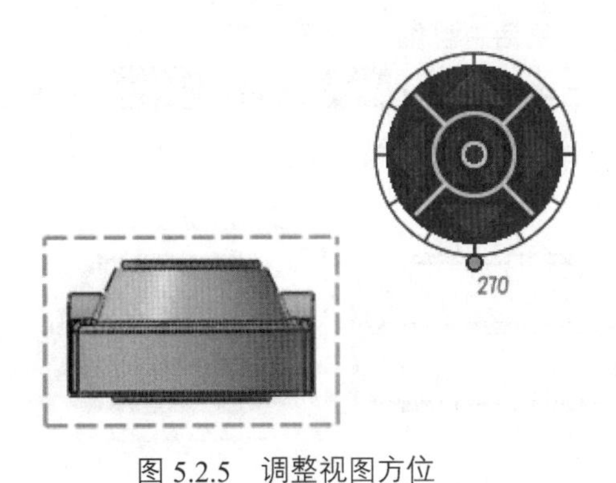

图 5.2.5 调整视图方位

- 确定投影平面时，也可以选取一点和一条直线（或中心线）、两条不平行的直线（或中心线）、三个不共线的点。
- 当投影视图的投影方位不是很理想时，可单击图 5.2.5 所示控制器的各按钮，来调整视图方位。
  - 单击方向控制器中的“向右箭头”，视图向右旋转 90° 。
  - 单击方向控制器中的“顺时针旋转箭头”，视图沿顺时针旋转 30° 。

2. 创建投影视图

投影视图包括仰视图、俯视图、右视图和左视图。下面接着上一小节的模型为例，来说明创建投影视图的一般操作过程，如图 5.2.6 所示。

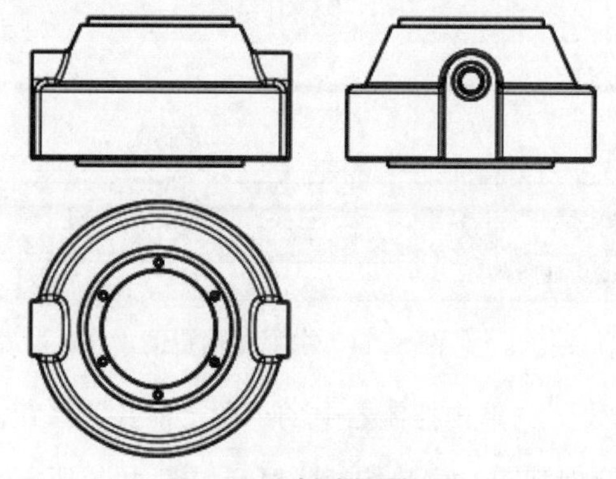

图 5.2.6 创建投影视图

步骤 01 激活视图。在特征树中双击 正视图（或右击 正视图，在弹出的快捷菜单中选择 激活视图 命令），激活主视图。

步骤 02 选择命令。选择下拉菜单 插入 → 视图 ▸ → 投影 ▸ → 投影 命令，在窗口中出现图 5.2.7 所示投影视图预览图。

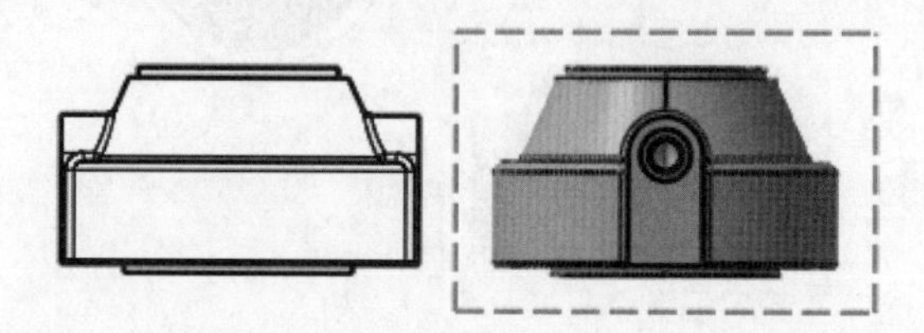

图 5.2.7 投影视图预览图

步骤 03 放置视图。在主视图右侧的任意位置单击，生成左视图。

将鼠标分别放在主视图的上、下、左或右侧，投影视图会相应地变成仰视图、俯视图、右视图或左视图。

步骤 04 创建俯视图。选择下拉菜单 插入 → 视图 ▸ → 投影 ▸ → 投影 命令，在系统 单击视图 的提示下，在主视图的下方单击，生成俯视图，结果如图 5.2.6 所示。

3. 创建轴测图

创建轴测图的目的主要是方便读图。下面面接着上一小节的模型为例，来说明创建轴测图的一般操作过程，如图 5.2.8 所示。

图 5.2.8 创建轴测图

步骤 01 选择下拉菜单 插入 → 视图 ▸ → 投影 ▸ → 等轴测视图 命令。

步骤 02 切换窗口。在系统 在 3D 几何图形上选择参考平面 的提示下，选择下拉菜单 窗口 → 1 body-lower.CATPart 命令，切换到零件模型的窗口。

步骤 03 选择参考平面。同时按住鼠标中键和右键，将视图调整到如图 5.2.9 所示的方位，然后选取如图 5.2.9 所示的模型表面为参考平面，此时系统返回到如图 5.2.10 所示的工程图窗口。

步骤 04 调整投影方向。利用如图 5.2.10 所示的“方向控制器” 可调整视图的方向，本例将不进行操作，直接在图形区右下角位置单击以完成轴测图的创建，结果如图 5.2.8 所示。

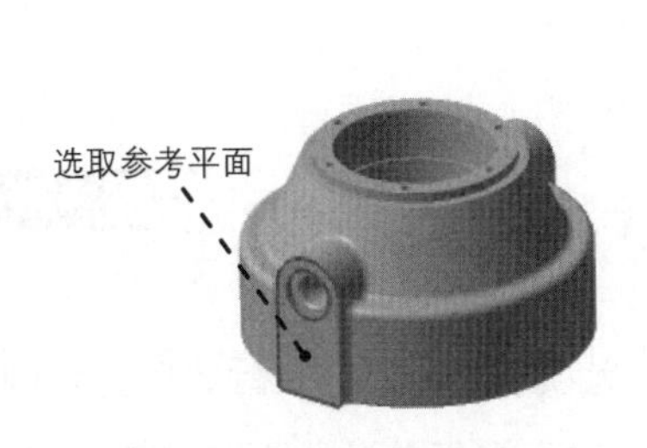

图 5.2.9 选取参考平面

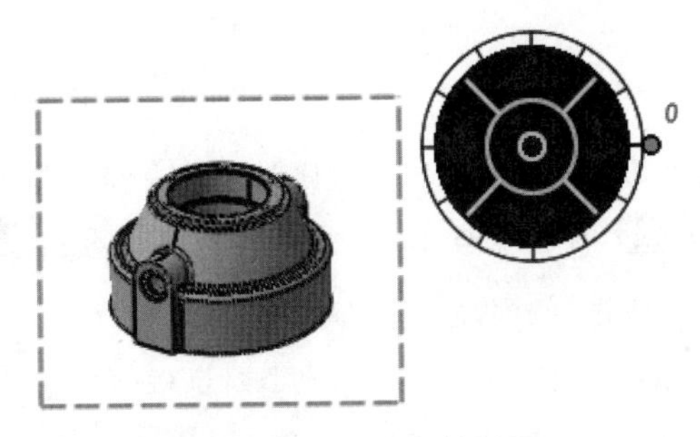

图 5.2.10 方向控制器

5.2.2 视图基本操作

在创建完视图后，有些地方可能不满足设计要求，这时需要对视图进行调整。视图的基本操作包括视图比例、移动视图、锁定视图、删除视图和视图显示模式等。本节将分别介绍以上视图基本操作的一般步骤。

1. 修改全局比例和单独比例

系统不会根据图纸幅面的大小来自动调整视图比例，这需要读者手动来修改视图比例。视图的比例分为全局比例和单独比例：其中，全局比例又称工程图比例，修改全局比例之后，工程图中所有视图的比例都将改变；如果修改视图的单独比例，只有所选视图的比例会发生变化。下面分别介绍修改全局比例和单独比例的操作方法。

修改全局比例的操作步骤如下。

步骤 01 打开工程图文件 D:\catrt20\work\ch05.02.02\01\change-scale.CATDrawing。

步骤 02 选择命令。在特征树中右击 图纸.1，在弹出的快捷菜单中选择 属性 命令，系弹出“属性”对话框。

步骤 03 修改比例。在“属性”对话框的 标度： 文本框中输入比例值 1：2，单击 确定 按钮，完成全局比例的修改，结果如图 5.2.11 所示。

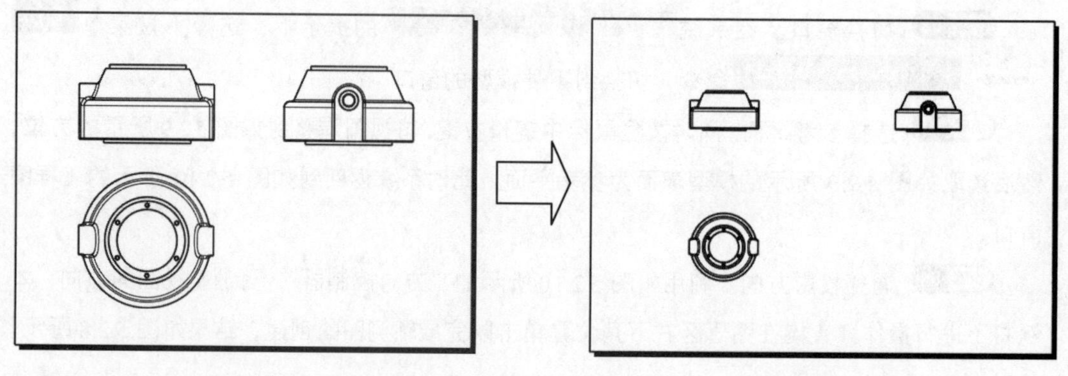

a）修改前　　b）修改后

图 5.2.11　修改全局比例

继续接着上面的内容介绍修改单独比例的操作步骤。

步骤 04 选择命令。在特征树中右击 正视图，在弹出的快捷菜单中选择 属性 命令，系弹出“属性”对话框。

步骤 05 修改比例。在“属性”对话框中单击 视图 选项卡，然后在 比例和方向 区域的 缩放： 文本框中输入比例值 1：1，单击 确定 按钮，完成对正视图单独比例的修改，结果如图 5.2.12 所示。

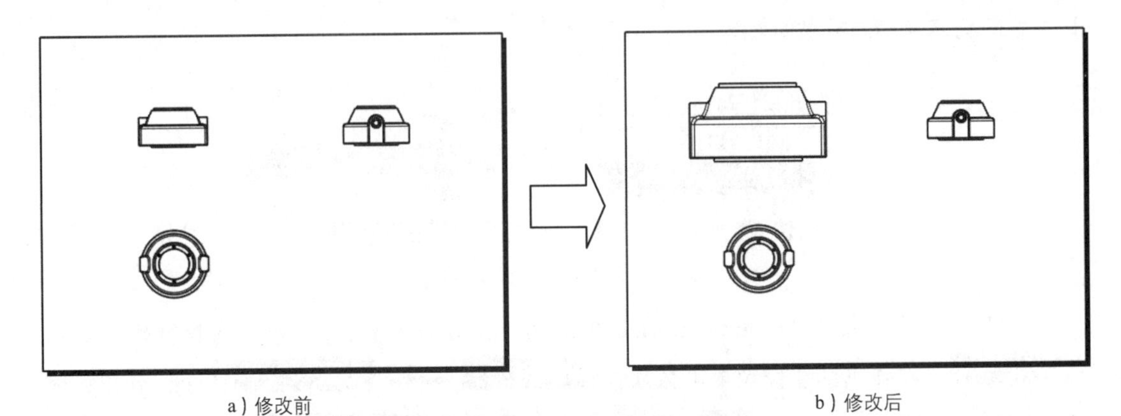

图 5.2.12 修改单独比例

如果在修改视图的单独比例之后，再修改全局比例，含有单独比例的视图将继续按全局比例值进行缩放。

2. 移动视图和锁定视图

在创建完主视图和投影视图后，如果它们在图纸上的位置不合适、视图间距太小或太大，用户可以根据自己的需要移动视图。

移动视图有以下两种方法。

方法一：将鼠标停放在视图的虚线框上，此时光标会变成，按住鼠标左键并移动至合适的位置后放开。

- 如果窗口中没有显示视图的虚线框，请在特征树中分别右击各视图，在弹出的快捷菜单中选择属性命令，确认显示视图框架复选框处于选中状态，然后单击“可视化”工具栏中的按钮，即可显示视图的虚线框。
- 当移动主视图时，由主视图生成的第一级子视图也会随着主视图的移动而移动，但移动子视图时父视图不会随着移动。

由于系统默认选择的是“根据参考视图定位”，根据“高平齐、宽相等”的原则（即左、右视图与主视图水平对齐，俯、仰视图与主视图竖直对齐），故用户移动投影视图时只能横向或纵向移动。在特征树中选中要移动的视图并右击（主视图除外），在弹出的如图 5.2.13 所示的快捷菜单中依次选择视图定位 ⟶ 不根据参考视图定位命令，可移动视图至任意位置。当用户再次右击选择视图定位 ⟶ 根据参考视图定位命令时，被移动的视图又会自动以主视图为基准横向或纵向对齐。

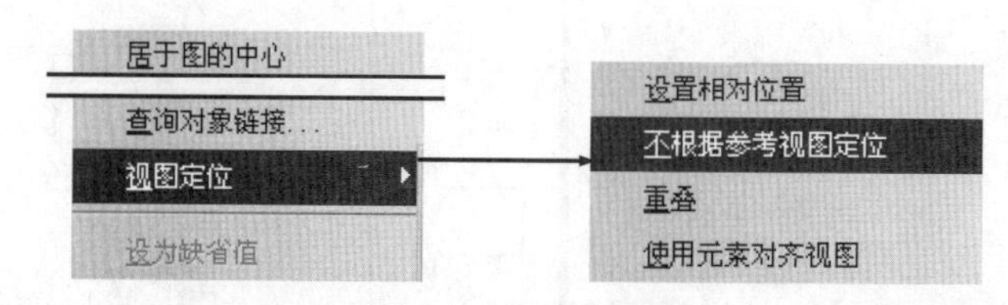

图 5.2.13　快捷菜单

方法二：打开文件 D:\catrt20\work\ch05.02.02\02\move.CATDrawing。在特征树中右击 左视图，在弹出的快捷菜单中依次选择 视图定位 → 设置相对位置 命令，弹出如图 5.2.14 所示的操作器。在系统 在图纸上单击结束命令，或使用操作器更改视图位置 的提示下，将鼠标移至操纵器的拖动手柄处并按住鼠标左键，移动鼠标可将左视图绕中心点移动，如图 5.2.15 所示，若单击如图 5.2.16 所示的圆环，可设置该圆环为拖动手柄，如图 5.2.17 所示。

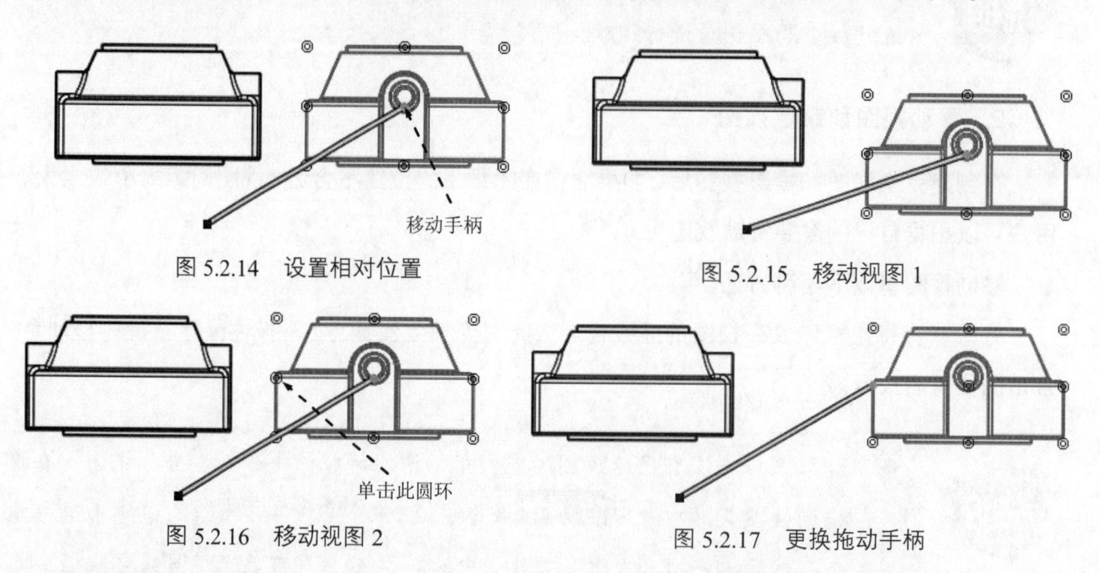

图 5.2.14　设置相对位置

图 5.2.15　移动视图 1

图 5.2.16　移动视图 2

图 5.2.17　更换拖动手柄

当视图创建完成后，可以启动“锁定视图”功能，使该视图无法进行编辑，但是还可以将其移动。

锁定视图的一般操作过程如下。

步骤 01 在特征树中选中要锁定的视图并右击，在弹出的快捷菜单中选择 属性 命令，系统弹出“属性”对话框。

步骤 02 在“属性”对话框的 可视化和操作 区域中选中 锁定视图 复选框，单击 确定 按钮，完成视图的锁定。

3. 删除视图

要将某个视图删除，先选中该视图并右击，然后在快捷菜单中选择删除命令或直接按Delete键即可删除。

4. 视图的显示模式

在CATIA的工程图工作台中，右击视图，在弹出的快捷菜单中选择属性命令，系统弹出“属性”对话框，利用该对话框可以设置视图的显示模式，下面介绍几种常用的显示模式。

◆ 隐藏线：选中该复选框，视图中的不可见边线以虚线显示，如图5.2.18所示。

◆ 中心线：选中该复选框，视图中显示中心线，如图5.2.19所示。

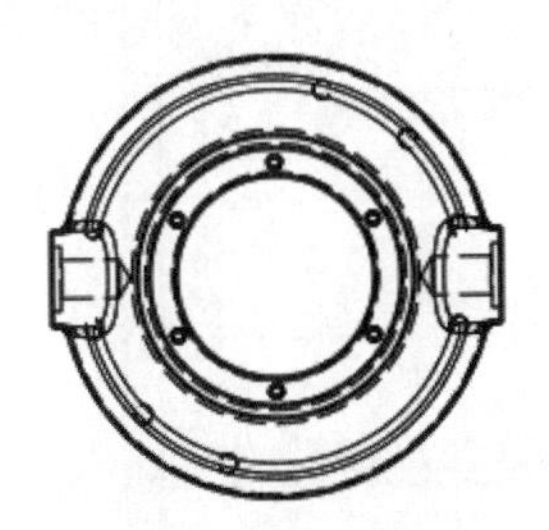
图5.2.18 隐藏线

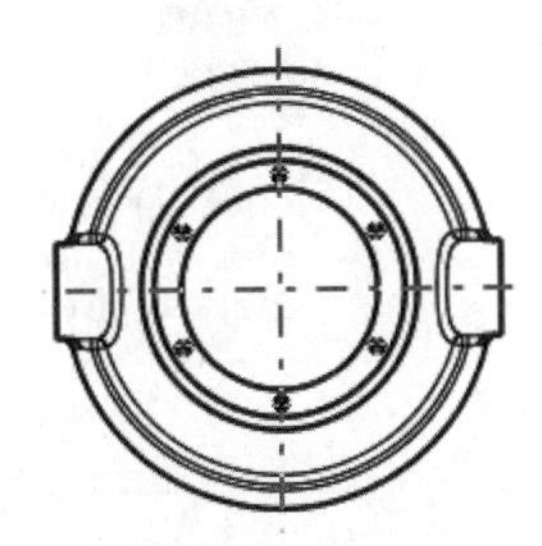
图5.2.19 中心线

◆ 3D规格：选中该复选框，视图中只显示可见边，如图5.2.20所示。

◆ 3D颜色：选中该复选框，视图中的线条颜色显示为三维模型的颜色，如图5.2.21所示。

◆ 轴：选中该复选框，视图中显示轴线，如图5.2.22所示。

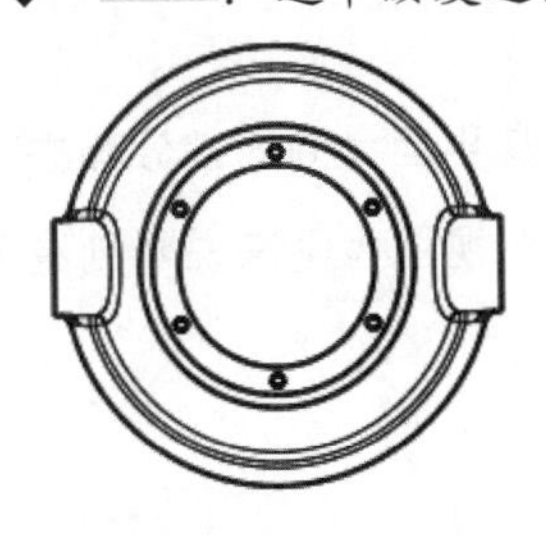
图5.2.20 3D规格

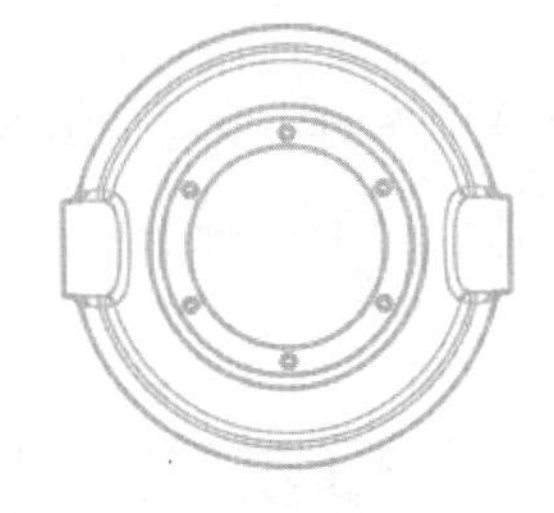
图5.2.21 3D颜色

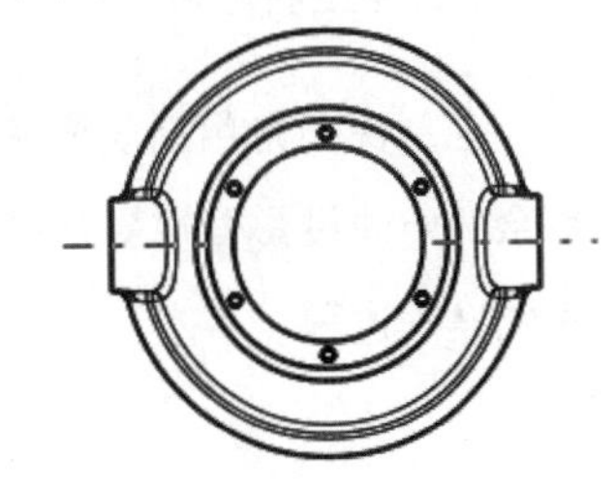
图5.2.22 轴

下面以模型body-lower的俯视图为例，来说明如何通过“视图显示”操作将俯视图设置为隐藏线显示状态，如图5.2.18所示。

步骤01 打开工程图D:\catrt20\work\ch05.02.02\03\display.CATDrawing。

步骤02 在特征树中右击俯视图，在弹出的快捷菜单中选择属性命令，系统弹出如图5.2.23所示的“属性”对话框。

步骤 03 在“属性”对话框中选中 隐藏线 复选框，其余采用默认设置，如图 5.2.23 所示。

步骤 04 单击 确定 按钮，完成操作。

在一般情况下，在工程图中选中 中心线、3D 规格 和 轴 三个复选框来定义视图的显示模式。

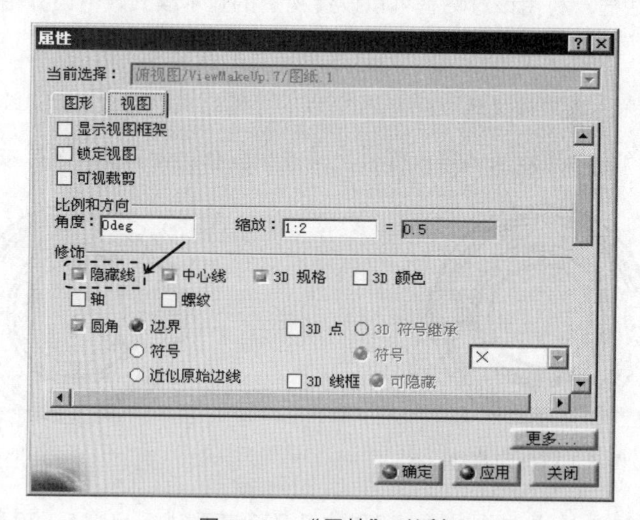

图 5.2.23 “属性”对话框

5.3 创建工程图视图（高级）

5.3.1 全剖视图

全剖视图是用剖切面完全地剖开零件，将处于观察者和剖切平面之间的部分移去，而将其余部分向投影面投影所得的图形。下面以图 5.3.1 所示的全剖视图为例来说明创建全剖视图的操作过程。

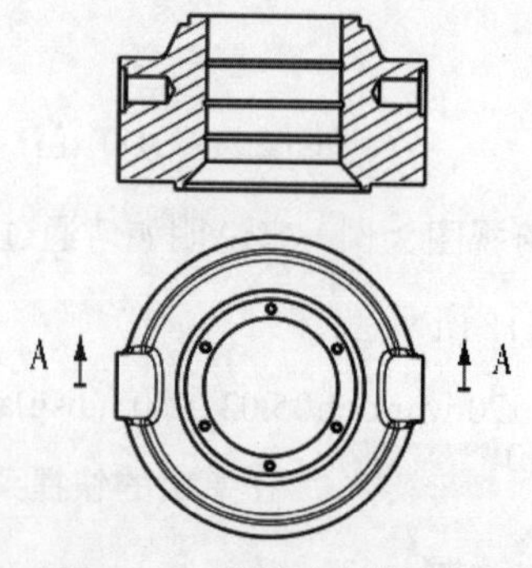

图 5.3.1 创建全剖视图

步骤 01 打开工程图文件 D:\catrt20\work\ch05.03.01\complete-cut.CATDrawing。

步骤 02 选择命令。在特征树中双击 正视图 来激活主视图，选择下拉菜单 插入 → 视图 ▸ → 截面 ▸ → 偏移剖视图 命令。

步骤 03 绘制剖切线。在系统 选择起点、圆弧边或轴线 的提示下，绘制图 5.3.2 所示的剖切线（绘制剖切线时，根据系统 选择边线或单击 的提示，双击可以结束剖切线的绘制），系统显示图 5.3.3 所示的全剖视图预览图。

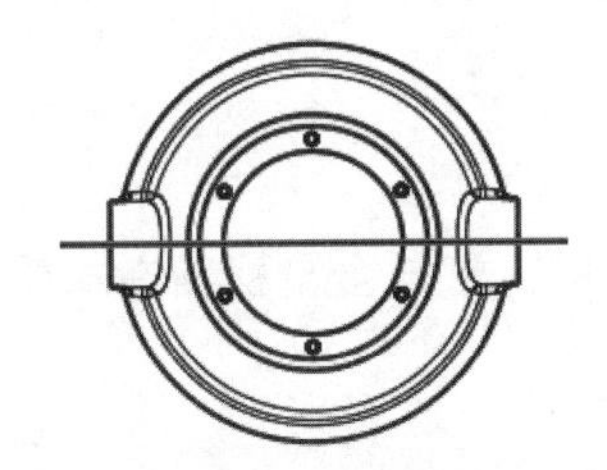

图 5.3.2 剖切线

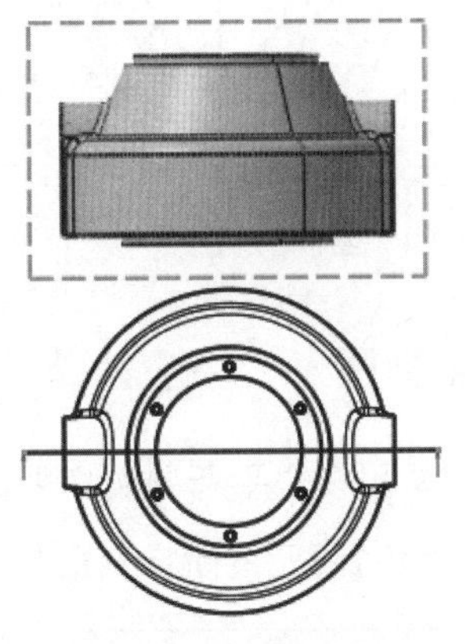

图 5.3.3 全剖视图预览图

步骤 04 放置视图。在主视图的上方单击来放置全剖视图，完成全剖视图的创建。

- 如果剖切左右两侧不对称，那么生成的剖视图左右两侧不相同。
- 双击全剖视图中的剖面线，系统弹出“属性”对话框，利用该对话框可以修改剖面线的类型、角度、颜色、间距、线型、偏移量和厚度等属性。

5.3.2 半剖视图

步骤 01 打开文件 D:\catrt20\work\ch05.03.02\half-cut.CATDrawing。

步骤 02 选择命令。在特征树中双击 正视图 以激活俯视图，选择下拉菜单 插入 → 视图 ▸ → 截面 ▸ → 偏移剖视图 命令。

步骤 03 绘制剖切线。在系统 选择起点、圆弧边或轴线 的提示下，绘制图 5.3.4 所示的剖切线（绘制剖切线时，根据系统 选择边线，单击或双击结束轮廓定义 的提示，双击可以结束剖切线的绘制）。

步骤 04 放置视图。在俯视图的上方单击来放置半剖视图，完成半剖视图的创建（图 5.3.5）。

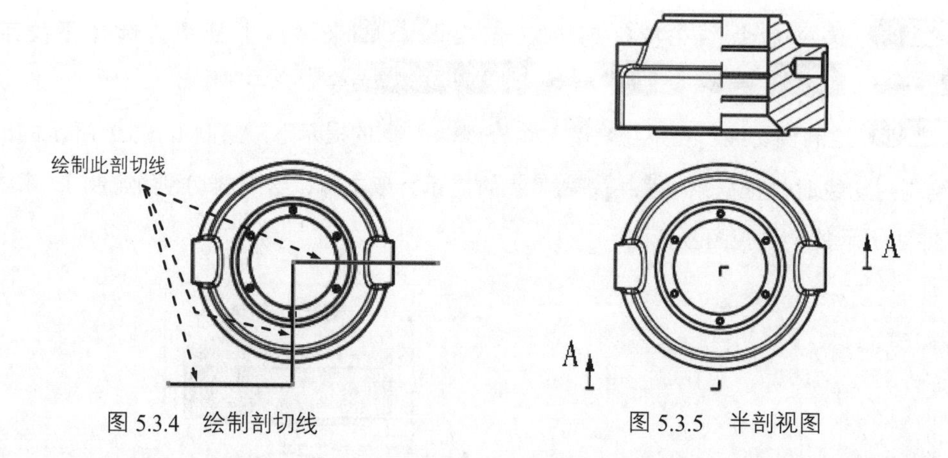

图 5.3.4　绘制剖切线　　　　图 5.3.5　半剖视图

5.3.3　阶梯剖视图

阶梯剖视图是用多个平行的剖切平面来创建的剖视图，它与全剖视图在本质上没有区别。下面创建图 5.3.6 所示的阶梯剖视图，其操作过程如下。

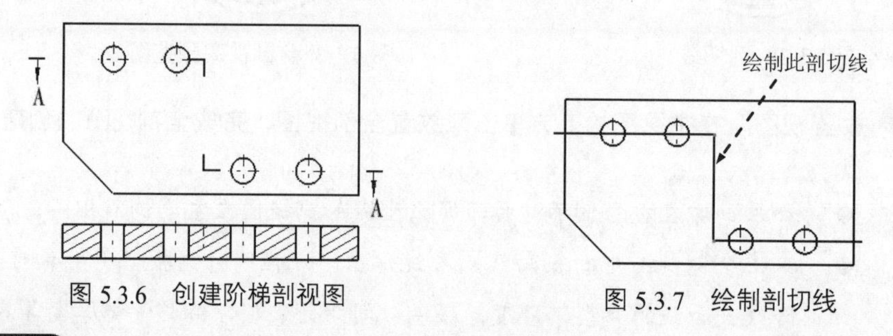

图 5.3.6　创建阶梯剖视图　　　　图 5.3.7　绘制剖切线

步骤 01 打开文件 D:\catrt20\work\ch05.03.03\stepped_cutting_view. CATDrawing。

步骤 02 激活正视图。在特征树中双击 正视图 将其激活。

步骤 03 选择下拉菜单 插入 → 视图 ▸ → 截面 ▸ → 偏移剖视图 命令。

步骤 04 绘制图 5.3.7 所示的剖切线，移动鼠标后系统显示阶梯剖视图的预览图。

步骤 05 放置视图。选择合适的放置位置并单击，完成阶梯剖视图的创建。

5.3.4　旋转剖视图

旋转剖视图是完整截面视图，是由相交的剖切平面剖开零件，并将截面旋转到平行于投影面的截面视图，下面创建图 5.3.8 所示的旋转剖视图，其操作过程如下。

步骤 01 打开工程图文件 D:\catrt20\work\ch05.03.04\revolve-cut.CATDrawing。

步骤 02 选择命令。在特征树中双击 正视图 来激活主视图，选择下拉菜单 插入 → 视图 ▸ → 截面 ▸ → 对齐剖视图 命令。

步骤 03 绘制剖切线。绘制图 5.3.9 所示的剖切线，系统显示旋转剖视图的预览图。

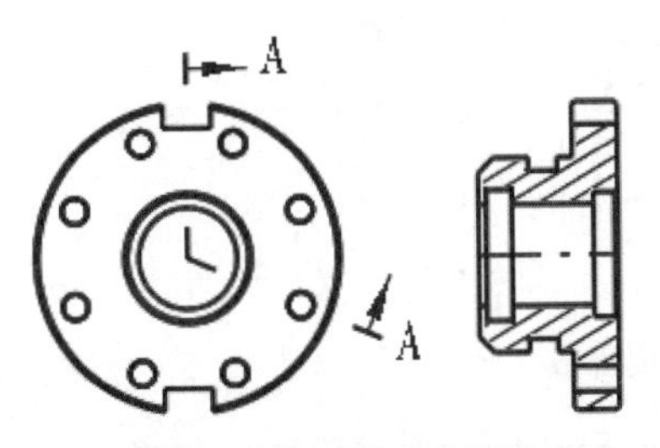

图 5.3.8　创建旋转剖视图

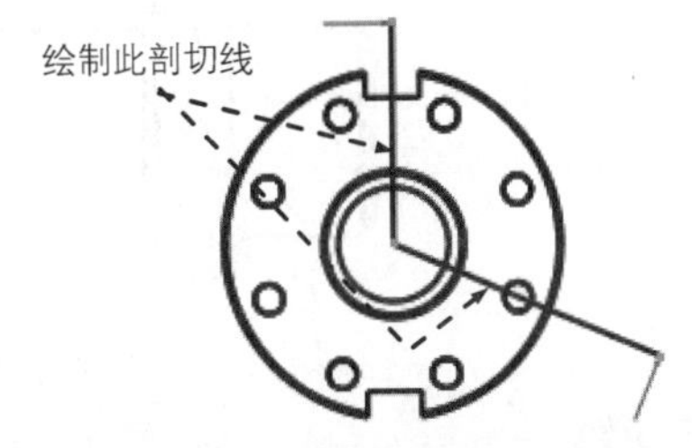

图 5.3.9　绘制剖切线

步骤 04 放置视图。在主视图的右侧单击来放置旋转剖视图，完成旋转剖视图的创建。

5.3.5　局部剖视图

局部剖视图是用剖切面局部地剖开零件所得的剖视图，可以用于某些复杂的视图中，使图样简洁，增加图样的可读性。在一个视图中还可以做多个局部截面，这些截面可以不在一个平面上，用以更加全面的表达零件的结构。下面创建图 5.3.10 所示的局部剖视图，其操作过程如下。

步骤 01 打开文件 D:\catrt20\work\ch05.03.05\part-cut.CATDrawing。

步骤 02 选择命令。在特征树中双击 正视图 来激活正视图，选择下拉菜单 插入 → 视图 ▸ → 断开视图 ▸ → 剖面视图 命令。

步骤 03 绘制图 5.3.11 所示的剖切范围，系统弹出“3D 查看器”对话框。

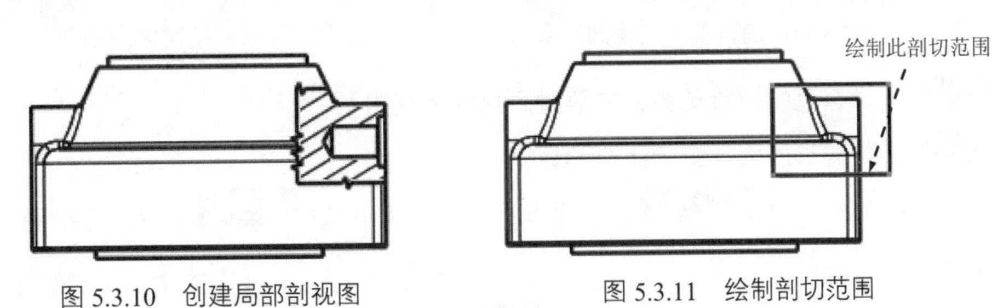

图 5.3.10　创建局部剖视图　　图 5.3.11　绘制剖切范围

步骤 04 单击 确定 按钮，完成局部剖视图的创建。

5.3.6　局部放大图

局部放大图是将零件的部分结构用大于原图形所采用的比例画出的图形，根据需要可画成视图、剖视图、断面图，放置时应尽量放在被放大部位的附近。下面创建如图 5.3.12 所示的局部放大图，其操作过程如下。

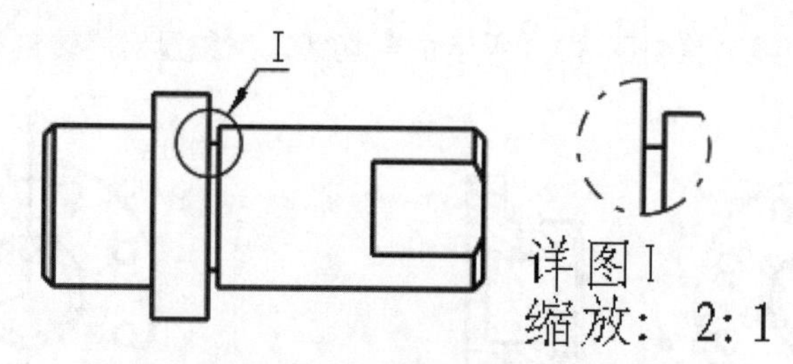

图 5.3.12　创建局部放大图

步骤 01 打开文件 D:\catrt20\work\ch05.03.06\part-detailed.CATDrawing。

步骤 02 选择命令。在特征树中双击 正视图，激活正视图；选择下拉菜单 插入 → 视图 → 详细信息 → 详细信息 命令。

步骤 03 定义放大区域。

（1）选取放大范围的圆心。在系统 选择一点或单击以定义圆心 的提示下，在全剖视图中选取如图 5.3.13 所示的点为圆心位置。

（2）绘制放大范围。在系统 选择一点或单击以定义圆半径 的提示下，绘制如图 5.3.14 所示的圆为放大范围，此时系统显示局部放大图的预览图。

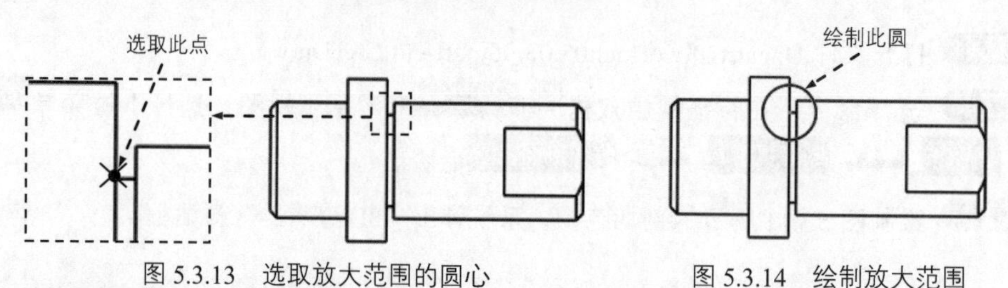

图 5.3.13　选取放大范围的圆心　　图 5.3.14　绘制放大范围

步骤 04 选择合适的位置单击，来放置局部放大视图。

步骤 05 修改局部放大视图的比例和标识。

（1）在特征树中右击 详图A，在弹出的快捷菜单中选择 属性 命令，系统弹出“属性”对话框。

（2）修改局部放大视图的比例。在 比例和方向 区域的 缩放： 文本框中输入比例值“2:1”。

（3）修改局部放大视图的标识。在 视图名称 区域的 ID 文本框中输入文本“I”。

（4）单击 确定 按钮，完成局部放大视图比例和标识的修改，结果如图 5.3.12 所示。

5.3.7 折断视图

在机械制图中，经常遇到一些较长且没有变化的零件，若要整个反映零件的尺寸形状，需用大幅面的图纸来绘制。为了既节省图纸幅面，又可以反映零件形状尺寸，在实际绘图中常采用折断视图。折断视图指的是从零件视图中删除选定两点之间的视图部分，将余下的两部分合并成一个带折断线的视图。下面创建图 5.3.15 所示的折断视图，其操作过程如下。

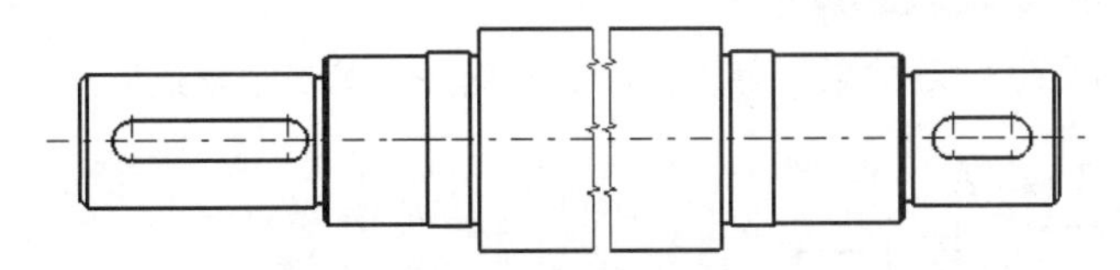

图 5.3.15 创建折断视图

步骤 01 打开文件 D:\catrt20\work\ch05.03.07\break.CATDrawing。

步骤 02 在特征树中双击 正视图 以激活正视图，选择下拉菜单 插入 → 视图 → 断开视图 → 局部视图 命令。

步骤 03 在系统 在视图中选择一个点以指示第一条剖面线的位置。 的提示下，在视图中的部件内（图 5.3.16 选择的是轴的中心线）单击以选择折断起始位置。

此时系统出现图 5.3.16 所示的一条绿色实线和一条绿色虚线，两者相互垂直，实线表示折断的起始位置，将鼠标移至虚线上，则实线和虚线相互转换。

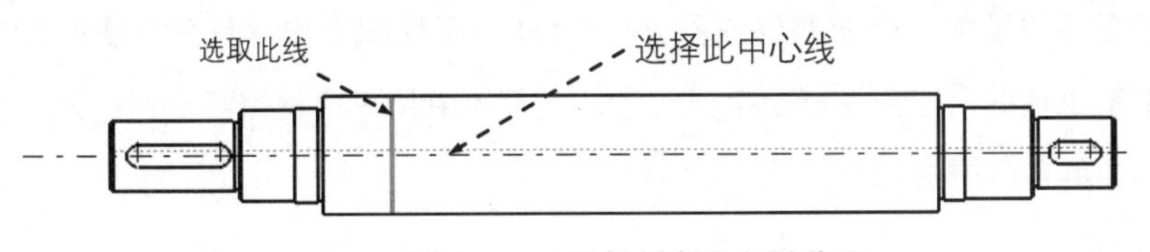

图 5.3.16 选择折断的起始位置

步骤 04 在系统 单击所需的区域以获取垂直剖面或水平剖面。 的提示下，选择合适的位置单击以确定终止位置，如图 5.3.17 所示。

步骤 05 放置视图。在窗口中的任意位置单击，完成折断视图的创建，如图 5.3.15 所示。

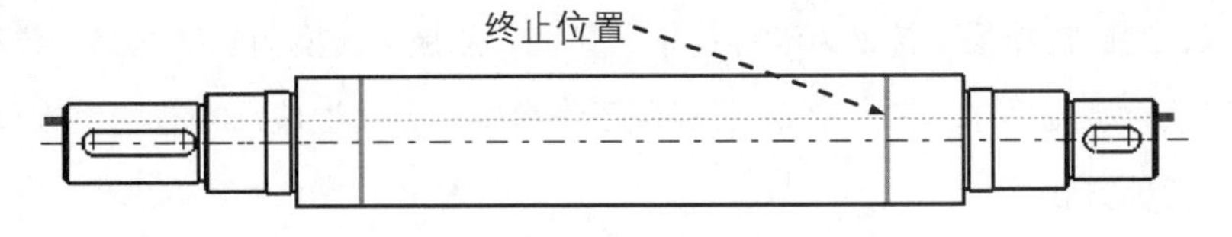

图 5.3.17 选择折断的终止位置

5.3.8 断面图

断面图常用在只需表达零件断面的场合下，这样可以使视图简化，又能使视图所表达的零件结构清晰易懂。下面创建图 5.3.18 所示的断面图，其操作过程如下。

步骤 01 打开工程图文件 D:\catrt20\work\ch05.03.08\section-view.CATDrawing。

步骤 02 在特征树中双击 正视图 来激活正视图，选择下拉菜单 插入 → 视图 ▶ → 截面 ▶ → 偏移截面分割 命令。

步骤 03 绘制图 5.3.19 所示的断面线，在绘制断面线的第二个端点时，双击结束绘制。

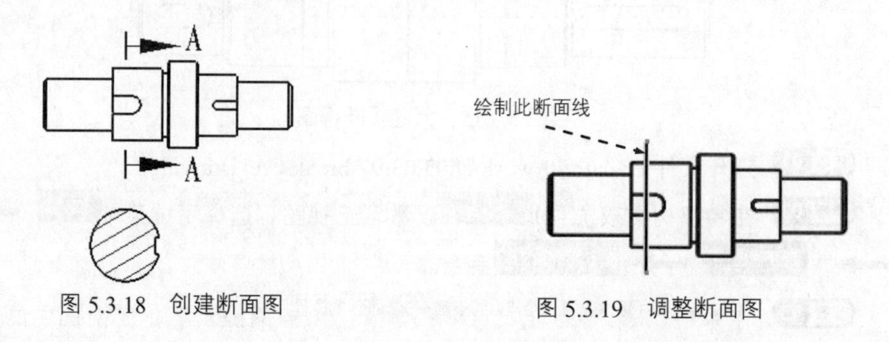

图 5.3.18 创建断面图

图 5.3.19 调整断面图

步骤 04 放置视图。在断面线的右侧单击以放置断面图，然后将断面图调整至如图 5.3.18 所示的位置。

5.4 工程图的标注

尺寸标注是工程图的一个重要组成部分。CATIA 工程图工作台具有方便的尺寸标注功能，既可以由系统根据已存约束自动生成尺寸，也可以由用户根据需要自行标注。本节将详细介绍尺寸标注的各种方法。

5.4.1 尺寸标注

自动生成尺寸是将三维模型中已有的约束条件自动转换为尺寸标注。草图中存在的全部约束都可以转换为尺寸标注；零件之间存在的角度、距离约束也可以转换为尺寸标注；部件中的拉伸特征可转换为长度约束，旋转特征可转换为角度约束，光孔和螺纹孔可转换为长度和角度约束，倒圆角特征可转换为半径约束，薄壁、筋板可转换为长度约束；装配件中的约束关系可转换为装配尺寸。在 CATIA 工程图工作台中，自动生成尺寸有“生成尺寸”“逐步生成尺寸”两种方式。

1. 生成尺寸

“生成尺寸”命令可以一步生成全部的尺寸标注（图 5.4.1），其操作过程如下。

步骤 01 打开工程图文件 D:\catrt20\work\ch05.04.01\dimension-01.CATDrawing。

步骤 02 选择命令。双击特征树中的 正视图 来激活主视图；然后选择下拉菜单 插入 → 生成 ▸ → 生成尺寸 命令，系统弹出图 5.4.2 所示的“尺寸生成过滤器”对话框。

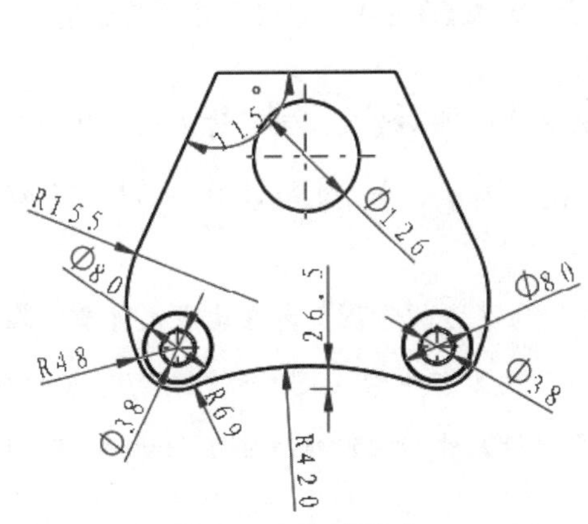

图 5.4.1 生成尺寸

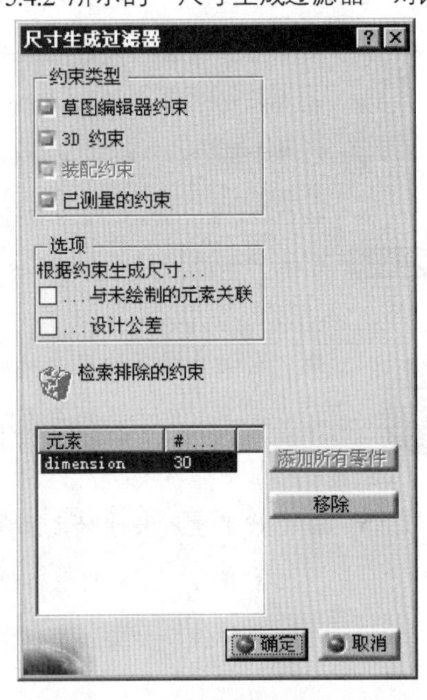

图 5.4.2 “尺寸生成过滤器”对话框

步骤 03 尺寸生成过滤。在“尺寸生成过滤器”对话框中将 草图编辑器约束、3D 约束 和 已测量的约束 复选框选中，然后单击 确定 按钮，系统弹出图 5.4.3 所示的“生成的尺寸分析”对话框，并显示自动生成尺寸的预览。

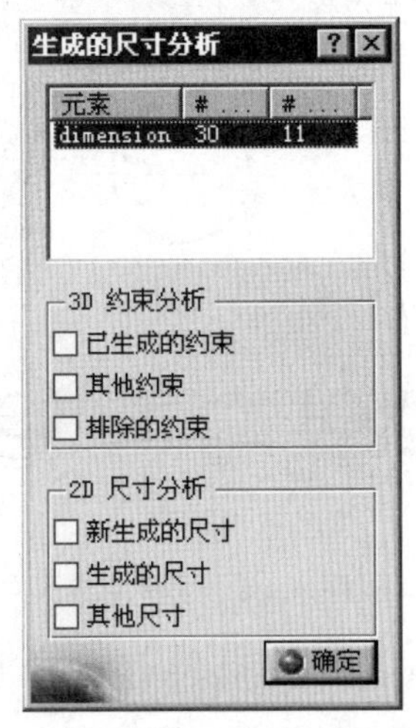

图 5.4.3 “生成的尺寸分析”对话框

图 5.4.3 所示的“生成的尺寸分析”对话框中各选项的功能说明如下。

◆ 3D 约束分析选项组：该选项组用于控制在三维模型中尺寸标注的显示。

- □已生成的约束：在三维模型中显示所有在工程图中标出的尺寸标注。
- □其他约束：在三维模型中显示没有在工程图中标出的尺寸标注。
- □排除的约束：在三维模型中显示自动标注时未考虑的尺寸标注。

◆ 2D 尺寸分析选项组：该选项组用于控制在工程图中尺寸标注的显示。

- □新生成的尺寸：在工程图中显示最后一次生成的尺寸标注。
- □生成的尺寸：在工程图中显示所有已生成的尺寸标注。
- □其他尺寸：在工程图中显示所有手动标注的尺寸标注。

步骤 04 单击“生成的尺寸分析”对话框中的 确定 按钮，完成尺寸的自动生成。

◆ 自动生成后的尺寸标注在视图中的排列较凌乱，可通过手动来调整尺寸的位置，尺寸的相关操作将在后面章节中讲到；图 5.4.1 所示的尺寸标注为调整后的结果。

◆ 如果生成尺寸的文本字体太小，为了方便看图，可在生成尺寸前，在“文本属性”工具栏中的“字体大小”文本框中输入尺寸的文本高度值 14.0（或其他值，如图 5.4.4 所示），再进行尺寸标注，此方法在手动标注时同样适用。

2. 逐步生成尺寸

“逐步生成尺寸”命令可以逐个地生成尺寸标注，生成时可以决定是否生成某个尺寸，还可以选择标注尺寸的视图。下面以图 5.4.4 为例，其一般操作过程如下。

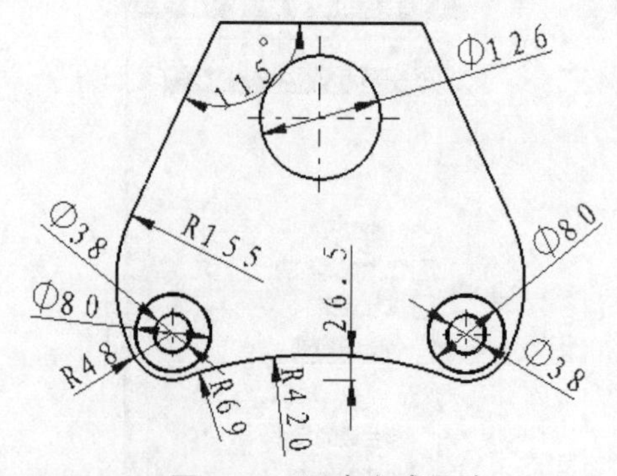

图 5.4.4 逐步生成尺寸

步骤 01 打开工程图文件 D:\catrt20\work\ch05.04.01\dimension-02.CATDrawing。

步骤 02 选择命令。双击特征树中的 正视图 来激活主视图，然后选择下拉菜单 插入 → 生成 ▸ → 逐步生成尺寸 命令，系统弹出“尺寸生成过滤器”对话框。

步骤 03 尺寸生成过滤。在“尺寸生成过滤器”对话框中单击 确定 按钮，以接受默认的过滤选项，系统弹出“逐步生成”对话框。

步骤 04 在“逐步生成”对话框中选中 超时： 复选框，然后单击 ▸ 按钮，系统逐个地生成尺寸；不需要的尺寸，可单击 按钮将其删除。

步骤 05 生成完想要标注的尺寸后，系统弹出“生成的尺寸分析”对话框。

步骤 06 单击 确定 按钮，完成尺寸标注的生成。

3. 手动标注尺寸

当自动生成尺寸不能全面地表达零件的结构或在工程图中需要增加一些特定的标注时，就需要通过手动标注尺寸。这类尺寸受零件模型所驱动，所以又常被称为“从动尺寸”。

下面以模型 dimension-03.CATDrawing 为例，介绍几种常用的手动标注的尺寸类型，首先打开文件 D:\catrt20\work\ch05.04.01\dimension-03.CATDrawing。

a：标注长度

下面以图 5.4.5 为例，来说明标注长度的一般过程。

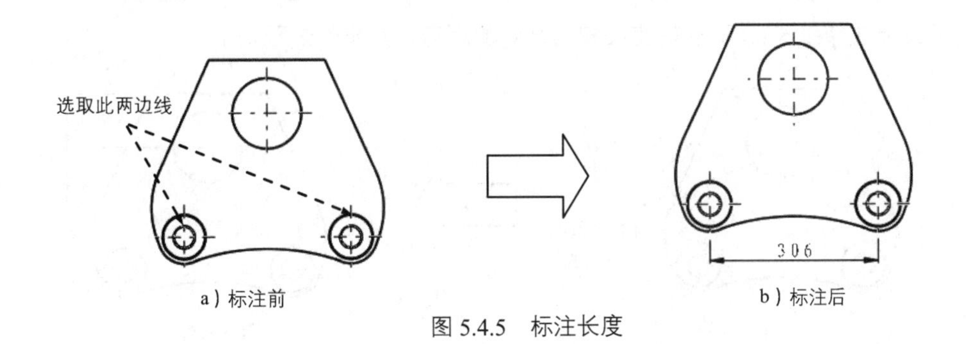

图 5.4.5　标注长度

步骤 01 选择下拉菜单 插入 → 尺寸标注 ▸ → 尺寸 ▸ → 长度/距离尺寸 命令，系统弹出“工具控制板”工具栏，选取如图 5.4.5 所示的两条轴线，系统出现尺寸的预览。

步骤 02 选择合适的放置位置并单击，完成操作。

说明：

◆ 在选取边线后，右击，在弹出快捷菜单中选择 部分长度 命令，在如图 5.4.6 所示的位置 1 和位置 2 处单击（系统将这两点投影到该直线上），可标注这两投影点之间的线段长度，如图 5.4.6 所示。

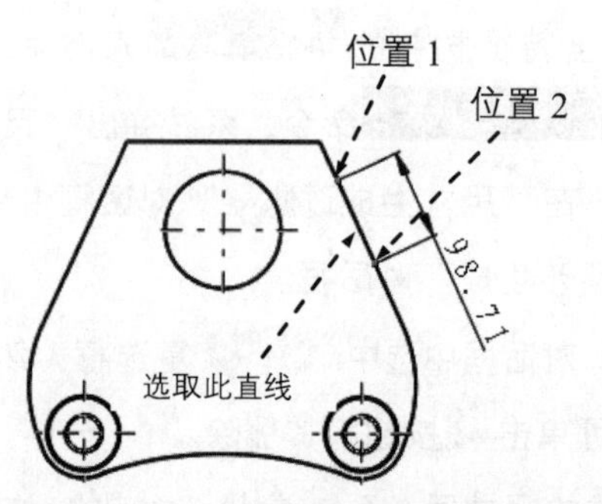

图 5.4.6　选择起始、终止位置

◆ 在步骤 02 中，右击，在弹出的快捷菜单中选择 值方向 命令，系统弹出如图 5.4.7 所示的“值方向”对话框，利用该对话框可以设置尺寸文字的放置方向，结果如图 5.4.8 所示。

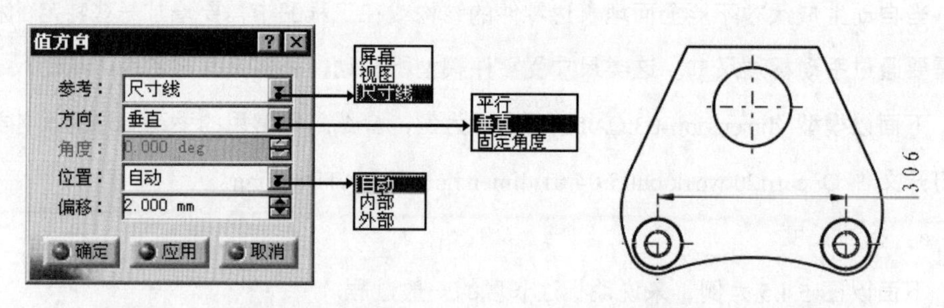

图 5.4.7　“值方向”对话框　　图 5.4.8　标注距离 1

下面标注如图 5.4.9 所示的直线和圆之间的距离，其操作过程如下。

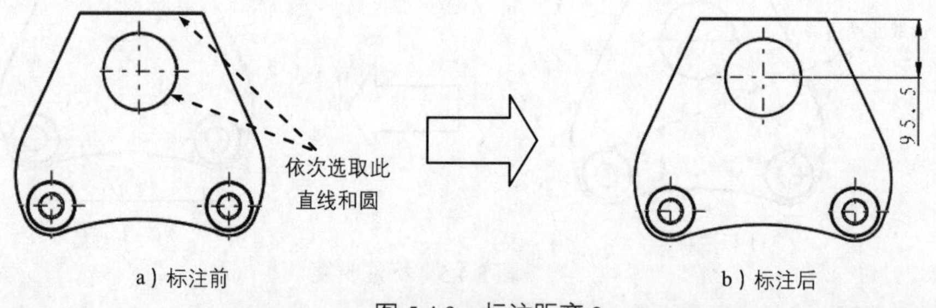

a）标注前　　b）标注后

图 5.4.9　标注距离 2

步骤 01 选择下拉菜单 插入 ➡ 尺寸标注 ▸ ➡ 尺寸 ▸ ➡ 长度/距离尺寸 命令，系统弹出“工具控制板”工具栏。

步骤 02 选取如图 5.4.9 所示的直线和圆，系统出现尺寸标注的预览。

步骤 03 选择合适的放置位置并单击，完成操作。

说明：

◆ 在步骤 02 中，右击，在弹出的快捷菜单中选择 最小距离 命令，结果如图 5.4.10 所示。

◆ 右击，在弹出的快捷菜单中选择 一半尺寸 命令，结果如图 5.4.11 所示。

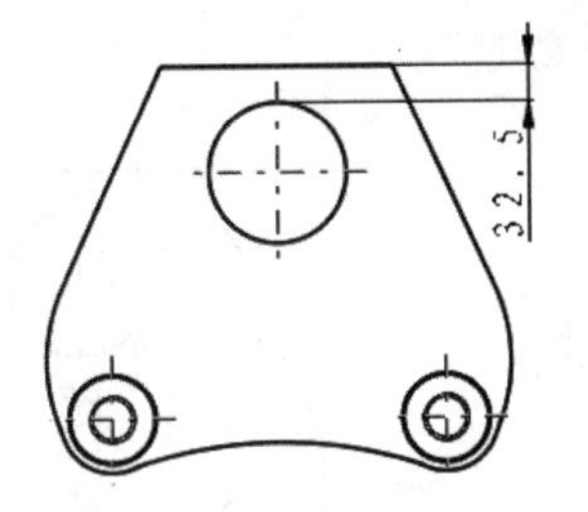

图 5.4.10　最小距离

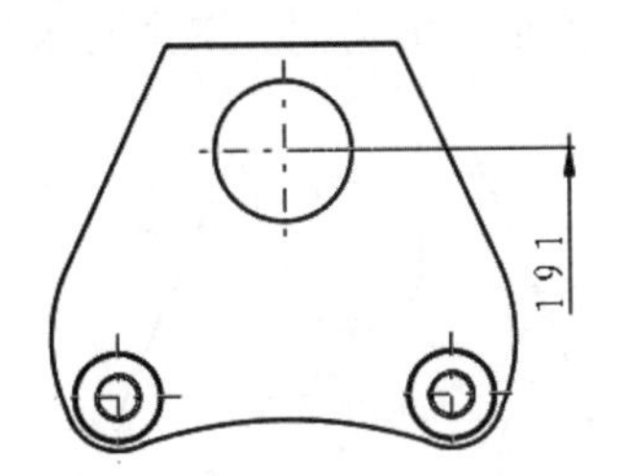

图 5.4.11　一半尺寸

b：标注角度

下面以图 5.4.12b 为例，来说明标注角度的一般过程。

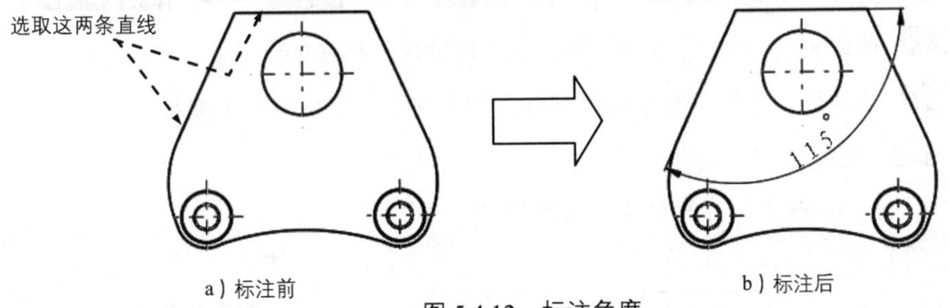

图 5.4.12　标注角度

步骤 01 选择下拉菜单 插入 → 尺寸标注 ▸ → 尺寸 ▸ → 角度尺寸 命令。

步骤 02 选取图 5.4.12a 所示的两条直线，系统出现尺寸标注的预览。

步骤 03 移动到合适的位置来放置尺寸，然后在空白区域单击完成操作。

在 步骤 03 中，右击，在弹出的快捷菜单中选择 角扇形 ▸ → 扇形 2 命令，结果如图 5.4.13 所示。右击，在弹出的快捷菜单中选择 角扇形 ▸ → 补充 命令，结果如图 5.4.14 所示。

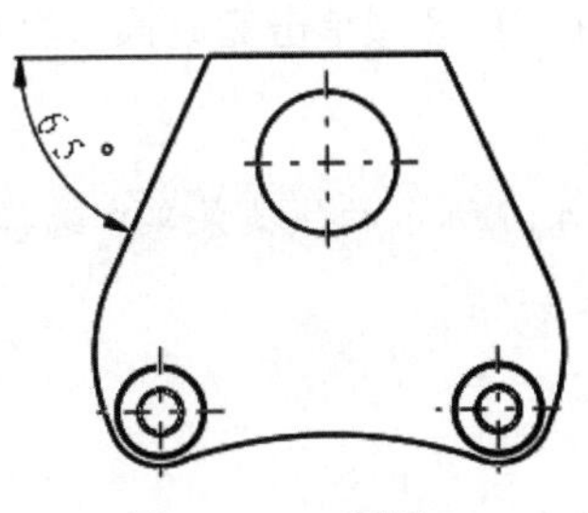

图 5.4.13　扇区 2

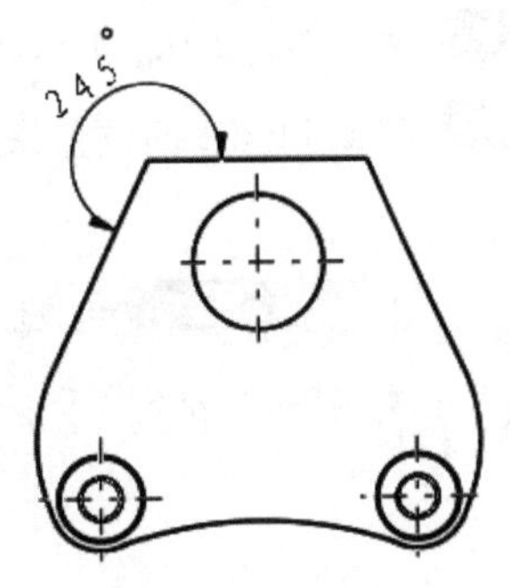

图 5.4.14　补充

c：标注半径

下面以图 5.4.15b 为例，来说明标注半径的一般过程。

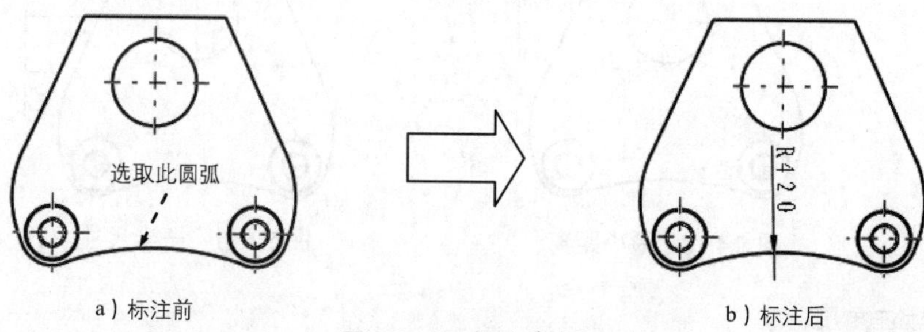

图 5.4.15　标注半径

步骤 01 选择下拉菜单 插入 → 尺寸标注 → 尺寸 → 半径尺寸 命令。

步骤 02 选取图 5.4.15a 所示的圆弧，系统出现尺寸标注的预览。

步骤 03 移动到合适的位置来放置尺寸，然后在空白区域单击完成操作。

d：标注直径

下面以图 5.4.16b 为例，来说明标注直径的一般过程。

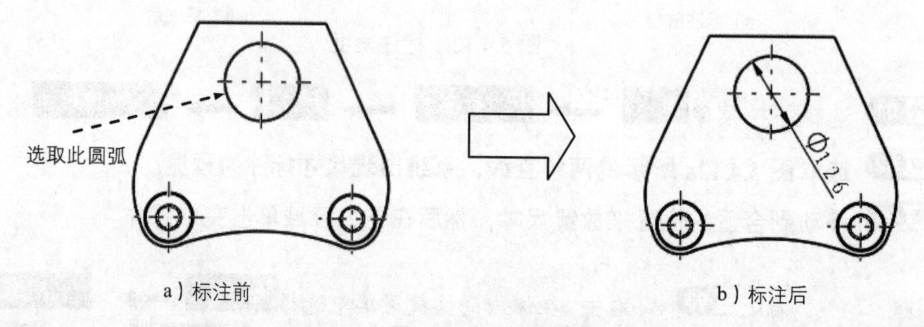

图 5.4.16　标注直径

步骤 01 选择下拉菜单 插入 → 尺寸标注 → 尺寸 → 直径尺寸 命令。

步骤 02 选取图 5.4.16a 所示的圆，系统出现尺寸标注的预览。

步骤 03 移动到合适的位置来放置尺寸，然后在空白区域单击完成操作。

在 步骤 03 中，右击，在弹出的图 5.4.17 所示的快捷菜单中选择 1个符号 命令，则箭头显示为单箭头，结果如图 5.4.18 所示。

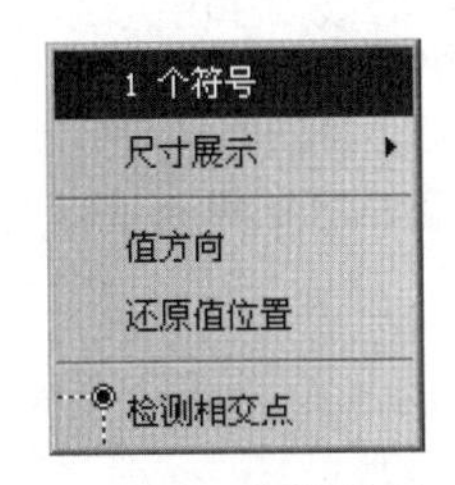

图 5.4.17 快捷菜单

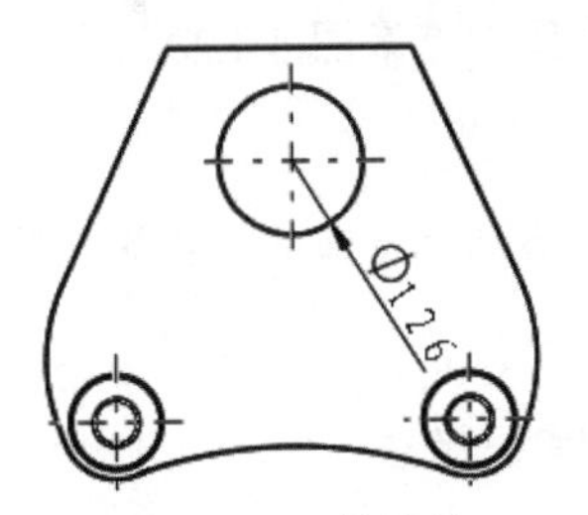

图 5.4.18 单箭头

e：标注螺纹

下面以图 5.4.19b 为例，来说明标注螺纹的一般过程。

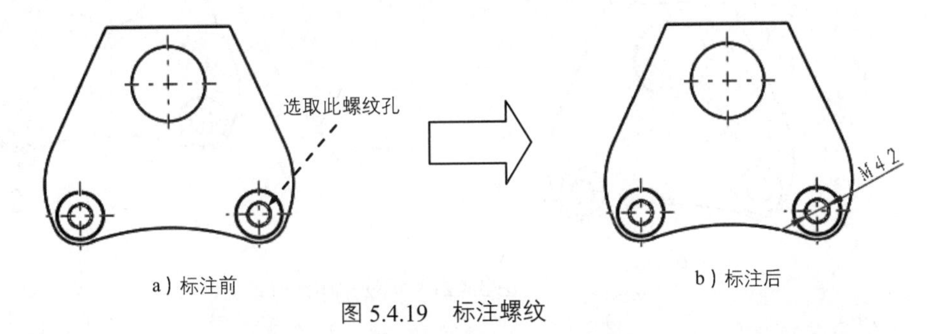

图 5.4.19 标注螺纹

步骤 01 选择下拉菜单 插入 → 尺寸标注 ▸ → 尺寸 ▸ → 螺纹尺寸 命令，系统弹出“工具控制板”工具栏。

步骤 02 选取图 5.4.19a 所示的螺纹孔，系统生成图 5.4.19b 所示的尺寸。

步骤 03 将生成的螺纹尺寸移动至图 5.4.19b 所示的位置。

f：标注链式尺寸

下面以图 5.4.20 为例，来说明标注链式尺寸的一般过程。

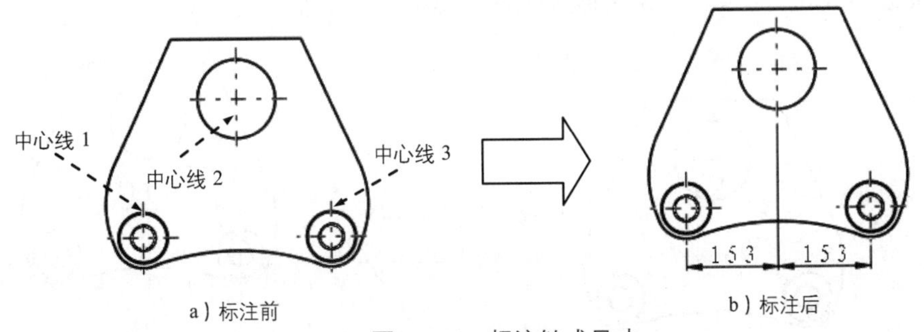

图 5.4.20 标注链式尺寸

步骤 01 选择下拉菜单 插入 → 尺寸标注 ▸ → 尺寸 ▸ → 链式尺寸 命令。

步骤02 依次选取图 5.4.20a 所示的中心线 1、中心线 2 和中心线 3，此时图形区中显示尺寸链。

步骤03 移动到合适的位置来放置尺寸，然后在空白区域单击完成操作，结果如图 5.4.20b 所示。

g：标注累积尺寸

下面以图 5.4.21 为例，来说明标注累积尺寸的一般过程。

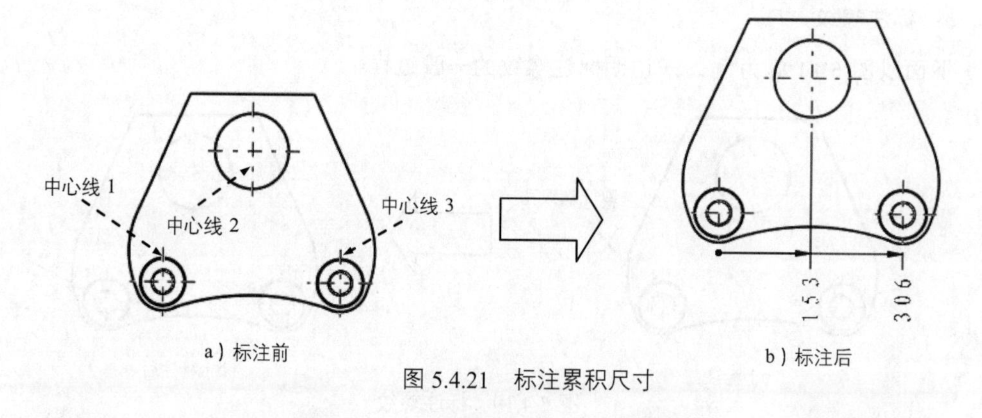

图 5.4.21 标注累积尺寸

步骤01 选择下拉菜单 插入 → 尺寸标注 → 尺寸 → 累积尺寸 命令。

步骤02 依次选取图 5.4.21a 所示的中心线 1、中心线 2 和中心线 3，此时图形区中显示尺寸链。

步骤03 移动到合适的位置来放置尺寸，然后在空白区域单击完成操作，结果如图 5.4.21b 所示。

h：标注堆叠式尺寸

下面以图 5.4.22 为例，来说明标注堆叠式尺寸的一般过程。

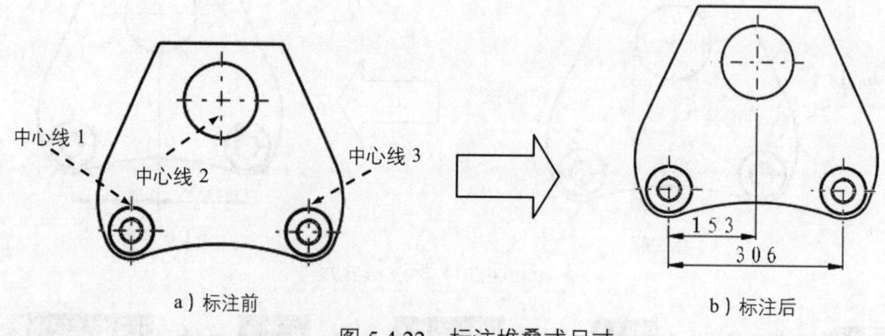

图 5.4.22 标注堆叠式尺寸

步骤01 选择下拉菜单 插入 → 尺寸标注 ▸ → 尺寸 ▸ → 堆叠式尺寸 命令。

步骤02 依次选取图 5.4.22 所示的中心线 1、中心线 2 和中心线 3，此时图形区中显示尺寸链。

步骤03 移动到合适的位置来放置尺寸，在空白区域单击完成操作，然后调整尺寸间的偏移值后，结果如图 5.4.22 所示。

i：标注倒角

标注倒角需要指定倒角边和参考边。下面以图 5.4.23b 为例，来说明标注倒角的一般过程。

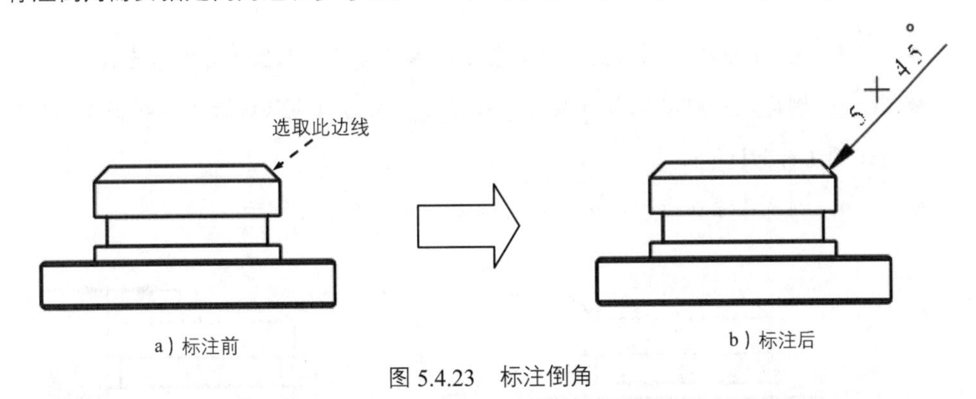

图 5.4.23 标注倒角

步骤01 打开工程图文件 D:\catrt20\work\ch05.04.01\dimension-04.CATDrawing。

步骤02 选择下拉菜单 插入 → 尺寸标注 ▸ → 尺寸 ▸ → 倒角尺寸 命令，系统弹出图 5.4.24 所示的“工具控制板”工具栏。

图 5.4.24 “工具控制板”工具栏

步骤03 单击“工具控制板”工具栏中的“单符号”按钮，选中 长度 x 角度 单选项。

步骤04 选取图 5.4.23a 所示的边线。

步骤05 移动到合适的位置来放置尺寸，然后在空白区域单击完成操作。

图 5.4.24 所示“工具控制板”工具栏中各选项的说明如下。

- 长度 x 长度：倒角尺寸以“长度 × 长度”的方式标注，如图 5.4.25 所示。
- 长度 x 角度：倒角尺寸以“长度 × 角度”的方式标注，如图 5.4.23b 所示。
- 角度 x 长度：倒角尺寸以“角度 × 长度”的方式标注，如图 5.4.26 所示。

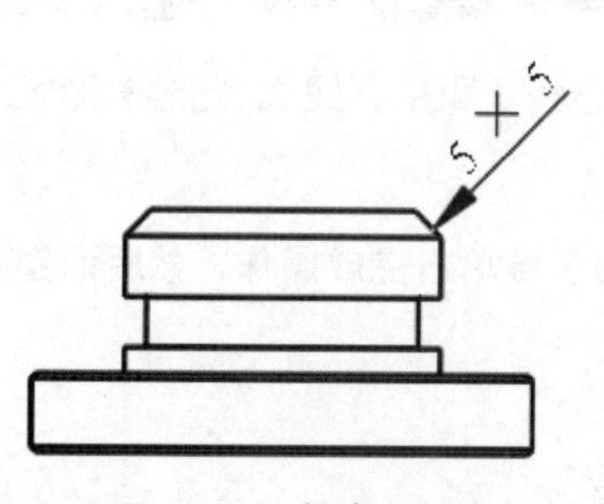

图 5.4.25　长度×长度

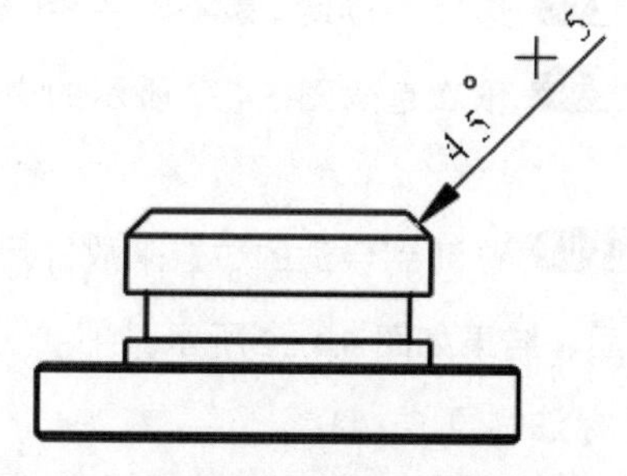

图 5.4.26　角度×长度

- 长度：倒角尺寸以只显示倒角长度的方式标注，如图 5.4.27 所示。
- ：倒角尺寸以单箭头引线的方式标注，该选项为默认选项，以上各图均使用此选项进行标注。
- ：倒角尺寸以线性尺寸的方式标注，如图 5.4.28 所示。

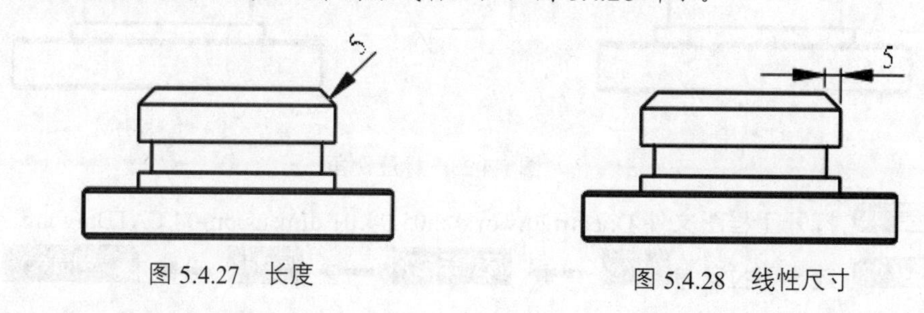

图 5.4.27　长度　　　　图 5.4.28　线性尺寸

5.4.2　尺寸公差标注

下面标注如图 5.4.29b 所示的尺寸公差，其操作过程如下。

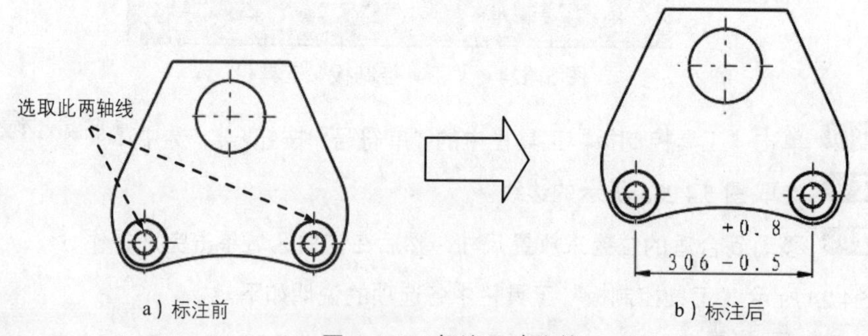

a）标注前　　　　b）标注后

图 5.4.29　标注尺寸公差

步骤 01　打开工程图文件 D:\catrt20\work\ch05.04.02\common-difference.CATDrawing。

步骤 02　选择命令。选择下拉菜单 插入 → 尺寸标注 ▸ → 尺寸 ▸ → 尺寸 命令。

步骤 03 选取如图 5.4.29a 所示的两条轴线。

步骤 04 定义公差。在“尺寸属性”工具栏的“公差描述”下拉列表中选取 TOL_1.0 选项，在“公差”文本框中输入公差值 0.8/−0.5，在“数字属性”工具栏的“数字显示描述”下拉列表中选取 mm 选项，其他参数采用系统默认设置值。

步骤 05 移动到合适的位置来放置尺寸，然后在空白区域单击完成操作。

5.4.3 基准符号标注

下面标注如图 5.4.30 所示的基准符号，操作过程如下。

步骤 01 打开文件 D:\catrt20\work\ch05.04.03\datum.CATDrawing。

步骤 02 选择下拉菜单 插入 → 尺寸标注 ▸ → 公差 ▸ → A 基准特征 命令。

步骤 03 选取如图 5.4.30 所示的直线。

步骤 04 定义放置位置。选择合适的放置位置并单击，系统弹出如图 5.4.31 所示的“创建基准特征”对话框。

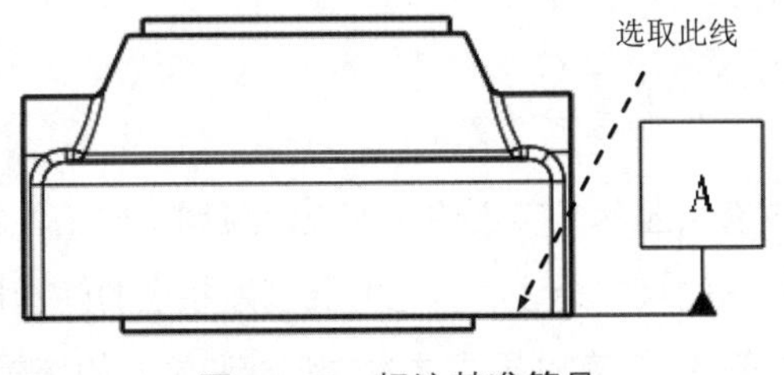

图 5.4.30 标注基准符号

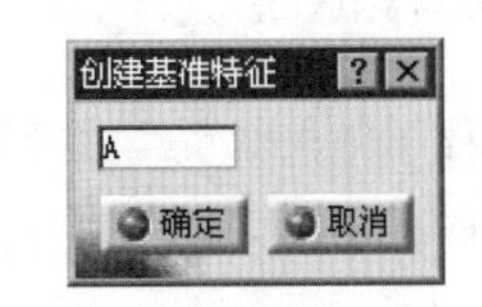

图 5.4.31 “创建基准特征”对话框

步骤 05 定义基准符号的名称。在“创建基准特征”对话框的文本框中输入基准字母 A，再单击 确定 按钮，完成基准符号的标注。

5.4.4 几何公差标注

几何公差包括形状公差和位置公差，是针对构成零件几何特征的点、线、面的形状和位置误差所规定的公差。下面标注如图 5.3.32 所示的几何公差，操作过程如下。

步骤 01 打开工程图文件 D:\catrt20\work\ch05.04.04\geometric-tolerance.CATDrawing。

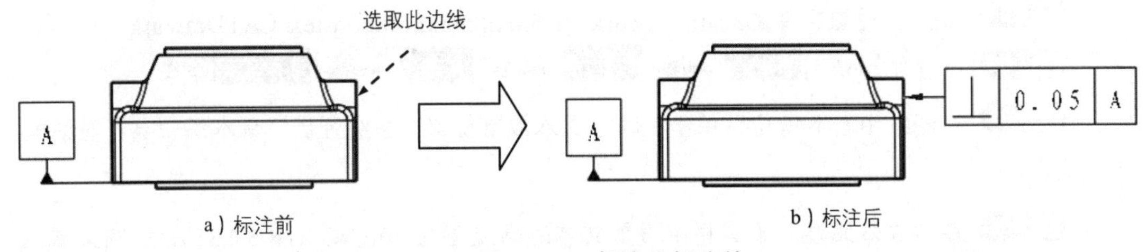

图 5.4.32 标注几何公差

步骤 02 选择下拉菜单 插入 → 尺寸标注 ▸ → 公差 ▸ → 形位公差 命令。

步骤 03 定义放置位置。选取如图 5.4.32a 所示的边线为要标注几何公差符号的对象，选择合适的放置位置并单击，系统弹出如图 5.4.33 所示的“形位公差”对话框（本软件仍使用“形位公差”）。

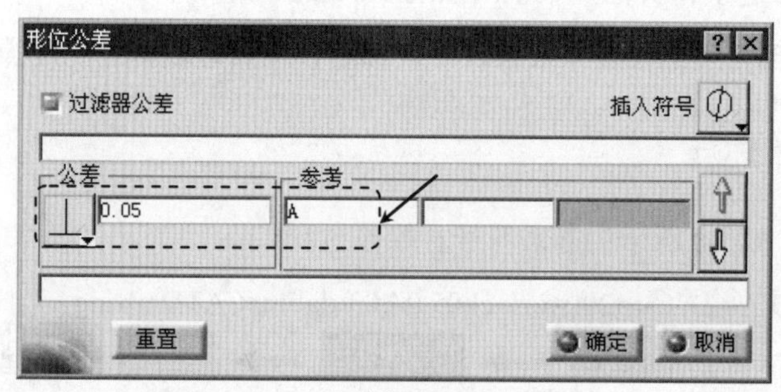

图 5.4.33 “形位公差”对话框

步骤 04 定义公差。在对话框的文本框中单击 按钮，在弹出的快捷菜单中选取 ⊥ 按钮，在 公差 文本框中输入公差数值 0.05，在 参考 文本框中输入基准字母 A。

步骤 05 单击 确定 按钮，完成几何公差的标注，结果如图 5.4.32b 所示。

5.4.5 注释标注

在工程图中，除了尺寸标注外，还应有相应的文字说明，即技术说明，如工件的热处理要求、表面处理要求等。所以在创建完视图的尺寸标注后，还需要创建相应的注释标注。下面分别介绍不带引导线文本（即技术要求等）、带有引导线文本的创建和文本的编辑。

1. 创建注释文本

下面创建如图 5.4.34 所示的注释文本，操作步骤如下。

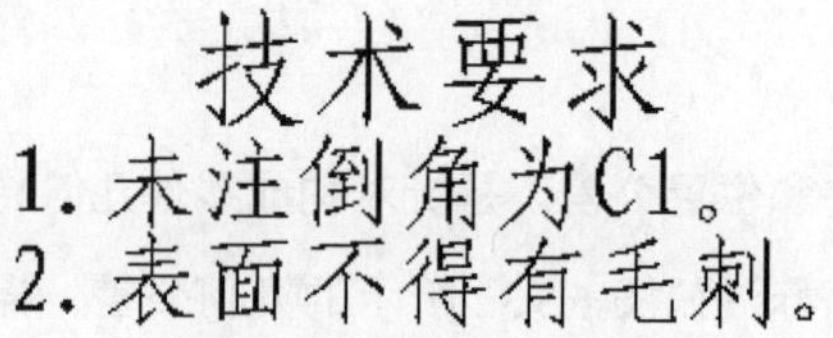

技术要求
1. 未注倒角为C1。
2. 表面不得有毛刺。

图 5.4.34 创建注释文本

步骤 01 打开工程图文件 D:\catrt20\work\ch05.04.05\annotation-text.CATDrawing。

步骤 02 选择下拉菜单 插入 → 标注 ▸ → 文本 ▸ → 文本 命令。

步骤 03 在图纸中右下角位置单击，确定文本放置位置，系统弹出“文本编辑器”对话框（图 5.4.35）。

步骤 04 在“文本属性”工具栏中设置文本的高度值为 10，输入图 5.4.35 所示的文本，并在前面添加若干空格。

步骤05 在“文本属性”工具栏中设置文本的高度值为 8，按 Ctrl+Enter 键换行，输入如图 5.4.36 所示的文本。单击 确定 按钮，结果如图 5.4.34 所示。

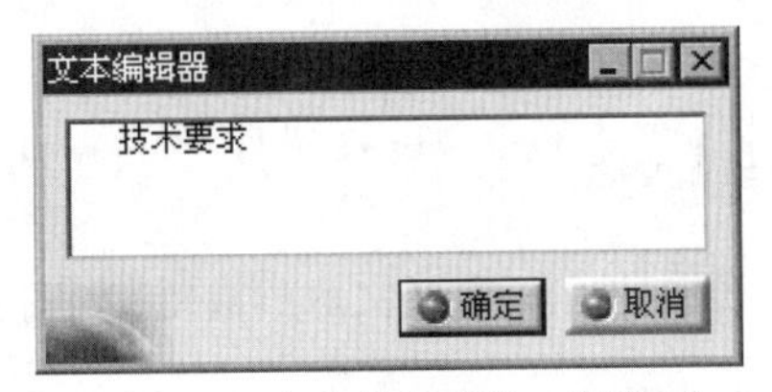

图 5.4.35 “文本编辑器”对话框（一）

图 5.4.36 “文本编辑器”对话框（二）

说明：在创建文本的过程中，如果“文本属性”工具栏没有出现，需手动将其显示。

2. 创建带有引线的文本

下面继续上一节的内容，讲解创建如图 5.4.37 所示的带有引线的文本，操作过程如下。

步骤01 选择下拉菜单 插入 → 标注 → 文本 → 文本 → 带引出线的文本 命令。

步骤02 选择如图 5.4.37 所示的放置位置。

步骤03 选择合适的放置位置并单击，系统弹出“文本编辑器”对话框。

步骤04 在“文本属性”工具栏中设置文本的高度值为 9，输入如图 5.4.38 所示的文本，单击 确定 按钮。

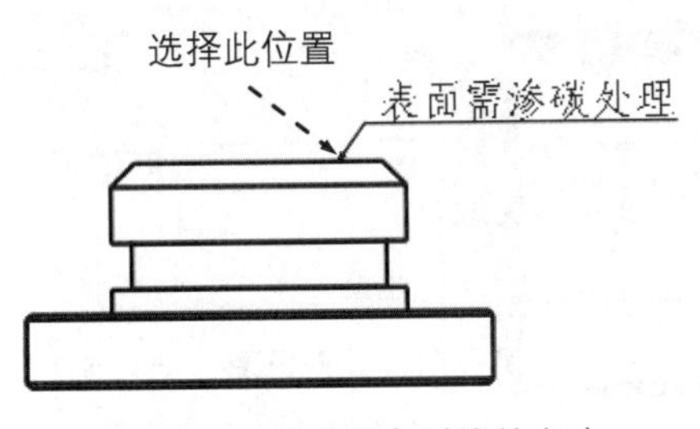

图 5.4.37 创建带有引线的文本

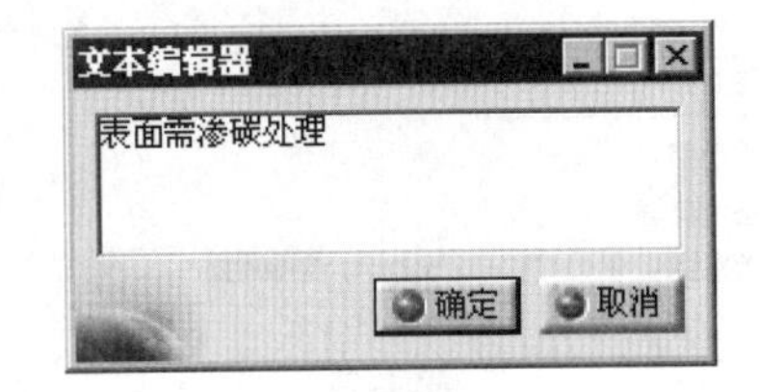

图 5.4.38 “文本编辑器”对话框（三）

3. 编辑文本

下面以图 5.4.39 为例，来说明编辑文本的一般操作过程。

步骤01 选取如图 5.4.39a 所示的文本，右击，在弹出的快捷菜单中选择 文本.1 对象 → 定义... 命令（或直接双击需要编辑的文本），系统弹出“文本编辑器”对话框。

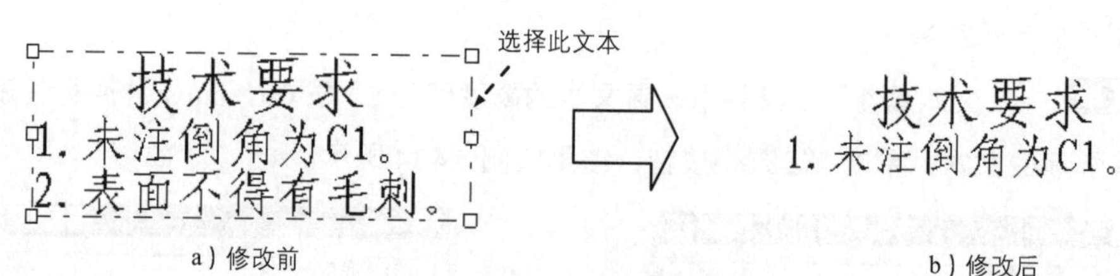

图 5.4.39　编辑文本

步骤 02 在对话框中删除第二行文字，单击 确定 按钮，完成文本的编辑，如图 5.4.39b 所示。

5.5　CATIA 工程图图纸打印

打印出图是 CAD 工程设计中必不可少的一个环节。在 CATIA 软件中的工程图（Drawing）工作台中，选择下拉菜单 文件 → 打印... 命令，就可进行打印出图操作。

下面举例说明工程图打印的一般步骤。

步骤 01 打开文件 D:\catrt20\work\ch05.05\crusher-base.CATDrawing。

步骤 02 选择命令。选择下拉菜单 文件(F) → 打印... 命令，系统弹出如图 5.5.1 所示的“打印”对话框。

图 5.5.1　“打印”对话框

步骤 03 选择打印机。单击“打印”对话框中的 打印机名称： 按钮，弹出如图 5.5.2 所示的“打印机选择”对话框。在该对话框的 打印机列表 区域中选择打印机，单击 确定 按钮，回到“打印”对话框。

在打印机列表区域中显示的是当前已连接的打印机，不同的用户可能会出现不同的选项。

步骤04 定义打印选项。在布局选项卡中的纵向下拉列表中选择旋转：90；在布局选项卡中选中适合页面单选项；选择打印区域下拉列表中的整个文档；在份数文本框中输入要打印的份数1。

步骤05 定义页面设置。单击“打印”对话框中的页面设置...按钮，系统弹出如图5.5.3所示的“页面设置”对话框；选择用户选项，其他参数采用系统默认设置，单击确定按钮，系统回到“打印”对话框。

图5.5.2 “打印机选择”对话框

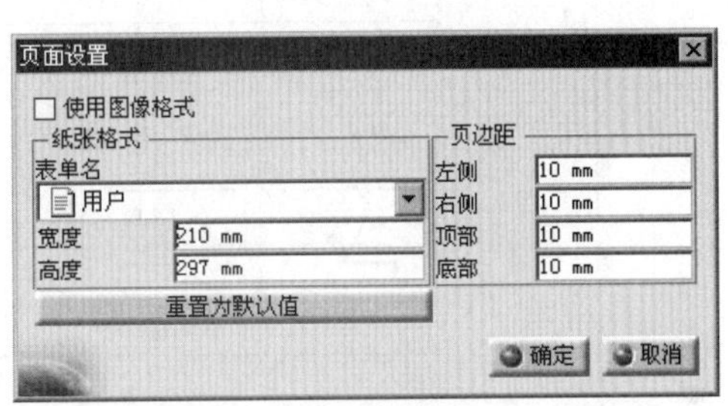

图5.5.3 “页面设置”对话框

步骤06 打印预览。单击预览...按钮，系统弹出如图5.5.4所示的“打印预览”对话框，可以预览工程图的打印效果。

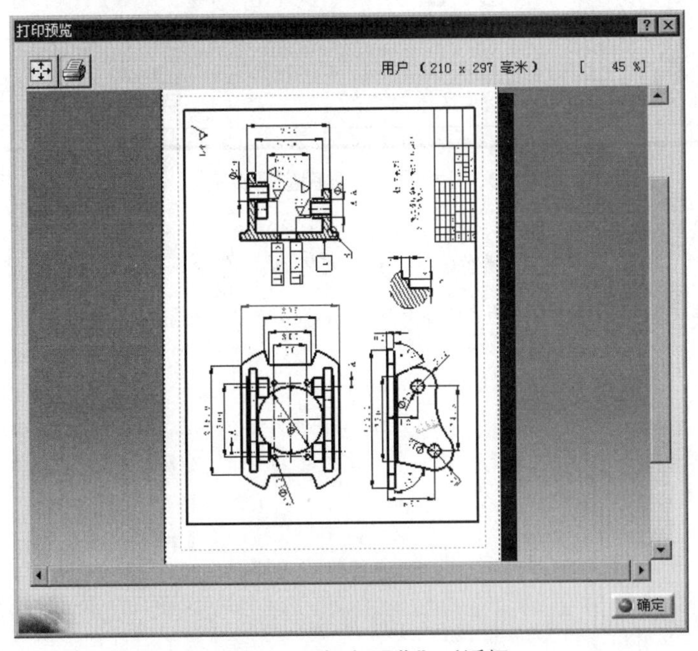

图5.5.4 “打印预览”对话框

步骤 07 单击“打印预览”对话框中的 确定 按钮。

步骤 08 单击“打印”对话框中的 确定 按钮，即可打印工程图。

5.6 工程图设计综合应用案例

本案例以机械手固定架为例，来详细介绍工程图设计的一般过程。希望通过此应用的学习读者能对 CATIA 工程图的制作有比较清楚的认识。完成后的工程图如图 5.6.1 所示。

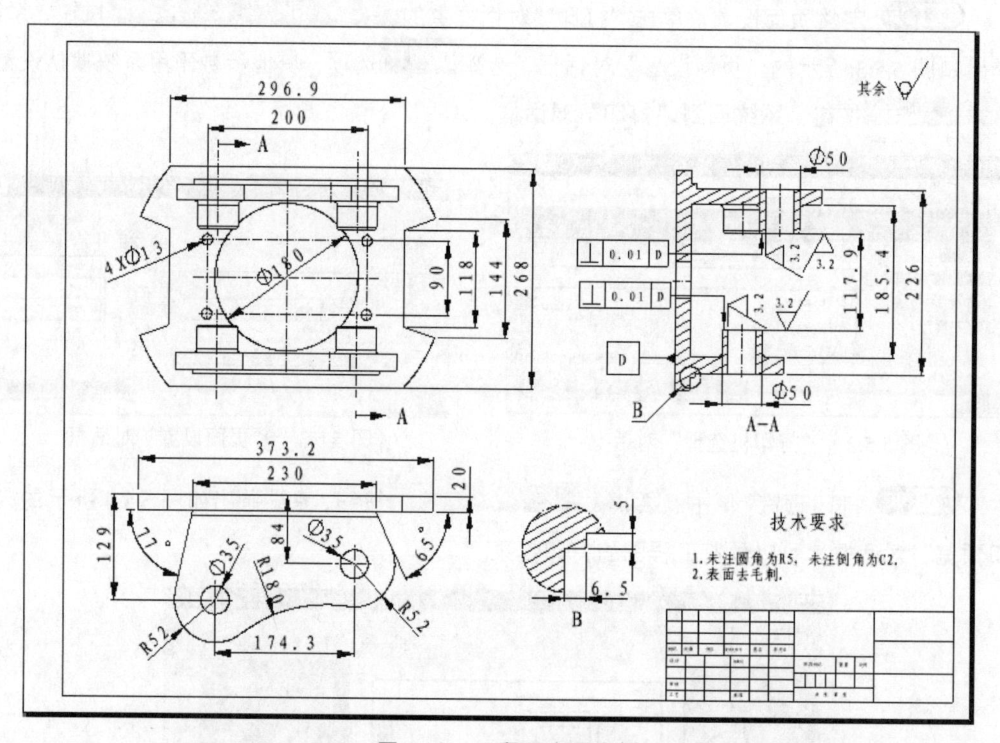

图 5.6.1 工程图应用案例

本案例的详细操作过程请参见随书光盘中 video\ch05\文件下的语音视频讲解文件。模型文件为 D:\catrt20\work\ch05.06\crusher-base。

第 6 章　创成式曲面设计

6.1　创成式曲面设计概述

创成式外形设计工作台可以在设计过程的初步阶段创建线框模型的结构元素。通过使用线框特征和基本的曲面特征可以创建具有复杂外形的零件，丰富了现有的三维机械零件设计。在 CATIA 中，通常将在三维空间创建的点、线（包括直线和曲线）、平面称为线框；在三维空间中建立的各种面，称为曲面；将一个曲面或几个曲面的组合称为面组。

使用创成式外形设计工作台创建具有复杂外形的零件的一般过程如下：

（1）构建曲面轮廓的线框结构模型。

（2）将线框结构模型生成单独的曲面。

（3）对曲面进行偏移、桥接、修剪等操作。

（4）将各个单独的曲面接合成一个整体的面组。

（5）将曲面（面组）转化为实体零件。

（6）修改零件，得到符合用户需求的零件。

6.2　创成式曲面设计工作台介绍

6.2.1　进入创成式曲面设计工作台

进入 CATIA 软件环境后，系统默认创建了一个装配文件，关闭此窗口，然后选择下拉菜单 开始 → 形状 ▸ → 创成式外形设计 命令，系统弹出“新建零件”对话框，在对话框中输入零件名称，单击 确定 按钮，即可进入创成式外形设计工作台。

6.2.2　用户界面

打开文件 D:\catrt20\work\ch06.02.02\allotype-adornment-surf.CATPart。CATIA“创成式外形设计”工作台的用户界面如图 6.2.1 所示。

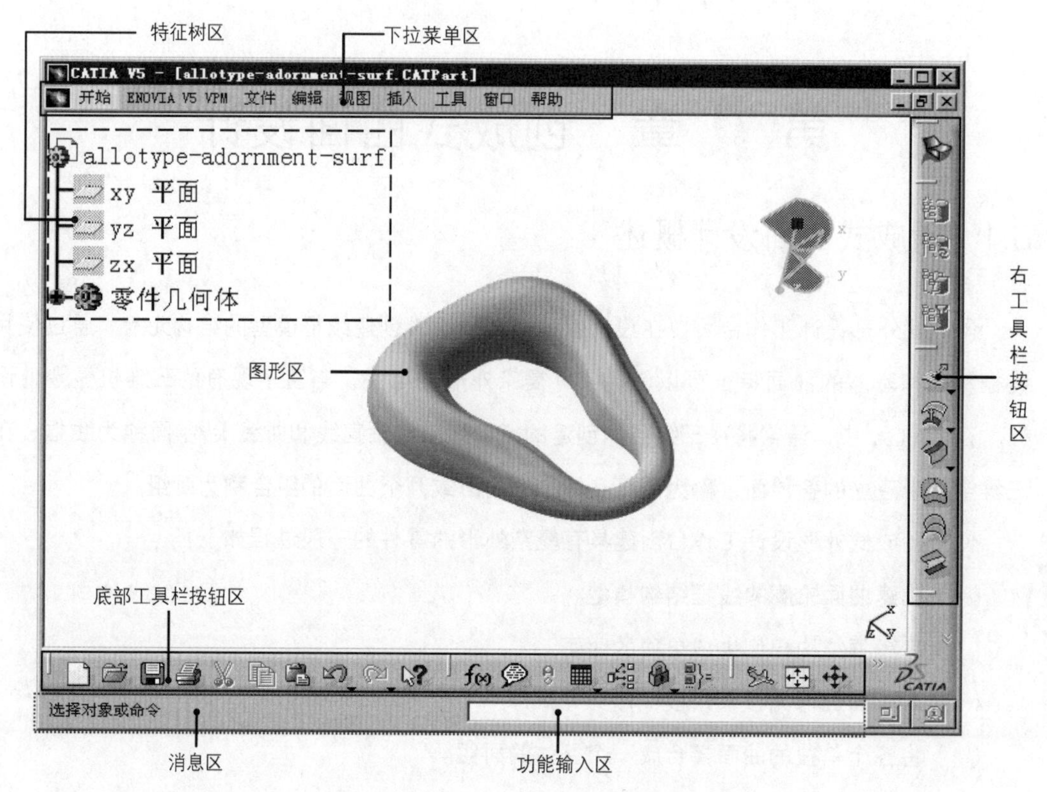

图 6.2.1 CATIA“创成式外形设计”工作台用户界面

6.3 曲线线框设计

线框是曲面的基础，是曲面造型设计中必须用到的元素。因此，了解和掌握线框的创建方法，是学习曲面的基础。利用 CATIA 的线框构建功能可以建立多种曲线元素，其中包括点、基准特征、直线、圆、圆弧和样条曲线等元素。本章主要介绍 CATIA 创成式曲面设计工作台中的线框工具。

6.3.1 直线

使用下拉菜单 插入 → 线框 ▸ → ／直线... 可以在空间中创建直线。下面以图 6.3.1 所示的实例，说明创建直线的一般操作过程。

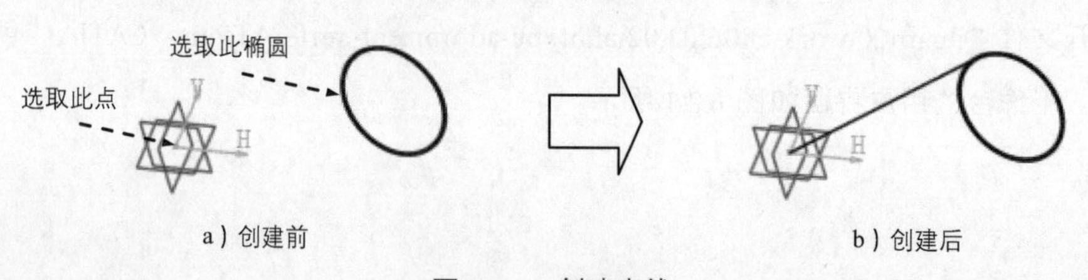

图 6.3.1 创建直线

步骤 01 打开文件 D:\catrt20\work\ch06.03.01\create-line.CATPart。

步骤 02 选择命令。选择拉菜单 插入 → 线框 ▸ → 直线... 命令，系统弹出“直线定义”对话框。

步骤 03 定义直线类型。在 线型： 下拉列表中选择 曲线的切线 选项。

步骤 04 定义直线参考。依次选取图 6.3.1a 所示的椭圆及坐标原点；在 类型： 文本框中选择 双切线 选项。

步骤 05 单击 确定 按钮，完成图 6.3.1b 所示直线的创建。

6.3.2 圆

圆是一种重要的几何元素，在设计过程中得到广泛使用，它可以直接在实体或曲面上创建。下面以图 6.3.2 所示为例，来说明创建圆的一般操作过程。

图 6.3.2 创建圆

步骤 01 打开文件 D:\catrt20\work\ch06.03.02\create-circle.CATPart。

步骤 02 选择命令。选择下拉菜单 插入 → 线框 ▸ → 圆... 命令，系统弹出“圆定义”对话框。

步骤 03 定义圆类型。在“圆定义”对话框的 圆类型： 下拉列表中选择 三切线 选项，然后单击 圆限制 区域下的 ⊙ 按钮。

步骤 04 定义圆相切元素。依次选取图 6.3.2a 所示的三条直线。

步骤 05 单击 确定 按钮，完成圆的创建。

6.3.3 圆角

使用下拉菜单 插入 → 线框 ▸ → 圆角... 命令，可以在空间或一个平面上建立圆角，如果选择的两条线在同一个平面内，则在此面上建立圆角，否则只能建立空间圆角。下面以图 6.3.3 所示的实例，来说明创建圆角的一般操作过程。

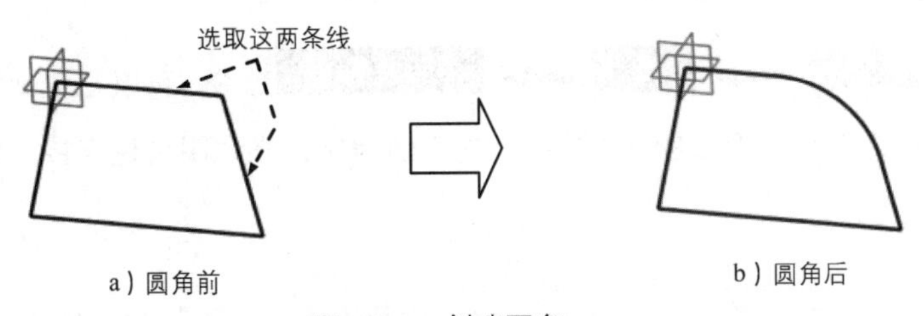

图 6.3.3 创建圆角

步骤 01 打开文件 D:\catrt20\work\ch06.03.03\create-corner.CATPart。

步骤 02 选择命令。选择下拉菜单 插入 → 线框 ▸ → 圆角... 命令，系统弹出“圆角定义”对话框。

步骤 03 定义圆角类型。在对话框的 圆角类型： 下拉列表中选择 支持面上的圆角 选项。

步骤 04 定义圆角半径。在对话框的 半径： 文本框中输入数值 20。

步骤 05 定义圆角边线。分别选取图 6.3.3 所示的两条线为圆角边线。

步骤 06 单击 确定 按钮，完成圆角的创建。

6.3.4 样条曲线

选择下拉菜单 插入 → 线框 ▸ → 样条线... 命令，可以利用空间的一系列点创建图 6.3.4 所示的样条曲线。其创建的方法与在草图中建立样条曲线类似，只是需要在空间先建立一些控制点，然后依次选择这些控制点。下面以图 6.3.4 为例，来说明创建空间样条曲线的一般操作过程。

步骤 01 打开文件 D:\catrt20\work\ch06.03.04\create-spline.CATPart。

步骤 02 选择命令。选择下拉菜单 插入 → 线框 ▸ → 样条线... 命令，系统弹出“样条线定义”对话框。

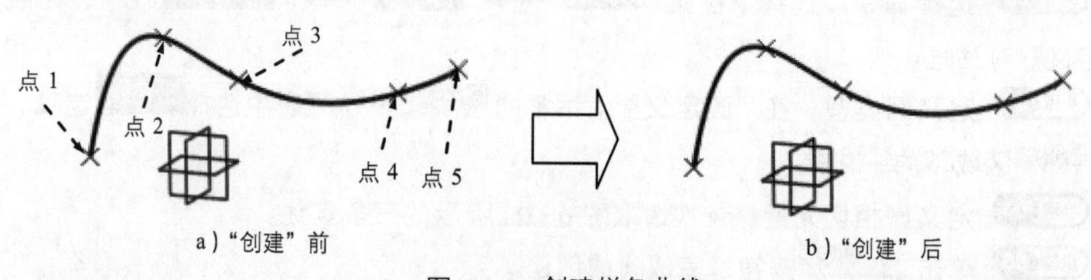

图 6.3.4 创建样条曲线

步骤 03 定义样条曲线。依次选取图 6.3.4 所示的“点 1、点 2、点 3、点 4 和点 5”为空间样条线的定义点，选中“样条线定义”对话框中的 之后添加点 单选项。

步骤 04 单击 确定 按钮，完成空间样条曲线的创建。

6.3.5 连接曲线

使用下拉菜单 插入 → 线框 ▸ → 连接曲线... 命令，可以把空间的多个点或线段用空间曲线进行连接。下面以图 6.3.5 所示的实例为例，来说明创建连接曲线的一般操作过程。

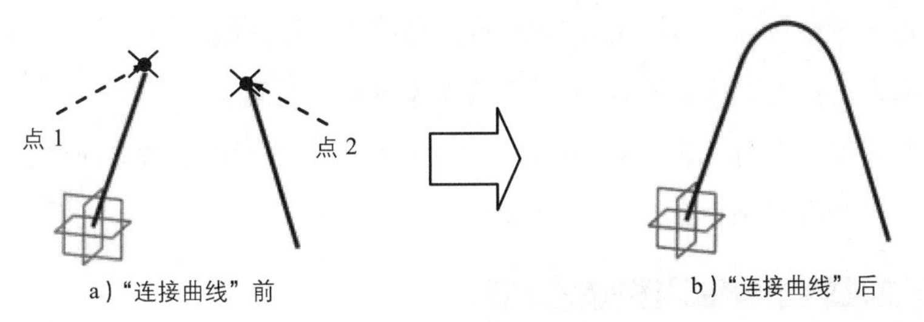

a）“连接曲线”前　　b）“连接曲线”后

图 6.3.5 连接曲线

步骤 01 打开文件 D:\catrt20\work\ch06.03.05\create-connect-curve.CATPart。

步骤 02 选择命令。选择下拉菜单 插入 → 线框 → 连接曲线... 命令，系统弹出“连接曲线定义”对话框。

步骤 03 定义连接类型。在对话框的 连接类型： 下拉列表中选择 法线 选项。

步骤 04 定义第一条曲线。选取图 6.3.5a 所示的点 1 为连接点，在 连续： 下拉列表中选择 相切 选项，在 张度： 文本框中输入数值 2。

步骤 05 定义第二条曲线。选取图 6.3.5a 所示的点 2 为连接点，在 连续： 下拉列表中选择 相切 选项，在 张度： 文本框中输入数值 2。

步骤 06 单击 确定 按钮，完成曲线的连接。

6.3.6 投影曲线

使用“投影”命令，可以将空间的点向曲线或曲面上投影，也可以将曲线向一个曲面上投影，投影时可以选择法向投影或沿一个给定的方向进行投影。下面以图 6.3.6 所示的模型为例，来说明沿某一方向创建投影曲线的一般过程。

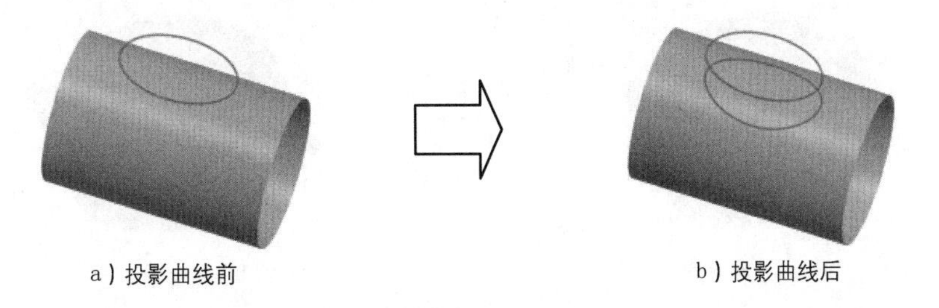
a）投影曲线前　　b）投影曲线后

图 6.3.6 投影曲线

步骤 01 打开文件 D:\catrt20\work\ch06.03.06\Projection.CATPart。

步骤 02 选择命令。选择下拉菜单 插入 → 线框 → 投影... 命令，系统弹出图 6.3.7 所示的“投影定义”对话框。

步骤 03 确定投影类型。在“投影定义”对话框的 投影类型： 下拉列表中选择 沿某一方向 选项。

步骤 04 定义投影曲线。选取图 6.3.8 所示的曲线为投影曲线。

步骤 05 确定支持面。选取图 6.3.8 所示曲面为投影支持面。

步骤 06 定义投射方向。选取 yz 平面，系统会将沿 yz 平面的法线方向作为投射方向。

步骤 07 单击 确定 按钮，完成曲线的投影。

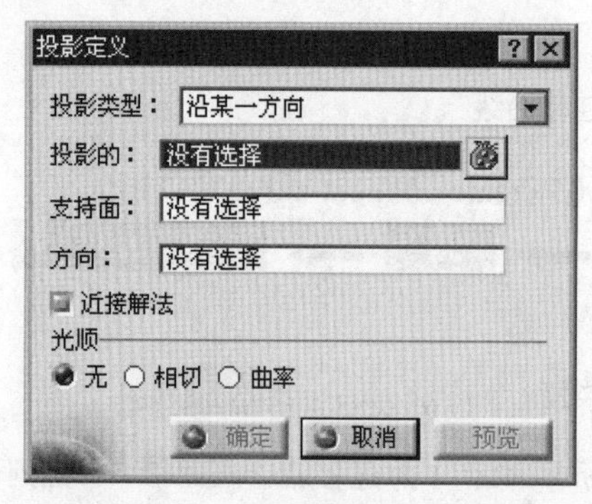

图 6.3.7 “投影定义”对话框

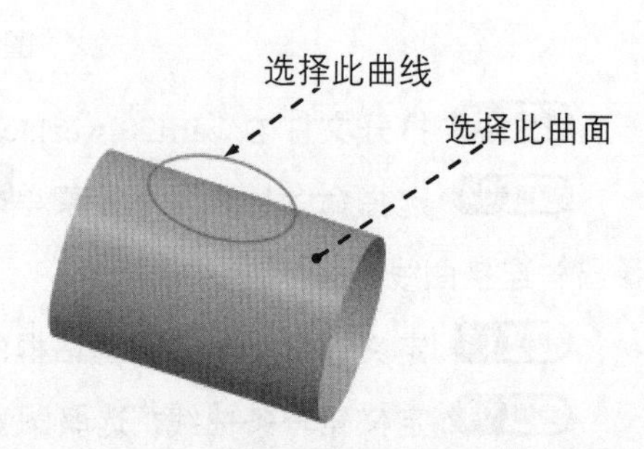

图 6.3.8 定义投影曲线

6.3.7 相交曲线

使用“相交”命令，可以通过选取两个或多个相交的元素来创建相交曲线或交点。下面以图 6.3.9 所示的实例，来说明创建相交曲线的一般过程。

步骤 01 打开文件 D:\catrt20\work\ch06.03.07\create-intersect-curve.CATPart。

步骤 02 选择命令。选择下拉菜单 插入 → 线框 ▶ → 相交... 命令，系统弹出“相交定义”对话框。

步骤 03 定义相交曲面。选取图 6.3.9 所示的曲面 1 为第一元素，选取曲面 2 为第二元素。

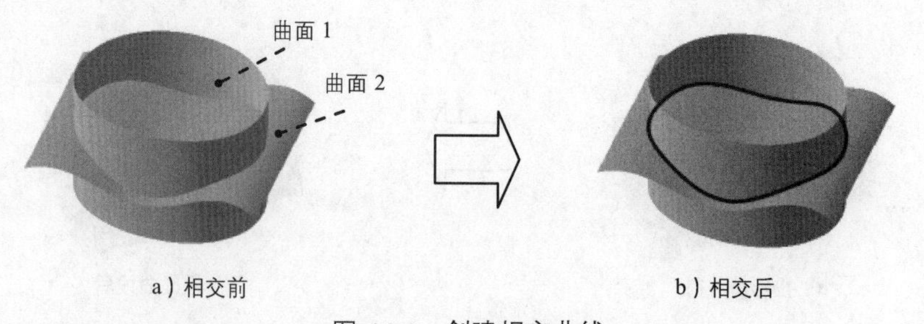

图 6.3.9 创建相交曲线

步骤 04 单击 确定 按钮，完成相交曲线的创建。

6.3.8 混合曲线

使用“混合”命令，可以用不平行的草图平面上的两条曲线创建出一条空间曲线，新创建的曲线实质上是通过两条原始曲线按指定的方向拉伸所得曲面的交线。下面以图 6.3.10 为例，来说明创建混合曲线的一般操作过程。

步骤 01 打开文件 D:\catrt20\work\ch06.03.08\create-combine.CATPart。

步骤 02 选择命令。选择下拉菜单 插入 → 线框 ▸ → 混合... 命令，系统弹出“混合定义”对话框。

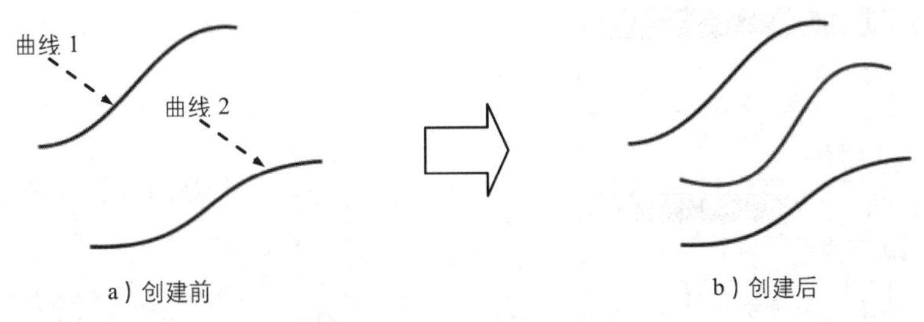

图 6.3.10 创建混合曲线

步骤 03 定义混合类型。在对话框 混合类型： 后的下拉列表中选择 法线 选项。

步骤 04 定义混合元素。选取图 6.3.10 所示的曲线 1 和曲线 2 为混合元素。

步骤 05 单击 确定 按钮，完成混合曲线的创建。

6.4 一般曲面设计

在创成式外形设计工作台中，可以创建拉伸、旋转、填充、扫掠、桥接和多截面扫掠六种基本曲面和偏移曲面，以及球面和圆柱面两种预定义曲面。在本节中主要讲解拉伸曲面、旋转曲面、球面和圆柱面等四种简单曲面的创建。填充、扫掠、桥接、多截面扫掠和偏移曲面将在下一节进行讲解。

6.4.1 创建拉伸曲面

拉伸曲面是将曲线、直线、曲面边线沿着指定方向进行拉伸而形成的曲面。下面以图 6.4.1 所示的实例来说明创建拉伸曲面的一般操作过程。

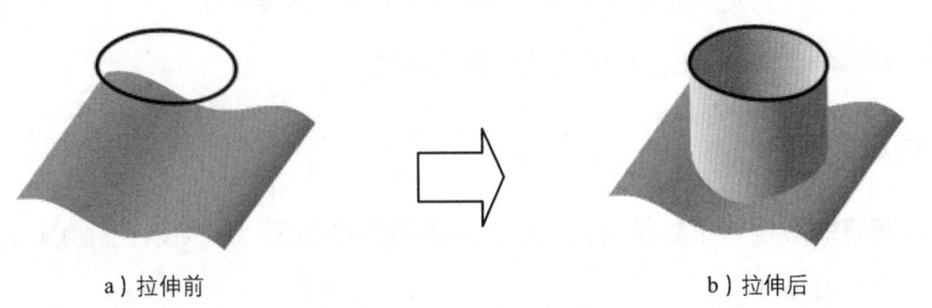

图 6.4.1 创建拉伸曲面

步骤 01 打开文件 D:\catrt20\work\ch06.04.01\extrude-surface.CATPart。

步骤 02 选择命令。选择下拉菜单 插入 → 曲面 ▸ → 拉伸... 命令，系统弹出图 6.4.2 所示的“拉伸曲面定义”对话框。

步骤 03 选择拉伸轮廓。选取如图 6.4.3 所示的曲线为拉伸轮廓线。

拉伸曲面定义
轮廓： 草图.2
方向： xy 平面
拉伸限制
限制 1
类型： 直到元素
直到元素： 拉伸.1
限制 2
类型： 尺寸
尺寸： 0mm
镜像范围
反转方向
确定 取消 预览

图 6.4.2 “拉伸曲面定义”对话框

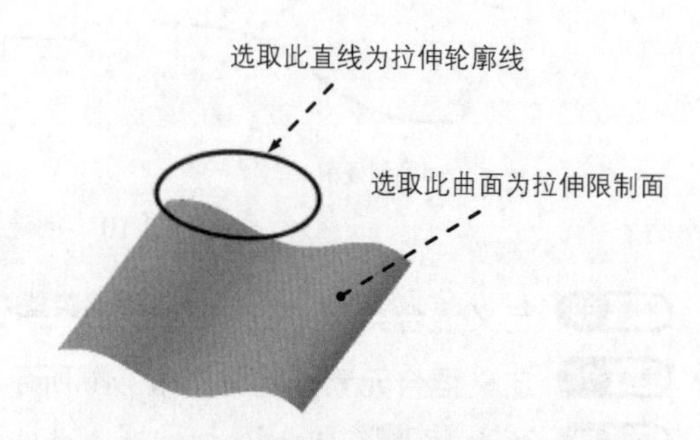

图 6.4.3 选择拉伸轮廓线与拉伸限制面

步骤 04 定义拉伸方向。选择 xy 平面，系统会以 xy 平面的法线方向作为拉伸方向。

步骤 05 定义拉伸限制。在“拉伸曲面定义”对话框的 限制 1 区域的 类型： 下拉列表中选择 直到元素 选项，然后在图形区选取图 6.4.3 所示的曲面为拉伸限制面。

说明：

- “拉伸曲面定义”对话框中的 限制 2 区域是用来设置与 限制 1 方向相对的拉伸参数。
- 拉伸“方向”不仅可以选择平面，也可以选择一条直线，系统会将其方向作为拉伸方向。
- 拉伸“限制”不仅可以用尺寸定义拉伸长度，还可以选择一个几何元素作为拉伸的限制。它可以是点、平面或者曲面，但不能是线。如果指定的拉伸限制是点，则系统会将垂直于经过指定点的拉伸方向的平面作为拉伸的限制面。

步骤 06 单击 确定 按钮，完成拉伸曲面的创建。

6.4.2 创建旋转曲面

旋转曲面是将曲线绕一根轴线进行旋转，从而形成的曲面。下面以图 6.4.4 为例来说明创建旋转曲面的一般操作过程。

步骤 01 打开文件 D:\catrt20\work\ch06.04.02\revolve-surface.CATPart。

步骤 02 选择命令。选择下拉菜单 插入 → 曲面 ▸ → 旋转... 命令，系统弹出图 6.4.5 所示的“旋转曲面定义”对话框。

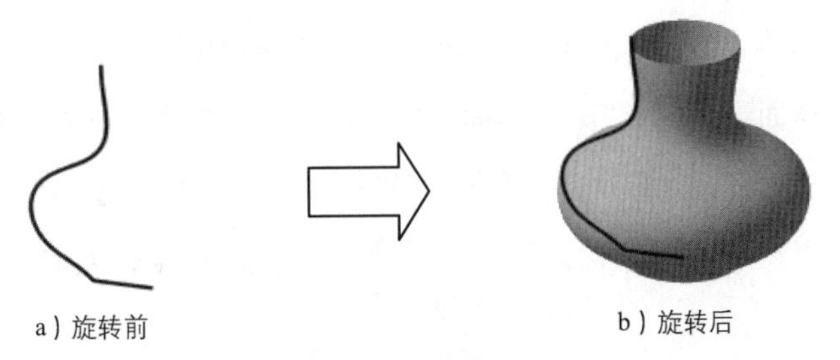

a）旋转前　　b）旋转后

图 6.4.4 创建旋转曲面

步骤 03 选择旋转轮廓。选择如图 6.4.4a 所示的曲线为旋转轮廓。

图 6.4.5 “旋转曲面定义”对话框

步骤 04 定义旋转轴。在“旋转曲面定义”对话框的旋转轴：文本框中右击，从系统弹出的快捷菜单中选择 Z 轴 作为旋转轴。

步骤 05 定义旋转角度。在“旋转曲面定义”对话框角限制 区域的角度 1：文本框中输入旋转角度 360。

说明：如果轮廓是包含轴线的草图，则系统会自动将该轴指定为旋转轴。

步骤 06 单击 确定 按钮，完成旋转曲面的创建。

6.4.3 创建球面

下面以图 6.4.6 为例来说明创建球面的一般操作过程。

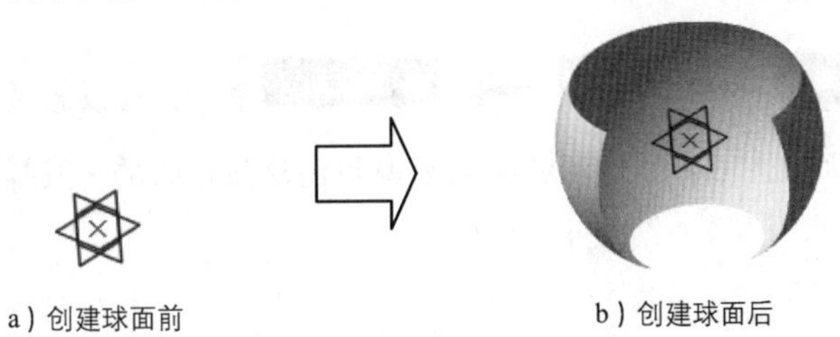

a）创建球面前　　b）创建球面后

图 6.4.6 创建球面

步骤 01 打开文件 D:\catrt20\work\ch06.04.03\sphere-surface.CATPart。

步骤 02 选择命令。选择下拉菜单 插入 → 曲面 → 球面... 命令，系统弹出图 6.4.7 所示的“球面曲面定义”对话框。

步骤 03 定义球面中心。选择图 6.4.8 所示的点为球面中心。

步骤 04 定义球面半径。在“球面曲面定义”对话框的 球面半径： 文本框中输入球面半径 25。

步骤 05 定义球面角度。在对话框的 纬线起始角度： 文本框中输入值-60；纬线终止角度： 文本框中输入值 30；经线起始角度： 文本框中输入值 0；经线终止角度： 文本框中输入值 270。

说明：

- 单击对话框的按钮（图 6.4.7），形成一个完整的球面，如图 6.4.9 所示。
- 球面轴线决定经线和纬线的方向，因此也决定球面的方向。如果没有选取球面轴线，则系统将 xyz 轴系定义为当前的轴系，并自动采用默认的轴线。

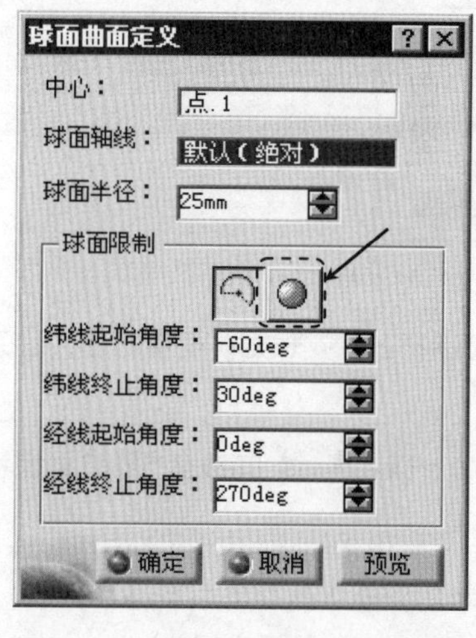

图 6.4.7 “球面曲面定义”对话框

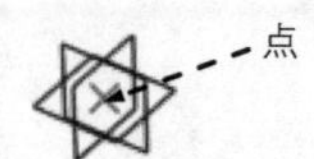

图 6.4.8 选择球面中心

图 6.4.9 完整球面

步骤 06 单击 确定 按钮，得到图 6.4.6b 所示的球面。

6.4.4 创建圆柱面

使用下拉菜单 插入 → 曲面 → 圆柱面... 命令，可以通过空间一点及一个方向生成圆柱曲面。下面以图 6.4.10 所示的实例来说明创建圆柱面的一般操作过程。

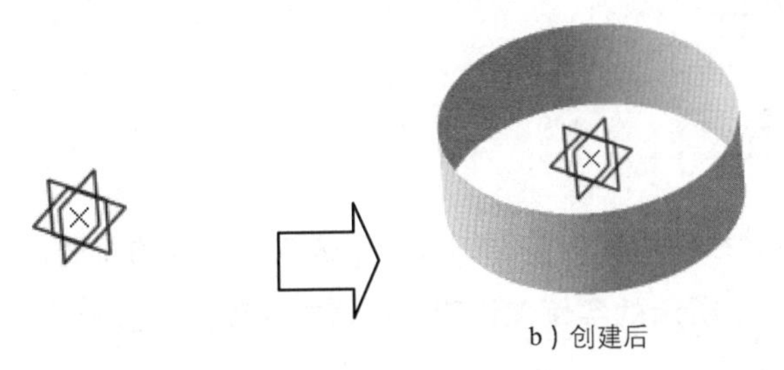

图 6.4.10 创建圆柱面

步骤 01 打开文件 D:\catrt20\work\ch06.04.04\cylinder-surface.CATPart。

步骤 02 选择命令。选择下拉菜单 插入 → 曲面 ▸ → 圆柱面... 命令，系统弹出“圆柱曲面定义”对话框。

步骤 03 定义中心点。选择图 6.4.11 所示的点为圆柱面的中心点。

步骤 04 定义方向。选择 xy 平面，系统会以 xy 平面的法线方向作为生成圆柱面的方向。

步骤 05 确定圆柱面的半径和长度。在“圆柱曲面定义”对话框的 参数： 区域的 半径： 文本框中输入值 30，在 长度 1： 和 长度 2： 文本框中均输入值 10，如图 6.4.12 所示。

步骤 06 单击 确定 按钮，完成圆柱曲面的创建。

选择此点

图 6.4.11 定义圆柱面中心点

图 6.4.12 “圆柱曲面定义”对话框

说明：

- 在“圆柱曲面定义”对话框 参数： 区域的 长度 2： 文本框中输入相应的值可沿 长度 1： 相反的方向生成圆柱面。
- 定义圆柱面轴线的方向时，可以选取一条直线将其方向作为圆柱面轴线的方向，也可以选取一个平面将其法线方向作为圆柱面轴线的方向。

6.5 高级曲面设计

6.5.1 创建填充曲面

填充曲面是由一组曲线或曲面的边线围成封闭区域中形成的曲面，它也可以通过空间中的一个点。下面以图 6.5.1 所示的实例来说明创建填充曲面的一般操作过程。

步骤 01 打开文件 D:\catrt20\work\ch06.05.01\create-fill-surface.CATPart。

步骤 02 选择命令。选择下拉菜单 插入 → 曲面 → 填充... 命令，此时系统弹出“填充曲面定义”对话框。

步骤 03 定义填充边界。依次选取图 6.5.2 所示的曲 1~曲 10 为填充边界。

步骤 04 单击 确定 按钮，完成填充曲面的创建。

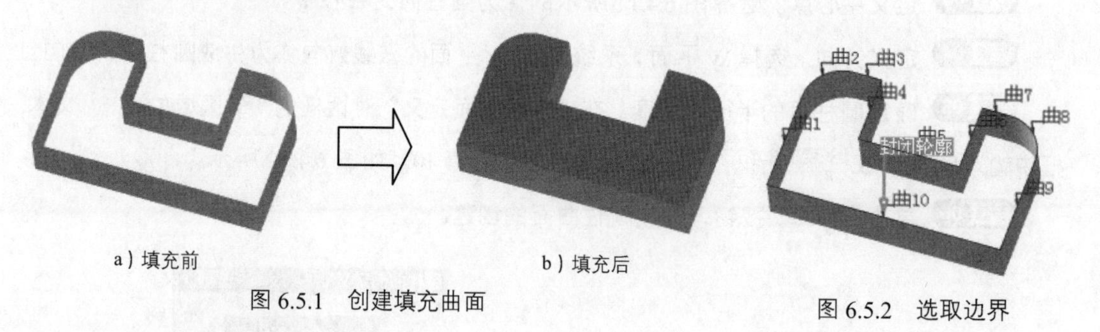

a）填充前　　b）填充后

图 6.5.1 创建填充曲面

图 6.5.2 选取边界

6.5.2 创建偏移曲面

曲面的偏移用于创建一个或多个现有面的偏移曲面，下面以如图 6.5.3 所示的模型为例介绍一般偏移曲面的创建方法。

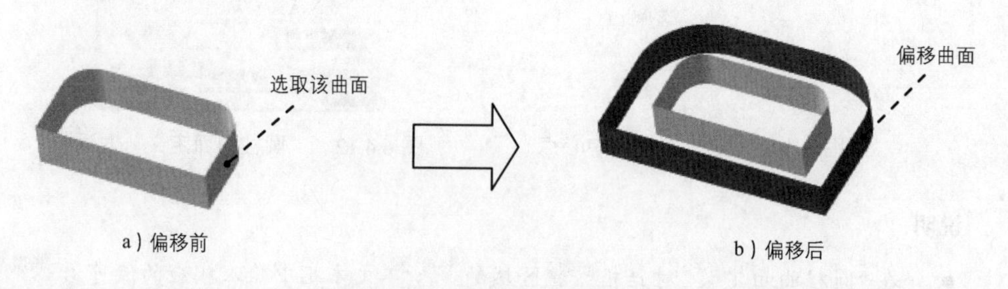

a）偏移前　　b）偏移后

图 6.5.3 一般偏移曲面

步骤 01 打开文件 D:\catrt20\work\ch06.05.02\offset-surface-01.CATPart。

步骤 02 选择命令。选择下拉菜单 插入 → 曲面 → 偏移... 命令，系统弹出“偏移曲面定义”对话框。

步骤 03 定义偏移曲面和偏移距离。选取如图 6.5.3 所示的曲面作为偏移曲面，在对话框 偏移: 后的文本框中输入数值 6。

步骤 04 单击 确定 按钮，完成一般偏移曲面的创建。

6.5.3 创建扫掠曲面

扫掠曲面就是沿一条（或多条）引导线移动一条轮廓线而成的曲面，下面介绍几种扫掠曲面的创建方法。

1. 显式扫掠

使用显式扫掠方式创建曲面，需要定义一条轮廓线、一条或两条引导线，还可以使用一条脊线。用此方式创建扫掠曲面时有三种方式，分别为使用参考曲面、使用两条引导曲线和使用拔模方向。

方法一：使用参考曲面

下面以如图 6.5.4 所示的实例来说明创建使用参考曲面的显式扫掠曲面的一般过程。

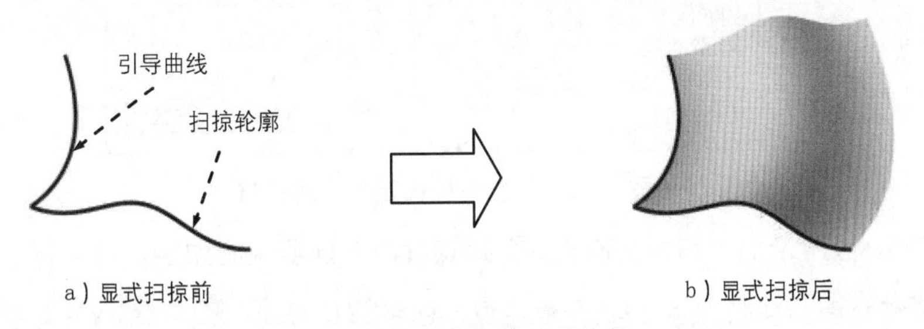

a）显式扫掠前　　b）显式扫掠后

图 6.5.4 使用参考曲面的显式扫掠

步骤 01 打开文件 D:\catrt20\work\ch06.05.03\sweep-01.CATPart。

步骤 02 选择命令。选择下拉菜单 插入 → 曲面 ▸ → 扫掠... 命令，此时系统弹出图 6.5.5 所示的“扫掠曲面定义”对话框。

步骤 03 定义扫掠类型。在对话框的 轮廓类型: 中单击 按钮，在 子类型: 下拉列表中选择 使用参考曲面 选项，如图 6.5.5 所示。

步骤 04 定义扫掠轮廓和引导曲线。选取如图 6.5.4 所示的曲线为扫掠轮廓和引导曲线。

步骤 05 定义参考平面和角度。参数采用系统默认设置值。

步骤 06 单击 确定 按钮，完成扫掠曲面的创建。

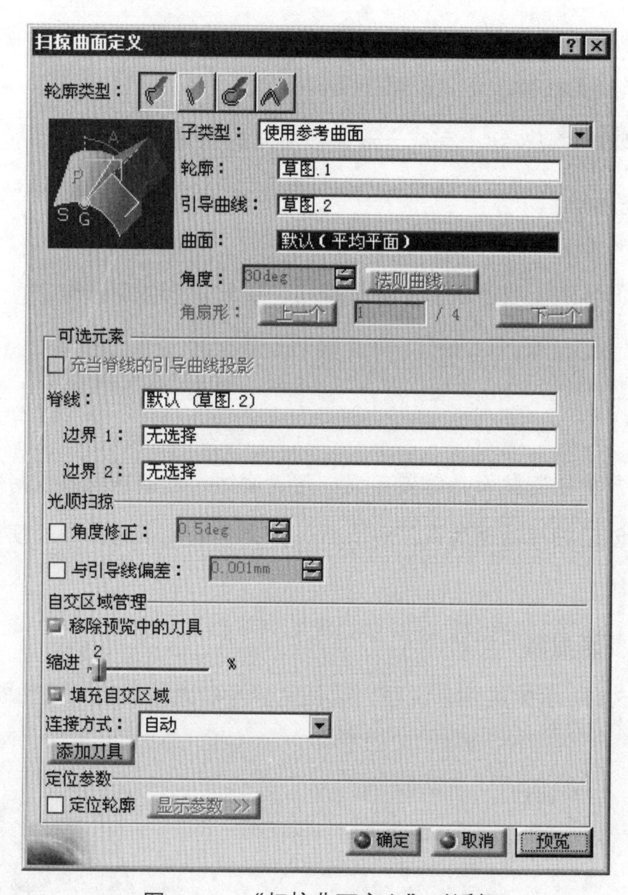

图 6.5.5 “扫掠曲面定义”对话框

对如图 6.5.5 所示的“扫掠曲面定义”对话框中各选项说明如下。

◆ 轮廓类型：用于定义扫掠轮廓类型，包括、、和四种类型。
◆ 子类型：用于定义指定轮廓类型下的子类型，此处指的是类型下的子类型，包括使用参考曲面、使用两条引导曲线和使用拔模方向三种类型。
◆ 脊线：系统默认脊线是第一条引导曲线，当然用户也可根据需要来重新定义脊线。
◆ 光顺扫掠：该区域包括□角度修正：和□与引导线偏差：两个选项。
- □角度修正：选中该复选框，则允许按照给定角度值移除不连续部分，以执行光顺扫掠操作。
- □与引导线偏差：选中该复选框，则允许按照给定偏差值来执行光顺扫掠操作。

◆ 自交区域管理：该区域主要用于设置扫掠曲面的扭曲区域。
- 移除预览中的刀具：选中该复选框，则允许自动移除由扭曲区域管理添加的刀具，系统默认是将此复选框选中。

- 定位参数：该区域主要用于设置定位轮廓参数。
  - □定位轮廓：系统默认缺省情况下使用定位轮廓。若选中该复选框，则可以自定义的方式来定义定位轮廓的参数。

方法二：使用两条引导曲线

下面以如图 6.5.6 所示的实例来说明创建使用两条引导曲线的显式扫掠曲面的一般过程。

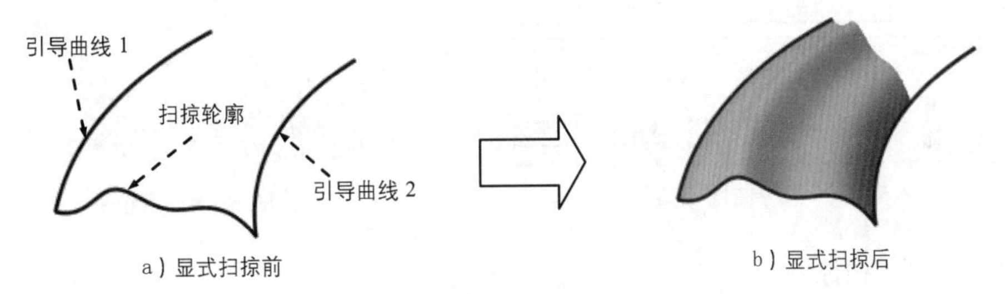

图 6.5.6 使用两条引导曲线的显式扫掠

步骤 01 打开文件 D:\catrt20\work\ch06.05.03\sweep-02.CATPart。

步骤 02 选择命令。选择下拉菜单 插入 → 曲面 ▸ → 扫掠... 命令，此时系统弹出图 6.5.7 所示的“扫掠曲面定义”对话框。

步骤 03 定义扫掠类型。在对话框的 轮廓类型： 中单击 按钮，在 子类型： 下拉列表中选择 使用两条引导曲线 选项，如图 6.5.7 所示。

步骤 04 定义扫掠轮廓和引导曲线。选取如图 6.5.6a 所示的曲线为扫掠轮廓、引导曲线 1 和引导曲线 2。

步骤 05 定义定位类型和参考。在 定位类型： 下拉列表中选择 两个点 选项，此时系统自动计算得到如图 6.5.8 所示的两个点，其他参数采用系统默认设置值。

定位类型包括“两个点”“点和方向”两种类型。当选择“两个点”类型时，需要在图形区选取两个点来定义曲面形状，此时生成的曲面沿第一个点的法线方向。当选择“点和方向”类型时，需要在图形区选取一个点和一个方向参考（通常选取一个平面），此时生成的曲面通过点并沿平面的法线方向。

步骤 06 单击 确定 按钮，完成扫掠曲面的创建。

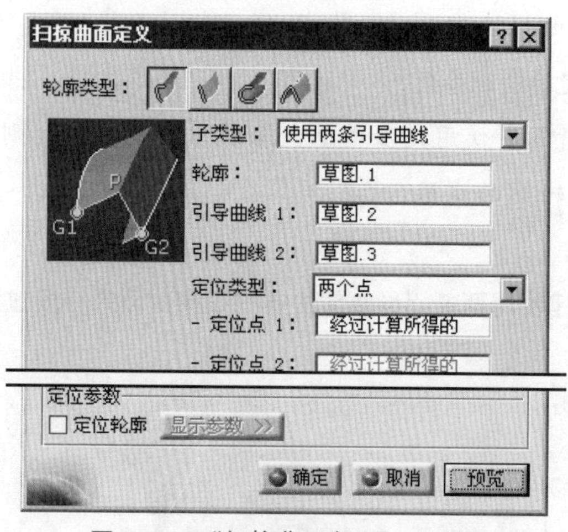

图 6.5.7 “扫掠曲面定义”对话框

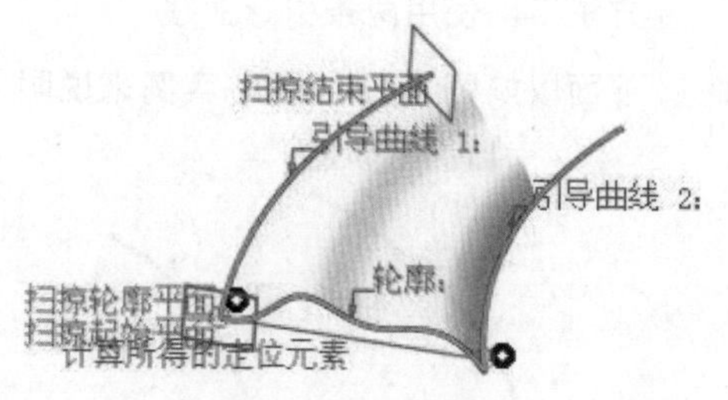

图 6.5.8 定位点

2. 直线式扫掠

使用直线扫掠方式创建曲面时，系统自动以直线作为轮廓线，所以只需要定义两条引导线。下面以如图 6.5.9 所示的模型为例，介绍创建两极限类型的直线式扫掠曲面的一般过程。

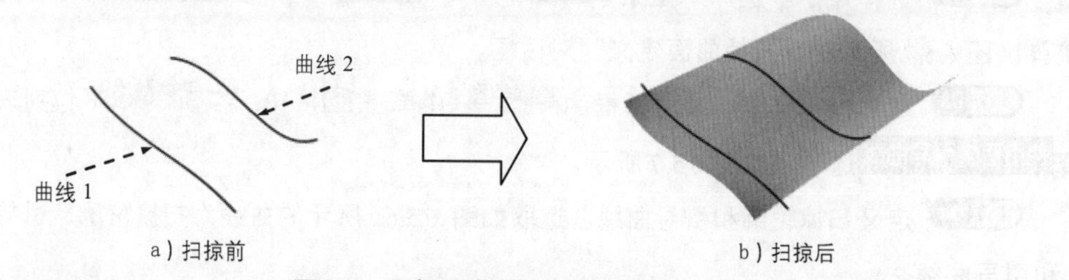

图 6.5.9 两极限类型的直线式扫掠

步骤 01 打开文件 D:\catrt20\work\ch06.05.03\sweep-03.CATPart。

步骤 02 选择命令。选择下拉菜单 插入 → 曲面 ▸ → 扫掠... 命令，此时系统弹出“扫掠曲面定义”对话框。

步骤 03 定义扫掠类型。在对话框的 轮廓类型： 中单击按钮，在 子类型： 下拉列表中选择 两极限 选项。

步骤 04 定义引导曲线。选取如图 6.5.9 所示的曲线 2 为引导曲线 1，选取如图 6.5.9 所示的曲线 1 为引导曲线 2。

步骤 05 定义曲面边界。在对话框 长度 1： 后的文本框中输入数值 20.0，在 长度 2： 后的文本框中输入数值 100.0，其他参数采用系统默认设置值。

步骤 06 单击 确定 按钮，完成扫掠曲面的创建。

6.5.4 创建多截面曲面

“多截面曲面”就是通过多个截面轮廓线扫掠生成的曲面，这样生成的曲面中的各个截面可以是不同的。创建多截面扫掠曲面时，可以使用引导线、脊线，也可以设置各种耦合方式。下面以如图 6.5.10 所示的实例来说明创建多截面曲面的一般操作过程。

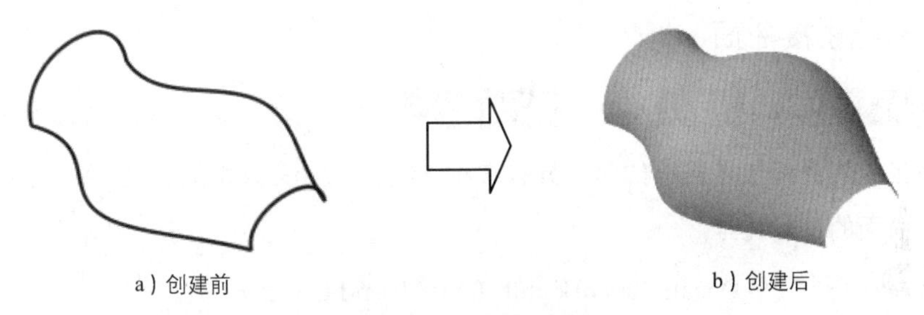

图 6.5.10 创建多截面曲面

步骤 01 打开文件 D:\catrt20\work\ch06.05.04\multi-sections-surface.CATPart。

步骤 02 选择命令。选择下拉菜单 插入 → 曲面 → 多截面曲面... 命令，此时系统弹出图 6.5.11 所示的“多截面曲面定义”对话框。

步骤 03 定义截面曲线。分别选取如图 6.5.12 所示的曲线 1 和曲线 2 作为截面曲线。

步骤 04 定义引导曲线。单击“多截面曲面定义”对话框中的 引导线 列表框，分别选取图 6.5.13 所示的曲线 3 和曲线 4 为引导曲线。

步骤 05 单击 确定 按钮，完成多截面曲面的创建。

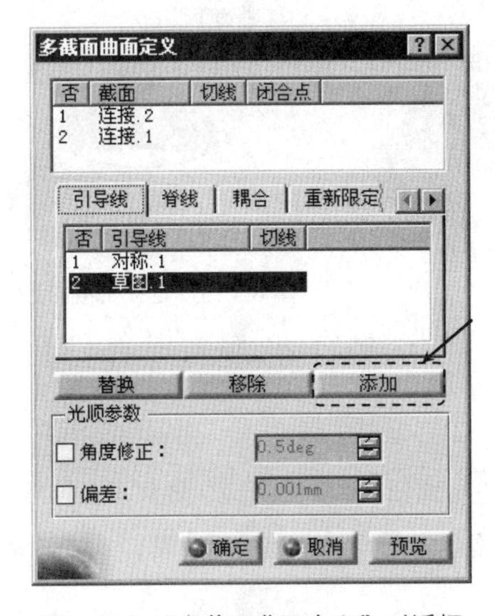

图 6.5.11 “多截面曲面定义”对话框

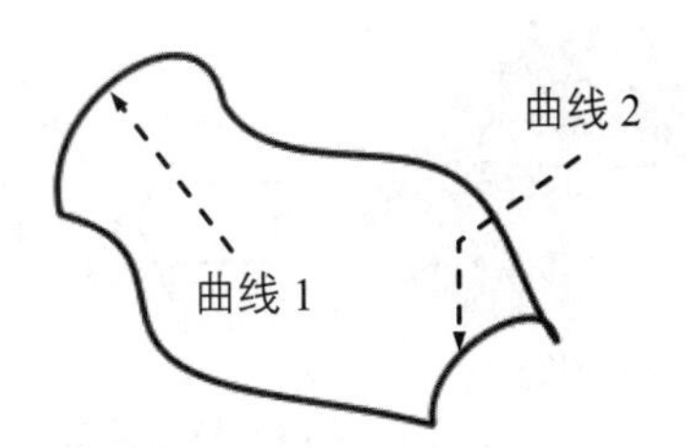

图 6.5.12 定义截面曲线

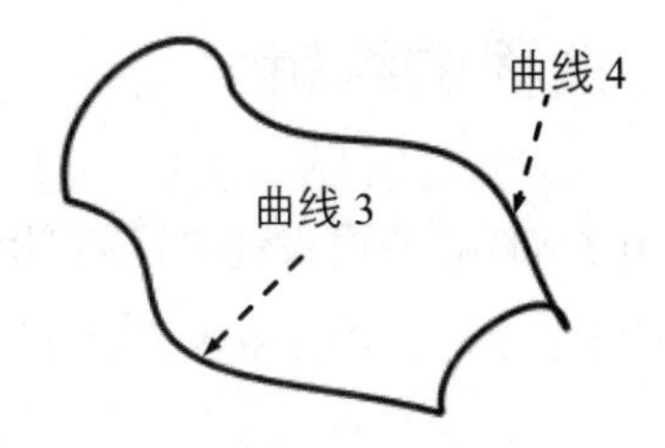

图 6.5.13 定义引导曲线

如果需要添加截面或引导线，只需激活相应的列表框后单击“多截面曲面定义”对话框中的 添加 按钮（如图 6.5.11 所示）。

6.5.5 创建桥接曲面

使用 插入 → 曲面 → 桥接曲面... 命令，是用一个曲面连接两个曲面或曲线，并可以使生成的曲面与被连接的曲面具有某种连续性。下面以如图 6.5.14 所示的实例来说明创建桥接曲面的一般过程。

步骤 01 打开文件 D:\catrt20\work\ch06.05.05\Blend.CATPart。

步骤 02 选择命令。选择下拉菜单 插入 → 曲面 → 桥接... 命令，系统弹出“桥接曲面定义”对话框。

步骤 03 定义桥接曲线和支持面。选取曲线 1 和曲线 2 分别为第一曲线和第二曲线，选取图 6.5.15 所示的曲面 1 和曲面 2 分别为第一支持面和第二支持面。

步骤 04 定义桥接方式。单击对话框中的 基本 选项卡，在 第一连续： 下拉列表中选择 相切 选项，在 第一相切边框： 下拉列表中选择 双末端 选项，在 第二连续： 下拉列表中选择 相切 选项，在 第二相切边框： 下拉列表中选择 双末端 选项。

步骤 05 单击 确定 按钮，完成桥接曲面的创建。

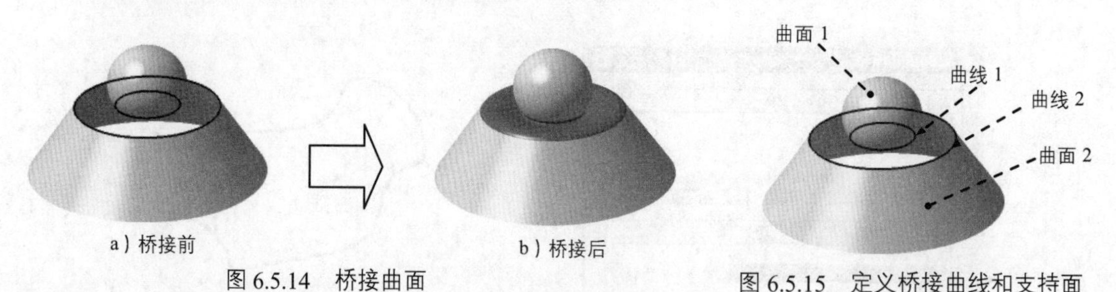

a）桥接前　b）桥接后

图 6.5.14　桥接曲面

图 6.5.15　定义桥接曲线和支持面

6.6 曲面的编辑

在 CATIA 曲面设计中，需要随时对曲面进行编辑，如接合、分割、修剪及延伸等。CATIA 创成式外形设计工作台中的“操作”工具栏中提供了常用的曲面编辑工具，本节将对其进行介绍。

6.6.1　接合曲面

使用“接合”命令可以将多个独立的元素（曲线或曲面）连接成为一个元素。下面以如图 6.6.1 所示的实例来说明曲面接合的一般操作过程。

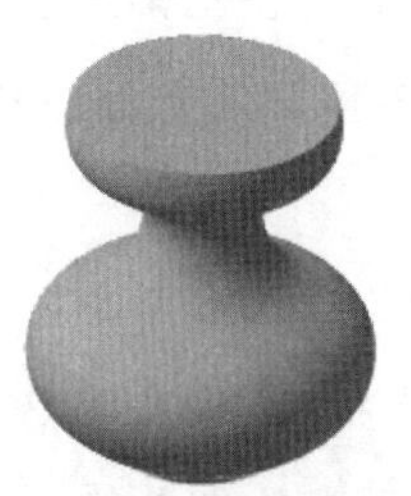

图 6.6.1　接合曲面

步骤 01 打开文件 D:\catrt20\work\ch06.06.01\join-surface.CATPart。

步骤 02 选择命令。选择下拉菜单 插入 → 操作 ▸ → 接合... 命令，系统弹出“接合定义”对话框，如图 6.6.2 所示。

步骤 03 定义要接合的元素。在图形区选取如图 6.6.3 所示的曲面 1 和曲面 2 作为要结合的曲面。

步骤 04 单击 确定 按钮，完成接合曲面的创建。

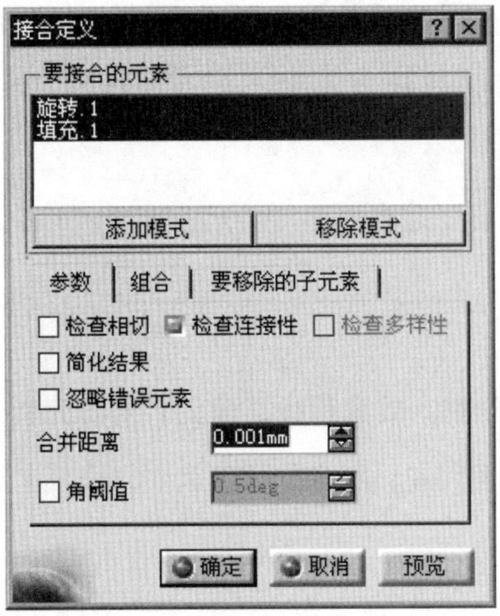

图 6.6.2　“接合定义”对话框

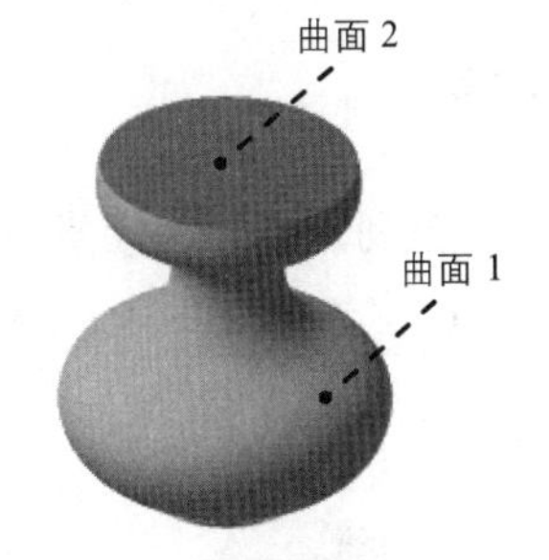

图 6.6.3　选取要接合的曲面

对如图 6.6.2 所示的“接合定义”对话框中各选项说明如下。

- 添加模式：单击此按钮，然后可以在图形区选取要接合的元素，默认情况下此按钮被按下。
- 移除模式：单击此按钮，然后可以在图形区选取已被选取的元素作为要移除的项目。

- 参数：此选项卡用于定义接合的参数。
  - 检查相切：用于检查要接合元素是否相切。选中此复选框，然后单击 预览 按钮，如果要接合的元素没有相切，系统会给出提示。
  - 检查连接性：用于检查要接合元素是否相连接。
  - 检查多样性：用于检查要接合元素接合后是否有多种选择。此选项只用于定义曲线。
  - 简化结果：选中此复选框，系统自动尽可能地减少接合结果中的元素数量。
  - 忽略错误元素：选中此复选框，系统自动忽略不允许创建接合的曲面和边线。
  - 合并距离：用于定义合并距离的公差值，系统默认公差值为 0.001mm。
  - 角阈值：选中此复选框并指定角度值，则只能接合小于此角度值的元素。
- 组合：此选项卡主要用于定义组合曲面的类型。
  - 无组合：选择此选项，则不能选取任何元素。
  - 全部：选择此选项，则系统默认选取所有元素。
  - 点连续：选择此选项后，可以在图形区选取与选定元素存在点连续关系的元素。
  - 切线连续：选择此选项后，可以在图形区选取与选定元素相切的元素。
  - 无拓展：选择此选项，则不自动拓展任何元素，但是可以指定要组合的元素。
- 要移除的子元素：此选项卡用于定义在接合过程中要从某元素中移除的子元素。

6.6.2 分割

“分割”是利用点、线元素对线元素进行分割，或者用线、面元素对面元素进行分割，是用其他元素对一个元素进行分割。下面以如图 6.6.4 所示的模型为例，介绍创建分割元素的一般过程。

a）分割前

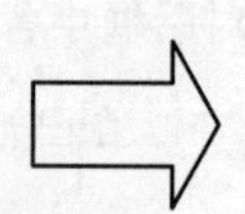

b）分割后

图 6.6.4 分割元素

步骤 01 打开文件 D:\catrt20\work\ch06.06.02\segmentation.CATPart。

步骤 02 选择命令。选择下拉菜单 插入 → 操作 ▸ → 分割... 命令，此时系统弹出“分割定义”对话框，如图 6.6.5 所示。

步骤 03 定义要切除的元素。在图形区选取如图 6.6.6 所示的面 1 为要切除的元素。

步骤 04 定义切除元素。选取如图 6.6.6 所示的面 2 为切除元素。

步骤 05 单击 确定 按钮，完成分割元素的创建。

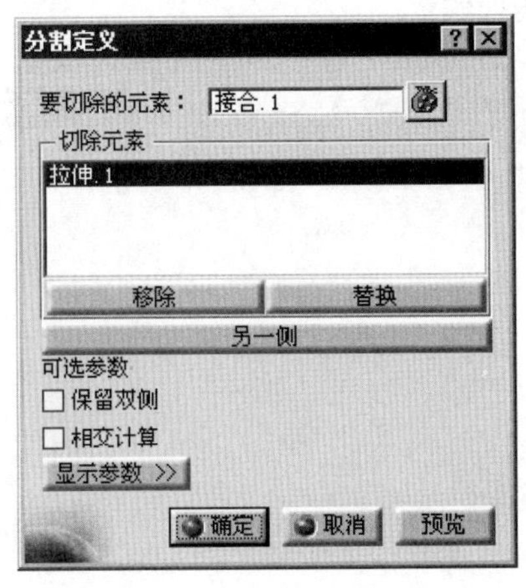

图 6.6.5 “分割定义”对话框

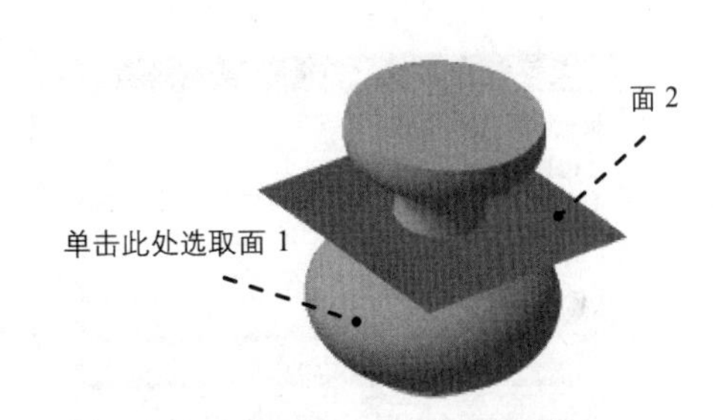

图 6.6.6 定义分割元素

对如图 6.6.5 所示的“分割定义”对话框中部分选项说明如下。

- ◆ 按钮：单击此按钮，可以打开相应的对话框，用于定义多个要切除的元素。
- ◆ 保留双侧：选中此复选框，则分割后不会移除元素，只是将一个整体分割为两部分。
- ◆ 相交计算：选中此复选框，则在分割曲面的同时在两曲面的相交处创建出曲线。

6.6.3 修剪

“修剪”是利用相交曲面或相交曲线进行相互裁剪，并可以选择各自的保留部分，最后保留的部分会结合成一个新的元素。下面以如图 6.6.7 所示的实例来说明曲面修剪的一般操作过程。

a）保留内侧　b）修剪前　c）保留外侧

图 6.6.7 曲面的修剪

步骤 01 打开文件 D:\catrt20\work\ch06.06.03\surface-trim.CATPart。

步骤 02 选择命令。选择下拉菜单 插入 → 操作 → 修剪... 命令，系统弹出如图 6.6.8 所示的“修剪定义”对话框。

步骤 03 定义修剪类型。在“修剪定义”对话框的 模式: 下拉列表中选择 标准 选项，如图 6.6.8 所示。

步骤 04 定义修剪元素。选取如图 6.6.9 所示的曲面 1 和曲面 2 为修剪元素。

步骤 05 单击 确定 按钮，完成曲面的修剪操作。

在选取曲面后，单击“修剪定义”对话框中的 另一侧/下一元素、另一侧/上一元素 按钮可以改变修剪方向，结果如图 6.6.7a 所示。

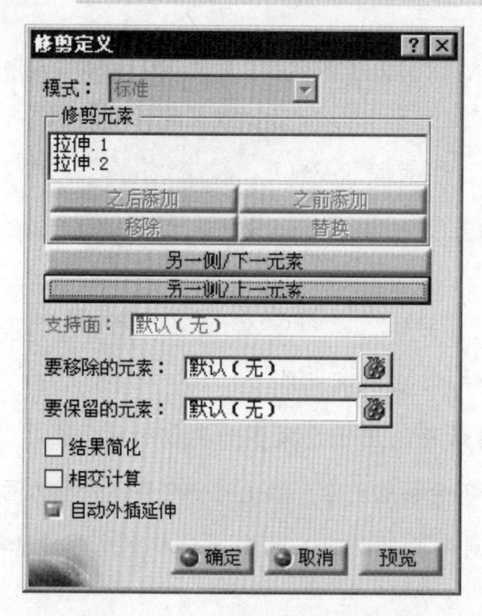

图 6.6.8 “修剪定义”对话框

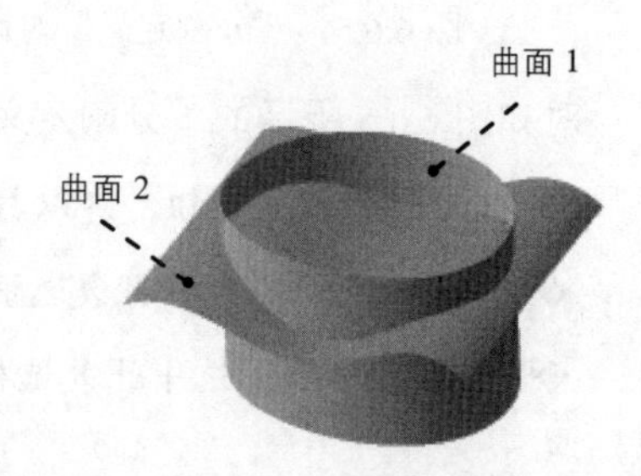

图 6.6.9 定义修剪元素

对如图 6.6.8 所示的“修剪定义”对话框中各选项说明如下。

◆ 模式：: 用于定义修剪类型。
  - 标准: 此模式可用于一般曲线与曲线、曲面与曲面或曲线和曲面的修剪。
  - 段: 此模式只用于修剪曲线，选定的曲线全部保留。

◆ 结果简化: 选中此复选框，系统自动尽可能地减少修剪结果中面的数量。

◆ 相交计算: 选中此复选框，系统将在两曲面相交的地方创建相交线。

◆ 自动外插延伸: 选中此选项，当修剪元素不足够大，不足以修剪掉要修剪的元素时，可以选中此复选框，将修剪元素沿切线延伸至要修剪元素的边界。要注意避免修剪元素延伸到要修剪元素边界之前发生自身相交。

6.6.4 外插延伸

使用外插延伸命令可以将曲线或曲面沿指定的参照延伸。下面以如图 6.6.10 所示的模型为例，介绍创建曲面外插延伸的一般过程。

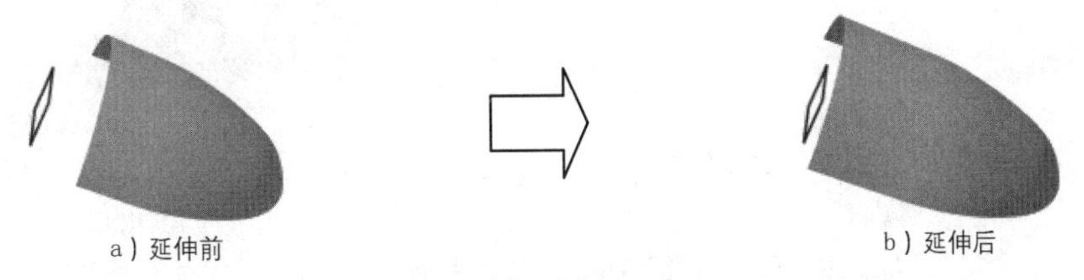

图 6.6.10 创建曲面的外插延伸

步骤 01 打开文件 D:\catrt20\work\ch06.06.04\Extrapolate.CATPart。

步骤 02 选择命令。选择下拉菜单 插入 → 操作 → 外插延伸... 命令，系统弹出图 6.6.11 所示的“外插延伸定义”对话框。

步骤 03 定义延伸类型。在“外插延伸定义”对话框的 限制 区域的 类型： 下拉列表中选择 直到元素 选项，如图 6.6.11 所示。

步骤 04 定义延伸边界。选取图 6.6.12 所示的边界为延伸边界。

步骤 05 定义延伸参照。选取图 6.6.12 所示的曲面为约束参照，选取图 6.6.12 所示的平面为延伸终止面。

如果在“外插延伸定义”对话框 限制 区域中的 类型： 下拉列表中选择 长度 选项，则曲面的延伸长度可以通过输入值来控制。

步骤 06 单击 确定 按钮，完成曲面的延伸操作。

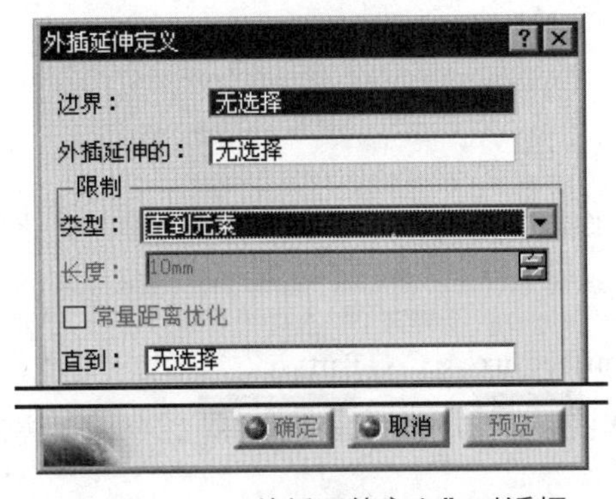

图 6.6.11 “外插延伸定义”对话框

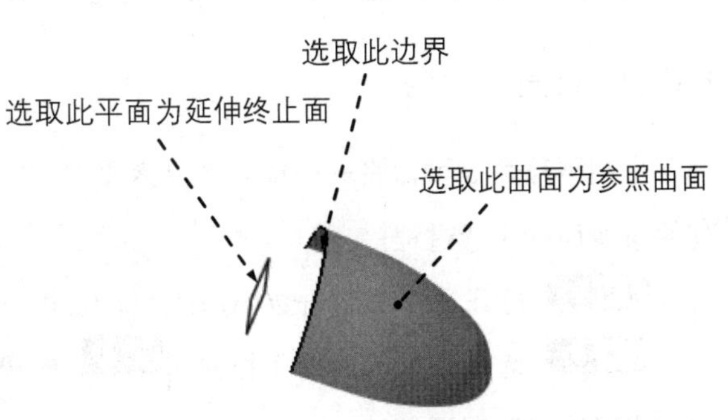

图 6.6.12 定义延伸参照

6.6.5 曲面的提取

下面以如图 6.6.13 所示的模型为例，介绍从实体中提取曲面的一般过程。

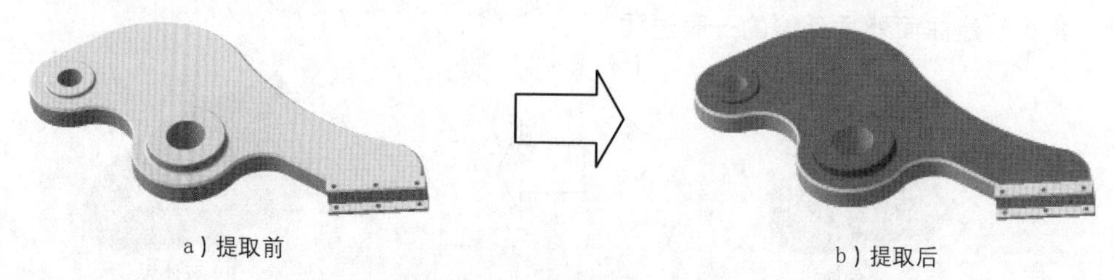

图 6.6.13 提取曲面

步骤 01 打开文件 D:\catrt20\work\ch06.06.05\surface-extract.CATPart。

步骤 02 选择命令。选择下拉菜单 插入 → 操作 ▸ → 提取... 命令，系统弹出如图 6.6.14 所示的“提取定义”对话框。

步骤 03 定义拓展类型。在对话框中的 拓展类型： 下拉列表中选择 切线连续 选项。

步骤 04 选取要提取的元素。在模型中选取如图 6.6.15 所示的面为要提取的元素，此时系统自动选取与所选曲面之间为相切连续的面。

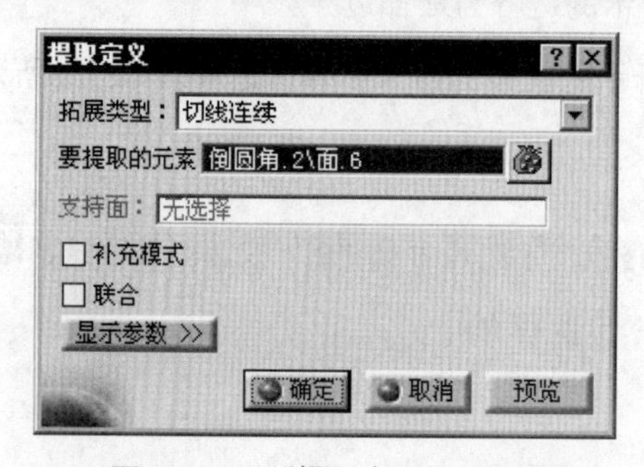

图 6.6.14 “提取定义”对话框

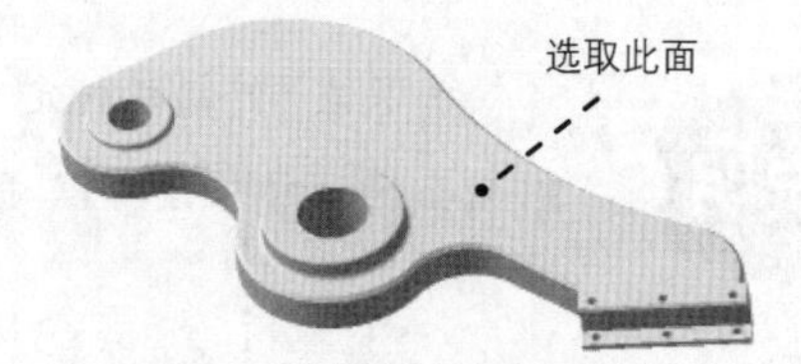

图 6.6.15 选取要提取的面

步骤 05 单击 确定 按钮，完成曲面的提取。

6.6.6 曲面的平移

使用平移命令可以将一个或多个元素平移。下面以如图 6.6.16 所示的模型为例，介绍创建平移曲面的一般过程。

步骤 01 打开文件 D:\catrt20\work\ch06.06.06\surface-move.CATPart。

步骤 02 选择命令。选择下拉菜单 插入 → 操作 ▸ → 平移... 命令，系统弹出“平移定义”对话框。

图 6.6.16　曲面的平移

步骤 03 定义平移类型。在对话框的 向量定义: 下拉列表中选择 方向、距离 选项。

步骤 04 定义平移元素。选取如图 6.6.16a 所示的曲面 1 为要平移的元素。

步骤 05 定义平移参数。在 方向: 文本框中右击，选择 Z 部件 为平移方向参考，在 距离: 后的文本框中输入数值 15，其他参数采用系统默认设置值。

步骤 06 单击 确定 按钮，完成曲面的平移。

6.6.7　曲面的旋转

使用旋转命令可以将一个或多个元素复制并绕一根轴旋转。下面以如图 6.6.17 所示的模型为例，介绍创建旋转曲面的一般过程。

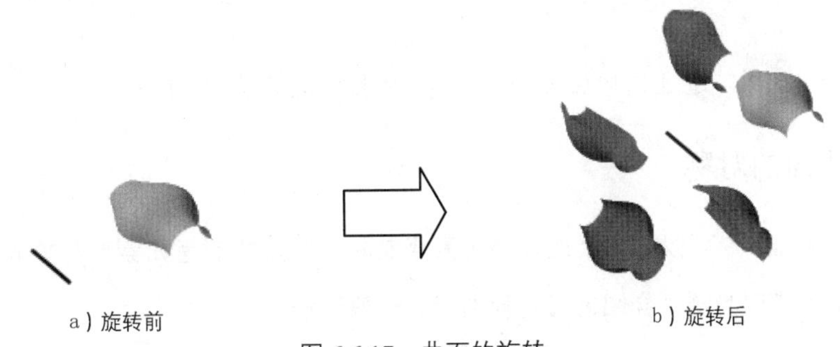

图 6.6.17　曲面的旋转

步骤 01 打开文件 D:\catrt20\work\ch06.06.07\surface-rotate.CATPart。

步骤 02 选择命令。选择下拉菜单 插入 → 操作 → 旋转... 命令，系统弹出如图 6.6.18 所示的“旋转定义”对话框。

步骤 03 定义旋转类型。在“旋转定义”对话框的 定义模式: 下拉列表中选择 轴线-角度 选项。

步骤 04 定义旋转元素。选取如图 6.6.19 所示的曲面 1 为要旋转的元素。

步骤 05 定义旋转参数。选择如图 6.6.19 所示的直线作为旋转轴，在 角度: 后的文本框中输入值 72，选中 确定后重复对象 复选框。

步骤 06 单击 确定 按钮，系统弹出“对象复制”对话框，在 实例： 后的文本框中输入值 3，单击 确定 按钮，完成曲面的旋转。

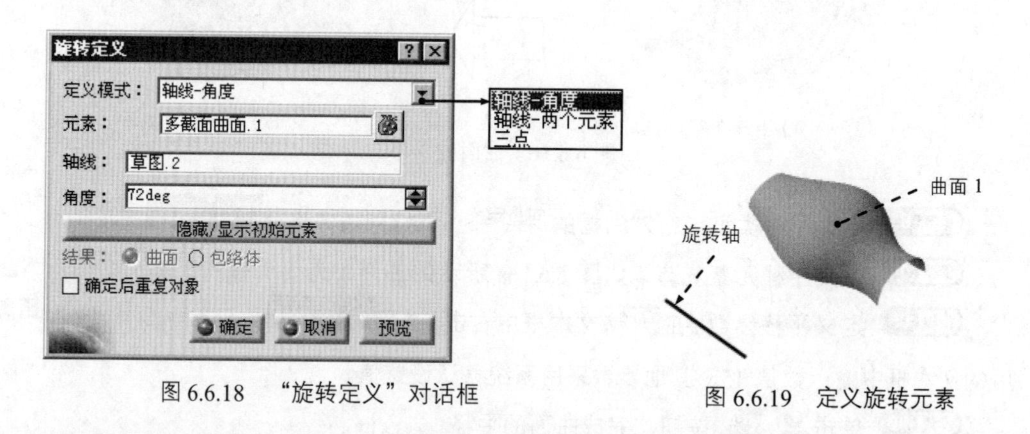

图 6.6.18 “旋转定义”对话框

图 6.6.19 定义旋转元素

对如图 6.6.18 所示的“旋转定义”对话框中各选项说明如下。

- 定义模式：：用于定义旋转类型，包括如下三个选项。
  - 轴线-角度：通过选择旋转轴线，然后输入旋转角度来旋转元素。
  - 轴线-两个元素：通过选择一根旋转轴，然后选取两个元素作为旋转参考来定义旋转。
  - 三点：通过选取三个点作为参考来定义元素的旋转。

6.6.8 曲面的对称

使用对称命令可以将一个或多个元素复制并与选定的参考元素对称放置，下面以如图 6.6.20 所示的模型为例，介绍创建对称曲面的一般过程。

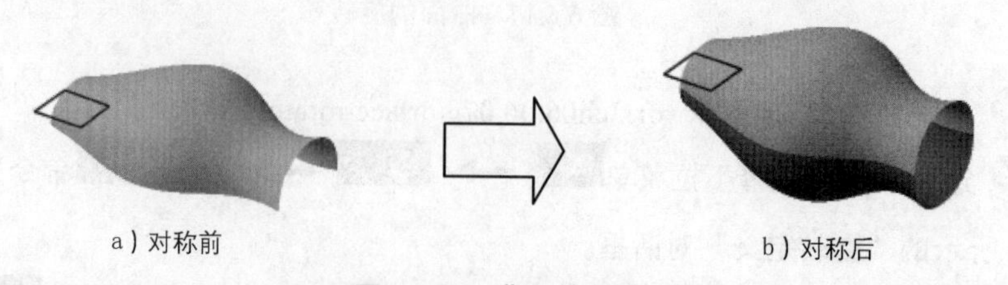

图 6.6.20 曲面的对称

步骤 01 打开文件 D:\catrt20\work\ch06.06.08\surface-symmetry.CATPart。

步骤 02 选择命令。选择下拉菜单 插入 → 操作 ▸ → 对称... 命令，系统弹出“对称定义”对话框。

步骤 03 定义对称元素。选取图 6.6.20a 所示的模型曲面作为对称元素。

步骤 04 定义对称参考。在特征树中选取 xy 平面作为对称参考。

步骤 05 单击 确定 按钮，完成曲面的对称。

6.6.9 曲面的缩放

“缩放”命令是将一个或多个元素复制，并以某参考元素为基准，在某个方向上进行缩小或者放大。下面以如图 6.6.21 所示的模型为例，介绍创建缩放曲面的一般过程。

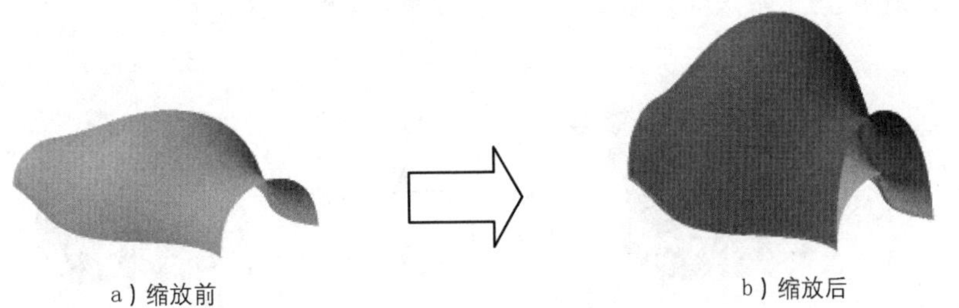

图 6.6.21 曲面的缩放

步骤 01 打开文件 D:\catrt20\work\ch06.06.09\surface-scaling.CATPart。

步骤 02 选择命令。选择下拉菜单 插入 → 操作 ▸ → 缩放... 命令，系统弹出如图 6.6.22 所示的“缩放定义”对话框。

步骤 03 定义缩放元素。在图形区选取如图 6.6.21a 所示的面作为缩放元素。

步骤 04 定义缩放参考。在特征树中选取 xy 平面为缩放参考。

缩放参考也可以是一个点，且此点可以是现有的点，也可以创建新点。

步骤 05 定义缩放比率。在对话框中的 比率： 后的文本框中输入数值 2。

步骤 06 单击 确定 按钮，完成曲面的缩放。

图 6.6.22 “缩放定义”对话框

6.7 曲面倒圆

倒圆在曲面建模中具有相当重要的作用。倒圆功能可以在两组曲面或者实体表面之间建立光滑连接的过渡曲面，也可以对曲面自身边线进行圆角，圆角的半径可以是定值，也可以是变化的。

6.7.1 简单圆角

下面以如图 6.7.1 所示的实例来说明创建简单圆角的一般过程。

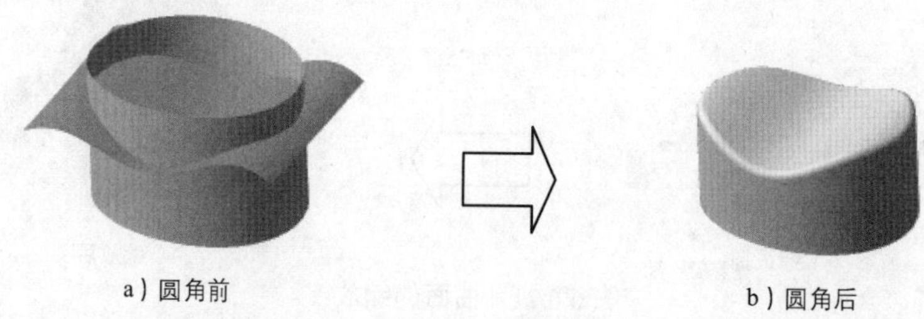

a）圆角前　　b）圆角后

图 6.7.1　简单圆角

步骤 01 打开文件 D:\catrt20\work\ch06.07.01\simple-fillet.CATPart。

步骤 02 选择命令。确认系统处于“创成式外形设计”工作台，选择下拉菜单 插入 → 操作 → 简单圆角命令，系统弹出如图 6.7.2 所示的“圆角定义”对话框。

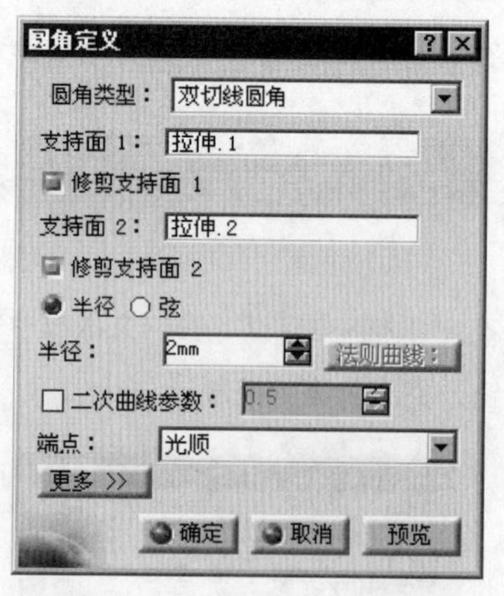

图 6.7.2　“圆角定义”对话框

步骤 03 定义圆角类型。在“圆角定义”对话框的圆角类型下拉列表中选择双切线内圆角选项。

步骤 04 定义支持面。选择如图 6.7.3 所示的支持面 1 和支持面 2。

步骤 05 定义圆角半径。在对话框中选中 半径 选项，然后在 半径: 文本框中输入半径值 2。

步骤 06 单击如图 6.7.4a 所示的两个箭头，改变圆角的相切方向，结果如图 6.7.4b 所示。

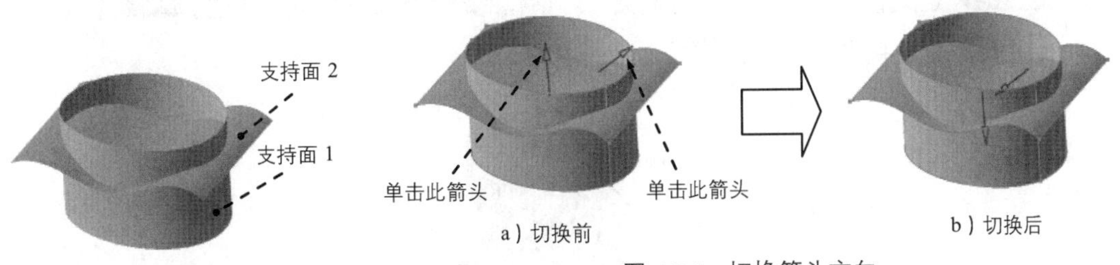

图 6.7.3　选择支持面

图 6.7.4　切换箭头方向

步骤 07 单击 确定 按钮，完成简单圆角的创建。

6.7.2　倒圆

使用 倒圆角 命令可以在某个曲面的边线上创建圆角。下面以如图 6.7.5 所示的实例来说明创建一般倒圆的操作过程。

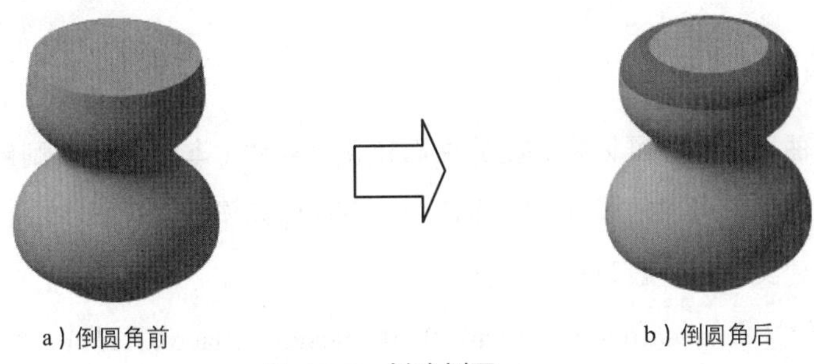

图 6.7.5　创建倒圆

步骤 01 打开文件 D:\catrt20\work\ch06.07.02\edge-fillet.CATPart。

步骤 02 选择命令。选择下拉菜单 插入 → 操作 → 倒圆角 命令，此时系统弹出如图 6.7.6 所示的“倒圆角定义”对话框。

图 6.7.6　“倒圆角定义”对话框

步骤 03 定义圆角边线。选取如图 6.7.7 所示的曲面边线为圆角边线。

步骤 04 定义模式。在“倒圆角定义”对话框的 选择模式: 下拉列表中选择 相切 选项。

步骤 05 定义圆角半径。在 半径: 文本框中输入值 8。

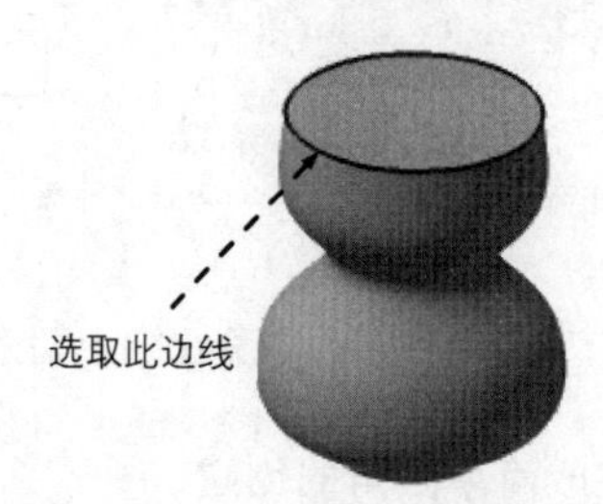

图 6.7.7 定义圆角边线

步骤 06 单击 确定 按钮，完成倒圆的创建。

6.8 曲面的实体化

6.8.1 封闭曲面

通过“封闭曲面”命令可以将封闭的曲面转化为实体，非封闭曲面则自动以线性的方式转化为实体。此命令在“零件设计”工作台中。下面以如图 6.8.1 所示的实例来说明使用封闭曲面命令来创建实体的一般过程。

步骤 01 打开文件 D:\catrt20\work\ch06.08.01\closed-surface.CATPart。

此时应切换到“零件设计”工作台。

步骤 02 选择命令。选择下拉菜单 插入 → 基于曲面的特征 → 封闭曲面... 命令，此时系统弹出如图 6.8.2 所示的“定义封闭曲面”对话框。

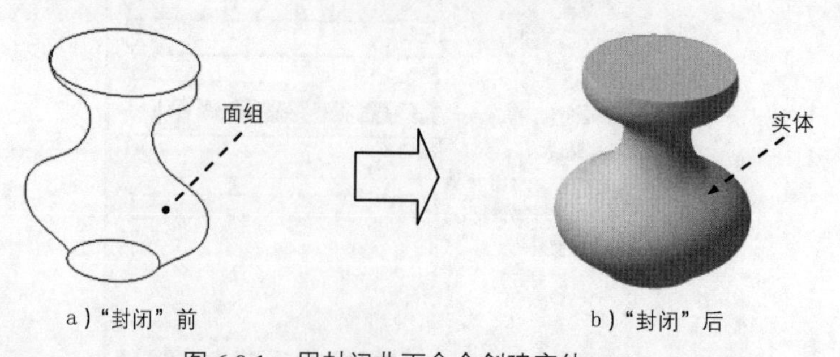

图 6.8.1 用封闭曲面命令创建实体

步骤 03 定义封闭曲面。选取如图 6.8.1a 所示的面组为要封闭的对象。

步骤 04 单击 确定 按钮，完成封闭曲面的创建。

图 6.8.2 “定义封闭曲面”对话框

- 封闭对象是指需要进行封闭的曲面。
- 利用 封闭曲面... 命令可以将非封闭的曲面转化为实体（如图 6.8.3 所示）。

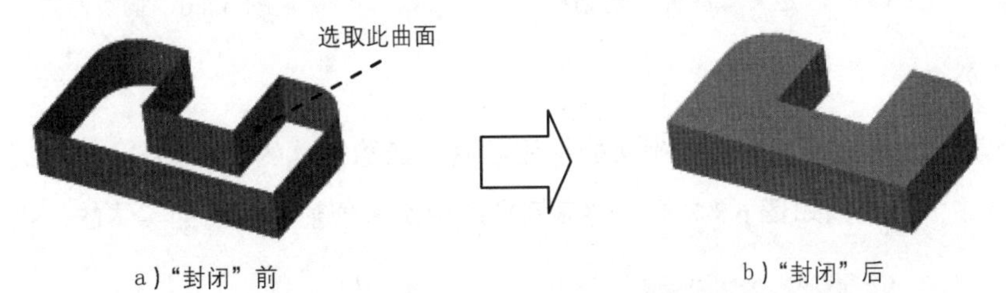

图 6.8.3 用非封闭的曲面创建实体

6.8.2 加厚

加厚曲面是将曲面（或面组）转化为薄板实体特征，此命令在“零件设计”工作台中。下面以如图 6.8.4 所示的实例来说明使用“厚曲面”命令创建实体的一般操作过程。

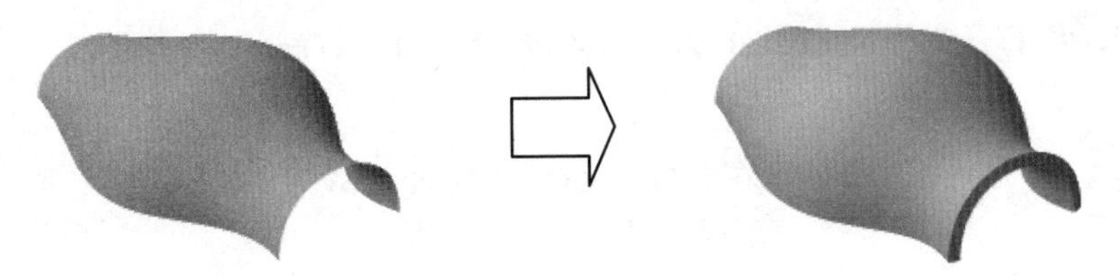

图 6.8.4 用“厚曲面”命令创建实体

步骤 01 打开文件 D:\catrt20\work\ch06.08.02\thick-surface.CATPart。

步骤 02 选择命令。选择下拉菜单 插入 → 基于曲面的特征 ▸ → 厚曲面... 命令，系统弹出如图 6.8.5 所示的“定义厚曲面”对话框。

步骤 03 定义加厚对象。选择如图 6.8.4 所示的面组为加厚对象。

步骤 04 定义加厚值。在对话框的 第一偏移: 文本框中输入值 2。

步骤 05 单击 确定 按钮，完成加厚操作。

单击如图 6.8.6 所示的箭头或者单击“定义厚曲面”对话框中的 反转方向 按钮，可以调整曲面加厚方向。

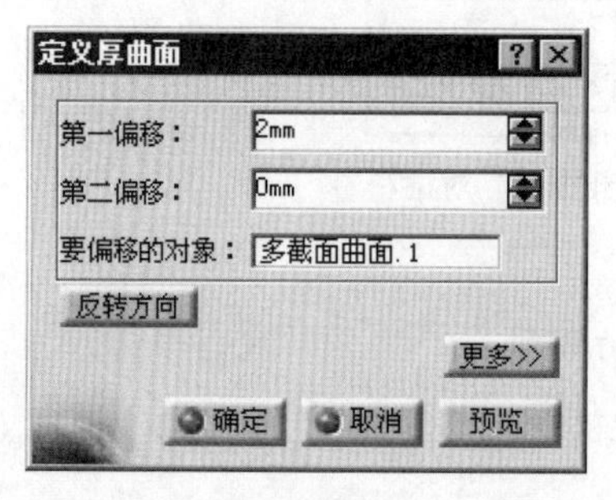

图 6.8.5 “定义厚曲面”对话框

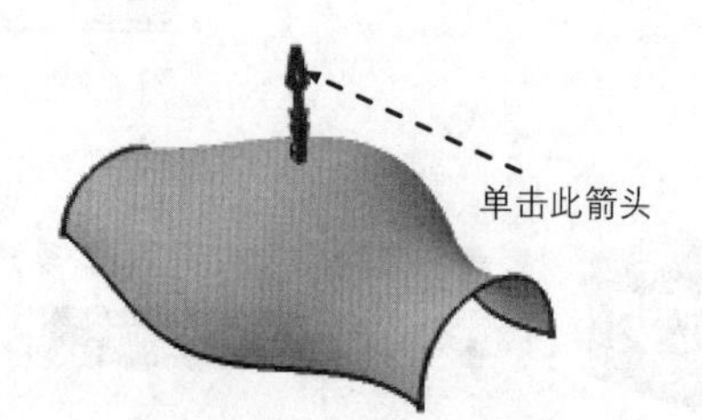

图 6.8.6 切换方向

6.8.3 分割

“分割”命令是通过与实体相交的平面或曲面切除实体的某一部分，此命令在零部件设计工作台中。下面以如图 6.8.7 所示的实例来说明使用分割命令创建实体的一般操作过程。

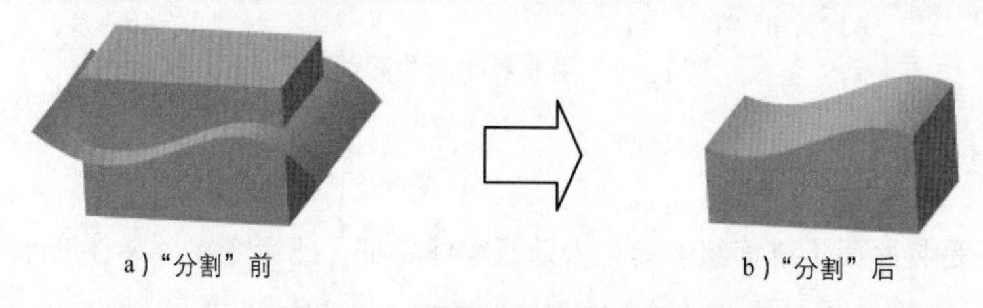

a）“分割”前　　b）“分割”后

图 6.8.7 用“分割”命令创建实体

步骤 01 打开文件 D:\catrt20\work\ch06.08.03\Split.CATPart。

以下操作需在零部件设计工作台中完成。

步骤 02 选择命令。选择下拉菜单 插入 → 基于曲面的特征 → 分割... 命令，系统弹出图 6.8.8 所示的“定义分割”对话框。

步骤 03 定义分割元素。选取图 6.8.9 所示的曲面为分割元素。

步骤 04 定义分割方向。单击图 6.8.9 所示的箭头。

步骤 05 单击 确定 按钮，完成分割的操作。

图中的箭头所指方向代表着需要保留的实体方向，单击箭头可以改变箭头方向。

图 6.8.8 “定义分割”对话框

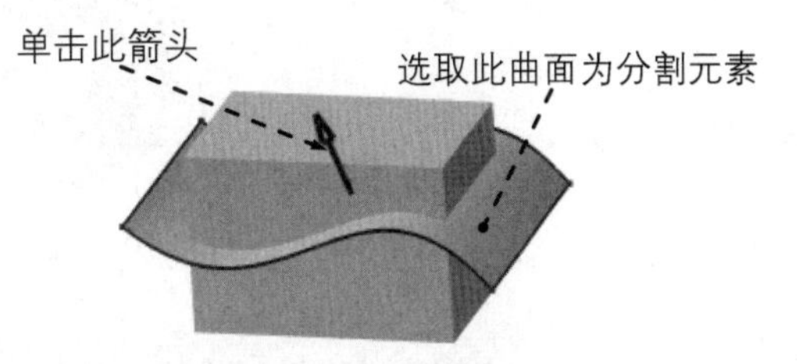

图 6.8.9 选择分割元素

6.9 曲面设计综合应用案例一——异型环装饰曲面造型

案例概述：

本案例详细讲解了一个异型环装饰曲面造型的整个设计过程，通过练习本例，读者可以了解拉伸特征、多截面曲面特征、镜像特征等的应用及其模型的设计技巧。该曲面模型如图 6.9.1 所示。

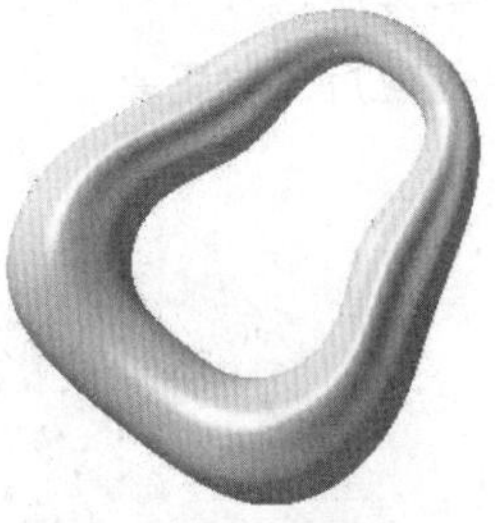

图 6.9.1 曲面模型

本案例的详细操作过程请参见随书光盘中 video\ch06\文件下的语音视频讲解文件。模型文件为 D:\catrt20\work\ch06.09\allotype-adornment-surf.CATPart。

6.10 曲面设计综合应用案例二——订书机盖曲面造型

案例概述：

本实例介绍了订书机盖曲面造型的设计思路。通过练习本例，读者可以了解拉伸曲面特征、修剪、基准平面特征的应用，其中还运用了倒圆角、分割以及接合等命令。零件模型如

图 6.10.1 所示。

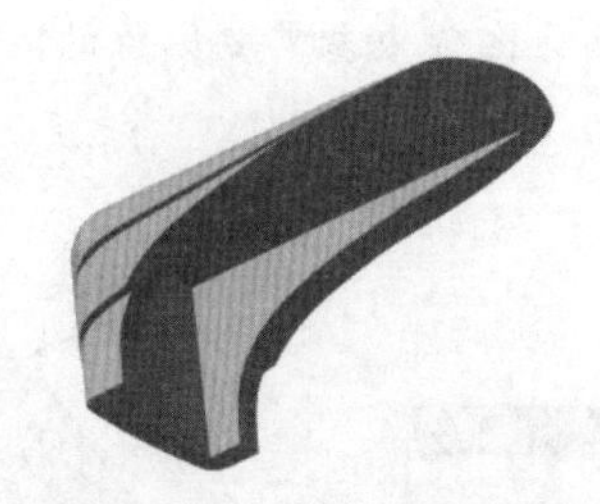

图 6.10.1 订书机盖曲面造型

本案例的详细操作过程请参见随书光盘中 video\ch06\文件下的语音视频讲解文件。模型文件为 D:\catrt20\work\ch06.10\stapler.CATPart。

6.11 曲面设计综合应用案例三——吸尘器外壳曲面造型

案例概述：

本实例介绍了吸尘器外壳曲面造型的设计思路。通过练习本例，读者可以了解拉伸特征、平移特征、对称特征的应用，其中还运用了倒圆角、多截面曲面、投影以及接合和加厚等命令。零件模型如图 6.11.1 所示。

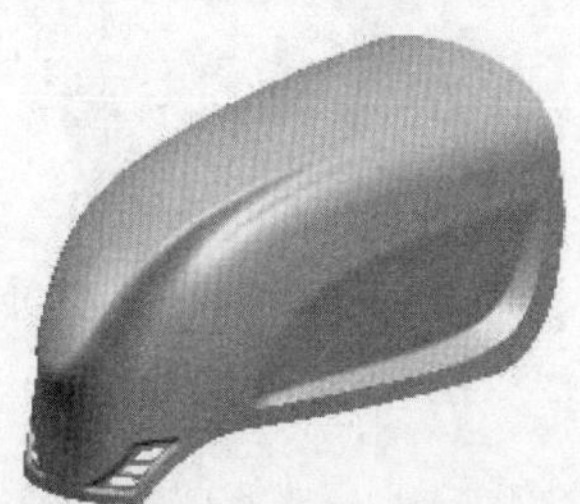

图 6.11.1 吸尘器外壳曲面造型

本案例的详细操作过程请参见随书光盘中 video\ch06\文件下的语音视频讲解文件。模型文件为 D:\catrt20\work\ch06.11\fluke-ok.CATPart。

6.12 曲面设计综合应用案例四——电钻外壳曲面造型

案例概述：

本实例介绍了电钻外壳曲面造型的设计思路。通过练习本例，读者可以了解草绘特征、基准特征、拉伸特征的应用，其中还运用了倒圆角、填充、多截面曲面、修剪以及片体加厚等命令。零件模型如图 6.12.1 所示。

本案例的详细操作过程请参见随书光盘中 video\ch06\文件下的语音视频讲解文件。模型文件为 D:\catrt20\work\ch06.12\ele-drill-cover-ok.CATPart。

图 6.12.1 电钻外壳曲面造型

第 7 章　自由曲面设计

7.1　概述

用户可通过开始 → 形状 → FreeStyle 命令，进入到“自由曲面设计”工作台。与“创成式外形设计”工作台相比，“自由曲面设计”工作台可以创建出更为复杂的曲面。该工作台还提供了一系列的辅助设计工具，可以使设计者方便、高效地创建和修改曲线或曲面。此外，为了确保创建的曲线、曲面的质量，该工作台还提供了大量的曲线和曲面的分析工具，以便实时地检查曲线和曲面的质量。

7.2　曲线的创建

7.2.1　概述

“自由曲面设计”工作台提供了多种创建曲线的方法，其操作与“创成式外形设计”工作台基本相似，其方法有：3D 曲线、在曲面上的空间曲线、投影曲线、桥接曲线、样式圆角、匹配曲线等。下面将分别对它们进行介绍。

7.2.2　3D 曲线

3D 曲线命令可以通过空间上的一系列点来创建样条曲线。下面通过具体案例说明创建 3D 曲线的过程。

步骤 01 新建文件。选择下拉菜单开始 → 形状 → FreeStyle 命令，系统弹出“新建零件”对话框，在输入零件名称文本框中输入文件名为 Throughpoints，单击确定按钮，进入自由曲面设计工作台。

步骤 02 调整视图方位。在“视图”工具栏的下拉列表中选择“正视图”选项。

步骤 03 设置活动平面。单击图 7.2.1 所示的“工具仪表盘”工具栏中的按钮，调出图 7.2.2 所示的“快速确定指南针方向”工具栏，并按下按钮。

图 7.2.1　“工具仪表盘”工具栏

图 7.2.2　“快速确定指南针方向”工具栏

说明：

- 3D 曲线的默认位置在当前的活动平面上，活动平面的方向由指南针的方向确定，在自由曲面模块中，指南针起很重要的参考作用，在绘制曲线，创建、编辑曲线时，都要注意指南针的方位。
- 绘制 3D 曲线时，一般是先将模型视图调整到正投影的状态（步骤 02），然后设置活动平面为正投影平面（或与其平行），在步骤 02 与步骤 03 的操作过程中，指南针的变化如图 7.2.3 所示。
- 使用快捷键 F5 可以快速切换活动平面。

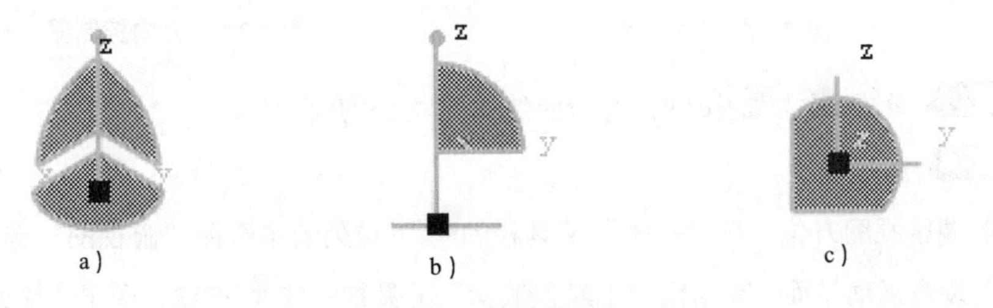

图 7.2.3　罗盘的变化

步骤 04　选择命令。选择下拉菜单 插入 → Curve Creation ▸ → 3D Curve... 命令，系统弹出图 7.2.4 所示的“3D 曲线”对话框。

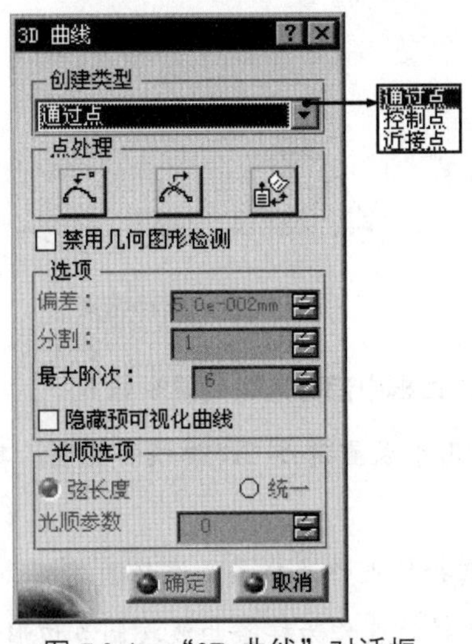

图 7.2.4　“3D 曲线”对话框

步骤 05 定义类型。在“3D 曲线”对话框的创建类型下拉列表中选择通过点选项。

步骤 06 定义参考点。依次在图形区图 7.2.5 所示的点 1、点 2、点 3 和点 4 位置处单击绘制曲线。

在创建曲线时，用户可以通过“快速确定指南针方向”工具栏来确定点的位置。把鼠标指南针放到新添加点上，在该点处会出现图 7.2.6 所示的方向控制器。用户可以通过拖动此方向控制器改变添加点的位置。

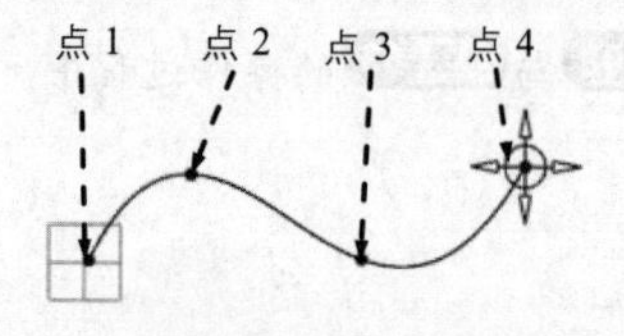

图 7.2.5 3D 曲线

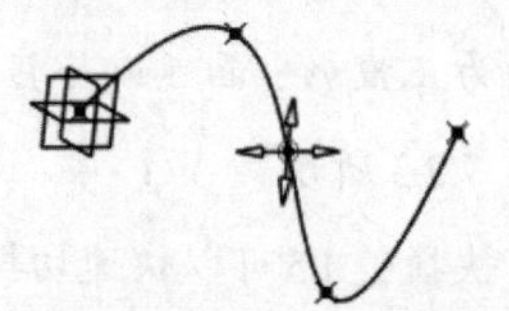

图 7.2.6 方向控制器

步骤 07 单击确定按钮，此时曲线如图 7.2.5 所示。

步骤 08 编辑曲线。

（1）调整视图方位。在“视图”工具栏的下拉列表中选择“俯视图”选项。

（2）设置活动平面。单击图“工具仪表盘”工具栏中的按钮，调出“快速确定指南针方向”工具栏，并按下按钮。

（3）双击图形区中的曲线，拖动图 7.2.7 所示的控制点至图 7.2.8 所示的位置。

步骤 09 单击确定按钮，此时曲线如图 7.2.9 所示。

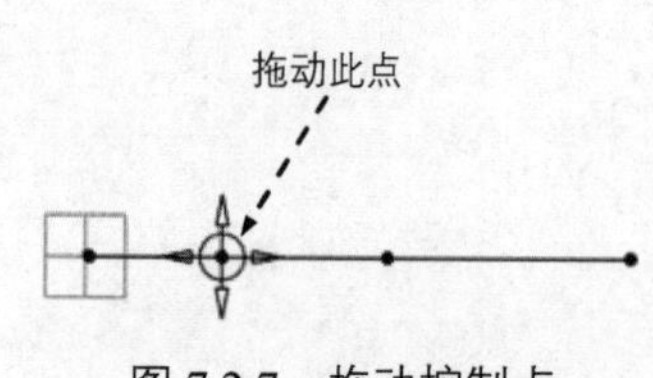

图 7.2.7 拖动控制点

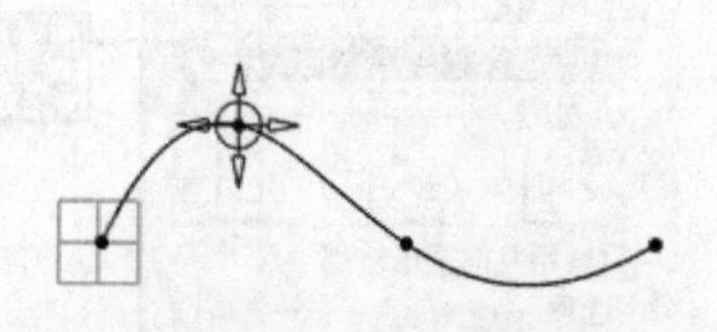

图 7.2.8 拖移结果

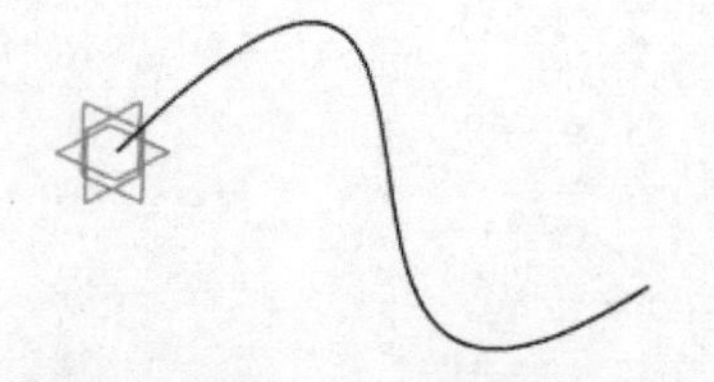

图 7.2.9 3D 曲线

图 7.2.4 所示“3D 曲线”对话框中部分选项的说明如下。

- 创建类型下拉列表：用于设置创建 3D 曲线的类型，其包括通过点选项、控制点选项和近接点选项。
  - ☑ 通过点选项：选择的点作为样条曲线的通过点。
  - ☑ 控制点选项：选择的点作为样条曲线控制多边形的顶点，如图 7.2.10 所示。
  - ☑ 近接点选项：通过设置曲线与选择点之间的最大偏差和阶次来绘制样条，如

图 7.2.11 所示。

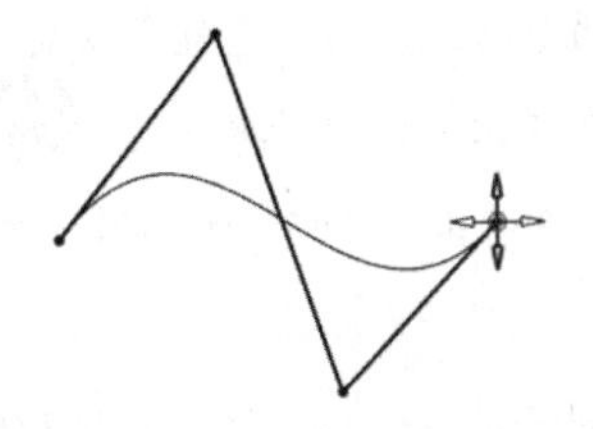

图 7.2.10 “控制点”曲线

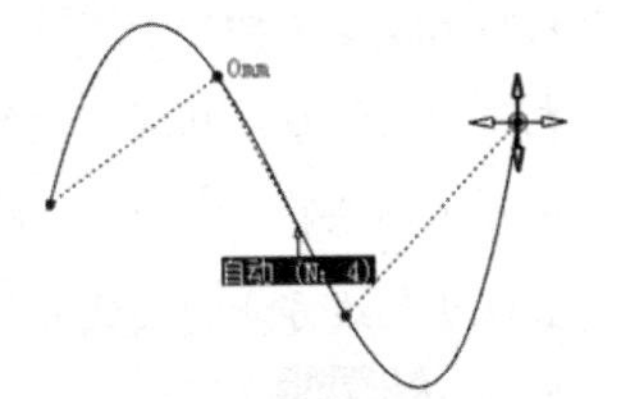

图 7.2.11 “近接点”曲线

- 点处理 区域：用于编辑曲线，其包括按钮、按钮和按钮。
  - ☑ 按钮：用于在两个现有点之间添加新点。
  - ☑ 按钮：用于移除现有点。
  - ☑ 按钮：用于给现有点添加约束或者释放现有点的约束。
- 禁用几何图形检测 复选框：当取消选中此复选框时，允许用户在当前平面创建点（即某些几何图形处于鼠标下）。使用“控制（CONTROL）”键，在当前平面中对几何图形上检测到的点进行投影。
- 选项 区域：用于设置使用接近点创建样条曲线的参数，其包括 偏差： 文本框、分割： 文本框、最大阶次： 文本框和 隐藏预可视化曲线 复选框。
  - ☑ 偏差： 文本框：用于设置曲线与选择点之间的最大偏差。
  - ☑ 分割： 文本框：用于设置最大弧限制数。
  - ☑ 最大阶次： 文本框：用于设置曲线的最大阶次。
  - ☑ 隐藏预可视化曲线 复选框：当选中此复选框时，可以隐藏正在创建的预可视化曲线。
- 光顺选项 区域：用于参数化曲线，其包括 弦长度 单选项、统一 单选项和 光顺参数 文本框。此区域仅在 创建类型 为 近接点 时，处于可用状态。
  - ☑ 弦长度 单选项：用于设置使用弧长度的方式光顺曲线。
  - ☑ 统一 单选项：用于设置使用均匀的方式光顺曲线。
  - ☑ 光顺参数 文本框：用于定义光顺参数值。

说明：

- 若创建曲线时，欲给创建的曲线添加切线或曲率约束，需在曲线的控制点上右击，然后在弹出的快捷菜单中利用相应的命令给曲线添加相应的约束。双击创建成功的 3D 曲线，添加图 7.2.12 所示的控制点。然后在新添加的控制点上右击，弹出图 7.2.13 所示的快捷菜单（一）。用户可以使用 强加切线 命令和 强加曲率 命令给曲线添加约束。这里主要说明 强加切线 命令，因为 强加曲率 命令和 强加切线 命令基本相似，所以在此就不再赘述。

在弹出的快捷菜单中选择强加切线命令后，在新添加点的位置处会出现图 7.2.14 所示的切线矢量箭头和两个圆弧。用户可用通过拖动两个圆弧上的高亮处来改变切线的方向，也可以通过在其切线矢量的箭头上右击，然后在弹出的快捷菜单中选择编辑命令，系统弹出图 7.2.15 所示的“向量调谐器”对话框，通过指定“向量调谐器”对话框中的参数改变切线方向和切线矢量长度。

- 在使用控制点选项创建 3D 曲线时，用户可以给两个曲线的交点添加连续性的约束。在图 7.2.16 所示的点位置右击，在弹出的图 7.2.17 所示的快捷菜单（二）中选择所需的连续性。

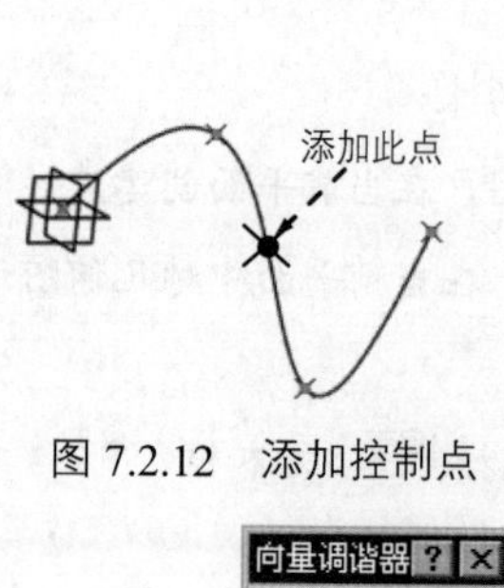

图 7.2.12 添加控制点

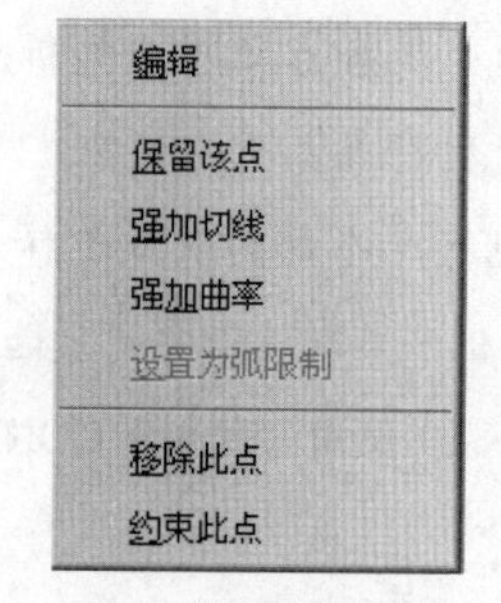

图 7.2.13 快捷菜单（一）

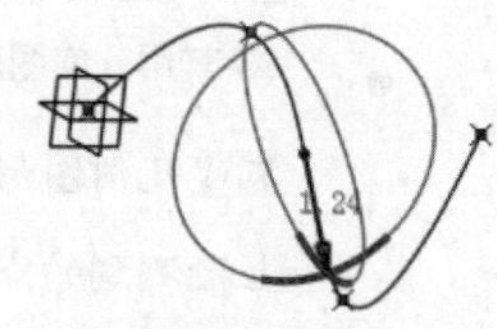
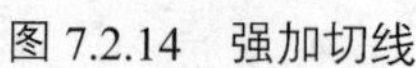
图 7.2.14 强加切线

图 7.2.15 “向量调谐器”对话框

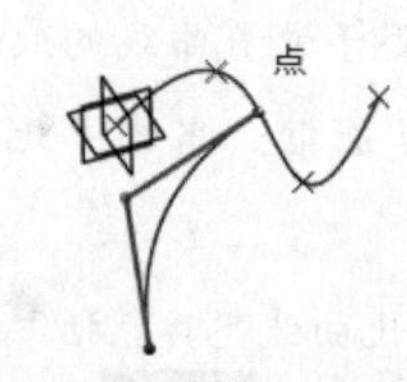

图 7.2.16 设置连续性

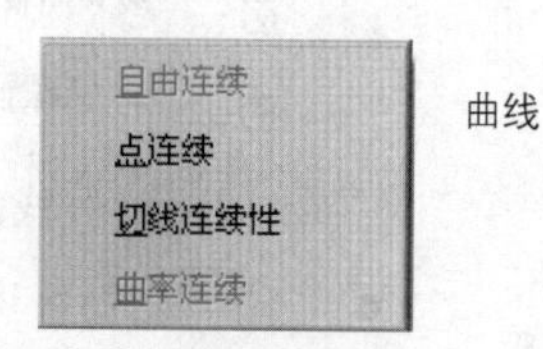

图 7.2.17 快捷菜单（二）

7.2.3 在曲面上的空间曲线

在“自由曲面设计”工作台下也能在现有的曲面上创建空间曲线。下面通过图 7.2.18 所示的例子说明在曲面上创建空间曲线的操作过程。

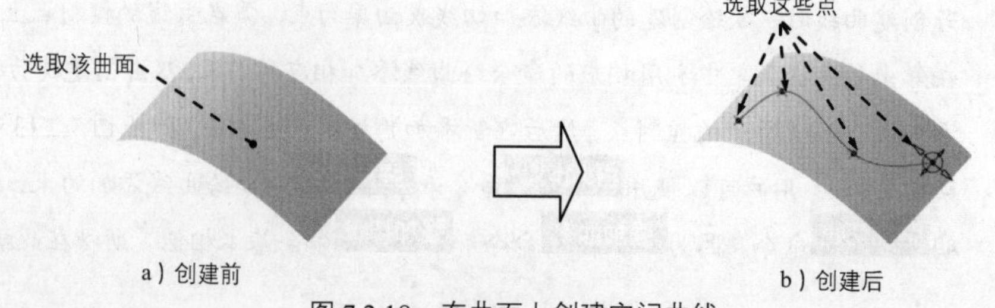

图 7.2.18 在曲面上创建空间曲线

步骤01 打开文件 D:\catrt20\work\ch07.02.03\Curvesonasurface.CATPart。

步骤02 选择命令。选择下拉菜单 插入 → Curve Creation ▸ → Curve on Surface... 命令，系统弹出图 7.2.19 所示的“选项”对话框。

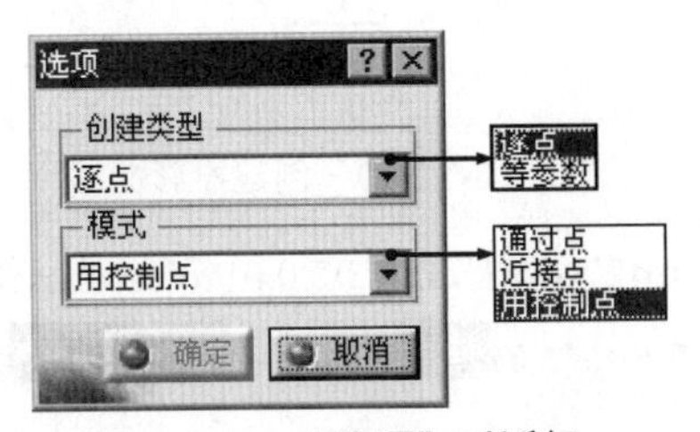

图 7.2.19 “选项”对话框

图 7.2.19 所示“选项”对话框中各选项的说明如下。

- 创建类型 下拉列表：用于选择在曲面上创建空间曲线的类型，其包括 逐点 选项和 等参数 选项。
  - ☑ 逐点 选项：该选项为使用在曲面上指定每一点的方式创建空间曲线。
  - ☑ 等参数 选项：该选项为在曲面上指定以一点的方式创建等参数空间曲线。
- 模式 下拉列表：用于选择在曲面上创建空间曲线的模式，其包括 通过点 选项、近接点 选项和 用控制点 选项。
  - ☑ 通过点 选项：使用此选项是通过指定每个点的创建多弧曲线。
  - ☑ 近接点 选项：使用此选项创建的曲线为一条具有固定度数并平滑通过选定点的单弧。
  - ☑ 用控制点 选项：使用此选项创建的曲线所单击的点为结果曲线的控制点。

说明：使用此命令创建出来的等参数曲线是无关联的。

步骤03 定义类型。在“选项”对话框的 创建类型 下拉列表中选择 逐点 选项，在 模式 下拉列表中选择 通过点 选项。

步骤04 选取创建空间曲线的约束面。在图形区选取图 7.2.18a 所示的曲面为约束面。

步骤05 选取参考点。在图形区从左至右依次选取图 7.2.18b 所示的点。

步骤06 单击 确定 按钮，完成在曲面上空间曲线的创建。

7.2.4 投影曲线

使用 Project Curve... 命令可以创建投影曲线。下面通过图 7.2.20 所示的例子说明在曲面上创建投影曲线的操作过程。

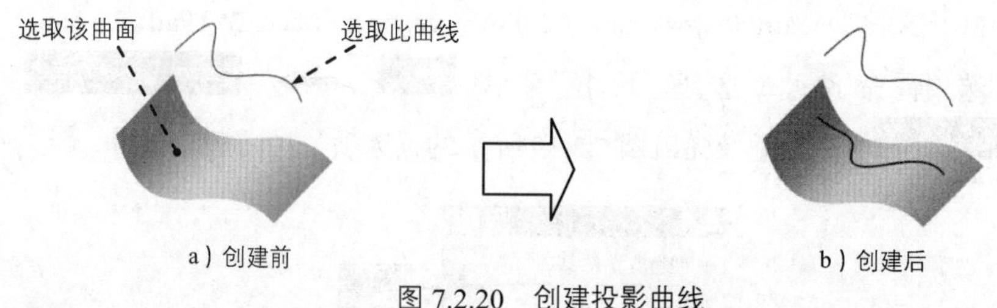

图 7.2.20 创建投影曲线

步骤 01 打开文件 D:\catrt20\work\ch07.02.04\ProjectCurv.CATPart。

步骤 02 选择命令。选择下拉菜单 插入 → Curve Creation ▸ → Project Curve... 命令，系统弹出图 7.2.21 所示的“投影”对话框。

图 7.2.21 所示“投影”对话框中部分选项的说明如下。

- 按钮：该按钮是根据曲面的法线投影。
- 按钮：该按钮是沿指南针给出的方向投影。

步骤 03 定义投影曲线和投影面。选取图 7.2.16a 所示的曲线为投影曲线，然后按住 Ctrl 键并选取图 7.2.16a 所示的曲面为投影面。

步骤 04 定义投影方向。单击“工具仪表盘”工具栏中的按钮，调出“快速确定指南针方向”工具栏，并按下按钮。

说明：若定义的投影方向为根据曲面的法线投影，则投影曲线如图 7.2.22 所示。

图 7.2.21 “投影”对话框

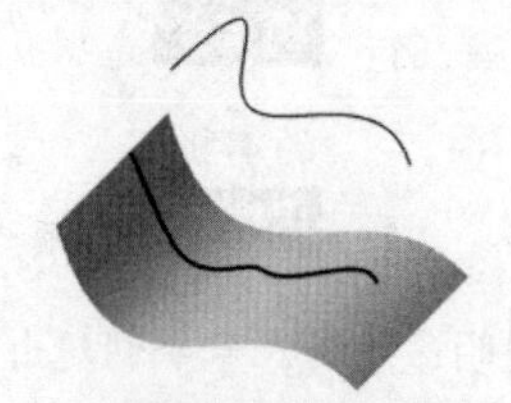

图 7.2.22 根据曲面的法线投影

步骤 05 单击 确定 按钮，完成投影曲线的创建，如图 7.2.20b 所示。

7.2.5 桥接曲线

使用 Blend Curve 命令可以创建桥接曲线，即通过创建第三条曲线把两条不相连的曲线连接起来。下面通过图 7.2.23 所示的例子说明桥接曲线的操作过程。

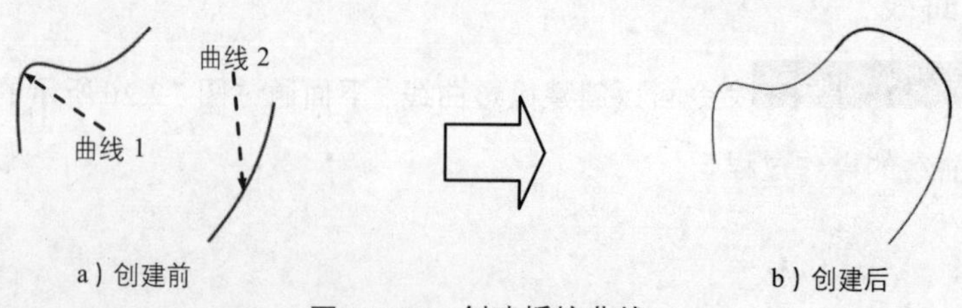

图 7.2.23 创建桥接曲线

步骤01 打开文件 D:\catrt20\work\ch07.02.05\Blendcurve.CATPart。

步骤02 选择命令。选择下拉菜单 插入 → Curve Creation ▸ → Blend Curve 命令，系统弹出“桥接曲线”对话框。

步骤03 定义桥接曲线。选择图 7.2.23a 所示的曲线 1 为要桥接的一条曲线，然后选择曲线 2 为要桥接的另一条曲线，此时在绘图区出现图 7.2.24 所示的两个桥接点的连续性显示。

说明：

- 在选择曲线时若靠近曲线某一个端点，则创建的桥接点就会显示在选择靠近曲线的端点处。
- 用户可以通过拖动图 7.2.24 所示的控制器改变桥接点的位置，也可在桥接点处右击，然后选择 编辑 命令，在弹出的图 7.2.25 所示的“调谐器”对话框中设置桥接点的相关参数来改变桥接点的位置。

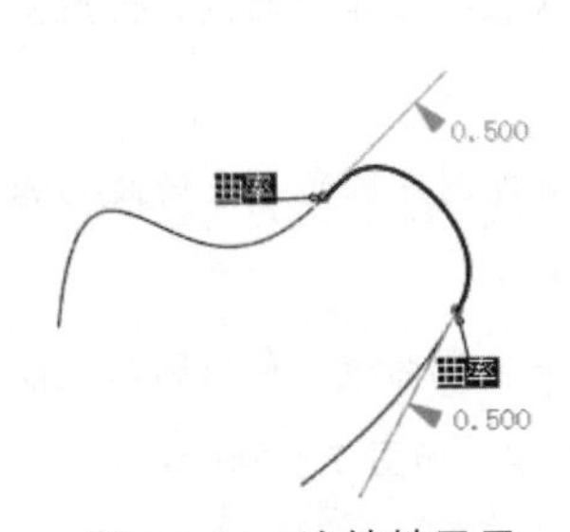

图 7.2.24 连续性显示

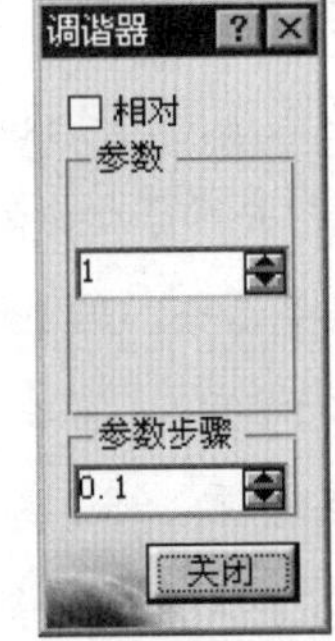

图 7.2.25 “调谐器”对话框

- 单击图 7.2.26 所示的“工具仪表盘”工具栏中的各控标按钮，可以显示控标。

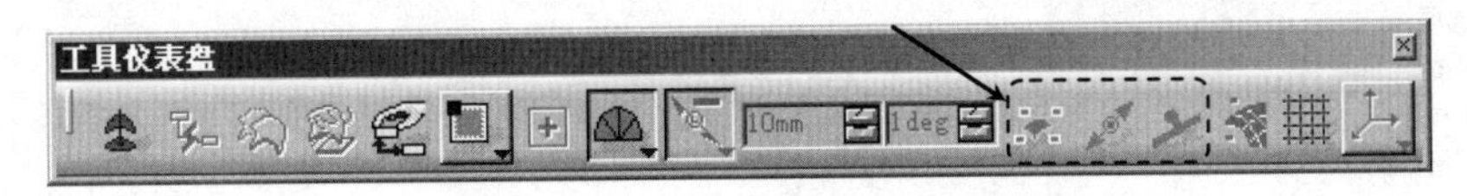

图 7.2.26 “工具仪表盘”工具栏

步骤04 设置桥接点的连续性。在上部的“曲率”两个字上右击，在系统弹出的快捷菜单中选择 切线连续 命令，将上部桥接点的曲率连续改为相切连续。同样的方法，把下部的曲率连续改为相切连续。

步骤05 单击 确定 按钮，完成桥接曲线的创建，如图 7.2.23b 所示。

7.2.6 样式圆角

使用 Styling Corner... 命令可以创建样式圆角，即在两条相交直线的交点处创建圆角。下面通过图 7.2.27 所示的例子说明创建样式圆角的操作过程。

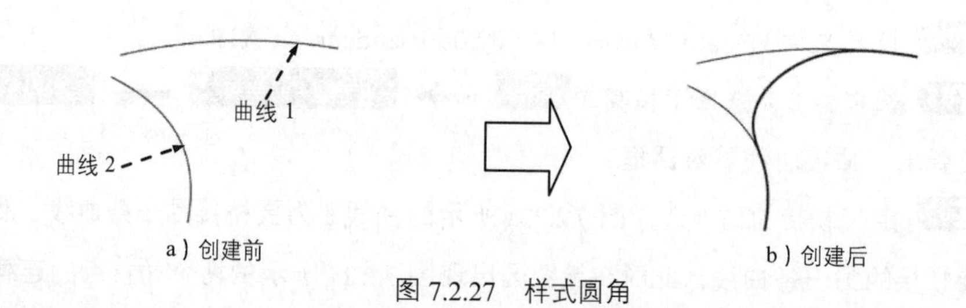

a）创建前　　b）创建后

图 7.2.27　样式圆角

步骤 01 打开文件 D:\catrt20\work\ch07.02.06\StylingCorner.CATPart。

步骤 02 选择命令。选择下拉菜单 插入 → Curve Creation ▸ → Styling Corner... 命令，系统弹出图 7.2.28 所示的“样式圆角”对话框。

图 7.2.28 所示“样式圆角”对话框中部分选项的说明如下。

- 半径 文本框：用于定义样式圆角的半径值。
- 单个分割 复选框：强制限定圆角曲线的控制点数量，从而获得单一弧曲线。
- 修剪 单选项：用于设置创建限制在初始曲线端点的三单元曲线，使用圆角线段在接触点上复制并修剪初始曲线。
- 不修剪 单选项：用于设置仅在初始曲线的相交处创建圆角，未修改初始曲线，如图 7.2.29a 所示。
- 连接 单选项：创建限制在初始曲线端点的单一单元曲线，使用圆角线段在接触点上复制并修剪初始曲线，且初始曲线与圆角线段连接，如图 7.2.29b 所示。

图 7.2.28　“样式圆角”对话框

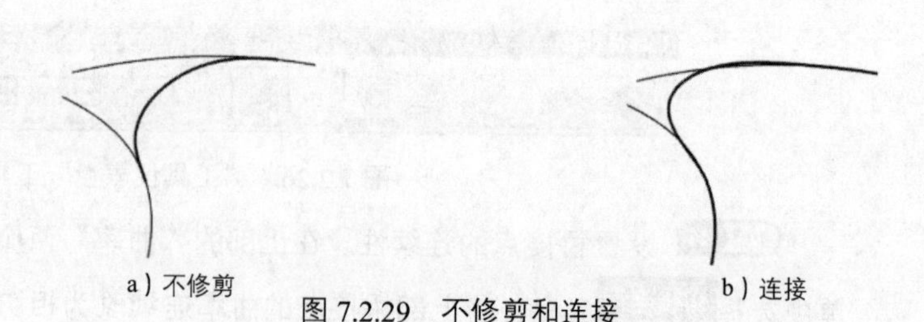
a）不修剪　　b）连接

图 7.2.29　不修剪和连接

步骤 03 定义样式圆角边。在绘图区选取图 7.2.27a 所示的曲线 1 和曲线 2 为样式圆角的两条边线。

步骤 04 设置样式圆角的参数。在 半径 文本框中输入值 10，选中 单个分割 复选框和 修剪 单选项。

步骤 05 单击 应用 按钮，再单击 确定 按钮，完成样式圆角的创建，如图 7.2.27b

所示。

7.2.7 匹配曲线

使用 Match Curve 命令可以创建匹配曲线，即把一条曲线按照定义的连续性连接到另一条曲线上。下面通过图 7.2.30 所示的例子说明创建匹配曲线的操作过程。

图 7.2.30 匹配曲线

步骤 01 打开文件 D:\catrt20\work\ch07.02.07\MatchCurve.CATPart。

步骤 02 选择命令。选择下拉菜单 插入 → Curve Creation ▸ → Match Curve 命令，系统弹出图 7.2.31 所示的“匹配曲线”对话框。

图 7.2.31 所示“匹配曲线”对话框中部分选项的说明如下。

- 投影终点 复选框：选中此复选框，系统会将初始曲线的终点沿初始曲线匹配点的切线方向直线最小距离投影到目标曲线上。
- 快速分析 复选框：用于诊断匹配点的质量，其包括距离、连续角度和曲率差异。

步骤 03 定义初始曲线和匹配点。选取图 7.2.30a 所示的曲线为初始曲线，然后选取图 7.2.30a 所示的匹配点，此时在绘图区显示匹配曲线的预览曲线，如图 7.2.32 所示。

步骤 04 调整匹配曲线的约束。在“点”字上右击，在系统弹出的快捷菜单中选择 切线连续 命令。

图 7.2.31 “匹配曲线”对话框

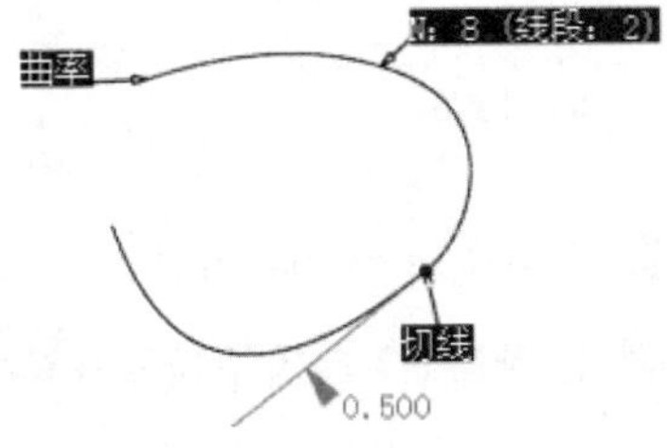

图 7.2.32 匹配曲线的预览曲线

步骤 05 单击 确定 按钮，完成匹配曲线的创建，如图 7.2.30b 所示。

说明：

- 在选取曲线时要靠近匹配点的一侧。
- 同时在预览曲线下出现个小叹号，说明匹配曲线受到过多的约束，可以在匹配曲线的阶次上右击，在系统弹出快捷菜单中选择较高的匹配曲线的阶次。

- 如果在创建匹配曲线时，没有显示匹配曲线的连续、接触点、张度和阶次，用户可以通过单击“工具仪表盘”工具栏中的“连续”按钮、“接触点”按钮、“张度”按钮和“阶次”按钮显示相关参数。如果想修改这些参数，在绘图区相应的参数上右击，在弹出的快捷菜单中选择相应的命令即可。

7.3 曲面的创建

7.3.1 概述

与“创成式外形设计”工作台相比，“自由曲面设计”工作台提供了多种更为自由的建立曲面的方法，并且建立的曲面可以进行参数的编辑。其方法有：缀面、在现有曲面上创建曲面、拉伸曲面、旋转曲面、偏移曲面、外插延伸、桥接、样式圆角、填充、自由填充、网状曲面和扫掠曲面。

7.3.2 缀面

使用 Planar Patch 命令、3-Point Patch 命令和 4-Point Patch 命令都可以通过已知点来创建曲面，主要有两点缀面、三点缀面和四点缀面。下面将分别介绍它们的创建操作过程。

1. 两点缀面

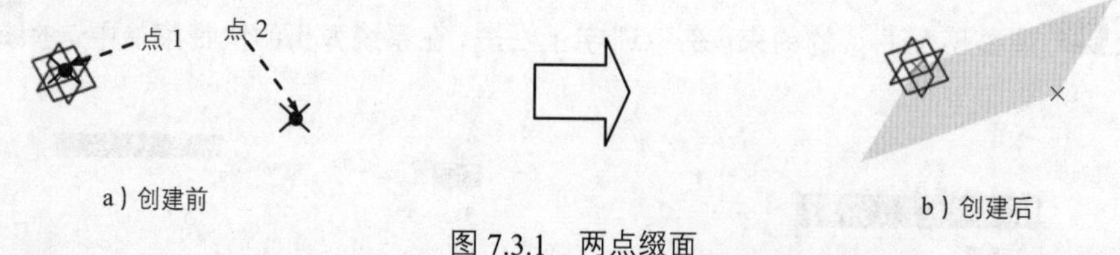

图 7.3.1 两点缀面

步骤 01 打开文件 D:\catrt20\work\ch07.03.02\Planar_Patch.CATPart。

步骤 02 选择命令。选择下拉菜单 插入 → Surface Creation ▸ → Planar Patch 命令。

步骤 03 定义两点缀面的所在平面。单击“工具仪表盘”工具栏中的按钮，系统弹出“快速确定指南针方向”对话框，单击按钮（设置两点缀面的所在平面为 xy 平面）。

步骤 04 指定两点缀面的一个点。选取图 7.3.1a 所示的点 1。

步骤 05 设置两点缀面的阶次。在图 7.3.2 所示的位置右击，在弹出的快捷菜单中选择编辑阶次命令，同时系统弹出图 7.3.3 所示的“阶次”对话框。在“阶次”对话框中的 U 文本框和 V 文本框中均输入值 5，单击 关闭 按钮，完成阶次的设置。

说明：

- 使用 Ctrl 键，创建的缀面将以对应于最初单击处的点为中心，如图 7.3.4 所示；否则，默认情况下，该点对应于一个角或该缀面。

图 7.3.2 设置阶次

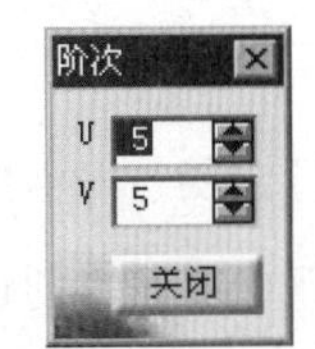

图 7.3.3 “阶次”对话框

- 如果用户想定义两点缀面的尺寸，可以在图 7.3.2 所示的位置右击，在弹出的快捷菜单中选择编辑尺寸命令，同时系统弹出图 7.3.5 所示的“尺寸”对话框。通过该对话框可以设置两点缀面的尺寸。

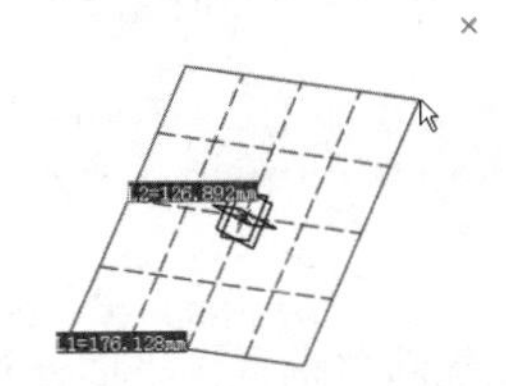

图 7.3.4 使用 Ctrl 键之后

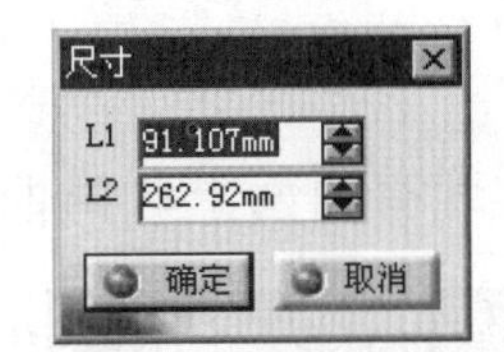

图 7.3.5 “尺寸”对话框

步骤 06 指定两点缀面的另一个点。选取图 7.3.1a 所示的点 2，完成图 7.3.1b 所示的两点缀面的创建。

2. 三点缀面

图 7.3.6 三点缀面

步骤 01 打开文件 D:\catrt20\work\ch07.03.02\3-point_Patch.CATPart。

步骤 02 选择命令。选择下拉菜单 插入 → Surface Creation ▸ → 3-Point Patch 命令。

步骤 03 指定三点缀面的点。依次选取图 7.3.6a 所示的点 1、点 2 和点 3，完成图 7.3.6b 所示的三点缀面的创建。

3. 四点缀面

步骤 01 打开文件 D:\catrt20\work\ch07.03.02\4-point_Patch.CATPart。

步骤 02 选择命令。选择下拉菜单 插入 → Surface Creation ▸ → 4-Point Patch 命令。

步骤 03 指定四点缀面的点。依次选取图 7.3.7a 所示的点 1、点 2、点 3 和点 4，完成图 7.3.7b 所示的四点缀面的创建。

图 7.3.7 四点缀面

7.3.3 在现有曲面上创建曲面

使用 Geometry Extraction 命令可以在现有的曲面上创建新的曲面。下面通过图 7.3.8 所示的实例，说明在现有曲面上创建曲面的操作过程。

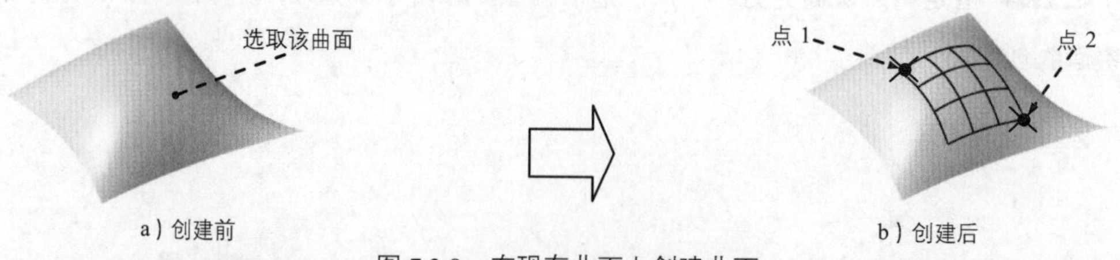

图 7.3.8 在现有曲面上创建曲面

步骤 01 打开文件 D:\catrt20\work\ch07.03.03\Geometry_Extraction.CATPart。

步骤 02 选择命令。选择下拉菜单 插入 → Surface Creation ▸ → Geometry Extraction 命令。

步骤 03 选择现有的曲面。在绘图区选取图 7.3.8a 所示的曲面。

步骤 04 定义创建曲面的范围。在绘图区分别选取图 7.3.8b 所示点 1 和点 2，完成曲面的创建，结果如图 7.3.8b 所示。

7.3.4　拉伸曲面

使用 拉伸曲面... 命令可以选择已知的曲线创建拉伸曲面。下面通过图 7.3.9 所示的实例，说明创建拉伸曲面的操作过程。

图 7.3.9　拉伸曲面

步骤 01 打开文件 D:\catrt20\work\ch07.03.04\Extrude_Surface.CATPart。

步骤 02 选择命令。选择下拉菜单 插入 → Surface Creation ▸ → 拉伸曲面... 命令，系统弹出图 7.3.10 所示的“拉伸曲面”对话框。

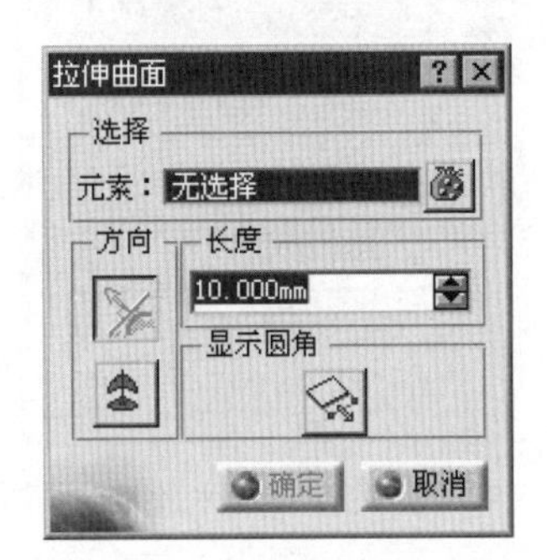

图 7.3.10　“拉伸曲面”对话框

图 7.3.10 所示“拉伸曲面”对话框中部分选项的说明如下。

- 按钮：该按钮是根据曲面的法线拉伸。
- 按钮：该按钮是沿指南针给出的方向拉伸。
- 长度 文本框：用于定义拉伸长度。
- 按钮：用于显示拉伸操纵器。

步骤 03 定义拉伸类型和长度。在对话框中单击 按钮；在 长度 文本框中输入值 100。

步骤 04 定义拉伸方向。单击“工具仪表盘”工具栏中的 按钮，系统弹出“快速确定指南针方向”对话框，单击 按钮。

步骤 05 定义拉伸曲线。在绘图区选取图 7.3.9a 所示的曲线为拉伸曲线。

步骤 06 单击 确定 按钮，完成拉伸曲面的创建，如图 7.3.9b 所示。

7.3.5 旋转曲面

使用 Revolve... 命令可以选择已知的曲线和一个旋转轴创建旋转曲面。下面通过图 7.3.11 所示的实例，说明创建旋转曲面的操作过程。

图 7.3.11 旋转曲面

步骤 01 打开文件 D:\catrt20\work\ch07.03.05\Revolution_Surface.CATPart。

步骤 02 选择命令。选择下拉菜单 插入 → Surface Creation ▶ → Revolve... 命令，系统弹出图 7.3.12 所示的“旋转曲面定义”对话框。

图 7.3.12 “旋转曲面定义”对话框

图 7.3.12 所示“旋转曲面定义”对话框中部分选项的说明如下。

- 轮廓：文本框：单击此文本框，用户可以在绘图区指定旋转曲面的轮廓。
- 旋转轴：文本框：单击此文本框，用户可以在绘图区指定旋转曲面的旋转轴。
- 角限制 区域：用于定义旋转曲面的起始角度和终止角度，其包括 角度 1： 文本框和 角度 2： 文本框。
  - ☑ 角度 1： 文本框：用于定义旋转曲面的起始角度。
  - ☑ 角度 2： 文本框：用于定义旋转曲面的终止角度。

步骤 03 定义旋转曲面的轮廓。在绘图区选取图 7.3.11a 所示的曲线为旋转曲面的轮廓。

步骤 04 定义旋转轴。在 旋转轴： 文本框中右击，选择 Y 轴选项。

步骤 05 定义旋转曲面的旋转角度。在 角度 1： 的文本框中输入值 180，在 角度 2： 的文本框中输入值 0。

步骤 06 单击 确定 按钮，完成旋转曲面的创建，如图 7.3.11b 所示。

7.3.6 偏移曲面

使用Offset...命令可以通过偏移已知的曲面来创建新的曲面。下面通过图 7.3.13 所示的实例，说明创建偏移曲面的操作过程。

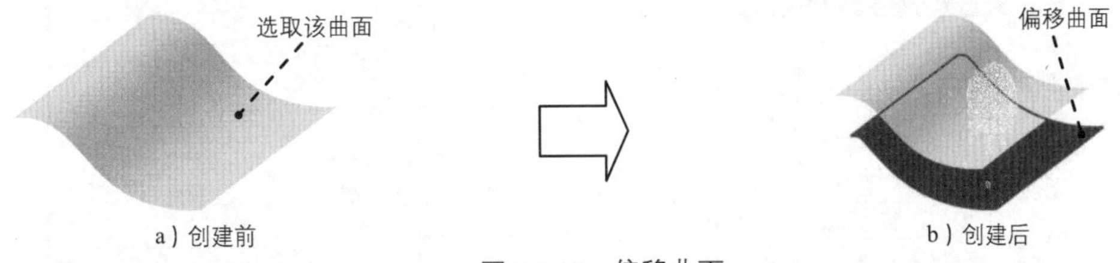

图 7.3.13 偏移曲面

步骤 01 打开文件 D:\catrt20\work\ch07.03.06\Offset_Surface.CATPart。

步骤 02 选择命令。选择下拉菜单插入 → Surface Creation ▸ → Offset...命令，系统弹出图 7.3.14 所示的“偏移曲面”对话框（一）。

图 7.3.14 所示“偏移曲面”对话框（一）中部分选项的说明如下。

- 类型区域：用于设置偏移曲面的创建类型，其包括简单单选项和变量单选项。
  - ☑ 简单单选项：使用该单选项创建的偏移曲面是偏移曲面上的所有点到初始曲面的距离均相等。
  - ☑ 变量单选项：使用该单选项创建的偏移曲面是由用户指定每个角的偏移距离。
- 限制区域：用于设置限制参数，其包括公差单选项、公差单选项后的文本框、阶次单选项、增量 U:文本框和增量 V:文本框。
  - ☑ 公差单选项：用于设置使用公差限制偏移曲面。
  - ☑ 阶次单选项：用于设置使用阶次限制偏移曲面。
  - ☑ 增量 U:文本框：用于定义 U 方向上的增量值。
  - ☑ 增量 V:文本框：用于定义 V 方向上的增量值。
- 更多...按钮：用于显示“偏移曲面”对话框中的其他参数。单击此按钮，“偏移曲面”对话框会变成图 7.3.15 所示。

图 7.3.15 所示改变后的“偏移曲面”对话框中的部分说明如下。

- 显示区域：用于显示偏移曲面的相关参数，其包括偏移值复选框、阶次复选框、法线复选框、公差复选框和圆角复选框。
  - ☑ 偏移值复选框：用于显示偏移曲面的偏移值。用户可以通过在偏移值上右击，在弹出的快捷菜单中选择编辑命令，之后在系统弹出的“编辑框”对话框中设置偏移值。

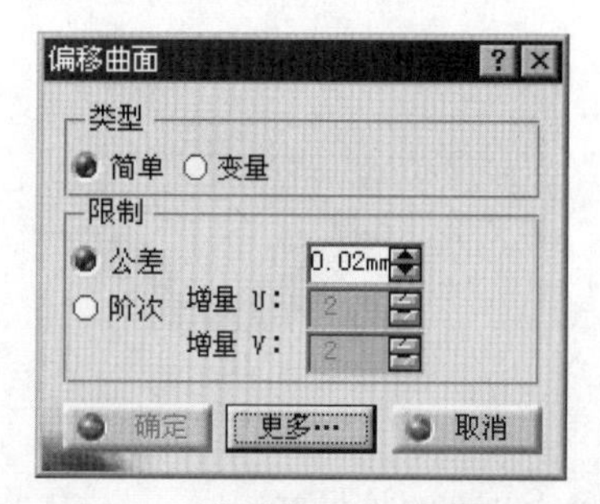

图 7.3.14 “偏移曲面”对话框（一）

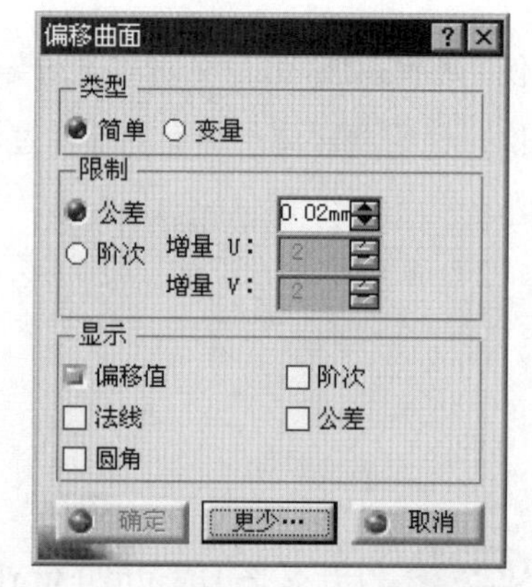

图 7.3.15 “偏移曲面”对话框（二）

☑ 阶次 复选框：用于显示偏移曲面的阶次。

☑ 法线 复选框：用于显示偏移曲面的偏移方向。用户可以通过单击图 7.3.16 所示的偏移方向箭头改变其方向。

☑ 公差 复选框：用于显示偏移曲面的公差。

☑ 圆角 复选框：用于显示偏移曲面的四个角的顶点，如图 7.3.17 所示。在使用“变量”的方式创建偏移曲面时，此复选框处于默认选中状态，方便设置。

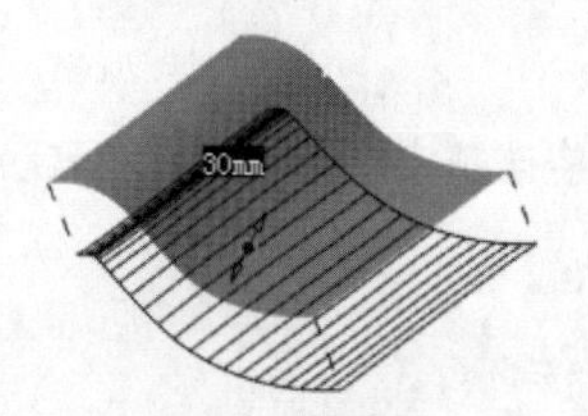

图 7.3.16 偏移方向

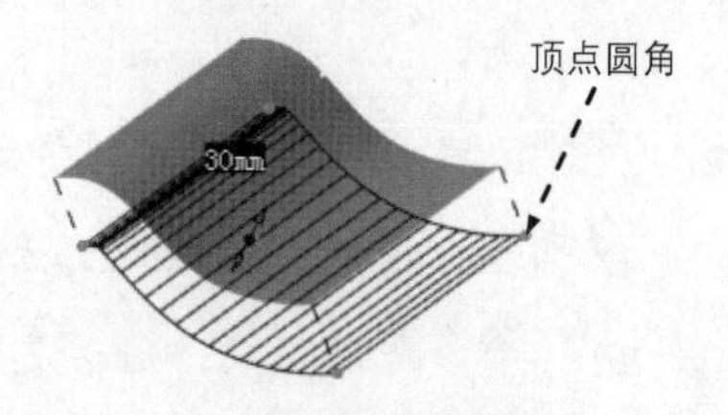

图 7.3.17 圆角

步骤 03 定义偏移初始面。在绘图区选取图 7.3.13a 所示的曲面为偏移初始面。

步骤 04 定义偏移距离。在图 7.3.18 所示的尺寸上右击，在弹出的快捷菜单中选择 编辑 命令，此时系统弹出图 7.3.19 所示的“编辑框”对话框。在“编辑框”对话框的 编辑值 文本框中输入值 30，单击 关闭 按钮。

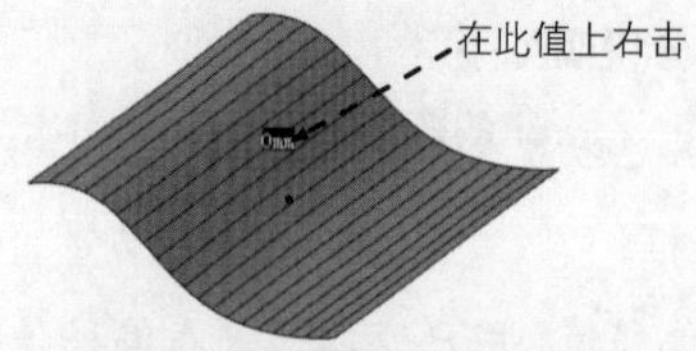

图 7.3.18 定义偏移距离

图 7.3.19 “编辑框”对话框

步骤05 设置限制参数。在“偏移曲面”对话框的限制区域选中阶次单选项，并在增量 U:文本框和增量 V:本框中分别输入值 2。

步骤06 单击确定按钮，完成偏移曲面的创建，如图 7.3.13b 所示。

注意：曲面偏移后不会保留原曲面，如要保留原曲面，需要将偏移曲面复制。

7.3.7 外插延伸

使用 Styling Extrapolate... 命令可以将曲线或曲面沿着与原始曲线或曲面的相切方向延伸。下面通过图 7.3.20 所示的实例，说明创建外插延伸曲面的操作过程。

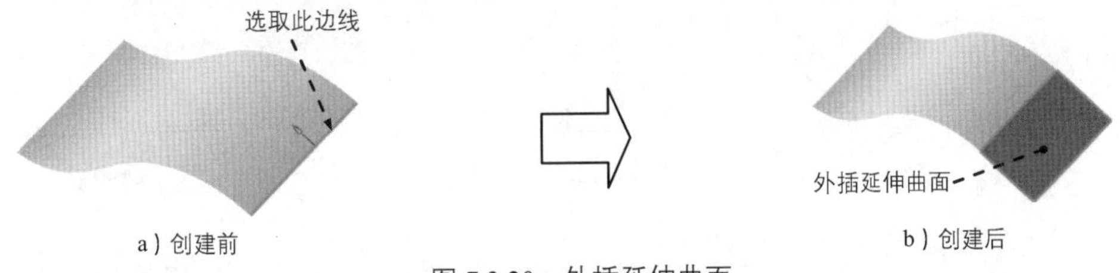

图 7.3.20 外插延伸曲面

步骤01 打开文件 D:\catrt20\work\ch07.03.07\Styling_Extrapolate.CATPart。

步骤02 选择命令。选择下拉菜单 插入 → Surface Creation ▸ → Styling Extrapolate... 命令，系统弹出图 7.3.21 所示的“外插延伸”对话框。

图 7.3.21 “外插延伸”对话框

图 7.3.21 所示“外插延伸”对话框中部分选项的说明如下。

- 类型区域：用于设置外插延伸的类型，其包括切线单选项和曲率单选项。
  - ☑ 切线单选项：使用该单选项是按照指定元素处的切线方向延伸。
  - ☑ 曲率单选项：使用该单选项是按照指定元素处的曲率方向延伸。
- 长度：文本框：用于定义外插延伸的长度值。
- 精确复选框：当选中此复选框时，外插延伸使用精确的延伸方式；反之，则使用粗糙的延伸方式。

步骤03 定义延伸边线。在绘图区选取图 7.3.20a 所示的边线为延伸边线。

步骤 04 定义外插延伸的延伸类型。在对话框的类型区域选中● 切线单选项。

步骤 05 定义外插延伸的长度值。在对话框的长度：文本框中输入值 50，然后按 Enter 键。

步骤 06 单击 确定按钮，完成外插延伸曲面的创建，如图 7.3.20b 所示。

7.3.8 桥接

使用 Blend Surface... 命令可以在两个不相交的已知曲面间创建桥接曲面。下面通过图 7.3.22 所示的实例，说明创建桥接曲面的操作过程。

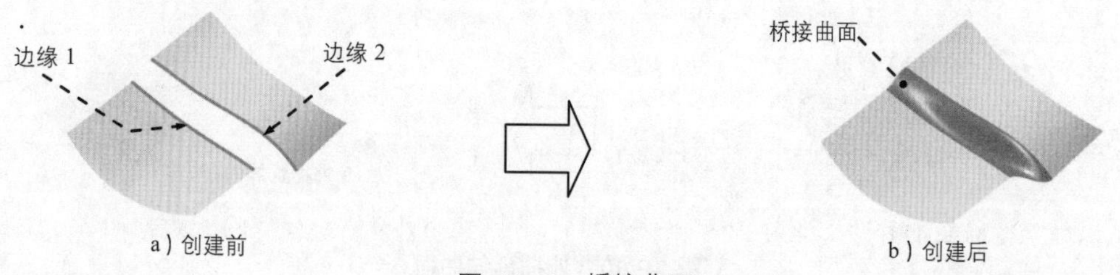

a）创建前　　b）创建后

图 7.3.22　桥接曲面

步骤 01 打开文件 D:\catrt20\work\ch07.03.08\Blend_Surfaces.CATPart。

步骤 02 选择命令。选择下拉菜单插入 → Surface Creation ▸ → Blend Surface... 命令，系统弹出图 7.3.23 所示的"桥接曲面"对话框。

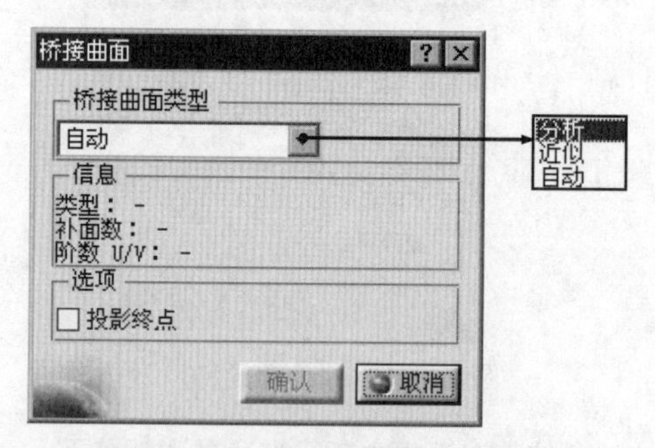

图 7.3.23 "桥接曲面"对话框

图 7.3.23 所示"桥接曲面"对话框中部分选项的说明如下。

- 桥接曲面类型下拉列表：用于选择桥接曲面的桥接类型，其包括分析选项、近似选项和自动选项。
  - ☑ 分析选项：该选项是当选取的桥接曲面边缘为等参的曲线时，系统将根据选取的面的控制点创建精确的桥接曲面。
  - ☑ 近似选项：该选项是无论选取的桥接曲面边缘为什么类型的曲线，系统将根据初始曲面的近似值创建桥接曲面。

☑ 自动选项：该选项是最优的计算模式，系统将使用“分析”方式创建桥接曲面，如果不能创建桥接曲面，则使用“近似”方式创建桥接曲面。

- 信息区域：用于显示桥接曲面的相关信息，其包括“类型”“补面数”“阶数”等相关信息的显示。
- 投影终点复选框：当选中此复选框时，系统会将先选取的较小边缘的终点投影到与之桥接的边缘上，如图 7.3.24 所示。相应文件存放于 D:\catrt20\work\ch07.03.08\Blend_Surfaces_01.CATPart。

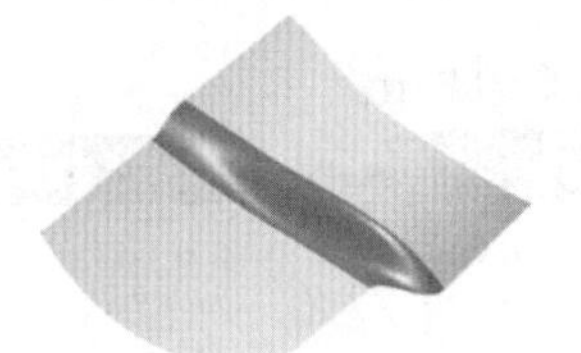
a）未选中时

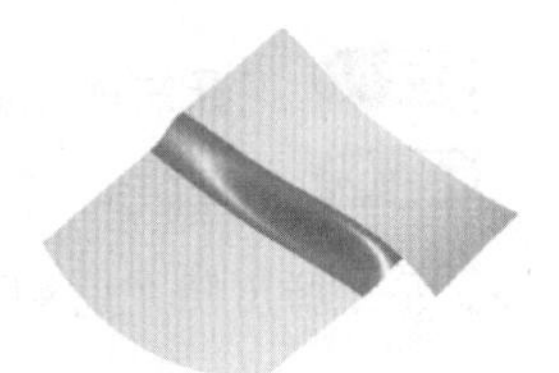
b）选中时

图 7.3.24 选中“投影终点”复选框

步骤 03 定义桥接类型。在对话框的桥接曲面类型下拉列表中选择分析选项。

步骤 04 定义桥接曲面的桥接边缘。在绘图区选取图 7.3.22a 所示的边缘 1 和边缘 2 为桥接边缘，系统自动预览桥接曲面，如图 7.3.25 所示。

步骤 05 设置桥接边缘的连续性。右击图 7.3.25 所示的“点”连续，在弹出的图 7.3.26 所示的快捷菜单中选择曲率连续命令，同样方法将另一处的“点”连续设置为“曲率连续”。

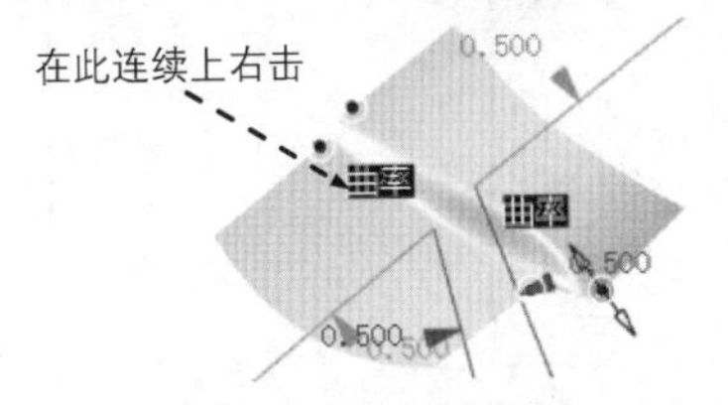

图 7.3.25 预览桥接曲面

图 7.3.26 快捷菜单

图 7.3.26 所示快捷菜单中各命令的说明如下。

- 点连续：连接曲面分享它们公共边上的每一点，其间没有间隙。
- 切线连续：连接曲面分享连接线上每一点的切平面。
- 比例：与切线连续性相似，也是分享在连接线上每一点的切平面，但是从一点到另一点的纵向变化是平稳的。
- 曲率连续：连接曲面分享连接线上每一点的曲率和切平面。

步骤 06 单击确定按钮，完成桥接曲面的创建，如图 7.3.22b 所示。

7.3.9 样式圆角

使用 FSS 样式圆角... 命令可以在两个相交的已知曲面间创建圆角曲面。下面通过图 7.3.27 所示的实例，说明创建圆角曲面的操作过程。

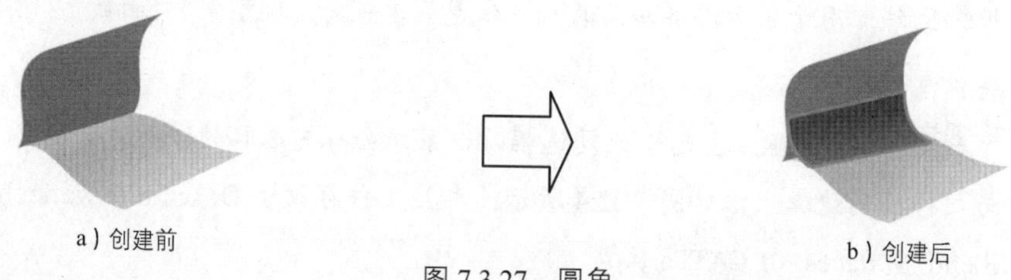

图 7.3.27 圆角

步骤 01 打开文件 D:\catrt20\work\ch07.03.09\ACA_Fillet.CATPart。

步骤 02 选择命令。选择下拉菜单 插入 → Surface Creation ▸ → FSS 样式圆角... 命令，系统弹出图 7.3.28 所示的“样式圆角”对话框（一）。

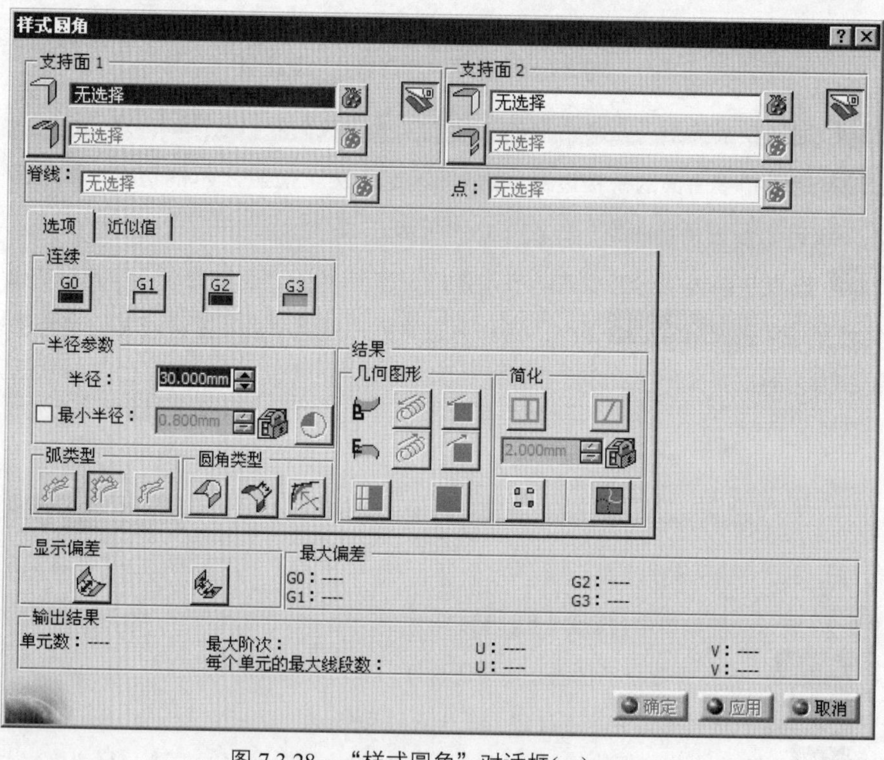

图 7.3.28 “样式圆角”对话框(一)

图 7.3.28 所示“样式圆角”对话框（一）中部分选项的说明如下。

- 连续 区域：用于选择连续性的类型，其包括 G0、G1、G2 和 G3 四种类型。
  ☑ G0 按钮：圆角后的曲面与源曲面保持位置连续关系。

☑ G1按钮：圆角后的曲面与源曲面保持相切连续关系。

☑ G2按钮：圆角后的曲面与源曲面保持曲率连续关系。

☑ G3按钮：圆角后的曲面与源曲面保持曲率的变化率连续关系。

- 弧类型区域：用于选择圆弧的类型，其包括（桥接）、（近似值）和（精确）三种类型；此下拉列表只使用于G1连续。

  ☑ （桥接）按钮：用于在迹线间创建桥接曲面。

  ☑ （近似值）按钮：用于创建近似于圆弧的贝塞尔曲线曲面。

  ☑ （精确）按钮：用于使用圆弧创建有理曲面。

- 半径：文本框：用于定义圆角的半径。
- 最小半径：复选框：用于设置最小圆角的相关参数。
- 圆角类型区域：用于设置圆角的类型，其包括（可变半径）、（弦圆角）和（最小真值）三种类型。

  ☑ 复选框：用于设置使用可变半径。

  ☑ 复选框：用于设置使用弦的长度的穿越部分取代半径来定义圆角面。

  ☑ 复选框：用于设置最小半径受到系统依靠G2、G3连续计算出来的迹线约束。此复选框仅当连续类型为G2、G3连续时可用。

步骤03 定义圆角对象。选取图7.3.27a所示的两个曲面为圆角对象。

步骤04 定义圆角曲面的连续性。在连续区域中单击G2选项。

步骤05 定义圆角曲面的阶次。单击近似值选项卡，“样式圆角”对话框变为图7.3.29所示的“样式圆角”对话框（二），在轨迹方向的几何图形区域中的最大阶次：文本框中输入值6。

图7.3.29所示“样式圆角”对话框（二）中部分选项的说明如下。

- 文本框：用于设置创建的圆角曲面的公共边的公差。
- 轨迹方向的几何图形区域：用于设置圆角面公共边的阶次。用户可以在其下的最大阶次：文本框中输入圆角曲面的阶次值。
- 参数下拉列表：用于设置圆角曲面的参数类型，其包括默认值选项、补面1选项、补面2选项、平均值选项、桥接选项和弦选项。

  ☑ 默认值选项：用于设置采用计算的最佳参数。

  ☑ 补面1选项：用于设置采用第一个初始曲面的参数。

  ☑ 补面2选项：用于设置采用第二个初始曲面的参数。

  ☑ 平均值选项：用于设置采用二个初始曲面的平均参数。

  ☑ 桥接选项：用于设置采用与混合迹线相应的参数。

  ☑ 弦选项：用于设置采用弦的参数。

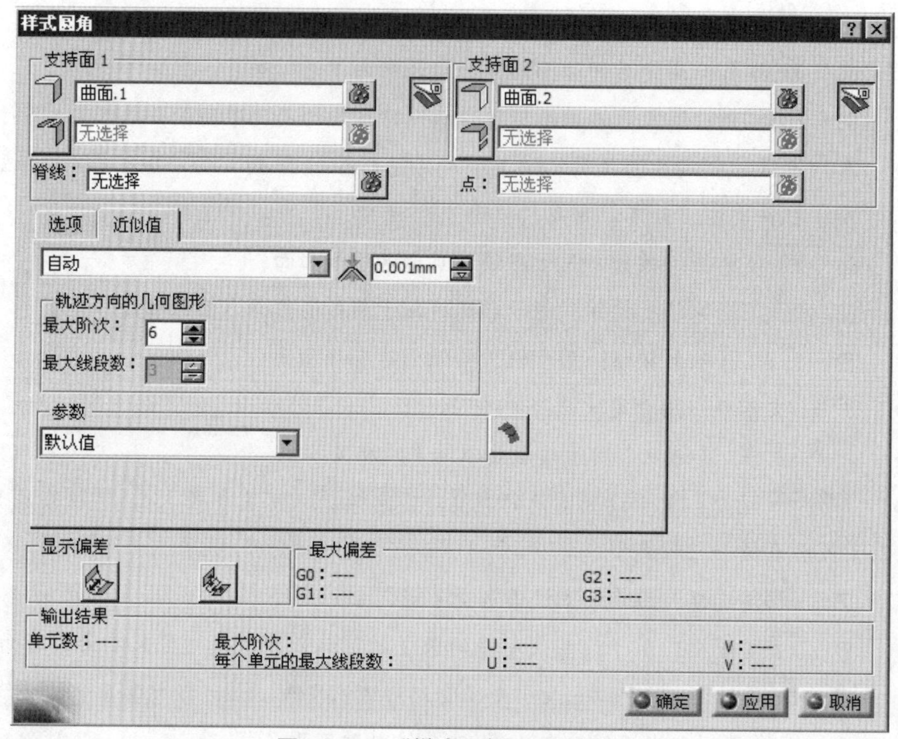

图 7.3.29 “样式圆角”对话框(二)

步骤 06 定义圆角半径。单击 选项 选项卡，在 半径： 文本框中输入值 30。

步骤 07 单击 确定 按钮，完成圆角的创建，如图 7.3.27b 所示。

7.3.10 填充

使用 Fill... 命令可以在一个封闭区域内创建曲面。下面通过图 7.3.30 所示的实例，说明创建填充曲面的操作过程。

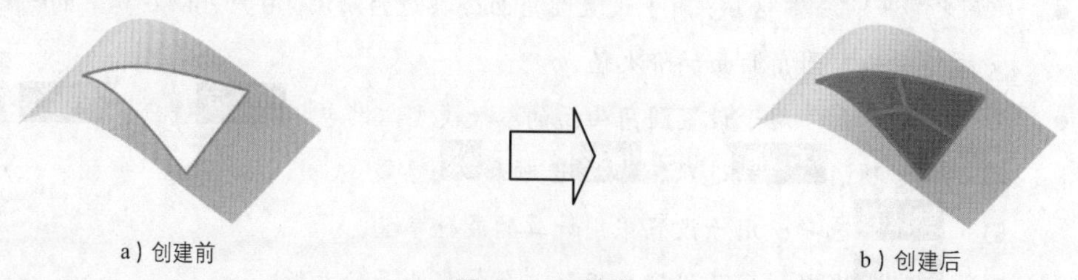

图 7.3.30 填充

说明：使用此种方式创建的填充曲面是没有关联性的。

步骤 01 打开文件 D:\catrt20\work\ch07.03.10\Filling_Surfaces.CATPart。

步骤 02 选择命令。选择下拉菜单 插入 → Surface Creation ▸ → Fill... 命令，

系统弹出图 7.3.31 所示的“填充”对话框。

图 7.3.31 所示“填充”对话框中部分选项的说明如下。

- 按钮：该按钮是根据曲面的法线填充。
- 按钮：该按钮是沿指南针给出的方向填充。

图 7.3.31 “填充”对话框

步骤 03 定义填充区域。选取图 7.3.30a 所示的三角形的三条边线为填充区域，此时在绘图区显示图 7.3.32 所示的填充曲面预览。

步骤 04 定义相交点的坐标。右击相交点，在系统弹出的快捷菜单中选择 编辑 命令，系统弹出图 7.3.33 所示的“调谐器”对话框。按照从上到下的顺序依次在 位置 区域的三个文本框中输入值 2，6，32，单击 关闭 按钮，关闭“调谐器”对话框。

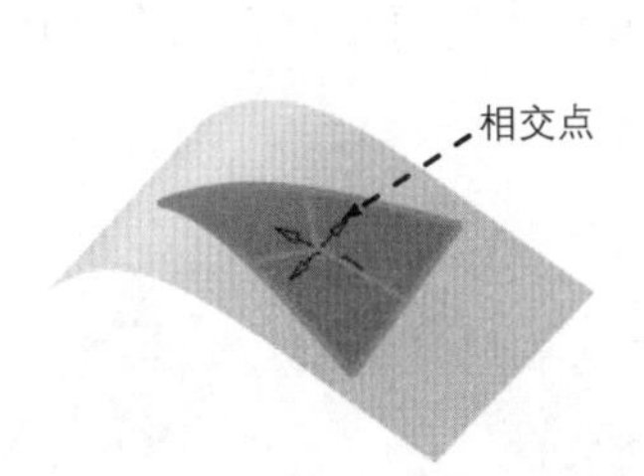

图 7.3.32 填充曲面预览

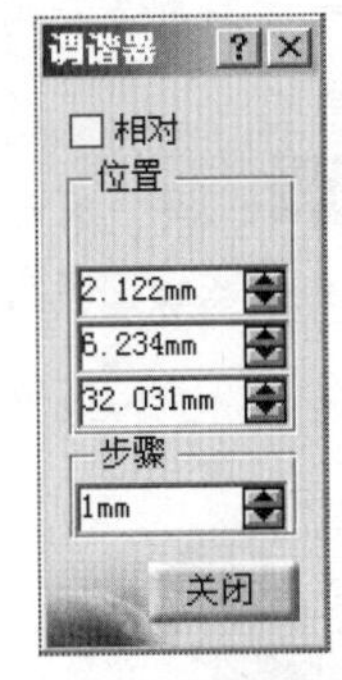

图 7.3.33 “调谐器”对话框

步骤 05 单击 确定 按钮，完成填充曲面的创建，如图 7.3.30b 所示。

7.3.11 自由填充

使用 FreeStyle Fill... 命令可以在一个封闭区域内创建曲面。下面通过图 7.3.34 所示的实例，说明创建自由填充曲面的操作过程。

说明：使用此种方式创建的填充的曲面是有关联性的。

步骤 01 打开文件 D:\catrt20\work\ch07.03.11\FreeSyle_Filling.CATPart。

步骤 02 选择命令。选择下拉菜单 插入 → Surface Creation ▸ → FreeStyle Fill... 命令，系统弹出图 7.3.35 所示的“填充”对话框。

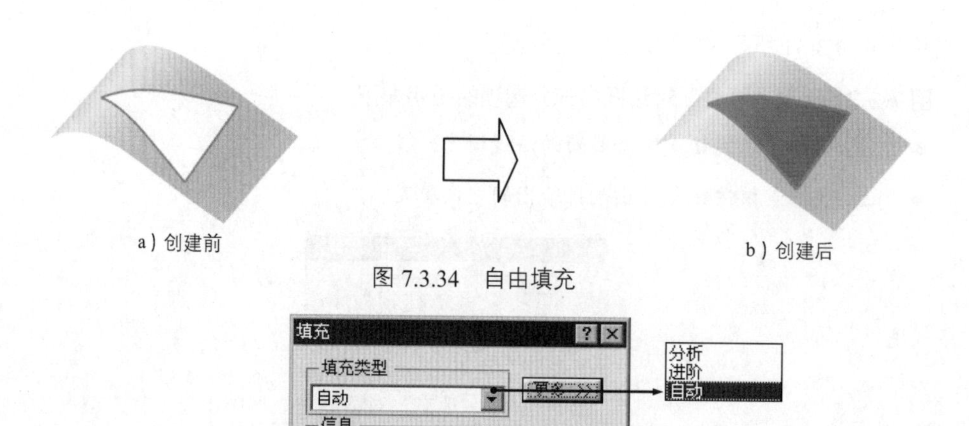

图 7.3.34　自由填充

图 7.3.35　“填充”对话框

图 7.3.35 所示“填充”对话框中部分选项的说明如下。

- 填充类型下拉列表：用于选择填充曲面的创建类型，其包括分析选项、进阶选项和自动选项。
  - ☑ 分析选项：用于根据选定的填充元素数目创建一个或多个填充曲面，如图 7.3.26 所示。

图 7.3.36　“分析”选项

  - ☑ 进阶选项：用于创键一个填充曲面。
  - ☑ 自动选项：该选项是最优的计算模式，系统将使用“分析”方式创建填充曲面，如果不能创建填充曲面，则使用“进阶”方式创建填充曲面。
- 信息区域：用于显示桥接曲面的相关信息，其包括“类型”“补面数”“阶次”等相关信息的显示。
- 更多 >>按钮：用于显示“填充”对话框中的其他参数。单击此按钮，显示“填充”对话框的更多参数，如图 7.3.37 所示。

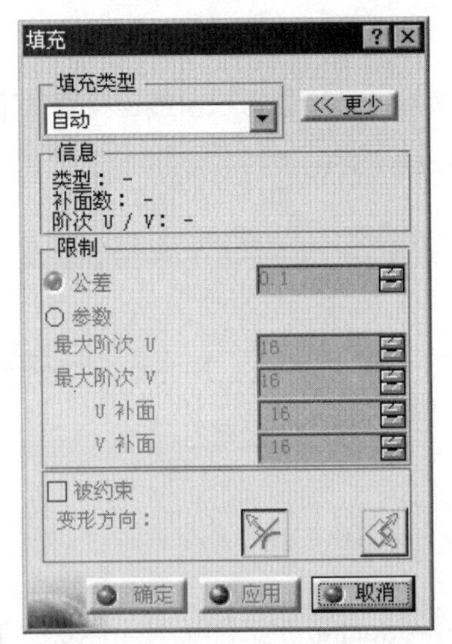

图 7.3.37 “填充”对话框的其他参数

图 7.3.37 所示“填充”对话框的其他参数中部分选项的说明如下。

- 限制 区域：用于设置限制参数，其包括 公差 单选项、公差 单选项后的文本框、参数 单选项、最大阶次 U 文本框、最大阶次 V 文本框、U 补面 文本框和 V 补面 文本框。此区域仅当 填充类型 为 进阶 时可用。
  - ☑ 公差 单选项：用于设置使用公差限制填充曲面，用户可以在其后的文本框中定义公差值。
  - ☑ 参数 单选项：用于设置使用参数限制填充曲面。
  - ☑ 最大阶次 U 文本框：用于定义 U 方向上曲面的最大阶次。
  - ☑ 最大阶次 V 文本框：用于定义 V 方向上曲面的最大阶次。
  - ☑ U 补面 文本框：用于定义 U 方向上曲面的补面数。
  - ☑ V 补面 文本框：用于定义 V 方向上曲面的补面数。
- 被约束 区域：用于设置使用约束方向控制曲面的形状，其包括按钮和按钮。
  - ☑ 按钮：该按钮是根据曲面的法线控制填充曲面的形状。
  - ☑ 按钮：该按钮是沿指南针给出的方向控制填充曲面的形状。

步骤 03 定义填充曲面创建类型。在 填充类型 下拉列表中选择 自动 选项。

步骤 04 定义填充范围。依次选取图 7.3.34a 所示的 3 条边线为填充范围。

步骤 05 单击 确定 按钮，完成自由填充曲面的创建，如图 7.3.34b 所示。

7.3.12 网状曲面

使用 Net Surface... 命令可以通过已知的网状曲线创建面。下面通过图 7.3.38 所示的实例，说明创建网状曲面的操作过程。

图 7.3.38 网状曲面

步骤 01 打开文件 D:\catrt20\work\ch07.03.12\Net_Surface.CATPart。

步骤 02 选择命令。选择下拉菜单 插入 → Surface Creation ▸ → Net Surface... 命令，系统弹出图 7.3.39 所示的“网状曲面”对话框。

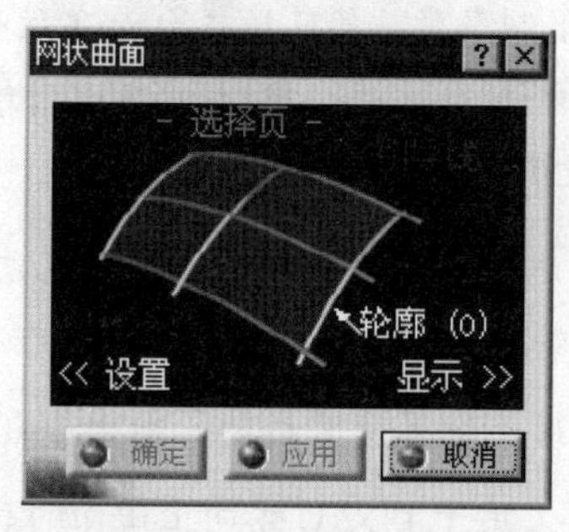

图 7.3.39 “网状曲面”对话框

步骤 03 定义引导线。按住 Ctrl 键在绘图区依次选取图 7.3.38a 所示的曲线 1 为主引导线，曲线 2 和曲线 3 为引导线。

步骤 04 定义轮廓。在对话框中单击“轮廓”字样，然后按住 Ctrl 键在绘图区依次选取图 7.3.38a 所示的曲线 4 为主轮廓，曲线 5 为轮廓。

步骤 05 单击 应用 按钮，预览创建的网状曲面，如图 7.3.40 所示。

步骤 06 复制主线的参数到曲面上。在对话框中单击“设置”字样进入“设置页”，然后在“工具仪表盘”工具栏中单击 按钮，显示曲面阶次如图 7.3.41 所示。然后单击“复制（d）网格曲面上”字样，单击 应用 按钮，此时曲面阶次如图 7.3.42 所示。

说明：“复制（d）网格曲面上”是将主引导线和主轮廓曲线上的参数复制到曲面上。

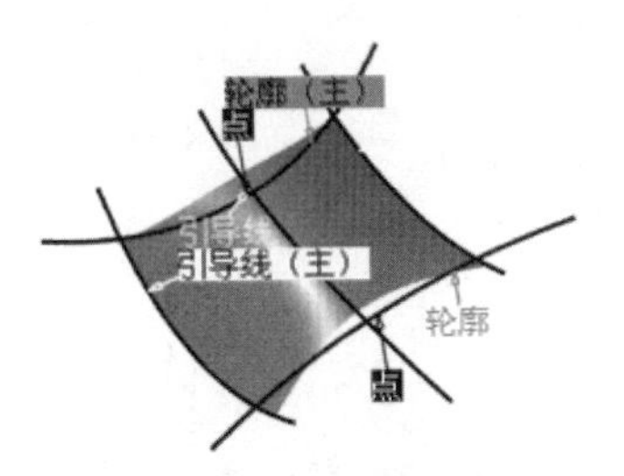

图 7.3.40　预览网状曲面

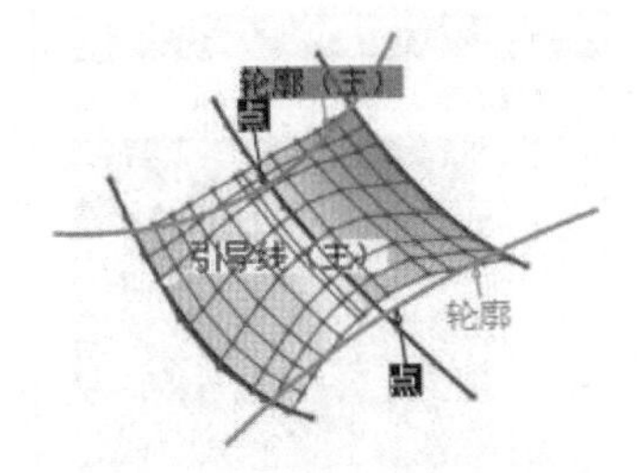

图 7.3.41　显示网状曲面的阶次

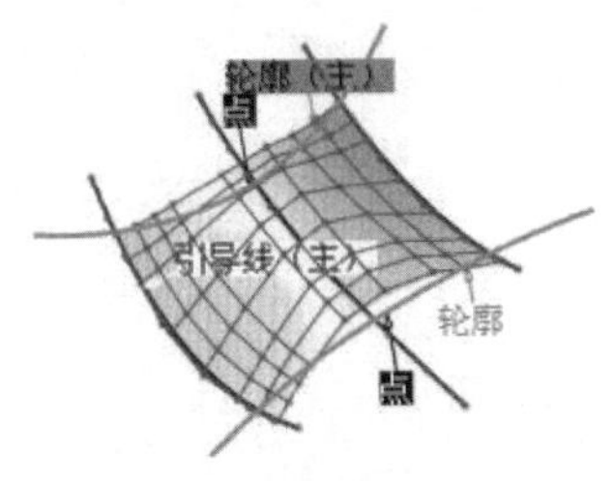

图 7.3.42　复制主线参数到曲面上

步骤 07 定义轮廓沿引导线的位置。单击“选择”字样，回到“选择页”，单击“显示”字样进入“显示页”；然后单击“移动框架”字样，在绘图区显示图 7.3.43 所示的框架。将鼠标指针靠近绘图区的框架，当在绘图区出现“平面的平行线”字样时右击，系统弹出图 7.3.44 所示的快捷菜单。在该快捷菜单中选择 主引导曲线的垂线 命令，此时在绘图区的框架变成图 7.3.45 所示的方向。

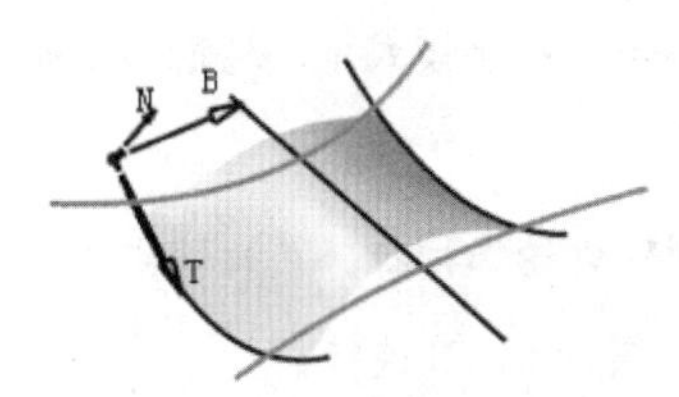

图 7.3.43　显示框架

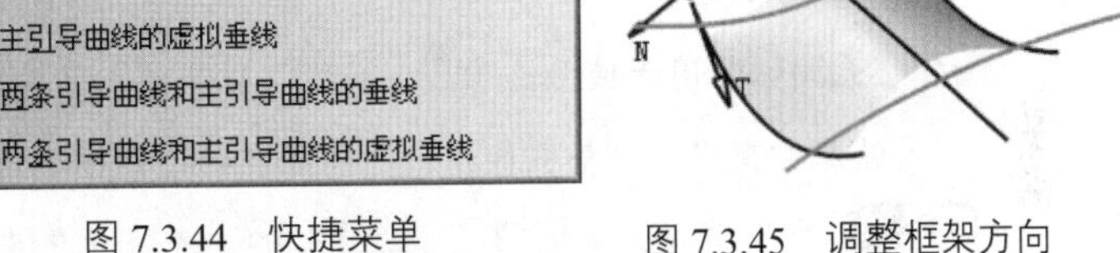

图 7.3.44　快捷菜单

图 7.3.45　调整框架方向

说明：图 7.3.44 所示的快捷菜单用于定义轮廓沿着引导线的位置。

步骤 08 单击 确定 按钮，完成网状曲面的创建，如图 7.3.38b 所示。

7.3.13　扫掠曲面

使用 Styling Sweep... 命令可以通过已知的轮廓曲线、脊线和引导线创建曲面。下面通过图 7.3.46 所示的实例，说明创建扫掠曲面的操作过程。

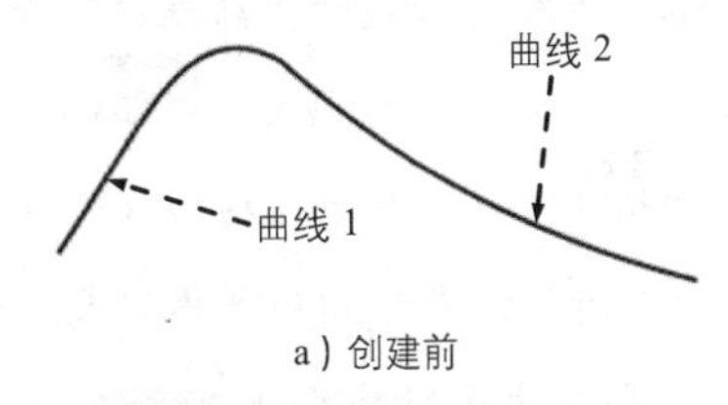

a）创建前

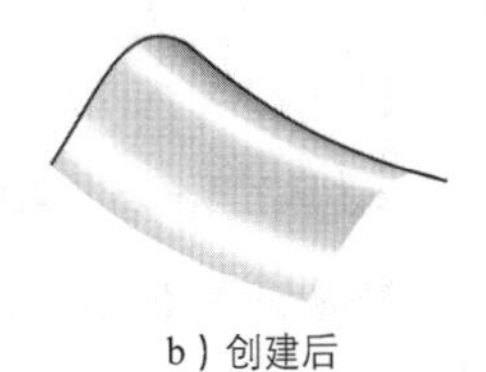
b）创建后

图 7.3.46　扫掠曲面

步骤 01 打开文件 D:\catrt20\work\ch07.03.13\Styling_Sweep.CATPart。

步骤 02 选择命令。选择下拉菜单 插入 → Surface Creation ▸ → Styling Sweep... 命令，系统弹出图 7.3.47 所示的“样式扫掠”对话框。

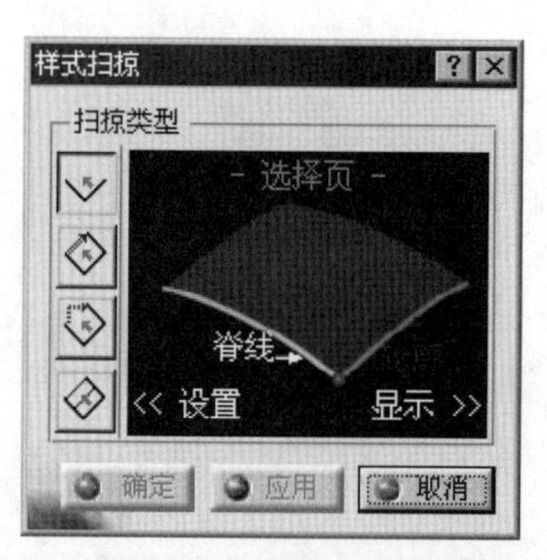

图 7.3.47 “样式扫掠”对话框

图 7.3.47 所示“样式扫掠”对话框中部分选项的说明如下。

- 按钮：用于使用轮廓线和脊线创建简单扫掠。
- 按钮：用于使用轮廓线、脊线和引导线创建扫掠和捕捉。在此模式中，轮廓未变形且仅在引导线上捕捉。
- 按钮：用于使用轮廓线、脊线和引导线创建扫掠和拟合。在此模式中，轮廓被变形以拟合引导线。
- 按钮：用于使用轮廓线、脊线、引导线和参考轮廓创建近轮廓扫掠。在此模式中，轮廓被变形以拟合引导线，并确保在引导线接触点处参考轮廓的 G1 连续。

步骤 03 定义轮廓。在绘图区选取图 7.3.46a 所示的曲线 1 为轮廓曲线。

步骤 04 定义脊线。在对话框中单击“脊线”字样，然后在绘图区选取图 7.3.46a 所示的曲线 2 为脊线。

步骤 05 单击 确定 按钮，完成扫掠曲面的创建，如图 7.3.46b 所示。

说明：

- 用户可以通过单击“设置”字样对扫掠曲面的“最大偏差”“阶次”进行设置。
- 用户可以通过单击“显示”字样对扫掠曲面的“限制点”“信息”“移动框架”等参数进行设置。其中该命令为“移动框架”提供了四个子命令，分别为：平移命令、在轮廓上命令、固定方向命令和轮廓的切线命令。平移命令：表示在扫掠过程中，轮廓沿着脊线做平移运动。在轮廓上命令：表示轮廓沿脊线外形扫掠并保证它们的相对位置不发生改变。固定方向命令：表示轮廓沿着指南针方向做平移扫掠。轮廓的切线命令：表示轮廓沿着指南针方向做平移扫掠，并确保与脊线始终不变的相切位置。

7.4 曲线与曲面操作

7.4.1 中断

使用 断开... 命令可以中断已知曲面或曲线，从而达到修剪的效果。下面通过图 7.4.1 所示的实例，说明中断的操作过程。

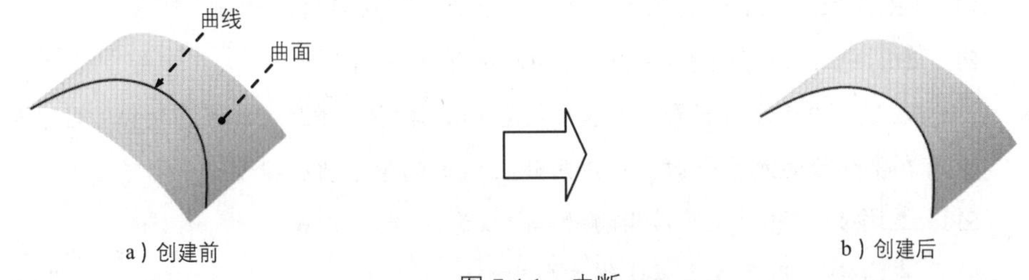

图 7.4.1 中断

步骤 01 打开文件 D:\catrt20\work\ch07.04.01\BreakSurface.CATPart。

步骤 02 选择命令。选择下拉菜单 插入 → Operations ▸ → 断开... 命令，系统弹出图 7.4.2 所示的"断开"对话框。

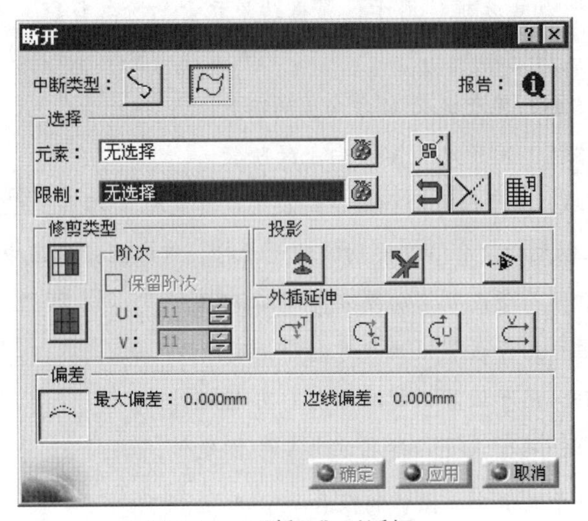

图 7.4.2 "断开"对话框

图 7.4.2 所示"断开"对话框中部分选项的说明如下。

- 中断类型：区域：用于定义中断的类型，其包括按钮和按钮。
  - ☑ 按钮：用于通过一个或多个点，一条或多条曲线，一个或多个曲面中断一条或多条曲线。
  - ☑ 按钮：用于一条或多条曲线，一个或多个平面或曲面中断一个或多个曲面。
- 选择 区域：用于定义要切除元素和限制元素，其包括 元素： 文本框、限制： 文本框和按钮。

☑ 元素：文本框：选择要切除的元素。

☑ 限制：文本框：选择要切除的元素的限制元素。

☑ 按钮：用于中断元素和限制元素。

- 修剪类型区域：用于设置修剪后控制点网格的类型，其包括按钮和按钮。

☑ 按钮：用于设置保留原始元素上的控制点网格。

☑ 按钮：用于设置按 U/V 方向输入缩短控制点网格。

- 投影区域：用于设置投影的类型，其包括按钮、按钮和按钮。当限制元素没有在要切除的元素上时，可以用此区域中的命令进行投影。

☑ 按钮：用于设置沿指南针方向投影。

☑ 按钮：用于设置沿法线方向投影。

☑ 按钮：用于设置沿用户视角投影。

- 阶次子区域：用于定义阶数的相关参数，其包括保留阶次复选框、U：文本框和V：文本框。

☑ 保留阶次复选框：用于设置将结果元素的阶数保留为与初始元素的阶数相同。

☑ U：文本框：用于定义 U 方向上的阶数。

☑ V：文本框：用于定义 V 方向上的阶数。

- 外插延伸区域：用于设置外插延伸的类型，其包括按钮、按钮、按钮和按钮。当限制元素没有贯穿要切除的元素时，可以用此区域中的命令进行延伸。

☑ 按钮：用于设置沿切线方向外插延伸。

☑ 按钮：用于设置沿曲率方向外插延伸。

☑ 按钮：用于设置沿标准方向 U 外插延伸。

☑ 按钮：用于设置沿标准方向 V 外插延伸。

- 按钮：用于显示中断操作的报告。

步骤 03 定义要中断类型。在对话框中单击按钮。

步骤 04 定义要中断的曲面。在绘图区选取图 7.4.1a 所示的曲面为要中断的曲面。

步骤 05 定义限制元素。在绘图区选取图 7.4.1a 所示的曲线为限制元素。

步骤 06 单击应用按钮，此时在绘图区显示曲面已经被中断，如图 7.4.3 所示。

步骤 07 定义保留部分。在绘图区选取图 7.4.4 所示的曲面为要保留的曲面。

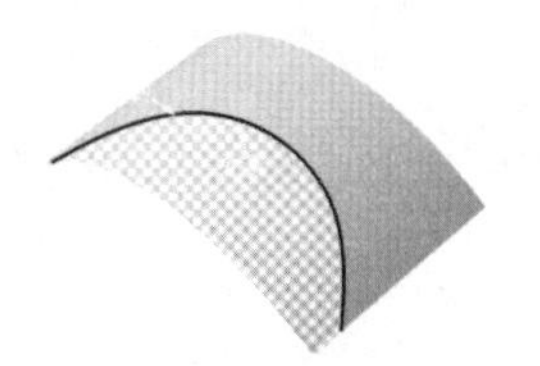
图 7.4.3 中断曲面

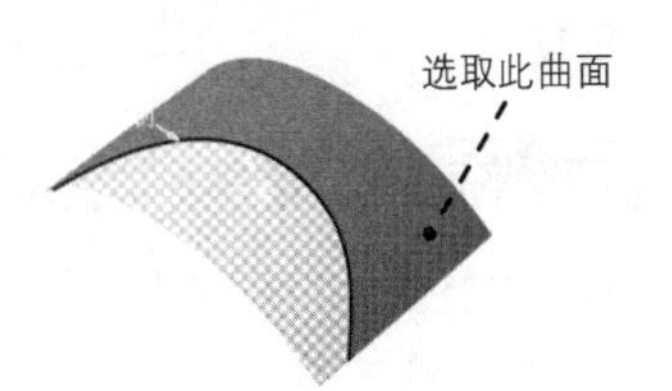

图 7.4.4 定义保留部分

步骤 08 单击 确定 按钮，完成中断曲面的创建，如图 7.4.1b 所示。

7.4.2 取消修剪

使用 Untrim... 命令可以取消以前对曲面或曲线所创建的所有修剪操作，从而使其恢复修剪前的状态。下面通过图 7.4.5 所示的实例，说明取消修剪的操作过程。

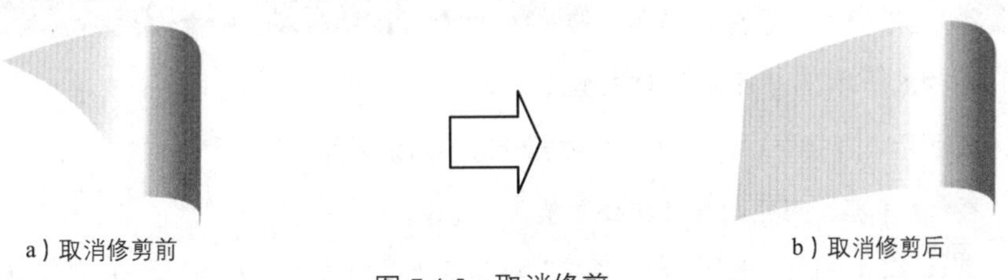

图 7.4.5 取消修剪

步骤 01 打开文件 D:\catrt20\work\ch07.04.02\UntrimSurface.CATPart。

步骤 02 选择命令。选择下拉菜单 插入 → Operations ▸ → Untrim... 命令，系统弹出图 7.4.6 所示的“取消修剪”对话框。

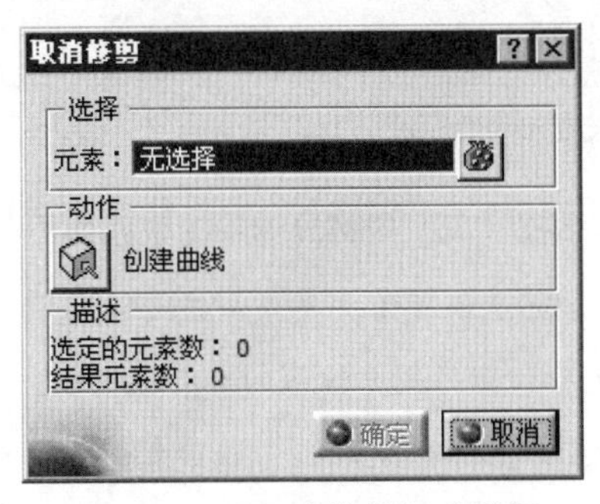

图 7.4.6 “取消修剪”对话框

步骤 03 定义取消修剪对象。在绘图区选取图 7.4.5a 所示的曲面为取消修剪的对象。

步骤 04 单击 确定 按钮，完成取消修剪的编辑，如图 7.4.5b 所示。

7.4.3 连接

使用 Concatenate... 命令可以将已知的两个曲面或曲线连接到一起，从而使它们成一个曲面。下面通过图 7.4.7 所示的实例，说明连接的操作过程。

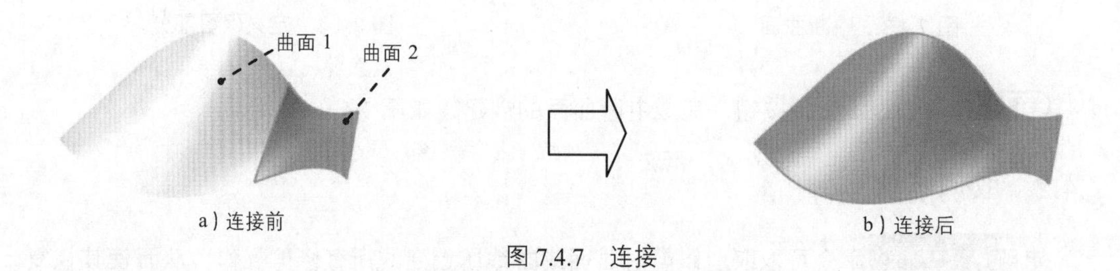

图 7.4.7 连接

步骤 01 打开文件 D:\catrt20\work\ch07.04.03\Concatenate.CATPart。

步骤 02 选择命令。选择下拉菜单 插入 → Operations ▸ → Concatenate... 命令，系统弹出图 7.4.8 所示的“连接”对话框（一）。

图 7.4.8 所示“连接”对话框（一）中部分选项的说明如下。

- 文本框：用于设置连接公差值。
- 更多 >> 按钮：用于显示“连接”对话框更多的选项。单击此按钮，“连接”对话框显示图 7.4.9 所示的更多选项。

图 7.4.8 “连接”对话框（一）

图 7.4.9 “连接”对话框（二）

图 7.4.9 所示“连接”对话框（二）中部分选项的说明如下。

- 信息 复选框：用于显示偏差值，序号和线段数。
- 自动更新公差 复选框：如果用户设置的公差值过小，系统会自动更新误差。

步骤 03 定义连接公差值。在 文本框中输入值 0.3。

步骤 04 定义连接对象。按住 Ctrl 键在绘图区选取图 7.4.7 所示的曲面 1 和曲面 2。

步骤 05 单击 应用 按钮，然后单击 确定 按钮，完成连接曲面的创建，如图 7.4.7b 所示。

7.4.4 分割

使用 Fragmentation... 命令可以将一个已知的多弧几何体沿 U/V 方向分割成若干个单弧几何体，其对象可以是曲线或者曲面。下面通过图 7.4.10 所示的实例，说明分割的操作过程。

图 7.4.10 分割

步骤 01 打开文件 D:\catrt20\work\ch07.04.04\Fragmentation.CATPart。

步骤 02 选择命令。选择下拉菜单 插入 → Operations ▸ → Fragmentation... 命令，系统弹出图 7.4.11 所示的“分割”对话框。

图 7.4.11 “分割”对话框

图 7.4.11 所示“分割”对话框中部分选项的说明如下。

- U 方向 单选项：用于设置在 U 方向上分割元素。
- V 方向 单选项：用于设置在 V 方向上分割元素。
- UV 方向 单选项：用于设置在 U 方向上和 V 方向上分割元素。

步骤 03 定义分割类型。在 类型 区域中选中 U 方向 单选项，设置在 U 方向上分割元素。

步骤 04 定义分割对象。在绘图区选取图 7.4.10a 所示的曲面为分割对象。

步骤 05 单击 确定 按钮，完成分割曲面的创建，如图 7.4.10b 所示。

7.4.5 曲线/曲面的转换

使用 Converter Wizard... 命令可以将有参曲线或曲面转换为 NUPBS（非均匀多项式 B 样条）曲线或曲面，并修改所有曲线或曲面上的弧数量（阶次）。下面通过图 7.4.12 所示的实例，说明曲线/曲面的转换的操作过程。

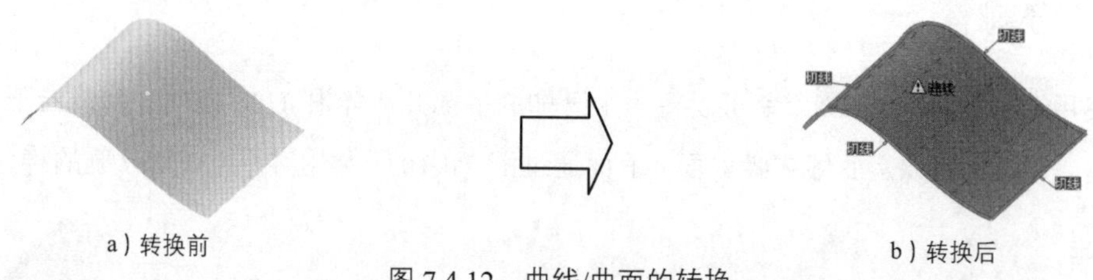

a）转换前　　b）转换后

图 7.4.12　曲线/曲面的转换

步骤 01 打开文件 D:\catrt20\work\ch07.04.05\ConverterWizard.CATPart。

步骤 02 选择命令。选择下拉菜单 插入 → Operations ▸ → Converter Wizard... 命令，系统弹出图 7.4.13 所示的“转换器向导”对话框（一）。

图 7.4.13　“转换器向导”对话框（一）

图 7.4.13 所示“转换器向导”对话框（一）中部分选项的说明如下。

- 按钮：用于设置转换公差值。当此按钮处于按下状态时，公差 文本框被激活。
- 按钮：用于设置定义最大阶次控制曲线或者曲面的值。当此按钮处于按下状态时，阶次 区域被激活。
- 按钮：用于设置定义最大段数控制的曲线或者曲面。当此按钮处于按下状态时，分割 区域被激活。
- 公差 文本框：用于设置初始曲线的偏差公差。
- 阶次 区域：用于设置最大阶数的相关参数，其包括 优先级 复选框、沿 U 文本框和 沿 V 文本框。
  - ☑ 优先级 复选框：用于指示阶数参数的优先级。
  - ☑ 沿 U 文本框：用于定义 U 方向上的最大阶数。
  - ☑ 沿 V 文本框：用于定义 V 方向上的最大阶数。
- 分割 区域：用于设置最大段数的相关参数，其包括 优先级 复选框、单个 复选框、沿 U 文本框和 沿 V 文本框。

☑ 优先级复选框：用于指示分段参数的优先级。

☑ 单个复选框：用于设置创建单一线段曲线。

☑ 沿 U 文本框：用于定义 U 方向上的最大段数。

☑ 沿 V 文本框：用于定义 V 方向上的最大段数。

- 按钮：用于将曲面上的曲线转换为 3D 曲线。
- 按钮：用于保留曲面上的 2D 曲线。
- 更多...按钮：用于显示“转换器向导”对话框的更多选项。单击该按钮，可显示图 7.4.14 所示的更多选项。

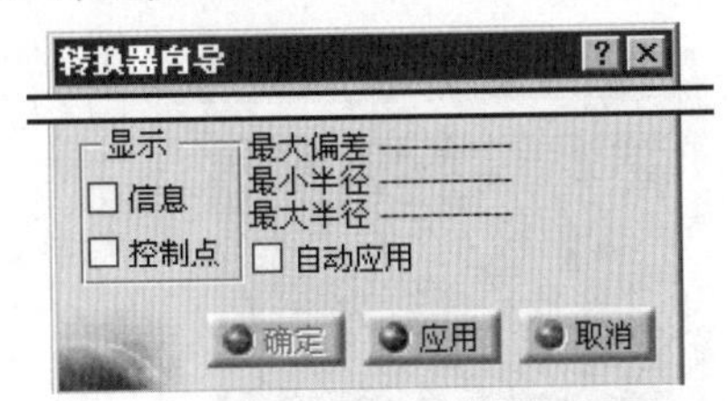

图 7.4.14 “转换器向导”对话框（二）

图 7.4.14 所示“转换器向导”对话框（二）中的更多选项部分选项的说明如下。

- 信息复选框：用于设置显示有关该元素的更多信息，其包括“最大值”“控制点的数量”“曲线的阶数”“曲线中的线段数”。
- 控制点复选框：用于设置显示曲线的控制点。
- 自动应用复选框：用于以动态更新结果曲线。

步骤 03 定义转换对象。在特征树中选取拉伸.1为转换对象。

步骤 04 设置转换参数。在“转换器向导”对话框中将、和按钮处于激活状态，然后在阶次区域的沿 U 文本框中输入值 6，在沿 V 文本框中输入值 6。

步骤 05 单击应用按钮，然后单击确定按钮，完成曲面的转换并隐藏拉伸 1 后如图 7.4.12b 所示。

7.4.6 复制几何参数

使用 Copy Geometric Parameters... 命令可以将目标曲线的阶次和段数等参数复制到其他曲线上。下面通过图 7.4.15 所示的实例，说明复制几何参数的操作过程。

步骤 01 打开文件 D:\catrt20\work\ch07.04.06\CopyParameters.CATPart。

步骤 02 选择命令。选择下拉菜单 插入 → Operations ▸ → Copy Geometric Parameters... 命令，系统弹出图 7.4.16 所示的“复制几何参数”对话框。

步骤 03 显示控制点。在“工具仪表盘”工具栏中单击“隐秘显示”按钮，显示控制点。

图 7.4.15　复制几何参数

步骤 04 定义模板曲线。选取图 7.4.15a 所示的曲线 1 为模板曲线。

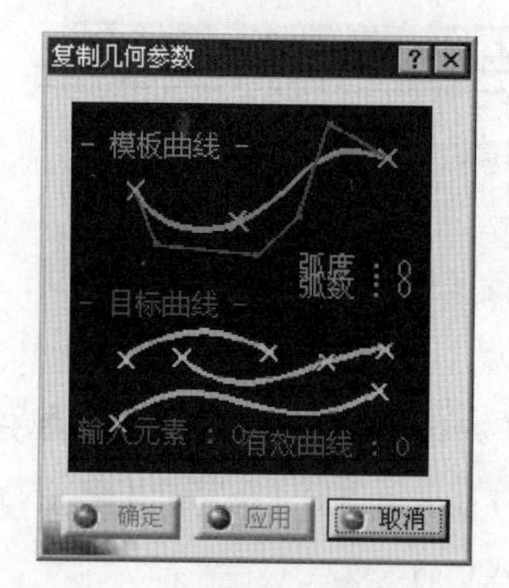

图 7.4.16　“复制几何参数”对话框

步骤 05 定义目标曲线。按住 Ctrl 键选取图 7.4.15a 所示的曲线 2 和曲线 3 为目标曲线。

步骤 06 单击 应用 按钮，再单击 确定 按钮，完成几何参数的复制，如图 7.4.15b 所示。

7.5 曲面修改与变形

7.5.1 概述

在“自由曲面设计”工作台中，大部分的结果曲面都是基于 NUPBS 的无参数曲面，这种曲面可以根据控制点来调整曲面的形状，是 CATIA“自由曲面设计”工作台中非常强大的曲面修改工具。要想真正得到高质量、符合要求的曲面，往往需要对面进行修整与变形。下面介绍“自由曲面设计”工作台中的曲面编辑工具。

7.5.2 控制点调整

使用 控制点... 命令可以对已知曲线或者曲面上的控制点进行调整，从而使其变形。下面通过图 7.5.1 所示的实例，说明控制点调整的操作过程。

步骤 01 打开文件 D:\catrt20\work\ch07.05.02\Control_Points.CATPart。

步骤 02 调整视图方位。在“视图”工具栏的下拉列表中选择“俯视图”选项。

步骤 03 设置活动平面。单击“工具仪表盘”工具栏中的按钮，调出“快速确定指南针方向”工具栏，并按下按钮。

步骤 04 选择命令。选择下拉菜单 插入 → Shape Modification ▸ → 控制点... 命令，系统弹出图 7.5.2 所示的“控制点”对话框。

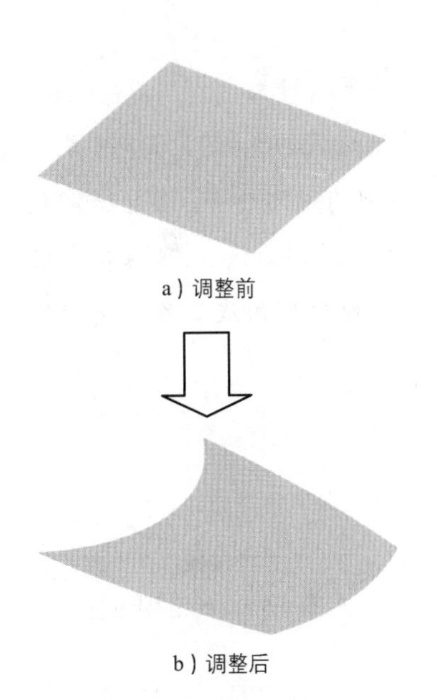
a）调整前

b）调整后

图 7.5.1 控制点调整

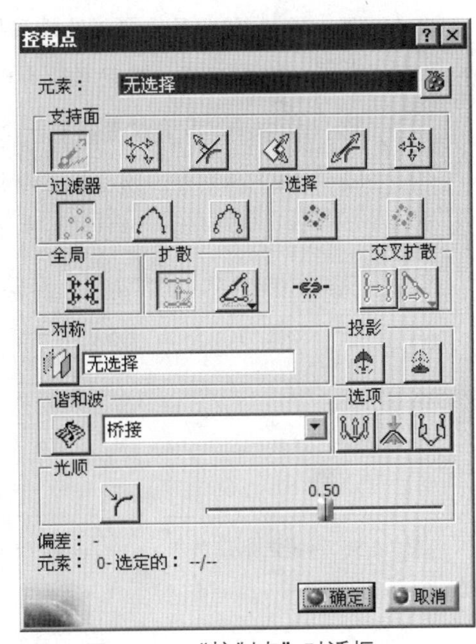

图 7.5.2 “控制点”对话框

图 7.5.2 所示“控制点”对话框中部分选项的说明如下。

- 元素：文本框：激活此文本框，用户可以在绘图区选取要调整的元素。
- 支持面区域：用于设置平移控制点的方式，其包括按钮、按钮、按钮、按钮、按钮和按钮。
  - ☑ 按钮：单击此按钮，则沿指南针法线平移控制点。
  - ☑ 按钮：单击此按钮，则沿网格线平移控制点。
  - ☑ 按钮：单击此按钮，则沿元素的局部法线平移控制点。
  - ☑ 按钮：单击此按钮，则在指南针主平面平移控制点。
  - ☑ 按钮：单击此按钮，则沿元素的局部切线平移控制点。

☑ 按钮：单击此按钮，则沿在屏幕平面中平移控制点。

● 过滤器 区域：用于设置过滤器的过滤类型，包括 按钮、 按钮和 按钮。

☑ 按钮：单击此按钮，则仅对点进行操作。

☑ 按钮：单击此按钮，则仅对网格进行操作。

☑ 按钮：单击此按钮，则允许同时对点和网格进行操作。

● 选择 区域：用于选择或取消选择控制点，其包括 按钮和 按钮。

☑ 按钮：用于选择网格的所有控制点。

☑ 按钮：用于取消选择网格的所有控制点。

● 扩散 区域：用于设置扩散的方式，其包括 按钮和 下拉列表。

☑ 按钮：用于设置以同一个方式将变形拓展至所有选定的点（常量法则曲线）。

☑ 下拉列表：用于设置以指定方式将变形拓展至所有选定的点。其包括 选项、 选项、 选项和 选项。 选项：线性法则曲线。 选项：凹法则曲线、 选项：凸法则曲线。 选项：钟形法则曲线。各法则曲线如图 7.5.3~图 7.5.7 所示。

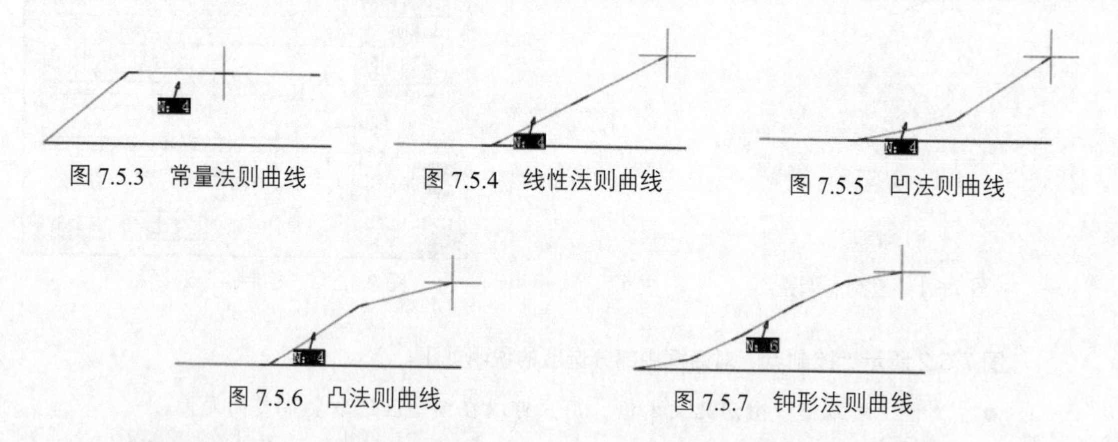

图 7.5.3 常量法则曲线　　图 7.5.4 线性法则曲线　　图 7.5.5 凹法则曲线

图 7.5.6 凸法则曲线　　图 7.5.7 钟形法则曲线

● 按钮：用于设置链接。当前状态为取消链接时，使用扩散方式编辑。当前状态为链接时，使用交叉扩散方式编辑。

● 交叉扩散 区域：用于设置交叉扩散的方式，其包括 按钮和 下拉列表。

☑ 按钮：用于设置以同一个方式将变形拓展至另一网格线上的所有选定点。

☑ 下拉列表：用于设置以指定方式将变形拓展至另一网格线上的所有选定点，其包括 选项、 选项、 选项和 选项。 选项：交叉线性法则曲线。 选项：交叉凹法则曲线、 选项：交叉凸法则曲线。 选项：交叉钟形法则曲线。

- 对称区域：用于设置对称参数，其包括按钮和按钮后的文本框。
  - ☑ 按钮：用于设置使用指定的对称平面进行网格对称计算，如图 7.5.8 所示。
  - ☑ 按钮后的文本框：单击此文本框，用户可以在绘图区选取对称平面。
- 投影区域：用于定义投影方式，其包括按钮和按钮。
  - ☑ 按钮：单击此按钮，按指南针法线对一些控制点进行投影。
  - ☑ 按钮：单击此按钮，按指南针平面对一些控制点进行投影。

a）对称前　　b）对称后

图 7.5.8　对称

- 谐和波区域：用于设置谐和波的相关选项，其包括按钮和桥接下拉列表。
  - ☑ 按钮：单击此按钮，使用选定的谐和波运算法则计算网格谐和波。
  - ☑ 桥接下拉列表：用于设置谐和波的控制方式，其包括桥接选项、平均平面选项和三点平面选项。桥接选项：使用桥接曲面的方式控制谐和波。平均平面选项：使用平均平面的方式控制谐和波。三点平面选项：使用 3 点平面的方式控制谐和波。
- 选项区域
  - ☑ 按钮：用于设置在控制点位置显示箭头，以示局部法线并推导变形。
  - ☑ 按钮：用于设置显示当前几何图形和它以前的版本的最大偏差。
  - ☑ 按钮：用于设置显示谐和波平面。

步骤 05 定义控制元素。在绘图区选取图 7.5.1a 所示的曲面为控制元素，此时在绘图区显示图 7.5.9 所示的指定曲面的所有控制点。

步骤 06 设置网格对称。单击“选择所有点”按钮，激活按钮后的文本框，选取图 7.5.9 所示的 YZ 平面为对称平面，结果如图 7.5.10 所示。

步骤 07 调整控制点。

（1）在“控制点”对话框中按下“指南针平面”按钮、“仅限点”按钮和“线性法则曲线”按钮，然后单击按钮。

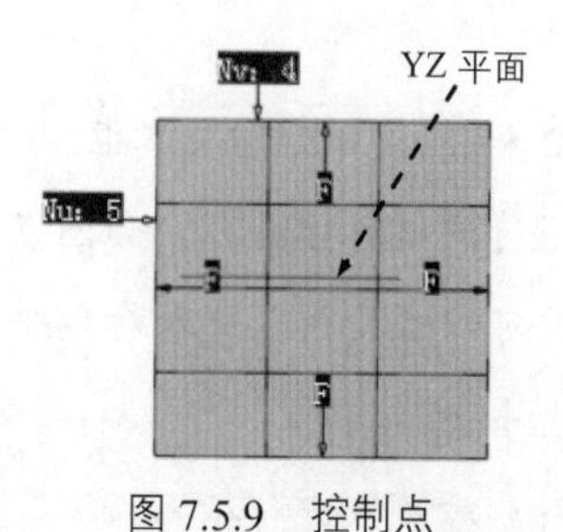

图 7.5.9　控制点

图 7.5.10　设置网格对称

（2）拖动图 7.5.11 所示的控制点 1，结果如图 7.5.12 所示。

（3）拖动控制点 2 至图 7.5.13 所示的位置。

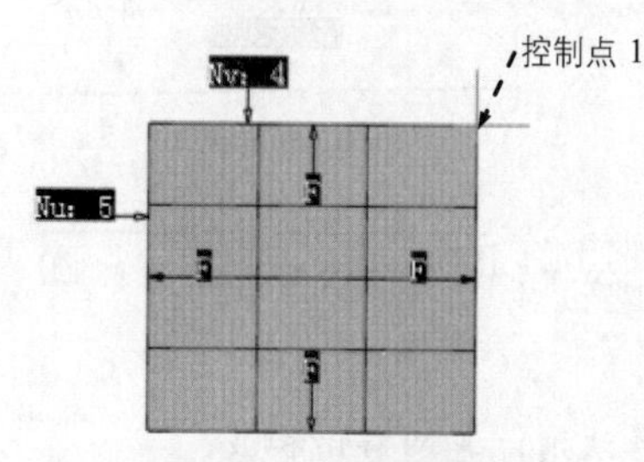

图 7.5.11　拖动控制点 1

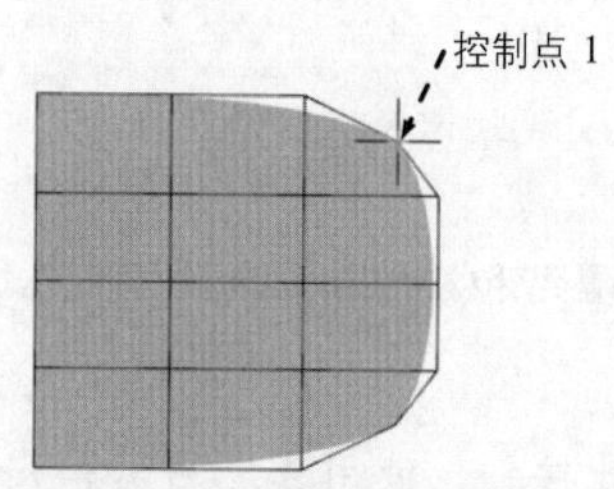

图 7.5.12　控制点 1 的位置

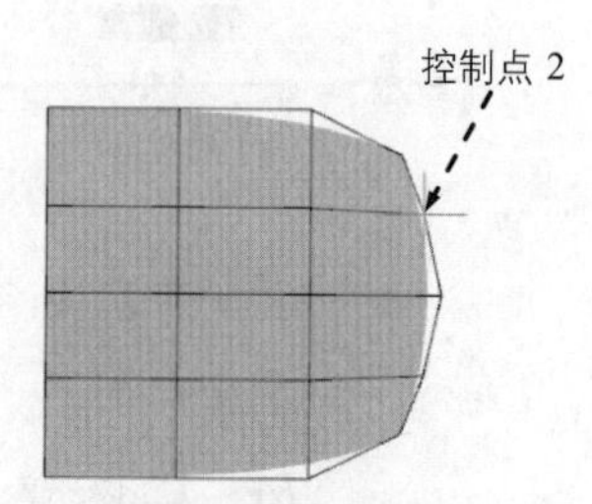

图 7.5.13　拖动控制点 2

（4）拖动控制点 3 至图 7.5.14 所示的位置。

（5）拖动控制点 4 至图 7.5.15 所示的位置。

（6）拖动控制点 5 至图 7.5.16 所示的位置。

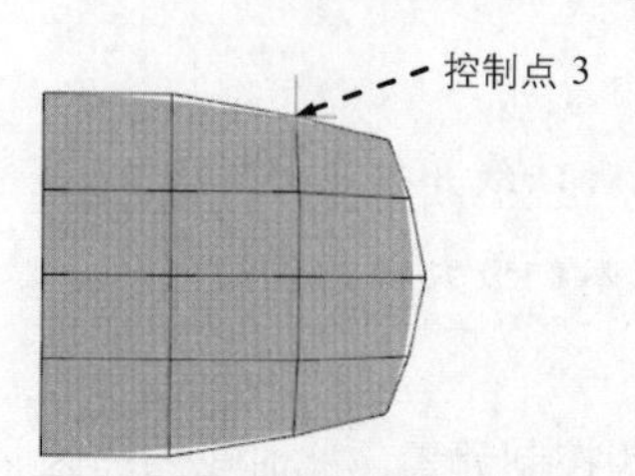

图 7.5.14　拖动控制点 3

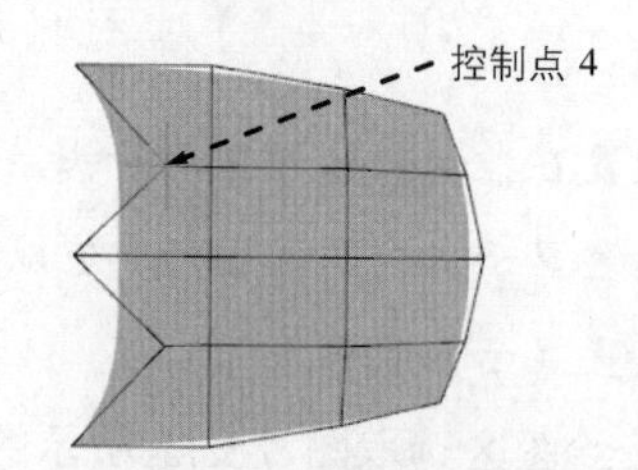

图 7.5.15　拖动控制点 4

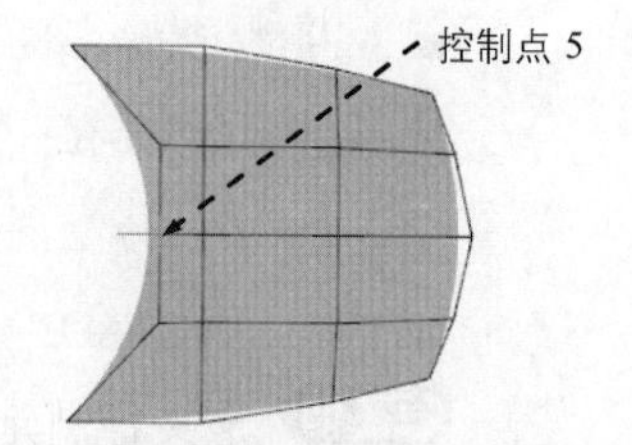

图 7.5.16　拖动控制点 5

步骤 08　单击 确定 按钮，完成曲面控制点的调整，如图 7.5.3b 所示。

7.5.3　匹配曲面

匹配曲面可以通过已知曲面变形从而达到与其他曲面按照指定的连续性连接起来的目的。下面将分别介绍匹配曲面的创建操作过程，如图 7.5.17 所示。

1．单边

“单边”匹配就是将曲面的一条边完全贴合到另一曲面的边上，并能定义两曲面之间的连续关系，下面介绍“单边”匹配的一般操作过程。

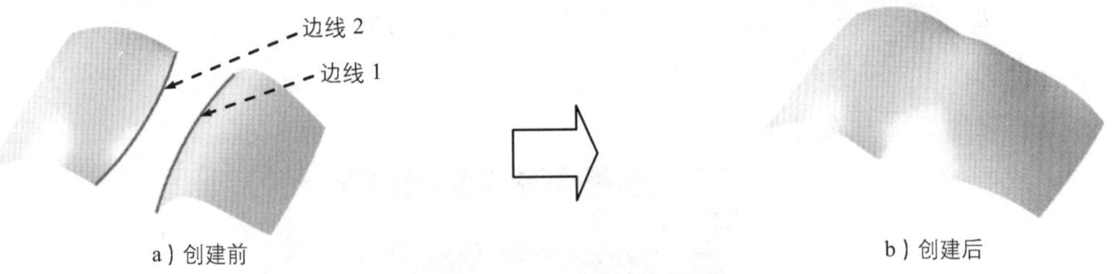

图 7.5.17 “单边”匹配

步骤 01 打开文件 D:\catrt20\work\ch07.05.03\Matching_Surfaces.CATPart。

步骤 02 选择命令。选择下拉菜单 插入 → Shape Modification ▸ → Match Surface... 命令，系统弹出图 7.5.18 所示的“匹配曲面”对话框（一）。

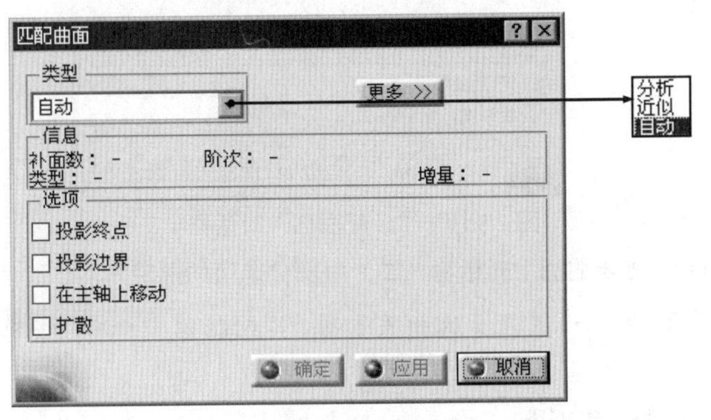

图 7.5.18 “匹配曲面”对话框（一）

图 7.5.18 所示“匹配曲面”对话框（一）中部分选项的说明如下。

- 类型 下拉列表：用于设置创建匹配曲面的类型，其包括 分析 选项、近似 选项和 自动 选项。
  - ☑ 分析 选项：用于利用指定匹配边的控制点参数创建匹配曲面。
  - ☑ 近似 选项：用于将指定的匹配边离散从而近似的创建匹配曲面。
  - ☑ 自动 选项：该选项是最优的计算模式，系统将使用“分析”方式创建匹配曲面，如果不能创建匹配曲面，则使用“近似”方式创建匹配曲面。
  - ☑ 更多 >> 按钮：单击此按钮，显示“匹配曲面”对话框的更多选项，如图 7.5.19 所示。
- 信息 区域：用于显示匹配曲面的相关信息，其包括“补面数”“阶次”“类型”“增量”等相关信息的显示。
- 选项 区域：用于设置匹配曲面的相关选项，其包括 投影终点 复选框、投影边界 复选框、在主轴上移动复选框和扩散复选框。

☑ 投影终点复选框：用于投影目标曲线上的边界终点。

☑ 投影边界复选框：用于投影目标面上的边界。

☑ 在主轴上移动复选框：用于约束控制点，使其在指南针的主轴方向上移动。

☑ 扩散复选框：用于沿截线方向拓展变形。

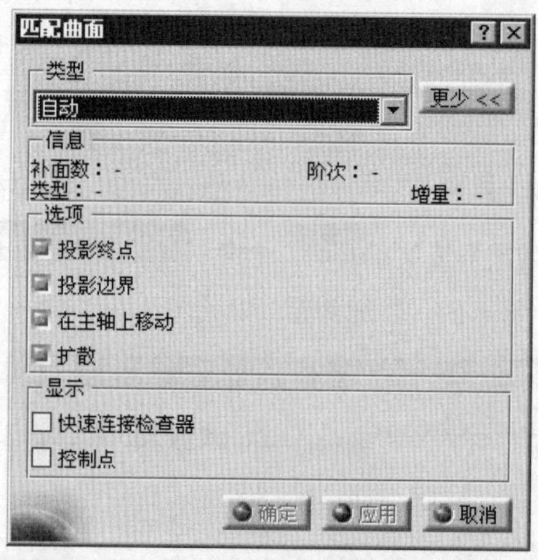

图 7.5.19 “匹配曲面”对话框（二）

图 7.5.19 所示“匹配曲面”对话框（二）中部分选项的说明如下。

● 显示区域：用于设置显示的相关选项，其包括快速连接检查器复选框和控制点复选框。

☑ 快速连接检查器复选框：用于显示曲面之间的最大偏差。

☑ 控制点复选框：选中此复选框，系统弹出“控制点”对话框。用户可以通过此对话框对曲面的控制点进行调整。

步骤 03 定义匹配边。在绘图区选取图 7.5.17a 所示的边线 1 和边线 2 为匹配边，此时在绘图区显示图 7.5.20 所示的匹配面，然后在“点”连续的位置上右击，在系统弹出的快捷菜单中选择曲率连续命令。

步骤 04 检查连接。选中快速连接检查器复选框，此时在绘图区显示图 7.5.21 所示的连接检查。

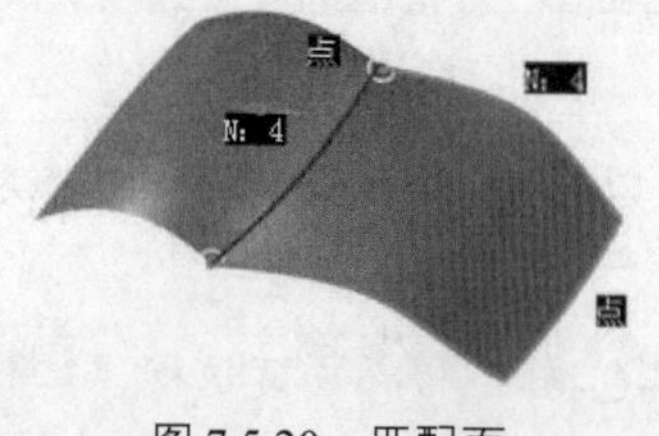

图 7.5.20 匹配面

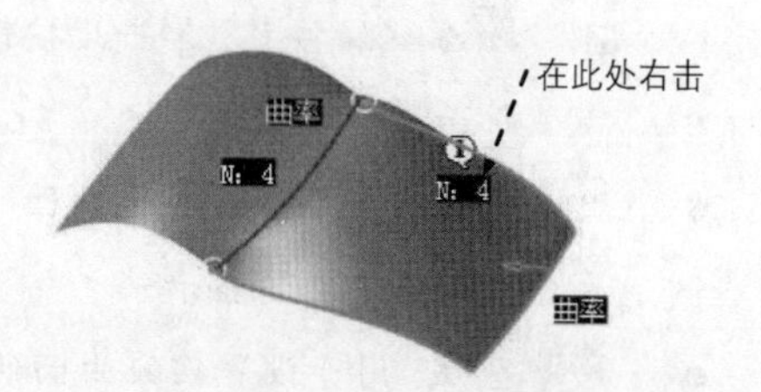

图 7.5.21 连接检查

步骤05 设置曲面阶次。在图 7.5.21 所示的阶次上右击，在系统弹出的快捷菜单中选择 6 选项，将曲面的阶次改为六阶。

步骤06 单击 确定 按钮，完成单边匹配曲面的创建，如图 7.5.17b 所示。

2. 多边

“多边”匹配就是将曲面的所有边线贴合到参考曲面上。下面介绍“多边”匹配的一般操作过程。

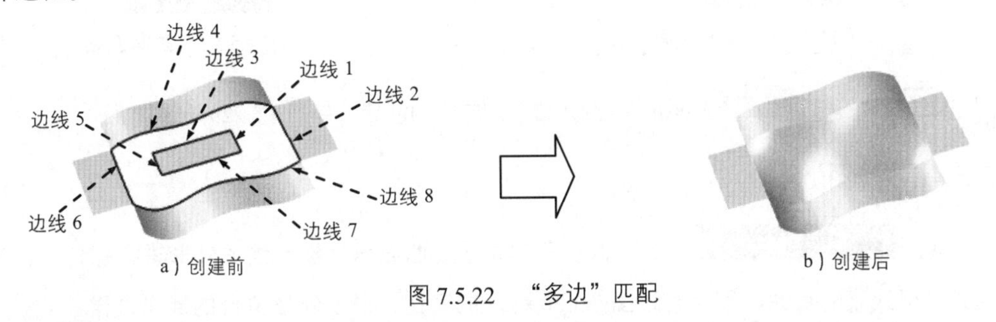

图 7.5.22 “多边”匹配

步骤01 打开文件 D:\catrt20\work\ch07.05.03\Multi-Side_Match_Surface.CATPart。

步骤02 选择命令。选择下拉菜单 插入 → Shape Modification ▸ → Multi-Side Match Surface... 命令，系统弹出图 7.5.23 所示的“多边匹配”对话框。

图 7.5.23 “多边匹配”对话框

图 7.5.23 所示“多边匹配”对话框中部分选项的说明如下。

- 选项 区域：用于设置匹配的参数，其包括 散射变形 复选框和 优化连续 复选框。
  - ☑ 散射变形 复选框：用于设置变形将遍布整个匹配的曲面，而不仅是数量有限的控制点。
  - ☑ 优化连续 复选框：用于设置优化用户定义的连续时变形，而不是根据控制点和网格线变形。

步骤03 定义匹配边。在绘图区选取图 7.5.22a 所示的边线 1 和边线 2 为相对应的匹配边，边线 3 和边线 4 为相对应的匹配边，边线 5 和边线 6 为相对应的匹配边，边线 7 和边线 8 为相对应的匹配边，此时在绘图区显示图 7.5.24 所示的匹配曲面。

步骤04 定义连续性。在“点”连续上右击并在系统弹出的快捷菜单中选择 曲率连续 命令，方法相同将其余的“点”连续改成“曲率连续”，如图 7.5.25 所示。

说明：在定义连续性时，若系统已默认为“曲率连续”，此时读者就不需要进行此步的操作。

图 7.5.24 匹配曲面　　图 7.5.25 曲率连续

步骤 05 单击 确定 按钮，完成多边匹配曲面的创建，如图 7.5.22b 所示。

7.5.4 外形拟合

使用 Fit to Geometry... 命令可以对已知曲线或曲面与目标元素的外形进行拟合，以达到逼近目标元素的目的。下面通过图 7.5.26 所示的实例，说明外形拟合的操作过程。

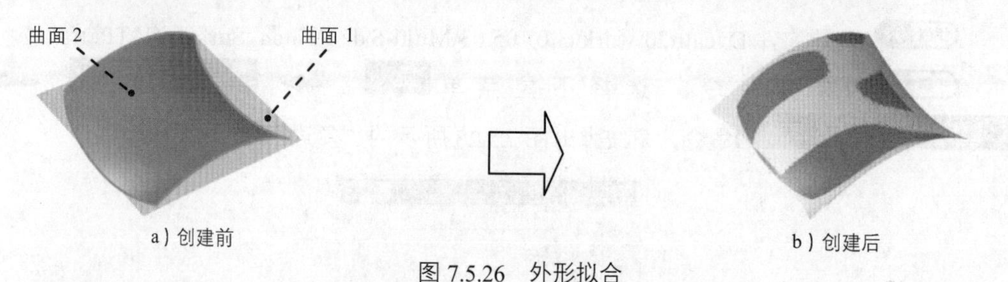

图 7.5.26 外形拟合

步骤 01 打开文件 D:\catrt20\work\ch07.05.04\Fit_to_Geometry.CATPart。

步骤 02 选择命令。选择下拉菜单 插入 → Shape Modification ▸ → Fit to Geometry... 命令，系统弹出图 7.5.27 所示的“拟合几何图形”对话框。

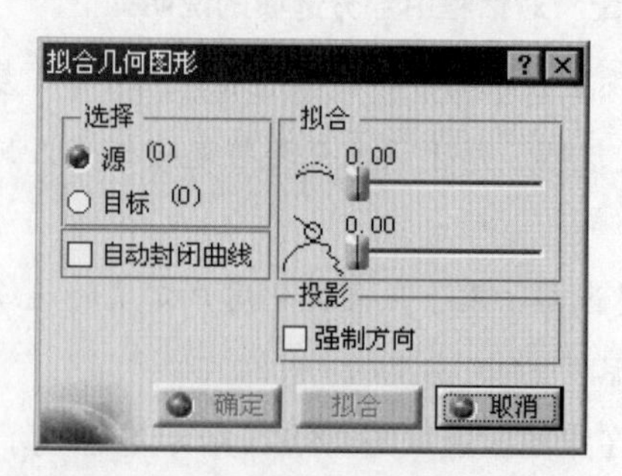

图 7.5.27 “拟合几何图形”对话框

图 7.5.27 所示“拟合几何图形”对话框中部分选项的说明如下。

- 选择 区域：用于定义选取源和目标元素，其包括 源 (0) 单选项和 目标 (0) 单选项。

- ☑ 源 (0) 单选项：用于允许要拟合的元素。
- ☑ 目标 (0) 单选项：用于允许选择目标元素。

- 拟合 区域：用于定义拟合的相关参数，其包括 滑块和 滑块。
  - ☑ 滑块：用于定义张度系数。
  - ☑ 滑块：用于定义光顺系数。
- 自动封闭曲线 复选框：用于设置自动封闭拟合曲线。
- 强制方向 复选框：用于允许定义投影方向，而不是源曲面或曲线的投影法线。

步骤 03 定义源元素和目标元素。在绘图区选取图 7.5.26a 所示的曲面 1 为源元素，在选择区域中选中 目标 (0) 单选项，在选取图 7.5.26a 所示的曲面 2 为目标元素。

步骤 04 设置拟合参数。在拟合区域滑动 滑块，将张度系数调整为 0.6，然后滑动 滑块，将光顺系数调整为 0.51，单击 拟合 按钮。

步骤 05 单击 确定 按钮，完成外形拟合的创建，如图 7.5.23b 所示。

7.5.5 全局变形

使用 Global Deformation... 命令可以沿指定元素改变已知曲面的形状。下面通过图 7.5.28 所示的实例，说明全局变形的操作过程。

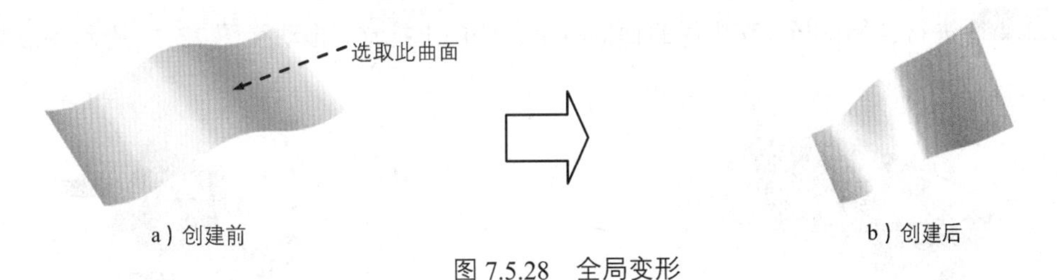

图 7.5.28 全局变形

1. 中间曲面

步骤 01 打开文件 D:\catrt20\work\ch07.05.05\GlobalDe formation_01.CATPart。

步骤 02 选择命令。选择下拉菜单 插入 → Shape Modification ▸ → Global Deformation... 命令，系统弹出图 7.5.29 所示的“全局变形”对话框。

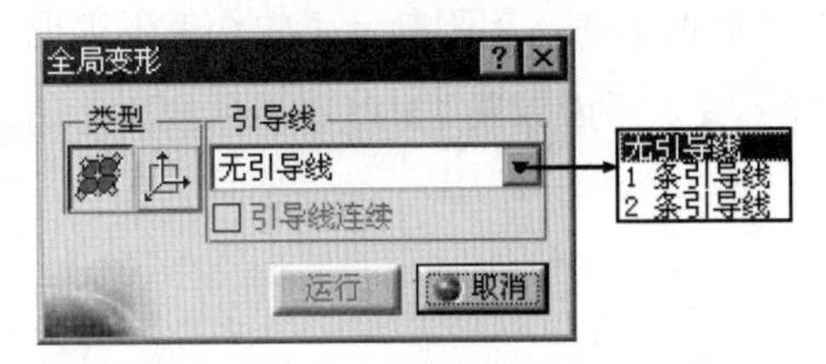

图 7.5.29 “全局变形”对话框

图 7.5.29 所示“全局变形”对话框中部分选项的说明如下。

- 类型区域：用于定义全局变形，包括按钮和按钮。
  - ☑ 按钮：用于设置使用中间曲面全局变形所选曲面集。
  - ☑ 按钮：用于设置使用轴全局变形所选曲面集。
- 引导线区域：用于设置引导线的相关参数，其包括引导线下拉列表和引导线连续复选框。
  - ☑ 引导线下拉列表：用于设置引导线数量，其包括无引导线选项、1条引导线选项和2条引导线选项。
  - ☑ 引导线连续复选框：用于设置保留变形元素与引导曲面之间的连续性。

步骤 03 定义全局变形类型。在对话框的类型区域中单击按钮。

步骤 04 定义全局变形对象。在绘图区选取图 7.5.28a 所示的曲面为全局变形的对象。此时在绘图区会出现图 7.5.30 所示的中间曲面，单击运行按钮，系统弹出“控制点”对话框。

步骤 05 设置控制点对话框参数。在“控制点”对话框的支持面区域单击按钮；在过滤器区域单击按钮。

步骤 06 进行全局变形。在中间曲面的右上角处向上拖动，拖动至图 7.5.31 所示的形状。

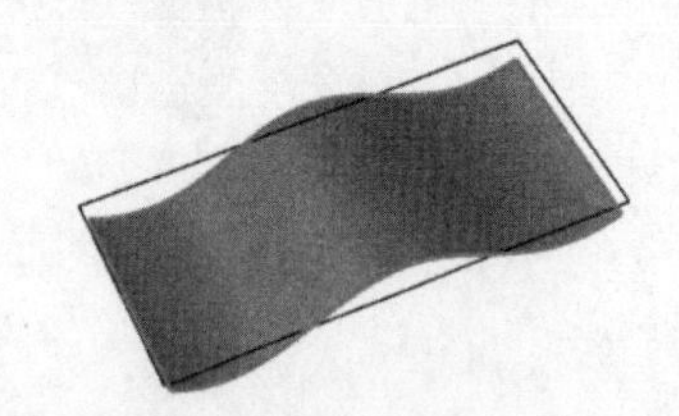

图 7.5.30 中间曲面

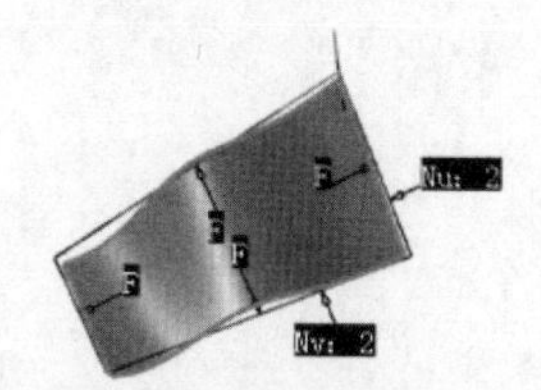

图 7.5.31 变形后

步骤 07 单击确定按钮，完成全局变形的创建，如图 7.5.28b 所示。

2. 引导曲面

“引导曲面”可以将现有曲面在一定限制元素的约束下实现控制变形，变形对象与控制元素的连接关系始终保持不变。下面以图 7.5.32 所示的模型为例，说明“引导曲面”全局变形的一般操作过程。

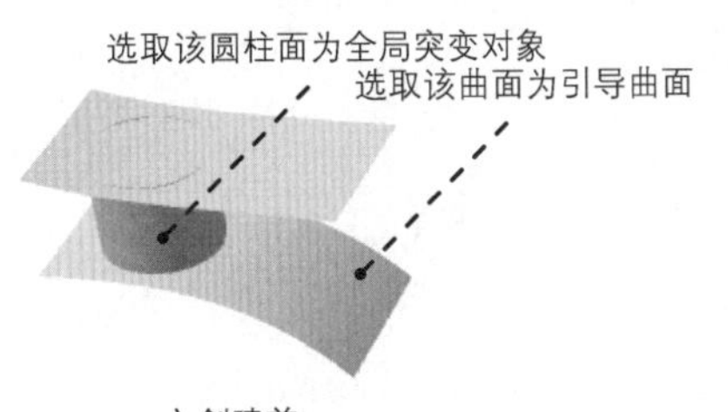

a）创建前

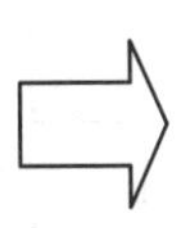

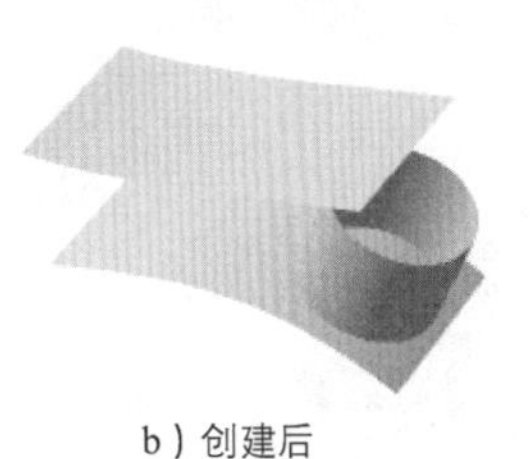

b）创建后

图 7.5.32 “引导曲面”全局变形

步骤01 打开文件 D:\catrt20\work\ch07.05.05\GlobalDeformation_02.CATPart。

步骤02 选择命令。选择下拉菜单 插入 → Shape Modification ▸ → Global Deformation... 命令，系统弹出“全局变形”对话框。

步骤03 定义全局变形类型。在对话框的 类型 区域中单击按钮。

步骤04 定义全局变形对象。按住 Ctrl 键，在绘图区选取图 7.5.32a 所示的圆柱曲面为全局变形的对象。

步骤05 定义引导线数目。在 引导线 区域的下拉列表中选择 1条引导线 选项，取消选中 □引导线连续 复选框，单击 运行 按钮。

步骤06 定义引导曲面。在绘图区选取图 7.5.32a 所示的曲面为引导曲面，此时在绘图区出现图 7.5.30 所示的方向控制器。

步骤07 进行全局变形。在绘图区向左拖动图 7.5.33 所示的方向控制器，将其拖动到图 7.5.34 所示的位置。

步骤08 单击 确定 按钮，完成全局变形的创建，如图 7.5.32b 所示。

说明：如果在 引导线 区域下拉列表中选择 2条引导线 选项，然后选取上下两个曲面，则全局变形对象将沿着两个引导曲面进行移动，如图 7.5.35 所示。

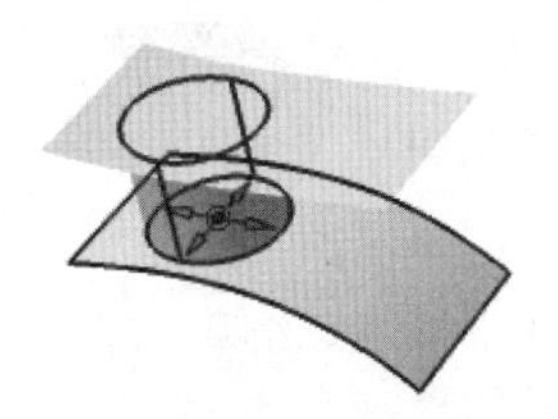

图 7.5.33 方向控制器

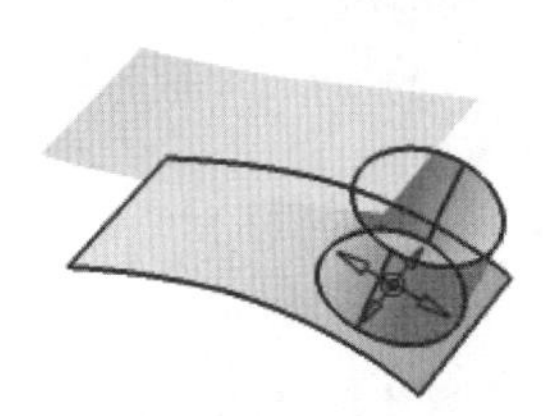

图 7.5.34 变形后

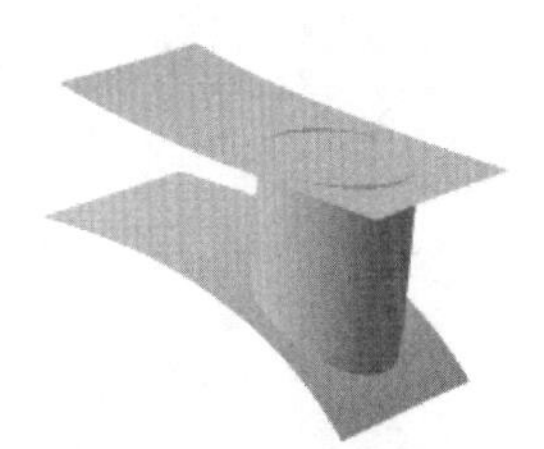

图 7.5.35 两个引导曲面

7.5.6 扩展

使用 Extend... 命令可以扩展已知曲面或曲线的长度。下面通过图 7.5.36 所示的实例，说明扩展的操作过程。

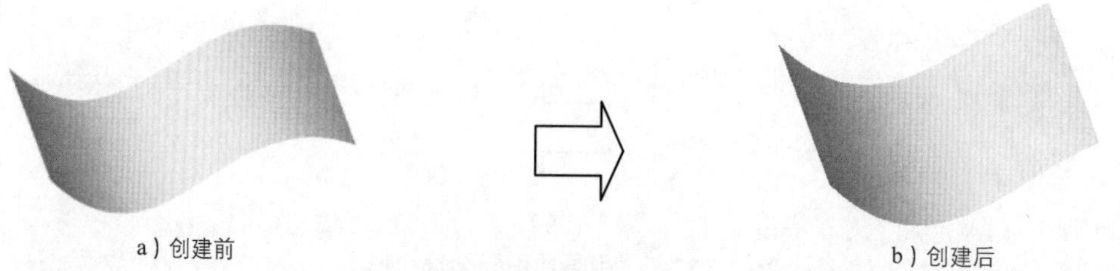

图 7.5.36 扩展

步骤 01 打开文件 D:\catrt20\work\ch07.05.06\Extend.CATPart。

步骤 02 选择命令。选择下拉菜单 插入 → Shape Modification ▸ → Extend... 命令，系统弹出图 7.5.37 所示的“扩展”对话框。

图 7.5.37 所示“扩展”对话框中部分选项的说明如下。

- 保留分段 复选框：用于设置允许负值扩展。

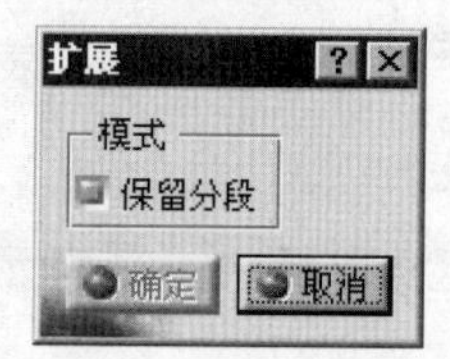

图 7.5.37 “扩展”对话框

步骤 03 定义要扩展的曲面。在绘图区选取图 7.5.36a 所示的曲面为要扩展的曲面。

步骤 04 设置扩展参数。在对话框中选中 保留分段 选项。

步骤 05 编辑扩展。拖动图 7.5.38 所示的方向控制器，拖动后结果如图 7.5.39 所示。

步骤 06 单击 确定 按钮，完成扩展曲面的创建，如图 7.5.36b 所示。

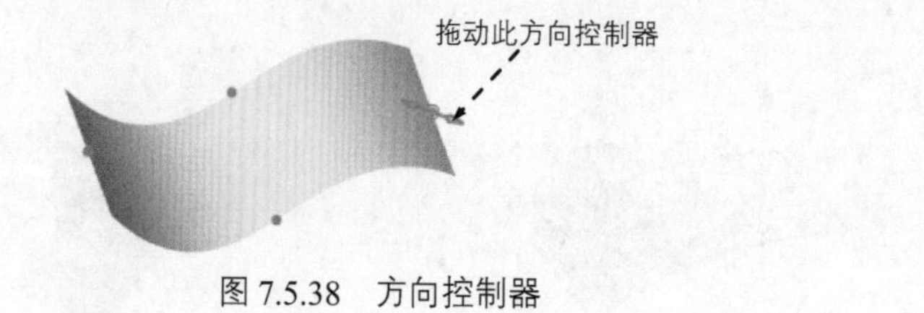

图 7.5.38 方向控制器

图 7.5.39 拖动结果

第 8 章 IMA 曲面设计

8.1 概述

CATIA IMA（Imagine & Shape）是基于细分曲面，并由四边形网格控制曲面的艺术造型模块。IMA 模块彻底解放了设计工业造型设计的拘束，通过鼠标或电子图板进行直觉化的线条与曲面设计，并可以使用控制点来拖拉造型，同时结合设计草稿或图片进行实时对比，并可保留尺寸的参数架构用于制造流程，让设计师能尽情发挥创意与想象，进行完美的造型设计。

IMA 造型过程一般是先创建一个基本的曲面（封闭或片体），然后将基本曲面细分以得到控制网格，通过对控制网格的编辑以达到所需的形状。CATIA IMA 的拓扑结构十分自由，局部连续性控制以及局部细化实现简易，十分适合于大型复杂曲面的造型，特别适用于电子行业和消费品行业。

8.2 IMA 工作台用户界面

8.2.1 进入 IMA 设计工作台

进入 CATIA 软件环境后，系统默认创建了一个装配文件，名称为 Product1，关闭此窗口，然后选择下拉菜单 开始 → 形状 ▸ → Imagine & Shape 命令，系统弹出“新建零件”对话框，在对话框中输入零件名称，单击 确定 按钮，即可进入 IMA 设计工作台。

8.2.2 用户界面简介

打开文件 D:\catrt20\work\ch08.02\Spoon.CATPart。

CATIA IMA 工作台包括下拉菜单区、工具栏区、信息区（命令联机帮助区）、特征树区、图形区及功能输入区等，如图 8.2.1 所示。

工具栏中的命令按钮为快速进入命令及设置工作环境提供了极大方便，用户根据实际情况可以定制工具栏。

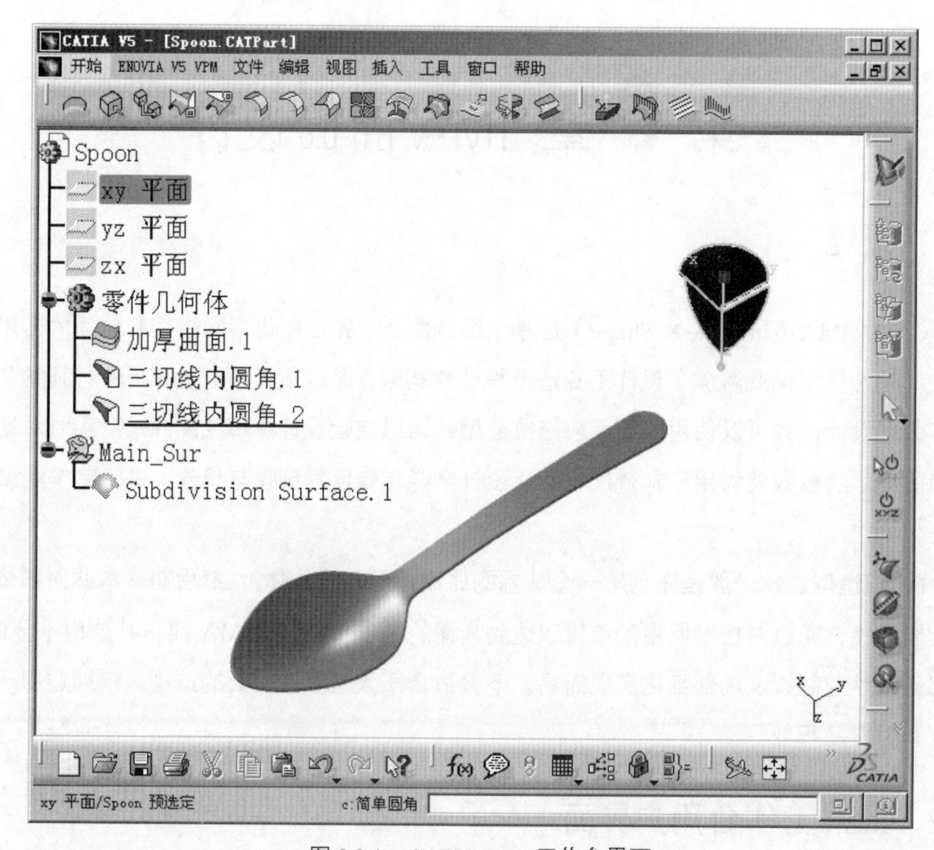

图 8.2.1 CATIA IMA 工作台界面

以下是 IMA 工作台相应的工具栏中快捷按钮的功能介绍。

1. “Creation”工具栏

使用图 8.2.2 所示“Creation”工具栏中的命令，可以创建造型曲线以及各种基本曲面。

2. “General Options”工具栏

图 8.2.3 所示“General Operations”工具栏中，按钮用于控制鼠标文字提示的详细程度；按钮用于控制编辑罗盘时的选项。

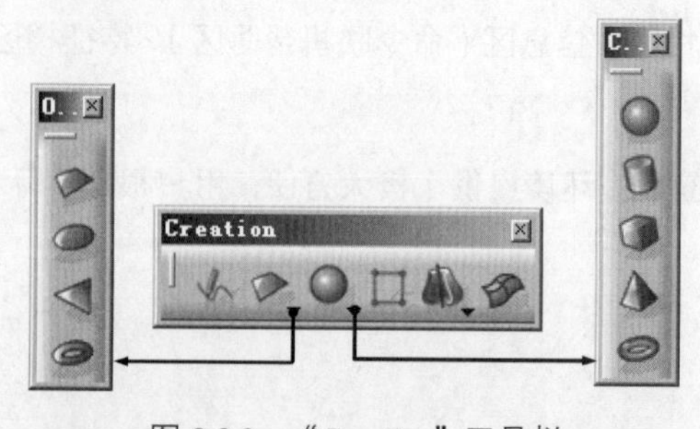

图 8.2.2 “Creation”工具栏

图 8.2.3 “General Operations”工具栏

3. “Modification”工具栏

图 8.2.4 所示“Modification”工具栏主要用于对曲线和曲面进行修改编辑。

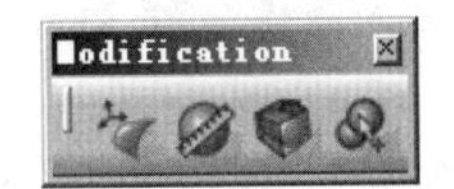

图 8.2.4 “Modification”工具栏

4. “Operations”工具栏

图 8.2.5 所示“Operations”工具栏包含各种针对于细分曲面的操作，如链接曲线与曲面、镜像、设置工作区域与设置细分网格的查看与选取模式等。

5. “Styling Surfaces”工具栏

图 8.2.6 所示“Styling Surfaces”工具栏用于对细分曲面进行编辑，包括合并、延伸、分割、表面细分、删除面和平面切割等工具。

6. “View Management”工具栏

图 8.2.7 所示“View Management”工具栏用于选择各种正视图以及对视图渲染样式进行修改。

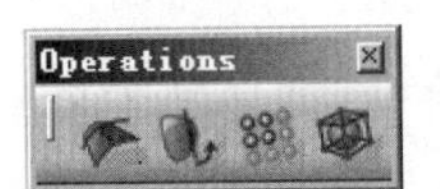

图 8.2.5 “Operations”工具栏

图 8.2.6 “Styling Surfaces”工具栏

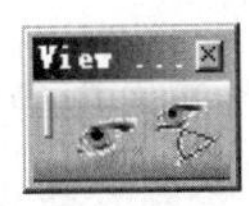

图 8.2.7 “View Management”工具栏

8.3 造型曲线

8.3.1 IMA造型曲线概述

IMA 造型曲线是直接用手绘工具（鼠标或数字图板）绘制的曲线。在 IMA 模块中系统提供了方便的手绘工具和编辑工具，让设计师可以根据草图或自己的想象来绘制曲线，这些曲线可以当成曲面的变形参考，也可以将曲线与曲面链接，用曲线来控制曲面的形状。

8.3.2 创建 IMA 造型曲线

在 CATIA IMA 模块中，默认的造型曲线平面是当前的视图平面，创建曲线时，调整好视图平面后，直接绘制曲线即可，也可以选择一个现有的平面作为曲线所在的平面。

下面说明创建造型曲线的一般过程。

步骤 01 新建模型文件。选择下拉菜单开始 → 形状 ▸ → Imagine & Shape 命令，在“新建零件”对话框对话框中输入零件名称 Sketch Curve，单击 确定 按钮，进入 IMA 工作台。

步骤 02 调整视图方位。在“视图”工具栏中单击“正视图”按钮，将视图方位调整到正视方位。

步骤 03 绘制造型曲线 1_1。选择下拉菜单插入 → IMA - Sketch Curve 命令（或单击“Creation”工具栏中的“Sketch Curve”按钮），此时鼠标指针变成图 8.3.1 所示的状态，按住左键鼠标不放，然后拖动鼠标，绘制图 8.3.2 所示的造型曲线，达到绘制意图后，松开鼠标左键。

步骤 04 绘制造型曲线 1_2。在造型曲线 1 下方继续绘制图 8.3.3 所示的造型曲线 1_2。完成后可以发现造型曲线被自动合并成一整条曲线。

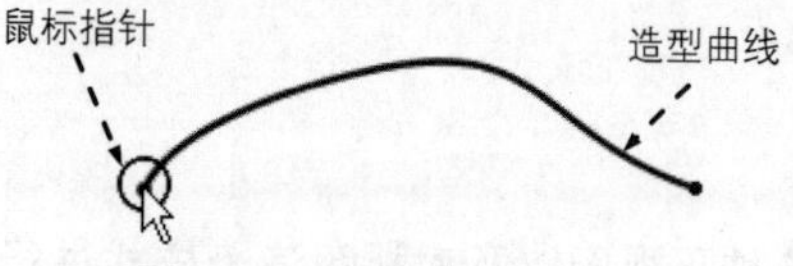

图 8.3.1 绘制造型曲线 1_1

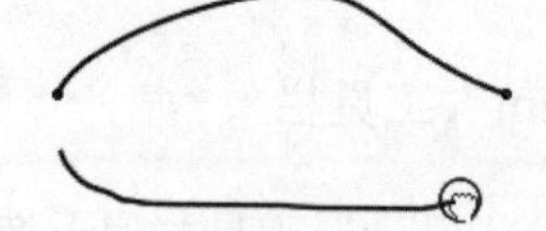
图 8.3.2 绘制造型曲线过程

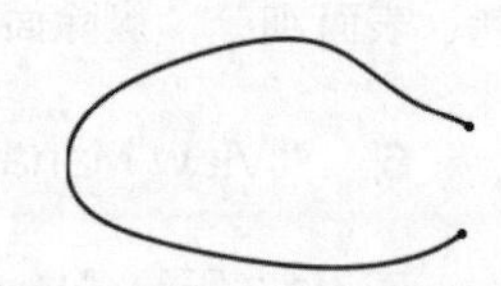
图 8.3.3 绘制造型曲线 1 2

说明：

- 单击按钮后，如果绘制多条曲线，这些曲线会自动连续成为一条造型曲线，如果要绘制多条不连续的曲线，则需要再次单击按钮进行绘制。
- 单击按钮后，系统弹出图 8.3.4 所示的工具控制板，单击其中的按钮可以选择曲线所在的平面；单击按钮系统弹出图 8.3.5 所示的“Curve Characteristcs”的对话框，在对话框中可以设置曲线的阶次、弧段数量和显示弧段界限。

图 8.3.4 工具控制板

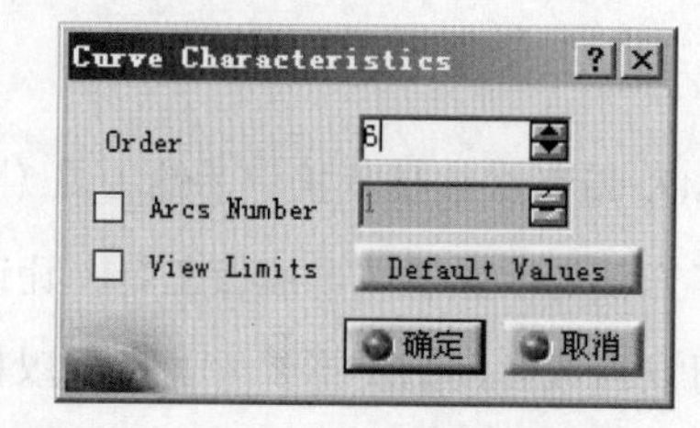

图 8.3.5 “Curve Characteristcs”的对话框

8.3.3 编辑 IMA 造型曲线

造型曲线创建完成后，如需修改，可以对曲线进行进一步的编辑。下面说明常用的造型曲线编辑方法。

1. 拖动曲线

步骤 01 打开文件 D:\catrt20\work\ch08.03.03\Edit_Curve_ex01.CATPartt。

步骤 02 在图形区中双击图 8.3.6 所示的造型曲线，系统会默认按下“Modification”工具栏中的按钮，并弹出图 8.3.7 所示的“工具控制板”对话框（一），可以使用该工具控制板对造型曲线进行编辑。

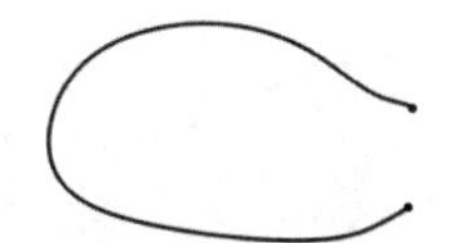

图 8.3.6 编辑造型曲线

图 8.3.7 “工具控制板”对话框（一）

步骤 03 拖动曲线。

（1）在工具控制板中单击按钮。

（2）拖动曲线上的任意位置点，可以改变曲线的形状，如图 8.3.8 所示；拖动曲线的端点，可以改变曲线的端点位置，如图 8.3.9 所示。

（3）单击“Modification”工具栏中的按钮，完成曲线的拖动。

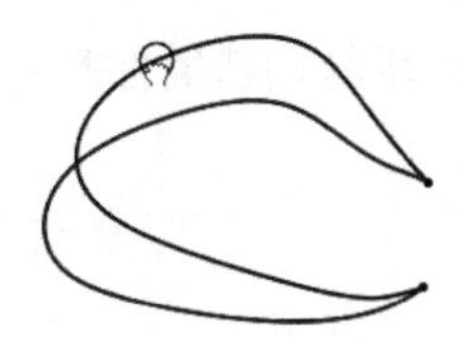

图 8.3.8 拖动位置点

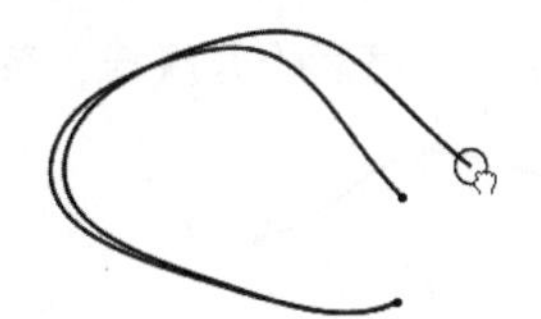

图 8.3.9 拖动端点

步骤 04 拖动曲线的某一部分。

（1）在图形区中双击造型曲线，在工具控制板中单击按钮，然后单击按钮。

（2）在图 8.3.10 所示的曲线位置 1 处按住鼠标不放，沿曲线移动鼠标至图 8.3.11 所示的曲线位置 2，然后松开鼠标。

（3）此时只能拖动曲线上的左侧未加粗部分，如图 8.2.12 所示。

（4）单击“Modification”工具栏中的按钮，完成曲线的拖动。

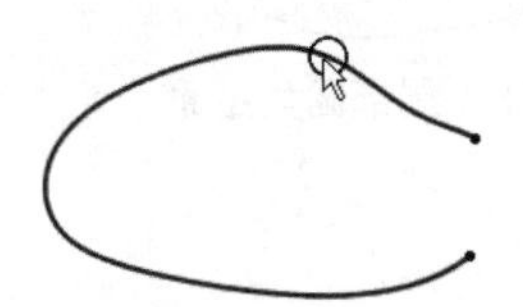

图 8.3.10 位置 1

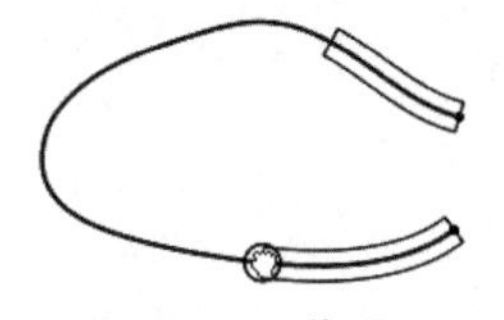

图 8.3.11 位置 2

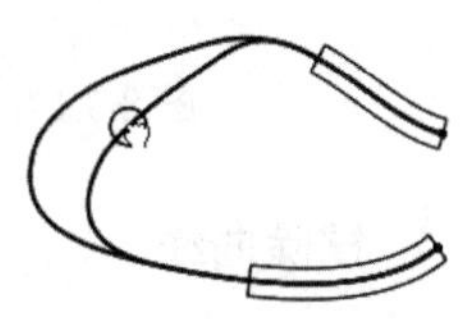

图 8.3.12 部分拖动

说明：在工具控制板中单击按钮使其不加亮显示，可以在3D空间中拖动曲线。

2. 平滑曲线

步骤01 打开文件 D:\catrt20\work\ch08.03.03\Edit_Curve_ex02.CATPartt。

步骤02 在图形区中双击造型曲线，在系统弹出的工具控制板中单击按钮。

步骤03 在图 8.3.13 所示的位置处单击鼠标数次，可以观察到曲线会逐渐变得平滑。

步骤04 单击“Modification”工具栏中的按钮。

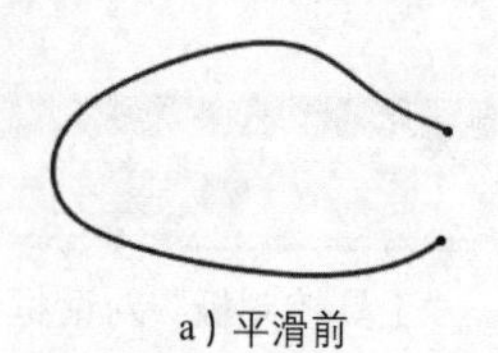

a）平滑前

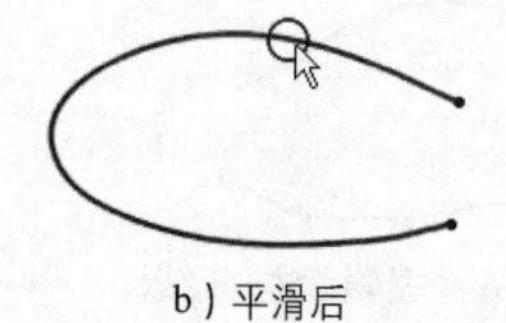

b）平滑后

图 8.3.13 平滑曲线

3. 局部圆角

步骤01 打开文件 D:\catrt20\work\ch08.03.03\Edit_Curve_ex03.CATPartt。

步骤02 在图形区中双击造型曲线，在系统弹出的工具控制板中单击按钮。

步骤03 在图 8.3.14 所示的曲线位置 1 处按住鼠标不放，沿曲线移动鼠标至图 8.3.15 所示的曲线位置 2，然后松开鼠标，系统将在所确定的曲线区域内创建局部圆角（图 8.3.16）。

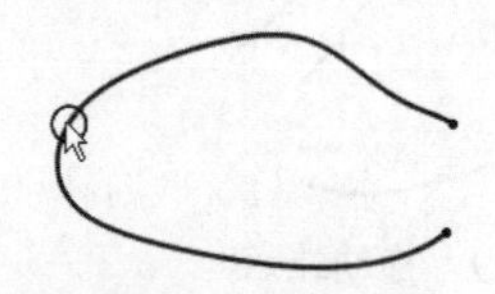

图 8.3.14 曲线位置 1

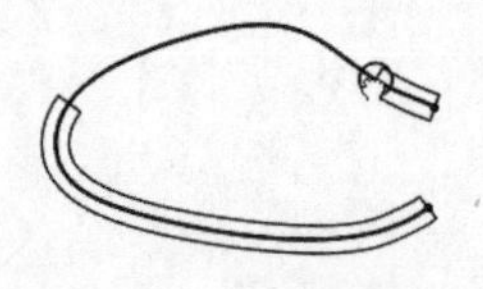

图 8.3.15 曲线位置 2

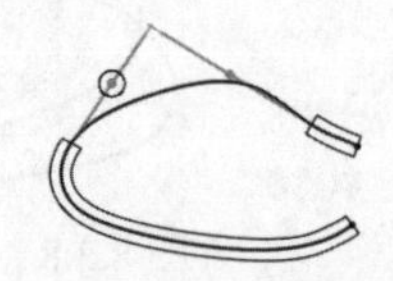

图 8.3.16 局部圆角

步骤04 在图 8.3.17 所示的曲线位置处按住鼠标不放，拖动绿色控制线上的滑块（小圆圈），沿曲线移动鼠标至图 8.3.17 所示的曲线位置 3，单击按钮，完成局部圆角的添加，结果如图 8.3.18 所示。

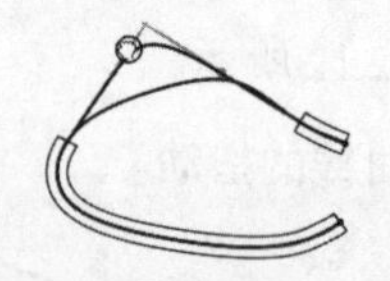

图 8.3.17 曲线位置 3

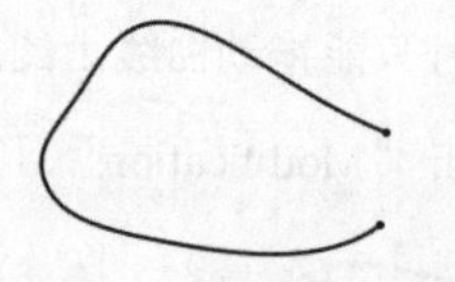

图 8.3.18 局部圆角结果

4. 拭除曲线

步骤01 打开文件 D:\catrt20\work\ch08.03.03\Edit_Curve_ex04.CATPartt。

步骤 02 在图形区中双击造型曲线，在系统弹出的工具控制板中单击按钮。

步骤 03 在图 8.3.19 所示的曲线位置 1 处按住鼠标不放，沿曲线移动鼠标至图 8.3.20 所示的曲线位置 2，然后松开鼠标，系统将区域内的曲线拭除。

步骤 04 单击按钮，完成曲线的编辑，如图 8.3.21 所示。

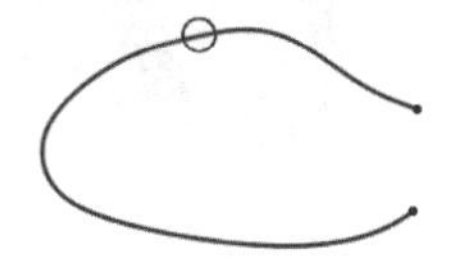
图 8.3.19 曲线位置 1

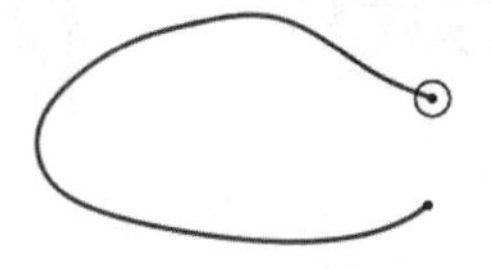
图 8.3.20 曲线位置 2

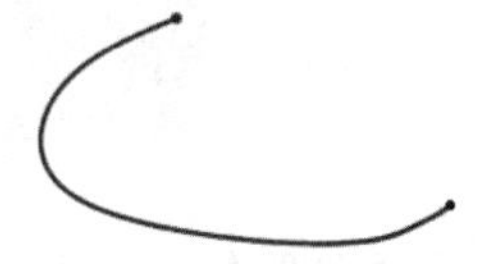
图 8.3.21 拭除曲线

5. 平移曲线

步骤 01 打开文件 D:\catrt20\work\ch08.03.03\Edit_Curve_ex05.CATPartt。

步骤 02 在图形区中双击造型曲线，在系统弹出的工具控制板中单击按钮，系统弹出图 8.3.22 所示的“工具控制板”工具栏（二）。

步骤 03 工具控制板中单击按钮，曲线中出现图 8.3.23 所示的控制罗盘，单击图 8.3.24 所示的曲线端点将罗盘移动到端点处。

步骤 04 向右侧拖拽罗盘的水平轴线，即可向右平移曲线。

步骤 05 单击按钮，完成曲线的编辑。

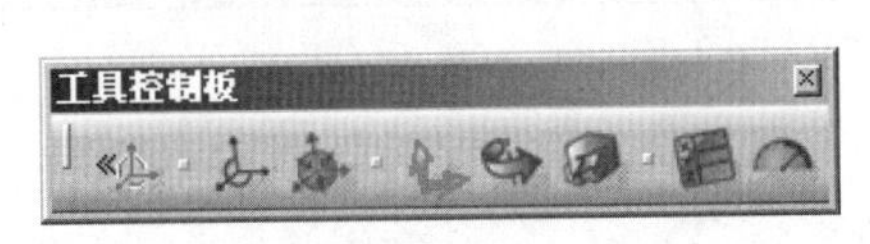

图 8.3.22 “工具控制板”工具栏（二）

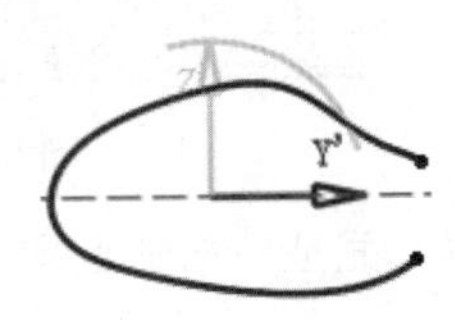
图 8.3.23 控制罗盘

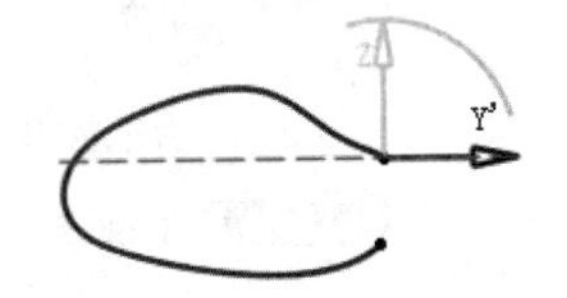
图 8.3.24 定义罗盘位置

8.4 造型曲面

8.4.1 基础曲面

IMA 曲面造型是通过控制（拖拽）曲面的网格来实现的，对于任何曲面的造型，都需要从一个基础曲面开始，然后根据需要对基础曲面进行网格分割，再拖拽网格中的点、线和面来编辑曲面的形状。

在 CATIA 中，CATIA 提供了 4 种开放的基础曲面和 5 种封闭的基础曲面，他们可以作为曲面造型的初始对象。另外，还可以通过旋转以及网格的方法来创建基本曲面。

1. 创建开放的基础曲面

CATIA 提供了 4 种形状开放的基础曲面，分别是方形面片、圆形面片、三角形面片和圆环面片，如图 8.4.1 所示。

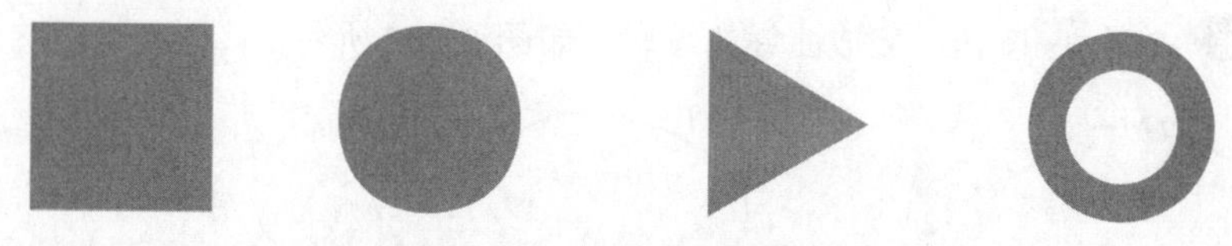

图 8.4.1　形状开放的基础曲面

下面说明创建开放基础曲面的一般过程。

步骤 01 新建一个模型文件，进入 IMA 工作台。

步骤 02 调整视图方位。在“视图”工具栏中单击“正视图”按钮，将视图方位调整到正视方位。

步骤 03 选择下拉菜单 插入 → Open Primitives → IMA - Rectangle 命令（或单击“Creation”工具栏中的按钮），此时系统会图形区中创建一个方形面片（图 8.4.2）。

说明：此时该曲面处于编辑状态，在曲面中会显示网格以及控制罗盘。系统会默认按下按钮，并弹出图 8.4.3 所示的“工具控制板”工具栏（一），该工具栏用于对曲面进行编辑。

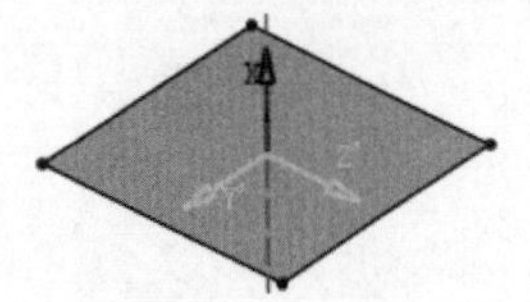

图 8.4.2　方形面片

图 8.4.3　“工具控制板”工具栏（一）

步骤 04 按键盘上的 Esc 键，完成曲面的创建。

注意：

- 创建基本曲面时，片体默认被放置在和当前视图平面最接近平行的平面上，所以在创建基础面片时，最好先选择一个基准平面或设置一个正视的视图状态。
- 基本曲面其默认大小与屏幕大小有关和缩放比率有关，从视觉上看，每次创建的曲面是一样大的，但是由于视图的显示比例不同，面片的实际大小也不同。
- 基本曲面默认的位置是在当前视图的中心，可以通过选项将其初始位置放在原点。操作方法是：选择下拉菜单 工具 → 选项... 命令，选择 形状 节点下的 Imagine & Shap 选项，单击 General 选项卡，选中其中的 Origin centered 单选项。

2. 创建封闭的基础曲面

CATIA 提供了 5 种形状封闭的基础曲面，分别是球形、柱形、正方体、三菱锥和圆环，如图 8.4.4 所示。

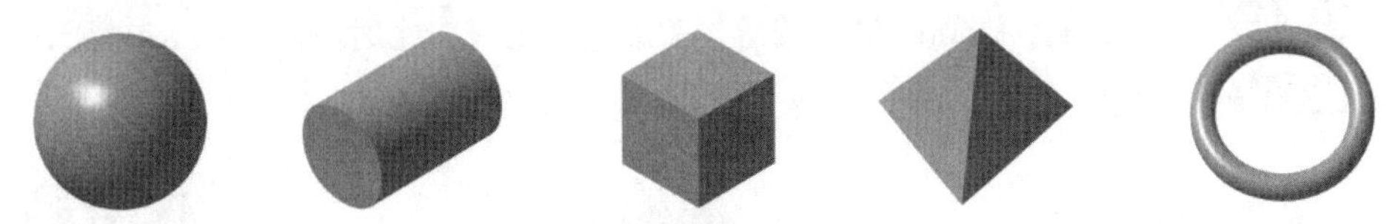

图 8.4.4 形状封闭的基础曲面

下面说明创建封闭基础曲面的一般过程。

步骤 01 新建一个模型文件，进入 IMA 工作台。

步骤 02 选择下拉菜单 插入 → Closed Primitives → IMA - Sphere 命令（或单击"Creation"工具栏中的按钮），此时系统会图形区中创建一个球形曲面,如图 8.4.5 所示。

步骤 03 按键盘上的 Esc 键，完成曲面的创建。

说明：如果在创建曲面之前（包括开放面片）单击"Creation"工具栏中的按钮，使其变成状态，创建的曲面会默认进行多重初始网格划分，如图 8.4.6 所示。

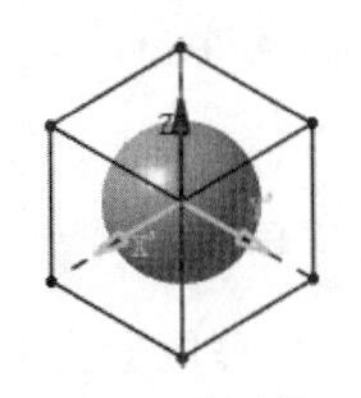

图 8.4.5 球形曲面

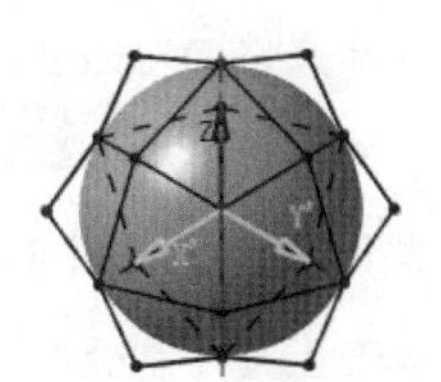

图 8.4.6 多重初始网格

3. 创建旋转基础曲面

旋转基础曲面类似于旋转特征，需要定义旋转的轮廓来创建曲面。下面说明创建旋转基础曲面的一般过程。

步骤 01 新建一个模型文件，进入 IMA 工作台。

步骤 02 调整视图方位。在"视图"工具栏中单击"正视图"按钮，将视图方位调整到正视方位。

步骤 03 选择下拉菜单 插入 → Sweep Primitives → IMA - Revolve 命令（或单击"Creation"工具栏中的按钮），此时系统弹出图 8.4.7 所示的"工具控制板"工具栏（二）并进入旋转轮廓定义环境。

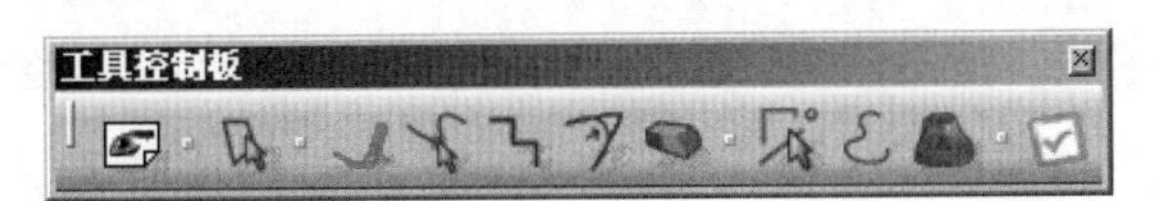

图 8.4.7 "工具控制板"工具栏（二）

步骤 04 在中心线的一侧单击，绘制图 8.4.8 所示的位置点，系统会自动根据点来创建旋转轮廓。

步骤 05 单击工具控制板中的 按钮，完成轮廓定义，此时曲面如图 8.4.9 所示。

步骤 06 按键盘上的 Esc 键，完成曲面的创建，如图 8.4.10 所示。

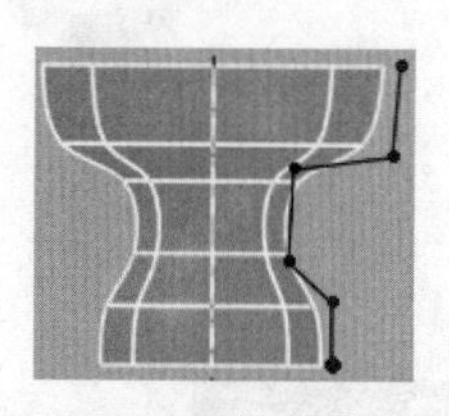

图 8.4.8　旋转轮廓

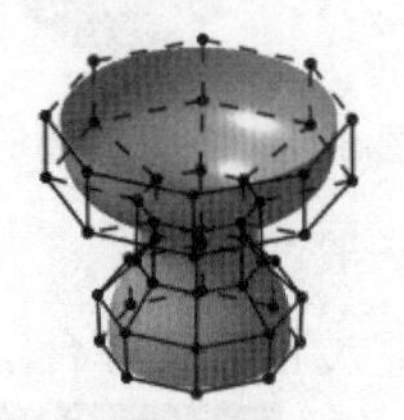

图 8.4.9　旋转基础曲面（网格）

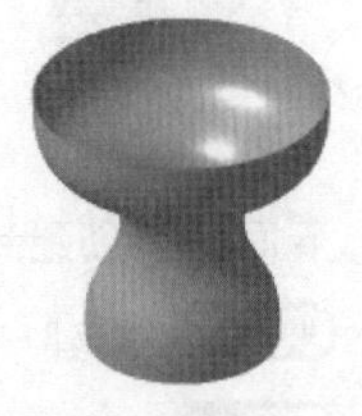

图 8.4.10　旋转基础曲面

4. 创建网格基础曲面

网格基础曲面是利用造型曲线生成的曲面，所得到的曲面也会生成控制网格，下面说明创建网格基础曲面的一般过程。

步骤 01 打开文件 D:\catrt20\work\ch08.04.01\Net_Surface.CATPart。

步骤 02 选择下拉菜单 插入 → IMA - Net Surface 命令（或单击“Creation”工具栏中的按钮 ），此时系统弹出图 8.4.11 所示的“工具控制板”工具栏（三）。

步骤 03 单击工具控制板中的 按钮（系统已默认按下），在图形区中选取图 8.4.12 所示的曲线 1 和曲线 2 为引导曲线；然后单击 按钮，选取图 8.4.12 所示的曲线 3 和曲线 4 为轮廓曲线。

步骤 04 单击工具控制板中的 按钮，再按 Esc 键，完成曲面的创建，如图 8.4.13 所示。

图 8.4.11 “工具控制板”工具栏（三）

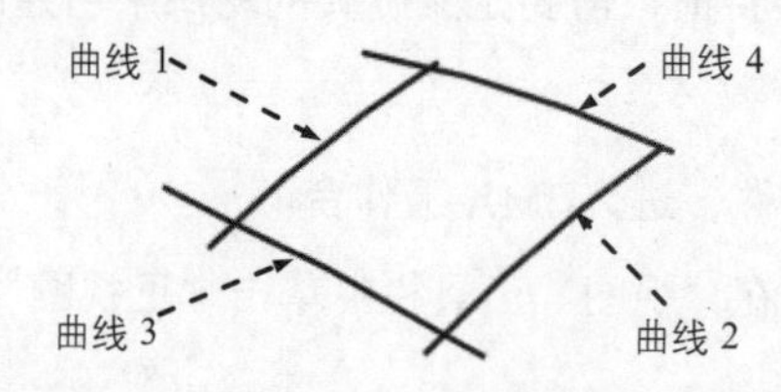

图 8.4.12　选取曲线

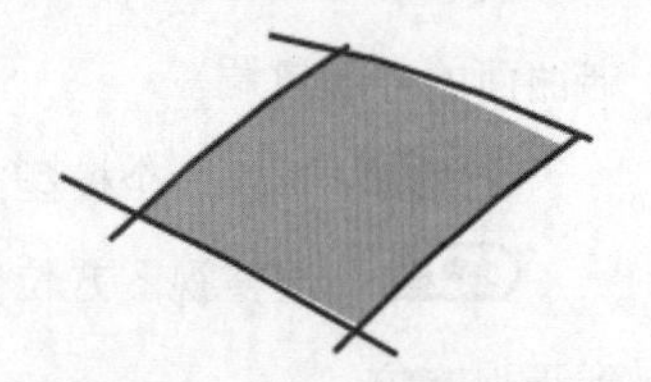

图 8.4.13　创建网格曲面

8.4.2　编辑基础曲面

在模型中创建任何基础曲面之后，系统会自动添加控制网格，可以编辑控制的网格对象包括网格中的点、线和面，选取不同位置、不同数量控制对象，系统会将控制罗盘移动到选取对象中，拖拽罗盘中的控制手柄，即可对曲面实现不同形状的变形。下面介绍常用的网格编辑方法。

1. 平移

平移是沿罗盘的坐标轴或在平面内平移网格中的点、线和面。

步骤 01 打开文件 D:\catrt20\work\ch08.04.02\Translation.CATPart。

步骤 02 在图形区中双击基础曲面，系统弹出图 8.4.14 所示的“工具控制板”工具栏(四)。

步骤 03 在工具控制板中的编辑区域中单击“Translation”按钮，在选取过滤器中单击“点”按钮。

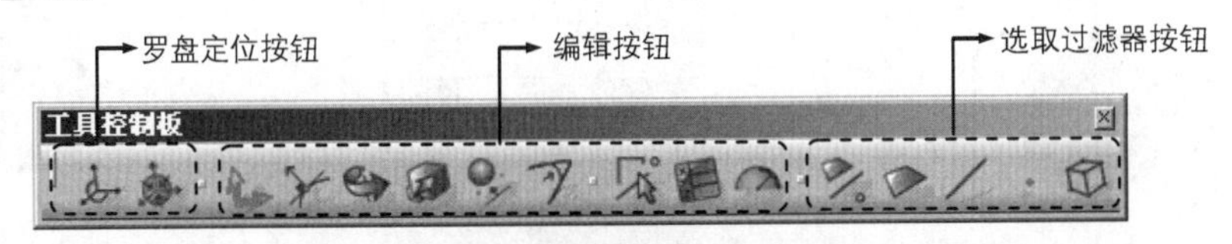

图 8.4.14 “工具控制板”工具栏(四)

步骤 04 在控制网格中单击图 8.4.15 所示的控制顶点，罗盘移动到该点的位置，向右拖拽罗盘的 Y 轴，曲面随罗盘的移动产生变形，如图 8.4.16 所示。

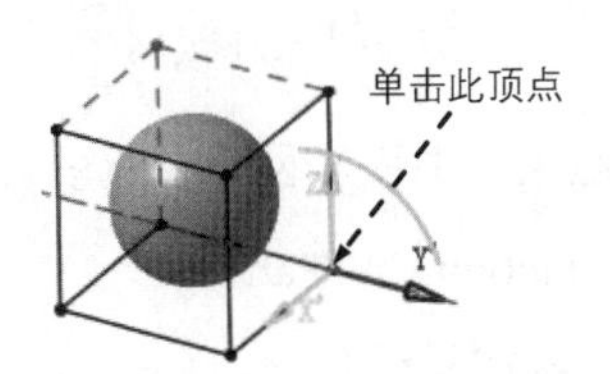

图 8.4.15 选取控制顶点

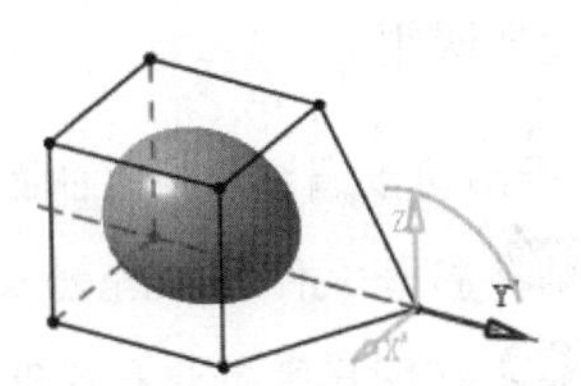

图 8.4.16 拖移顶点

步骤 05 按 Esc 键，结束曲面的编辑。

说明:

- 按住 Shift 键可以框选多个元素；按住 ctrl 键可以添加选取多个元素。
- 罗盘是网格的控制参考，其初始位置位于绝对原点，当选取了控制对象时，罗盘会根据选取的对象自动调整其位置。单击工具选用板中的罗盘定义按钮，罗盘变绿，可以控制罗盘的位置或改变其方向，当更改罗盘的位置后，再次单击罗盘定义按钮可以返回到对象控制模式（罗盘变暗）。一旦罗盘的位置发生更改，再次选取控制对象时，罗盘的位置将不变，除非将罗盘进行重置。

2. 对称牵引

对称牵引是将选定元素沿罗盘的坐标轴对称的放大或缩小。

步骤 01 打开文件 D:\catrt20\work\ch08.04.02\Affinity.CATPart。

步骤 02 在图形区中双击基础曲面，系统弹出工具控制板。

步骤 03 在工具控制板中的编辑区域中单击“Affinity”按钮，在选取过滤器中单击“线”

按钮。

步骤 04 按住 Ctrl 键，在控制网格中选取图 8.4.17 所示的两条网格边线，罗盘移动到网格底面中心位置（相当于选底面）；在工具控制板中单击按钮，在系统弹出的“Affinity”对话框中设置图 8.4.18 所示的参数，然后单击确定按钮，编辑结果（一）如图 8.4.19 所示。

说明：拖动罗盘的 Y 轴和 Z 轴也能达到编辑目的。

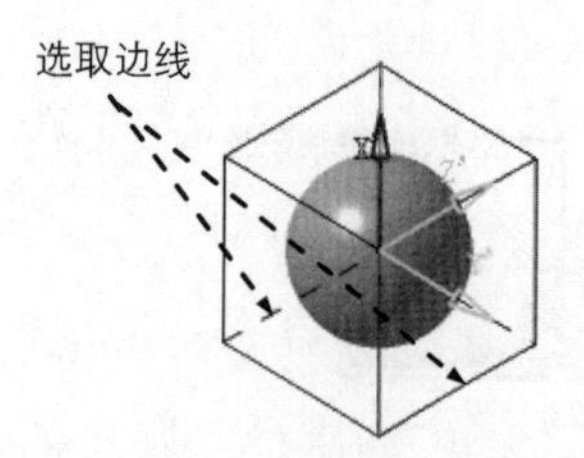

图 8.4.17 选取网格边线

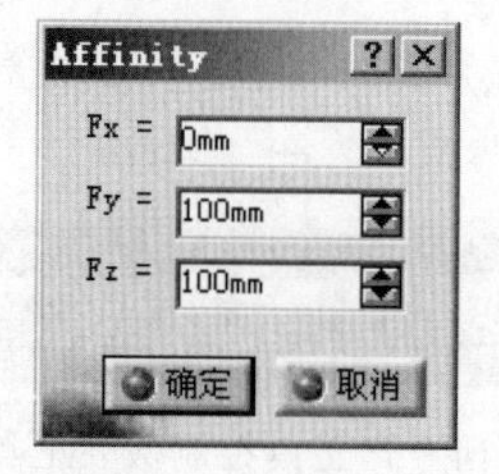

图 8.4.18 “Affinity”对话框

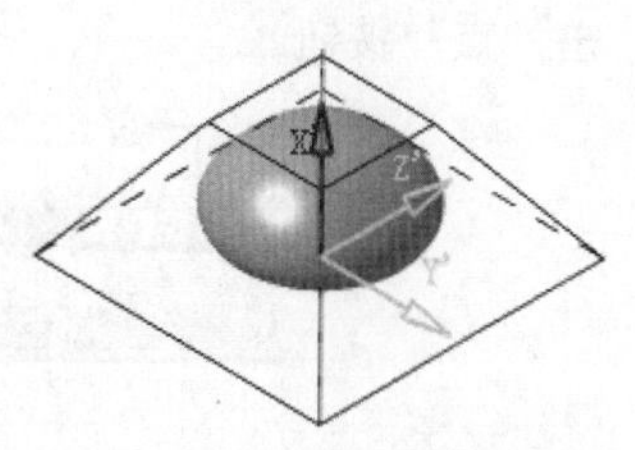

图 8.4.19 编辑结果（一）

步骤 05 按 Esc 键，结束曲面的编辑。

3. 比例吸附

比例吸附可以调整网格对曲面的吸附比率，值越大，曲面离网格越近。

步骤 01 打开文件 D:\catrt20\work\ch08.04.02\Attraction.CATPart。

步骤 02 在图形区中双击基础曲面，系统弹出工具控制板。

步骤 03 在工具控制板中的编辑区域中单击“Attraction”按钮，在选取过滤器中单击“面”按钮。

步骤 04 在控制网格中选取图 8.4.20 所示的两条边线所在的网格表面（直接选取面即可）；在工具控制板中单击按钮，在系统弹出的“Weight”对话框中输入数值 90（图 8.4.21），然后单击确定按钮，编辑结果（二）如图 8.4.22 所示。

说明：

- 拖动屏幕右侧的控制滑块也能达到编辑目的。
- 在工具控制板中单击按钮和可以在圆角吸附和直角吸附之间进行切换。

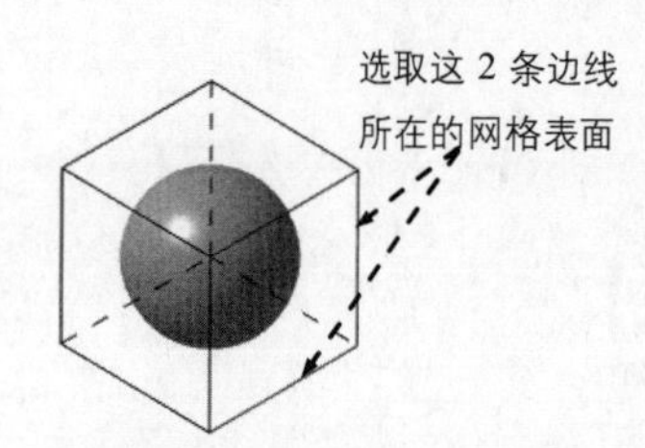

图 8.4.20 选取网格表面

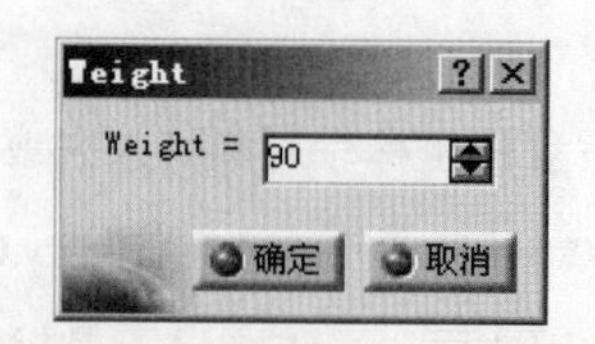

图 8.4.21 “Weight”对话框

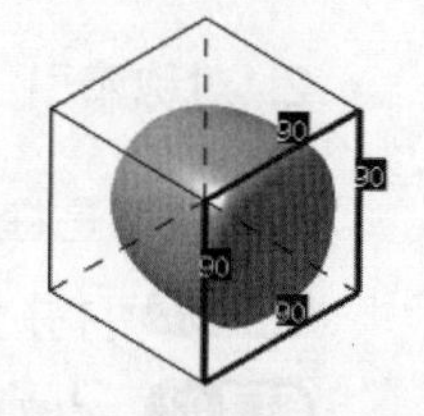

图 8.4.22 编辑结果（二）

步骤05 按 Esc 键，结束曲面的编辑。

4. 合并

合并工具可以将2个造型曲面结合，这2个曲面不必相交，为保证较好的合并效果，合并一侧的网格顶点数或边线数应相同。

步骤01 打开文件 D:\catrt20\work\ch08.04.02\Merge.CATPart。

步骤02 选择下拉菜单 插入 → IMA - Merge 命令，在图形区中依次选取图 8.4.23 所示的曲面 1 和曲面 2。

步骤03 在图 8.4.24 所示的“工具控制板”工具栏（五）中单击“Join Mode”按钮，然后“Apply”按钮，完成曲面的合并，结果如图 8.4.25 所示。

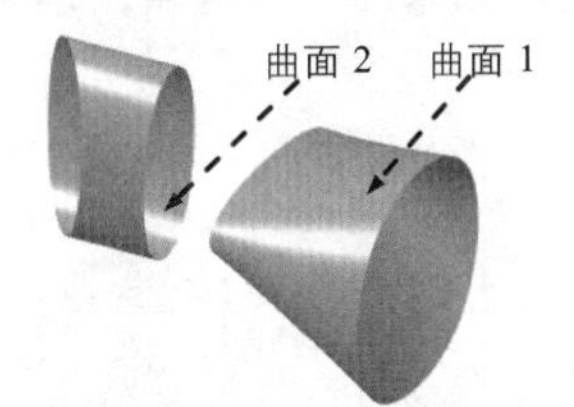

图 8.4.23 选取合并曲面

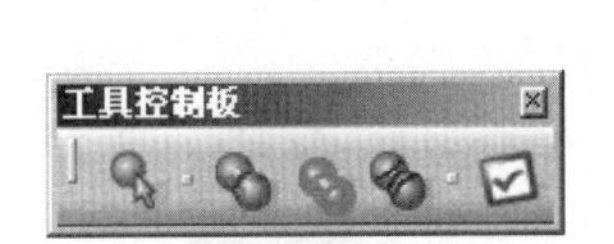

图 8.4.24 “工具控制板”工具栏（五）

图 8.4.25 合并结果

说明：选取合并曲面时一定要先选取后创建的造型曲面，然后选取先创建的造型曲面。

5. 延伸

延伸是以曲面的某个最小单元网格为基础，实现曲面表面的凸起或凹陷变形。

步骤01 打开文件 D:\catrt20\work\ch08.04.02\Extrusion.CATPart。

步骤02 选择下拉菜单 插入 → IMA - Extrusion 命令，在图形区中选取基础曲面，然后选取图 8.4.26 所示的两条边线所在的网格表面（直接选取面即可）。

步骤03 在图 8.4.27 所示的“工具控制板”工具栏（六）确认按钮被加亮按下，且处于不被加亮状态。

步骤04 单击“Apply”按钮，完成曲面的延伸，按 Esc 键，结束曲面的编辑，编辑结果（三）如图 8.4.28 所示。

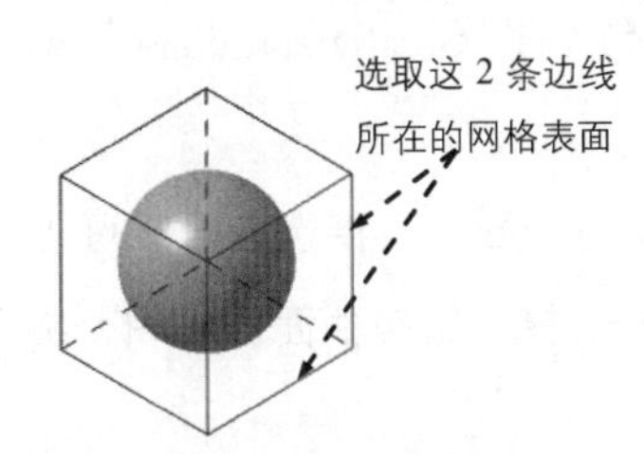

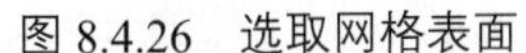
图 8.4.26 选取网格表面

图 8.4.27 “工具控制板”工具栏（六）

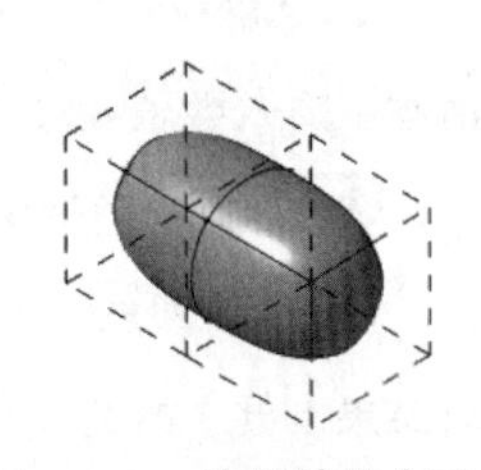
图 8.4.28 编辑结果（三）

6. 分割

分割工具用于对曲面中的网格进行进一步的划分，以得到更小的曲面网格单元用于曲面造型。

步骤 01 打开文件 D:\catrt20\work\ch08.04.02\Face-Cutting.CATPart。

步骤 02 在图形区中双击基础曲面，选择下拉菜单 插入 → IMA - Face Cutting 命令，系统弹出图 8.4.29 所示的“工具控制板”工具栏（七）。

步骤 03 在工具控制板中确认按钮被按下，单击按钮，在系统弹出的“Number Of Sections”对话框中输入数值 3，然后单击 确定 按钮。

步骤 04 在控制网格中选取图 8.4.30 所示的网格边线为分割参考。

步骤 05 单击“Apply”按钮完成曲面的分割，按 Esc 键，结束曲面的编辑，编辑结果（四）如图 8.4.31 所示。

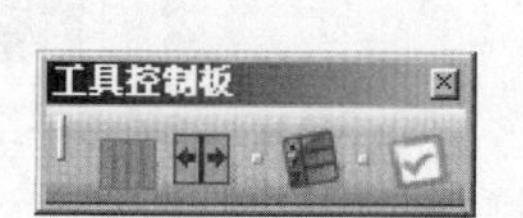

图 8.4.29 “工具控制板”工具栏（七）

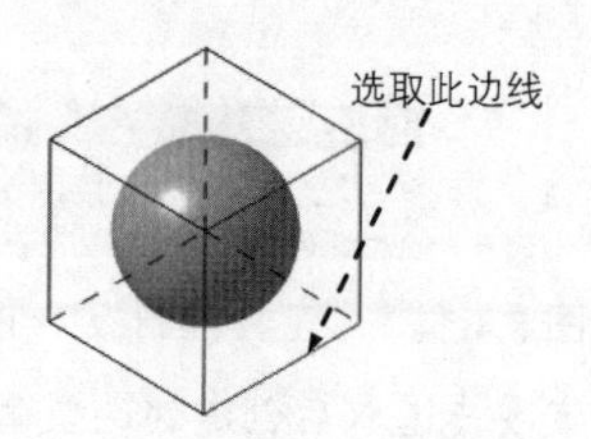

图 8.4.30 选取分割边线

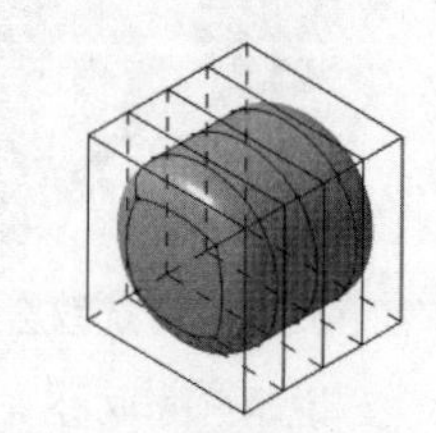
图 8.4.31 编辑结果（四）

7. 表面细分

表面细分是对基础网格平面进行平面内的划分。

步骤 01 打开文件 D:\catrt20\work\ch08.04.02\Face-Sbudivision.CATPart。

步骤 02 在图形区中双击基础曲面，选择下拉菜单 插入 → IMA - Face Subdivision 命令，系统弹出图 8.4.32 所示的“工具控制板”工具栏（八）。

图 8.4.32 “工具控制板”工具栏（八）

步骤 03 在“工具控制板”工具栏中单击按钮，在系统弹出的“Sbudivision Ratio”对话框中输入数值 0.5，然后单击 确定 按钮。

步骤 04 在图形区中选取图 8.4.33 所示的两条边线所在的网格表面（直接选取面即可）。

步骤 05 单击“Apply”按钮完成曲面的表面细分，按 Esc 键，结束曲面的编辑，编辑结果（五）如图 8.4.34 所示。

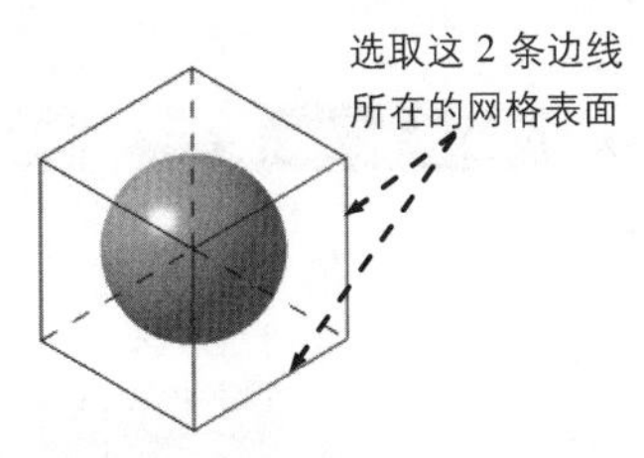

图 8.4.33　选取网格表面

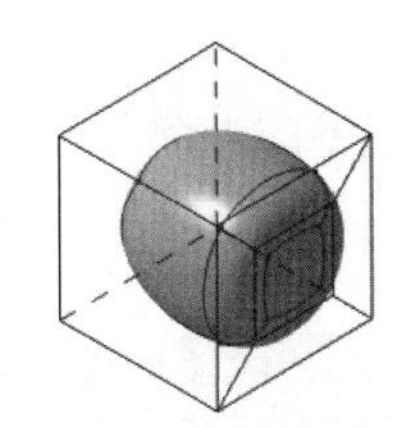

图 8.4.34　编辑结果（五）

8. 删除曲面

该命令可以删除曲面网格中的线和面，在曲面中形成破孔。

步骤 01　打开文件 D:\catrt20\work\ch08.04.02\Erasing.CATPart。

步骤 02　在图形区中双击基础曲面，选择下拉菜单 插入 → IMA - Erasing 命令，系统弹出图 8.4.35 所示的“工具控制板”工具栏（九）。

步骤 03　在工具控制板中确认按钮被按下加亮。

步骤 04　在图形区中选取图 8.4.36 所示的两条边线所在的网格表面（直接选取面即可）。

步骤 05　单击“Apply”按钮完成曲面删除，按 Esc 键，结束曲面的编辑，编辑结果（六）如图 8.4.37 所示。

图 8.4.35　“工具控制板”工具栏（九）

选取这 2 条边线
所在的网格表面

图 8.4.36　选取网格表面

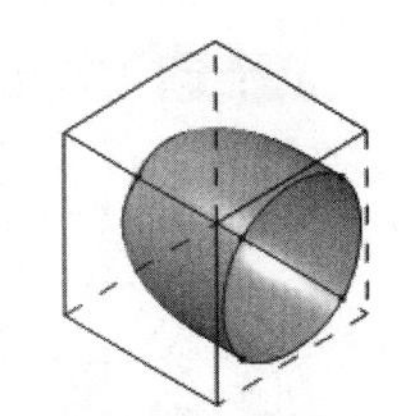

图 8.4.37　编辑结果（六）

8.5　IMA 曲面造型范例

下面通过勺子曲面造型范例，来说明 IMA 曲面造型的一般过程，由此读者可以体会到 CATIA IMA 在曲面零件整体造型中的便捷、高效之处。

步骤 01　新建文件。选择下拉菜单 开始 → 形状 ▸ → Imagine & Shape 命令，输入零件名称 Spoon，单击 确定 按钮，进入 IMA 设计工作台。

步骤 02　新建几何图形集。选择下拉菜单 插入 → 几何图形集... 命令，系统弹出图 8.5.1 所示的“插入几何图形集”对话框，在 名称： 文本框中输入名称“Main_Sur”，单击 确定 按钮。

步骤 03　调整视图方位。在“视图”工具栏中单击“俯视图”按钮，将视图方位调整到俯视方位。

步骤 04 创建基础曲面。选择下拉菜单 插入 → Open Primitives → IMA - Rectangle 命令，在图形区中创建图 8.5.2 所示的方形基础曲面。

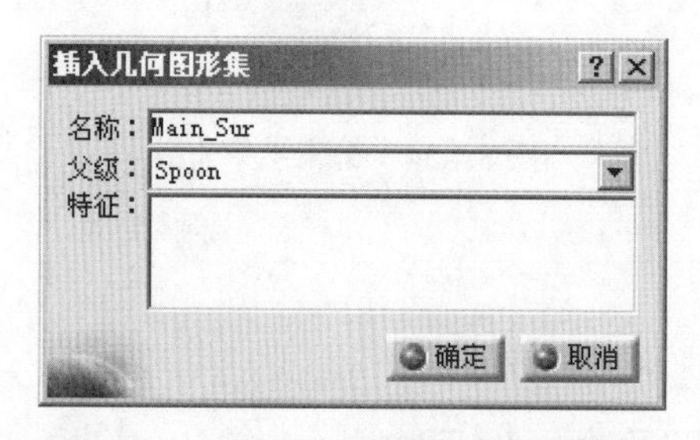

图 8.5.1 “插入几何图形集”对话框

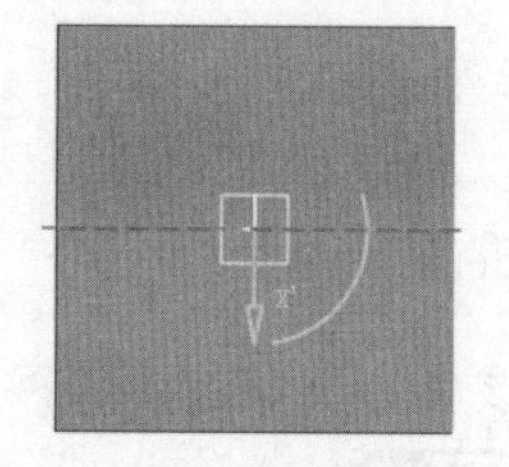

图 8.5.2 方形基础曲面

步骤 05 确认基础曲面的中心处于原点位置。在工具控制板中单击“Translation”按钮（默认被按下），然后单击按钮，在“Translation”对话框中设置图 8.5.3 所示的参数，单击 确定 按钮。

步骤 06 使用对称牵引调整基础曲面的大小。在工具控制板中单击“Affinity”按钮，然后单击按钮，在系统弹出的“Affinity”对话框中设置图 8.5.4 所示的参数，然后单击 确定 按钮，结果如图 8.5.5 所示。

图 8.5.3 “Translation”对话框

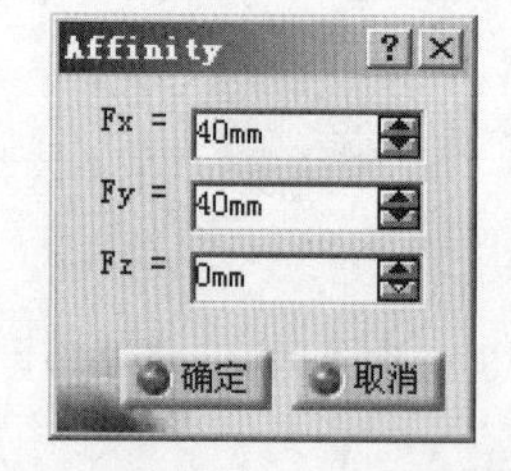

图 8.5.4 “Affinity”对话框

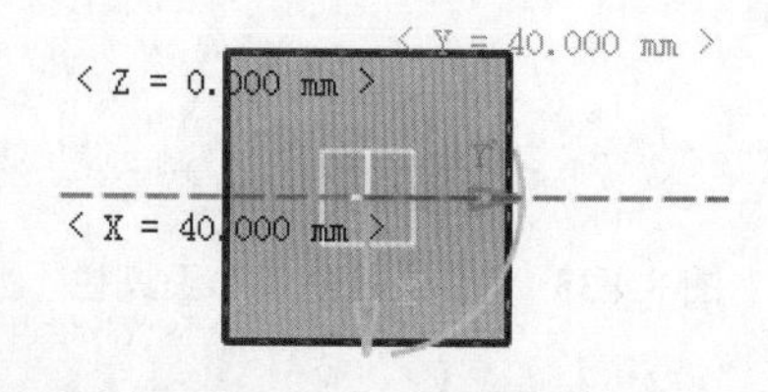

图 8.5.5 对称牵引

步骤 07 网格分割 1。选择下拉菜单 插入 → IMA - Face Cutting 命令；在工具控制板中确认按钮被按下，单击按钮，在系统弹出的“Number Of Sections”对话框中输入数值 3，然后单击 确定 按钮；选取图 8.5.6 所示的网格边线为分割对象；单击按钮完成分割，结果如图 8.5.7 所示。

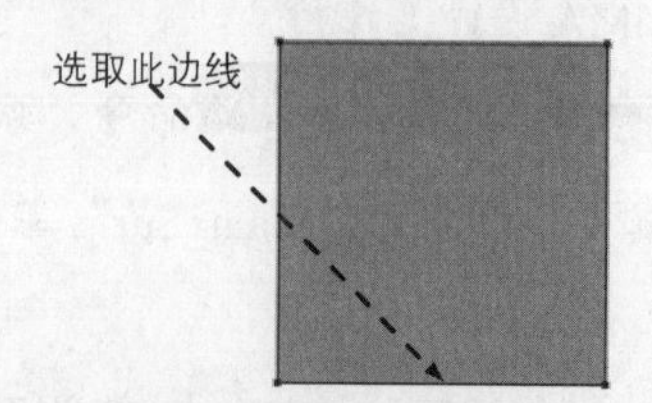

图 8.5.6 选取分割对象

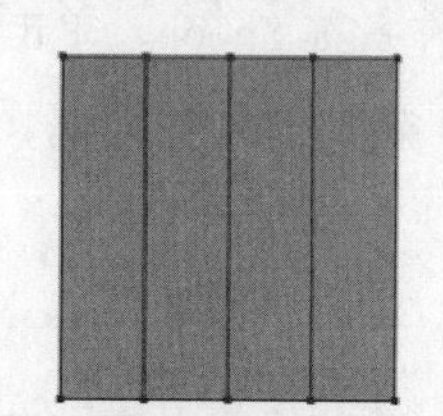

图 8.5.7 网格分割 1

步骤 08 局部对称牵引 1。选择下拉菜单 插入 → IMA - Modification 命令，在工具控制板中单击“Affinity”按钮和“面”按钮；选取图 8.5.8 所示的右侧单元格为牵引对象；单击按钮，在系统弹出的“Affinity”对话框中设置图 8.5.9 所示的参数；然后单击 确定 按钮，结果如图 8.5.10 所示。

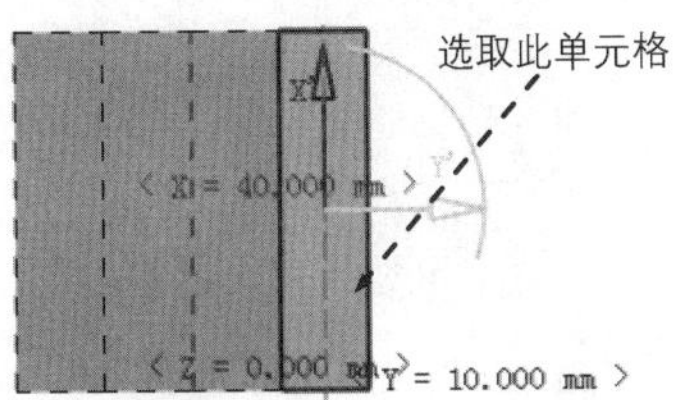

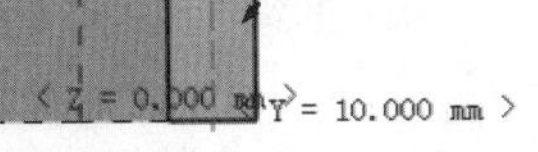

图 8.5.8 选取牵引对象

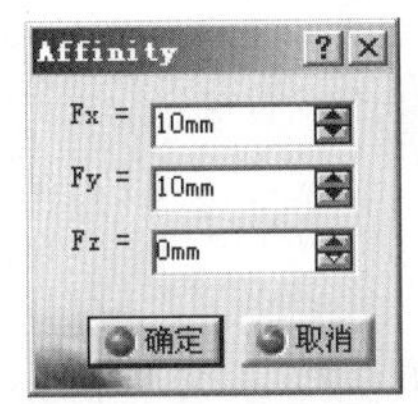

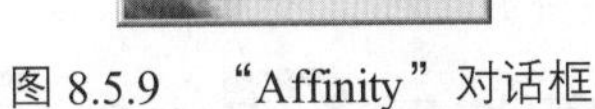

图 8.5.9 “Affinity”对话框

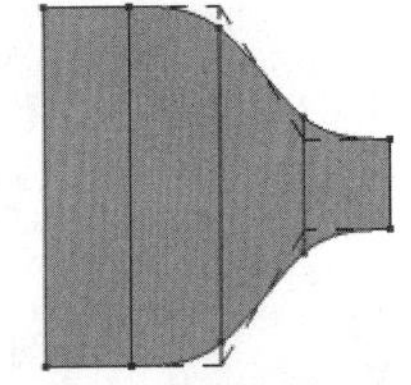

图 8.5.10 局部对称牵引 1

步骤 09 表面细分。选择下拉菜单 插入 → IMA - Face Subdivision 命令；在工具控制板中单击按钮，在系统弹出的“Sbudivision Ratio”对话框中输入数值 0.35，单击 确定 按钮；按住 Ctrl 键，在图形区中选取图 8.5.11 所示的 2 个网格表面为细分对象；单击按钮完成表面细分，结果如图 8.5.12 所示。

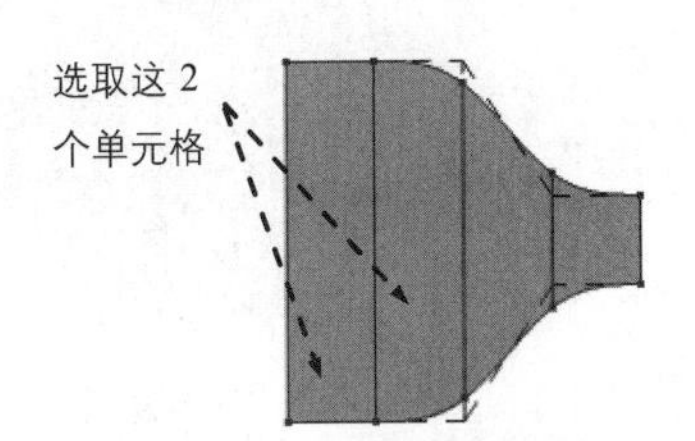

图 8.5.11 选取细分对象

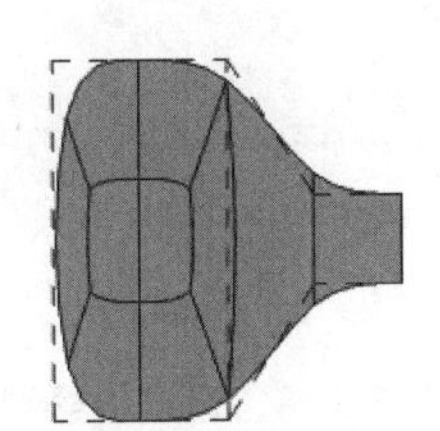

图 8.5.12 表面细分

步骤 10 平移编辑 1。选择下拉菜单 插入 → IMA - Modification 命令，在工具控制板中单击按钮和按钮；选取图 8.5.13 所示的边线为平移对象；单击按钮，在系统弹出的“Translation”对话框中设置图 8.5.14 所示的参数；然后单击 确定 按钮，结果如图 8.5.15 所示。

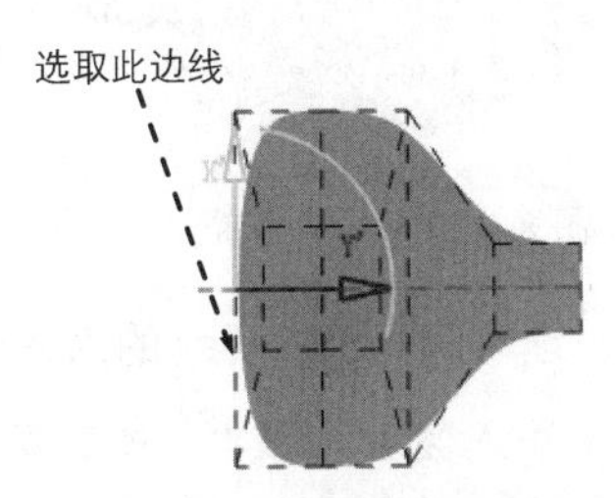

图 8.5.13 选取平移对象

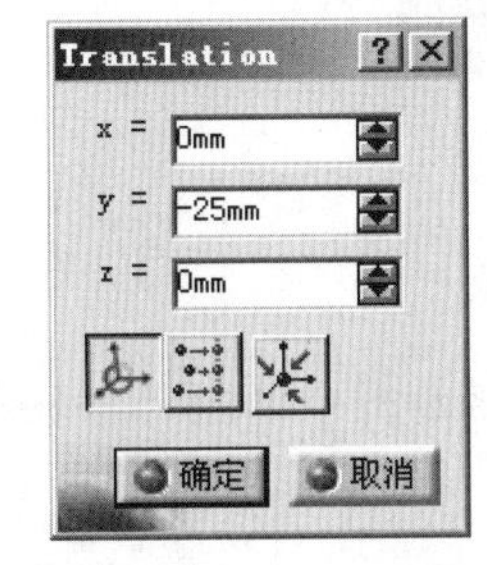

图 8.5.14 “Translation”对话框

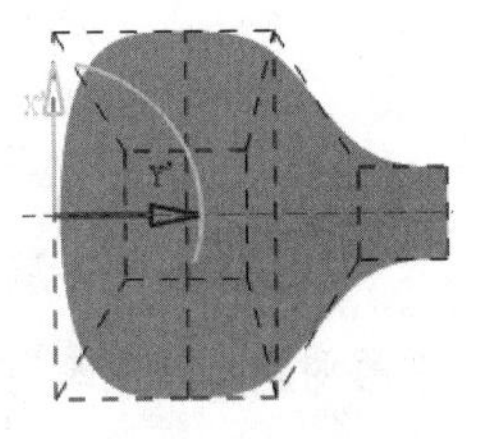

图 8.5.15 平移编辑 1

步骤 11 网格分割 2。选择下拉菜单 插入 → IMA - Face Cutting 命令；在“工具控制板”工具栏中确认按钮被按下，单击按钮，在系统弹出的“Number Of Sections”对话框中输入数值 1，然后单击确定按钮；选取图 8.5.16 所示的网格边线为分割参考；单击按钮完成分割，结果如图 8.5.17 所示。

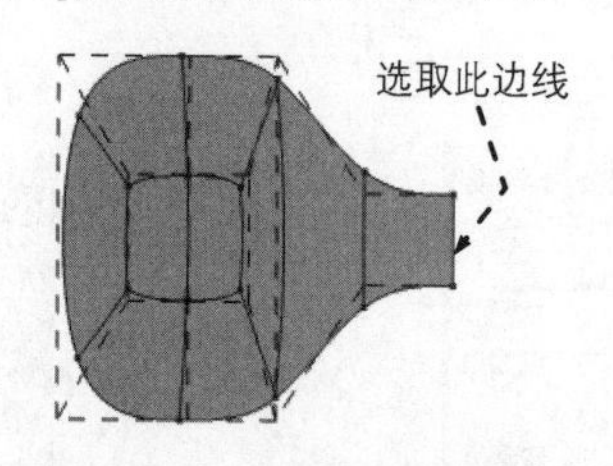

图 8.5.16 选取分割对象

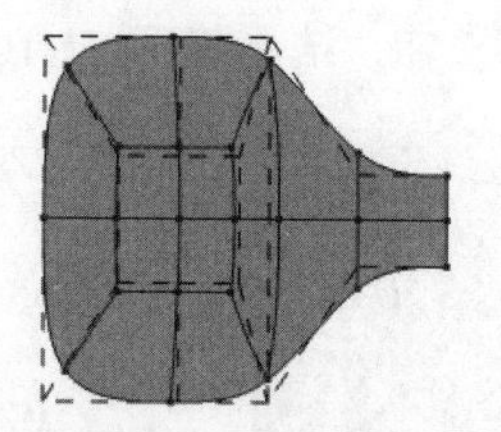

图 8.5.17 网格分割 2

步骤 12 平移编辑 2。选择下拉菜单 插入 → IMA - Modification 命令，在工具控制板中单击按钮和按钮；选取图 8.5.18 所示的点为平移对象；单击按钮，在 x = 文本框中输入数值 0，y = 文本框中输入数值-55，z = 文本框中输入数值 0，单击确定按钮，结果如图 8.5.19 所示。

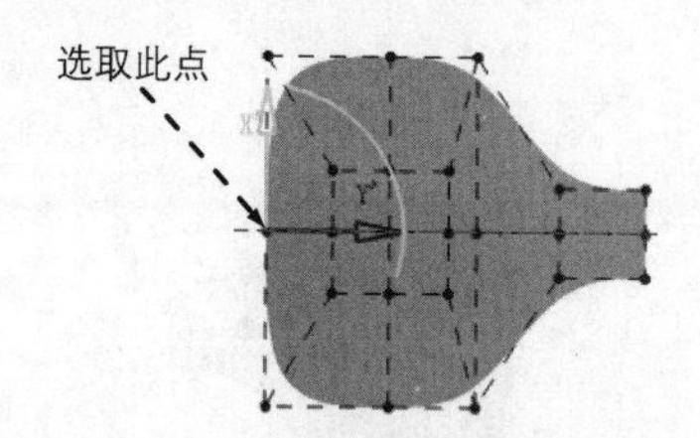

图 8.5.18 选取平移对象

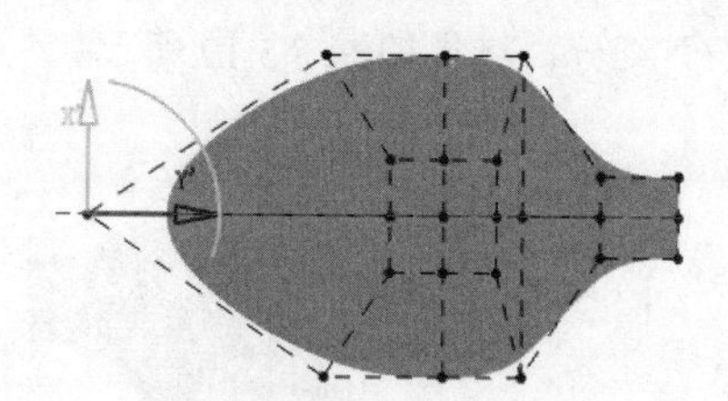

图 8.5.19 平移编辑 2

步骤 13 平移编辑 3。在工具控制板中单击按钮和按钮；按住 Ctrl 键，选取图 8.5.20 所示的 4 个面为平移对象；单击按钮，在 x = 文本框中输入数值 0，y = 文本框中输入数值-18，z = 文本框中输入数值 0，单击确定按钮，结果如图 8.5.21 所示。

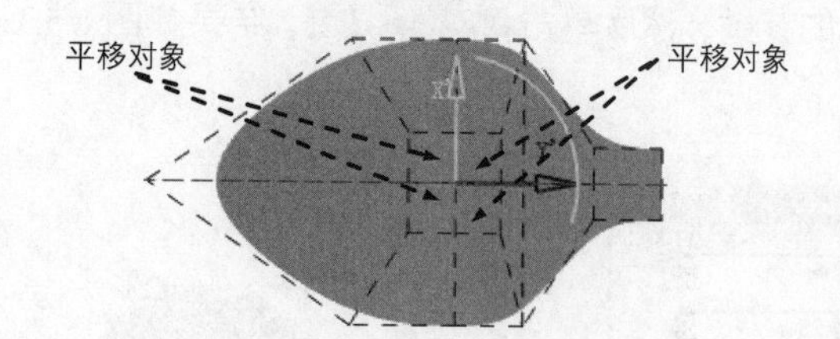

图 8.5.20 选取平移对象

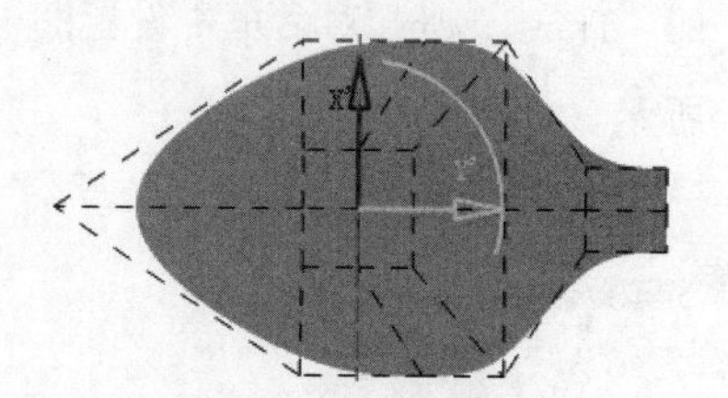

图 8.5.21 平移编辑 3

步骤 14 平移编辑 4。在工具控制板中单击按钮和按钮；选取图 8.5.22 所示的点为平移对象；单击按钮，在 x = 文本框中输入数值 0，y = 文本框中输入数值-30，z = 文本框中输入数值 0，单击确定按钮，结果如图 8.5.23 所示。

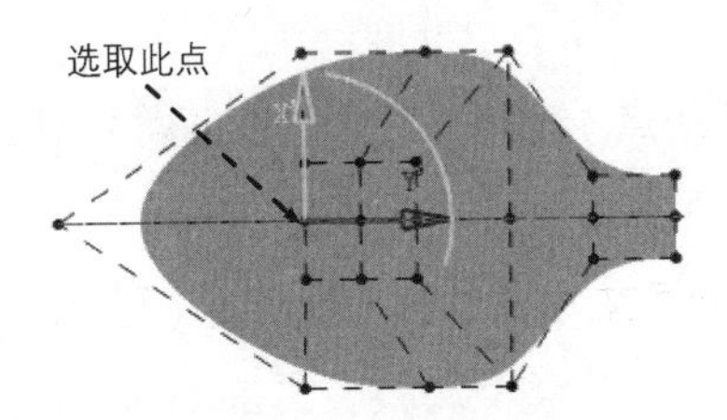

图 8.5.22 选取平移对象

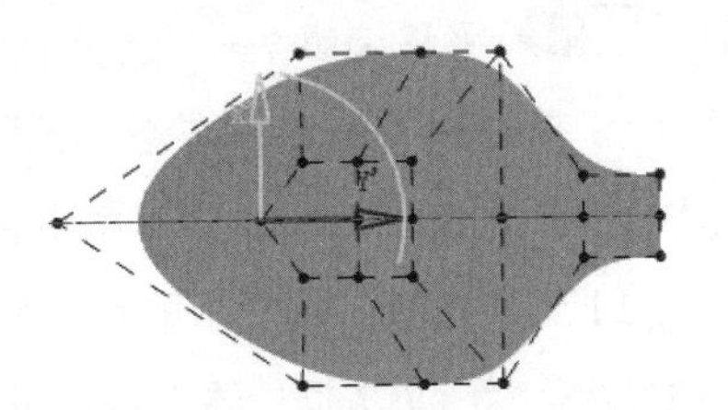

图 8.5.23 平移编辑 4

步骤 15 平移编辑 5。选取图 8.5.24 所示的点为平移对象；单击按钮，在 x = 文本框中输入数值 0，y = 文本框中输入数值-5，z = 文本框中输入数值 0；单击确定按钮，结果如图 8.5.25 所示。

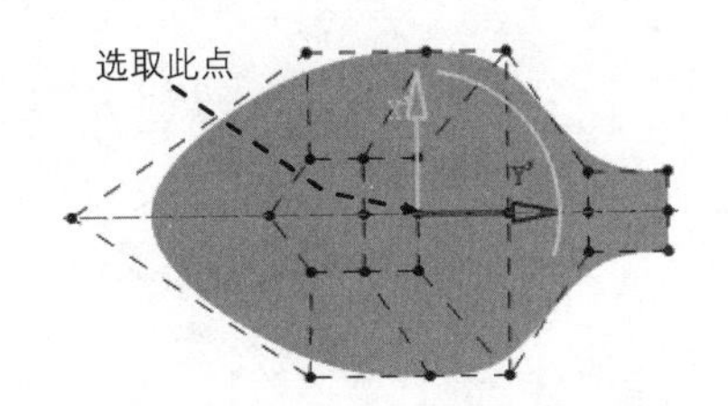

图 8.5.24 选取平移对象

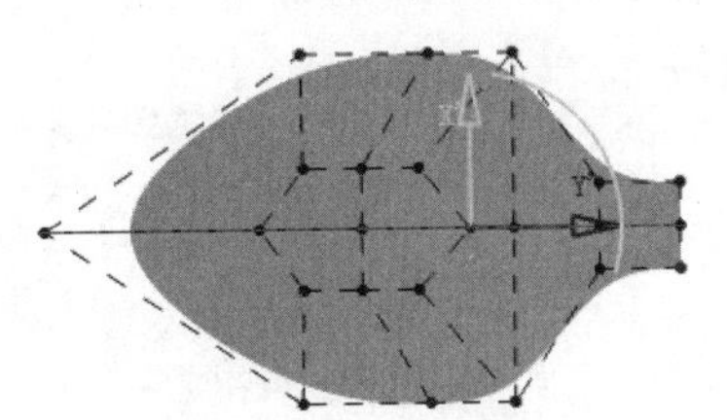

图 8.5.25 平移编辑 5

步骤 16 局部对称牵引 2。在工具控制板中单击“Affinity”按钮和按钮；按住 Ctrl 键，选取图 8.5.26 所示的 2 条边线为牵引对象；单击按钮，在 Fx = 文本框中输入数值 35，Fy = 文本框中输入数值 18，Fz = 文本框中输入数值 0；单击确定按钮，结果如图 8.5.27 所示。

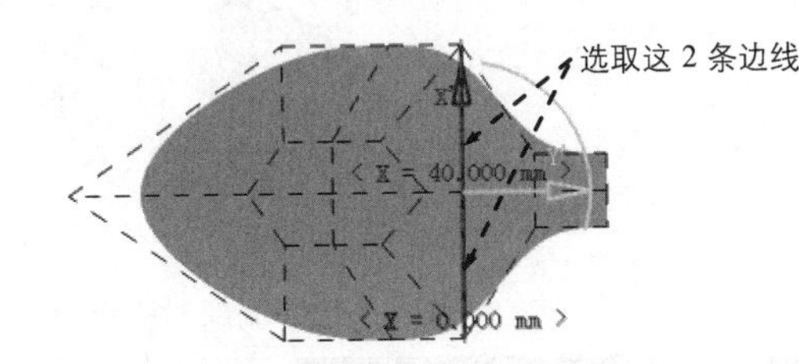

图 8.5.26 选取牵引对象

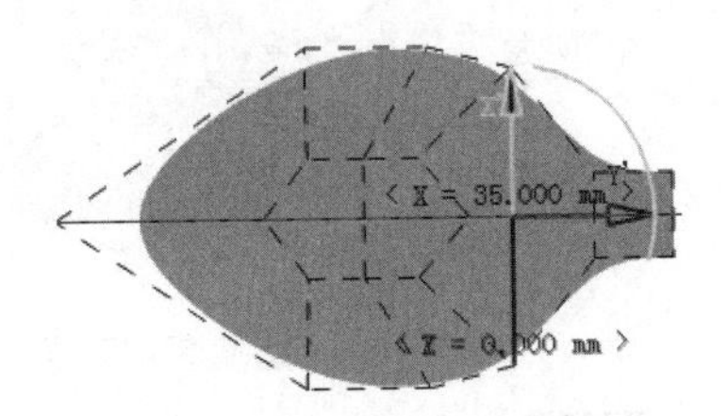

图 8.5.27 局部对称牵引 2

步骤 17 平移编辑 6。在工具控制板中单击按钮和按钮；选取图 8.5.28 所示的 4 个面为平移对象；单击按钮，在 x = 文本框中输入数值 0，y = 文本框中输入数值-18，z = 文本框中输入数值 5，单击确定按钮，结果如图 8.5.29 所示。

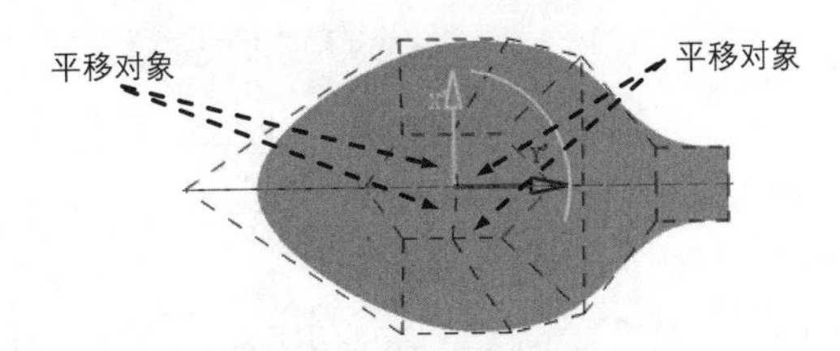

图 8.5.28 选取平移对象

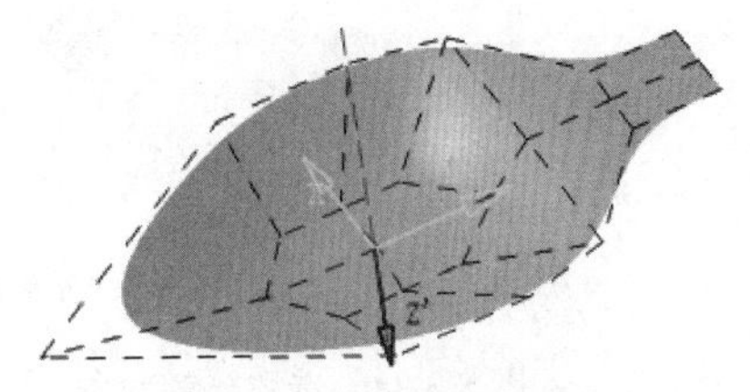

图 8.5.29 平移编辑 6

步骤 18 平移编辑 7——点 1~点 4。

（1）单击按钮和按钮，选取图 8.5.30 所示的点 1 为平移对象；单击按钮，在 x = 文本框中输入数值 0，y = 文本框中输入数值-32，z = 文本框中输入数值 7.5。

（2）选取图 8.5.30 所示的点 2 为平移对象；在 x = 文本框中输入数值 0，y = 文本框中输入数值-18，z = 文本框中输入数值 10。

（3）选取图 8.5.30 所示的点 3 为平移对象；在 x = 文本框中输入数值 0，y = 文本框中输入数值-5.5，z = 文本框中输入数值 7.5。

（4）选取图 8.5.30 所示的点 4 为平移对象；在 x = 文本框中输入数值 0，y = 文本框中输入数值 0，z = 文本框中输入数值 5, 结果如图 8.5.31 所示。

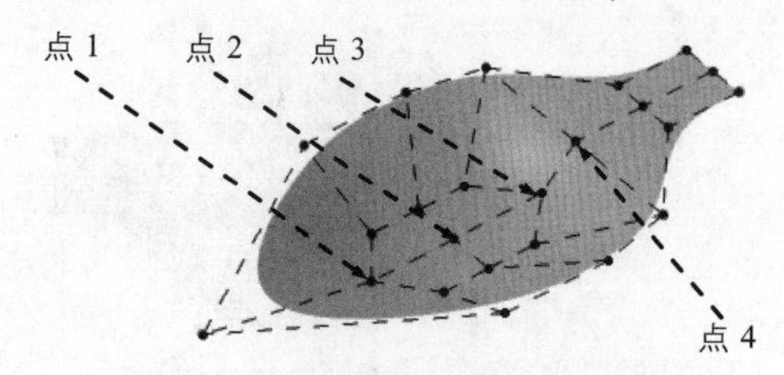

图 8.5.30　选取平移对象

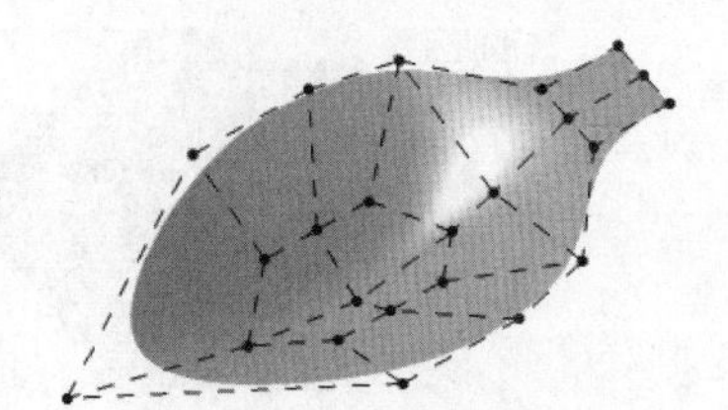
图 8.5.31　平移编辑 7

步骤 19 局部对称牵引 3。在工具控制板中单击“Affinity”按钮和按钮；按住 Ctrl 键，选取图 8.5.32 所示的 4 个面为牵引对象；单击按钮，在 Fx = 文本框中输入数值 20，Fy = 文本框中输入数值 25，Fz = 文本框中输入数值 5；单击 确定 按钮，结果如图 8.5.33 所示。

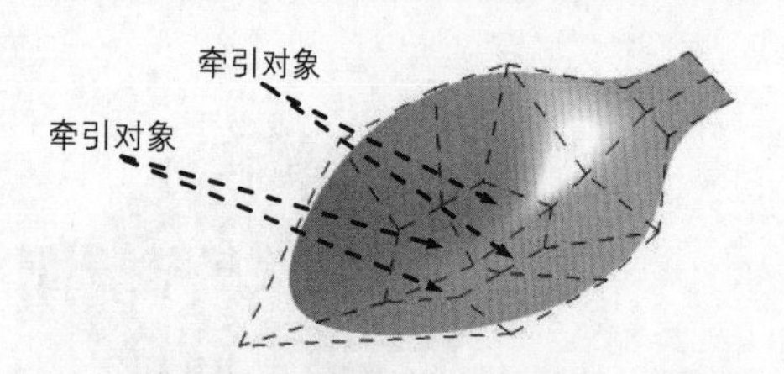

图 8.5.32　选取牵引对象

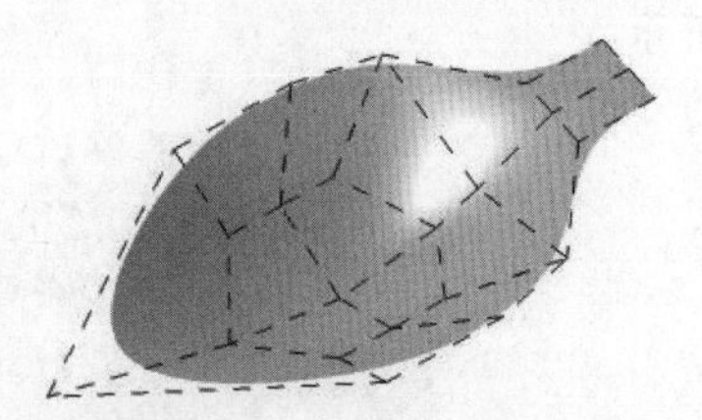
图 8.5.33　局部对称牵引 3

步骤 20 网格分割 3。选择下拉菜单 插入 → IMA - Face Cutting 命令；在工具控制板中确认按钮被按下，单击按钮，在系统弹出的“Number Of Sections”对话框中输入数值 2，然后单击 确定 按钮；选取图 8.5.34 所示的网格边线为分割参考；单击按钮完成分割，结果如图 8.5.35 所示。

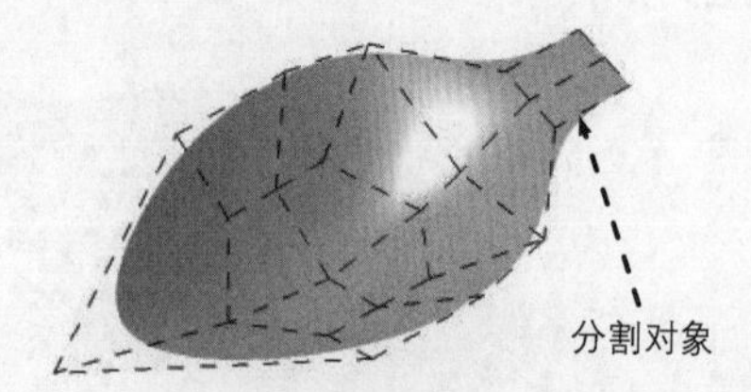

图 8.5.34　选取分割对象

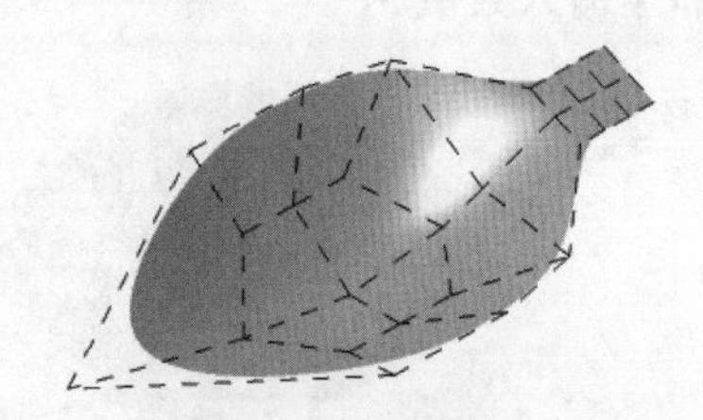
图 8.5.35　网格分割 3

步骤 21 平移编辑 8。选择下拉菜单 插入 → IMA - Modification 命令，在工具控制板中单击按钮和按钮；按住 Ctrl，选取图 8.5.36 所示的 2 条线为平移对象（也可以按住 Shift 键框选）；单击按钮，在 x = 文本框中输入数值 0，y = 文本框中输入数值 100，z = 文本框中输入数值-8，单击 确定 按钮，结果如图 8.5.37 所示。

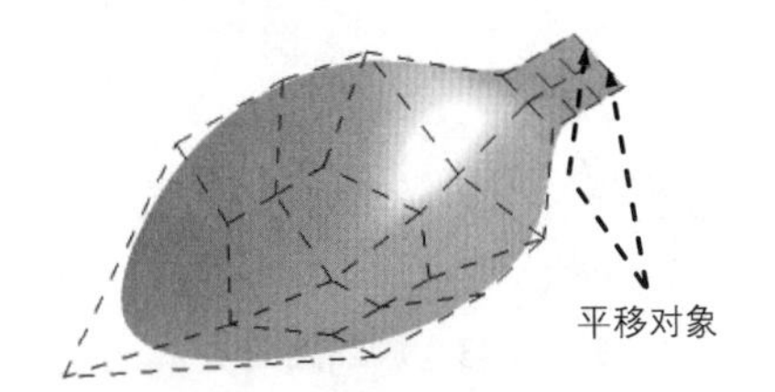

图 8.5.36 选取平移对象

图 8.5.37 平移编辑 8

步骤 22 平移编辑 9。按住 Ctrl，选取图 8.5.38 所示的 2 条线为平移对象；单击按钮，在 x = 文本框中输入数值 0，y = 文本框中输入数值 50，z = 文本框中输入数值-7，单击 确定 按钮，结果如图 8.5.39 所示。

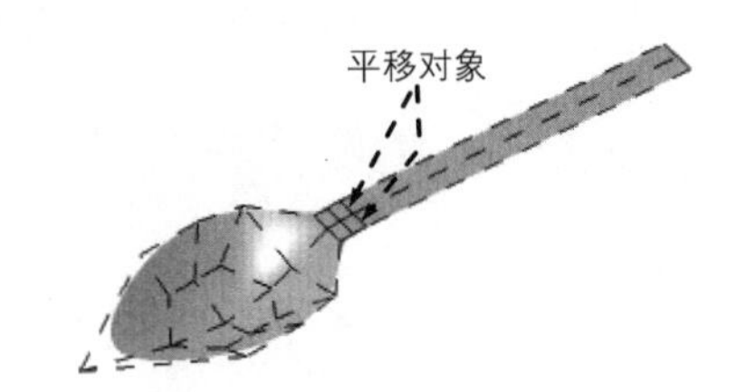

图 8.5.38 选取平移对象

图 8.5.39 平移编辑 9

步骤 23 局部对称牵引 4。在工具控制板中单击“Affinity”按钮和按钮；按住 Ctrl 键，选取图 8.5.40 所示的 2 条线为牵引对象；单击按钮，在 Fx = 文本框中输入数值 13，Fy = 文本框中输入数值 0，Fz = 文本框中输入数值 0；单击 确定 按钮，结果如图 8.5.41 所示。

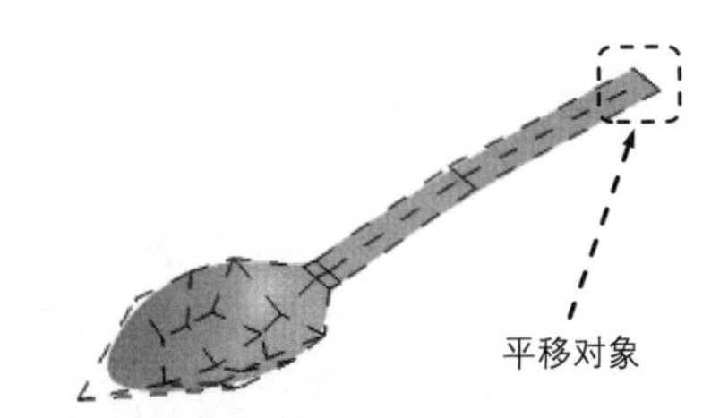

图 8.5.40 选取牵引对象

图 8.5.41 局部对称牵引 4

步骤 24 按 Esc 键，结束曲面编辑。

步骤 25 选择下拉菜单 开始 → 机械设计 → 零件设计 命令，切换到零件设计工作台。在特征树上右击 零件几何体 节点，在弹出的快捷菜单中选择 定义工作对象 命令。

步骤 26 加厚曲面。选择下拉菜单 插入 → 基于曲面的特征 ▸ → 厚曲面... 命令，采用默认的加厚方向，厚度值为 1，如图 8.5.42 所示。

步骤 27 添加圆角，在实体中添加 2 个三切线内圆角特征，如图 8.5.43 所示。

图 8.5.42　加厚曲面　　　　图 8.5.43　添加圆角

步骤 28 选择下拉菜单 文件 → 保存 命令，保存模型文件。

第 9 章 钣金设计

9.1 CATIA V5 钣金设计基础

9.1.1 进入钣金设计工作台

下面介绍进入钣金设计环境的一般操作过程。

步骤 01 选择命令。选择下拉菜单 文件 → 新建... 命令（或在“标准”工具栏中单击“新建文件”按钮），此时系统弹出“新建”对话框。

步骤 02 选择文件类型。

（1）在“新建”对话框的 类型列表： 列表中选择文件类型为 Part，然后单击 确定 按钮，此时系统弹出“新建零件”对话框。

（2）在“新建零件”对话框中单击 确定 按钮，新建一个文件。

步骤 03 切换工作台。选择下拉菜单 开始 → 机械设计 → Generative Sheetmetal Design 命令，此时系统切换到“创成式钣金设计”工作台。

9.1.2 钣金设计工作台用户界面

在学习本节时，请先打开目录 D:\catrt20\work\ch09.01.02，选中 pedal.CATPart 文件后，单击 打开(O) 按钮。打开文件 pedal.CATPart 后，系统显示图 9.1.1 所示的钣金工作界面。

9.1.3 钣金设计命令

进入“钣金设计”工作台后，钣金设计的命令主要分布在 插入 下拉菜单中，如图 9.1.2 所示。

9.1.4 设置全局钣金参数

在创建第一钣金壁之前首先需要对钣金的参数进行设置，然后再创建第一钣金壁，否则钣金设计模块的相关钣金命令处于不可用状态。

选择下拉菜单 插入 → Sheet Metal Parameters... 命令（或者在“Walls”工具栏中单击按钮），系统弹出图 9.1.3 所示的“Sheet Metal Parameters”对话框。

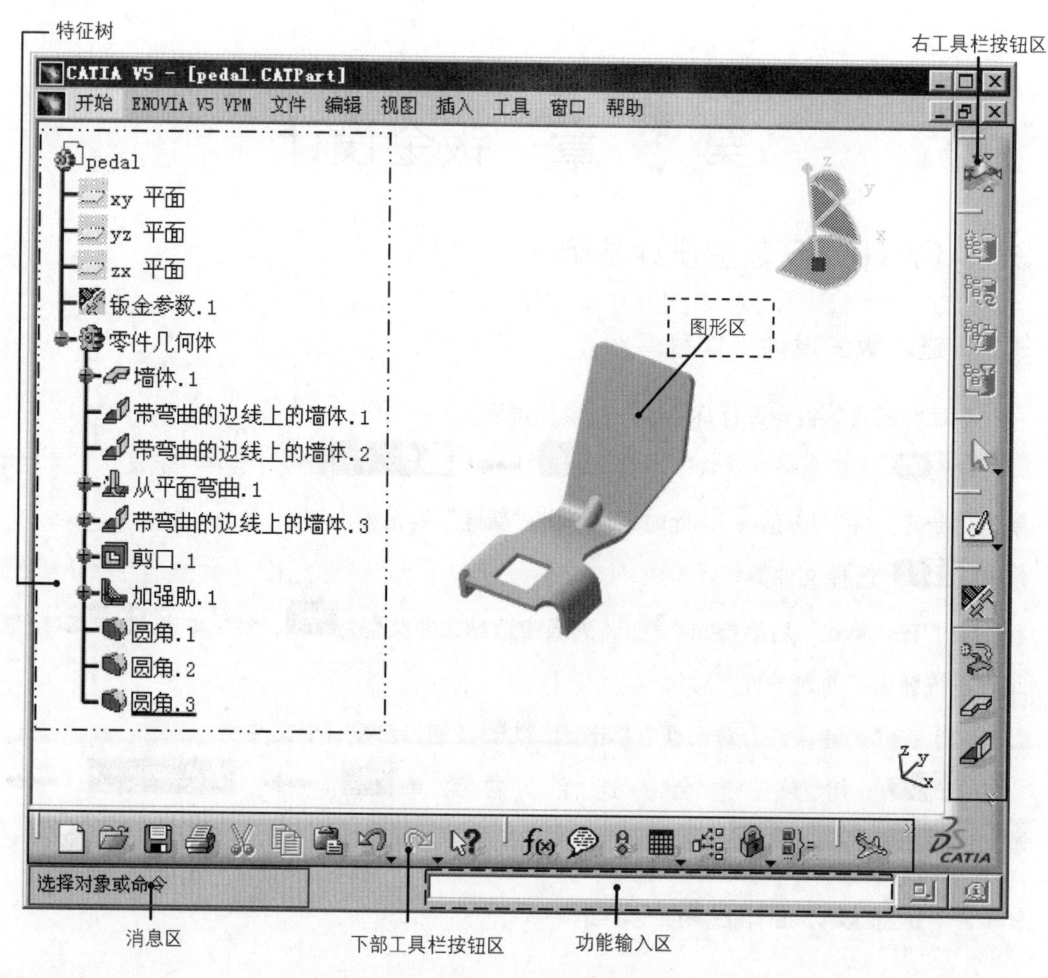

图 9.1.1 CATIA V5 钣金设计界面

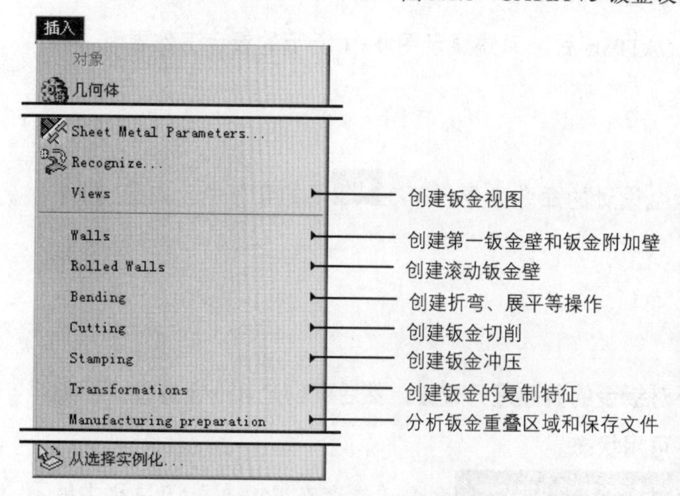

图 9.1.2 “插入”下拉菜单

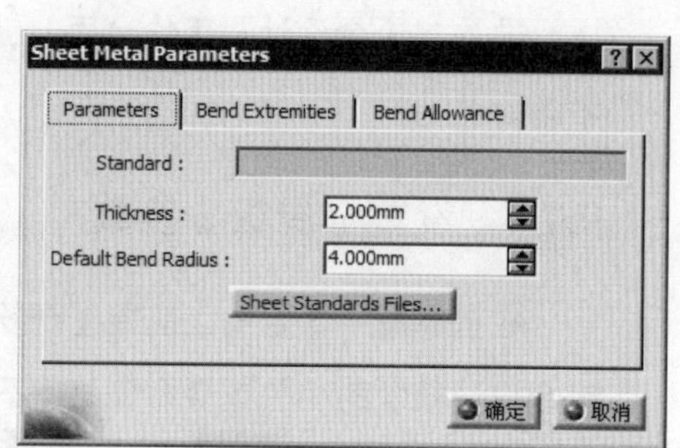

图 9.1.3 “Sheet Metal Parameters”对话框

图 9.1.3 所示的“Sheet Metal Parameters”对话框中的部分选项说明如下。

◆ Parameters 选项卡：用于设置钣金壁的厚度和折弯半径值，其包括 Standard : 文本框、Thickness : 文本框、Default Bend Radius : 文本框和 Sheet Standards Files... 按钮。

- Standard : 文本框：用于显示所使用的标准钣金文件名。
- Thickness : 文本框：用于定义钣金壁的厚度值。
- Default Bend Radius : 文本框：用于定义钣金壁的折弯半径值。
- Sheet Standards Files... 按钮：用于调入钣金标准文件。单击此按钮，用户可以在相应的目录下载入钣金设计参数表。

◆ Bend Extremities 选项卡：用于设置折弯末端的形式，其包括 Minimum with no relief 下拉列表、下拉列表、L1: 文本框和 L2: 文本框。

- Minimum with no relief 下拉列表：用于定义折弯末端的形式，其包括 Minimum with no relief 选项、Square relief 选项、Round relief 选项、Linear 选项、Tangent 选项、Maximum 选项、Closed 选项和 Flat joint 选项。各个折弯末端形式如图 9.1.4~图 9.1.11 所示。
- 下拉列表：用于创建止裂槽，其包括“Minimum with no relief”选项、“Minimum with square relief”选项、“Minimum with round relief”选项、“Linear shape”选项、“Curved shape”选项、“Maximum bend”选项、“Closed”选项和“Flat joint”选项。此下拉列表是与 Minimum with no relief 下拉列表相对应的。
- L1: 文本框：用于定义折弯末端为 Square relief 选项和 Round relief 选项的宽度限制。
- L2: 文本框：用于定义折弯末端为 Square relief 选项和 Round relief 选项的长度限制。

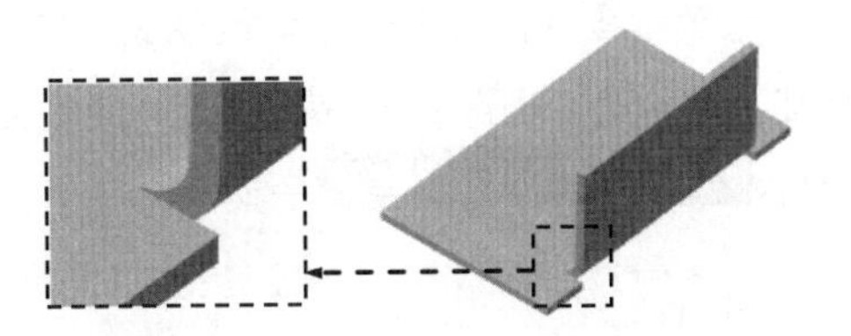

图 9.1.4 Minimum with no relief

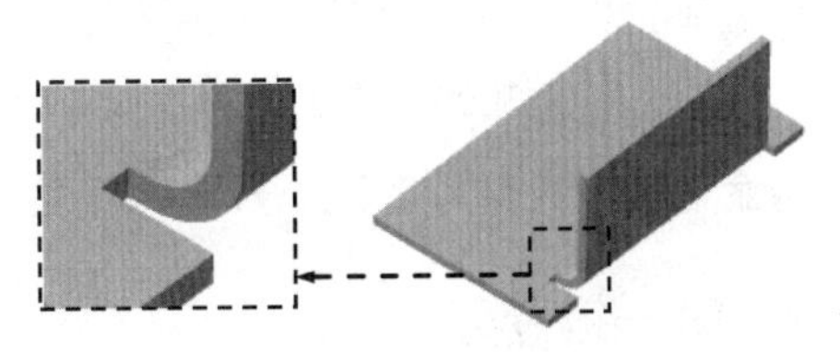

图 9.1.5 Square relief

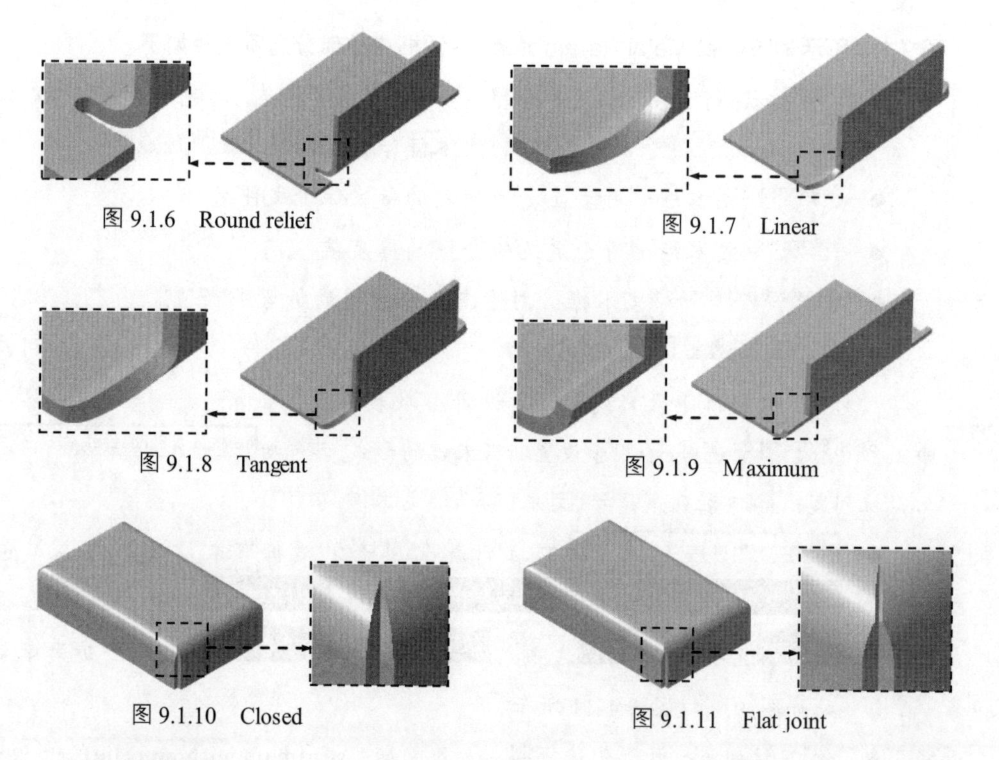

◆ Bend Allowance 选项卡：用于设置钣金的折弯系数，其包括 K Factor : 文本框、f(x) 按钮和 Apply DIN 按钮。

- K Factor : 文本框：用于指定折弯系数 K 的值。
- f(x) 按钮：用于打开允许更改驱动方程的对话框。
- Apply DIN 按钮：用于根据 DIN 公式计算并应用折弯系数。

9.2 创建基础钣金特征

9.2.1 钣金壁概述

钣金壁（Wall）是指厚度一致的薄板，它是一个钣金零件的“基础”，其他的钣金特征（如冲孔、成形、折弯和切割等）都要在这个“基础”上构建，因而钣金壁是钣金件最重要的部分。钣金壁操作的有关命令位于 插入 下拉菜单的 Walls ▸ 和 Rolled Walls ▸ 子菜单中。

9.2.2 第一钣金壁

第一钣金壁的命令位于下拉菜单 插入 → Walls ▸ 子菜单中，Wall... 命令和 Extrusion... 都可以创建拉伸类型的第一钣金壁。另外，还有两个命令位于下拉菜单

插入 → Rolled Walls 子菜单中（图 9.2.1），使用这些命令也可以创建第一钣金壁，其原理和方法与创建相应类型的曲面特征极为相似。

1. 第一钣金壁——平整钣金壁

平整钣金壁是一个平整的薄板（图 9.2.2），在创建这类钣金壁时，需要先绘制钣金壁的正面轮廓草图（必须为封闭的线条），然后给定钣金厚度值即可。注意：拉伸钣金壁与平整钣金壁创建时最大的不同在于：拉伸（凸缘）钣金壁的轮廓草图不一定要封闭，而平整钣金壁的轮廓草图则必须封闭。详细操作步骤说明如下。

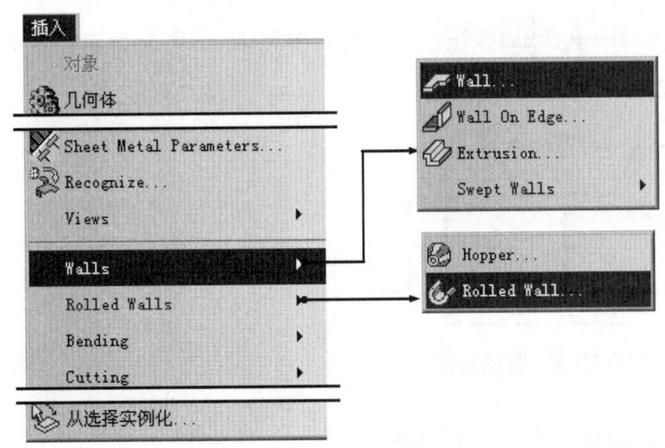

图 9.2.1 插入下拉菜单和“Rollde Walls”子菜单

图 9.2.2 平整钣金壁

步骤 01 新建一个钣金件模型，将其命名为 wall-definition。

步骤 02 设置钣金参数。选择下拉菜单 插入 → Sheet Metal Parameters... 命令，系统弹出“Sheet Metal Parameters”对话框。在 Thickness: 文本框中输入值 2，在 Default Bend Radius: 文本框中输入数值 2；单击 Bend Extremities 选项卡，然后在 Minimum with no relief 下拉列表中选择 Minimum with no relief 选项。单击 确定 按钮完成钣金参数的设置。

步骤 03 创建平整钣金壁。

（1）选择命令。选择下拉菜单 插入 → Walls → Wall... 命令，系统弹出图 9.2.3 所示的“Wall Definition”对话框。

图 9.2.3 “Wall Definition”对话框

图 9.2.3 所示“Wall Definition”对话框中的部分选项说明如下。

- Profile: 文本框：单击此文本框，用户可以在绘图区选取钣金壁的轮廓。
- 按钮：用于绘制平整钣金的截面草图。
- 按钮：用于定义钣金厚度的方向（单侧）。
- 按钮：用于定义钣金厚度的方向（对称）。
- Tangent to: 文本框：单击此文本框，用户可以在绘图区选取与平整钣金壁相切的金属壁特征。
- Invert Material Side 按钮：用于转换材料边，即钣金壁的创建方向。

（2）定义截面草图平面。在对话框中单击按钮，在特征树中选取 xy 平面为草图平面。

（3）绘制截面草图。绘制图 9.2.4 所示的截面草图。

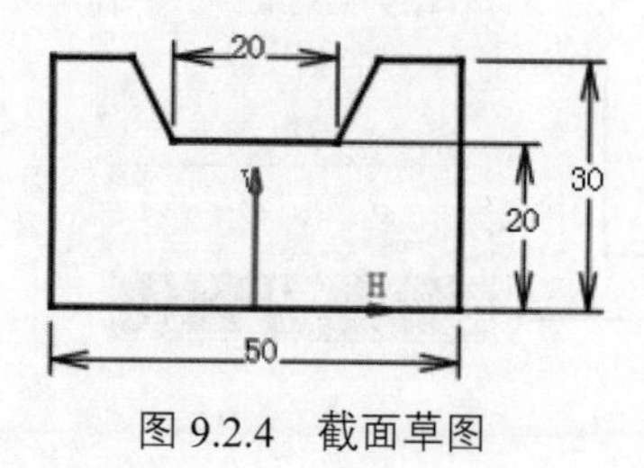

图 9.2.4　截面草图

（4）在“工作台”工具条中单击按钮退出草图环境。

（5）单击 确定 按钮，完成平整钣金壁的创建。

2. 第一钣金壁——拉伸钣金壁

在以拉伸的方式创建第一钣金壁时，需要先绘制钣金壁的侧面轮廓草图，然后给定钣金的拉伸深度值，则系统将轮廓草图延伸至指定的深度，形成薄壁实体，如图 9.2.5 所示，其详细操作步骤说明如下。

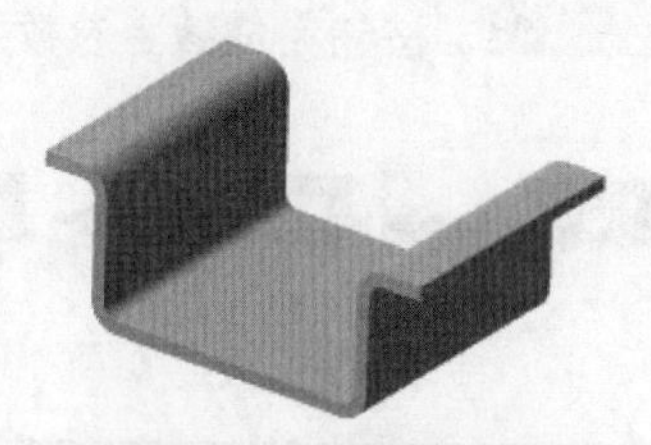

图 9.2.5　拉伸钣金壁

步骤 01 新建一个钣金件模型，将其命名为 extrusion-definition。

步骤 02 设置钣金参数。选择下拉菜单 插入 → Sheet Metal Parameters... 命令，系统弹出“Sheet Metal Parameters”对话框。在 Thickness : 文本框中输入数值 2，在 Default Bend Radius : 文本框中输入数值 2；单击 Bend Extremities 选项卡，然后在 Minimum with no relief 下拉列表

中选择 Minimum with no relief 选项。单击 确定 按钮完成钣金参数的设置。

步骤 03 创建拉伸钣金壁。

（1）选择命令。选择下拉菜单 插入 → Walls ▸ → Extrusion... 命令，系统弹出图 9.2.6 所示的“Extrusion Definition”对话框。

图 9.2.6 “Extrusion Definition”对话框

图 9.2.6 所示“Extrusion Definition”对话框中的部分选项说明如下。

- Limit 1 dimension: 下拉列表：该下拉列表用于定义拉伸第一方向属性，其中包含 Limit 1 dimension:、Limit 1 up to plane: 和 Limit 1 up to surface: 三个选项。选择 Limit 1 dimension: 选项时激活其后的文本框，可输入数值以数值的方式定义第一方向限制；选择 Limit 1 up to plane: 选项时激活其后的文本框，可选取一平面来定义第一方向限制；选择 Limit 1 up to surface: 选项时激活其后的文本框，可选取一曲面来定义第一方向限制。
- Limit 2 dimension: 下拉列表：该下拉列表用于定义拉伸第二方向属性，其中包含 Limit 2 dimension:、Limit 2 up to plane: 和 Limit 2 up to surface: 三个选项。选择 Limit 2 dimension: 选项时激活其后的文本框，可输入数值以数值的方式定义第二方向限制；选择 Limit 2 up to plane: 选项时激活其后的文本框，可选取一平面来定义第一方向限制；选择 Limit 2 up to surface: 选项时激活其后的文本框，可选取一曲面来定义第二方向限制。
- Mirrored extent 复选框：用于镜像当前的拉伸偏置。
- Automatic bend 复选框：选中该复选框，当草图中有尖角时，系统自动创建圆角。
- Exploded mode 复选框：选中该复选框，用于设置分解，依照草图实体的数量自动将钣金壁分解为多个单位。
- Invert direction 按钮：单击该按钮，可反转拉伸方向。

（2）定义截面草图平面。在对话框中单击 按钮，在特征树中选取 xy 平面为草图平面。

（3）绘制截面草图。绘制图 9.2.7 所示的截面草图。

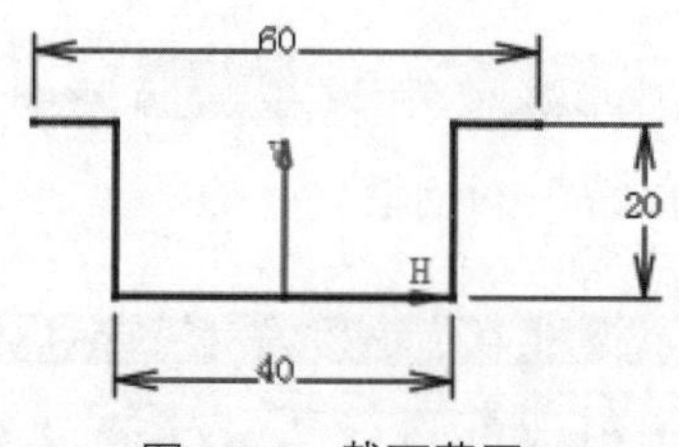

图 9.2.7　截面草图

（4）退出草图环境。在“工作台”工具栏中单击按钮退出草图环境。

（5）设置拉伸参数。在“Extrusion Definition”对话框的Limit 1 dimension:下拉列表中选择Limit 1 dimension:选项，然后在其后的文本框中输入数值 40。

（6）单击确定按钮，完成拉伸钣金壁的创建。

3. 第一钣金壁——滚动钣金壁

创建滚动钣金壁时，需要先绘制钣金壁的侧面轮廓草图，然后给定钣金壁的拉伸深度值，则系统将轮廓草图延伸至指定的深度，形成薄壁实体，如图 9.2.8 所示。其详细操作步骤说明如下。

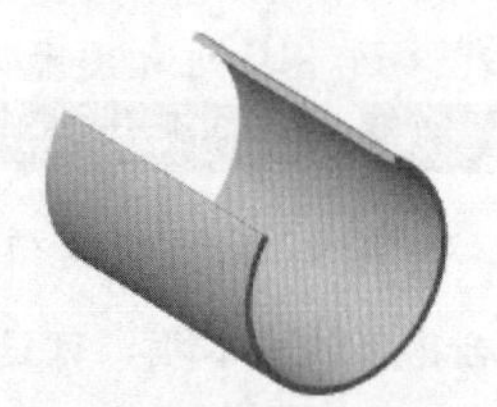

图 9.2.8 滚动钣金壁

步骤 01　新建一个钣金件模型，将其命名为 rolled-wall-definition。

步骤 02　设置钣金参数。选择下拉菜单插入 → Sheet Metal Parameters...命令，系统弹出“Sheet Metal Parameters”对话框。在Thickness :文本框中输入数值 2，在Default Bend Radius :文本框中输入数值 2；单击Bend Extremities选项卡，然后在Minimum with no relief下拉列表中选择Minimum with no relief选项。单击确定按钮完成钣金参数的设置。

步骤 03　创建滚动钣金壁。

（1）选择命令。选择下拉菜单插入 → Rolled Walls ▸ → Rolled Wall...命令，系统弹出图 9.2.9 所示的“Rolled Wall Definition”对话框。

图 9.2.9 所示“Rolled Wall Definition”对话框中的部分选项说明如下。

- First Limit选项界面的下拉列表：用于指定第一方向深度类型，有Dimension、Up to Plane和Up to Surface三种类型可选。当选择Dimension选项时，可在Length 1:文本框中输入深度值；当选择Up to Plane选项时，可在Limit:文本框中选取一个平面以确定深度值；

当选择Up to Surface选项时，可在Limit:文本框中选取一个曲面以确定深度值。

◆ Symmetrical Thickness复选框：用于设置钣金厚度方向（对称）。

◆ Unfold Reference区域的Sketch Location:下拉列表：用于设置展平静止点的位置，图 9.2.10 所示是未展平状态，其包括Start Point选项、End Point选项和Middle Point选项。

- Start Point选项：用于设置展平静止点为草图的起始点，如图 9.2.11 所示。
- End Point选项：用于设置展平静止点为草图的终止点，如图 9.2.12 所示。
- Middle Point选项：用于设置展平静止点为草图的中点，如图 9.2.13 所示。

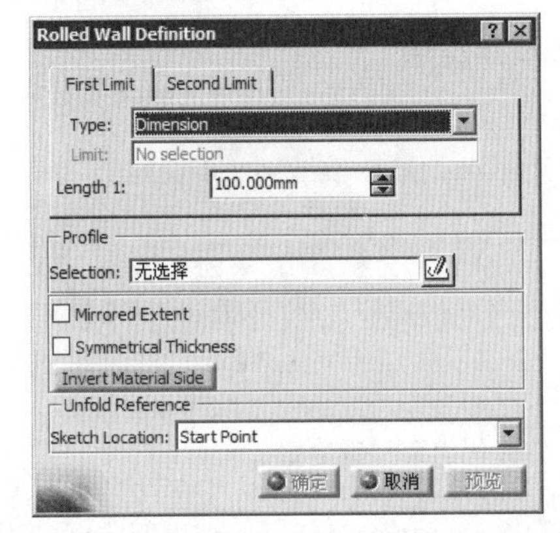

图 9.2.9 “Rolled Wall Definition”对话框

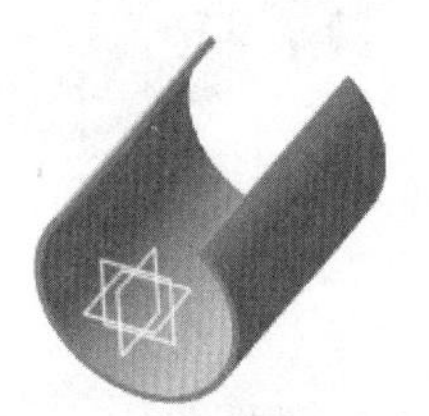

图 9.2.10 未展平

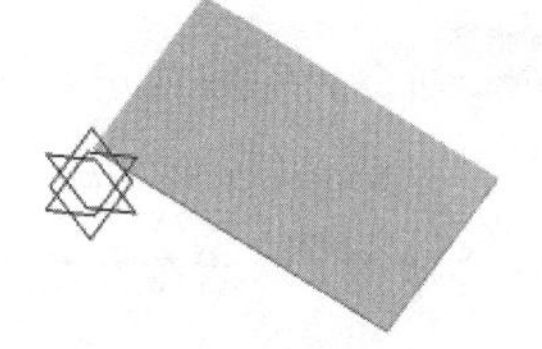

图 9.2.11 Start Point

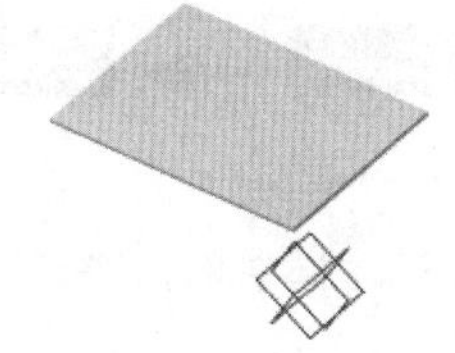

图 9.2.12 End Point

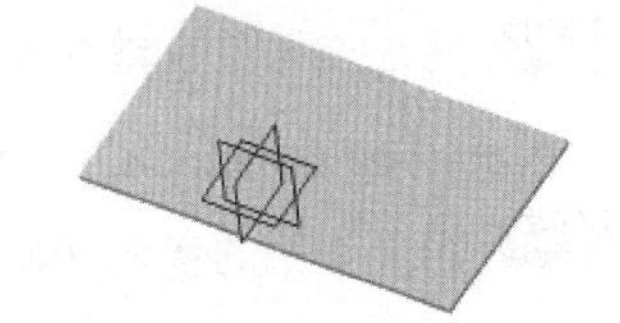

图 9.2.13 Middle Point

（2）定义截面草图平面。在对话框的Profile:区域中单击按钮，在特征树中选取 xy 平面为草图平面。

（3）绘制截面草图。绘制图 9.2.14 所示的截面草图。

此草图只能绘制单个圆弧，否则会弹出图 9.2.15 所示的“Error”对话框提示错

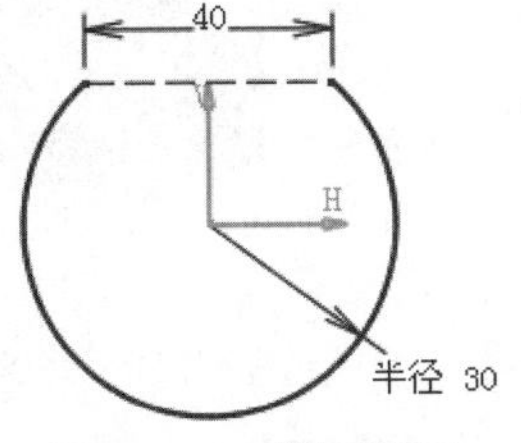

图 9.2.14 截面草图

图 9.2.15 “Error”对话框

（4）退出草图环境。在“工作台”工具栏中单击按钮退出草图环境。

（5）设置参数。在对话框的 Type: 下拉列表中选择 Dimension 选项，然后在 Length 1: 文本框中输入数值 80。

（6）单击 确定 按钮，完成滚动钣金壁的创建。

4. 将实体零件转化为第一钣金壁

创建钣金零件还有另外一种方式，就是先创建实体零件，然后将实体零件转化为钣金件。对于复杂钣金护罩的设计，使用这种方法可简化设计过程，提高工作效率。下面以图 9.2.16 为例说明将实体零件转化为第一钣金壁的一般操作步骤。

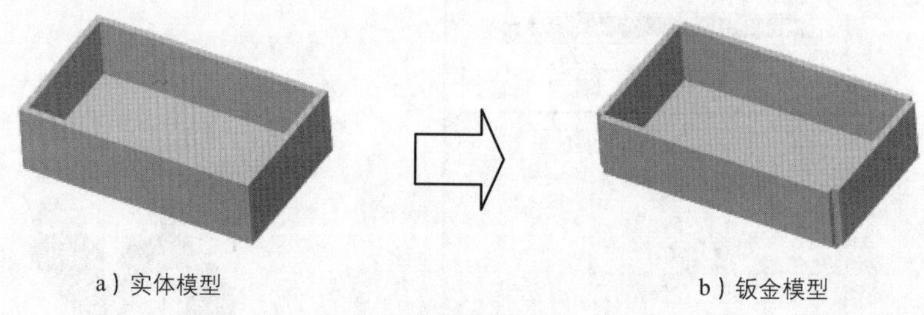

图 9.2.16 将实体零件转化为第一钣金壁

步骤 01 打开模型 D:\catrt20\work\ch09.02.02\recognize-definition.CATPart，如图 9.2.16a 所示。

步骤 02 选择命令。选择下拉菜单 插入(I) → Recognize... 命令，系统弹出图 9.2.17 所示的“Recognize Definition”对话框。

步骤 03 定义识别的参考平面。在对话框中单击 Reference face 文本框，然后在绘图区选取图 9.2.18 所示的面为识别参考平面。

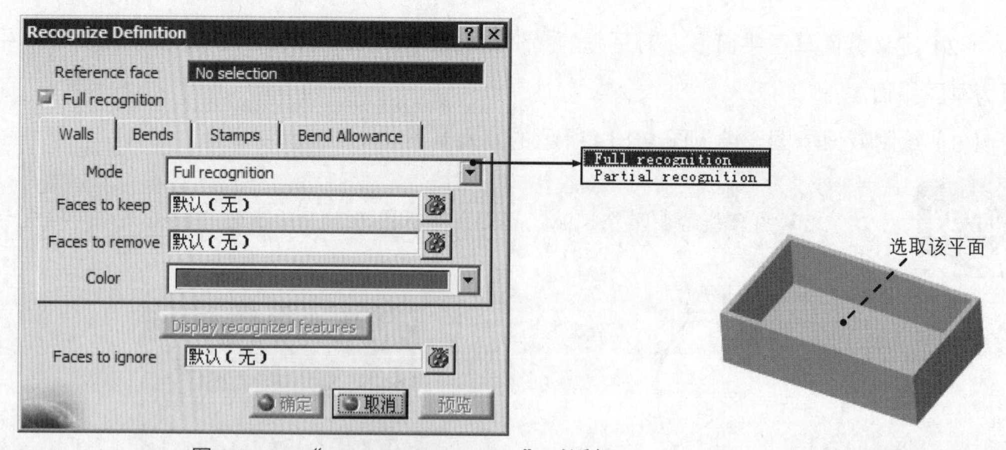

图 9.2.17 “Recognize Definition”对话框　　图 9.2.18 定义识别参考平面

图 9.2.17 所示“Recognize Definition”对话框中的部分选项说明如下。

◆ Reference face 文本框：单击此文本框，用户可以在绘图区模型上选取一个平面作为识别钣金壁的参考平面。

◆ Full recognition 复选框：用于设置识别多个特征，如钣金壁、折弯圆角等。

◆ Walls 选项卡：用于设置钣金壁识别的相关参数，其包括 Mode 下拉列表、Faces to keep 文本框、Faces to remove 文本框和 Color 下拉列表。

- Mode 下拉列表：用于定义识别钣金壁的形式，其包括 Full recognition 选项和 Partial recognition 选项。Full recognition 选项：全部识别。Partial recognition 选项：部分识别。
- Faces to keep 文本框：单击此文本框，用户可以在绘图区的模型上选取要保留的面。
- Faces to remove 文本框：单击此文本框，用户可以在绘图区的模型上选取要移除的面。
- Color 下拉列表：用于定义钣金壁的颜色。用户可以在此下拉列表中选择钣金壁的颜色。

◆ Display recognized features 按钮：用于以指定的颜色显示钣金壁、折弯圆角和折弯线的位置。

◆ Faces to ignore 文本框：单击此文本框，用户可以在绘图区选取可以忽视的面。

步骤 04 设置识别选项。在“Recognize Definition”对话框中选中 Full recognition 复选框，其他参数采用系统默认设置值。

步骤 05 单击 确定 按钮，完成实体零件转化为第一钣金壁的操作（图 9.2.16b）。

9.2.3 创建附加钣金壁

1. 平整附加钣金壁

平整附加钣金壁是一种正面平整的钣金薄壁，其壁厚与主钣金壁相同。其主要是通过 插入 → Walls ▸ → Wall On Edge... 命令来创建，下面通过如图 9.2.19 所示的实例介绍三种平整附加钣金壁的创建过程。

步骤 01 完全平整壁。

（1）打开模型 D:\catrt20\work\ch09.02.03\wall-on-edge-definition-01.CATPart，如图 9.2.19 所示。

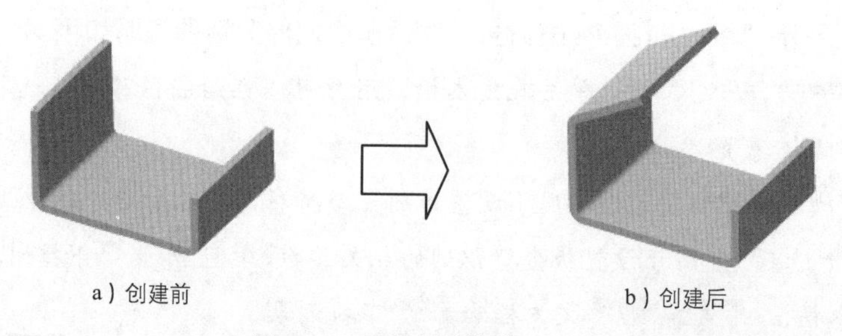

图 9.2.19　完全平整壁

（2）选择命令。选择下拉菜单 插入 ➡ Walls ▸ ➡ Wall On Edge... 命令，系统弹出如图 9.2.20 所示的“Wall On Edge Definition”对话框。

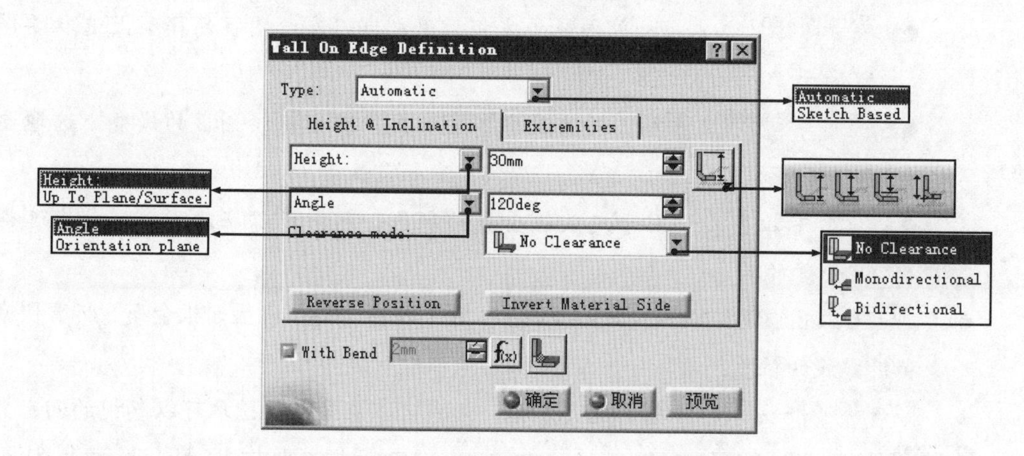

图 9.2.20　“Wall On Edge Definition”对话框

图 9.2.20 所示的“Wall On Edge Definition”对话框中的部分选项说明如下。

- Type: 下拉列表：用于设置创建折弯的类型，其包括 Automatic 选项和 Sketch Based 选项。
- Automatic 选项：用于设置使用自动创建钣金壁的方式。
- Sketch Based 选项：用于设置使用所绘制的草图的方式创建钣金壁。
- Height & Inclination 选项卡：用于设置创建的平整钣金壁的相关参数，如高度、角度、长度类型，间隙类型，位置等。其包括 Height: 下拉列表、Angle 下拉列表、下拉列表、Clearance mode: 下拉列表、Reverse Position 按钮和 Invert Material Side 按钮。
- Height: 下拉列表：用于设置限制平整钣金壁高度的类型，包括 Height: 选项和 Up To Plane/Surface: 选项。Height: 选项用于设置使用定义的高度值限制平整钣金壁高度，用户可以在其后的文本框中输入值来定义平整钣金壁高度。Up To Plane/Surface: 选项用于设置使用指定的平面或者曲面限制平整钣金壁的高度。单击其后的文本框，用户可以在绘图区选取一个平面或者曲面限制平整钣金壁的高度。

◆ Angle 下拉列表：用于设置限制平整钣金壁弯曲的形式，包括 Angle 选项和 Orientation plane 选项。Angle 选项用于使用指定的角度值限制平整钣金的弯曲。用户可以在其后的文本框中输入值来定义平整钣金的弯曲角度。Orientation plane 选项用于使用方向平面的方式限制平整钣金壁的弯曲。

◆ 下拉列表：用于设置长度的类型，包括选项、选项、选项和选项。选项用于设置平整钣金壁的开放端到第一钣金壁下端面的距离。选项用于设置平整钣金壁的开放端到第一钣金壁上端面的距离。选项用于设置平整钣金壁的开放端到平整平面下端面的距离。选项用于设置平整钣金壁的开放端到折弯圆心的距离。

◆ Clearance mode: 下拉列表：用于设置平整钣金壁与第一钣金壁的位置关系，包括 No Clearance 选项、Monodirectional 选项和 Bidirectional 选项。No Clearance 选项用于设置第一钣金壁与平整钣金壁之间无间隙。Monodirectional 选项用于设置以指定的距离限制第一钣金壁与平整钣金壁之间的水平距离。Bidirectional 选项用于设置以指定的距离限制第一钣金壁与平整钣金壁之间的双向距离。

◆ Reverse Position 按钮：用于改变平整钣金壁的位置，如图 9.2.21 所示。

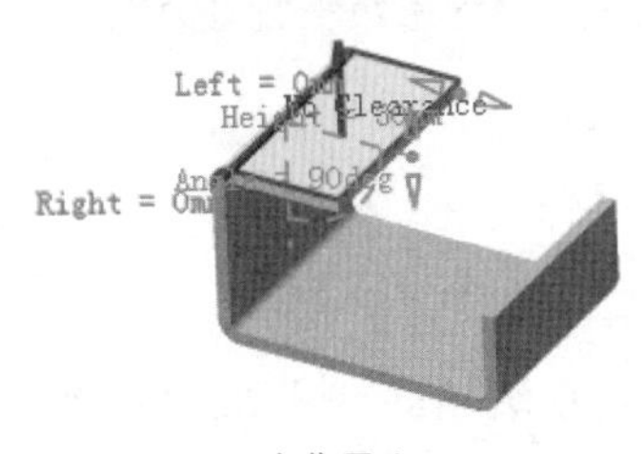

a）位置 1

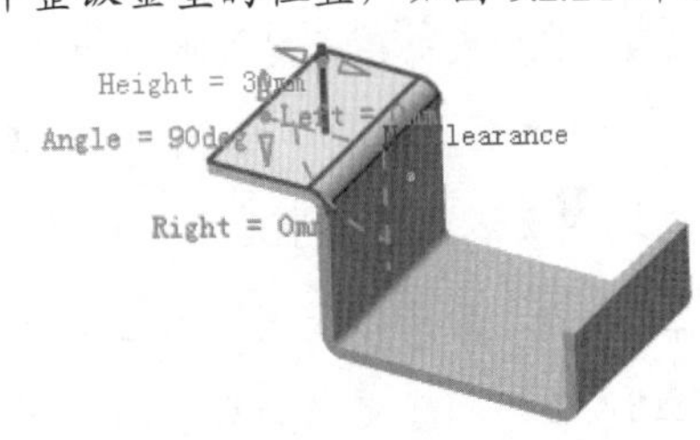

b）位置 2

图 9.2.21　改变位置

◆ Invert Material Side 按钮：用于改变平整钣金壁的附着边的位置，如图 9.2.22 所示。

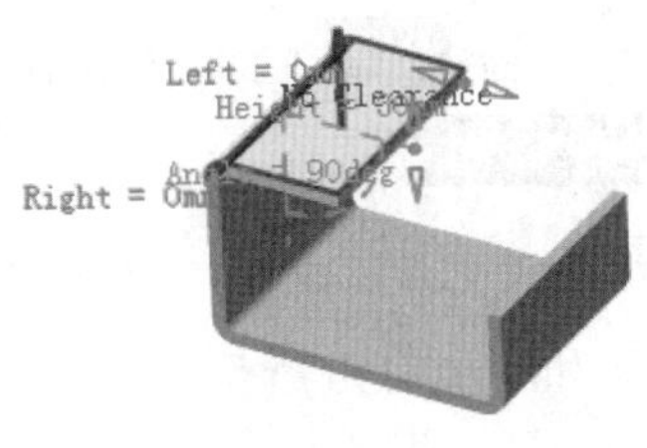

a）附着边 1

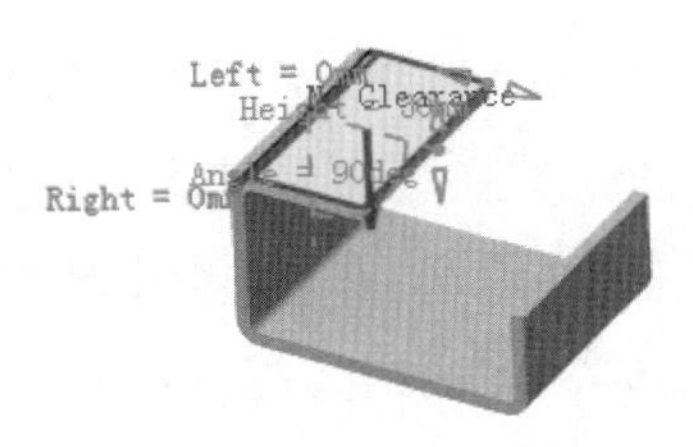

b）附着边 2

图 9.2.22　改变附着边的位置

◆ Extremities 选项卡：用于设置平面钣金壁的边界限制，包括 Left limit: 文本框、Left offset: 文本框、Right limit: 文本框、Right offset: 文本框和两个下拉列表，如图 9.2.23 所示。

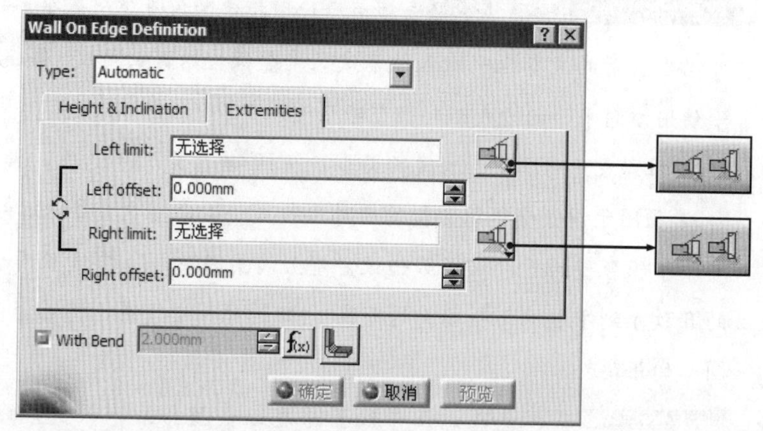

图 9.2.23 "Extremities"选项卡

◆ Left limit: 文本框：单击此文本框，用户可以在绘图区选取平整钣金壁的左边界限制。

◆ Left offset: 文本框：用于定义平整钣金壁左边界与第一钣金壁相应边的距离值。

◆ Right limit: 文本框：单击此文本框，用户可以在绘图区选取平整钣金壁的右边界限制。

◆ Right offset: 文本框：用于定义平整钣金壁右边界与第一钣金壁相应边的距离值。

◆ 下拉列表：用于定义限制位置的类型，其包括选项和选项。

◆ With Bend 复选框：用于设置创建折弯半径。

◆ 2mm 文本框：用于定义弯曲半径值。

◆ f(x) 按钮：用于打开允许更改驱动方程式的对话框。

◆ 按钮：用于定义折弯参数。单击此按钮，系统弹出如图 9.2.24 所示的"Bend Definition"对话框。用户可以通过此对话框对折弯参数进行设置。

（3）设置创建折弯的类型。在对话框 Type: 下拉列表中选择 Automatic 选项。

（4）定义附着边。在绘图区选取如图 9.2.25 所示的边为附着边。

（5）设置平整钣金壁的高度和折弯参数。在 Height: 下拉列表中选择 Height: 选项，并在其后的文本框中输入数值 30；在 Angle 下拉列表中选择 Angle 选项，并在其后的文本框中输入数值 120；在 Clearance mode: 下拉列表中选择 No Clearance 选项。

（6）设置折弯圆弧。在对话框中选中 With Bend 复选框。

（7）单击 确定 按钮，完成平整壁的创建，如图 9.2.19b 所示。

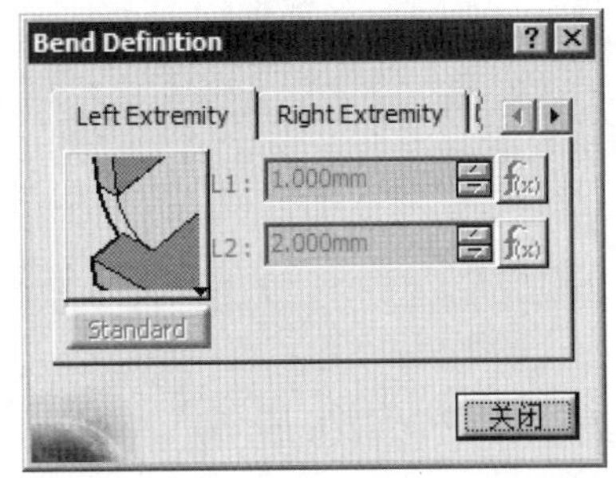

图 9.2.24 “Bend Definition”对话框

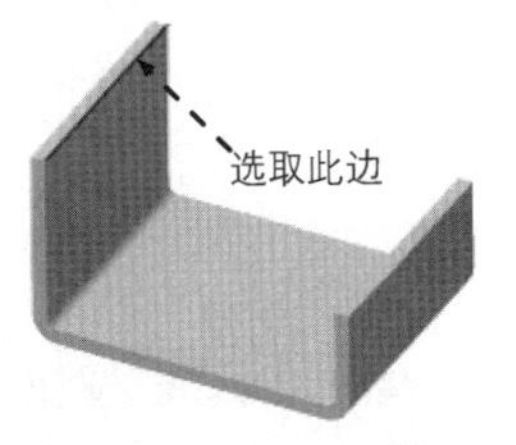

图 9.2.25 定义附着边

步骤 02 部分平整壁。

（1）打开模型 D:\catrt20\work\ch09.02.03\wall-on-edge-definition-02.CATPart，如图 9.2.26 所示。

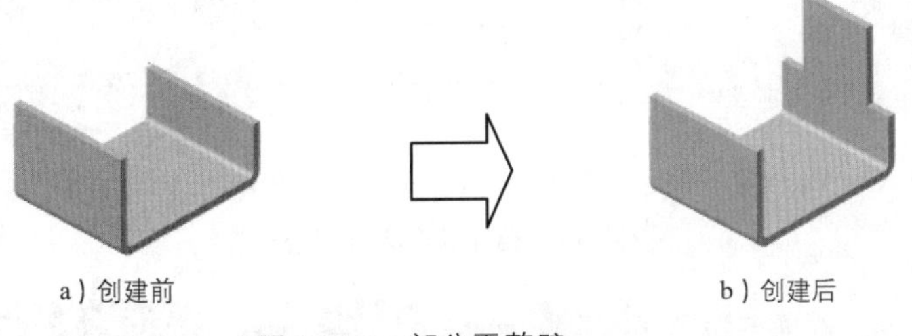

图 9.2.26 部分平整壁

（2）选择命令。选择下拉菜单 插入 → Walls ▸ → Wall On Edge... 命令，系统弹出“Wall On Edge Definition”对话框。

（3）设置创建折弯的类型。在对话框 Type: 下拉列表中选择 Automatic 选项。

（4）设置折弯圆弧。在对话框中取消选中 □ With Bend 复选框。

（5）设置平整钣金壁的高度和折弯参数。在 Height: 下拉列表中选择 Height: 选项，并在其后的文本框中输入数值 30；在 Angle 下拉列表中选择 Angle 选项，并在其后的文本框中输入数值 180；在 Clearance mode: 下拉列表中选择 No Clearance 选项。

（6）定义附着边。在绘图区选取如图 9.2.27 所示的边为附着边。

（7）定义限制参数。单击 Extremities 选项卡，在 Left offset: 文本框中输入数值-10，在 Right offset: 文本框中输入数值-10。

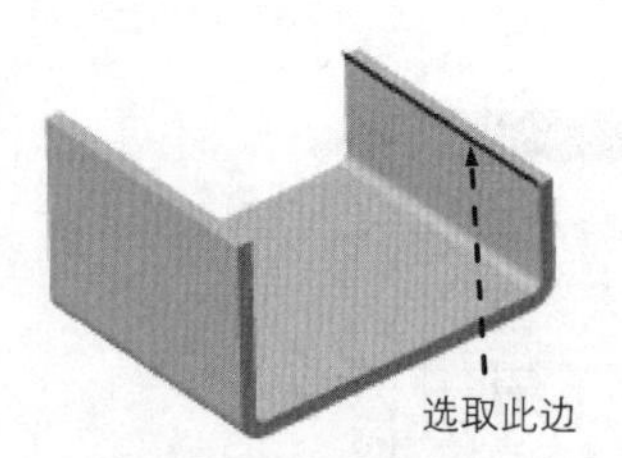

图 9.2.27　定义附着边

（8）单击 确定 按钮，完成平整壁的创建，如图 9.2.26b 所示。

步骤 03 自定义形状的平整壁。

（1）打开模型 D:\catrt20\work\ch09.02.03\wall-on-edge-definition-03.CATPart，如图 9.2.28a 所示。

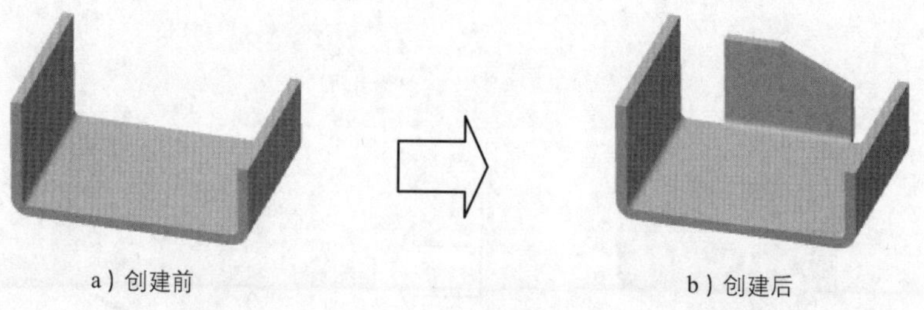

a）创建前　　b）创建后

图 9.2.28　自定义形状的平整壁

（2）选择命令。选择下拉菜单 插入 → Walls ▸ → Wall On Edge... 命令，系统弹出“Wall On Edge Definition”对话框。

（3）设置创建折弯的类型。在对话框 Type: 下拉列表中选择 Sketch Based 选项。

（4）定义附着边。在绘图区选取如图 9.2.29 所示的边为附着边。

（5）定义草图平面并绘制截面草图。单击按钮，在绘图区选取如图 9.2.30 所示的模型表面为草图平面；绘制如图 9.2.31 所示的截面草图；单击按钮退出草图环境。

（6）单击 确定 按钮，完成平整壁的创建，如图 9.2.28b 所示。

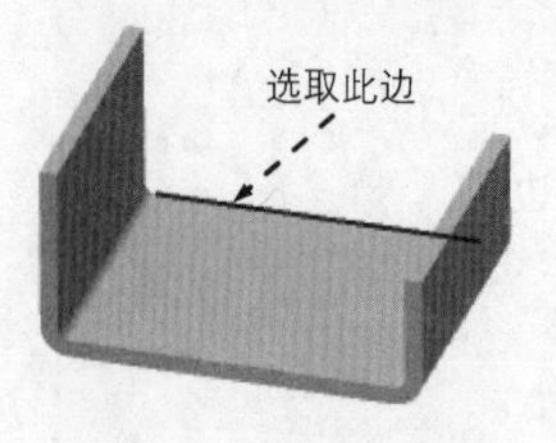

图 9.2.29　定义附着边

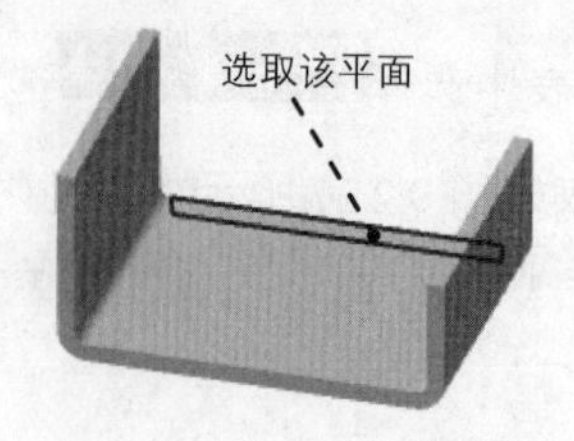

图 9.2.30　定义草图平面

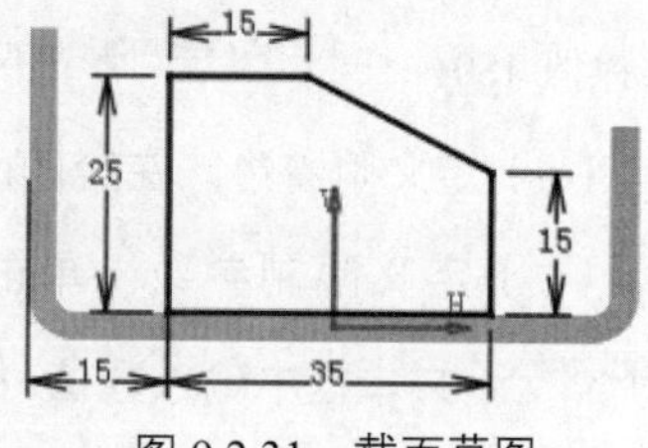

图 9.2.31　截面草图

2. 凸缘

凸缘是一种可以定义其侧面形状的钣金薄壁，其壁厚与第一钣金壁相同。在创建凸缘附加钣金壁时，须先在现有的钣金壁（第一钣金壁）上选取某条边线作为附加钣金壁的附着边，其次需要定义其侧面形状和尺寸等参数。下面介绍创建如图 9.2.32 所示的凸缘的一般操作步骤。

步骤 01 打开模型 D:\catrt20\work\ch09.02.03\flange-definition.CATPart，如图 9.2.32a 所示。

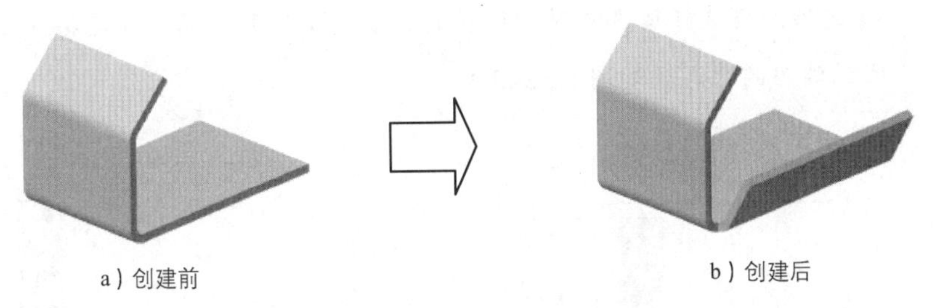

a）创建前　　b）创建后

图 9.2.32　凸缘

步骤 02 选择命令。选择下拉菜单 插入 → Walls → Swept Walls → Flange... 命令，系统弹出如图 9.2.33 所示的“Flange Definition”对话框。

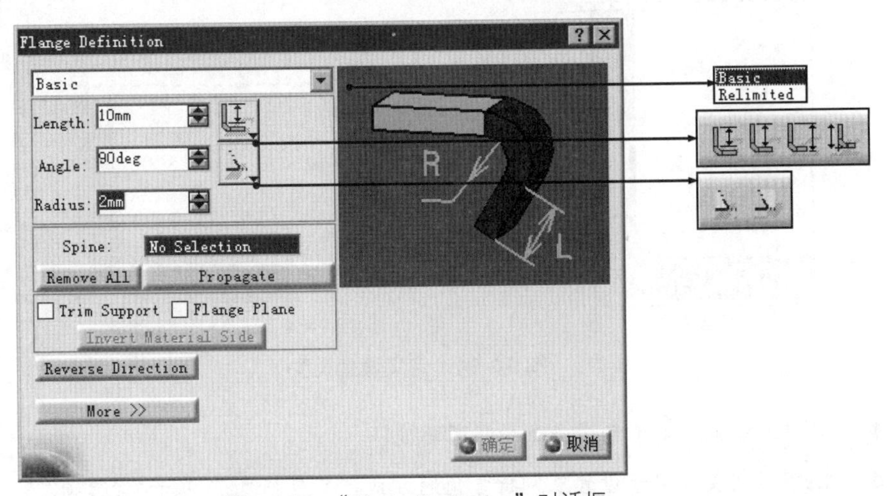

图 9.2.33　“Flange Definition”对话框

对如图 9.2.33 所示的“Flange Definition”对话框中的部分选项说明如下。

- Basic 下拉列表：用于设置创建凸缘的类型，包括 Basic 选项和 Relimited 选项。
  - Basic 选项：用于设置创建的凸缘完全附着在指定的边上。

- Relimited选项：用于设置创建的凸缘宽度截止在指定的点上。

◆ Length:文本框：用于定义凸缘的长度值。

◆ 下拉列表：用于设置长度的方式，包括选项、选项、选项和选项。选项：当选择该选项时，设置的长度是从弯曲面外侧的端部到弯曲平面区域的端部的距离（如图 9.2.34a 所示）；选项：当选择该选项时，设置的长度是从弯曲面内侧的端部到弯曲平面区域的端部的距离（如图 9.2.34b 所示）；选项：当选择该选项时，设置的长度是指在弯曲平面区域的墙体长度（如图 9.2.34c 所示）；选项：当选择该选项时，设置的长度是从指弯曲面外部虚拟交点到弯曲平面区域的端部的距离（如图 9.2.34d 所示）。

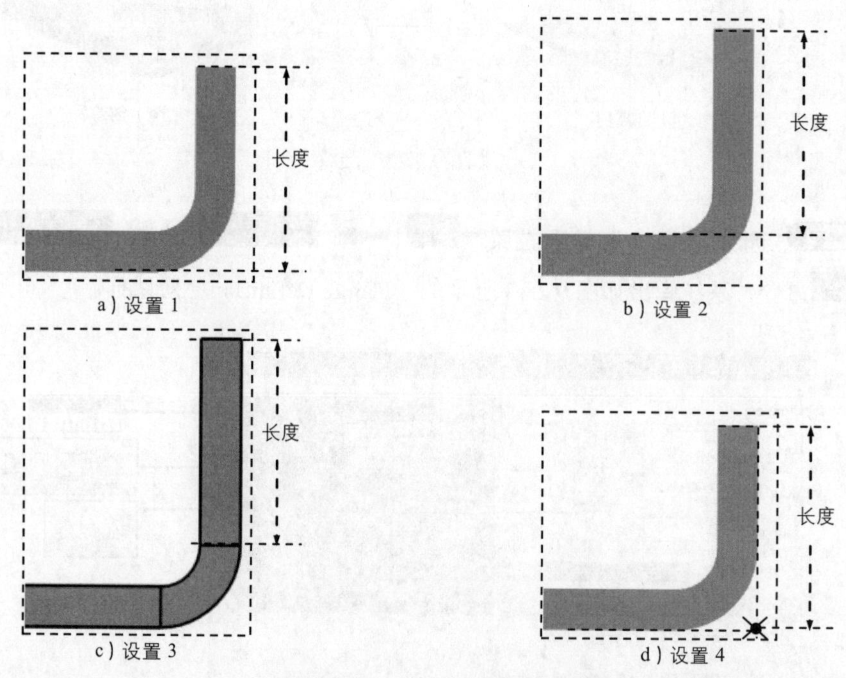

a）设置 1　b）设置 2　c）设置 3　d）设置 4

图 9.2.34　定义设置长度

◆ Angle:文本框：用于定义凸缘的折弯角度。

◆ 下拉列表：用于设置限制折弯角的方式，其包括选项和选项。

- 选项：用于设置从第一钣金壁绕附着边旋转到凸缘钣金壁所形成的角度限制折弯。
- 选项：用于设置从第一钣金壁绕附着边旋转到凸缘钣金壁所形成的角度补角限制折弯。

◆ Radius: 文本框：用于指定折弯的半径值。

◆ Spine: 文本框：激活此文本框，用户可以在绘图区选取凸缘的附着边。

◆ Remove All 按钮：用于清除所有已选择的附着边。

◆ Propagate 按钮：用于选择与所选择的附着边相切的所有边。

◆ Trim Support 复选框：用于指定的凸缘创建的相对位置，选中该复选框时，在附着边内侧，取消选中时，在附着边外侧，如图 9.2.35 所示。

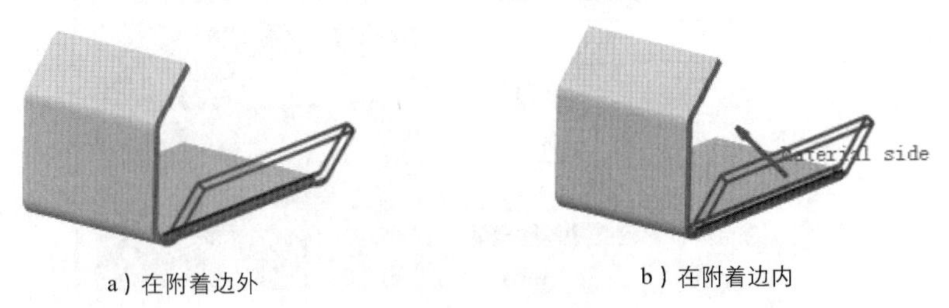

a）在附着边外　　b）在附着边内

图 9.2.35　凸缘的相对位置

◆ Flange Plane 复选框：选取该复选框后，可选取一平面作为凸缘平面。

◆ Invert Material Side 按钮：用于更改材料与附着边的相对位置，如图 9.2.36 所示。

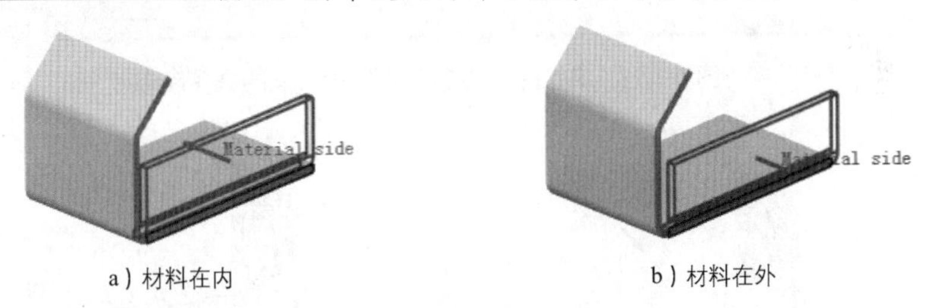

a）材料在内　　b）材料在外

图 9.2.36　更改材料相对位置

◆ Reverse Direction 按钮：用于更改凸缘的方向，如图 9.2.37 所示。

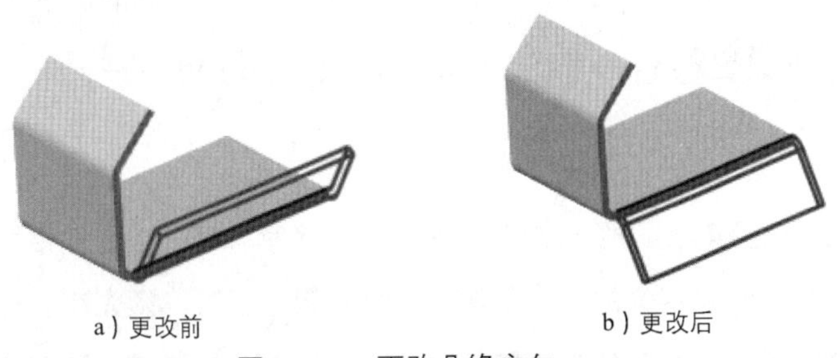

a）更改前　　b）更改后

图 9.2.37　更改凸缘方向

◆ More >> 按钮：用于显示“Flange Definition”对话框的更多参数。单击此按钮，“Flange Definition”对话框显示如图 9.2.38 所示的更多参数。

步骤 03 定义附着边。在绘图区选取如图 9.2.39 所示的边为附着边。

步骤 04 定义创建的凸缘类型。在“Flange Definition”对话框的 Basic 下拉列表中选择 Basic 选项。

步骤 05 设置凸缘参数。在 Length: 文本框中输入数值 20，然后在下拉列表中选择选项；在 Angle: 文本框中输入数值 120，在其后的下拉列表中选择选项；在 Radius: 文本框中输入数值 3；单击 Reverse Direction 按钮调整为如图 9.2.40 所示的凸缘方向。

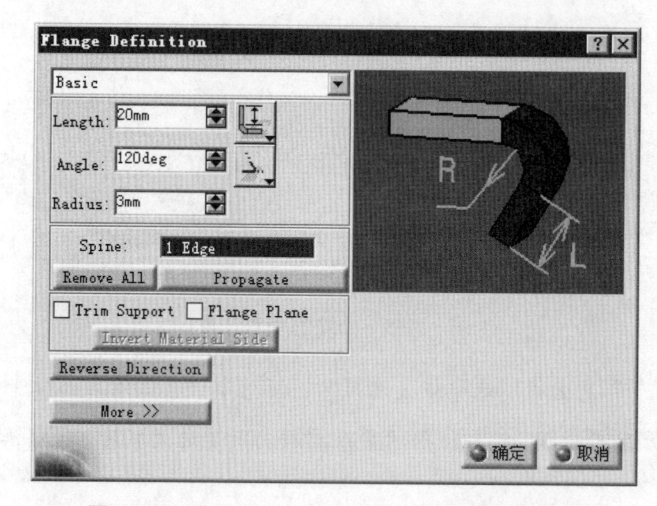

图 9.2.38 “Flange Definition”对话框的更多参数

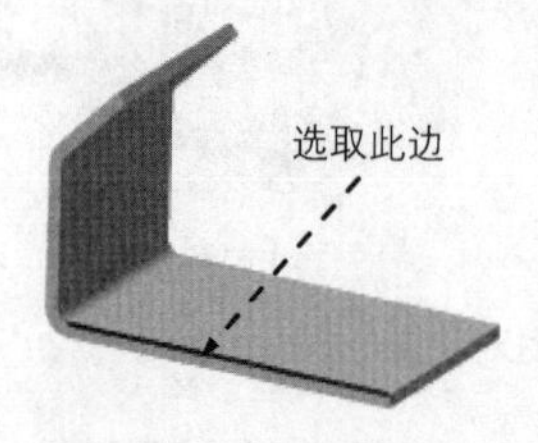

图 9.2.39 定义附着边

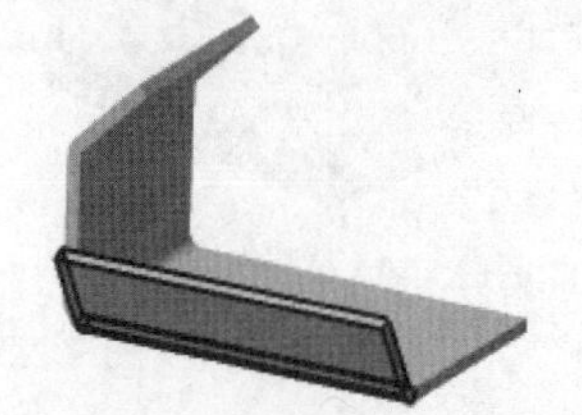

图 9.2.40 调整后的凸缘方向

步骤 06 单击 确定 按钮，完成凸缘的创建，如图 9.2.32 所示。

3. 边缘

边缘是一种可以定义其侧面形状的钣金薄壁，其壁厚与第一钣金壁相同，它与凸缘不同之处在于边缘的角度是不能定义的。在创建边缘附加钣金壁时，须先在现有的钣金壁（第一钣金壁）上选取某条边线作为附加钣金壁的附着边，再定义其侧面形状和尺寸等参数。下面介绍创建如图 9.2.41 所示的边缘的一般操作过程。

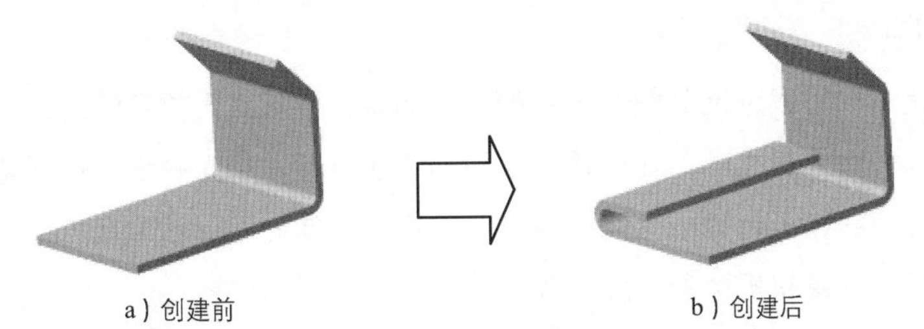

图 9.2.41 边缘

步骤01 打开模型 D:\catrt20\work\ch09.02.03\hem-definition.CATPart，如图 9.2.41 所示。

步骤02 选择命令。选择下拉菜单 插入 → Walls → Swept Walls → Hem... 命令，系统弹出如图 9.2.42 所示的“Hem Definition”对话框。

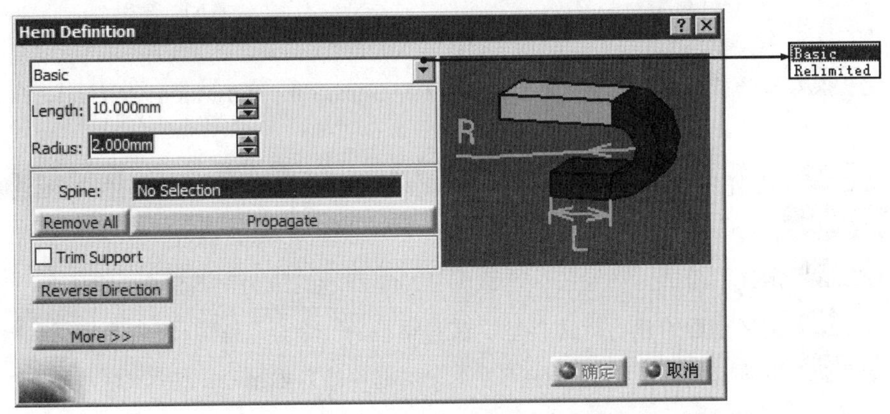

图 9.2.42 “Hem Definition”对话框

步骤03 定义附着边。在绘图区选取如图 9.2.43 所示的边为附着边。

步骤04 定义边缘类型。在对话框的 Basic 下拉列表中选择 Basic 选项。

步骤05 设置边缘参数。在 Length: 文本框中输入数值 20；在 Radius: 文本框中输入数值 3；单击 Reverse Direction 按钮调整到如图 9.2.44 所示的边缘方向。

步骤06 单击 确定 按钮，完成边缘的创建。

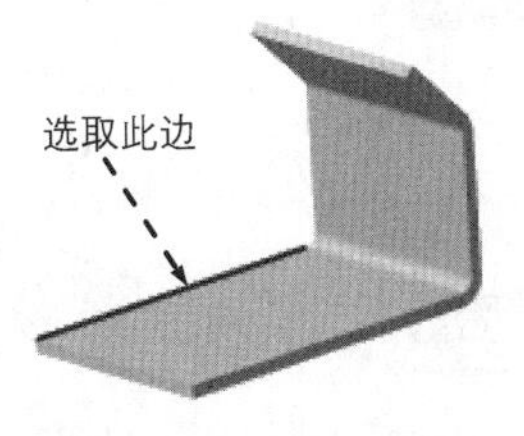

图 9.2.43 定义附着边

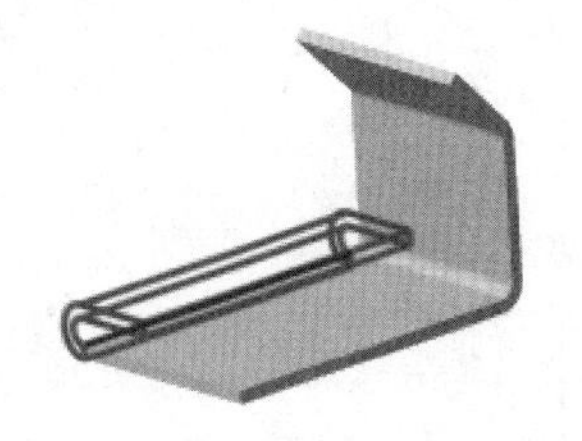

图 9.2.44 调整后边缘方向

4. 滴料折边

滴料折边是一种可以定义其侧面形状的钣金薄壁，并且其开放端的边缘与第一钣金壁相切，其壁厚与第一钣金壁相同。在创建边缘附加钣金壁时，须先在现有的钣金壁（第一钣金壁）上选取某条边线作为附加钣金壁的附着边，再定义其侧面形状和尺寸等参数。下面介绍创建图 9.2.45 所示的滴料折边的一般过程。

a）创建前　　b）创建后

图 9.2.45　滴料折边

步骤 01 打开模型 D:\catrt20\work\ch09.02.03\tear-drop-definition.CATPart，如图 9.2.45 所示。

步骤 02 选择命令。选择下拉菜单 插入 → Walls ▸ → Swept Walls ▸ → Tear Drop... 命令，系统弹出图 9.2.46 所示的“Tear Drop Definition”对话框。

步骤 03 定义附着边。在绘图区选取图 9.2.47 所示的边为附着边。

步骤 04 定义创建的滴料折边类型。在对话框的 Basic 下拉列表中选择 Basic 选项。

步骤 05 设置滴料折边参数。在 Length: 文本框中输入数值 20；在 Radius: 文本框中输入数值 2；单击 Reverse Direction 按钮，调整滴料折边方向。

步骤 06 单击 确定 按钮，完成滴料折边的创建，如图 9.2.45b 所示。

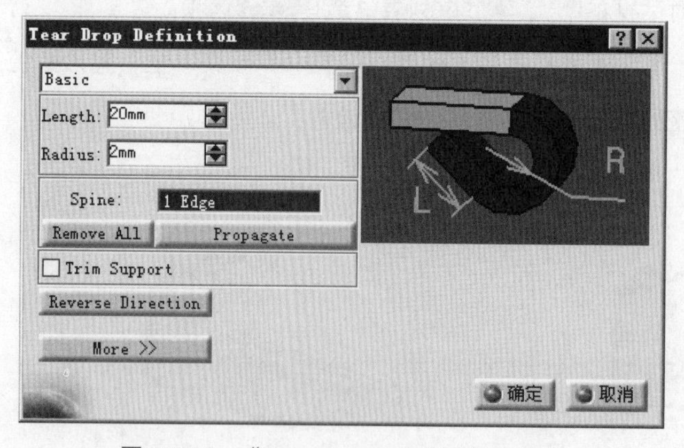

图 9.2.46　“Tear Drop Definition”对话框

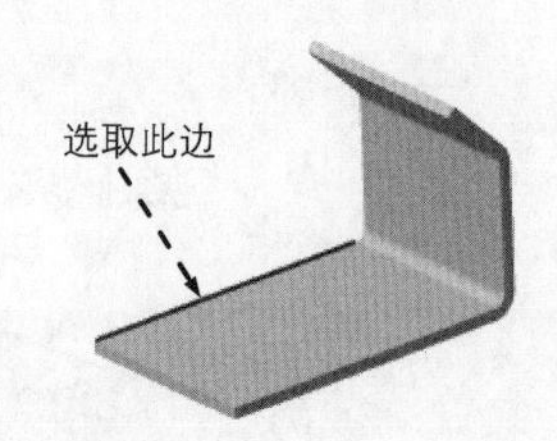

图 9.2.47　定义附着边

5. 用户凸缘

用户凸缘是一种可以自定义其截面形状的钣金薄壁，其壁厚与第一钣金壁相同。在创建时，须先在现有的钣金壁（第一钣金壁）上选取某条边线作为附加钣金壁的附着边，其次需要定义其侧面形状和尺寸等参数。下面介绍创建图 9.2.48 所示的用户凸缘的一般过程。

步骤 01 打开模型 D:\catrt20\work\ch09.02.03\user-flange-definition.CATPart，如图 9.2.48a 所示。

步骤 02 选择命令。选择下拉菜单 插入 → Walls → Swept Walls → User Flange... 命令，系统弹出图 9.2.49 所示的“User-Defined Flange Definition”对话框。

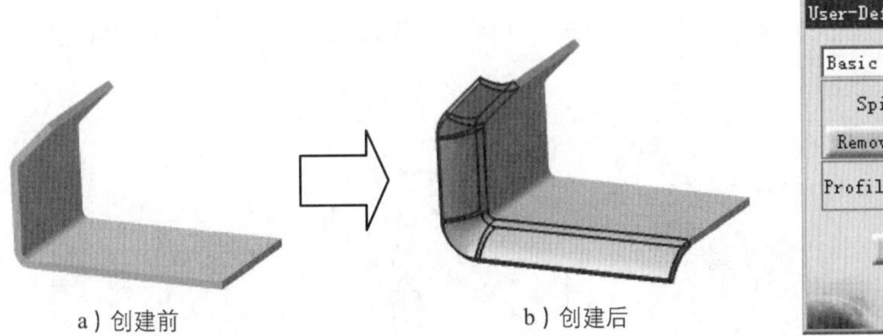

a）创建前　　b）创建后

图 9.2.48　用户凸缘

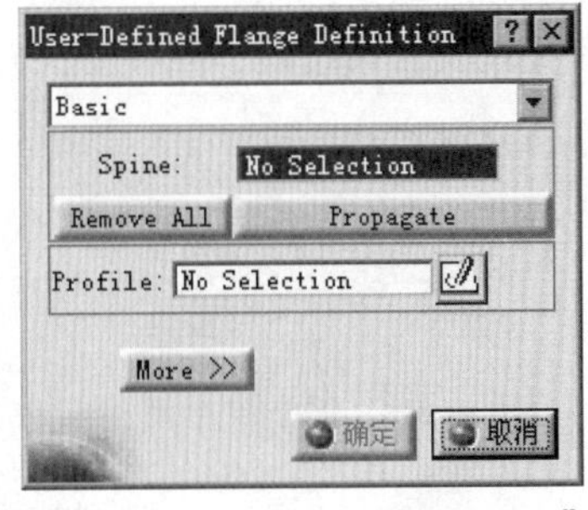

图 9.2.49　“Use-Defined Flange Definition”对话框

步骤 03 定义附着边。在“User-Defined Flange Definition”对话框中单击 Spine: 文本框，然后在绘图区选取图 9.2.50 所示的边，单击 Propagate 按钮，此时系统自动选取图 9.2.50 所示的边链。

步骤 04 绘制截面草图。单击按钮，选取图 9.2.50 所示的模型表面为草图平面，绘制图 9.2.51 所示的截面草图；单击按钮退出草图环境。

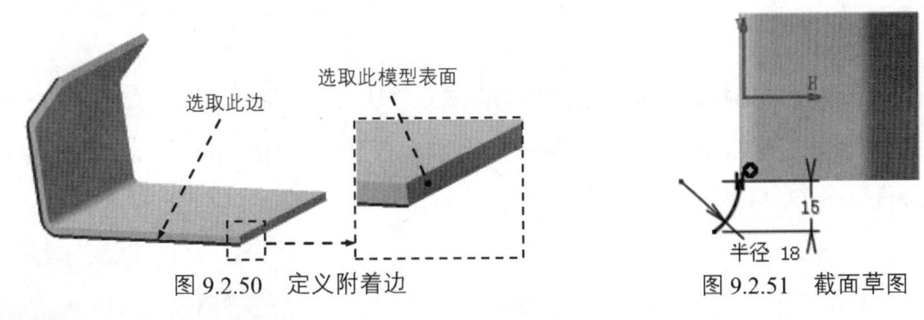

图 9.2.50　定义附着边　　图 9.2.51　截面草图

步骤 05 单击 确定 按钮，完成用户凸缘的创建，如图 9.2.48b 所示。

9.2.4　钣金止裂槽

当附加钣金壁部分地与附着边相连，并且弯曲角度不为 0 时，需要在连接处的两端创建止裂槽，否则在弯曲部分的局部应力过大，从而导致龟裂或者材料的堆积。

1．扯裂止裂槽

在附加钣金壁的连接处，通过垂直切割主壁材料至折弯线处来构建止裂槽，如图 9.2.52 所示。当创建该类止裂槽时，无须定义止裂槽的尺寸。打开模型 D: \catrt20\work\ ch09.02.04\ no-relief.CATPart。

2．矩形止裂槽

在附加钣金壁的连接处，将主壁材料切割成矩形缺口来构建止裂槽，如图 9.2.53 所示。当创建该类止裂槽时，需要定义矩形的宽度及深度。打开模型 D: \catrt20\work\ch09.02.04\ spuare-relief.CATPart。

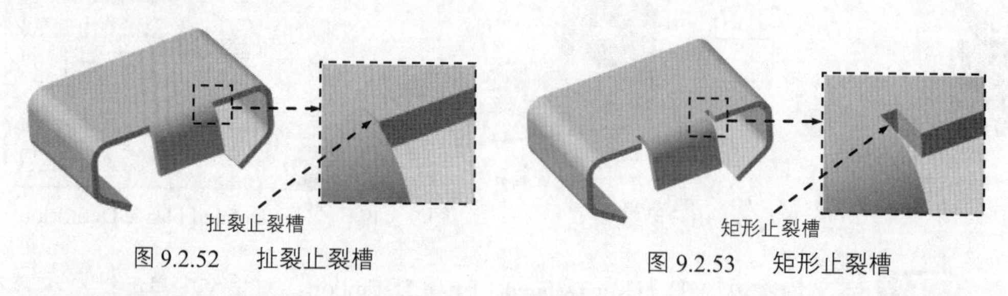

图 9.2.52 扯裂止裂槽　　图 9.2.53 矩形止裂槽

3．圆形止裂槽

在附加钣金壁的连接处，将主壁材料切割成长圆弧形缺口来构建止裂槽，如图 9.2.54 所示。当创建该类止裂槽时，需要定义圆弧的直径及深度。打开模型 D: \catrt20\work\ch09.02.04\ round-relief.CATPart。

4．线性止裂槽

在附加钣金壁的连接处，将主壁材料切割成线性缺口来构建止裂槽，如图 9.2.55 所示。当创建该类止裂槽时，无须定义止裂槽的尺寸。打开模型 D:\catrt20\work\ch09.02.04\ linear-shape -relief.CATPart。

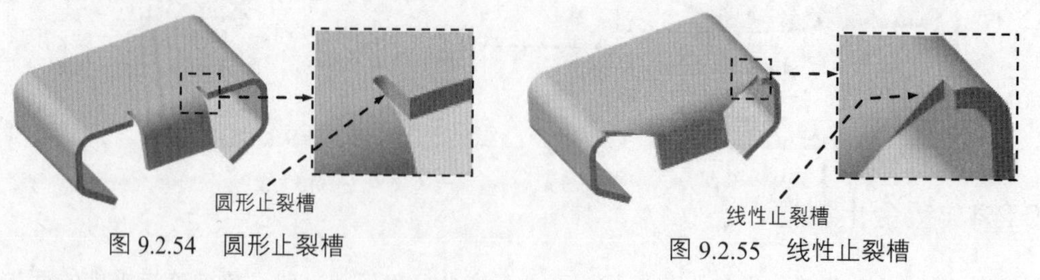

图 9.2.54 圆形止裂槽　　图 9.2.55 线性止裂槽

5．相切止裂槽

在附加钣金壁的连接处，将主壁材料切割成线性缺口并在其两端添加相切圆弧来构建止裂槽，如图 9.2.56 所示。当创建该类止裂槽时，无须定义止裂槽的尺寸。打开模型 D:\catrt20\work\ch09.02.04\tangent-relief.CATPart。

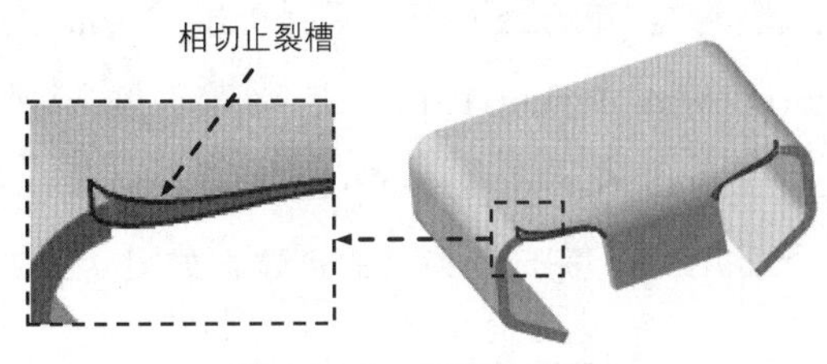

图 9.2.56 相切止裂槽

6. 止裂槽的创建过程

下面介绍如图 9.2.57 所示的止裂槽的创建过程。

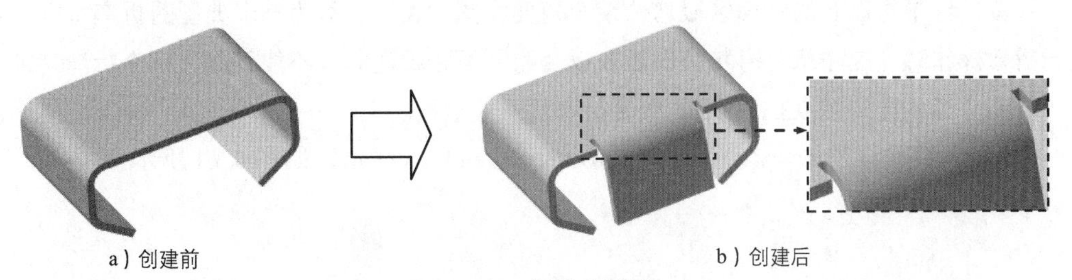

图 9.2.57 创建止裂槽

步骤 01 打开模型 D:\catrt20\work\ch09.02.04\relief.CATPart，如图 10.2.57a 所示。

步骤 02 选择命令。选择下拉菜单 插入 → Walls ▸ → Wall On Edge... 命令，系统弹出“Wall On Edge Definition”对话框。

步骤 03 设置创建折弯的类型。在对话框中的 Type: 下拉列表中选择 Automatic 选项。

步骤 04 定义附着边。在绘图区选取如图 9.2.58 所示的边为附着边。

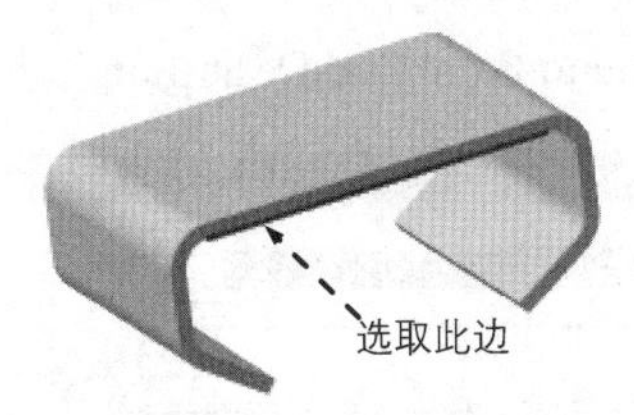

图 9.2.58 定义附着边

步骤 05 设置平整钣金壁的高度和折弯参数。在 Height: 下拉列表中选择 Height: 选项，并在其后的文本框中输入数值 30；在 Angle 下拉列表中选择 Angle 选项，并在其后的文本框中输入数值 100；在 Clearance mode: 下拉列表中选择 No Clearance 选项。

步骤 06 设置折弯圆弧。在“Wall On Edge Definition”对话框中选中 With Bend 复选框。

步骤 07 定义限制参数。单击 Extremities 选项卡，在 Left offset: 文本框中输入数值-15，在 Right offset: 文本框中输入数值-15。

步骤 08 设置止裂槽参数。单击按钮，系统弹出“Bend Definition”对话框。在下拉列表中选择“Minimum_With_Round_Relief”选项；单击 Right Extremity 选项卡，在下拉列表中选择“Minimum_With_Square_Relief”选项。

步骤 09 单击 确定 按钮，完成止裂槽的创建，如图 9.2.57b 所示。

9.3 钣金的折弯与展开

9.3.1 钣金的折弯

钣金折弯是将钣金的平面区域弯曲某个角度，图 9.3.1 所示为一个典型的折弯特征。在进行折弯操作时，应注意折弯特征仅能在钣金的平面区域建立，不能跨越另一个折弯特征。

下面介绍创建如图 9.3.1 所示的钣金折弯的一般过程。

步骤 01 打开模型 D:\catrt20\work\ch09.03.01\bend.CATPart，如图 9.3.1 所示。

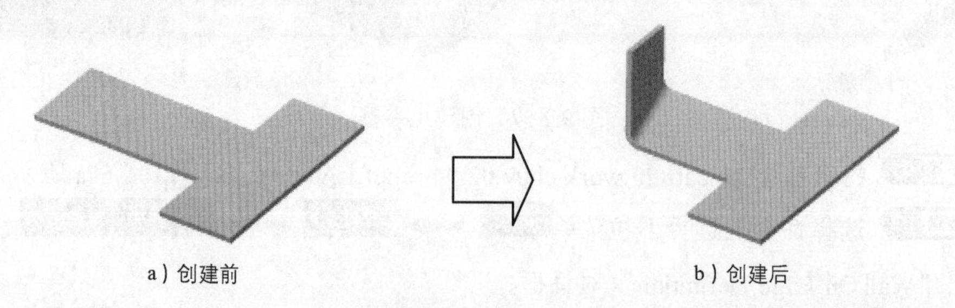

图 9.3.1　折弯

步骤 02 选择命令。选择下拉菜单 插入 → Bending ▶ → Bend From Flat... 命令，系统弹出如图 9.3.2 所示的“Bend From Flat Definition”对话框。

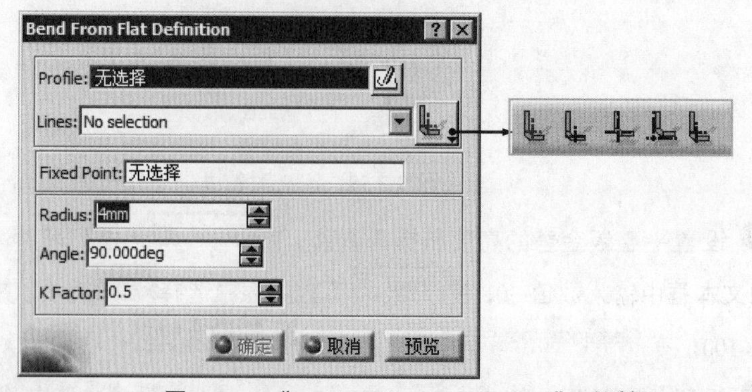

图 9.3.2　“Bend From Flat Definition”对话框

◆ Profile: 文本框：单击此文本框，用户可以在绘图区选取现有的折弯草图。

◆ 按钮：用于绘制折弯草图。

◆ Lines: 下拉列表：用于选择折弯草图中的折弯线，以便于定义折弯线的类型。

对如图 9.3.2 所示的“Bend From Flat Definition”对话框中的部分选项说明如下。

◆ 下拉列表：用于定义折弯线的类型，包括选项、选项、选项、选项和选项。

● 选项：用于设置折弯半径对称分布于折弯线两侧，如图 9.3.3 所示。

● 选项：用于设置折弯半径与折弯线相切，如图 9.3.4 所示。

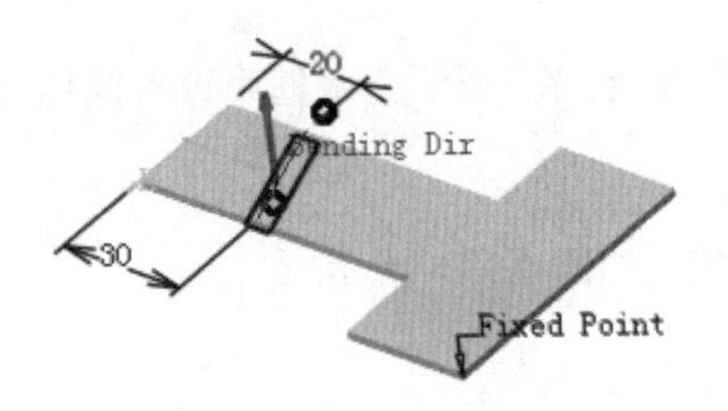

图 9.3.3　Axis

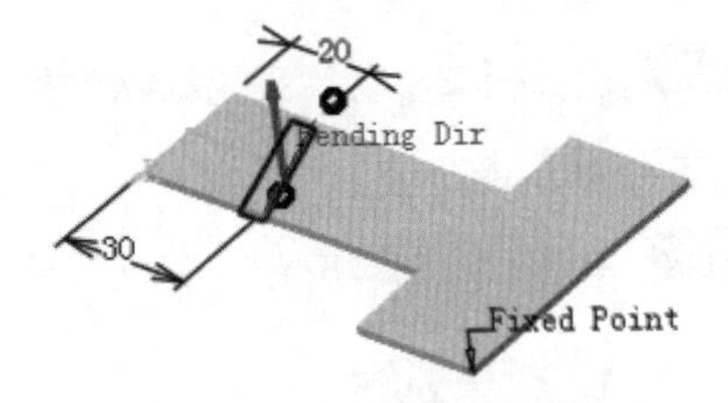

图 9.3.4　BTL Base Feature

● 选项：用于设置折弯线为折弯后两个钣金壁板内表面的交叉线，如图 9.3.5 所示。

● 选项：用于设置折弯线为折弯后两个钣金壁板外表面的交叉线，如图 9.3.6 所示。

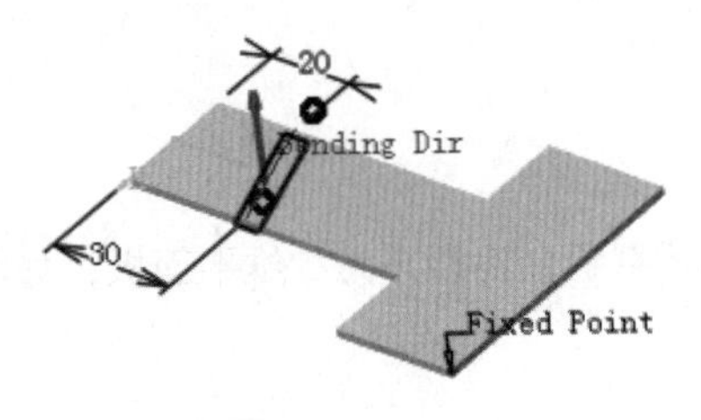

图 9.3.5　IML

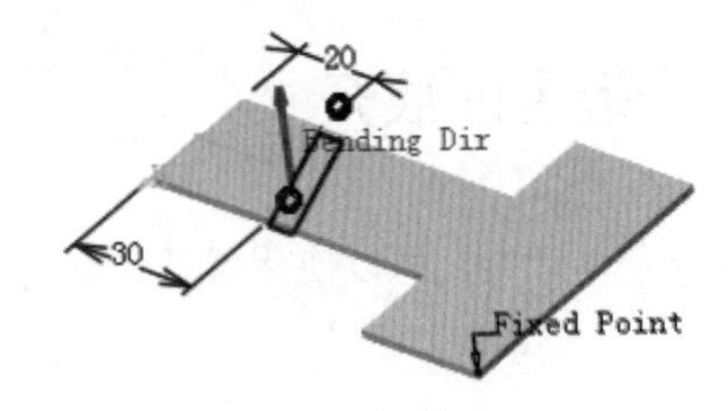

图 9.3.6　OML

● 选项：使折弯半径与折弯线相切，并且使折弯线在折弯侧平面内，如图 9.3.7 所示。

◆ Radius: 文本框：用于定义折弯半径。

◆ Angle: 文本框：用于的定义折弯角度。

◆ K Factor : 文本框：用于定义折弯系数。

步骤 03 绘制折弯草图。在对话框中单击按钮，之后选取如图 9.3.8 所示的模型表面为草图平面，并绘制如图 9.3.9 所示的折弯草图；单击按钮退出草图环境。

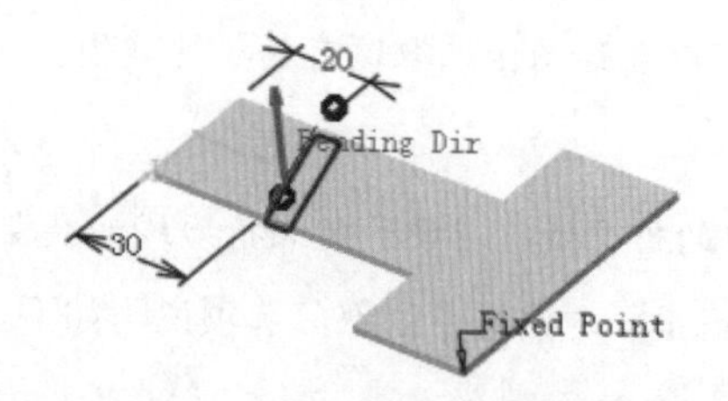

图 9.3.7　BTL Support

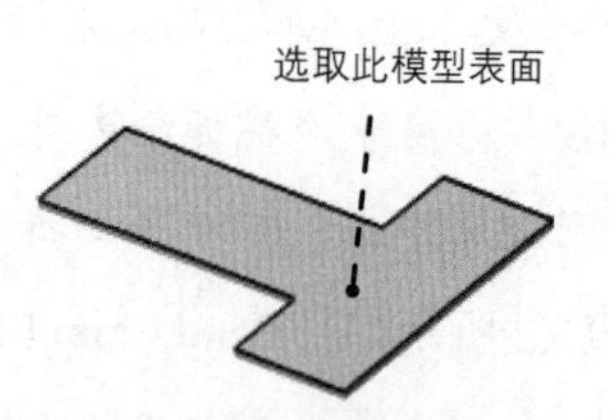

图 9.3.8　定义草图平面

步骤 04 定义折弯线的类型。在下拉列表中选择“Axis”选项。

步骤 05 定义固定侧。单击 Fixed Point: 文本框，选取如图 9.3.10 所示的点为固定点以确定该点所在的一侧为折弯固定侧。

步骤 06 定义折弯参数。采用默认的折弯半径值 3，在 Angle: 文本框中输入数值 90，其他参数保持系统默认设置值。

步骤 07 单击 确定 按钮，完成折弯的创建，如图 9.3.1b 所示。

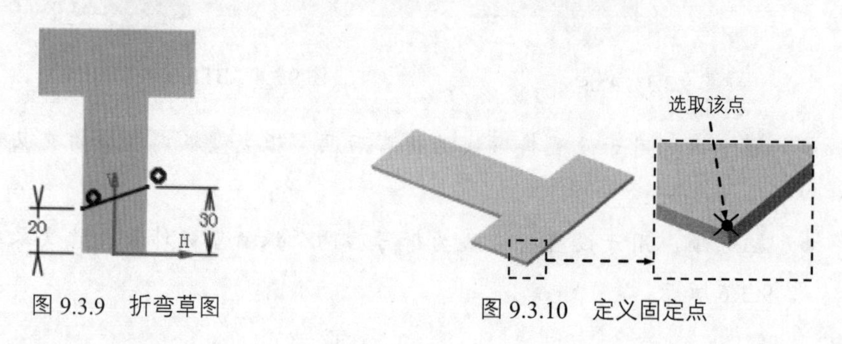

图 9.3.9　折弯草图　　　图 9.3.10　定义固定点

9.3.2　钣金的展开

在钣金设计中，可以使用展开命令将三维的折弯钣金件展开为二维平面板，如图 9.3.11 所示。

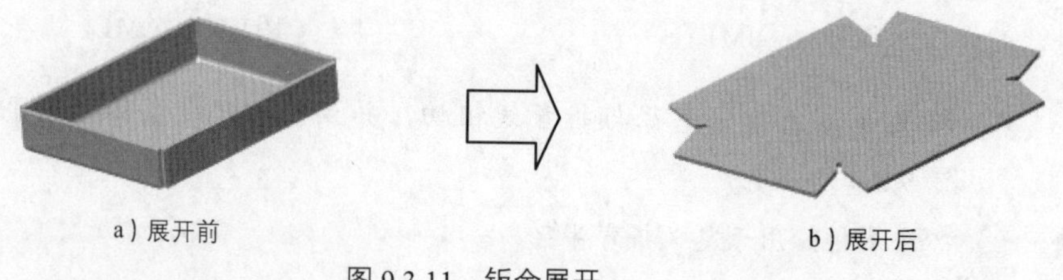

a）展开前　　b）展开后

图 9.3.11　钣金展开

钣金展开的作用如下。

- ◆ 钣金展开后，可更容易地了解如何剪裁薄板及各部分的尺寸。
- ◆ 有些钣金特征如止裂槽需要在钣金展开后创建。

◆ 钣金展开对钣金的下料和钣金工程图的创建十分有用。

下面介绍创建如图 9.3.12 所示的钣金展开的一般过程。

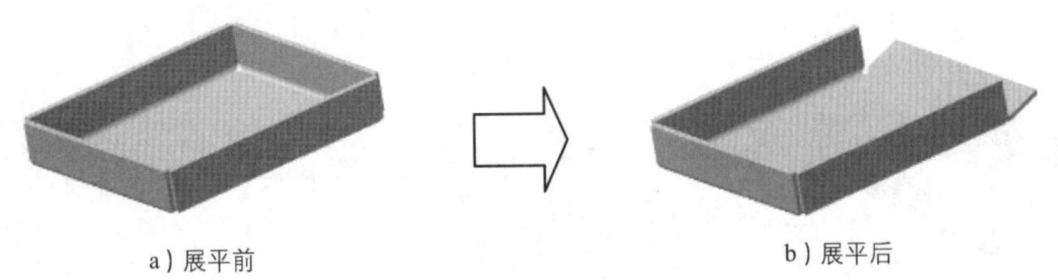

图 9.3.12 部分展开

步骤 01 打开模型 D:\catrt20\work\ch09.03.02\unfolding.CATPart，如图 9.3.12 所示。

步骤 02 选择命令。选择下拉菜单 插入 → Bending → Unfolding... 命令，系统弹出如图 9.3.13 所示的“Unfolding Definition”对话框。

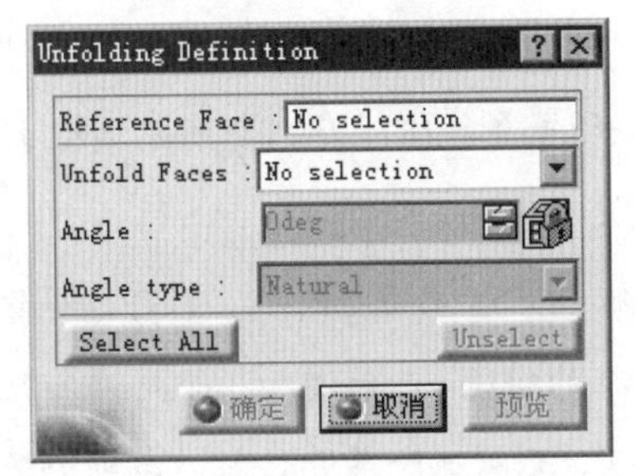

图 9.3.13 “Unfolding Definition”对话框

对如图 9.3.13 所示的“Unfolding Definition”对话框中的部分选项说明如下。

◆ Reference Face : 文本框：用于选取展开固定几何平面。
◆ Unfold Faces : 下拉列表：用于选择展开面。
◆ Select All 按钮：用于自动选取所有展开面。
◆ Unselect 按钮：用于自动取消选取所有展开面。

步骤 03 定义固定几何平面。在绘图区选取如图 9.3.14 所示的平面为固定几何平面。

步骤 04 定义展开面。选取如图 9.3.15 所示的模型表面为展开面。

步骤 05 单击 确定 按钮，完成展开的创建，如图 9.3.12b 所示。

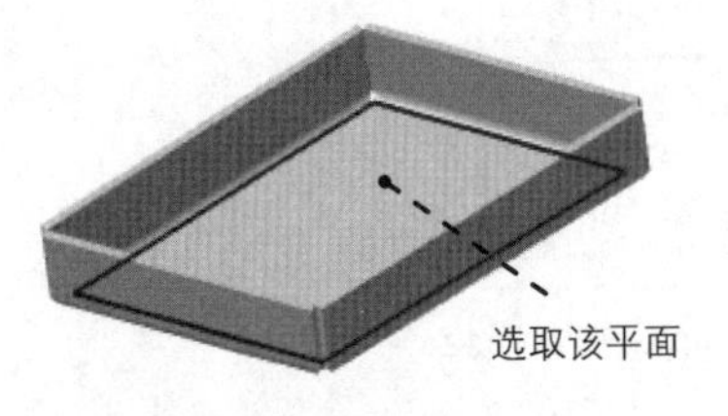

图 9.3.14 定义固定几何平面

图 9.3.15 定义展开面

9.3.3 钣金的折叠

可以将展开钣金壁部分或全部重新折弯，使其还原至展开前的状态，这就是钣金的折叠，如图 9.3.16 所示。

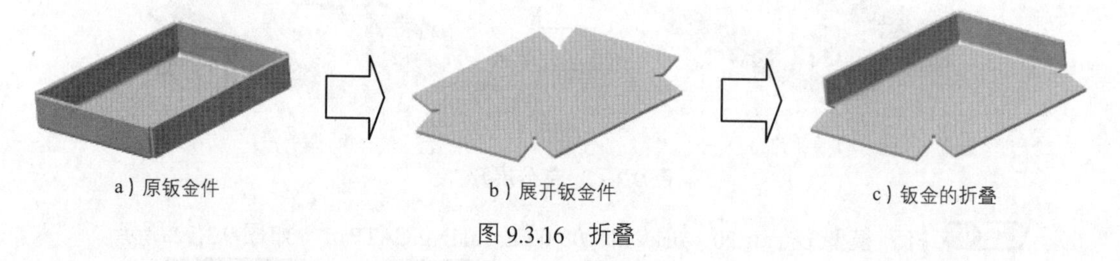

图 9.3.16 折叠

使用折叠的注意事项如下。

- 如果进行展开操作（增加一个展开特征），只是为了查看钣金件在一个二维（平面）平整状态下的外观，那么在执行下一个操作之前必须将之前创建的展开特征删除。
- 不要增加不必要的展开/折叠特征，否则会增大模型文件的大小，并且延长更新模型的时间或可能导致更新失败。
- 如果需要在二维平整状态下建立某些特征，则可以先增加一个展开特征，在二维平面状态下进行某些特征的创建，然后增加一个折叠特征来恢复钣金件原来的三维状态。注意：在此情况下，无需删除展开特征，否则会使参照其创建的其他特征更新失败。

下面介绍创建如图 9.3.16 所示的钣金折叠的一般过程。

步骤 01 打开模型 D:\catrt20\work\ch09.03.03\folding.CATPart，如图 9.3.16 所示。

步骤 02 选择命令。选择下拉菜单 插入 → Bending ▸ → Folding... 命令，系统弹出如图 9.3.17 所示的“Folding Definition”对话框。

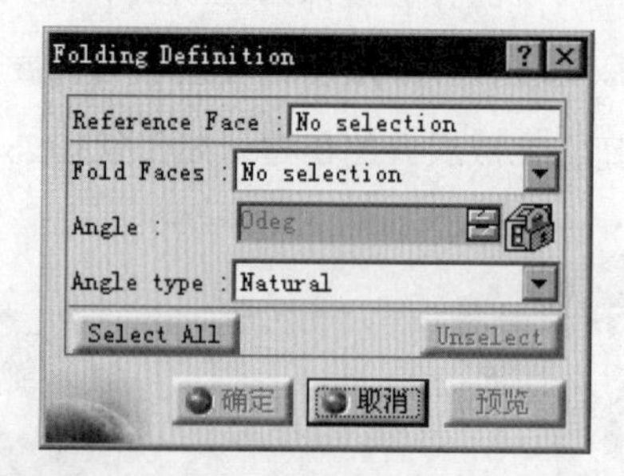

图 9.3.17 “Folding Definition”对话框

对如图 9.3.17 所示的“Folding Definition”对话框中的部分选项说明如下。

◆ Reference Face : 文本框：用于选取折弯固定几何平面。

◆ Fold Faces : 下拉列表：用于选择折弯面。

◆ 文本框：用于定义折弯角度值。

◆ Angle type : 下拉列表：用于定义折弯角度类型，包括 Natural 选项、Defined 选项和 Spring back 选项。

- Natural 选项：用于设置使用展开前的折弯角度值。
- Defined 选项：用于设置使用用户自定义的角度值。
- Spring back 选项：用于设置使用用户自定义的角度值的补角值。

◆ Select All 按钮：用于自动选取所有折弯面。

◆ Unselect 按钮：用于自动取消选取所有折弯面。

步骤 03 定义固定几何平面。然后在绘图区选取如图 9.3.18 所示的平面为固定几何平面。

步骤 04 定义折弯面。选取如图 9.3.19 所示的模型表面为折弯面。

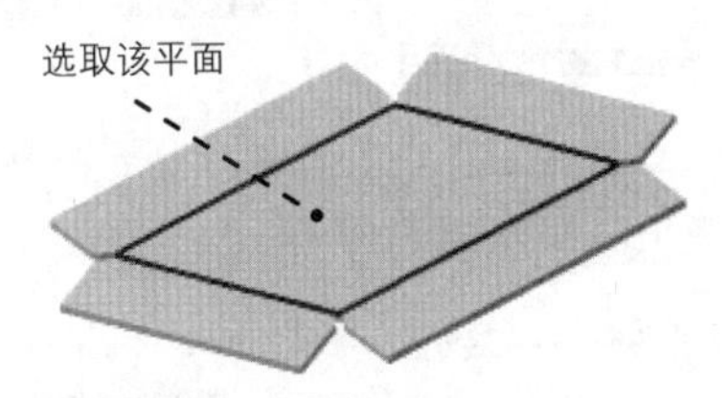

图 9.3.18 定义固定几何平面

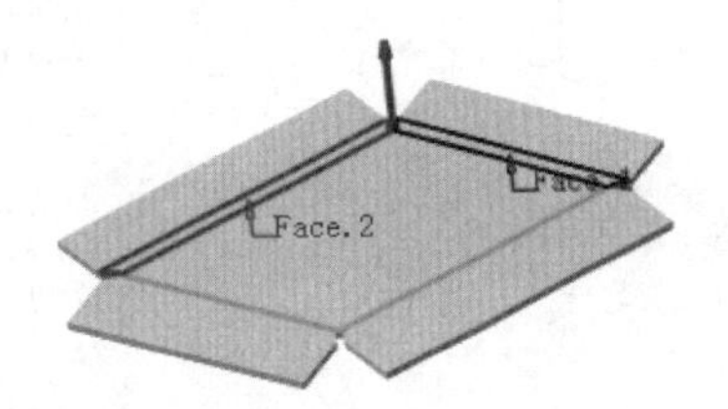

图 9.3.19 定义折弯面

步骤 05 单击 确定 按钮，完成折叠的创建，如图 9.3.16c 所示。

9.4 钣金的成形

9.4.1 概述

把一个实体零件上的某个形状印贴在钣金件上，这就是钣金成形特征，成形特征也称之为印贴特征。例如，图 9.4.1 所示的实体零件为成形冲模，该冲模中的凸起形状可以印贴在一个钣金件上而产生成形特征。

a）创建前

b）创建后

图 9.4.1 钣金成形特征

9.4.2 使用现有模具创建成形

CATIA 的“钣金设计”工作台为用户提供了多种模具来创建成形特征，如曲面冲压、圆缘槽冲压、曲线冲压、凸缘开口、散热孔冲压、桥形冲压、凸缘孔冲压、环状冲压、加强筋的冲压和销子冲压。

步骤 01 打开模型 D:\catrt20\work\ch09.04.02\surface-stamp.CATPart，模型如图 9.4.2 所示。

步骤 02 选择命令。选择下拉菜单 插入 → Stamping ▸ → Surface Stamp... 命令，系统弹出图 9.4.3 所示的“Surface Stamp Definition”对话框。

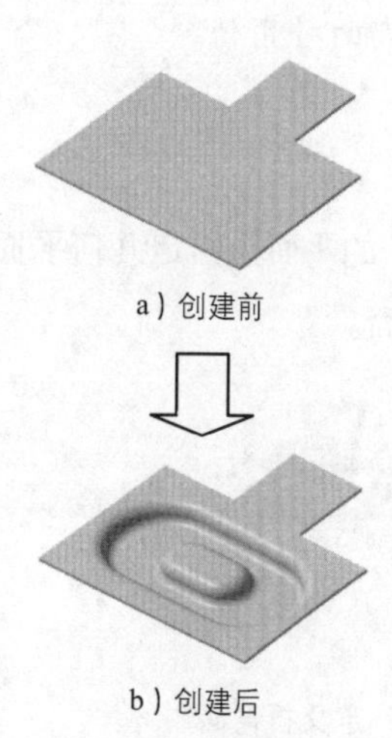

图 9.4.2 曲面冲压

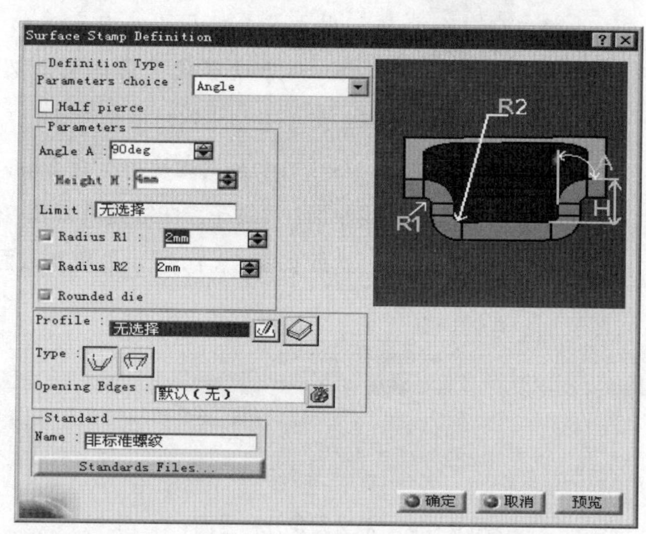

图 9.4.3 “Surface Stamp Definition”对话框

图 9.4.3 所示“Surface Stamp Definition”对话框中的部分选项说明如下。

◆ Definition Type : 区域：用于定义曲面冲压的类型，其包括 Parameters choice : 下拉列表和 Half pierce 复选框。

- Parameters choice : 下拉列表：用于选择限制曲面冲压的参数类型，其包括 Angle 选项、Punch & Die 选项和 Two profiles 选项。Angle 选项：用于使用角度和深度限制冲压曲面。Punch & Die 选项：用于使用高度限制冲压曲面。Two profiles 选项：用于使用两个截面草图限制冲压曲面。
- Half pierce 复选框：用于设置使用半穿刺方式创建冲压曲面，如图 9.4.4 所示。

◆ Parameters 区域：用于设置限制冲压曲面的相关参数，其包括 Angle A : 文本框、Height H : 文本框、Limit : 文本框、Radius R1 : 复选框、Radius R2 : 复选框和 Rounded die 复选框。

- Angle A : 文本框：用于定义冲压后竖直内边与草图平面间的夹角值。

- Height H：文本框：用于定义冲压深度值。
- Limit：文本框：单击此文本框，用户可以在绘图区选取一个平面限制冲压深度。
- Radius R1：复选框：用于设置创建圆角 R1，用户可以在其后的文本框中定义圆角 R1 的值。
- Radius R2：复选框：用于设置创建圆角 R2，用户可以在其后的文本框中定义圆角 R2 的值。
- Rounded die 复选框：用于设置自动创建过渡圆角，如图 9.4.5 所示。

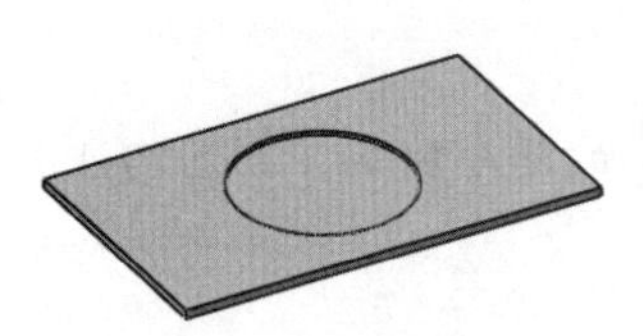

图 9.4.4　半穿刺

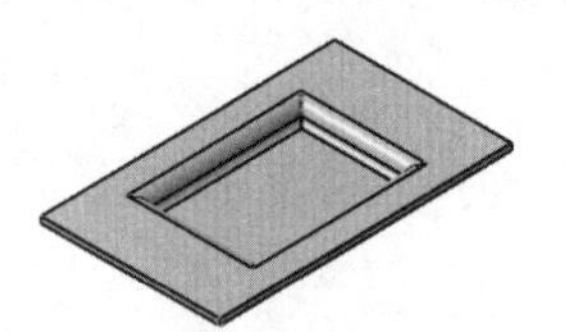

a）创建前

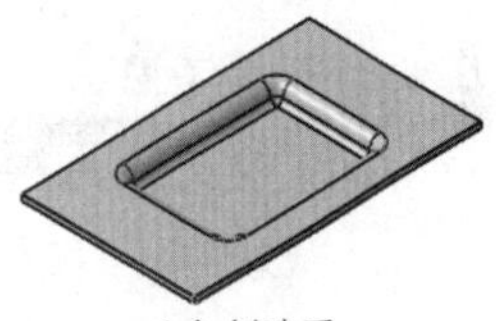

b）创建后

图 9.4.5　过渡圆角

◆ 按钮组：用于设置冲压轮廓的类型，其包括按钮和按钮。按钮：用于设置使用所绘轮廓限制冲压曲面的上截面。按钮：用于设置使用所绘轮廓限制冲压曲面的下截面。

◆ Opening Edges：文本框：单击此文本框，用户可以在绘图区选取开放边，如图 9.4.6 所示。

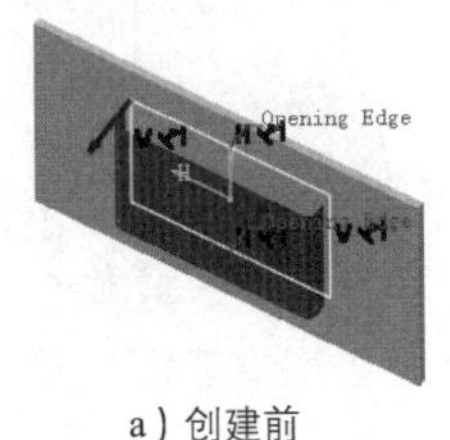

a）创建前

b）创建后

图 9.4.6　开放边

步骤 03　设置参数。在对话框 Definition Type：区域的 Parameters choice：下拉列表中选择 Angle 选项；在 Parameters 区域的 Angle A：文本框中输入数值 90，在 Height H：文本框中输入数值 5，选中 Radius R1：复选框和 Radius R2：复选框，并分别在其后的文本框中输入数值 2，选中 Rounded die 复选框。

步骤 04　绘制冲压曲面的轮廓。在对话框中单击按钮，选取图 9.4.7 所示的模型表面为草图平面，然后绘制图 9.4.8 所示的截面草图，单击按钮退出草图环境。

步骤 05　单击 确定 按钮，完成曲面冲压的创建，如图 9.4.2b 所示。

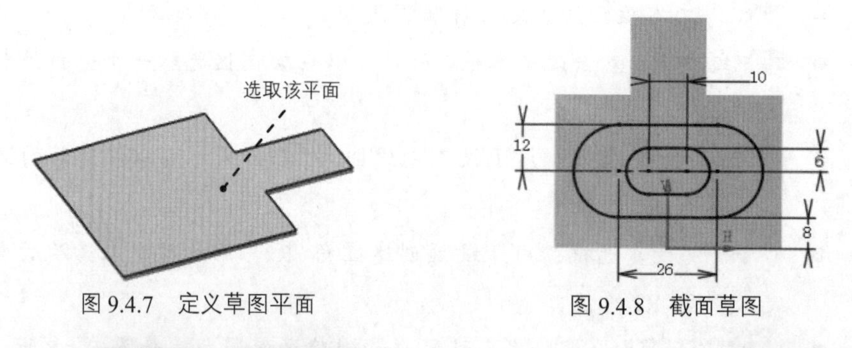

图 9.4.7　定义草图平面　　　图 9.4.8　截面草图

说明：使用 Punch & Die 和 Two profiles 类型创建冲压曲面的草图与使用 Angle 类型创建冲压曲面有所不同。

◆ 使用 Punch & Die 类型创建冲压曲面时其草图一般为相似的两个轮廓，如图 9.4.9 所示。

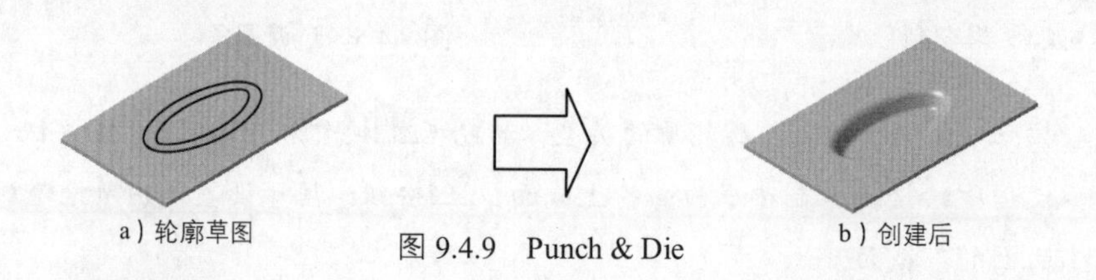

图 9.4.9　Punch & Die

◆ 使用 Two profiles 类型创建冲压曲面时其草图一般为分布在两个不同的平行草图平面上的两个轮廓，同时添加图 9.4.10a 所示的耦合点，结果如图 9.4.10b 所示。

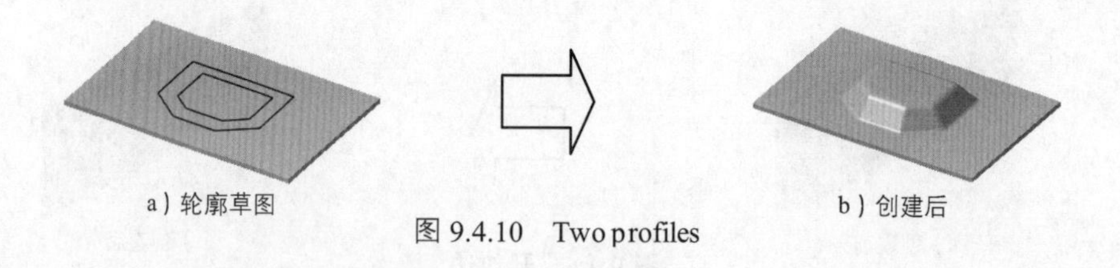

图 9.4.10　Two profiles

9.4.3　使用自定义方式创建成形

钣金设计工作台为用户提供了多种模具来创建成形特征，同时也为用户提供了能自定义模具的命令，用户可以通过这个命令创建自定义的模具来完成特殊的成形特征。下面将对其进行介绍。

步骤 01　打开文件 D:\catrt20\work\ch09.04.03\user-stamp.CATPart。

步骤 02　创建图 9.4.11 所示的冲压模具。

（1）创建几何体。选择下拉菜单 插入 → 几何体 命令，创建几何体。

（2）切换工作台。选择下拉菜单 开始 → 机械设计 ▸ → 零件设计 命令，切换至“零件设计”工作台。

（3）创建图 9.4.12 所示的凸台特征。

① 选择命令。选择下拉菜单 插入 → 基于草图的特征 ▸ → 凸台... 命令，系统弹出“定义凸台”对话框。

② 绘制截面草图。在“定义凸台”对话框中单击按钮，选取图 9.4.12 所示的模型表面为草图平面，并绘制图 9.4.13 所示的截面草图，单击按钮退出草图环境。

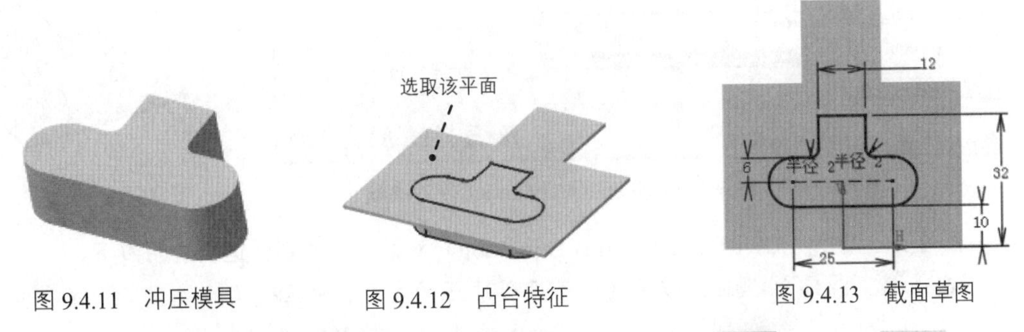

图 9.4.11 冲压模具　　图 9.4.12 凸台特征　　图 9.4.13 截面草图

③ 定义拉伸距离。在 第一限制 区域的 类型： 下拉列表中选取 尺寸 选项，在 长度： 文本框中输入数值 10，并单击 反转方向 按钮调整其方向。

④ 单击 确定 按钮，完成拉伸特征的创建。

步骤 03 创建图 9.4.14 所示的用户冲压。

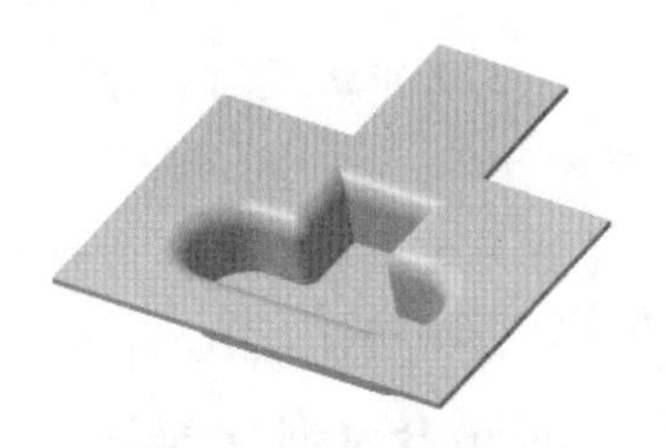

图 9.4.14 用户冲压

（1）切换工作台。选择下拉菜单 开始 → 机械设计 ▸ → Generative Sheetmetal Design 命令，切换至“创成式钣金设计”工作台。

（2）定义工作对象。在 零件几何体 上右击，然后在弹出的快捷菜单中选择 定义工作对象 命令。

（3）选择命令。选择下拉菜单 插入 → Stamping ▸ → User Stamp... 命令，系统弹出图 9.4.15 所示的“User-Defined Stamp Definition”对话框。

（4）定义附着面。在绘图区选取图 9.4.16 所示的模型表面为附着面，

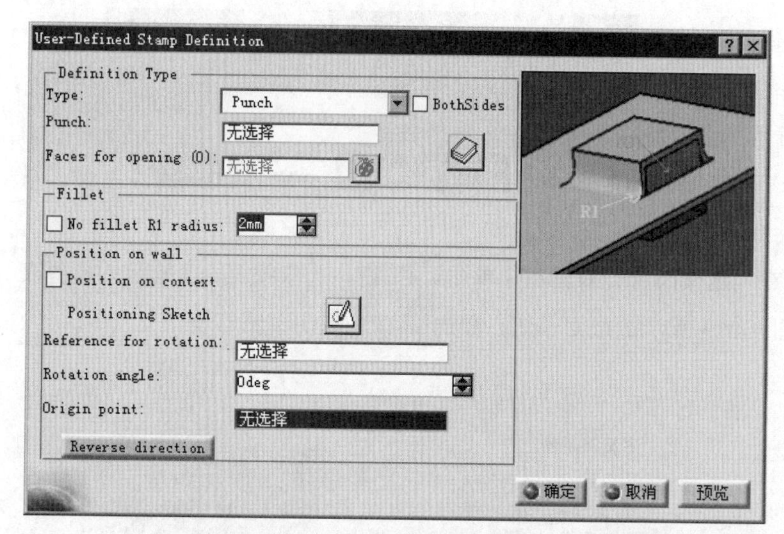

图 9.4.15 “User-Defined Stamp Definition”对话框

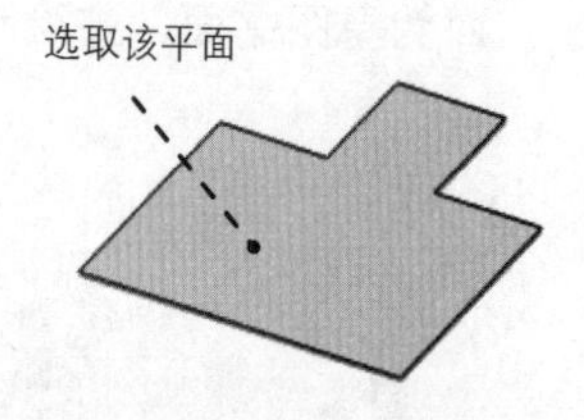

图 9.4.16 定义附着面

图 9.4.15 所示“User-Defined Stamp Definition”对话框中的部分选项说明如下。

◆ Definition Type : 区域：该区域用于设置冲压的类型、冲压模及开放面，包含 Type: 下拉列表、BothSides 复选框、Punch: 文本框和 Faces for opening (O): 文本框。

- Type: 下拉列表：用于设置创建用户冲压的类型，包括 Punch 选项和 Punch & Die 选项。当选择 Punch 选项时，只使用冲头进行冲压，在冲压时可创建开放面；当选择 Punch & Die 选项时，同时使用冲头和冲模进行冲压，不可选择开放面。
- BothSides 复选框：当选中该复选框时，使用双向冲压；当取消选中该复选框时，使用单向冲压。
- Punch 文本框：单击此文本框，用户可以在绘图区选取冲头。
- Faces for opening (O): 文本框：单击此文本框，用户可在绘图区选取开放面。

◆ 按钮：用于打开“Catalog Browse”对话框，用户可以通过此对话框插入标准件。

◆ Fillet 区域：用于设置圆角的相关参数，其包括 No fillet 复选框和 R1 radius: 文本框。

- No fillet 复选框：用于设置是否创建圆角。当选中此复选框时不创建圆角，如图 9.4.17 所示；反之，则创建圆角，如图 9.4.18 所示。

图 9.4.17 不创建圆角

图 9.4.18 创建圆角

- R1 radius: 文本框：用于定义创建圆角的半径值。

◆ Position on wall 区域：用于设置冲压的位置参数，其包括 Reference for rotation: 文本框、Rotation angle: 文本框、Origin point: 文本框、Position on context 复选框和 Reverse direction 按钮。

- Reference for rotation: 文本框：单击此文本框，用户可以在绘图区选取一个参考旋转的草图。一般系统会自动创建一个由一个点构成的草图为默认草图。
- Rotation angle: 文本框：用于设置旋转角度值。
- Origin point: 文本框：单击此文本框，用户可以在绘图区选取一个旋转参考点。
- Position on context 复选框：用于设置冲头在最初创建的位置。当选中此复选框时，Position on wall 区域的其他参数均不可用。
- Reverse direction 按钮：用于设置冲压的方向。

(5) 定义冲压类型。在 Type: 下拉列表中选择 Punch 选项。

(6) 定义冲压模具。在特征树中选取 几何体.2 为冲压模具。

(7) 定义圆角参数。在 Fillet 区域取消选中 No fillet 复选框，在 R1 radius: 文本框中输入数值 2。

(8) 定义冲压模具的位置。在 Position on wall 区域选中 Position on context 复选框。

(9) 单击 确定 按钮，完成用户冲压的创建。

9.5 钣金设计综合应用案例一

案例概述：

本案例介绍了钣金支架的设计过程：主要应用了平整钣金壁、附加平整壁、折弯、切削和圆角等特征，需要读者注意的是“附加平整壁”的操作创建方法及过程。下面介绍其设计过程，钣金件模型如图 9.5.1 所示。

图 9.5.1 钣金件模型

本案例的详细操作过程请参见随书光盘中 video\ch09\文件下的语音视频讲解文件。模型文件为 D:\catrt20\work\ch09.05\pedal。

9.6 钣金设计综合应用案例二

案例概述：

本案例介绍了暖气罩钣金件的设计过程：主要应用了平整钣金壁、镜像、切削和用户冲压等特征，需要读者注意的是用户冲压的操作方法及过程。下面介绍其设计过程，钣金件模型如图 9.6.1 所示。

本案例的详细操作过程请参见随书光盘中 video\ch09\文件下的语音视频讲解文件。模型文件为 D:\catrt20\work\ch09.06\HEATER_COVER。

9.7 钣金设计综合应用案例三

案例概述：

本案例介绍了弹簧座钣金件的设计过程，该设计过程分为创建模具和创建主体钣金零件模型两个部分。由于该形状较为特殊，所以在设计的过程当中要注意模具的创建过程，钣金件模型如图 9.7.1 所示。

本案例的详细操作过程请参见随书光盘中 video\ch09\文件下的语音视频讲解文件。模型文件为 D:\catrt20\work\ch09.07\spring-base.CATPart。

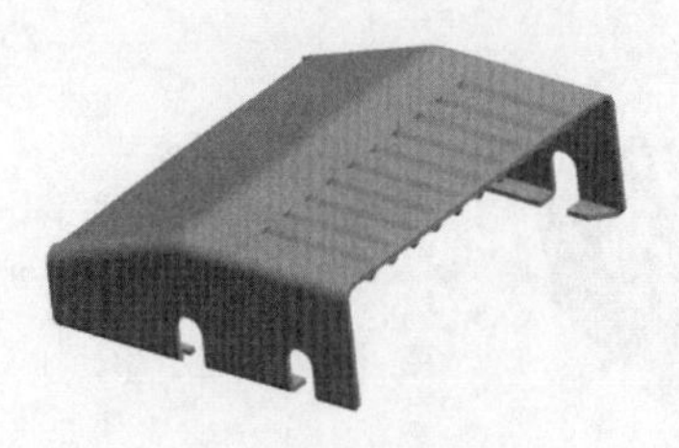

图 9.6.1　钣金件模型

图 9.7.1　钣金件模型

第 10 章　自顶向下设计

10.1　自顶向下设计概述

在产品设计过程中，主要包括有两种设计方法：自下向顶设计（Down_Top Design）和自顶向下设计（Down_Top Design）。

自下向顶设计是一种从局部到整体的设计方法。先做零部件，然后将零部件插入到装配体文件中进行组装，从而得到整个装配体。这种方法在零件之间不存在任何参数关联，仅仅存在简单的装配关系。

自顶向下设计是一种从整体到局部的设计方法。首先，创建一个反映装配体整体构架的一级控件（所谓控件就是控制元件，用于控制模型的外观及尺寸等，在设计中起承上启下的作用，最高级别称为一级控件）；其次，根据一级控件来分配各个零件间的位置关系和结构；最后，根据分配好零件间的关系，完成各零件的设计。

自顶向下设计的优点很多：① 管理大型的装配；② 组织复杂设计并与项目组成员共享设计信息；③ 多数零部件外形尺寸未确定的装配设计；④ 零部件配合复杂、相互影响的配合关系较多的装配设计；⑤ 具有复杂曲面的产品模型和整体造型要求高的产品设计。

10.2　自顶向下设计的一般过程

自顶向下设计是一种从整体到局部的设计方法。下面通过一个简易 U 盘模型的设计为例，说明自顶向下设计的一般过程。U 盘模型如图 10.2.1 所示，其设计流程如图 10.2.2 所示。

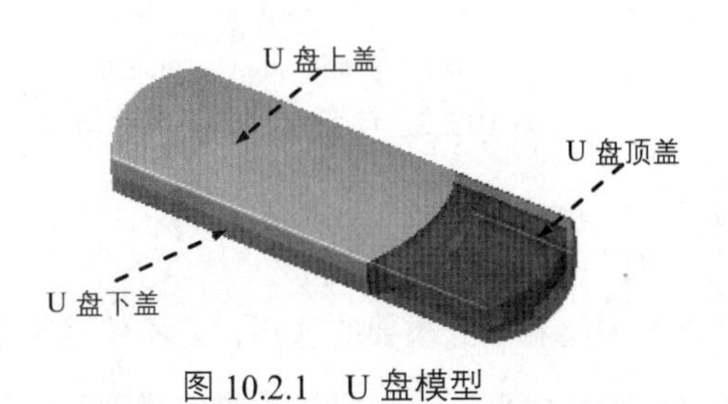

图 10.2.1　U 盘模型

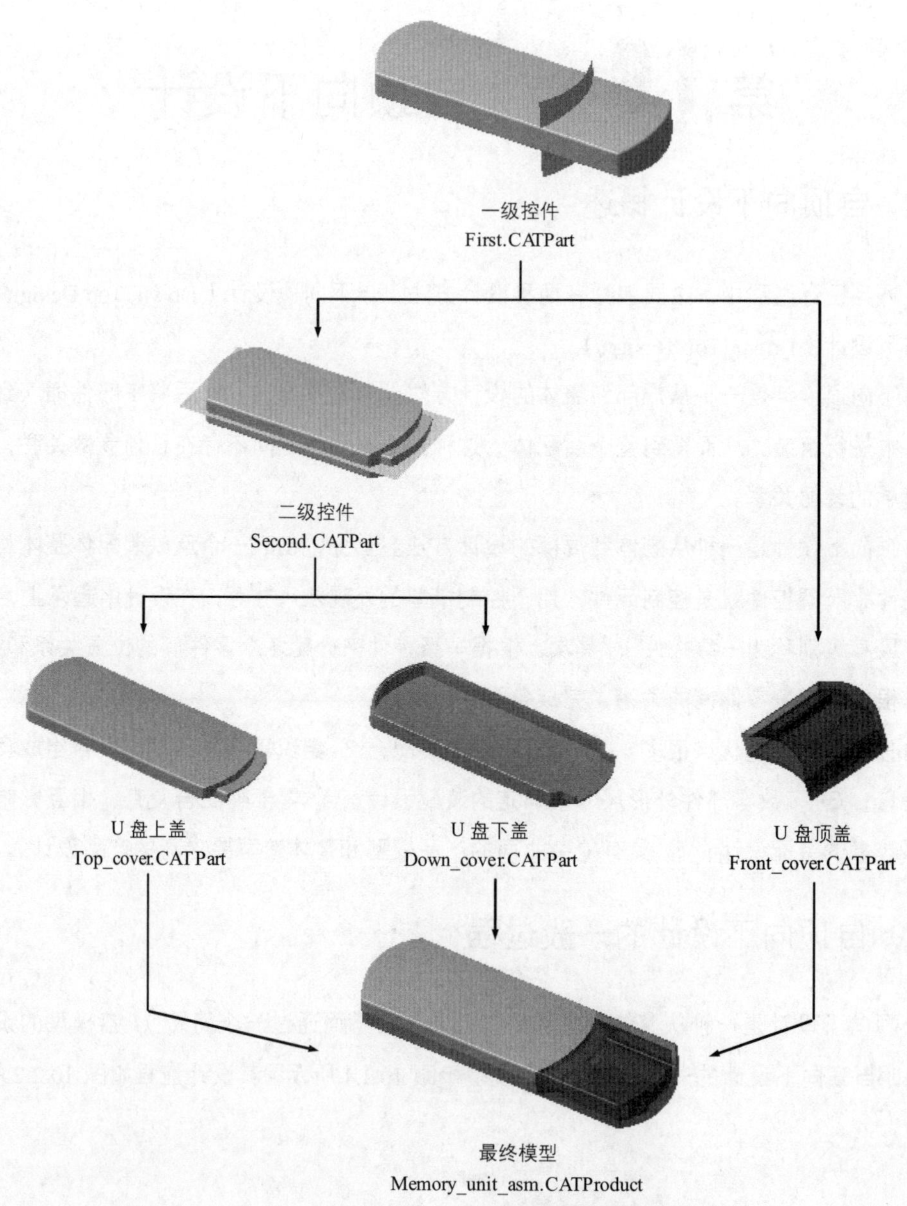

图 10.2.2　U 盘自顶向下设计流程

10.2.1　创建一级控件

一级控件在整个设计过程中起着十分重要的作用，它不仅确定了模型的整体外观形状，而且还为后面的各级控件提供原始模型。该一级控件零件模型和特征树如图 10.2.3 所示。

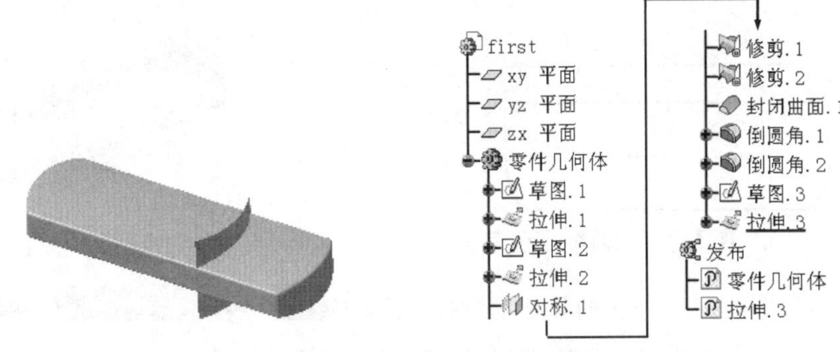

图 10.2.3 零件模型和特征树

步骤 01 新建模型文件。选择下拉菜单文件 → 新建... 命令；在类型列表：列表框中选择Product选项，单击确定按钮；进入“装配设计”工作台。

说明：如果进入的不是“装配设计”工作台，可以选择下拉菜单开始 → 机械设计 → 装配设计命令，将工作台切换至“装配设计”工作台。

步骤 02 修改文件名。在Product1上右击，在弹出的快捷菜单中选择属性命令；系统弹出的“属性”对话框。选择产品选项卡，在产品区域的零件编号文本框中将 Product1 改为 memory_unit_asm，单击确定按钮，完成文件名的修改。

步骤 03 新建零件。在特征树中双击memory_unit_asm使其激活，选择下拉菜单插入 → 新建零件命令；在Part1 (Part1.1)上右击在弹出的快捷菜单中选择属性选项；系统弹出“属性”对话框。在部件区域的实例名称文本框中将 Part1.1 改为 first，在产品区域的零件编号文本框中将 Part1 改为 first，单击确定按钮，完成文件名的修改。

步骤 04 编辑 first 部件。激活first (first)然后右击，在弹出的快捷菜单中选择first 对象 → 在新窗口中打开命令；系统切换到 first 模型窗口。

步骤 05 切换工作台。选择下拉菜单开始 → 形状 → 创成式外形设计命令，切换到“创成式外形设计”工作台。

步骤 06 创建图 10.2.4 所示的草图 1。选择下拉菜单插入 → 草图编辑器 → 草图命令；选择“xy 平面”为草绘平面；绘制如图 10.2.4 所示的草图 1。

步骤 07 创建图 10.2.5 所示的零件特征——拉伸 1。选择下拉菜单插入 → 曲面 → 拉伸...命令，系统弹出“拉伸曲面定义”对话框。选取“草图 1”为拉伸轮廓；选取“xy 平面”为拉伸方向；在“拉伸曲面定义”对话框的限制 1区域的类型：下拉列表中选择尺寸选项；在限制 1区域的长度：文本框中输入值 5；选中镜像范围复选框，单击确定按钮，完成拉伸 1 的创建。

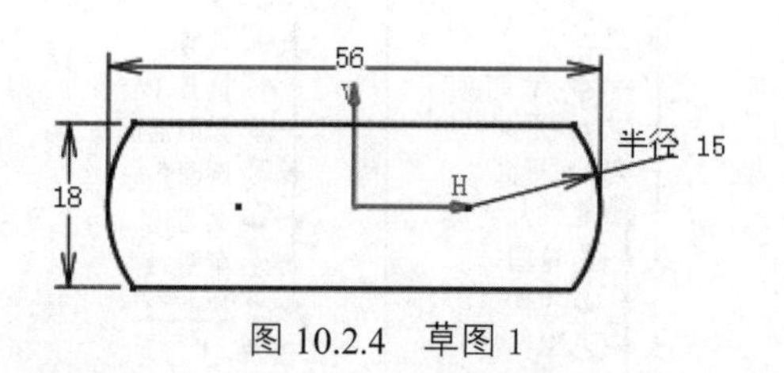

图 10.2.4 草图 1

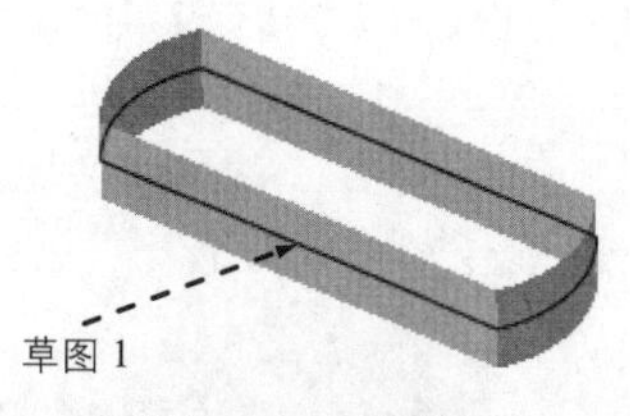

图 10.2.5 拉伸 1

步骤 08 创建图 10.2.6 所示的草图 2。选择下拉菜单 插入 → 草图编辑器 → 草图 命令；选择“yz平面”为草绘平面；绘制如图 10.2.6 所示的草图。

步骤 09 创建图 10.2.7 所示的零件特征——拉伸 2。选择下拉菜单 插入 → 曲面 → 拉伸... 命令，系统弹出“拉伸曲面定义”对话框。选取“草图 2”为拉伸轮廓；选取“yz平面”为拉伸方向；在“拉伸曲面定义”对话框的 限制 1 区域的 类型: 下拉列表中选择 尺寸 选项；在 限制 1 区域的 长度: 文本框中输入值 30；选中 镜像范围 复选框，单击 确定 按钮，完成拉伸 2 的创建。

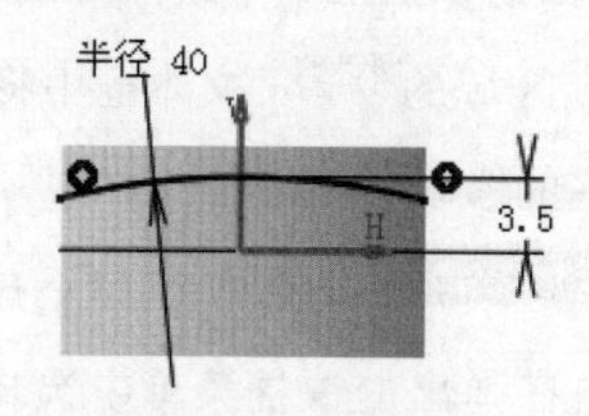

图 10.2.6 草图 2

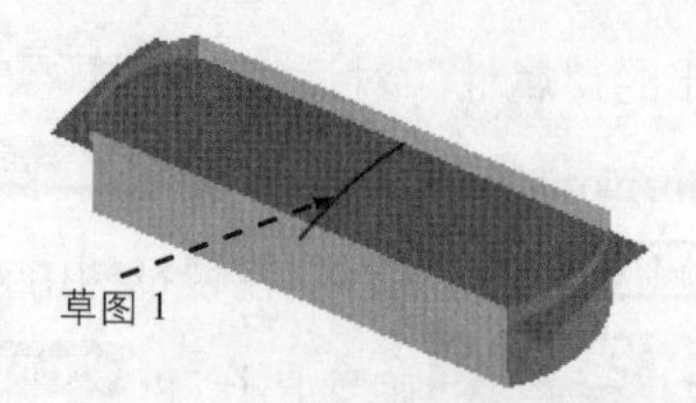

图 10.2.7 拉伸 2

步骤 10 创建图 10.2.8 所示的零件特征——对称 1。选择下拉菜单 插入 → 操作 → 对称... 命令，系统弹出“对称定义”对话框，选取“拉伸 2”为对称元素，在特征树中选取“xy 平面”为对称参考，单击 确定 按钮，完成对称 1 的创建。

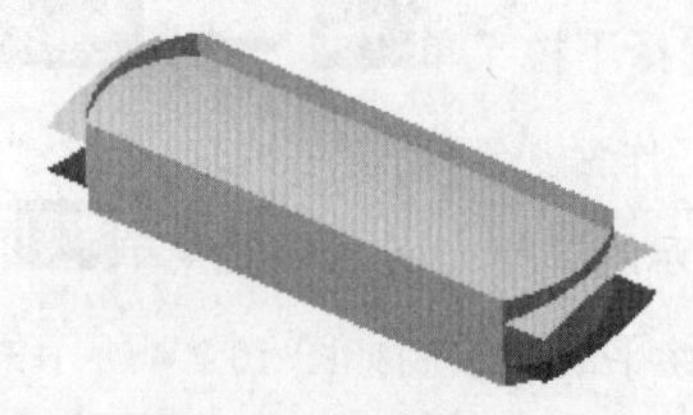

图 10.2.8 对称 1

步骤 11 创建图 10.2.9 所示的零件特征——修剪 1。选择下拉菜单 插入 → 操作 → 修剪... 命令；选择“拉伸 1”“拉伸 2”为修剪元素；单击 另一侧/下一元素 和 另一侧/上一元素 按钮，调整修剪方向；单击 确定 按钮，完成修剪 1 的创建。

步骤 12 创建图 10.2.10 所示的零件特征——修剪 2。选择下拉菜单 插入 → 操作

→ 修剪... 命令；选择“对称 1”“修剪 1”为修剪元素；单击 另一侧/下一元素 和 另一侧/上一元素 按钮，调整修剪方向；单击 确定 按钮，完成修剪 2 的创建。

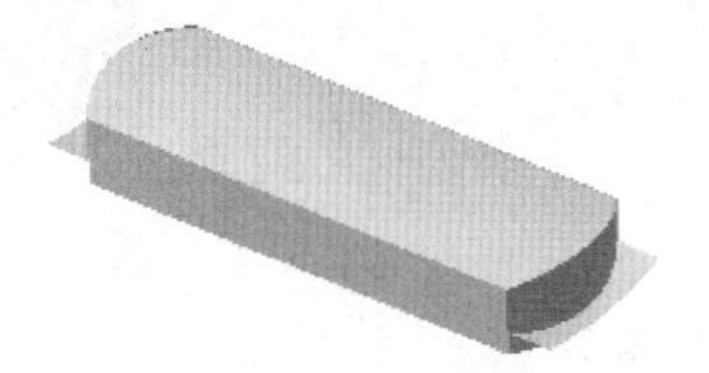
图 10.2.9 修剪 1

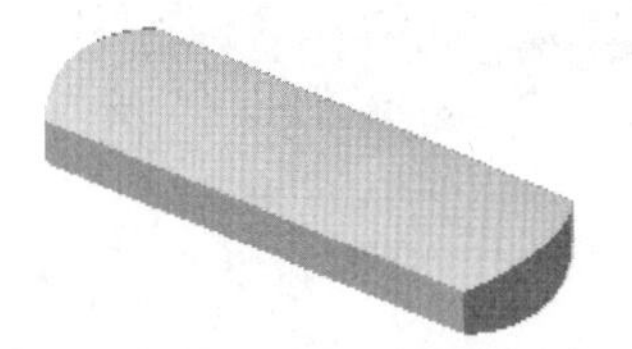
图 10.2.10 修剪 2

步骤 13 切换工作台。选择下拉菜单 开始 → 机械设计 → 零件设计 命令，切换到“零件设计”工作台。

步骤 14 创建图 10.2.11 所示的零件特征——封闭曲面 1。

（1）选择命令。选择下拉菜单 插入 → 基于曲面的特征 → 封闭曲面... 命令。

（2）定义要封闭的对象。选择“修剪 2”为要封闭的对象。

（3）单击 确定 按钮，完成封闭曲面 1 的创建。

说明：在完成此步后，将草图和曲面隐藏。

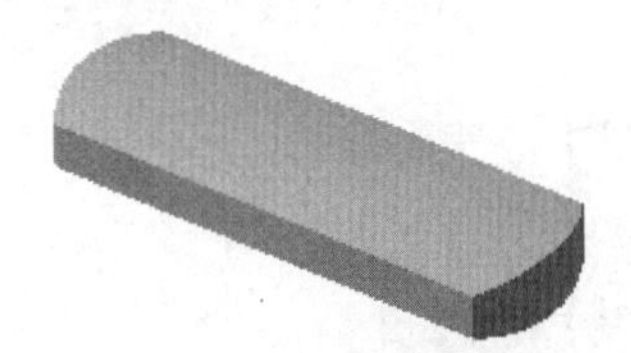
图 10.2.11 封闭曲面 1

步骤 15 创建如图 10.2.12b 所示的倒圆 1。选择如图 10.2.12a 所示的 4 条边线为倒圆的对象，圆角半径值为 1。

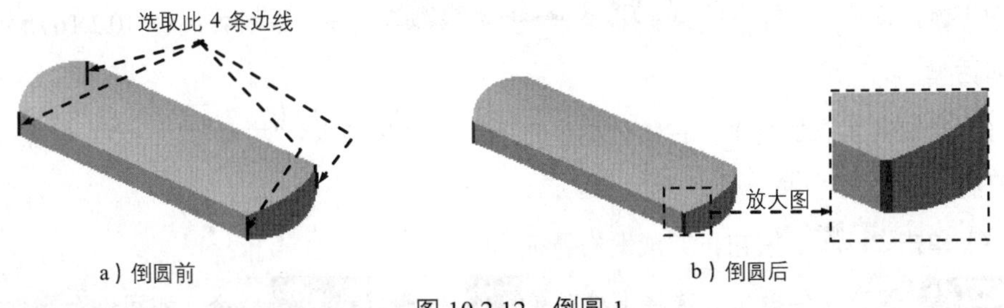

a）倒圆前　b）倒圆后
图 10.2.12 倒圆 1

步骤 16 创建如图 10.2.13b 所示的倒圆 2。选择如图 10.2.13a 所示的 2 条边链为倒圆的对象，圆角半径值为 0.5。

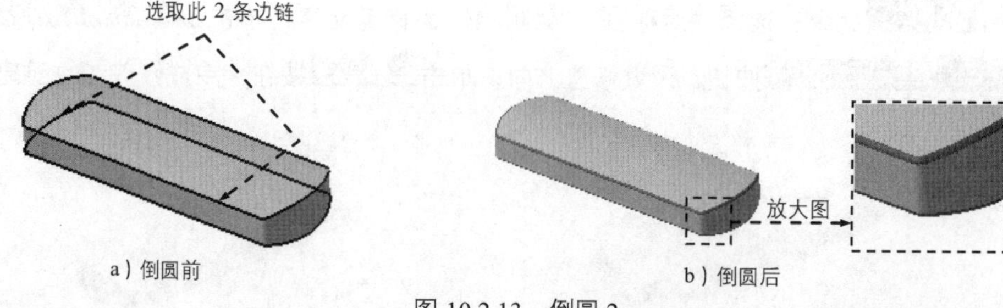

图 10.2.13　倒圆 2

步骤 17 切换工作台。选择下拉菜单 开始 → 形状 → 创成式外形设计 命令，切换到“创成式外形设计”工作台。

步骤 18 创建图 10.2.14 所示的草图 3。选择下拉菜单 插入 → 草图编辑器 → 草图 命令；选择“xy 平面”为草绘平面；绘制如图 10.2.14 所示的草图。

步骤 19 创建图 10.2.15 所示的零件特征——拉伸 3。选择下拉菜单 插入 → 曲面 → 拉伸... 命令，系统弹出“拉伸曲面定义”对话框。选取“草图 3”为拉伸轮廓；选取“xy 平面”为拉伸方向；在“拉伸曲面定义”对话框的 限制 1 区域的 类型： 下拉列表中选择 尺寸 选项；在 限制 1 区域的 长度： 文本框中输入值 8；选中 镜像范围 复选框，单击 确定 按钮，完成拉伸 3 的创建。

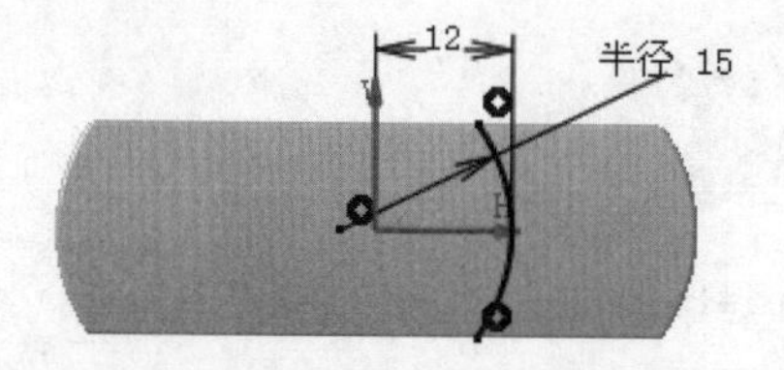

图 10.2.14　草图 3

图 10.2.15　拉伸 3

步骤 20 发布特征。

（1）选择命令。选择下拉菜单 工具 → 发布... 命令。系统弹出图 10.2.16 所示的“发布”对话框。

（2）选取要发布的特征。在特征树中选取“零件几何体”“拉伸 3”为发布对象。发布后的特征树如图 10.2.17 所示。

（3）单击 确定 按钮，完成发布特征。

步骤 21 保存零件模型。选择下拉菜单 文件 → 保存 命令，即可保存零件模型。

步骤 22 保存组件模型。选择下拉菜单 窗口 → 1 memory_unit_asm.CATProduct 命令，切换到组件窗口，保存组件模型。

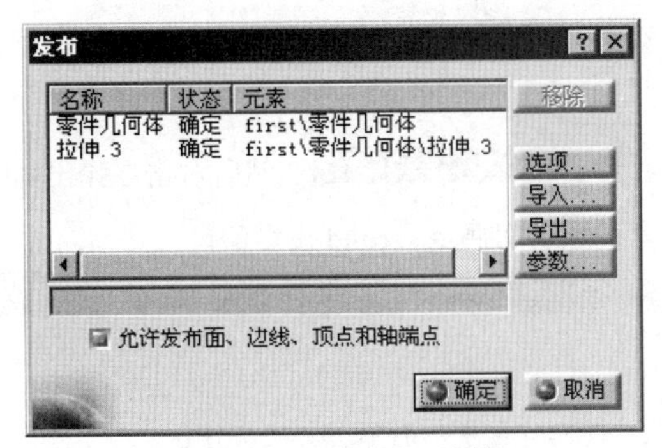

图 10.2.16 “发布”对话框

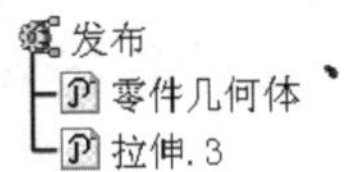

图 10.2.17 特征树

10.2.2 创建二级控件

下面要创建的二级控件（second）是从一级控件中分割出来的，它继承了一级控件的相应外观形状，同时它又作为控件模型为后续模型的创建提供相应外观和对应尺寸，保证零件之间的可装配性。零件模型及相应的特征树如图 10.2.18 所示。

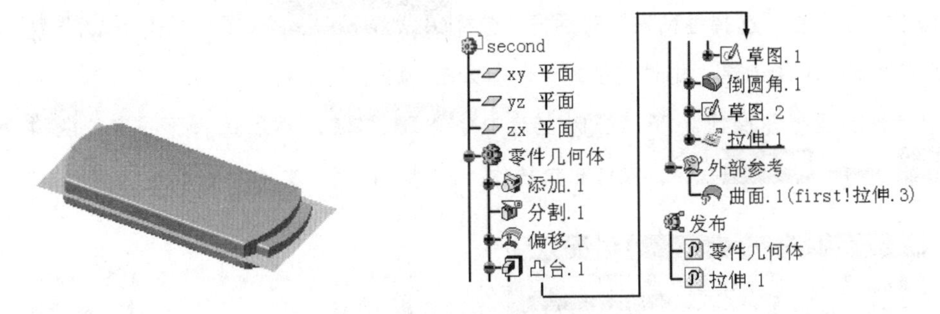

图 10.2.18 零件模型和特征树

步骤 01 新建模型文件。激活 memory_unit_asm，选择下拉菜单 插入 → 新建零件 命令；系统弹出图 10.2.19 所示的“新零件：原点”对话框；单击 是(Y) 按钮完成零部件的新建。

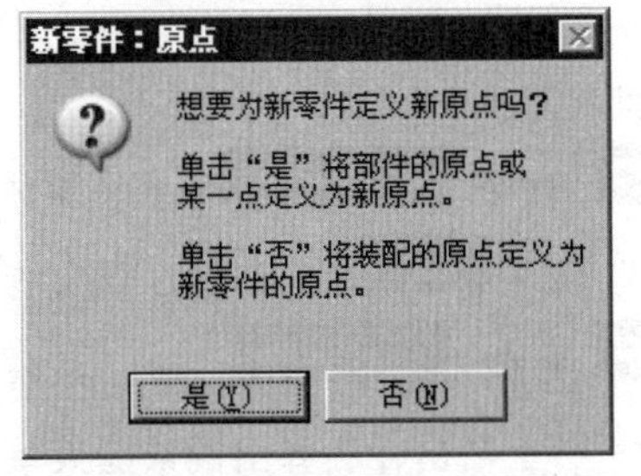

图 10.2.19 “新零件：原点”对话框

步骤 02 修改文件名。在特征树 Part1 (Part1.2) 上右击，在弹出的快捷菜单中选择 属性 选项；系统弹出“属性”对话框。选择 产品 选项卡，在 部件 区域的 实例名称 文本框中将 Part1.2 改为 second，在 产品 区域的 零件编号 文本框中将 Part1 改为 second，单击 确定 按钮。

步骤 03 编辑 second 部件。激活 second (second)；然后右击在弹出的快捷菜单中选择 second 对象 → 在新窗口中打开 命令；系统切换至 second 模型窗口。

步骤 04 切换工作台。选择下拉菜单 开始 → 机械设计 → 零件设计 命令，切换到“零件设计”工作台。

说明：如果系统目前处于“零件设计”工作台中，则不用切换工作台。

步骤 05 创建实体外部参考。

（1）选择下拉菜单 窗口 → first.CATPart 命令。

（2）在发布特征树中选取 零件几何体 右击，在弹出的快捷菜单中选择 复制 命令。

（3）选择下拉菜单 窗口 → second.CATPart 命令。系统切换到 second 模型窗口。

（4）在特征树 second 上右击，在弹出的快捷菜单中选择 选择性粘贴... 命令，系统弹出图 10.2.20 所示的“选择性粘贴”对话框，选择 与原文档相关联的结果 选项，单击 确定 按钮，完成实体外部参考的创建，此时特征树（一）如图 10.2.21 所示。

（5）创建布尔操作。在特征树上选中 几何体.2，然后选择下拉菜单 插入 → 布尔操作 → 添加... 命令，完成布尔操作，此时特征树（二）如图 10.2.22 所示。

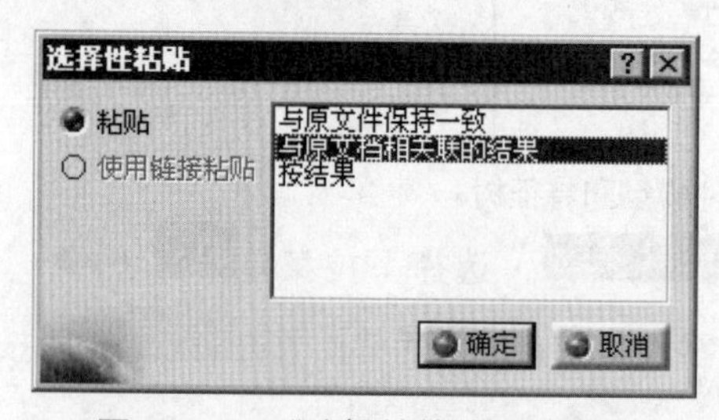

图 10.2.20 “选择性粘贴”对话框

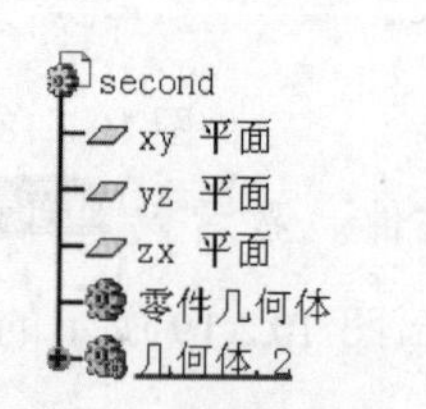

图 10.2.21 特征树（一）

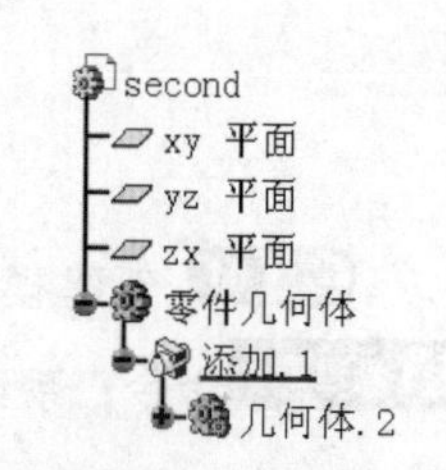

图 10.2.22 特征树（二）

步骤 06 创建特征外部参考。

（1）选择下拉菜单 窗口 → first.CATPart 命令。系统切换到 first 模型窗口。

（2）在发布特征树上选取 拉伸.3 右击，在弹出的快捷菜单中选择 复制 命令。

（3）选择下拉菜单 窗口 → second.CATPart 命令。系统切换到 second 模型窗口。

（4）在特征树 second 上右击，在弹出的快捷菜单中选择 选择性粘贴... 命令，系统弹出“选择性粘贴”对话框，选择 与原文档相关联的结果 选项，单击 确定 按钮，完成外部参考的创建，此时零件模型及特征树如图 10.2.23 所示。

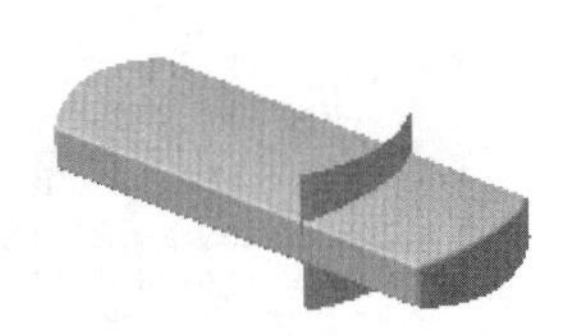

second
xy 平面
yz 平面
zx 平面
零件几何体
外部参考
曲面.1(first!拉伸.3)

图 10.2.23 零件模型及特征树

步骤 07 创建图 10.2.24 所示的特征——分割 1。选择下拉菜单 插入 → 基于曲面的特征 → 分割... 命令；选取外部参考中的 曲面.1(first!拉伸.3) 为分割元素；单击图 10.2.25 所示的箭头调整分割方向；单击 确定 按钮，完成分割 1 的创建。

说明：在完成此步后，将 曲面.1(first!拉伸.3) 隐藏。

图 10.2.24 分割 1

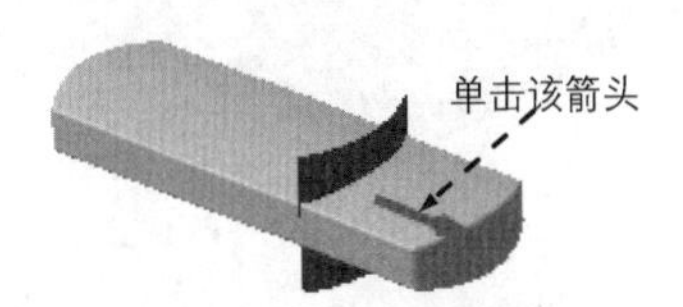

图 10.2.25 调整分割方向

步骤 08 切换工作台。选择下拉菜单 开始 → 形状 → 创成式外形设计 命令，切换到“创成式外形设计”工作台。

步骤 09 创建图 10.2.26 所示的特征——偏移 1。选择下拉菜单 插入 → 曲面 → 偏移... 命令；系统弹出“偏移曲面定义”对话框，选取图 10.2.27 所示的面为要偏移的面，在 偏移： 后的文本框中输入偏移距离值 2.0。单击 确定 按钮，完成偏移 1 的创建。

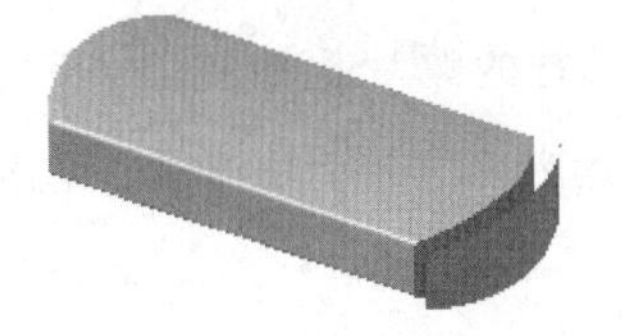

图 10.2.26 偏移 1

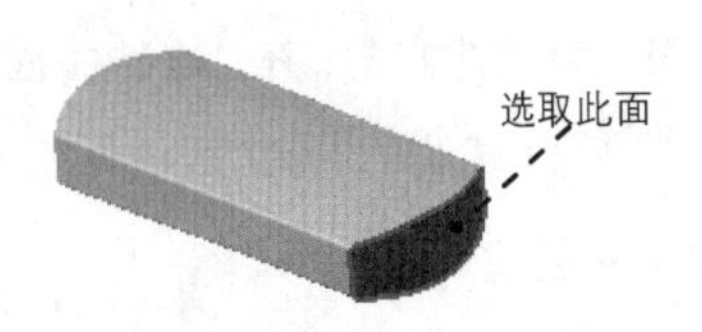

图 10.2.27 选取偏移面

步骤 10 切换工作台。选择下拉菜单 开始 → 机械设计 → 零件设计 命令，切换到“零件设计”工作台。

步骤 11 创建图 10.2.28 所示的特征——凸台 1。选择下拉菜单 插入 → 基于草图的特征 → 凸台... 命令；选取“yz 平面”为草图平面，绘制图 10.2.29 所示的截面草图，单击 按钮，退出草绘工作台。在 第一限制 区域的 类型： 下拉列表中选择 直到曲面 选项，然后选取“偏移 1”为限制面，单击 确定 按钮，完成凸台 1 的创建。

说明：在完成此步后，将偏移 1 隐藏。

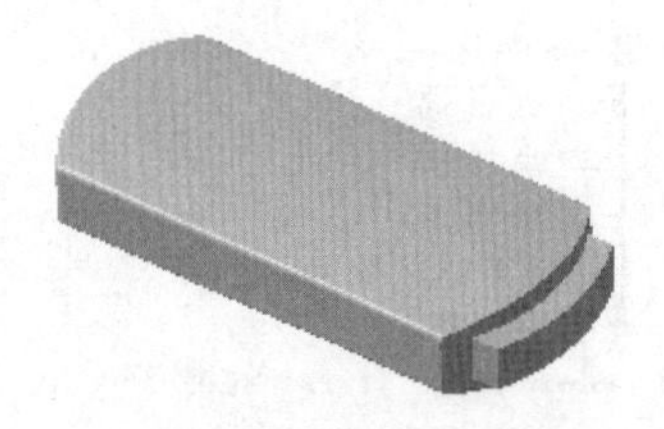

图 10.2.28　凸台 1

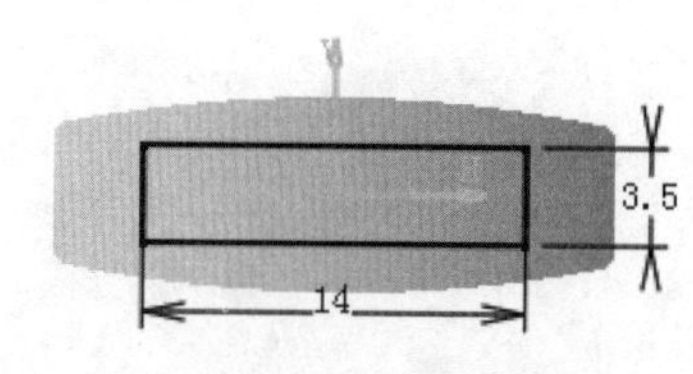

图 10.2.29　截面草图

步骤 12 创建如图 10.2.30 所示的倒圆角 1。选择如图 10.2.30a 所示的 4 条边线为倒圆角的对象，圆角半径值为 0.5。

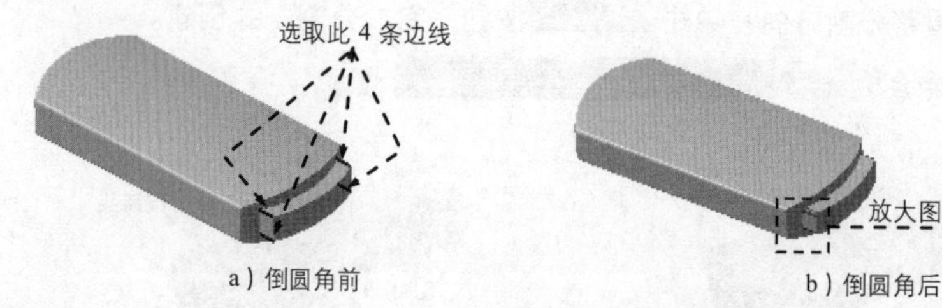

a）倒圆角前　　b）倒圆角后

图 10.2.30　倒圆角 1

步骤 13 切换工作台。选择下拉菜单 开始 → 形状 → 创成式外形设计 命令，切换到“创成式外形设计”工作台。

步骤 14 创建图 10.2.31 所示的草图 2。选择下拉菜单 插入 → 草图编辑器 → 草图 命令；选择“zx平面”为草绘平面；绘制如图 10.2.31 所示的草图。

步骤 15 创建图 10.2.32 所示的零件特征——拉伸 1。选择下拉菜单 插入 → 曲面 → 拉伸... 命令，系统弹出“拉伸曲面定义”对话框。选取“草图 2”为拉伸轮廓；选取“zx平面”为拉伸方向；在“拉伸曲面定义”对话框的 限制 1 区域的 类型： 下拉列表中选择 尺寸 选项；在 限制 1 区域的 长度： 文本框中输入值 10；选中 镜像范围 复选框，单击 确定 按钮，完成拉伸 1 的创建。

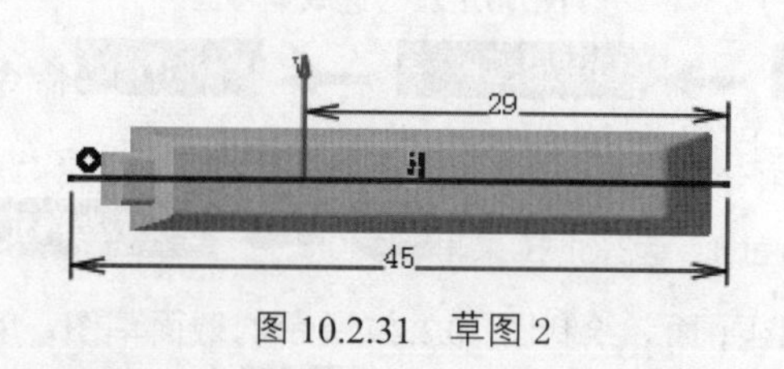

图 10.2.31　草图 2

图 10.2.32　拉伸 1

步骤 16 发布特征。

（1）选择命令。选择下拉菜单 工具 → 发布... 命令。系统弹出图 10.2.33 所示的“发布”对话框。

（2）选取要发布的特征。在特征树中选取“零件几何体”“拉伸 1”为发布对象。发布后的特征树如图 10.2.34 所示。

（3）单击 确定 按钮，完成发布特征。

步骤 17 保存零件模型。选择下拉菜单 文件 → 保存 命令，即可保存零件模型。

步骤 18 保存组件模型。选择下拉菜单 窗口 → 1 memory_unit_asm.CATProduct 命令，切换到组件窗口，保存组件模型。

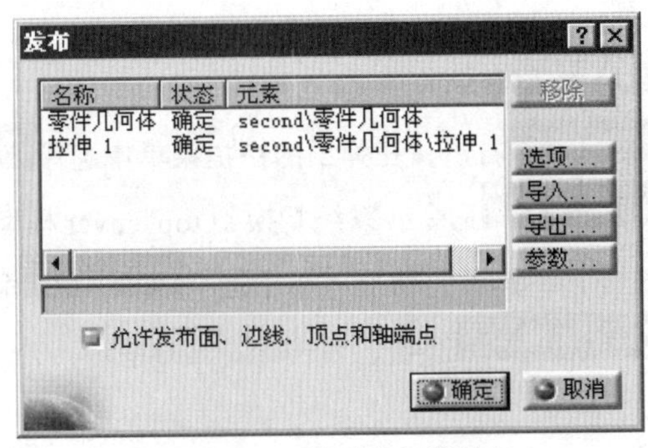

图 10.2.33 “发布”对话框

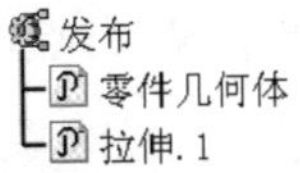

发布
零件几何体
拉伸.1

图 10.2.34 特征树

10.2.3 创建 U 盘上盖

下面要创建的 U 盘上盖是二级控件中分割出来的一部分，它继承了二级控件的相应外观形状，零件模型及特征树（一）如图 10.2.35 所示。

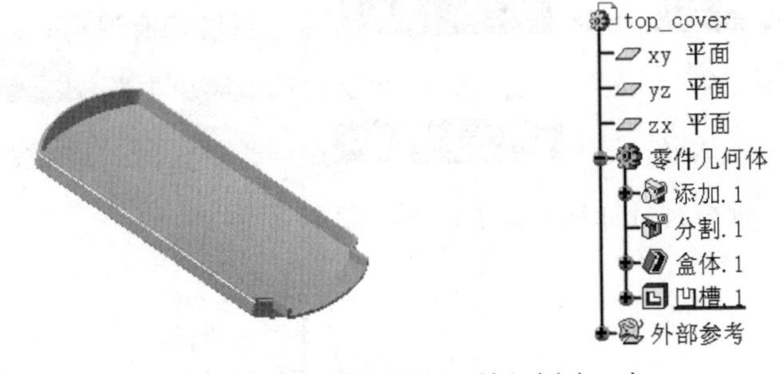

图 10.2.35 零件模型及特征树（一）

步骤 01 新建模型文件。激活 memory_unit_asm，选择下拉菜单 插入 → 新建零件 命令；系统弹出“新零件：原点”对话框；单击 是(Y) 按钮完成零部件的新建。

步骤 02 修改文件名。在特征树 Part1 (Part1.3) 上右击，在弹出的快捷菜单中选择 属性 选项；系统弹出“属性”对话框。选择 产品 选项卡，在 部件 区域的 实例名称 文本框中将 Part1.3 改为 top_cover，在 产品 区域的 零件编号 文本框中将 Part1 改为 top_cover，单击确定按钮。

步骤 03 编辑 top_cover 部件。激活 top_cover (top_cover)；然后右击在弹出的快捷菜单中选择 top_cover 对象 ▸ → 在新窗口中打开命令；系统切换至 top_cover 模型窗口。

步骤 04 切换工作台。选择下拉菜单 开始 → 机械设计 ▸ → 零件设计命令，切换到“零件设计”工作台。

说明：如果系统目前处于“零件设计”工作台中，则不用切换工作台。

步骤 05 创建实体外部参考。

（1）选择下拉菜单 窗口 → second.CATPart 命令。

（2）在发布特征树中选取 零件几何体 右击，在弹出的快捷菜单中选择 复制 命令。

（3）选择下拉菜单 窗口 → top_cover.CATPart 命令。系统切换到 top_cover 模型窗口。

（4）在特征树 top_cover 上右击，在弹出的快捷菜单中选择 选择性粘贴... 命令，系统弹出“选择性粘贴”对话框，选择 与原文档相关联的结果 选项，单击 确定 按钮，完成实体外部参考的创建。

（5）创建布尔操作。在特征树上选中 几何体.2，然后选择下拉菜单 插入 → 布尔操作 → 添加... 命令，完成布尔操作。

步骤 06 创建特征外部参考。

（1）选择下拉菜单 窗口 → second.CATPart 命令。系统切换到 second 模型窗口。

（2）在发布特征树上选取 拉伸.1 右击，在弹出的快捷菜单中选择 复制 命令。

（3）选择下拉菜单 窗口 → top_cover.CATPart 命令。系统切换到 top_cover 模型窗口。

（4）在特征树 top_cover 上右击，在弹出的快捷菜单中选择 选择性粘贴... 命令，系统弹出“选择性粘贴”对话框，选择 与原文档相关联的结果 选项，单击 确定 按钮，完成外部参考的创建，此时的零件模型及特征树（二）如图 10.2.36 所示。

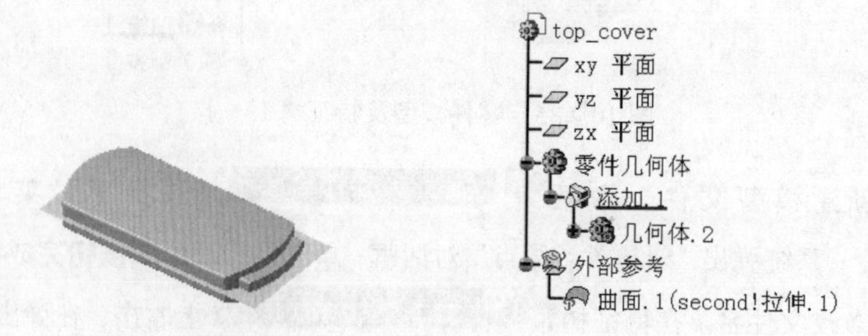

图 10.2.36　零件模型及模型树（二）

步骤 07 创建图 10.2.37 所示的特征——分割 1。选择下拉菜单 插入 → 基于曲面的特征 ▸

→ 分割... 命令；选取外部参考中的 曲面.1(second!拉伸.1) 为分割元素；单击图 10.2.38 所示的箭头调整分割方向；单击 确定 按钮，完成分割 1 的创建。

说明：在完成此步后，将 曲面.1(second!拉伸.1) 隐藏。

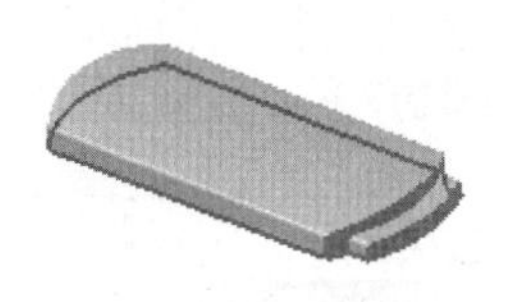

图 10.2.37 分割 1

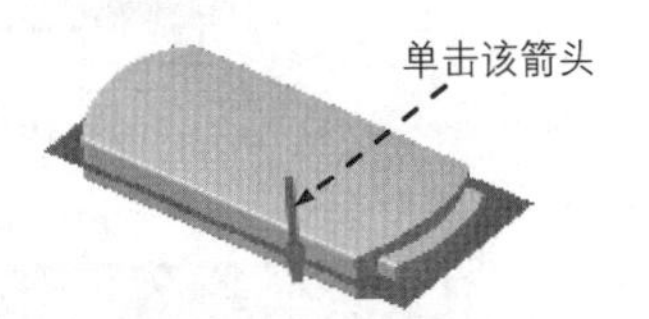

图 10.2.38 调整分割方向

步骤 08 创建图 10.2.39 所示的特征—— 抽壳 1。选择下拉菜单 插入 → 修饰特征 → 抽壳... 命令；选取图 10.2.39a 所示的面为要移除的面；在 默认内侧厚度: 文本框中输入值 0.5，在 默认外侧厚度: 文本框中输入值 0；单击 确定 按钮，完成抽壳 1 的创建。

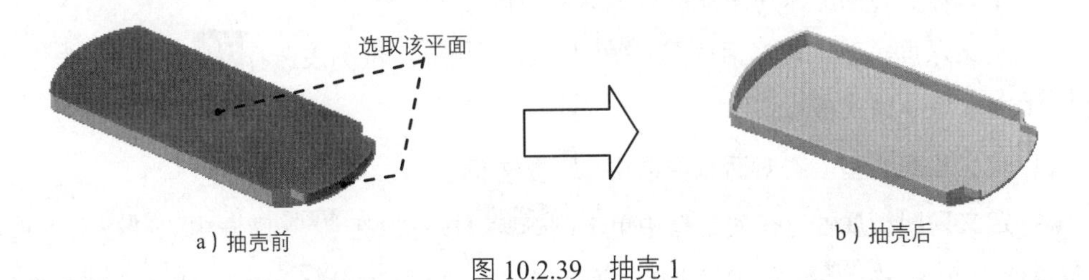

图 10.2.39 抽壳 1

步骤 09 创建图 10.2.40 所示的特征—— 凹槽 1。

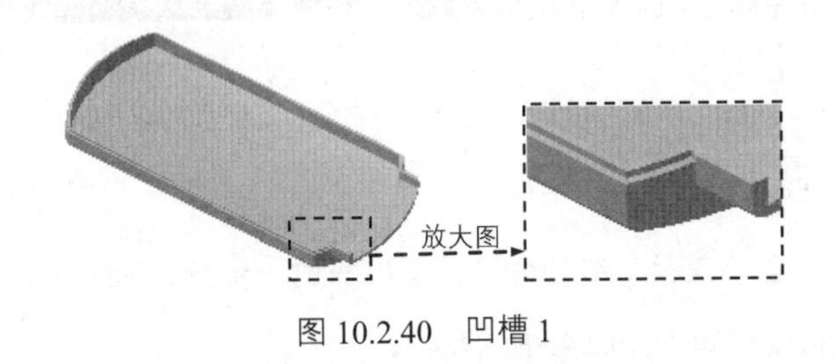

图 10.2.40 凹槽 1

（1）选择命令。选择下拉菜单 插入 → 基于草图的特征 → 凹槽... 命令，系统弹出“定义凹槽”对话框。

（2）单击 按钮，选取图 10.2.41 所示的平面为草图平面。绘制图 10.2.42 所示的截面草图，单击 按钮，退出草绘工作台。

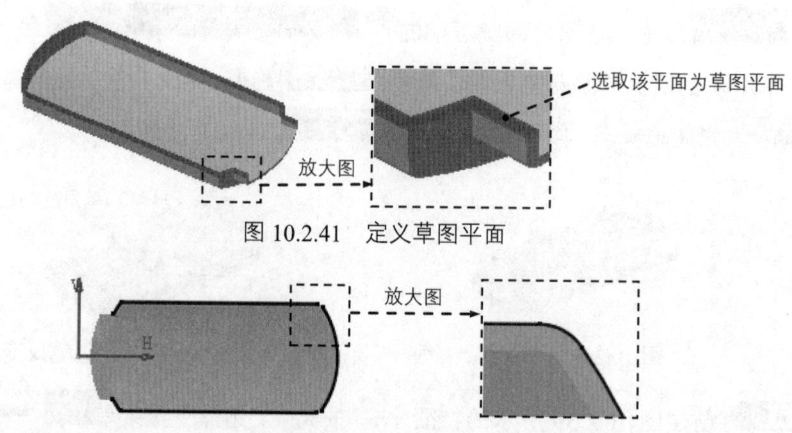

图 10.2.41　定义草图平面

图 10.2.42　截面草图

（3）定义深度属性。

① 定义深度方向。采用系统默认的深度方向。

② 定义深度类型。在对话框 第一限制 区域的 类型： 下拉列表选择 尺寸 选项，在 限制 1 区域的 长度： 文本框中输入值 0.3。

③ 定义轮廓类型。在对话框中选中 厚 复选框。

④ 定义薄凹槽属性。在对话框中单击 更多>> 按钮，在 薄凹槽 区域中的 厚度 1 文本框中输入厚度值为 0.25，在 厚度 2： 文本框中输入厚度值为 0。单击 确定 按钮，完成凹槽 1 的创建。

步骤 10　保存零件模型。选择下拉菜单 文件 ➡ 保存 命令，即可保存零件模型。

步骤 11　保存组件模型。选择下拉菜单 窗口 ➡ 1 memory_unit_asm.CATProduct 命令并保存组件模型。

10.2.4　创建 U 盘下盖

下面要创建的 U 盘下盖是二级控件中分割出来的一部分，它继承了二级控件的相应外观形状。零件模型及特征树如图 10.2.43 所示。

图 10.2.43　零件模型及特征树

步骤01 新建模型文件。激活memory_unit_asm，选择下拉菜单插入 → 新建零件命令；系统弹出“新零件：原点”对话框；单击是(Y)按钮完成零部件的新建。

步骤02 修改文件名。在特征树Part1 (Part1.4)上右击，在弹出的快捷菜单中选择属性选项；系统弹出“属性”对话框。选择产品选项卡，在部件区域的实例名称文本框中将Part1.4改为down_cover，在产品区域的零件编号文本框中将Part1改为down_cover，单击确定按钮。

步骤03 编辑down_cover部件。激活down_cover (down_cover)；然后右击在弹出的快捷菜单中选择down_cover 对象 → 在新窗口中打开命令；系统切换至down_cover模型窗口。

步骤04 切换工作台。选择下拉菜单开始 → 机械设计 → 零件设计命令，切换到“零件设计”工作台。

说明：如果系统目前处于“零件设计”工作台中，则不用切换工作台。

步骤05 创建实体外部参考。

（1）选择下拉菜单窗口 → second.CATPart命令。

（2）在发布特征树中选取零件几何体右击，在弹出的快捷菜单中选择复制命令。

（3）选择下拉菜单窗口 → down_cover.CATPart命令。系统切换到down_cover模型窗口。

（4）在特征树down_cover上右击，在弹出的快捷菜单中选择选择性粘贴...命令，系统弹出“选择性粘贴”对话框，选择与原文档相关联的结果选项，单击确定按钮，完成实体外部参考的创建。

（5）创建布尔操作。在特征树上选中几何体.2，然后选择下拉菜单插入 → 布尔操作 → 添加...命令，完成布尔操作。

步骤06 创建特征外部参考。

（1）选择下拉菜单窗口 → second.CATPart命令。系统切换到second模型窗口。

（2）在发布特征树上选取拉伸.1右击，在弹出的快捷菜单中选择复制命令。

（3）选择下拉菜单窗口 → down_cover.CATPart命令。系统切换到down_cover模型窗口。

（4）在特征树down_cover上右击，在弹出的快捷菜单中选择选择性粘贴...命令，系统弹出“选择性粘贴”对话框，选择与原文档相关联的结果选项，单击确定按钮，完成外部参考的创建。

步骤07 创建图10.2.44所示的特征——分割1。选择下拉菜单插入 → 基于曲面的特征 → 分割...命令；选取外部参考中的曲面.1 (second!拉伸.1)为分割元素；单击图箭头调整分割方向；单击 确定 按钮，完成分割 1 的创建。

说明：在完成此步后，将 曲面.1(second!拉伸.1) 隐藏。

图 10.2.44 分割 1

步骤 08 创建图 10.2.45b 所示的特征—— 抽壳 1。选择下拉菜单 插入 → 修饰特征 → 抽壳... 命令；选取图 10.2.45a 所示的面为要移除的面；在 默认内侧厚度: 文本框中输入值 0.5，在 默认外侧厚度: 文本框中输入值 0；单击 确定 按钮，完成抽壳 1 的创建。

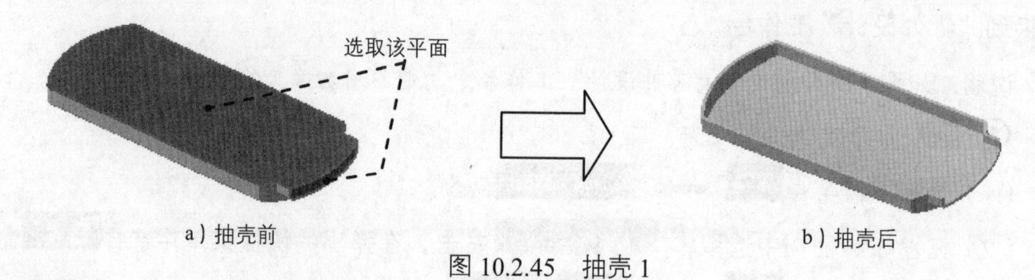

图 10.2.45 抽壳 1

步骤 09 创建图 10.2.46 所示的特征—— 凸台 1。

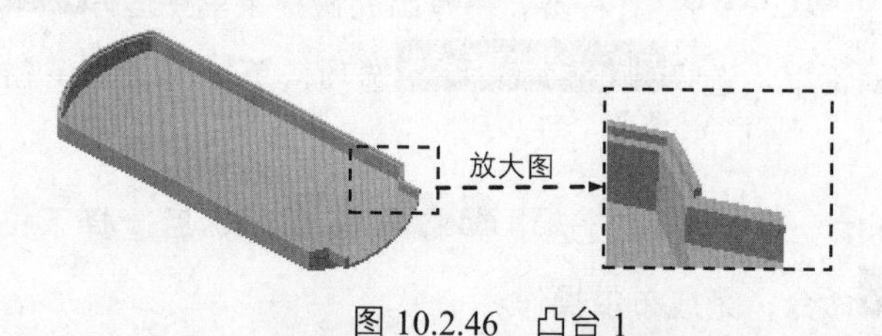

图 10.2.46 凸台 1

（1）选择命令。选择下拉菜单 插入 → 基于草图的特征 → 凸台... 命令，系统弹出“定义凸台”对话框。

（2）单击 按钮，选取图 10.2.47 所示的平面为草图平面。绘制图 10.2.48 所示的截面草图，单击 按钮，退出草绘工作台。

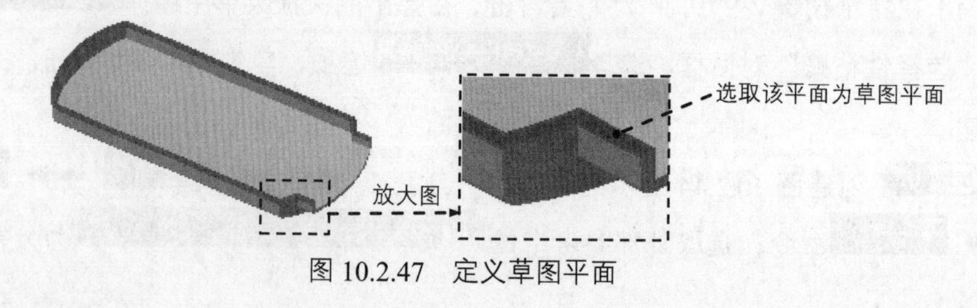

图 10.2.47 定义草图平面

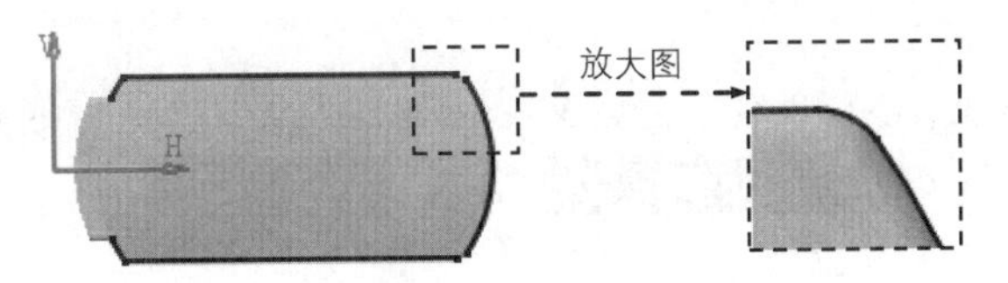

图 10.2.48 截面草图

（3）定义深度属性。

① 定义深度方向。采用系统默认的深度方向。

② 定义深度类型。在对话框第一限制区域的类型：下拉列表选择尺寸选项，在限制 1 区域的长度：文本框中输入值 0.3。

③ 定义轮廓类型。在对话框中选中厚复选框。

④ 定义薄凹槽属性。在对话框中单击更多>>按钮，在薄凸台区域中的厚度 1 文本框中输入厚度值 0.25，在厚度 2：文本框中输入厚度值 0。单击确定按钮，完成凸台 1 的创建。

步骤 10 保存零件模型。选择下拉菜单文件 → 保存命令，即可保存零件模型。

步骤 11 保存组件模型。选择下拉菜单窗口 → 1 memory_unit_asm.CATProduct 命令并保存组件模型。

10.2.5 创建 U 盘顶盖

下面要创建的 U 盘顶盖是一级控件中分割出来的一部分，它继承了一级控件的相应外观形状。零件模型及特征树如图 10.2.49 所示。

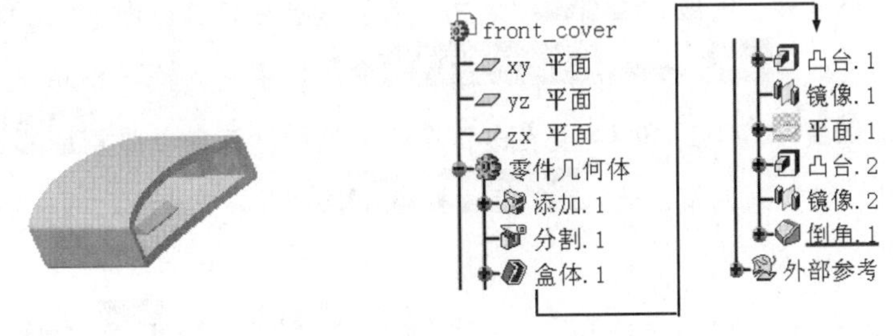

图 10.2.49 零件模型及特征树

步骤 01 新建模型文件。激活 memory_unit_asm，选择下拉菜单插入 → 新建零件命令；系统弹出"新零件：原点"对话框；单击是(Y)按钮完成零部件的新建。

步骤 02 修改文件名。在特征树 Part1 (Part1.5) 上右击，在弹出的快捷菜单中选择属性选项；系统弹出"属性"对话框。选择产品选项卡，在部件区域的实例名称文本框中将 Part1.5 改为 front_cover，在产品区域的零件编号文本框中将 Part1 改为 front_cover，单

击 确定 按钮。

步骤 03 编辑 front_cover 部件。激活 front cover (front cover)；然后右击在弹出的快捷菜单中选择 front_cover 对象 → 在新窗口中打开 命令；系统切换至 front_cover 模型窗口。

步骤 04 切换工作台。选择下拉菜单 开始 → 机械设计 → 零件设计 命令，切换到“零件设计”工作台。

说明：如果系统目前处于“零件设计”工作台中，则不用切换工作台。

步骤 05 创建实体外部参考。

（1）选择下拉菜单 窗口 → first.CATPart 命令。

（2）在发布特征树中选取 零件几何体 右击，在弹出的快捷菜单中选择 复制 命令。

（3）选择下拉菜单 窗口 → front_cover.CATPart 命令。系统切换到 front_cover 模型窗口。

（4）在特征树 front_cover 上右击，在弹出的快捷菜单中选择 选择性粘贴... 命令，系统弹出“选择性粘贴”对话框，选择 与原文档相关联的结果 选项，单击 确定 按钮，完成实体外部参考的创建。

（5）创建布尔操作。在特征树上选中 几何体.2，然后选择下拉菜单 插入 → 布尔操作 → 添加... 命令，完成布尔操作。

步骤 06 创建特征外部参考。

（1）选择下拉菜单 窗口 → first.CATPart 命令。系统切换到 first 模型窗口。

（2）在发布特征树上选取 拉伸.3 右击，在弹出的快捷菜单中选择 复制 命令。

（3）选择下拉菜单 窗口 → front_cover.CATPart 命令。系统切换到 front_cover 模型窗口。

（4）在特征树 front_cover 上右击，在弹出的快捷菜单中选择 选择性粘贴... 命令，系统弹出“选择性粘贴”对话框，选择 与原文档相关联的结果 选项，单击 确定 按钮，完成外部参考的创建。

步骤 07 创建图 10.2.50 所示的特征——分割 1。选择下拉菜单 插入 → 基于曲面的特征 → 分割... 命令；选取外部参考中的 曲面.1(first!拉伸.3) 为分割元素；采用默认的分割方向；单击 确定 按钮，完成分割 1 的创建。

说明：在完成此步后，将 曲面.1(first!拉伸.3) 隐藏。

步骤 08 创建图 10.2.51 所示的特征—— 抽壳 1。选择下拉菜单 插入 → 修饰特征 → 抽壳... 命令；选取图 10.2.51a 所示的面为要移除的面；在 默认内侧厚度： 文本框中输入值 0.5，在 默认外侧厚度： 文本框中输入值 0；单击 确定 按钮，完成抽壳 1 的创建。

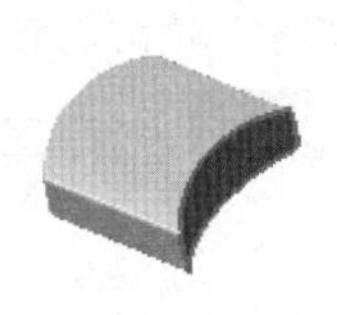

图 10.2.50 分割 1

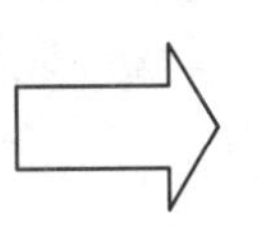

a）抽壳前

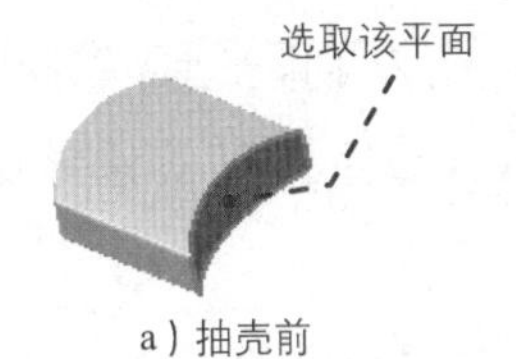

b）抽壳后

图 10.2.51 抽壳 1

步骤 09 创建图 10.2.52 所示的特征—— 凸台 1。选择下拉菜单 插入 → 基于草图的特征 → 凸台... 命令，选取“xy 平面”为草图平面，绘制图 10.2.53 所示的截面草图，单击 按钮，退出草绘工作台。在 第一限制 区域的 类型： 下拉列表中选择 尺寸 选项，在 第一限制 区域的 长度： 文本框中输入值 1，选中 镜像范围 复选框，单击 确定 按钮，完成凸台 1 的创建。

步骤 10 创建图 10.2.54 所示的特征——镜像 1。在特征树中选取“凸台 1”，选择下拉菜单 插入 → 变换特征 → 镜像... 命令，系统弹出“定义镜像”对话框，选取“zx平面”为镜像元素，单击 确定 按钮，完成镜像 1 的创建。

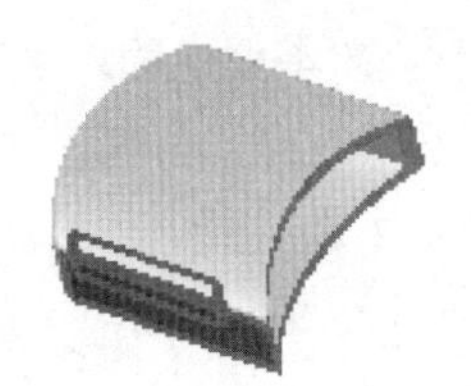

图 10.2.52 凸台 1

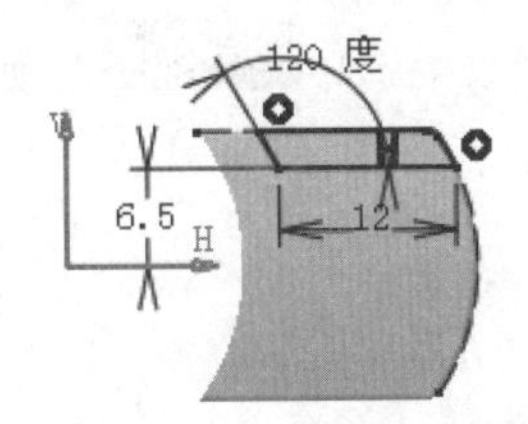

图 10.2.53 截面草图

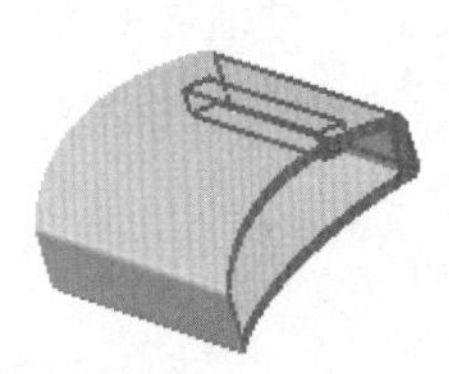

图 10.2.54 镜像 1

步骤 11 切换工作台。选择下拉菜单 开始 → 形状 → 创成式外形设计 命令，切换到“创成式外形设计”工作台。

步骤 12 创建图 10.2.55 所示的特征——平面 1。选择下拉菜单 插入 → 线框 → 平面... 命令；在 平面类型： 下拉列表中选择 偏移平面 选项；选取“xy 平面”为参考平面，在 偏移： 文本框输入值 1.25；单击 确定 按钮，完成平面 1 的创建。

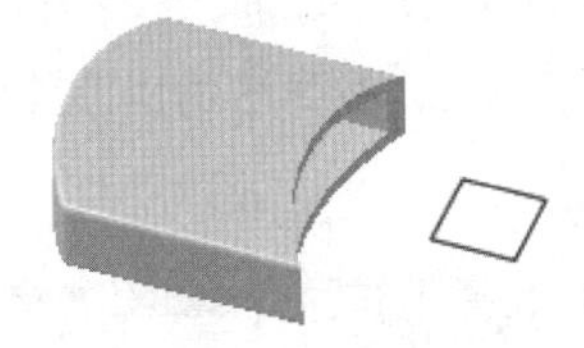

图 10.2.55 平面 1

步骤 13 切换工作台。选择下拉菜单 开始 → 机械设计 → 零件设计 命令，切换到“零件设计”工作台。

步骤 14 创建图 10.2.56 所示的特征—— 凸台 3。选择下拉菜单 插入 → 基于草图的特征

→ 凸台... 命令，选取“平面 1”为草图平面，绘制图 10.2.57 所示的截面草图，单击 按钮，退出草绘工作台。在 第一限制 区域的 类型: 下拉列表中选择 直到下一个 选项，单击 确定 按钮，完成凸台 3 的创建。

步骤 15 创建图 10.2.58 所示的特征——镜像 2。在特征树中选取“凸台 3”，选择下拉菜单 插入 → 变换特征 → 镜像... 命令，系统弹出“定义镜像”对话框，选取“xy 平面”为镜像元素，单击 确定 按钮，完成镜像 2 的创建。

图 10.2.56 凸台 3

图 10.2.57 截面草图

图 10.2.58 镜像 2

步骤 16 创建如图 10.2.59b 所示的倒角 1。选择如图 10.2.59a 所示的 2 条边线为倒角的对象，在对话框中的 模式: 下拉列表中选中 长度 1/角度 选项，在 长度 1: 文本框中输入值 1.0，在 角度: 文本框中输入角度值 45。

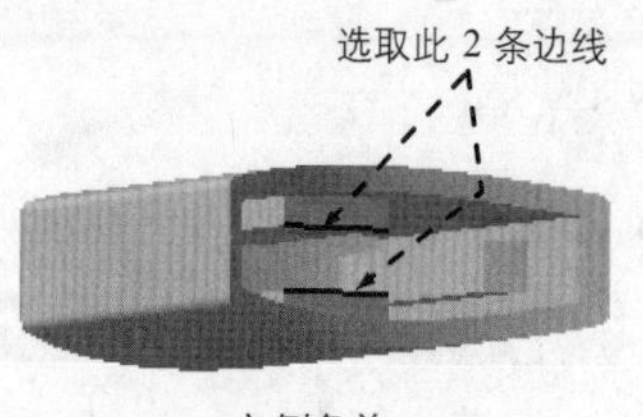

a）倒角前

b）倒角后

图 10.2.59 倒角 1

步骤 17 保存零件模型。选择下拉菜单 文件 → 保存 命令，即可保存零件模型。

步骤 18 切换窗口。选择下拉菜单 窗口 → 1 memory_unit_asm.CATProduct 命令。

步骤 19 隐藏控件。在特征树中选取 first (first) 和 second (second)，然后右击，在弹出的快捷菜单中选择 隐藏/显示 命令，完成控件的隐藏。

步骤 20 保存装配体模型。选择下拉菜单 文件 → 保存 命令，即可保存装配体模型。

第 11 章 高级渲染

11.1 渲染的基本概念

产品的三维建模完成以后，为了更好地观察产品的造型、结构和外观颜色及纹理情况，需要对产品模型进行外观设置和渲染处理。

渲染产品可以通过利用材质的技术规范来生成模型的逼真渲染显示。纹理可以通过草图创建，也可以由导入的数字图像或选择库中的图案来修改。材质库和零件的指定材质之间具有关联性，可以通过规范驱动方法或直接选择来指定材质。显示算法可以快速地将模型转化为逼真渲染图。

11.2 渲染工作台用户界面

11.2.1 进入渲染设计工作台

然后选择下拉菜单 开始 → 基础结构 ▸ → 图片工作室 命令，即可进入图片工作室渲染设计工作台，图片工作室可以将渲染成功的产品模型非常精致地输出成图片和视频，可用于内部和外部的沟通协调，这个工作台的渲染中拥有强大的光线跟踪功能。

11.2.2 用户界面简介

打开文件 D:\catrt20\work\ch11.02.02\application-02-ok.CATProduct。CATIA 渲染工作台中包含有应用材料、渲染、场景编辑器、视点和动画工具栏。

图 11.2.1 所示的渲染工作台界面上相应的工具栏中快捷按钮的功能介绍。

1. “应用材料”工具栏

使用图 11.2.2 所示“应用材料”工具栏中的命令，可以对模型进行材料的添加、渲染环境和光源的设置。

2. “渲染”工具栏

图 11.2.3 所示“渲染”工具栏中的命令，用于对图片的拍摄及渲染操作。

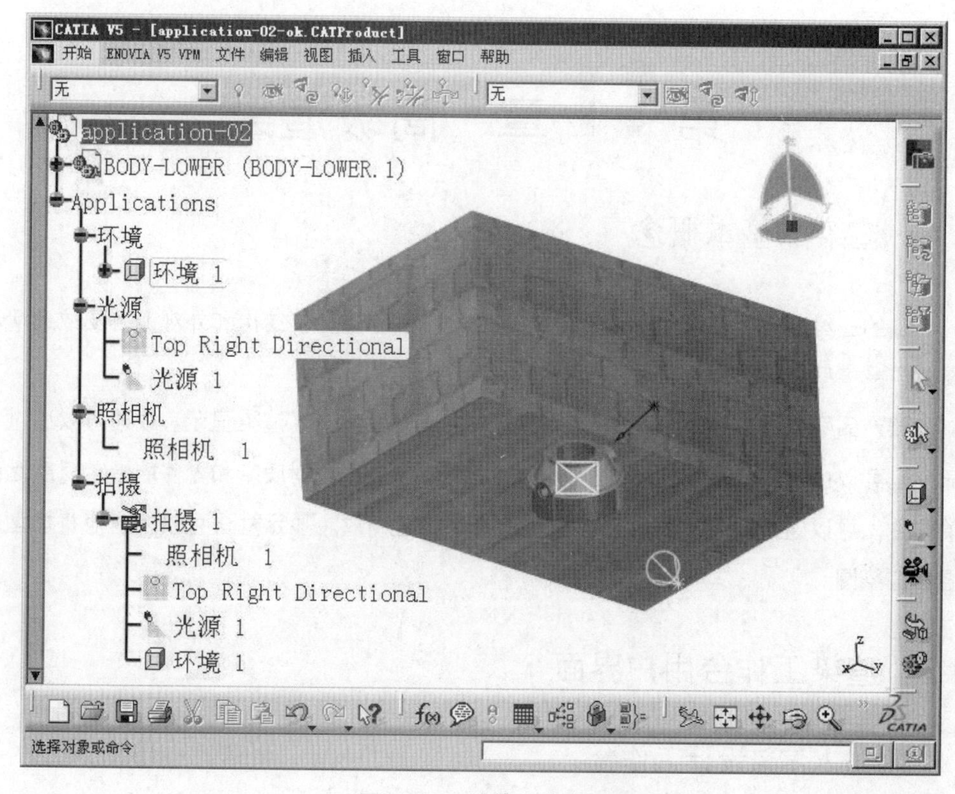

图 11.2.1 渲染工作台界面

图 11.2.2 “应用材料”工具栏

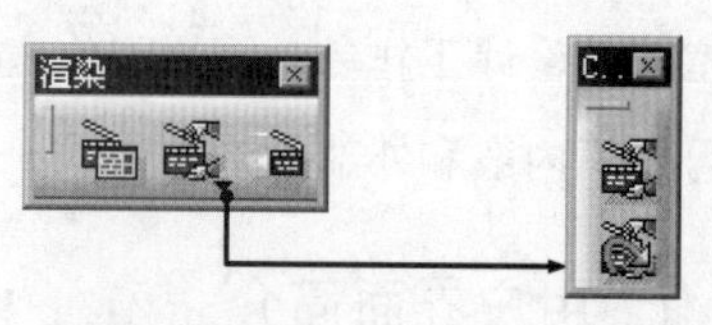

图 11.2.3 “渲染”工具栏

3. “场景编辑器”工具栏

图 11.2.4 所示“场景编辑器”工具栏中的命令，用于对场景中的环境、光源及相机的创建操作。

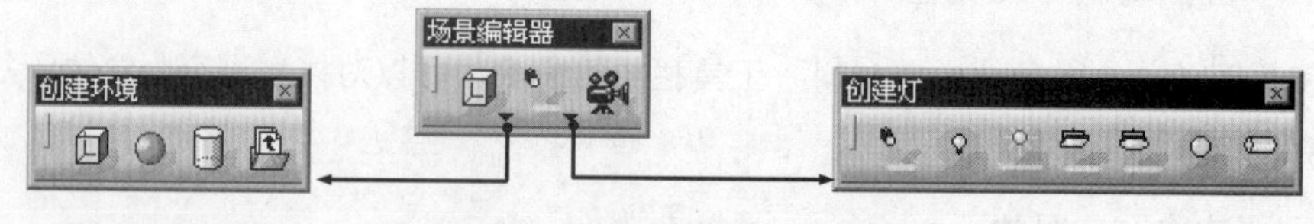

图 11.2.4 “场景编辑器”工具栏

4. “视点”工具栏

图 11.2.5 所示“视点”工具栏中的命令，用于观察局部模型的操作。

5. “动画”工具栏

图 11.2.6 所示“动画”工具栏中的命令，用于对渲染的模型进行动画模拟。

图 11.2.5 “视点”工具栏

图 11 2.6 “动画”工具栏

11.3 模型的外观

模型的外观材质处理主要包括添加材料和外观贴花两种处理方式。材料的添加可参见本书零件设计章节内容；外观贴花通过将图片粘贴在部件表面，从而获得更加真实的效果。下面介绍外观贴花的一般过程。

步骤 01 打开文件 D:\catrt20\work\ch11.03\decal.CATProduct，并确认进入“图片工作室”工作台。

步骤 02 选择贴花命令。在“应用材料”工具栏中单击按钮，系统弹出图 11.3.1 所示的“贴画”对话框。

步骤 03 选择贴花图片。在“贴画”对话框中单击按钮，在系统弹出的“选择文件”对话框中选择文件 D:\catrt20\work\ch11.03\picture.jpg 并打开。

步骤 04 选择贴花表面。在图形区选择图 11.3.2 所示的模型表面作为要贴花的面，此时出现图 11.3.3 所示的图形预览。

说明：预览图片的中心位置取决于鼠标指针点击的位置。

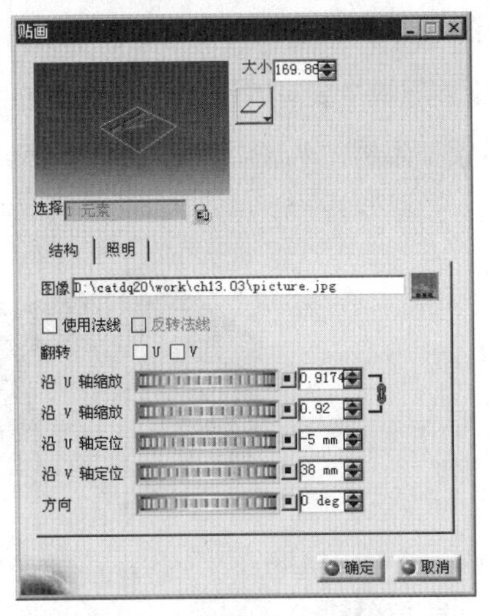

图 11.3.1 “贴画”对话框

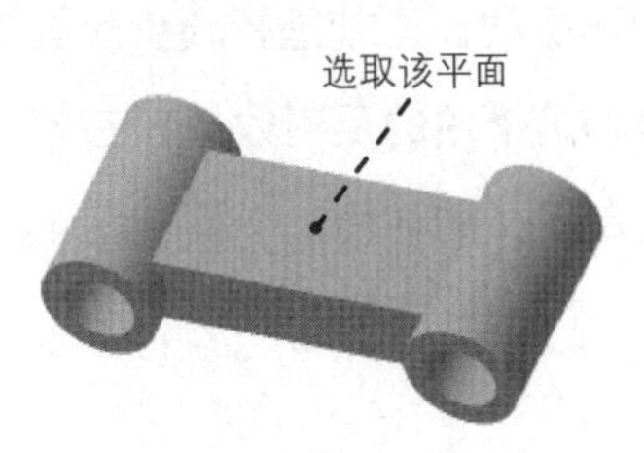

图 11.3.2 选择要贴花的面

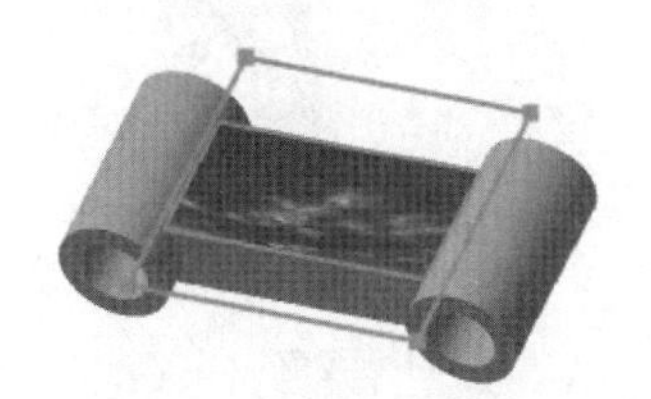

图 11.3.3 图形预览

图 11.3.1 所示的“贴画”对话框的说明如下。

◆ 大小：用于设置贴画的图像尺寸大小。

◆ ：设置投影方式，包括平面投影、球形投影和圆柱形投影。

◆ ...：用于选择贴画的图像文件，支持 BMP、TIF、JPG 和 PNG 等常见图像格式。

◆ □ 使用法线：选中此选项，将在所选面的一侧显示图像，否则两侧均显示图像。

步骤 05 调整贴花位置。在“贴花”对话框中拖动 沿 U 轴定位 和 沿 V 轴定位 的滑轮来调节贴画的位置，使其能够充满整个要贴画的表面。

步骤 06 设置照明特性。在“照明”选项卡中进行参数调整，如图 11.3.4 所示。

步骤 07 单击 确定 按钮，完成贴花，结果如图 11.3.5 所示。

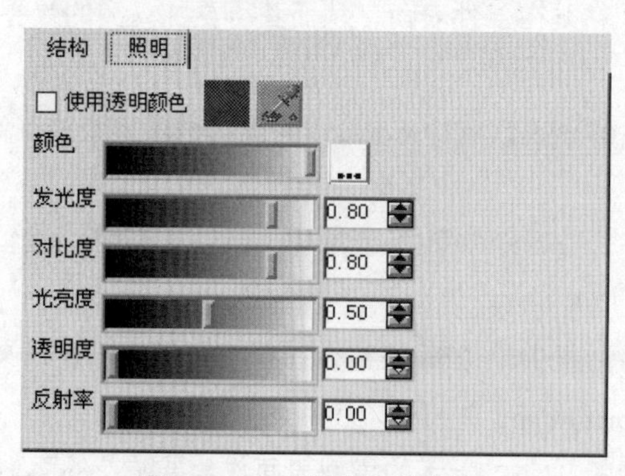

图 11.3.4 “照明”选项卡

图 11.3.5 贴花效果

11.4 渲染环境

渲染环境的设置就是将模型放置到特定的环境中，从而在渲染时能够产生特定的效果，主要是影响渲染中的反射效果。在 CATIA 中设置环境主要有两种方法：一是使用系统环境，二是创建自定义的环境。下面以图 11.4.1 所示模型为例，来说明创建自定义环境的一般操作过程。

a）创建前

b）创建后

图 11.4.1 自定义环境

步骤 01 打开文件 D:\catrt20\work\ch11.04\render-environment.CATProduct，并确认进入“图片工作室”工作台。

步骤 02 调整方位。将模型调整至图 11.4.1a 所示的方位。

步骤 03 添加立方体环境。在“场景编辑器”工具栏中单击按钮添加立方体环境，在特征树中将墙壁“南”“西”“上”进行隐藏，此时图形区显示如图 11.4.2 所示。

步骤 04 定义环境。

（1）在特征树中双击环境 1节点，系统弹出“定义环境”对话框。

（2）设置环境大小。在“定义环境”对话框的尺寸区域中设置图 11.4.3 所示的参数，此时图形区显示如图 11.4.4 所示。

（3）设置环境位置。在“定义环境”对话框的位置/方向区域中设置图 11.4.3 所示的参数，此时模型被放置在地板上，显示如图 11.4.5 所示。

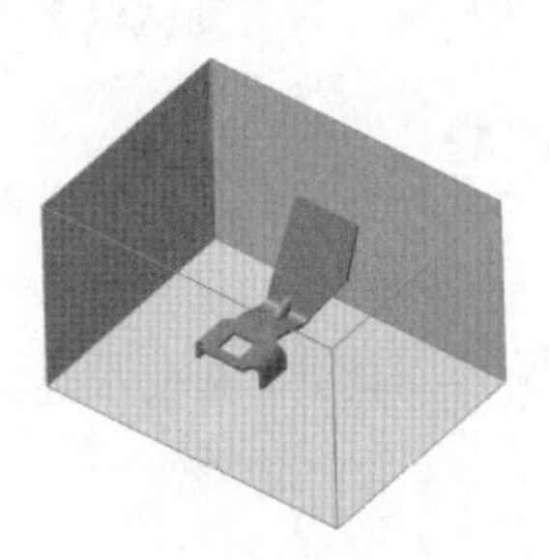

图 11.4.2　添加立方体环境

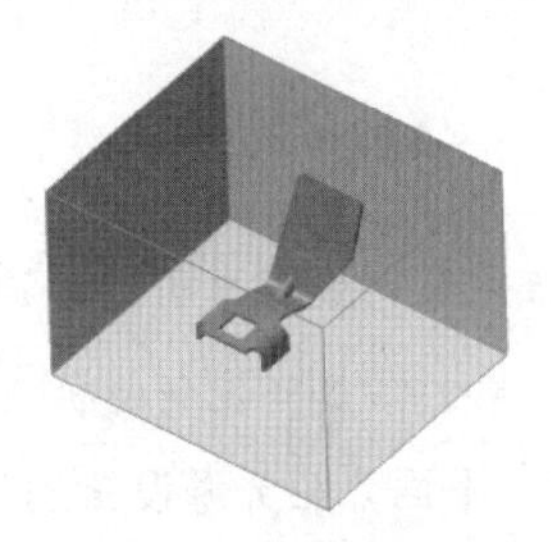

图 11.4.4　设置环境大小

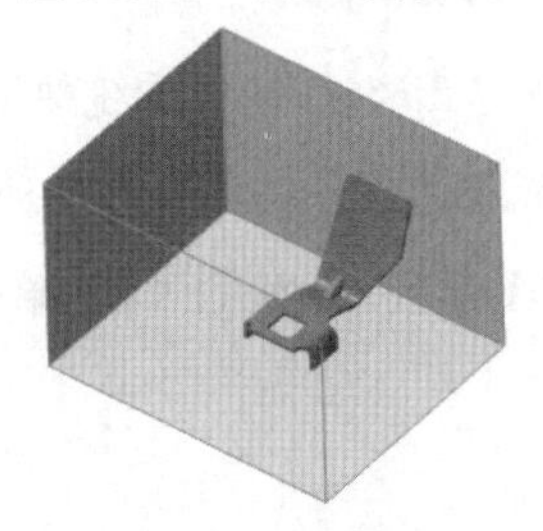

图 11.4.5　设置环境位置

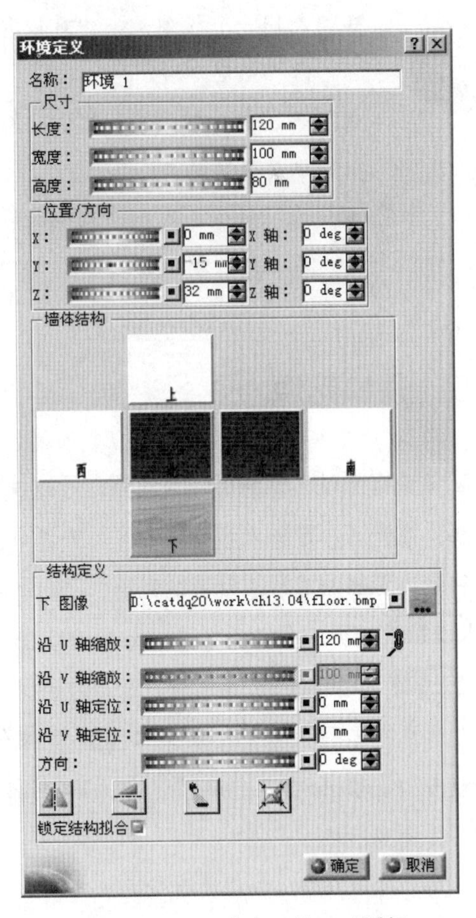

图 11.4.3　“定义环境”对话框

（4）设置“北”墙面。在“定义环境”对话框的墙体结构区域选中“北”墙面，在结构定义区域中单击...按钮，在系统弹出的“选择文件”对话框中选择文件 D:\catrt20\work\ ch11.04\wall.bmp 并打开，然后单击按钮，使图像适应墙体。

（5）设置“东”墙面。在“定义环境”对话框的墙体结构区域选中“东”墙面，在结构定义区域中单击...按钮，在系统弹出的“选择文件”对话框中选择文件 D:\catrt20\work\ch11.04\wall.bmp 并打开，然后单击按钮，使图像适应墙体。

（6）设置“下”墙面。在“定义环境”对话框的墙体结构区域选中“下”墙面，在结构定义区域中单击...按钮，在系统弹出的“选择文件”对话框中选择文件 D:\catrt20\work\ch11.04\floor.bmp 并打开，然后单击按钮，使图像适应墙体。

（7）单击确定按钮，完成设置，结果如图 11.4.1b 所示。

- 在同一个模型渲染中可以包括几个不同的环境，其中可以激活某一个环境作为活动环境。
- 将鼠标指针放置到环境边缘处会显示出一个绿色的箭头，拖动该箭头可以调整环境的大小。
- 为了将模型更加精确地放置到地板上，可以切换到其他便于观察的视图方位来进行精确的定位。

11.5 添加光源

在渲染模型时，使用正确的光源，可以使模型的显示效果变得更加真实。光源种类包括聚光源、点光源、定向光源、矩形区域光源和圆盘区域光源等。添加光源有两种方法：一是使用目录浏览器添加系统自带的光源，二是添加自定义光源。下面介绍光源设置的一般过程。

步骤 01 打开文件 D:\catrt20\work\ch11.05\add-light.CATProduct。

步骤 02 添加系统默认光源。在“应用材料”工具栏中单击按钮，系统弹出“目录浏览器”对话框（图 11.5.1）；双击“Lights”文件夹，进入光源选择；在图 11.5.1 所示的对话框中双击“Top Right Directional”光源，即可将该光源添加到图形区中（图 11.5.2）。单击关闭按钮，关闭对话框。

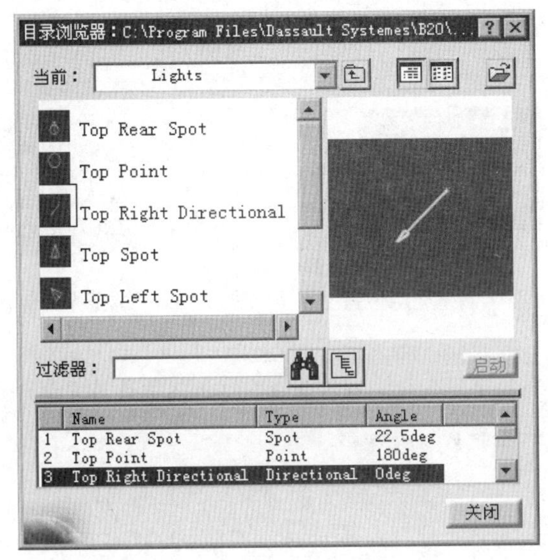

图 11.5.1 “目录浏览器”对话框

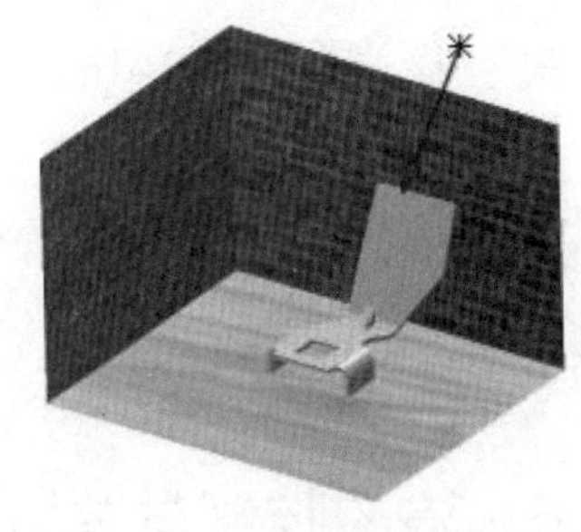

图 11.5.2 添加系统默认光源

步骤 03 添加自定义光源。在“场景编辑器”工具栏中单击“创建聚光源”按钮，系统默认添加一个图 11.5.3 所示的聚光源。

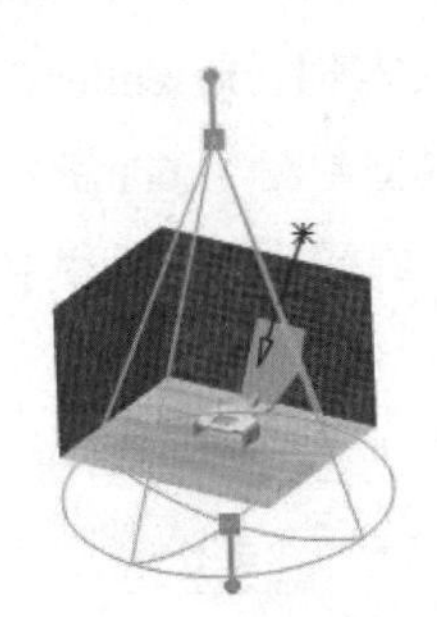

图 11.5.3 添加聚光源

步骤 04 调整光源位置 1。在特征树中选中“光源 1”，在“视图”工具栏中单击“正视图”按钮，调整模型方位；拖动绿色操控点或边线，调整光源的位置如图 11.5.4 所示（大致位置即可）。

步骤 05 调整光源位置 2。在“视图”工具栏中单击“左视图”按钮，调整模型方位；拖动绿色操控点或边线，调整光源的位置如图 11.5.5 所示（大致位置即可）。

步骤 06 调整光源位置 3。在“视图”工具栏中单击“俯视图”按钮，调整模型方位；拖动绿色操控点或边线，调整光源的位置如图 11.5.6 所示（大致位置即可）。

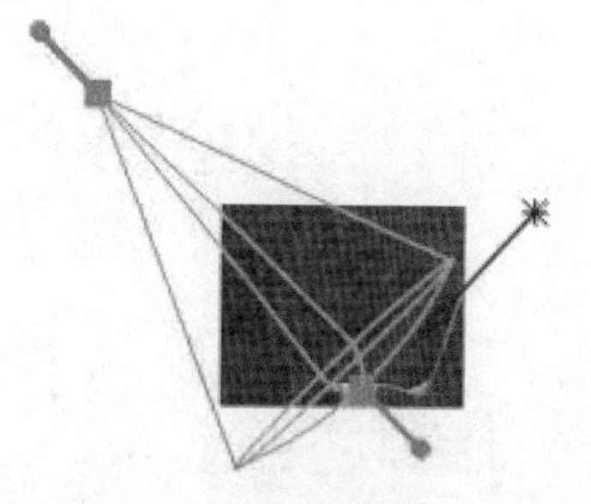

图 11.5.4 调整光源位置 1

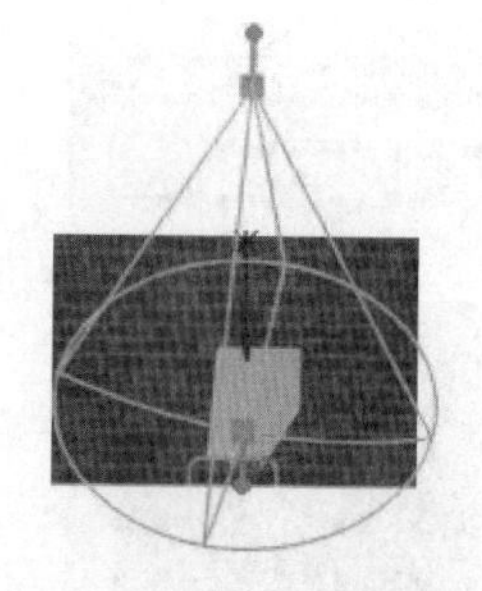

图 11.5.5 调整光源位置 2

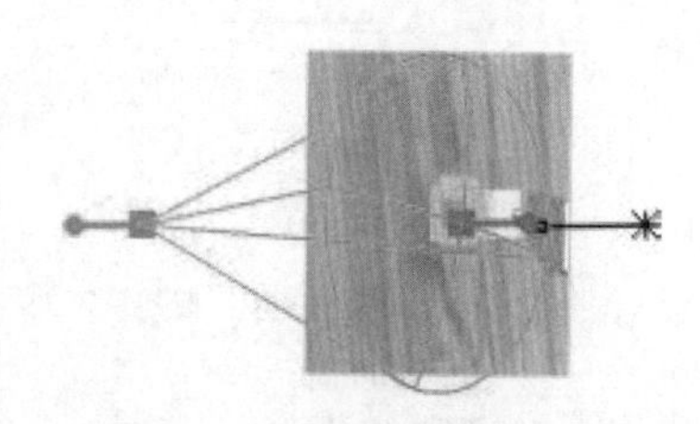

图 11.5.6 调整光源位置 3

在特征树中双击某个光源节点，即可在“属性”对话框中设置更详细的光源参数，包括角度、颜色、强度和衰减参数等。

11.6 渲染控制与渲染

渲染控制与渲染是渲染过程中的最后一个步骤，主要是对渲染做最后的效果控制，还包括对前面的各种设置进行渲染，查看最后的渲染效果等。下面介绍其一般过程。

步骤 01 打开文件 D:\catrt20\work\ch11.06\render.CATProduct。

步骤 02 调整模型方位。旋转模型到图 11.6.1 所示的方位。

步骤 03 添加照相机。在“场景编辑器”工具栏中单击按钮添加照相机，此时图形区显示如图 11.6.2 所示。

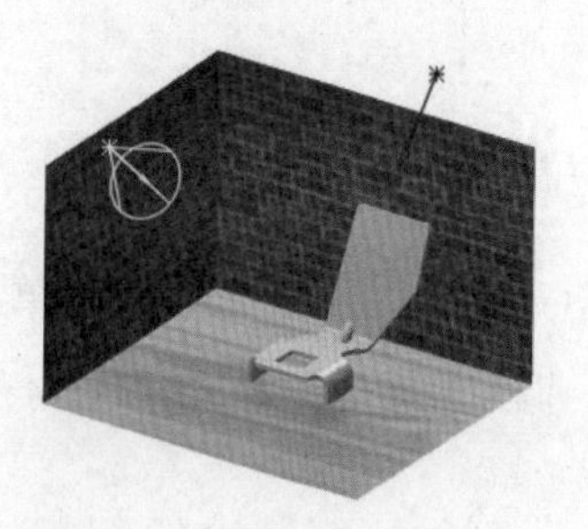

图 11.6.1 调整模型方位

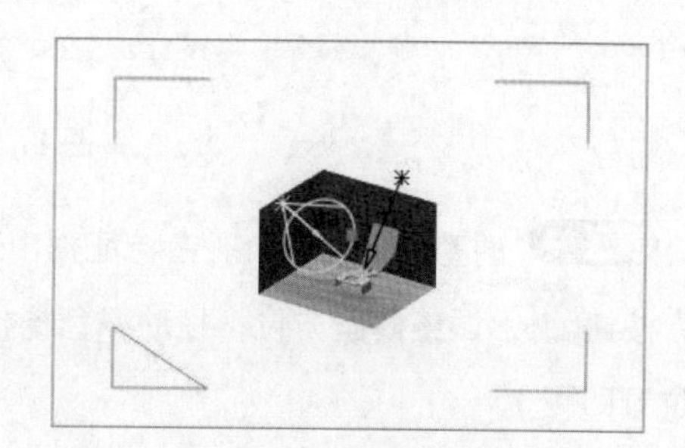

图 11.6.2 添加照相机

步骤 04 调整照相机镜头。在特征树中右击照相机 1节点，选择“属性”命令，在属性”对话框的镜头选项卡中设置图 11.6.3 所示的参数，使得拍摄对象居于取景框的中央位置，单击确定按钮。

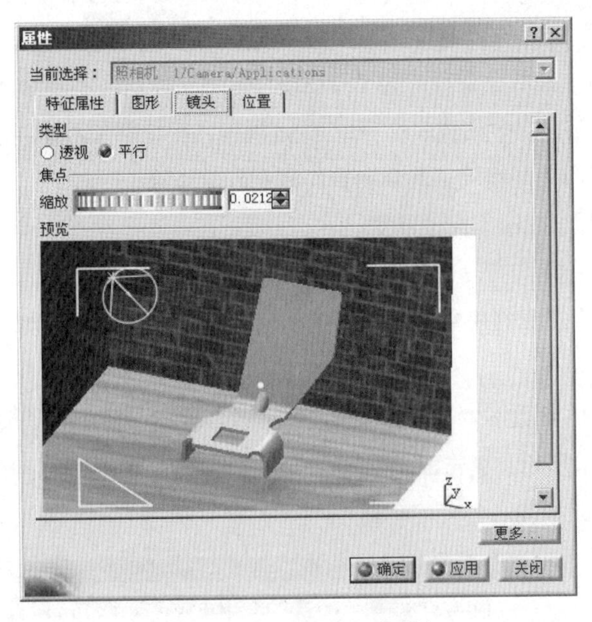

图 11.6.3 “镜头”选项卡

步骤 05 添加拍摄。

（1）在“渲染”工具栏中单击按钮添加拍摄，此时系统弹出图 11.6.4 所示的“拍摄定义”对话框。

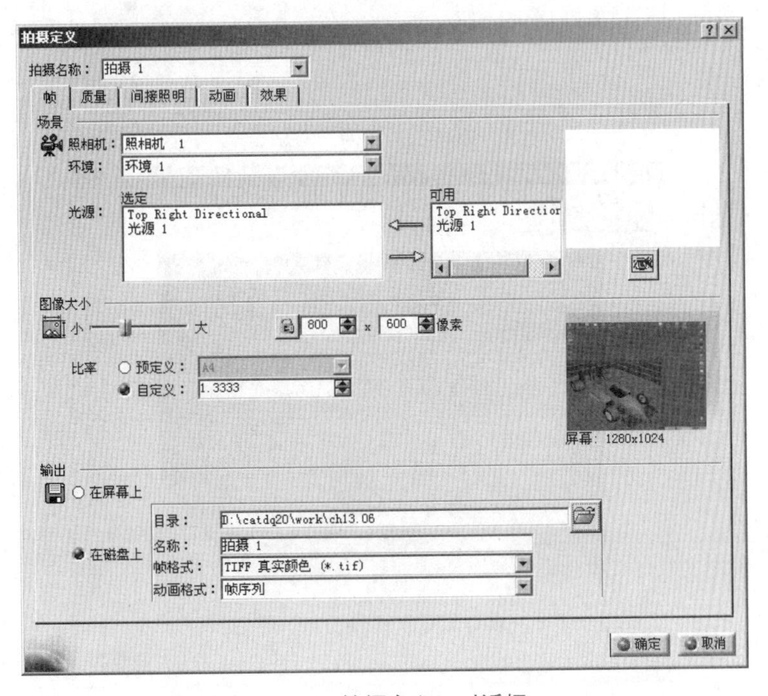

图 11.6.4 “拍摄定义”对话框

（2）在 帧 选项卡的 照相机：下拉列表中选择 照相机 1 选项；在 输出 区域中选中 在磁盘上 单选项，然后设置目录为 D:\catrt20\work\ch11.06，其余参数均采用默认设置。

（3）在“拍摄定义”对话框中选择 质量 选项卡，在 精确度 区域中选中 预定义：单选项，然后拖动滑块设置为最高精度，其余参数均采用默认设置。

（4）单击 确定 按钮，完成设置。

步骤 06 渲染拍摄。

（1）在“渲染”工具栏中单击按钮创建渲染拍摄，此时系统弹出图 11.6.5 所示的“渲染”对话框。

（2）采用默认的参数设置，单击按钮，系统弹出“正在渲染输出”对话框，开始渲染，结果如图 11.6.6 所示，单击 确定 按钮，完成渲染拍摄，此时渲染结果的图像文件将保存在前面指定的目录中。

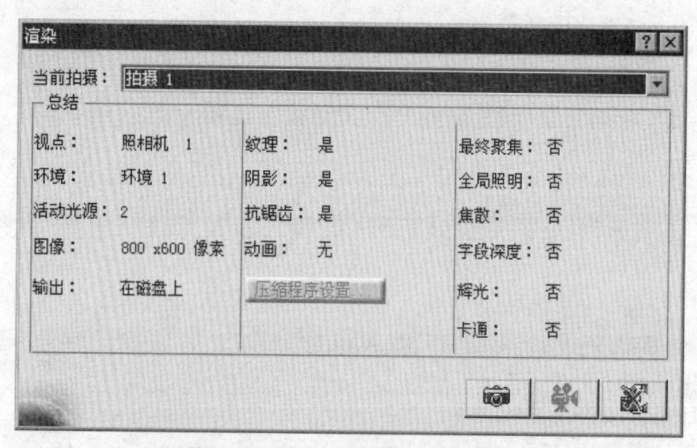

图 11.6.5　“渲染”对话框

图 11.6.6　“正在渲染输出”对话框

11.7 高级渲染综合应用案例一

本节介绍一个在零件模型上贴花渲染效果的详细操作过程（图 11.7.1）。

本案例的详细操作过程请参见随书光盘中 video\ch11\文件下的语音视频讲解文件。模型文件为 D:\catrt20\work\ch11.07\application-01.CATProduct。

11.8 高级渲染综合应用案例二

本节介绍一个零件模型渲染成钢材质效果的详细操作过程（图 11.8.1）。

本案例的详细操作过程请参见随书光盘中 video\ch11\文件下的语音视频讲解文件。模型文件为 D:\catrt20\work\ch11.08\application-02.CATProduct。

图 11.7.1　贴花效果

图 11.8.1　渲染成钢材质效果

第12章 有限元分析

12.1 有限元分析基础

12.1.1 进入有限元分析工作台

选择下拉菜单开始 → 分析与模拟 → Generative Structural Analysis 命令，系统弹出“New Analysis Case”对话框，在对话框中选择分析类型，单击确定按钮，即可进入 CATIA 有限元分析的主工作台（基本结构分析工作台）。

在 CATIA 中进行有限元分析主要会使用到以下两个工作台：一个是基本结构分析工作台，也是 CATIA 有限元分析的主工作台；另外一个是高级网格划分工作台。对于一般的零件，使用主工作台就可以完成全部分析，但是对于结构比较复杂的零件，一般是先使用高级网格划分工作台进行高级网格划分，然后切换到主工作台进行分析计算。

12.1.2 有限元分析命令及工具栏

进入 CATIA 有限元分析的主工作台，有限元分析命令主要分布在众多的工具栏中。以下是相应工具栏中快捷按钮的功能介绍。

1. “Restraints”工具栏

使用图 12.1.1 所示“Restraints”工具栏中的命令，可以在物理模型上添加约束。

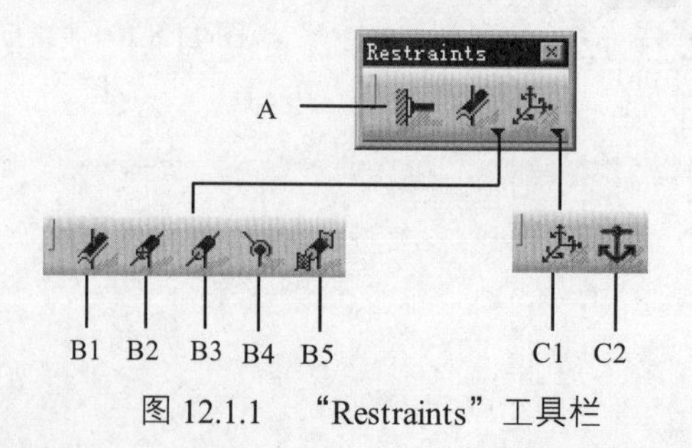

图 12.1.1 “Restraints”工具栏

图 12.1.1 所示“Restraints”工具栏中各按钮的功能说明如下。

A：创建夹紧约束。
B1：创建面滑动约束。
B2：创建滑动约束。
B3：创建滑动旋转约束。
B4：创建球连接约束。
B5：创建旋转约束。
C1：创建高级约束。
C2：创建静态约束。

2. “Loads”工具栏

使用图 12.1.2 所示“Loads”工具栏中的命令，可以在物理模型上添加载荷。

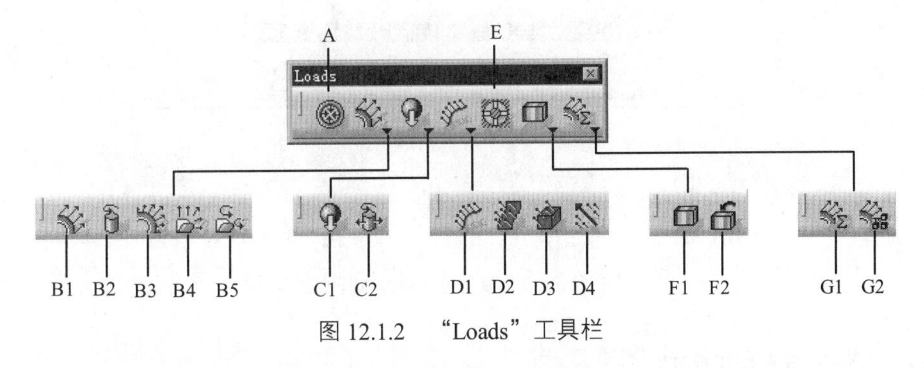

图 12.1.2 “Loads”工具栏

图 12.1.2 所示“Loads”工具栏中各按钮的功能说明如下。

A：创建压强载荷。
B1：创建均布力。
B2：创建力矩。
B3：创建轴承载荷。
B4：导入力。
B5：导入力矩。
C1：创建重力加速度。
C2：创建旋转惯性力（向心力）。
D1：创建线密度力。
D2：创建面密度力。
D3：创建体密度力。
D4：创建向量密度力。
E：创建强迫位移负载。
F1：定义温度。
F2：从结果导入温度。
G1：创建组合负载。
G2：创建组立负载。

3. “Model Manager”工具栏

使用图 12.1.3 所示“Model Manager”工具栏中的命令，可以用来进行实体网格划分，定义网格参数以及网格类型，设置单元属性，模型检查以及材料的设置。

图 12.1.3 所示“Model Manager”工具栏中各按钮的功能说明如下。

A1：划分四面体网格。
A2：划分三角形网格。

A3：划分一维线性网格。 B1：设置单元类型。

B2：定义局部网格尺寸。 B3：定义局部垂度。

C：定义 3D 属性。 D1：定义 2D 属性。

D2：导入 2D 属性。 E1：定义 1D 属性。

E2：带入 1D 属性。 F：定义映像属性。

G：模型检查。 H：定义材料。

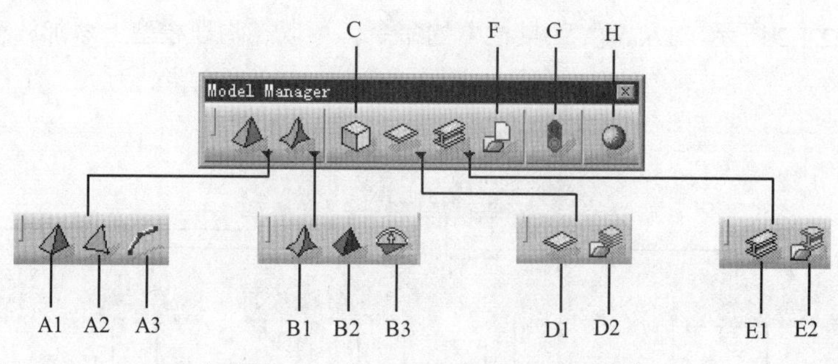

图 12.1.3 “Model Manager”工具栏

4. “Analysis Supports”工具栏

使用图 12.1.4 所示“Analysis Supports”工具栏中的命令，可以用来定义零件之间的连接关系。

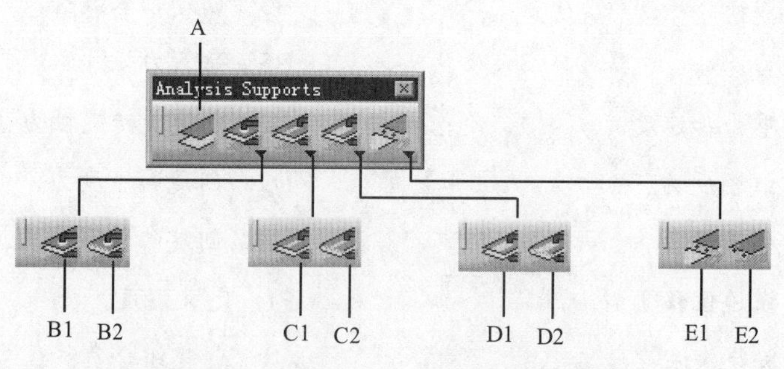

图 12.1.4 “Analysis Supports”工具栏

图 12.1.4 所示“Analysis Supports”工具栏中各按钮的功能说明如下。

A：创建一般连接。 B1：创建两个零件间的点连接。

B2：创建一个零件间的点连接。 C1：创建两个零件间的线连接。

C2：创建一个零件间的线连接。 D1：创建两个零件间的面连接。

D2：创建一个零件间的面连接。 E1：创建多点约束。

E2：创建面向点的约束。

5. “Connection Properties”工具栏

使用图 12.1.5 所示“Connection Properties”工具栏中的命令，可以用来创建滑动、接触、固定等关联属性以及点、面焊接属性等。

图 12.1.5 所示“Connection Properties”工具栏中各按钮的功能说明如下。

A1：创建滑动关联属性。
A2：创建接触关联属性。
A3：创建固定关联属性。
A4：创建绑定关联属性。
A5：创建预紧力关联属性。
A6：创建螺栓压紧关联属性。
B1：创建间距刚性关联属性。
B2：创建间距柔性关联属性。
B3：创建虚拟螺栓连接。
B4：创建虚拟螺栓连接（考虑预紧力）。
B5：用户自定义连接。
C1：定义点焊连接属性。
C2：定义焊缝连接属性。
C3：定义面焊连接属性。
D1：定义多点分析关联。
D2：定义多点面分析关联。

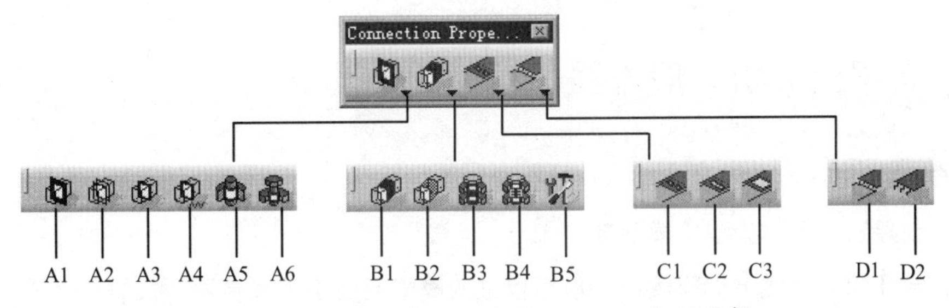

图 12.1.5 “Connection Properties”工具栏

6. “Compute”工具栏

使用图 12.1.6 所示“Compute”工具栏中的命令，可以对前面定义的有限元分析模型进行普通求解或自适应求解。

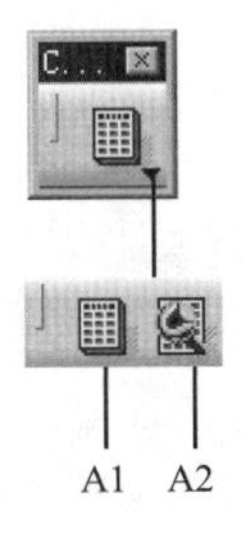

图 12.1.6 “Compute”工具栏

图 12.1.6 所示“Compute”工具栏中各按钮的功能说明如下。

A1：求解计算。
A2：自适应求解。

7.“Image”工具栏

使用图 12.1.7 所示“Image”工具栏中的命令，可以查看分析结果图解。

图 12.1.7 所示“Image”工具栏中各按钮的功能说明如下。

A：查看网格变形。

B：查看应力结果图解。

C1：查看位移结果图解。

C2：查看主应力图解。

C3：查看结果误差。

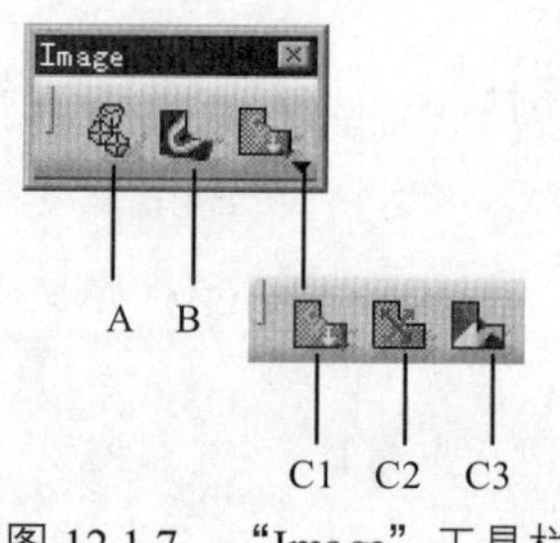

图 12.1.7 “Image”工具栏

12.2 有限元分析一般流程

在 CATIA 中进行有限元分析的一般流程如下：

（1）创建三维实体模型（模型准备）。

（2）给几何模型赋予材料属性（也可以进入有限元分析工作台再添加材料）。

（3）进入有限元分析工作台（也可以先进入高级网格划分工作台进行网格划分）。

（4）在物理模型上施加约束（边界条件）。

（5）在物理模型上施加载荷。

（6）网格自动划分、单元网格查看。

（7）计算和生成结果。

（8）查看和分析计算结果。

（9）对关心的区域细化网格，重新计算。

12.3 零件有限元分析

下面首先以一个简单的零件为例介绍在 CATIA 中进行零件结构分析的一般过程。

图 12.3.1 所示的零件模型（材料为 STEEL，屈服强度为 250MPa），其中间孔内圆柱面受固定约束作用，左端圆孔面与右端底平面承受一个大小为 3000N，方向与右端底平面垂直的

均布载荷力作用，在这种情况下分析其应力分布情况以及变形，并校核零件强度。

步骤01 打开文件 D:\catrt20\work\ch12.03\cramp-arm.CATPart。

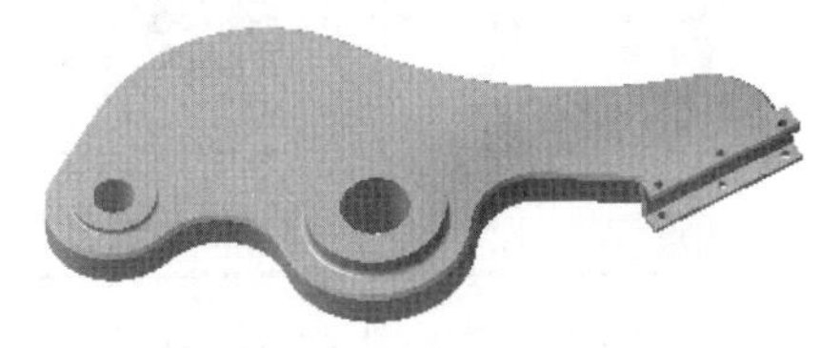

图 12.3.1 零件模型

步骤02 添加材料属性。单击“应用材料”工具栏中的“应用材料”按钮，系统弹出图 12.3.2 所示的“库（只读）”的对话框，在对话框中单击Metal选项卡，然后选择 STEEL 材料，将其拖动到模型上，单击确定按钮，即可将选定的材料添加到模型中。

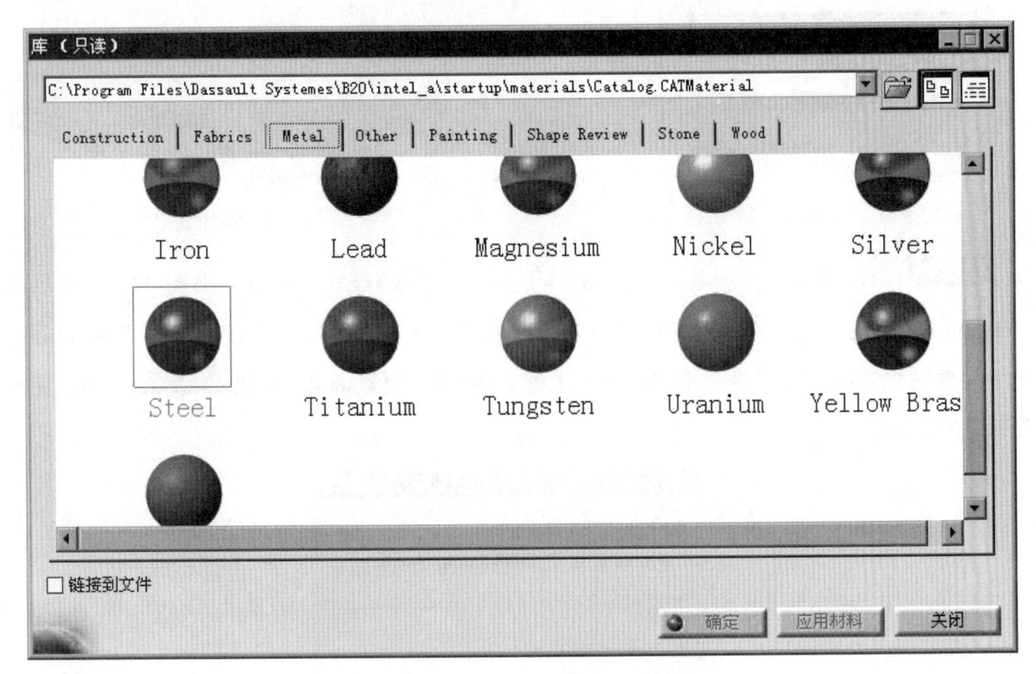

图 12.3.2 “库（只读）”对话框

步骤03 进入基本结构分析工作台并定义分析类型。选择下拉菜单开始 → 分析与模拟 → Generative Structural Analysis命令，系统弹出图 12.3.3 所示的“New Analysis Case”对话框，在对话框中选择Static Analysis选项，即新建一个静态分析情形。

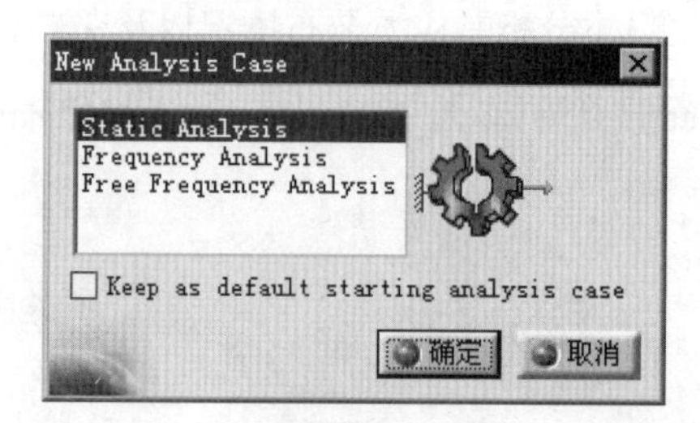

图 12.3.3 "New Analysis Case"对话框

步骤 04 添加约束条件。单击"Restraints"工具栏中的按钮，系统弹出图 12.3.4 所示的"Clamp"对话框，然后选取图 12.3.5 所示的模型表面为约束固定面，单击对话框中的 确定 按钮，完成约束添加。

图 12.3.4 "Clamp"对话框

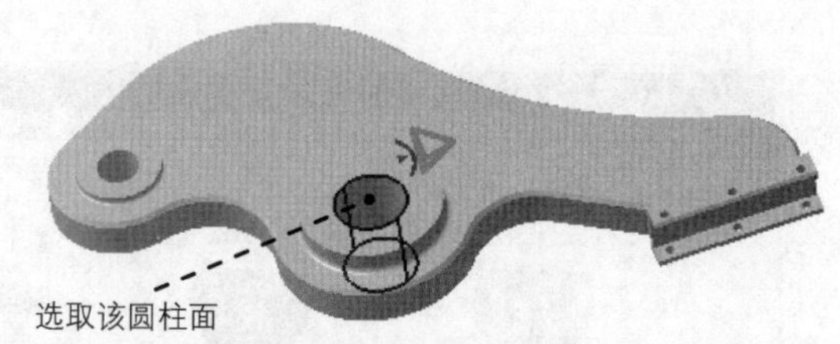

图 12.3.5 添加约束

步骤 05 添加载荷条件。单击"Loads"工具栏中的按钮，系统弹出图 12.3.6 所示的"Distributed Force"对话框，选取图 12.3.7 所示的圆柱面和端面作为受载面，在"Distributed Force"对话框中的Force Vector区域的X文本框中输入载荷值 3000。单击 确定 按钮，完成载荷力的添加。

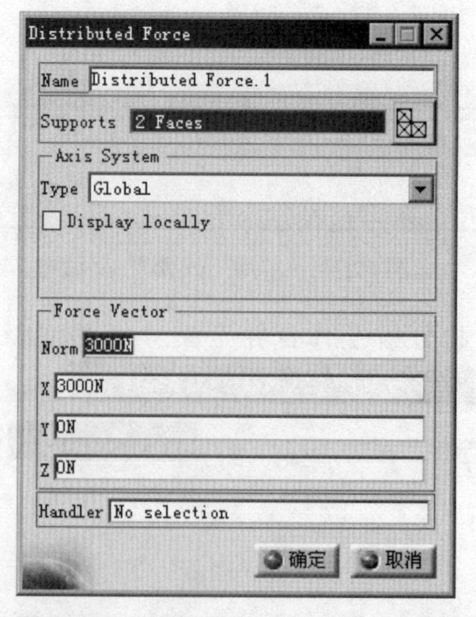

图 12.3.6 "Distributed Force"对话框

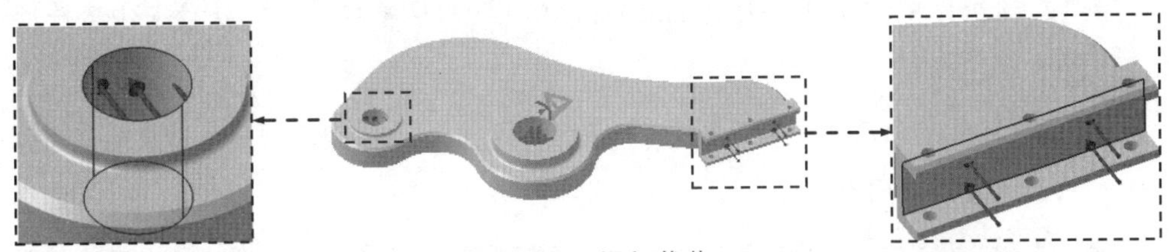

图 12.3.7 添加载荷

步骤 06 划分网格。在模型树中双击 Nodes and Elements 节点下的 OCTREE Tetrahedron Mesh.1 : cramp-arm，系统的弹出图 12.3.8 所示的“OCTREE Tetrahedron Mesh”对话框，在对话框中单击 Global 选项卡，在 Size: 文本框中输入数值 10mm，在 Absolute sag: 文本框中输入数值 1mm。在 Element type 区域中选中 Parabolic 单选项，单击 确定 按钮，完成网格划分。

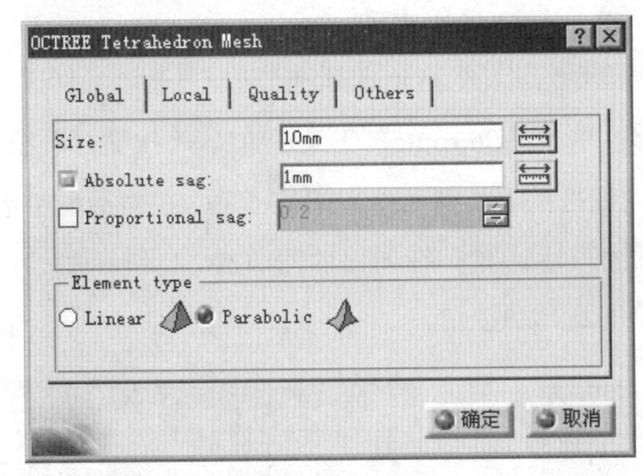

图 12.3.8 “OCTREE Tetrahedron Mesh”对话框

步骤 07 查看网格划分。在模型树中右击 Nodes and Elements，在弹出的快捷菜单中选择 Mesh Visualization 命令，然后将渲染样式切换到“含边线着色”样式，即可查看网格划分（图 12.3.9）。

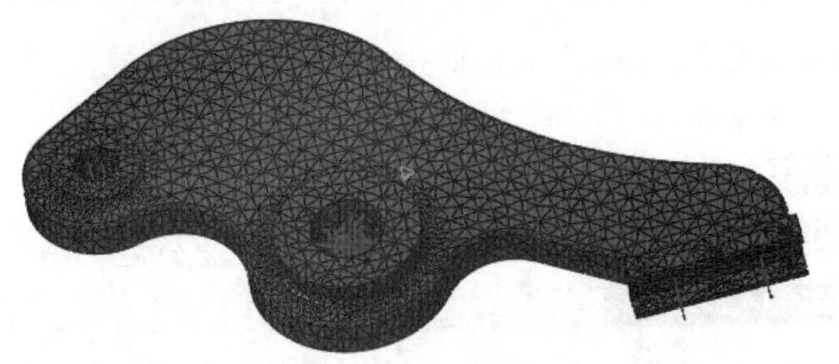

图 12.3.9 查看网格划分

此时系统会弹出“Warning”对话框，单击 确定 按钮即可。

图 12.3.8 所示的“OCTREE Tetrahedron Mesh”对话框的 Global 选项卡中各选项说明如下。

- ◆ Size：单元尺寸。表示每个单元的平均尺寸，取值越小则分析精度越高，但相应计算量及时间增大。
- ◆ Absolute sag：绝对弦高。表示在几何模型和将要定义的网格之间容许的距离偏差的最大值，这个参数对弯曲的形体有效（如网格化圆孔的逼近精度），对直线形体没有任何意义。通常 sag 值越小，则划分的网格越逼近真实几何体。
- ◆ Proportional sag：划分网格时，网格边与几何弧顶点之间差值与网格边长比值的最大值限制。
- ◆ Element type 区域：用来设置单元类型。包括以下两种单元类型。
  - ● Linear：一阶线性单元。
  - ● Parabolic：二阶抛物线单元。

步骤 08 分析计算。单击“Compute”工具栏中的按钮，系统弹出图 12.3.10 所示的“Compute”对话框，在对话框的下拉列表中选择 All 选项，在对话框中选中 Preview 复选框，单击 确定 按钮，系统开始计算；在弹出的图 12.3.11 所示的“Computation Resources Estimation”对话框中单击 Yes 按钮。

图 12.3.10 “Compute”对话框

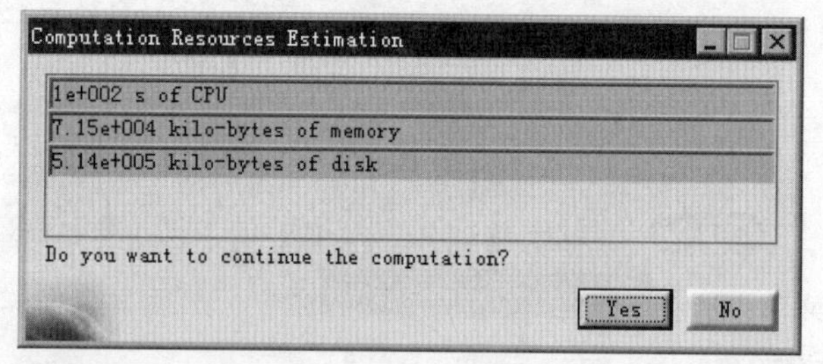

图 12.3.11 “Computation Resources Estimation”对话框

图 12.3.10 所示的“Compute”对话框中各选项说明如下。

- ◆ All：全部都算。
- ◆ Mesh Only：只求解网格划分效果。
- ◆ Analysis Case Solution Selectio：特征树上用户选定的某一分析案例。
- ◆ Selection by Restraint：通过特征树上选定的约束集选择相应的分析案例。

步骤 09 查看应力结果图解。在“Image”工具栏中单击按钮，即可查看应力图解，如图 12.3.12 所示。从应力结果图解中可以看出，此时零件能够承受的最大应力为 6.34MPa。而材料的最大屈服应力为 250MPa，远大于此时的最大应力，也就是说，零件能够安全工作，不会破坏。

说明：在查看应力结果图解时，需要将渲染样式切换到“含材料着色”样式，否则结果如图 12.3.13 所示。

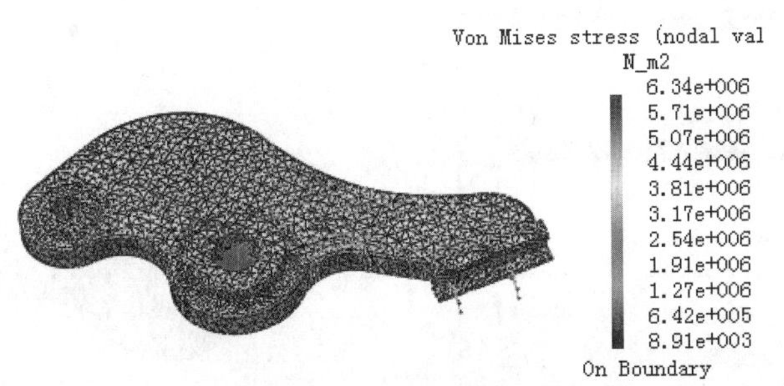

图 12.3.12 应力图解（一）

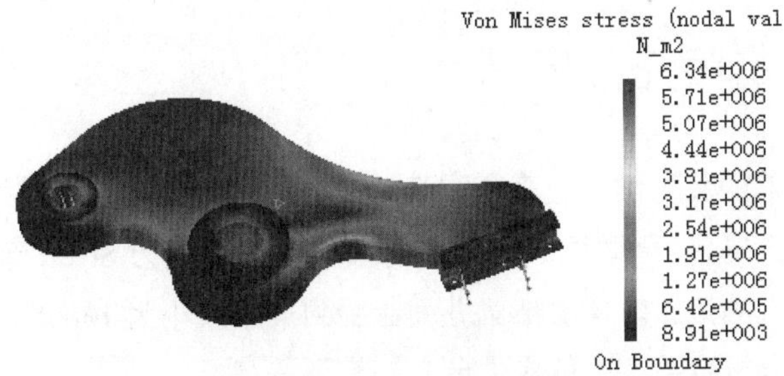

图 12.3.13 应力图解（二）

步骤 10 查看位移图解。在“Image”工具栏中单击节点下的按钮，即可查看位移图解，如图 12.3.14 所示。

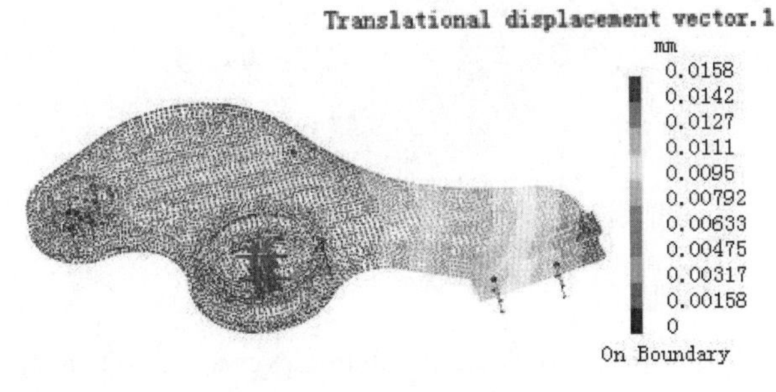

图 12.3.14 位移图解（一）

在查看位移结果图解时，双击图解模型，系统弹出图 12.3.15 所示的“Image Edition”对话框，在对话框中单击 Visu 选项卡，在 Types 区域中选中 Average iso 选项，即可切换图解显示状态，如图 12.3.16 所示。

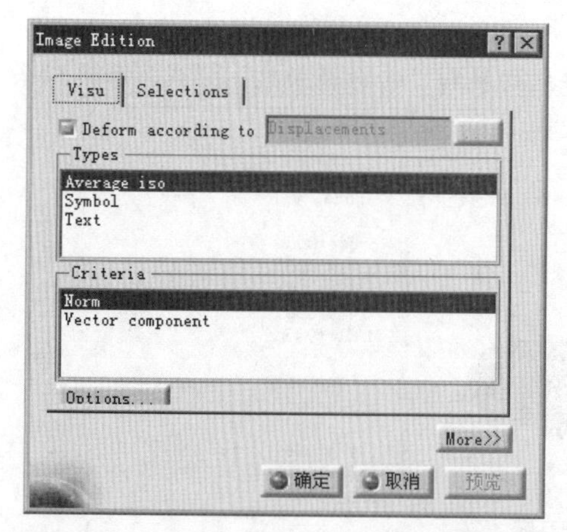

图 12.3.15 “Image Edition”对话框

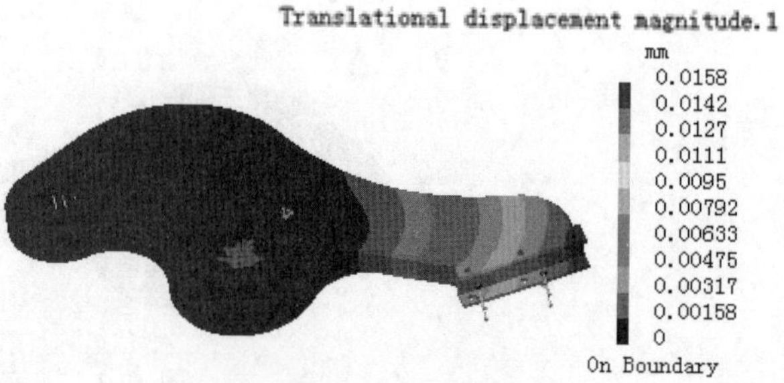

图 12.3.16 位移图解（二）

12.4 装配体有限元分析

下面以一个简单的装配体为例来介绍装配体有限元分析的一般过程。

装配体主要由支撑座、弯梁组成(图 12.4.1)，支承座材料为 Steel，弯梁材料为 Aluminium；支承座底面完全固定约束，弯梁右部圆孔面上受到一个大小为 1000N，方向向下的载荷力作用。在这种工况下分析弯梁零件的应力分布、变形等情况。

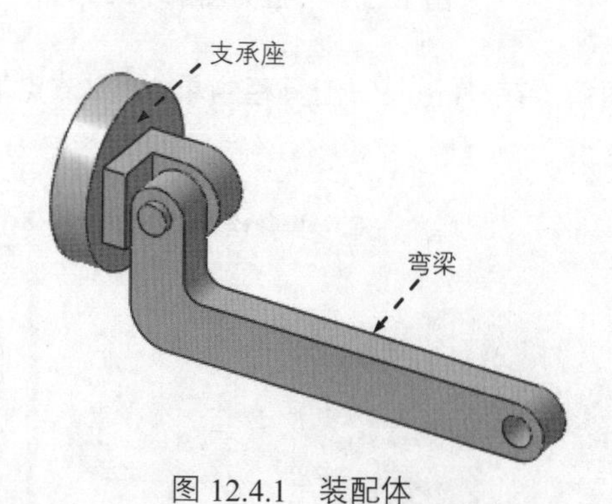

图 12.4.1 装配体

步骤 01 打开文件 D:\catrt20\work\ch12.04\cantilever-asm.CATProduct。

步骤 02 添加材料属性。单击“应用材料”工具栏中的“应用材料”按钮，系统弹出“库（只读）”对话框，在对话框中单击 Metal 选项卡，然后选择 Steel 材料，将其拖动到支撑座上，单击 应用材料 按钮；然后选择 Aluminium 材料，将其拖动到弯梁上，单击 确定 按钮，即可将选定的材料添加到模型中。

步骤 03 进入基本结构分析工作台并定义分析类型。选择下拉菜单 开始 → 分析与模拟 → Generative Structural Analysis 命令，系统弹出图 12.4.2 所示的“New Analysis Case”对话框，在对话框中选择 Static Analysis 选项，即新建一个静态分析情形。

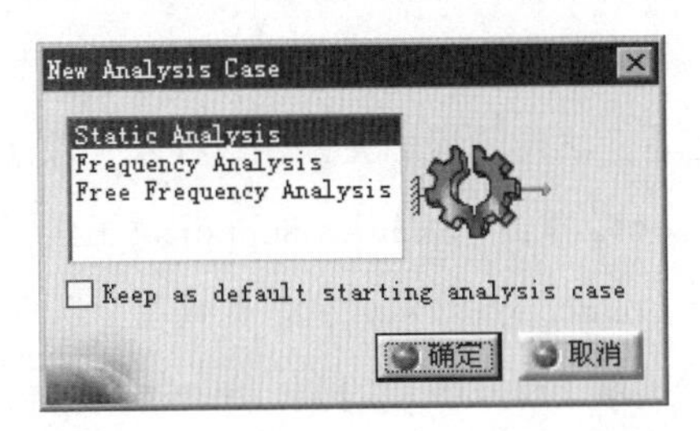

图 12.4.2 “New Analysis Case”对话框

步骤 04 添加约束条件。单击“Restraints”工具栏中的按钮，系统弹出图 12.4.3 所示的“Clamp”对话框，然后选取图 12.4.4 所示的模型表面为约束固定面，将其固定。单击对话框中的 确定 按钮，完成约束添加。

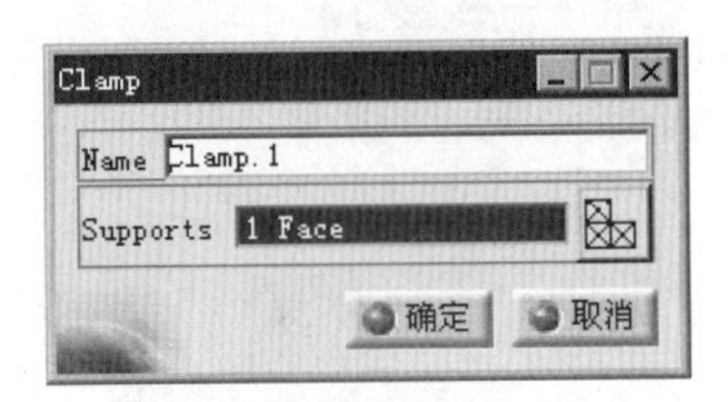

图 12.4.3 “Clamp”对话框

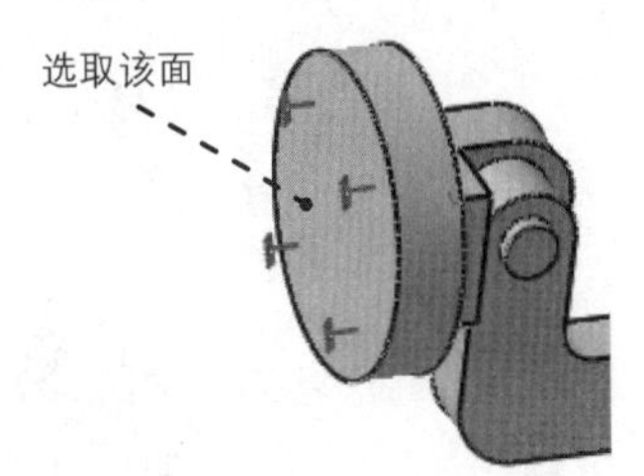

图 12.4.4 添加约束

步骤 05 添加载荷条件。单击“Loads”工具栏中的按钮，系统弹出图 12.4.5 所示的“Distributed Force”对话框，选取图 12.4.6 所示的圆柱面为受载面，在“Distributed Force”对话框的 Force Vector 区域的 Z 文本框中输入载荷值-1000。单击 确定 按钮，完成载荷力的添加。

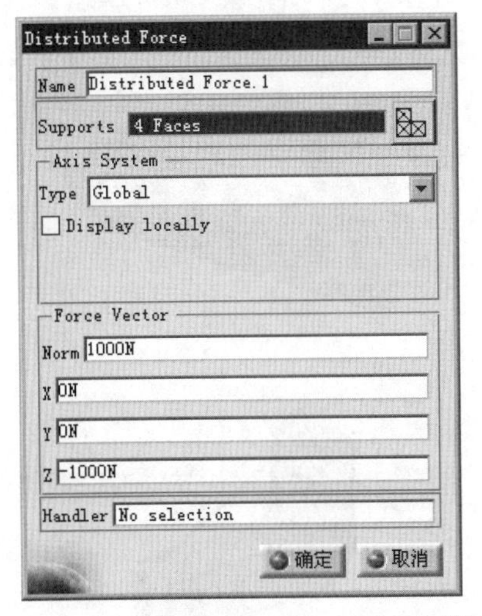

图 12.4.5 “Distributed Force”对话框

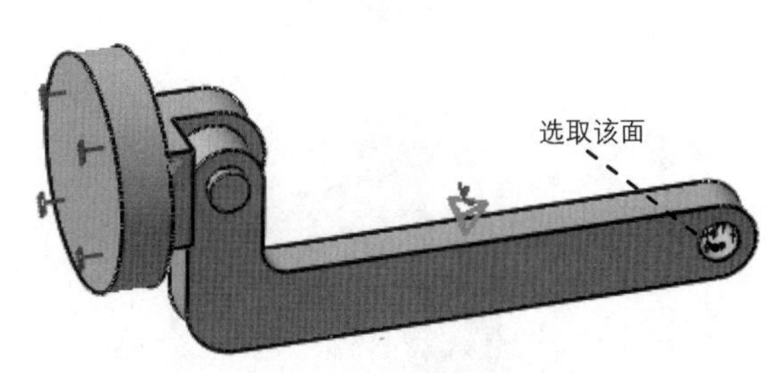

图 12.4.6 添加载荷

步骤 06 因为分析对象是装配体，装配体的结构分析和零件的结构分析不同。在装配体的分析中，要考虑零件与零件之间的接触关系，这样才能保证分析结果的可靠性。

（1）添加第一个关联支撑。单击“Analysis Supports“工具栏中的按钮，系统弹出 12.4.7 所示的“General Analysis Connection”对话框，在模型上选取如图 12.4.8 所示的面，单击激活Second component文本框，选取 12.4.9 所示的面，单击确定按钮。

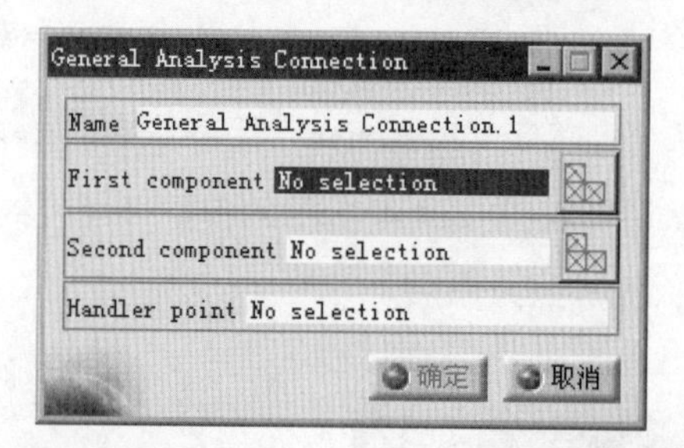

图 12.4.7 “General Analysis Connection”对话框

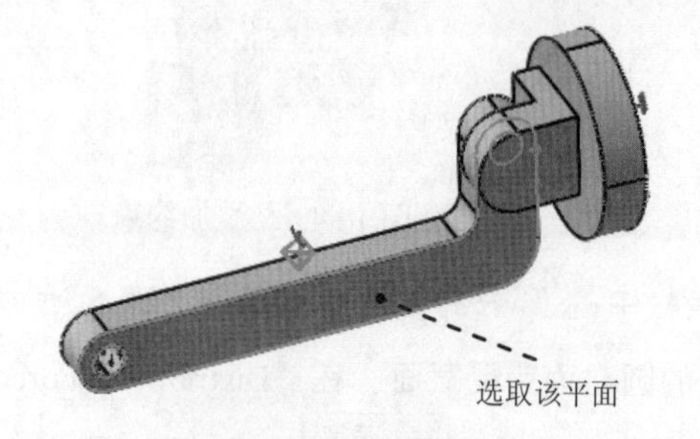

图 12.4.8 添加第一个关联支撑

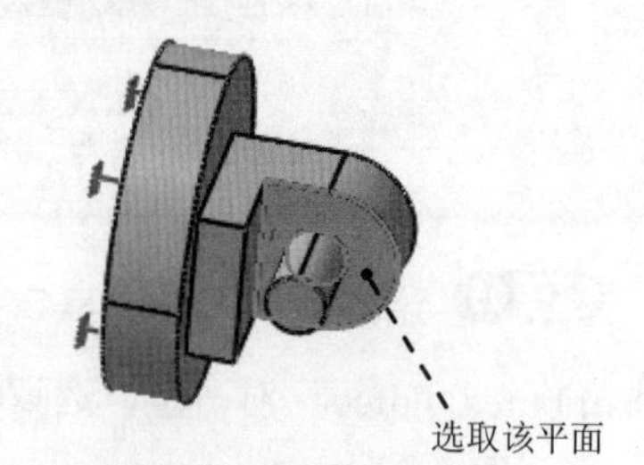

图 12.4.9 添加第一个关联支撑

（2）参照步骤（1）为图 12.4.10 和 12.4.11 所示的两组面分别添加关联支撑。

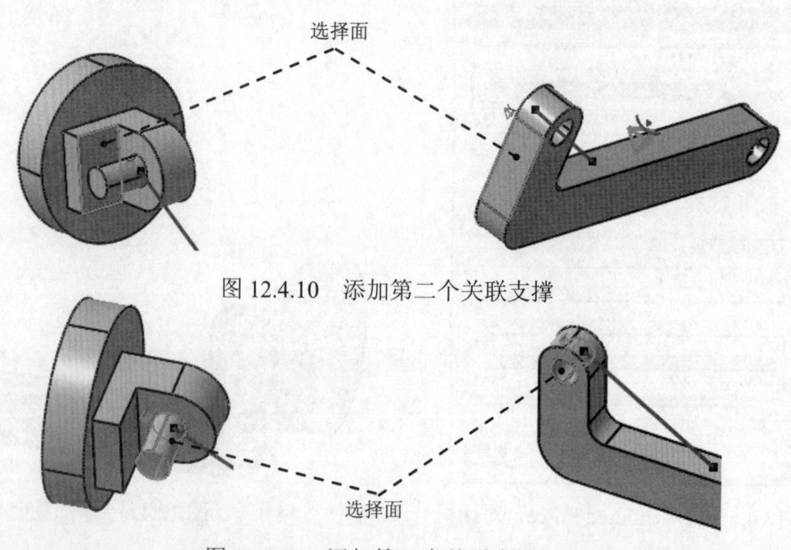

图 12.4.10 添加第二个关联支撑

图 12.4.11 添加第三个关联支撑

（3）添加一个滑动关联属性。单击“Connection Properties”工具栏中节点下的按钮，系统弹出图 12.4.12 所示的“Slider Connection Property”对话框，在特征树中选择General Analysis Connection.3作为连接对象；其他采用系统默认参数设置值。单击确定按钮，完成属性定义，结果如图 12.4.13 所示（图中仅显示该接触）。

图 12.4.12 “Slider Connection Property”对话框

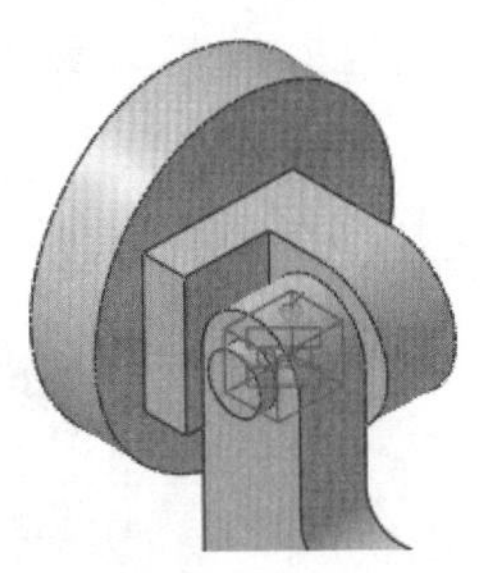
图 12.4.13 添加一个滑动关联属性

（4）添加第一个接触关联属性。单击“Connection Properties”工具栏中节点下的按钮，系统弹出图 12.4.14 所示的“Contact Connection Property”对话框，在特征树中选择General Analysis Connection.1作为连接对象；其他采用系统默认参数设置值。单击确定按钮，完成属性定义，结果如图 12.4.15 所示。

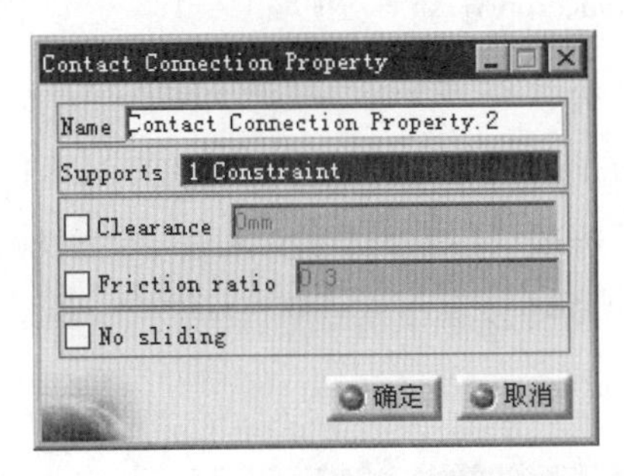

图 12.4.14 “Contact Connection Property”对话框

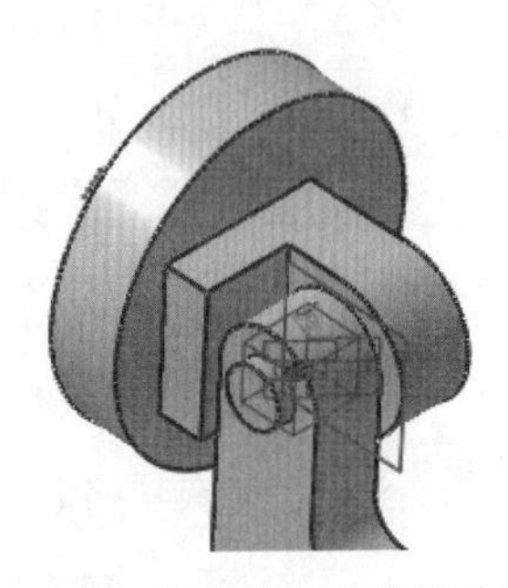
图 12.4.15 添加第一个接触关联属

（5）添加第二个接触关联属性。单击“Connection Properties”工具栏中节点下的按钮，系统弹出“Contact Connection Property”对话框，在特征树中选择General Analysis Connection.2作为连接对象；其他采用系统默认参数设置值。单击确定按钮，完成属性定义，结果如图 12.4.16 所示。

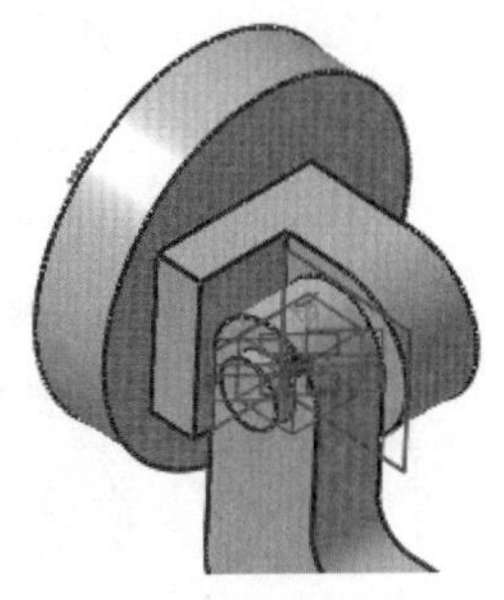
图 12.4.16 添加第二个接触关联属性

步骤 07 划分网格。对于装配体的网格划分，一般是根据不同零件进行不同的网格划分。该装配体中包括支撑座和弯梁两个零件，需要对这两个零件划分网格。

（1）划分支撑座网格。在特征树中双击 Nodes and Elements 节点下的 OCTREE Tetrahedron Mesh.1 : 0，系统弹出图 12.4.17 所示的“OCTREE Tetrahedron Mesh”对话框（一），在对话框中单击 Global 选项卡，在 Size: 文本框中输入数值 3，在 Absolute sag: 文本框中输入数值 0.5。在 Element type 区域中选中 Parabolic 单选项，单击 确定 按钮，完成网格划分。

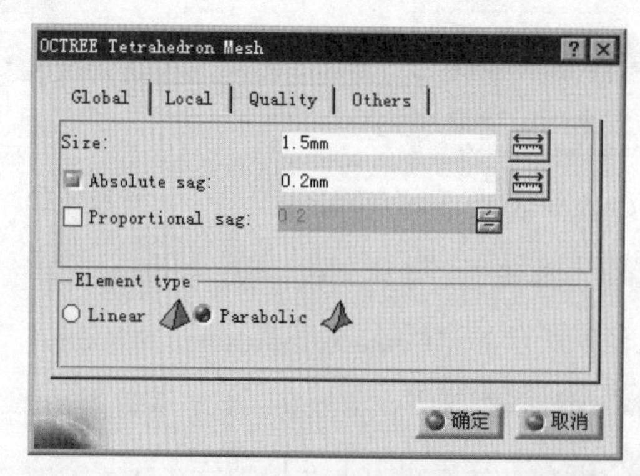

图 12.4.17 “OCTREE Tetrahedron Mesh”对话框（一）

（2）划分弯梁网格。在特征树中双击 Nodes and Elements 节点下的 OCTREE Tetrahedron Mesh.2 : 1，系统的弹出图 12.4.18 所示的“OCTREE Tetrahedron Mesh”对话框（二），在对话框中单击 Global 选项卡，在 Size: 文本框中输入数值 6，在 Absolute sag: 文本框中输入数值 0.5。在 Element type 区域中选中 Parabolic 单选项，单击 确定 按钮，完成网格划分。

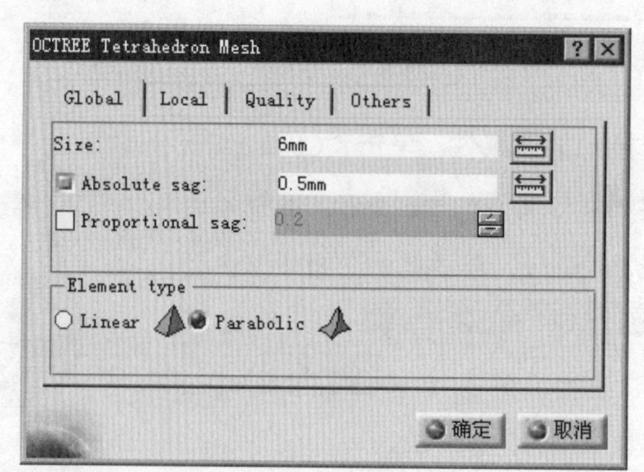

图 12.4.18 “OCTREE Tetrahedron Mesh”对话框（二）

步骤 08 网格划分及可视化。在特征树中右击 Nodes and Elements，在弹出的快捷菜单中选择 Mesh Visualization 命令，然后将渲染样式切换到“含边线着色”样式，即可查看系统自动划分的网格（图 12.4.19）。

图 12.4.19 查看网格

步骤 09 分析计算。单击“Compute”工具栏中的按钮，系统弹出图 12.4.20 所示的“Compute”对话框，在对话框的下拉列表中选择 All 选项，在对话框中 Preview 复选框，单击 确定 按钮，系统开始计算。在弹出的图 12.4.21 所示的“Computation Resources Estimation”对话框中单击 Yes 按钮。

图 12.4.20 “Compute”对话框

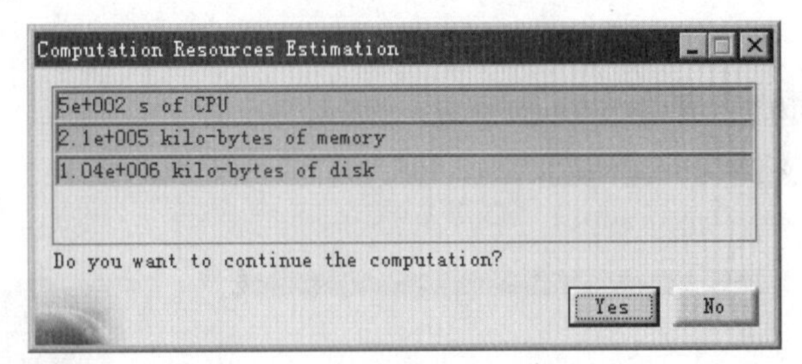

图 12.4.21 “Computation Resources Estimation”对话框

步骤 10 查看应力结果图解。在“Image”工具栏中单击按钮，即可查看应力图解，如图 12.4.22 所示。从应力结果图解中可以看出，此时零件能够承受的最大应力为 830MPa。

在查看应力结果图解时，需要将渲染样式切换到“含材料着色”样式。

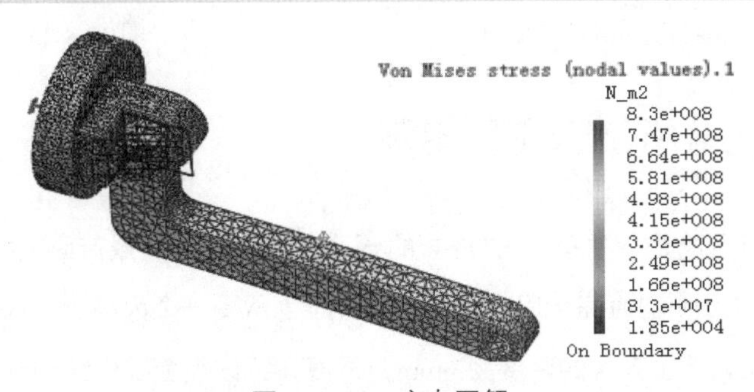

图 12.4.22 应力图解

步骤 11 查看位移图解。在“Image”工具栏中单击节点下的按钮，即可查看位移图解，如图 12.4.23 所示。

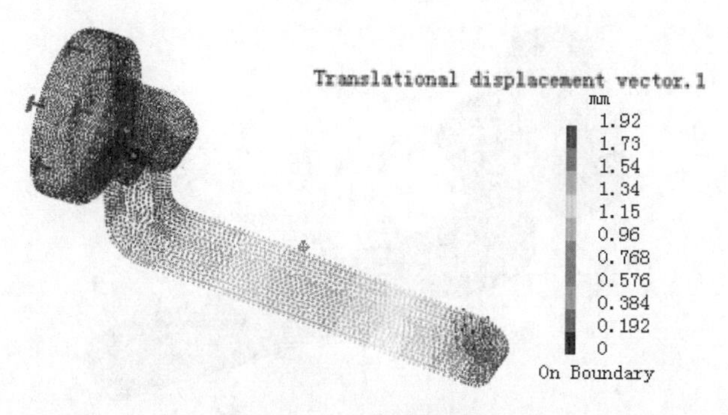

图 12.4.23 位移图解（一）

在查看位移结果图解时，双击图解模型，系统弹出图 12.4.24 所示的“Image Edition”对话框，在对话框中单击 Visu 选项卡，在 Types 区域中选中 Average iso 选项，即可切换图解显示状态，如图 12.4.25 所示。

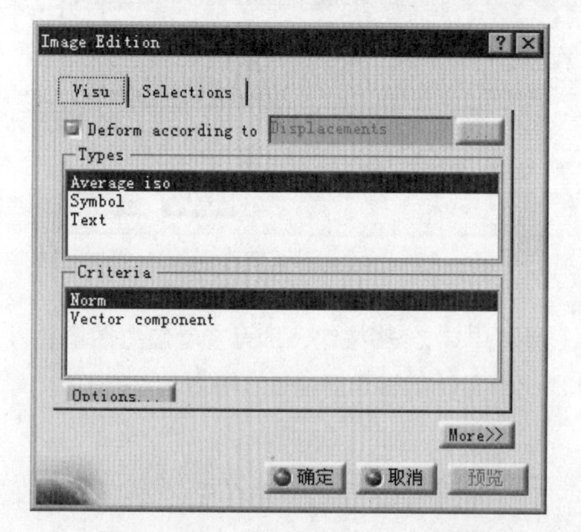

图 12.4.24 “Image Edition”对话框

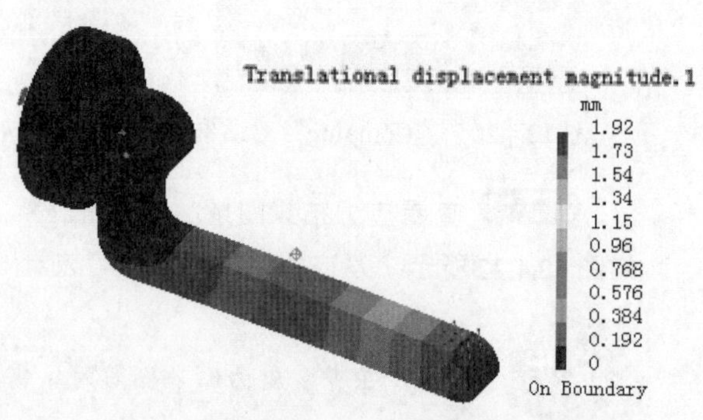

图 12.4.25 位移图解(二)

12.5 有限元分析综合应用案例

如图 12.5.1 所示的是一材料为 STEEL 的钣金支架零件，除载荷面上的孔之外，其余的孔（图 12.5.1 中加亮显示）均为完全固定状态，载荷面上承受一个大小为 200N，方向与竖直向下的均布载荷力作用，钣金零件的厚度为 3mm。下面介绍该钣金零件结构分析的一般过程。

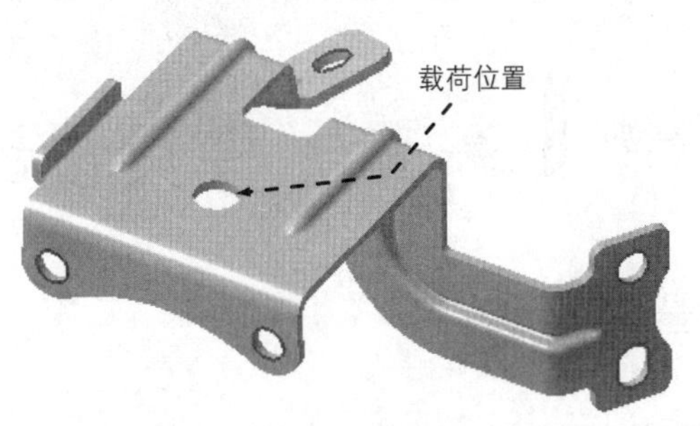

图 12.5.1 钣金支架零件结构分析

本案例的详细操作过程请参见随书光盘中 video\ch12\文件下的语音视频讲解文件。模型文件为 D:\catrt20\work\ch12.05\abs-sheet-bracket.CATPart。

第13章　模具设计

13.1　模具设计基础

13.1.1　模具设计概述

塑料成型的方法（即塑件的生产方法）非常多，常见的方法有注射成型、挤压成型、真空成型和发泡成型等，其中，注射成型是最主要的塑料成型方法。注射模具则是注射成型的工具，其结构一般包括塑件成型元件、浇注系统和模架三大部分。

塑件成型元件（即模仁）是注射模具的关键部分，其作用是构建塑件的结构和形状，塑件成型的主要元件包括型腔和型芯，如图 13.1.1 所示；如果塑件较复杂，则模具中还需要滑块、销等成型元件。

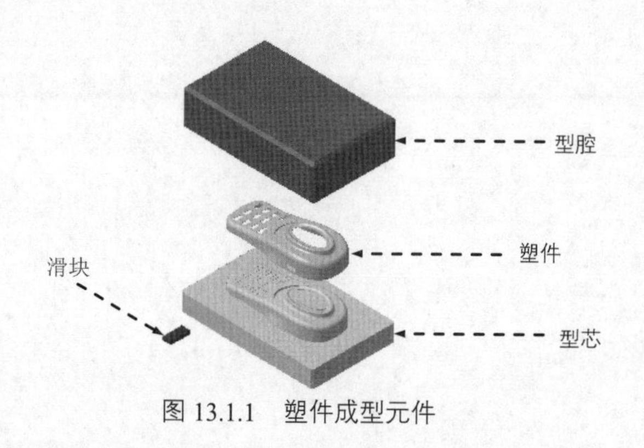

图 13.1.1　塑件成型元件

13.1.2　模具设计的工作台

CATIA V5R20 提供了两个工作台来进行模具设计，分别是“型芯型腔设计”工作台和“模具设计”工作台，其中“型芯型腔设计”工作台主要是用于完成开模前的一些分析和模具分型面的设计，而“模具设计”工作台则主要是用于在创建好的分型面上加载标准模架、添加标准件、创建浇注系统及冷却系统等。当然，在“型芯型腔设计”工作台中进行分型面的设计，可以切换到其他工作台（如“创成式外形设计”工作台、“线框和曲面设计”工作台和“零件设计”工作台等）共同完成合理的分型面设计。

学习本节时请先打开文件 D:\catrt20\work\ch13.01\Product1.CATProduct。打开文件

Product1.CATProduct 后，系统显示图 13.1.2 所示的“型芯型腔设计”工作台界面。

说明：若打开模型后，发现不是在“型芯型腔设计”工作台中，则用户需要激活特征树中的 Product1 产品，然后选择下拉菜单 开始 → 机械设计 → Core & Cavity Design 命令，系统切换到“型芯型腔设计”工作台。

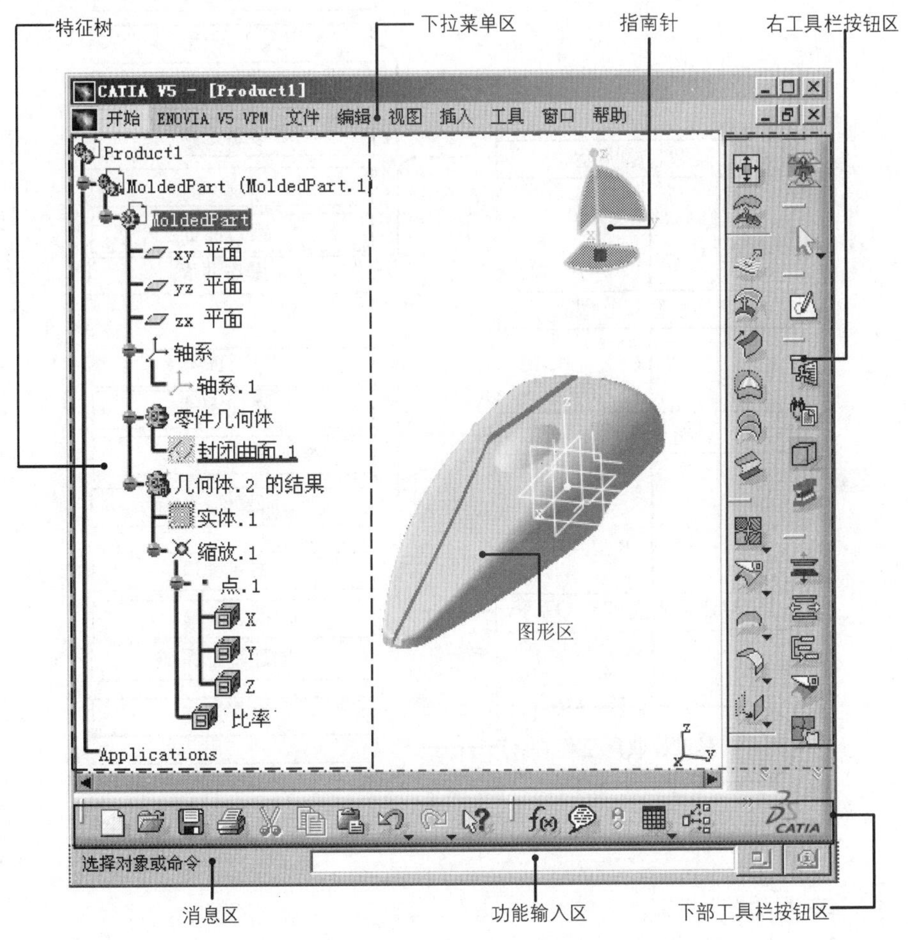

图 13.1.2 CATIA V5R20“型芯型腔设计”工作台界面

13.2 模具设计的一般流程

本节将通过一个简单的零件来介绍 CATIA V5R20 模具设计的一般过程。CATIA V5R20 模具设计一般流程如图 13.2.1 所示。

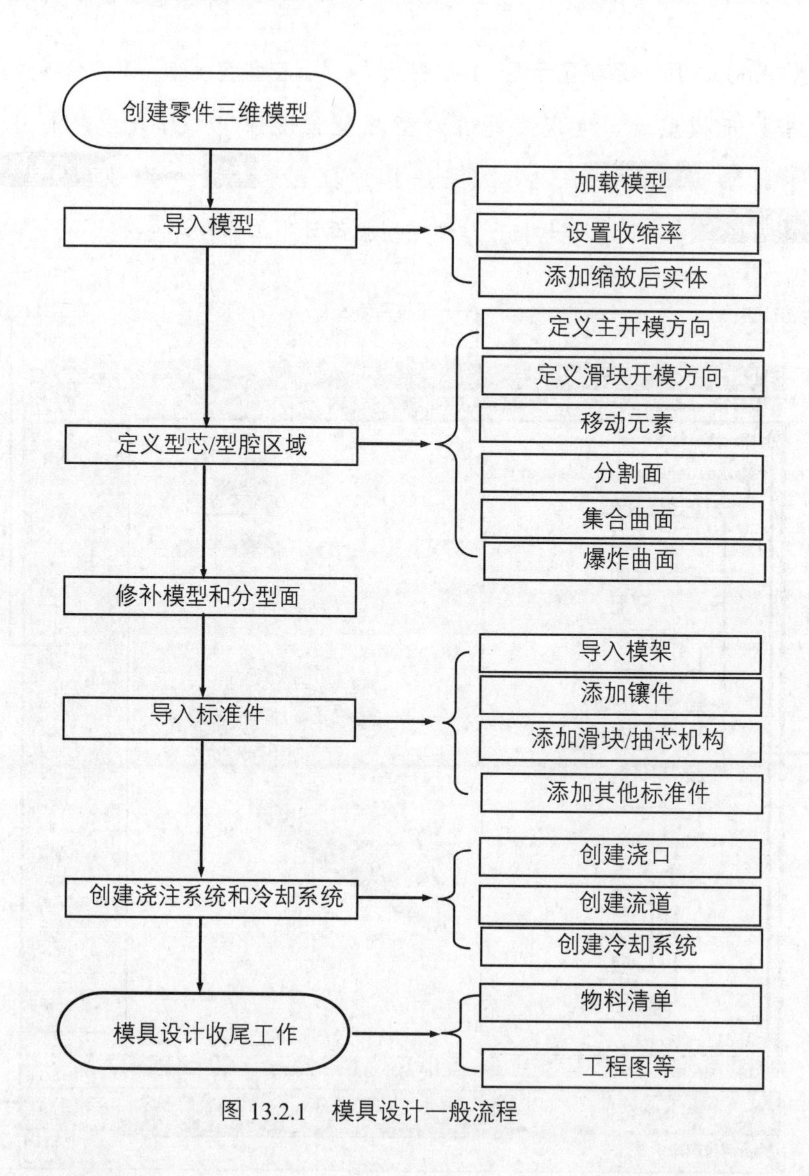

图 13.2.1 模具设计一般流程

13.2.1 产品导入

导入模型是 CATIA V5R20 设计模具的准备阶段，其作用是把产品模型导入到模具模块中，在整个模具设计中起着关键性的作用，包括加载模型、设置收缩率和添加缩放后实体三个过程。

首先将 CATIA V5R20 软件打开，然后进入“型芯型腔设计”工作台，下面将介绍导入产品模型的一般操作过程。

任务 01 加载模型

步骤 01 激活产品。新建一个 Product 文件，在特征树中双击 Product1，此时系统激活此产品。

步骤 02 切换工作台。选择下拉菜单 开始 → 机械设计 → Core & Cavity Design 命令，进入到“型芯型腔设计”工作台。

步骤 03 修改文件名。在特征树中选取 Product1 并右击，在系统弹出的快捷菜单中选择 属性 命令，系统弹出“属性”对话框，在该对话框中选择 产品 选项卡，然后在 产品 区域的 零件编号 文本框中输入“end-flange-cover_mold”；单击 确定 按钮，完成文件名的修改。

步骤 04 加载模型。

（1）选择命令。选择下拉菜单 插入 → Models → Import... 命令，系统弹出“Import Molded Part”对话框。

（2）在“Import Molded Part”对话框的 Model 区域中单击“打开”按钮，此时系统弹出“选择文件”对话框，选择文件 D:\catrt20\work\ch13.02\end-flange-cover01.CATPart，单击 打开(O) 按钮，此时“Import Molded Part”对话框改名为“Import end-flange-cover01.CATPart”，如图 13.2.2 所示。

（3）选择要开模的实体。接受系统默认的设置。

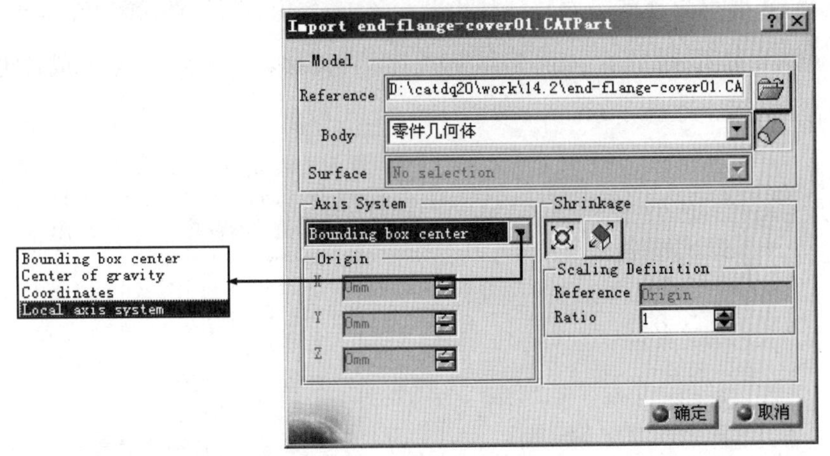

图 13.2.2 “Import end-flange-cover01.CATPart”对话框

任务 02 设置收缩率

步骤 01 定义坐标类型。在 Axis System 区域的下拉列表中选择 Local axis system 选项。

步骤 02 设置收缩率。在 Shrinkage 区域的 Ratio 文本框中输入数值 1.006。

步骤 03 在“Import end-flange-cover01.CATPart”对话框中单击 确定 按钮，结果如图

13.2.3 所示。

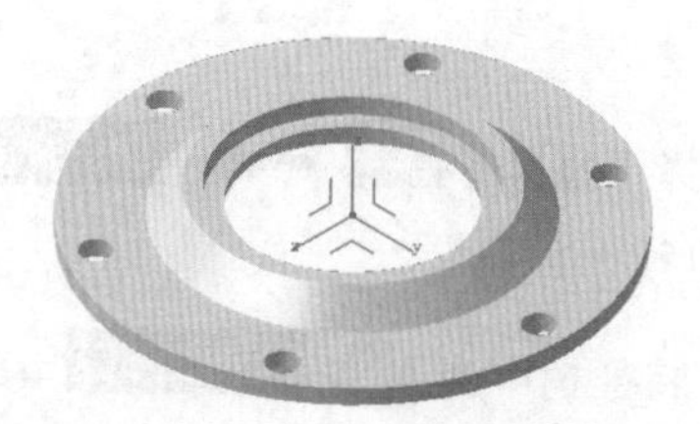

图 13.2.3　零件几何体

任务 03　添加缩放后实体

步骤 01　显示特征。在特征树中单击 MoldedPart (MoldedPart.1) → MoldedPart 的“+”号，显示出 零件几何体 的结果，如图 13.2.4a 所示。

步骤 02　切换工作台。选择下拉菜单 开始 → 机械设计 → 零件设计 命令，切换至“零件设计”工作台。

步骤 03　定义工作对象。在特征树中右击 零件几何体，在系统弹出的快捷菜单中选择 定义工作对象 命令，将其定义为工作对象。

步骤 04　选择命令。选择下拉菜单 插入 → 基于曲面的特征 → 封闭曲面 命令，系统弹出“定义封闭曲面”对话框。

步骤 05　选取封闭曲面。在特征树中单击 零件几何体 的结果 的“+”号，选取 缩放.1 为要封闭的曲面，单击 确定 按钮，完成封闭曲面的创建。完成封闭曲面的创建后的特征树如图 13.2.4b 所示。

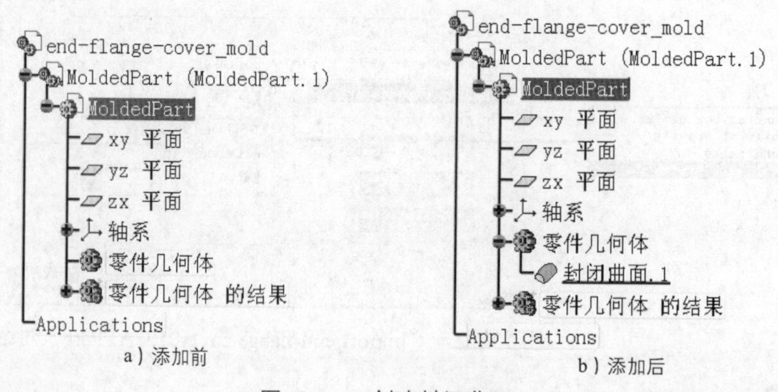

图 13.2.4　创建封闭曲面

步骤 06　切换工作台。选择下拉菜单 开始 → 机械设计 → Core & Cavity Design 命令，系统切换至“型芯型腔设计”工作台。

步骤 07　定义工作对象。在特征树中右击 零件几何体 的结果，在系统弹出的快捷

菜单中选择 定义工作对象 命令，将其定义为工作对象。

步骤 08 隐藏产品模型。在特征树中右击 封闭曲面.1，在系统弹出的快捷菜单中选择 隐藏/显示 命令，将产品模型隐藏起来。

说明：这里将产品模型隐藏起来，是为了便于后面的操作。

13.2.2 主开模方向

定义主开模方向是定义产品模型在模具中开模的方向，并定义型芯面、型腔面、其他面及无拔模角度的面在产品模型上的位置。当修改主开模方向时需重新计算型芯和型腔等部分。下面继续以前面的模型为例，介绍定义主开模方向的一般操作过程。

步骤 01 选择命令。选择下拉菜单 插入 ➡ Pulling Direction ▸ ➡ Pulling Direction... 命令，系统弹出图 13.2.5 所示的“Main Pulling Direction Definition”对话框。

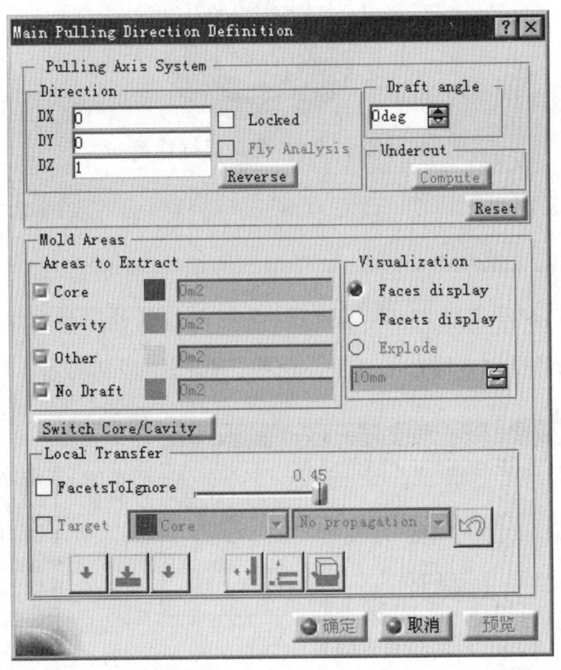

图 13.2.5 “Main Pulling Direction Definition”对话框

步骤 02 锁定开模方向。接受系统默认的开模方向，在系统弹出对话框的 Pulling Axis System 区域中选中 Locked 复选框。

步骤 03 设置区域颜色。在界面中选取零件几何体，结果如图 13.2.6 所示。

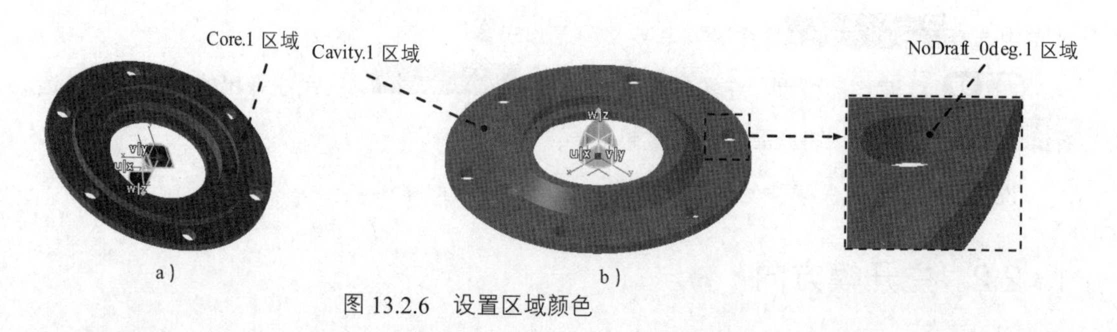

图 13.2.6　设置区域颜色

步骤 04 分解区域视图。在 Visualization 区域中选中 Explode 单选项，然后在下面的文本框中输入数值 100，单击 预览 按钮，结果如图 13.2.7 所示，选中 Faces display 单选项，曲面将回到原位。

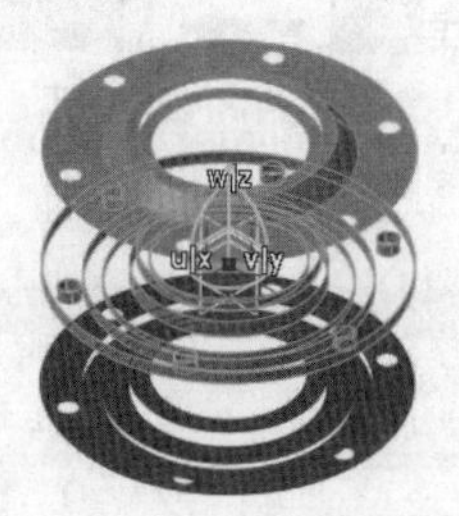

图 13.2.7　分解区域视图

说明：通过分解区域视图，可以清楚地看到产品模型上存在的型芯面、型腔面及无拔模角度的面，为后面的定义做好准备。

步骤 05 在该对话框中单击 确定 按钮，此时进程条开始显示计算的过程，如图 13.2.8 所示；计算完成后在特征树中增加了 3 个几何集，如图 13.2.9 所示。

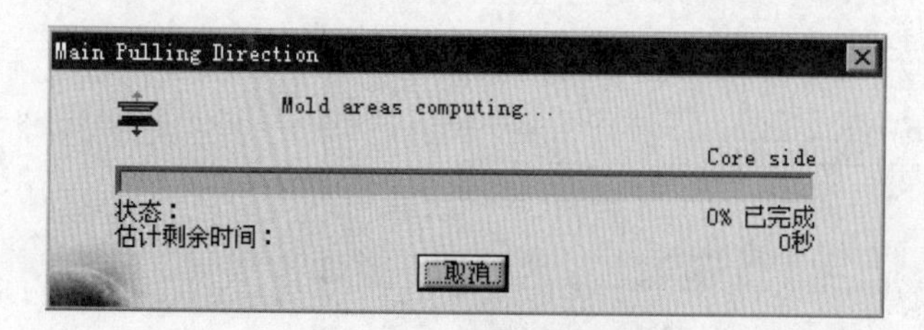

图 13.2.8　计算过程进程条

图 13.2.9　新增几何集

图 13.2.5 所示的“Main Pulling Direction Definition”对话框中各选项的说明如下。

- Pulling Axis System（开模坐标系）区域：该选项中包括 Direction（方向）、Draft angle（拔模角）和 Undercut（底切面）三个区域，用于定义产品模型的开模方向、拔模角度及底切区域。
- Direction（方向）区域：该区域用于确定开模的方向。

- DX 文本框：用户可在该文本框中输入-1~1 的数值（即绕 X 轴旋转 0° 至 360° 的范围），来定义开模的方向。
- DY 文本框：用户可在该文本框中输入-1~1 的数值（即绕 Y 轴旋转 0° 至 360° 的范围），来定义开模的方向。
- DZ 文本框：用户可在该文本框中输入-1~1 的数值（即绕 Z 轴旋转 0° 至 360° 的范围），来定义开模的方向。
- □ Locked 复选框（锁定）：选中该复选框，可以锁定设置的主开模方向。
- □ Fly Analysis 复选框（飞行分析）：只有当选中 Locked 复选框后，此复选框才会显示出来，选中后用户可将指针移动到曲面上的任一位置，此时系统会在指针的所在处显示曲面的法线方向（绿色箭头指向）与开模方向（红色箭头指向）的夹角，如图 13.2.10 所示。

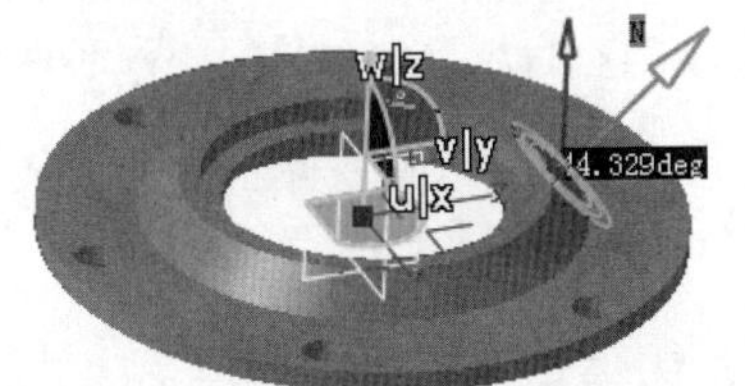

图 13.2.10 飞行分析

- Reverse 按钮（反向）：单击该按钮，可反向定义开模方向。

◆ Draft angle （拔模角）区域：该区域用于定义模型的表面与主拔模方向之间的最小脱模斜度，用户可在此文本框中输入脱模斜度值。

- Reset 按钮（重新安排）：单击该按钮，可将拔模角度清零，用户可重新进行设置。

◆ Undercut （底切面）：只有当选中 Locked 复选框后，才会加亮显示，选中后系统可将底切面定义到型芯或型腔区域。

◆ Mold Areas （模型区域）：该选项中包括 Areas to Extract （抽取面积）和 Visualization （可见性）两个区域，用于显示各部分区域的颜色。

◆ Areas to Extract 区域（抽取面积）：该区域用于显示模型各个区域的颜色及曲面面积。

- Core 复选框（型芯）：型芯区显示为红色。
- Cavity 复选框（型腔）：型腔区显示为绿色。
- Other 复选框（其他）：既不属于型芯区也不属于型腔区的区域，显示为青绿色。
- No Draft 复选框（非拔模面）：垂直于开模面的非拔模面区显示为粉红色，

具有 0° 的脱模斜度。

◆ Switch Core/Cavity 按钮（转换）：单击该按钮后，可以对型芯和型腔区、指定的开模方向、小曲面的法线方向等进行转换。

◆ Visualization （可见性）区域，该区域用于显示曲面的颜色。

- Faces display 单选项（显示曲面）：系统默认选中此单选项，当用户选取一曲面后，各个曲面的颜色就会显示出来。
- Facets display 单选项（显示小曲面）：当曲面上有一个小平面不能确定是型芯还是型腔区域时，系统就会自动将这一区域定义到其他面区域，此时用户可选中此单选项，系统会将其他面定义到型腔或型芯区域。
- Explode 单选项（分解）：选中此单选项后，用户可在下面的文本框中输入一数值来定义型芯与型腔区域的间距。

◆ Local Transfer （局部转换）区域：选中 Faces display 单选项后，此区域才会显示出来，选中该复选框后，用户可在此选项的下拉列表中选择要修改颜色的区域来定义型芯和型腔区域。

- FacetsToIgnore 复选框（可忽略的小平面）：只有当选中 Locked 复选框后，此复选框才会加亮显示，选中后系统可将 Other.1 区域面定义到型芯或型腔区域，用户可移动此复选框后的滑块来调节百分率。
- Target 复选框（目标）：只有当选中 Locked 复选框后，此复选框才会显示出来，选中后可通过左侧的下拉列表中选择 Core （型芯面）、Cavity （型腔面） Other （其他面）和 NoDraft （非拔模面）定来义目标面，另外可通过右侧的下拉列表中选择 No propagation （无拓展）、Point continuity （点连续）、No draft faces （非拔模面）和 By area （面区域）来定义选择面的方式。

☑ 按钮：单击该按钮后，非拔模面会转为其他面。

☑ 按钮：单击该按钮后，其他面会转为型芯面。

☑ 按钮：单击该按钮后，其他面会转为型腔面。

☑ 按钮：单击该按钮后，其他面会转为型腔或型芯面。

☑ 按钮：单击该按钮后，型腔或型芯面会进行分割将分割后的某些面转为其他面。

☑ 按钮：单击该按钮后，可快速地将除型腔和型芯面以外的面转为型腔或型芯面。

13.2.3 移动元素

移动元素是指从一个区域向另一个区域转移元素，但必须在零件上至少定义一个主开模方向。下面继续以前面的模型为例，讲述移动元素的一般操作过程。

步骤 01 选择命令。选择下拉菜单 插入 → Pulling Direction ▸ → Transfer... 命令，系统弹出图 13.2.11 所示的“Transfer Element”对话框。

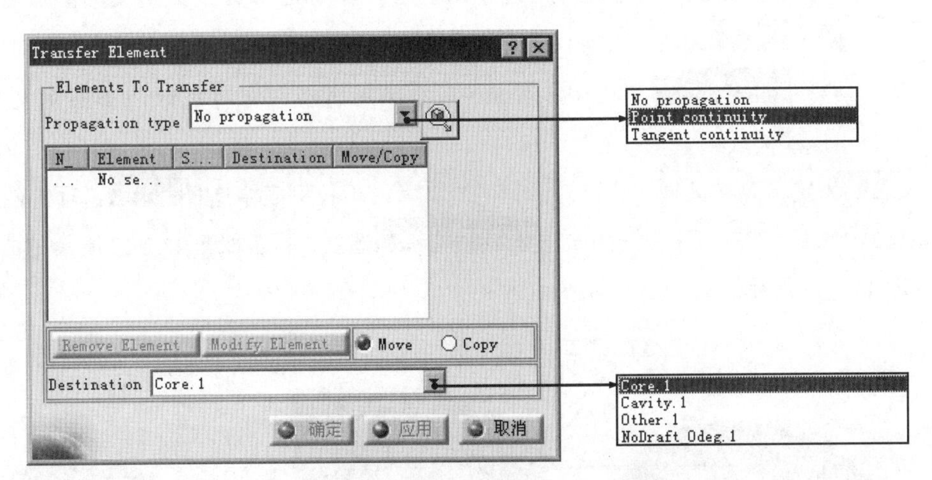

图 13.2.11 “Transfer Element”对话框

图 13.2.11 所示的“Transfer Element”对话框中各选项的说明如下。

◆ Propagation type（选取类型）区域：该区域的下拉列表中包括 No propagation、Point continuity、Tangent continuity 和 四种选项。

● No propagation 选项（无拓展）：选择此选项，可在模型中进行单个曲面的选取。

● Point continuity 选项（点连续）：选择此选项，选取一个曲面后，系统可选取所有与选取的曲面相连的同种颜色区域。

● Point continuity（选项相切连续）：选择此选项，选取一个曲面后，系统可选取所有与选取曲面相切的同种颜色区域。

● 按钮：单击该按钮后，用户可在模型中框选所要选取的区域。

◆ Remove Element 按钮（删除元素）：单击该按钮后，可将选取的曲面进行删除。

◆ Modify Element 按钮（修改元素）：单击该按钮后，可将选取的曲面进行修改。

◆ Move 单选项（移动）：选中该单选项后，用户可将选取的曲面指定到定义的区域，系统默认此单选项。

◆ ○Copy 单选项（复制）：选中该单选项后，用户可将选取的曲面指定到定义的区域，同时对选取的曲面进行复制。

◆ Destination（目的地）区域：该区域的下拉列表中包括Core.1、Cavity.1、Other.1和NoDraft_Odeg.1四种选项。

- Core.1选项（型芯）：选择此选项，可将选取的曲面定义到型芯区域。
- Cavity.1选项（型腔）：选择此选项，可将选取的曲面定义到型腔区域。
- Other.1选项（其他）：选择此选项，可将选取的曲面定义到其他区域。
- NoDraft_Odeg.1选项（非拔模）：选择此选项，可将选取的曲面定义到非拔模区域。

步骤 02 定义型芯区域。在该对话框的Destination下拉列表中选择Core.1选项，然后在该对话框的Propagation type下拉列表中选择Point continuity选项，再选取图 13.2.12 所示的曲面，结果如图 13.2.13 所示。

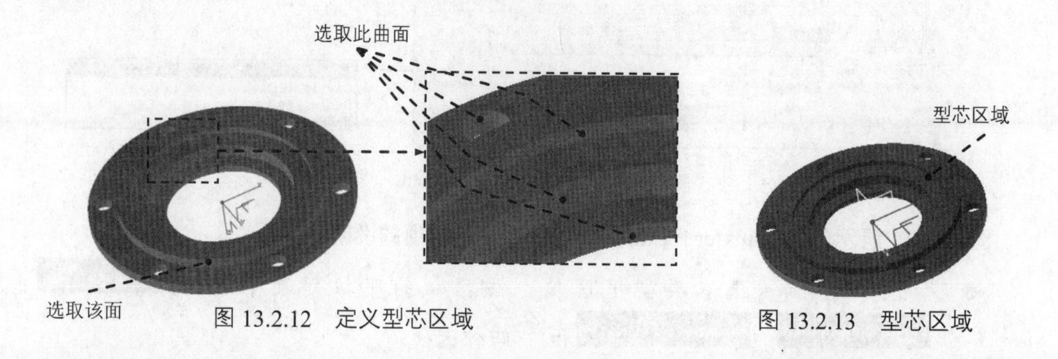

图 13.2.12　定义型芯区域　　图 13.2.13　型芯区域

步骤 03 定义型腔区域。在该对话框的Destination下拉列表中选择Cavity.1选项，然后选取图 13.2.14 所示的 4 个曲面，结果如图 13.2.15 所示。

图 13.2.14　定义型腔区域　　图 13.2.15　型腔区域

步骤 04 在“Transfer Element”对话框中单击 确定 按钮，完成型芯和型腔区域的设定。

13.2.4 集合曲面

由于前面将“非拔模区域”中的面定义到型芯或型腔中，此时型芯和型腔区域都是由很多小面构成，不利于后面的操作，因此，可以通过 CATIA 提供的“集合曲面”命令来将这些小面连接成整体，以便提高操作效率。下面继续以前面的模型为例，讲述连接曲面的一般操作过程。

步骤 01 集合型芯曲面。

（1）选择命令。选择下拉菜单 插入 → Pulling Direction ▸ → Aggregate Mold Area... 命令，系统弹出图 13.2.16 所示的“Aggregate Surfaces”对话框。

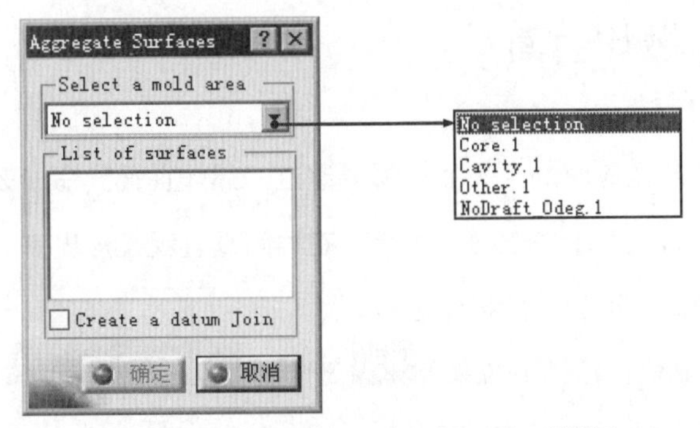

图 13.2.16 “Aggregate Surfaces ”对话框

（2）选择要集合的区域。在“Aggregate Surfaces”对话框的 Select a mold area 下拉列表中选择 Core.1 选项，此时系统会自动在 List of surfaces 的区域中显示要集合的曲面。

（3）创建连接数据。在“Aggregate Surfaces”对话框中选中 Create a datum Join 复选框，单击 确定 按钮，完成型芯曲面的集合。

步骤 02 集合型腔曲面。

（1）选择命令。选择下拉菜单 插入 → Pulling Direction ▸ → Aggregate Mold Area... 命令，系统弹出“Aggregate Surfaces”对话框。

（2）选择要集合的区域。在“Aggregate Surfaces”对话框的 Select a mold area 下拉列表中选择 Cavity.1 选项，此时系统会自动在 List of surfaces 的区域中显示要集合的曲面。

（3）创建连接数据。在“Aggregate Surfaces”对话框中选中 Create a datum Join 复选框，单击 确定 按钮，完成型腔曲面的集合。

图 13.2.16 所示的“Aggregate Surfaces”对话框中各选项的说明如下。

- Select a mold area（选取模型区域）区域：该区域的下拉列表中包括 No selection、Core.1、Cavity.1、Other.1 和 NoDraft_Odeg.1 五种选项。

- No selection 选项（无选取）：选取此选项，表示没有集合的曲面。
- Core.1 选项（型芯）：选取此选项，表示型芯区域集合的曲面。
- Cavity.1 选项（型腔）：选取此选项，表示型腔区域集合的曲面。
- Other.1 选项（其他）：选取此选项，表示其他区域集合的曲面。
- NoDraft_0deg.1 选项（非拔模）：选取此选项，表示非拔模区域集合的曲面。

◆ List of surfaces 区域（曲面列表）：该区域的下拉列表中显示要集合的曲面。

◆ Create a datum Join 复选框（创建连接数据）：选中该复选框，可在集合的区域中创建一个曲面或连接，并且原来的曲面被删除。

13.2.5 创建爆炸曲面

在完成型芯面与型腔面的定义后，需要通过“爆炸曲面”命令来观察定义后的型芯面与型腔面是否正确，将检查零件表面上可能存在的问题直观反应出来。下面继续以前面的模型为例，介绍创建爆炸曲面的一般操作过程。

步骤 01 选择命令。选择下拉菜单 插入 → Pulling Direction ▸ → Explode View... 命令，系统弹出图 13.2.17 所示的“Explode View”对话框。

步骤 02 定义移动距离。在 Explode Value 文本框中输入数值 100，按下 Enter 键，结果如图 13.2.18 所示。

图 13.2.17 “Explode View”对话框

图 13.2.18 爆炸结果

说明：此例中只有一个主方向，系统会自动选取移动方向，图 13.2.18 显示的型芯面与型腔面完全分开，没有多余的面，说明前面移动元素没有错误。

步骤 03 在“Explode View”对话框中单击 取消 按钮，完成爆炸曲面的创建。

13.2.6 创建修补面

在进行模具分型前，有些产品体上有开放的凹槽或孔，此时就要对产品模型进行修补，否则无法完成模具的分型操作。继续以前面的模型为例，介绍模型修补的一般操作过程。

步骤 01 选择命令。选择下拉菜单 插入 ➡ 几何图形集... 命令，系统弹出图 13.2.19 所示的“插入几何图形集”对话框。

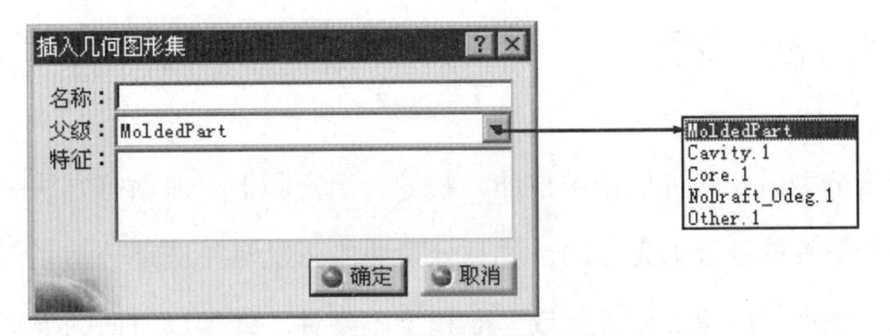

图 13.2.19 “插入几何图形集”对话框

步骤 02 在系统弹出对话框的 名称： 文本框中输入“Repair_surface”，接受 父级： 文本框中的默认选项 MoldedPart，然后单击 确定 按钮。

图 13.2.19 所示的“插入几何图形集”对话框中各选项的说明如下。

- 名称： 文本框：用户可在该区域的文本框中输入该几何图形集的名称，系统默认的名称为“几何图形集.1”。
- 父级： 文本框：用于定义当前创建的几何图形集位于某个图形集（图 13.2.19 所示的下拉列表）内部。

步骤 03 选择命令。选择下拉菜单 插入 ➡ Surfaces ▸ ➡ Fill... 命令，系统弹出“填充曲面定义”对话框。

步骤 04 选取填充边界。选取图 13.2.20 所示的边界，在“填充曲面定义”对话框中单击 确定 按钮，创建修补面如图 13.2.21 所示。

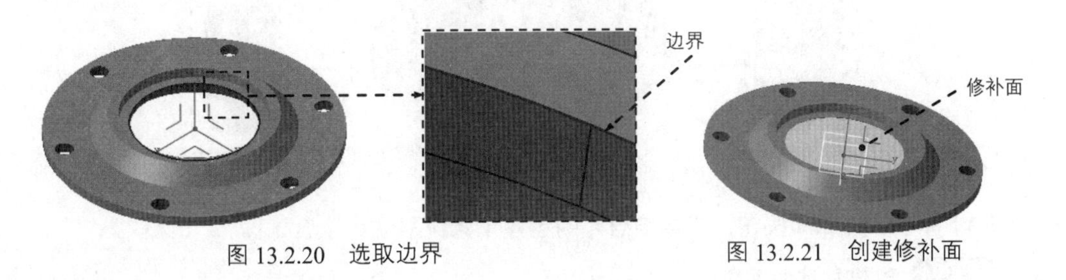

图 13.2.20 选取边界　　图 13.2.21 创建修补面

步骤 05 参考 步骤 03 和 步骤 04 创建图 13.2.22 所示的填充曲面。

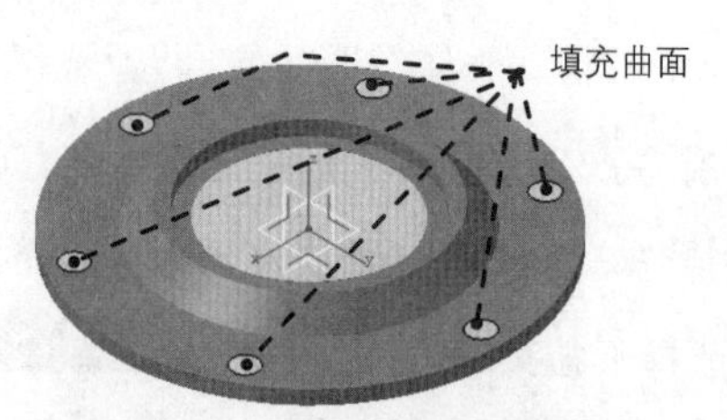

图 13.2.22　创建填充曲面

13.2.7　创建分型面

创建模具分型面一般可以使用拉伸、扫掠、填充和混合曲面等方法来完成。分型面的创建是在定义分型线的基础上完成的，并且分型线的形状直接决定分型面创建的难易程度。通过创建出的分型面可以将工件分割成型腔和型芯零件。继续以前面的模型为例，介绍创建分型面的一般过程。

步骤 01 选择命令。选择下拉菜单 插入 → 几何图形集... 命令，系统弹出“插入几何图形集”对话框。

步骤 02 在系统弹出对话框的 名称: 文本框中输入“Parting_surface”，接受 父级: 文本框中的默认选项 MoldedPart，然后单击 确定 按钮。

步骤 03 创建接合 1。

（1）选择命令。选择下拉菜单 插入 → Operations ▸ → Join... 命令，系统弹出“接合定义”对话框。

（2）选取要接合的对象。选取图 13.2.23 所示的边界 1 和边界 2，接受系统默认的合并距离值（即公差值）。

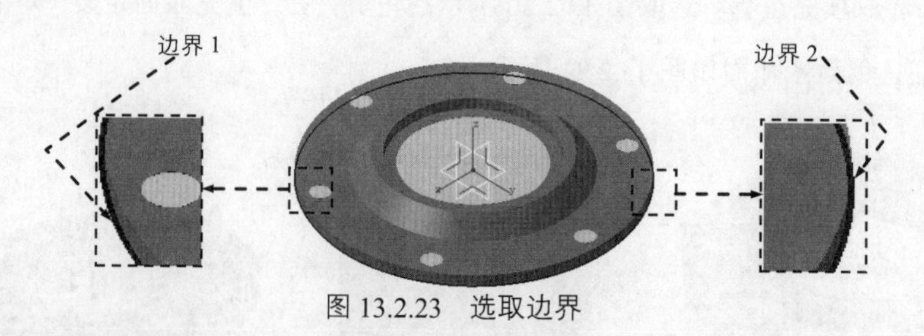

图 13.2.23　选取边界

（3）单击 确定 按钮，完成接合 1 的创建（系统默认为接合 1）。

步骤 04 创建扫掠曲面。

（1）选择命令。选择下拉菜单 插入 → Surfaces ▸ → Sweep... 命令，系统弹出

“扫掠曲面定义”对话框。

（2）选择轮廓类型。在该对话框的轮廓类型：区域中单击“直线”按钮。

（3）选择子类型。在该对话框的子类型：下拉列表中选择使用参考曲面选项。

（4）选取引导曲线1：在模型中选取步骤03中创建的接合1。

（5）选取参考曲面：在特征树中选取“xy平面”。

（6）定义扫掠长度。在该对话框的长度1：区域中输入数值200。

（7）单击该对话框中的确定按钮，完成扫掠曲面的创建，结果如图13.2.24所示。

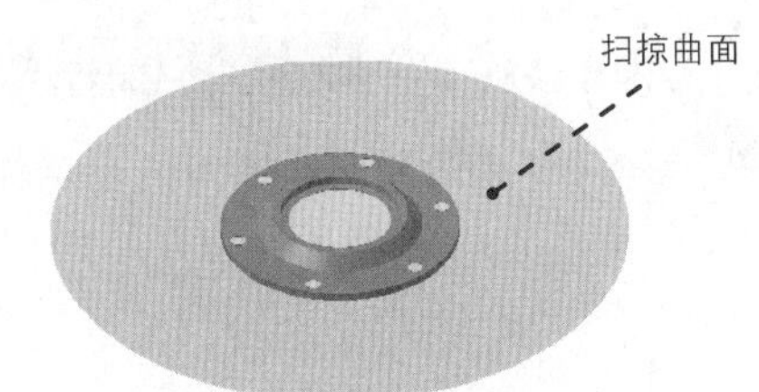

图13.2.24 创建扫掠曲面

步骤05 创建型芯分型面。

（1）隐藏接合1。在特征树中单击Parting surface的“+”号，然后右击接合.1，在系统弹出的快捷菜单中选择隐藏/显示命令，将接合1隐藏。

（2）选择命令。选择下拉菜单插入 → Operations → Join...命令，系统弹出“接合定义”对话框。

（3）选择接合对象。分别在特征树中Core.1的“+”号下选取曲面.31、Repair_surface的“+”号下选取填充.1到填充.7、Parting_surface的“+”号下选取扫掠.1。

（4）单击该对话框中的确定按钮，完成型芯分型面的创建。

（5）重命名型芯分型面。右击接合.2，在系统弹出的快捷菜单中选择属性选项，然后在系统弹出的“属性”对话框中选择特征属性选项卡，在特征名称：文本框中输入文件名“Core_surface”，单击确定按钮，完成型芯分型面的重命名。

步骤06 创建型腔分型面。

（1）选择命令。选择下拉菜单插入 → Operations → Join...命令，系统弹出“接合定义”对话框。

（2）选择接合对象。分别在特征树中Cavity.1的“+”号下选取曲面.32、

Repair_surface的“+”号下选取 填充.1到 填充.7、Parting_surface的“+”号下选取 扫掠.1。

（3）单击该对话框中的 确定 按钮，完成型腔分型面的创建。

（4）重命名型腔分型面。右击 接合.3，在系统弹出的快捷菜单中选择 属性 选项，然后在系统弹出的“属性”对话框中选择 特征属性 选项卡，在 特征名称： 文本框中输入文件名“Cavity_surface”，单击 确定 按钮，完成型腔分型面的重命名。

说明： 为了便于直观地观察型腔分型面与型芯分型面，可以对分型面的颜色进行设置，如对型芯分型面颜色的修改，具体方法：右击 Core_surface 图标，在系统弹出的快捷菜单中选择 属性 选项，在 图形 选项卡中 颜色 下拉列表中选择一种颜色，单击 确定 按钮，完成型芯分型面的颜色修改。

13.2.8 模具分型

完成模具分型面的创建后，接着就需要利用该分型面来分割工件，生成型芯与型腔。在CATIA V5R20中创建模具工件主要通过下拉菜单中的 New Insert... 命令来完成。

1. 创建型芯工件

下面继续以前面的模型为例，讲述创建型芯工件的一般操作过程。

步骤 01 隐藏型腔分型面。在特征树中右击 Cavity_surface 图标，在系统弹出的快捷菜单中选择 隐藏/显示 命令，隐藏型腔分型面。

步骤 02 激活产品。在特征树中双击 end-flange-cover_mold，系统激活此产品。

步骤 03 切换工作台。选择下拉菜单 开始 ➡ 机械设计 ▸ ➡ Mold Tooling Design 命令，系统切换至“模具设计”工作台。

说明： 若激活 end-flange-cover_mold 产品后，是在“模具设计”工作台中，则 步骤 03 就不需要操作。

步骤 04 加载工件。

（1）选择命令。选择下拉菜单 插入 ➡ Mold Base Components ▸ ➡ New Insert... 命令，系统弹出图 13.2.25 所示的“Define Insert”对话框(一)。

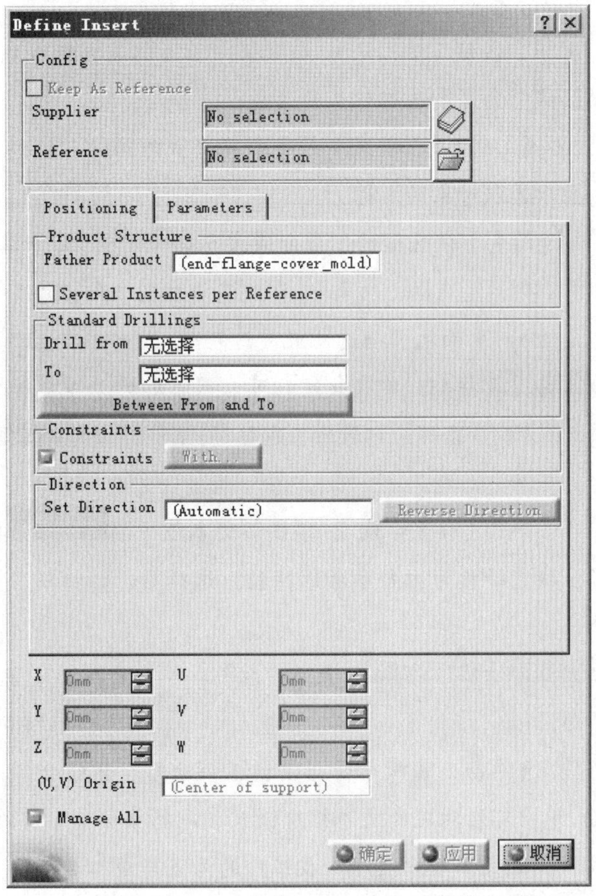

图 13.2.25 "Define Insert"对话框（一）

图 13.2.25 所示的"Define Insert"对话框（一）中部分选项的说明如下。

◆ Config（配置）区域：该区域的下拉列表中包括 和 两个按钮。

- ：单击该按钮后，用户可在软件自带的工件中选择适合的类型（矩形或圆形）。
- ：单击该按钮后，用户可以将自定义的工件类型加载到当前的产品中并使用。

◆ Positioning 布置（选项卡）：在此选项卡中包括 Product Structure（产品结构）区域，Standard Drillings（标准孔）区域、Constraints（约束）区域和 Direction（方向）区域。

- Product Structure（产品结构）区域：该区域的下拉列表中包括 Father Product 和 ☐ Several Instances per Reference 选项。
  - ☑ Father Product（父级产品）：显示添加工件的对象。
  - ☑ ☐ Several Instances per Reference：选中该复选框后可以将几个独立的对象看成一个参照对象。
- Standard Drillings（标准孔）区域：该区域的下拉列表中包括 Drill from 和 To 两个

区域。

☑ Drill from 区域（钻孔从）：在模架中若选取某块板作为钻孔的起始对象，则此区域中会显示选取对象的名称。

☑ To 区域（到）：在模架中若选取某块板作为钻孔的终止对象，则此区域中会显示选取对象的名称。

- Constraints（约束）：该区域的下拉列表中包括 Constraints 和 With... 两个选项。

☑ Constraints 复选框（约束）：系统在添加的工件上添加约束，将工件约束到选定的 xy 平面上。当选中此复选框时后面的 With... 按钮才被激活。

☑ With... 按钮：单击此按钮可以将添加的工件重新选择约束对象。

- Direction（方向）区域：该区域中包括 Set Direction 和 Reverse Direction 两个选项。

☑ Set Direction（设置方向）：单击该文本框中的 (Automatic) 将其激活，然后在图形区域选择作为方向参考的特征。选择后，该特征名称会显示在此文本框中。

☑ Reverse Direction（反向）按钮：单击该按钮，可更改当前加载零件的方向。

- Parameters（参数）选项卡：单击该选项卡后，系统会弹出有关尺寸参数设置的界面，用户可在对应的文本框中输入相应的参数对当前的工件尺寸进行设置。
- (U,V) Origin：此文本框中显示加载工件的原点为中心类型。
- Manage All（管理所有工件）复选框：当同时创建多个工件时，选中此复选框可以对所有的工件同时进行编辑；若不选中只能对单个工件进行编辑。

（2）定义放置平面。在特征树中选取“xy 平面”为放置平面。

（3）定义放置坐标点。在型芯分型面上单击任意位置，然后在“Define Insert”对话框的 X 文本框中输入数值 0，在 Y 文本框中输入数值 0，在 Z 文本框中输入数值 30。

说明：当在 X 、Y 和 Z 文本框中输入数值后，系统在 U 、V 和 W 文本框中的数值也会发生相应的变化。

（4）选择工件类型。在“Define Insert”对话框中单击按钮，在系统弹出的对话框中双击 Shaft 类型，然后在系统弹出的对话框中双击 Shaft 类型。

（5）选择工件参数。在“Define Insert”对话框中选择 Parameters 选项卡，然后在 D 文本框中输入数值 300，在 H 文本框中输入数值 80，在 Draft 文本框中输入数值 0，如图 13.2.26 所示。

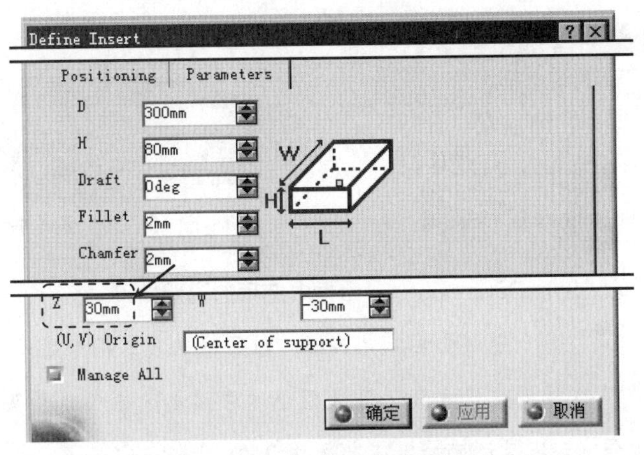

图 13.2.26 “Define Insert”对话框（二）

（6）在“Define Insert”对话框（二）中单击 Positioning 选项卡 Drill from 区域中的 MoldedPart.1 文本框，使其显示为无选择，如图 13.2.27 所示。

（7）在“Define Insert”对话框（三）中单击确定按钮，创建结果如图 13.2.28 所示。

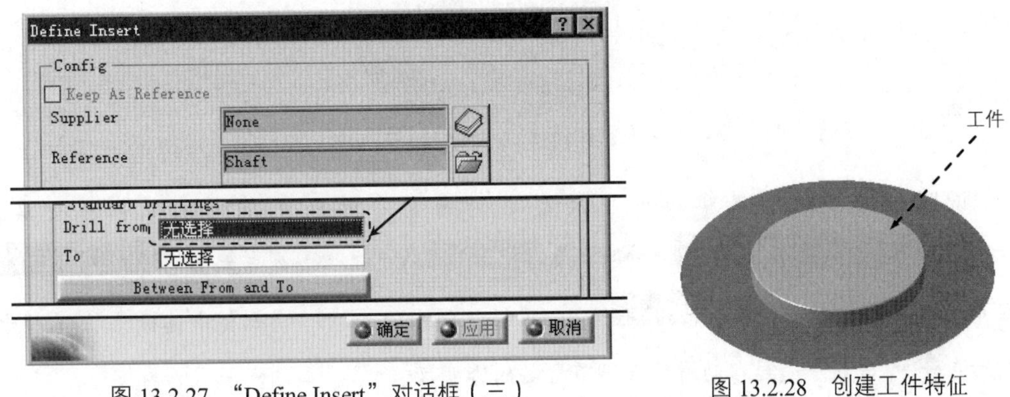

图 13.2.27 “Define Insert”对话框（三）

图 13.2.28 创建工件特征

步骤 05 分割工件。

（1）激活产品。在特征树中双击 end-flange-cover_mold。

（2）选择命令。在特征树中右击 Insert_2 (Insert_2.1)，在系统弹出的快捷菜单中选择 Insert_2.1 对象 → Split component... 命令，系统弹出图 13.2.29 所示的“Split Definition”对话框。

（3）选取分割曲面。选取图 13.2.30 所示的型芯分型面，然后单击图 13.2.30 所示的箭头，使箭头方向朝下，单击确定按钮。

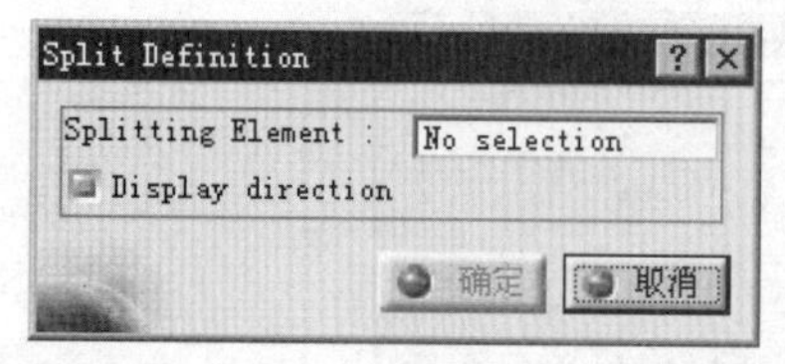

图 13.2.29 “Split Definition”对话框

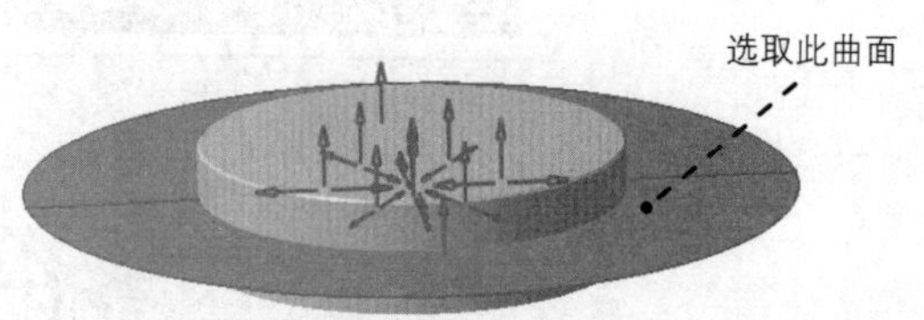

图 13.2.30 选取特征

图 13.2.29 所示的“Split Definition”对话框中选项的说明如下。

- Splitting Element :（分割元素）文本框：该区域的文本框中显示选取的分割对象。
- Display direction（显示方向）复选框：选中该复选框后，箭头指向的方向为分割保留的部分，系统默认的情况下为选中状态。

（4）隐藏型芯分型面。在特征树中右击 Core_surface，在系统弹出的快捷菜单中选择 隐藏/显示 命令，将型芯分型面隐藏，结果如图 13.2.31 所示。

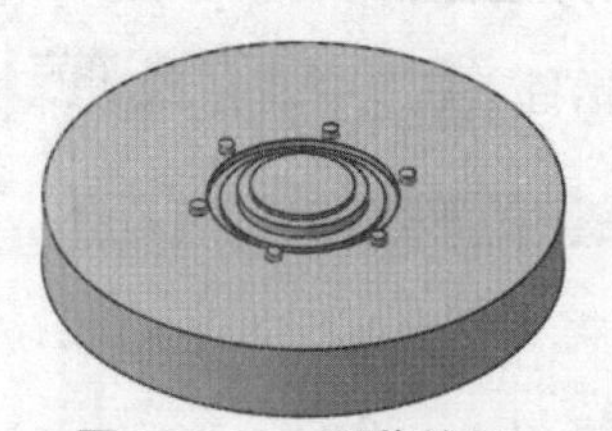
图 13.2.31 型芯特征

说明：为了便于观察，可更改型芯透明度，用户可在特征树中依次单击 Insert_2 (Insert_2.1) → Insert_2 的“+”号，然后右击 零件几何体，在系统弹出的快捷菜单中选择 属性 选项，在系统弹出的“属性”对话框中选择 图形 选项卡，然后在 透明度 区域中通过移动滑块来调节型芯的透明度。

步骤 06 重命名型芯工件。在特征树中右击 Insert_2 (Insert_2.1)，在系统弹出的快捷菜单中选择 属性 选项，在系统弹出的“属性”对话框中选择 产品 选项卡，分别在 部件 区域的 实例名称 文本框和 产品 区域的 零件编号 文本框中输入文件名“Core_part”，单击 确定 按钮，此时系统弹出“Warning”对话框，单击 是 按钮，完成型芯工件的重命名。

2. 创建型腔工件

下面继续以前面的模型为例，讲述创建型腔工件的一般操作过程。

步骤 01 显示型腔分型面。在特征树中右击 Cavity_surface，在系统弹出的快捷菜单中选择 隐藏/显示 命令，将型腔分型面显示出来。

步骤02 隐藏型芯工件。在特征树中右击core_part (core_part)，在系统弹出的快捷菜单中选择隐藏/显示命令，将型芯工件隐藏起来。

步骤03 选择命令。选择下拉菜单插入 → Mold Base Components → New Insert...命令，系统弹出“Define Insert”对话框。

步骤04 加载工件。

（1）定义放置平面。在特征树中选取“xy平面”为放置平面。

（2）定义放置坐标点。在型腔分型面上单击任意位置，然后在“Define Insert”对话框的X文本框中输入数值0，在Y文本框中输入数值0，在Z文本框中输入数值30。

（3）选择工件类型。在“Define Insert”对话框中单击按钮，在系统弹出的对话框中双击Shaft类型，然后在系统弹出的对话框中双击Shaft类型。

（4）选择工件参数。在“Define Insert”对话框中单击Parameters选项卡，然后在D文本框中输入数值300，在H文本框中输入数值80，在Draft文本框中输入数值0。

（5）定义拉伸方向。在“Define Insert”对话框中单击Positioning选项卡，在Drill from区域中的MoldedPart.1文本框，使其显示为无选择。

（6）单击确定按钮，完成工件的加载。

步骤05 分割工件。

（1）激活产品。在特征树中双击end-flange-cover_mold。

（2）选择命令。在特征树中右击Insert_1 (Insert_1.1)，在系统弹出的快捷菜单中选择Insert_1.1对象 → Split component...命令，系统弹出“Split Definition”对话框。

说明：加载工件的编号是系统自动产生的，编号的顺序可能与读者做的不一样，不影响后续操作。

（3）选取分割曲面。选取图13.2.32所示的型腔分型面，单击确定按钮。

（4）隐藏型腔分型面。在特征树中右击Cavity_surface，在系统弹出的快捷菜单中选择隐藏/显示命令，将型腔分型面隐藏，结果如图13.2.33所示。

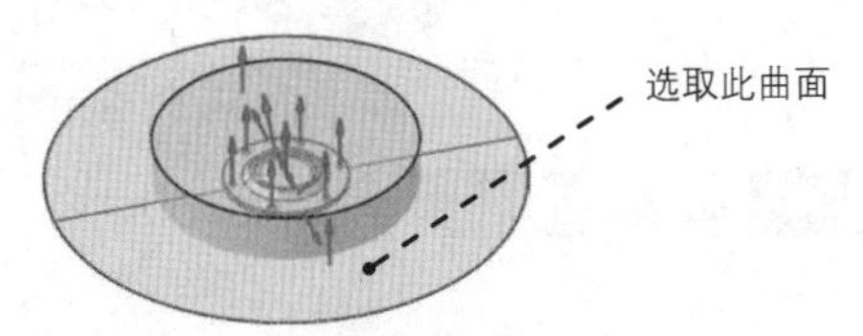

图13.2.32 选取型腔分型面

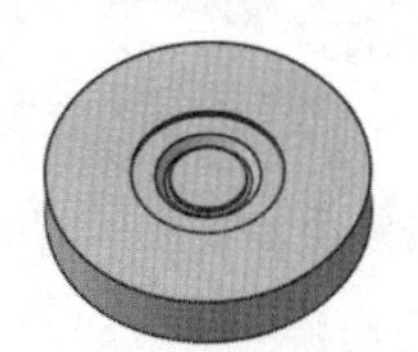
图13.2.33 隐藏型腔分型面

步骤 06 重命名型腔工件。在特征树中右击 Insert_1 (Insert_1.1)，在系统弹出的快捷菜单中选择 属性 选项，在系统弹出的“属性”对话框中选择 产品 选项卡，分别在 部件 区域的 实例名称 文本框和 产品 区域的 零件编号 文本框中输入文件名“Cavity_part”，单击 确定 按钮，此时系统弹出“Warning”对话框，单击 是 按钮，完成型腔工件的重命名。

13.3 分型线设计工具

分型线是将产品分为两部分的分界线，一部分为定模成型，另一部分为动模成型。将分型线向动、定模四周延拓或扫描就可得到模具的分型面。分型线设计是否合理直接决定分型面的是否合理。

13.3.1 边界曲线

边界曲线可通过完整边界、点连接、切线连续和无拓展四种方式来创建，下面将通过一个模型对这四种方法分别介绍。

1. 完整边界

完整边界是指选择的边线沿整个曲面边界进行传播。

步骤 01 打开文件 D:\catrt20\work\ch13.03.01\01\MoldedPart.CATPart。

步骤 02 选择命令。选择下拉菜单 插入 → Operations → Boundary... 命令，系统弹出“边界定义”对话框。

步骤 03 选择拓展类型。在该对话框的 拓展类型： 下拉列表中选择 完整边界 选项。

步骤 04 选择边界。在模型中选取图 13.3.1 所示的边线，单击 确定 按钮，结果如图 13.3.2 所示。

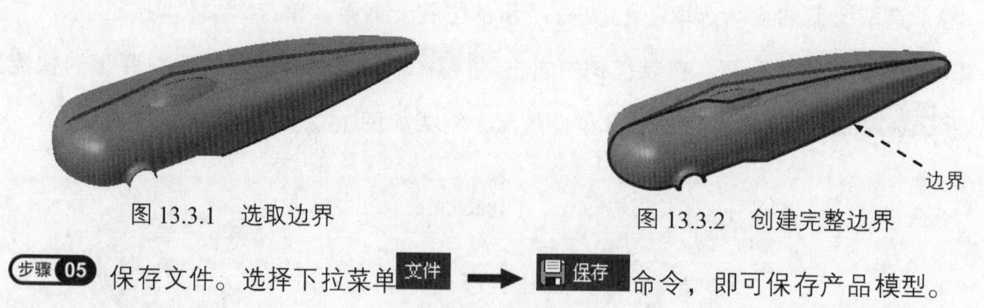

图 13.3.1 选取边界　　图 13.3.2 创建完整边界

步骤 05 保存文件。选择下拉菜单 文件 → 保存 命令，即可保存产品模型。

2. 点连续

点连续是指选择的边线沿着曲面边界传播，直至遇到不连续的点为止。

步骤01 打开文件 D:\catrt20\work\ch13.03.01\02\MoldedPart.CATPart。

步骤02 选择命令。选择下拉菜单 插入 → Operations ▸ → Boundary... 命令，系统弹出“边界定义”对话框。

步骤03 选择拓展类型。在该对话框的 拓展类型： 下拉列表中选择 点连续 选项。

步骤04 选取边界线。在模型中选取图 13.3.3 所示的边线，单击 确定 按钮，结果如图 13.3.4 所示。

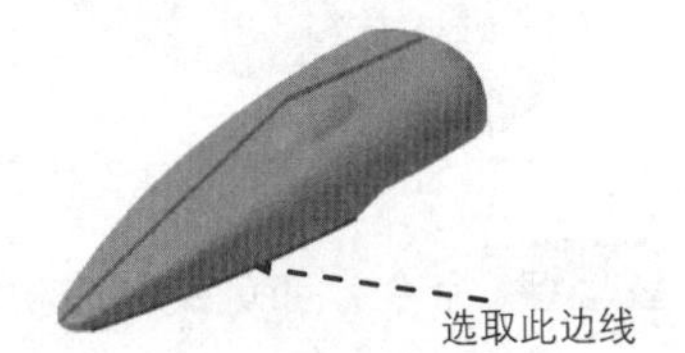

图 13.3.3 选取边界线

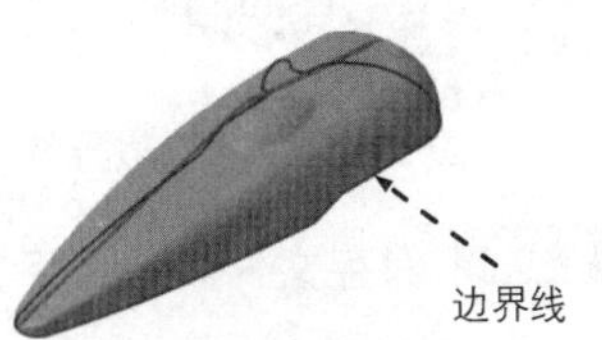

图 13.3.4 创建点连续

步骤05 保存文件。选择下拉菜单 文件 → 保存 命令，即可保存产品模型。

说明：在创建边界曲面后，读者还可以在边界上选择点来进行边界曲线的限制。

3. 切线连续

切线连续是指选择的边线沿着曲面边界传播，直至遇到不相切的线为止。

步骤01 打开 D:\catrt20\work\ch13.03.01\03\MoldedPart.CATPart 文件。

步骤02 选择命令。选择下拉菜单 插入 → Operations → Boundary... 命令，系统弹出“边界定义”对话框。

步骤03 选择拓展类型。在该对话框的 拓展类型： 下拉列表中选择 切线连续 选项。

步骤04 选取边界线。在模型中选取图 13.3.5 所示的边线，单击 确定 按钮，结果如图 13.3.6 所示。

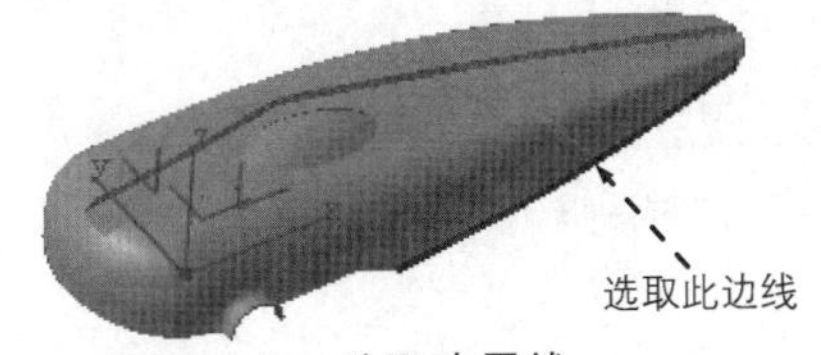

图 13.3.5 选取边界线

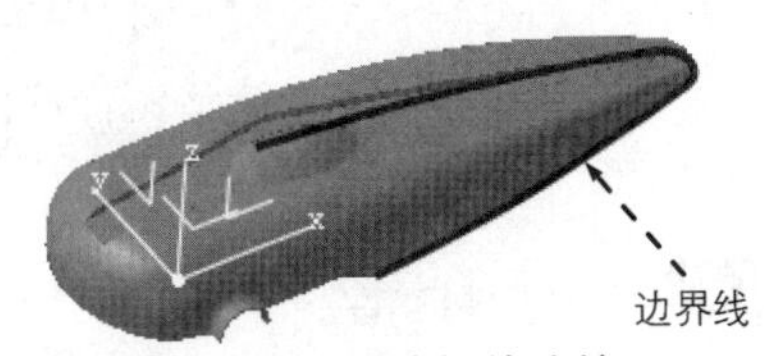

图 13.3.6 创建切线连续

步骤05 保存文件。选择下拉菜单 文件 → 保存 命令，即可保存产品模型。

4. 无拓展

无拓展是指选择的边线不会沿着曲面边界传播，只是影响选取的边线。

步骤01 打开文件 D:\catrt20\work\ch13.03.01\04\MoldedPart.CATPart。

步骤02 选择命令。选择下拉菜单 插入 → Operations ▸ → Boundary... 命令，

系统弹出“边界定义”对话框。

步骤 03 选择拓展类型。在该对话框的 拓展类型： 下拉列表中选择 无拓展 选项。

步骤 04 选取边界线。在模型中选取图 13.3.7 所示的边线，单击 确定 按钮，结果如图 13.3.8 所示。

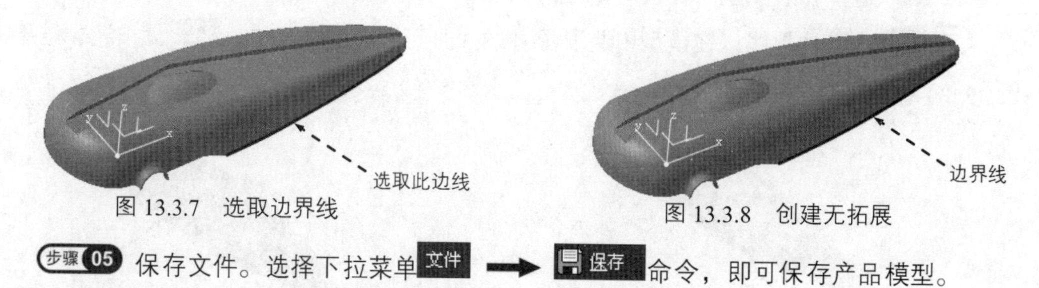

图 13.3.7　选取边界线　　图 13.3.8　创建无拓展

步骤 05 保存文件。选择下拉菜单 文件 → 保存 命令，即可保存产品模型。

13.3.2　反射曲线

反射曲线主要用于创建产品模型上的最大轮廓曲线，即最大分型线。下面将通过一个模型，讲述创建反射曲线的一般操作过程。

步骤 01 打开文件 D:\catrt20\work\ch13.03.02\MoldedPart.CATPart。

步骤 02 选择命令。选择下拉菜单 插入 → Wireframe ▸ → Reflect Line... 命令，系统弹出图 13.3.9 所示的“反射线定义”对话框。

图 13.3.9　“反射线定义”对话框

步骤 03 定义反射属性。

（1）选择类型。在该对话框的 类型： 区域中选中 圆柱 单选项。

（2）选择支持面。在特征树中选择 Other.1 节点下的 曲面.21 选项。

（3）定义方向。在该对话框的 方向： 区域中右击 无选择 选项，在系统弹出的快捷菜单中选择 Z 部件 选项。

（4）定义角度。在该对话框的 角度： 文本框中输入数值 90，在 角度参考： 区域中选中 法线 单选项。

步骤 04 在该对话框中单击 确定 按钮，结果如图 13.3.10 所示。

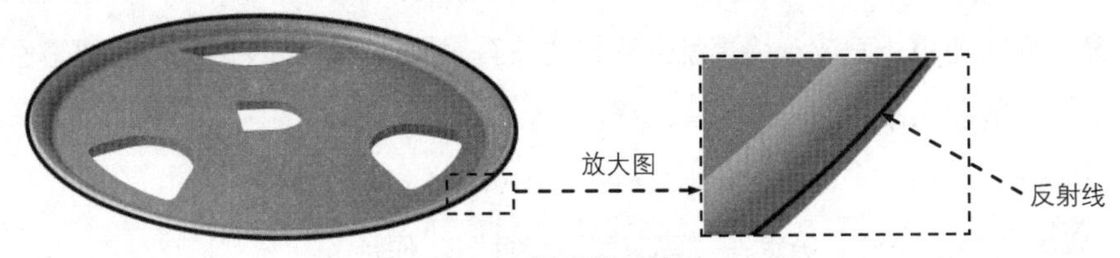

图 13.3.10 创建反射线

步骤 05 保存文件。选择下拉菜单 文件 → 保存 命令，即可保存产品模型。

图 13.3.9 所示的“反射线定义”对话框中选项的说明如下。

- 类型：区域：该区域中包括 圆柱 和 二次曲线 两个选项，分别表示支持面为圆柱型和二次曲线型。
  - ☑ 圆柱 单选项：若支持面为圆柱型，需选择该单选项。
  - ☑ 二次曲线 单选项：若支持面为二次曲线型，需选择该单选项。
- 支持面：区域：该区域的文本框中显示选取的支持面。
- 方向：区域：该区域的文本框中显示选取的方向，同样也可以选取一个平面作为反射的方向。
- 角度：区域：用户可在该区域的文本框中输入反射线与方向的夹角。
- 角度参考：区域：该区域包括 法线 和 切线 两个选项，分别表示反射线的法线和切线方向与选取方向产生夹角。
  - ☑ 法线 单选项：若选中该单选项，表示反射线的法线方向与选取的方向将会产生夹角。
  - ☑ 切线 单选项：若选中该单选项，表示反射线的切线方向与选取的方向将会产生夹角。
- 确定后重复对象 复选框：选中该复选框可以对创建的反射线进行复制。若用户选中该复选框，然后再单击“反射线定义”对话框中的 确定 按钮，系统会弹出“复制对象”对话框，用户可在该对话框的 实例： 文本框中输入复制的个数。

13.4 分型面设计工具

在设计分型面时一般可以使用填充、延伸、多截面、扫掠和接合曲面等方法来完成。其分型面的创建是在分型线的基础上完成的，并且分型线的形状直接决定分型面创建的难易程度。通过创建出的分型面可以将工件分割成型腔和型芯零件的设计。

13.4.1 填充曲面

填充曲面主要用于完成产品模型上存在的破孔洞的修补，以使后续的分型工作能够正常进行，下面讲解填充曲面的一般创建过程。

步骤 01 打开文件 D:\catrt20\work\ch13.04.01\MoldedPart.CATPart。

步骤 02 切换工作台。确定在“型芯型腔设计”工作台。

步骤 03 新建几何图形集。

（1）选择命令。选择下拉菜单 插入 → 几何图形集... 命令，系统弹出“插入几何图形集”对话框。

（2）在系统弹出对话框的 名称: 文本框中输入文件名“Parting_surface”，接受 父级: 文本框中的默认 MoldedPart 选项，然后单击 确定 按钮。

步骤 04 创建填充曲面 1。

（1）选择命令。选择下拉菜单 插入 → Surfaces ▸ → Fill... 命令，系统弹出“填充曲面定义”对话框。

（2）选取填充边界。选取 13.4.1 所示的边链，在“填充曲面定义”对话框中单击 确定 按钮，创建结果如图 13.4.2 所示。

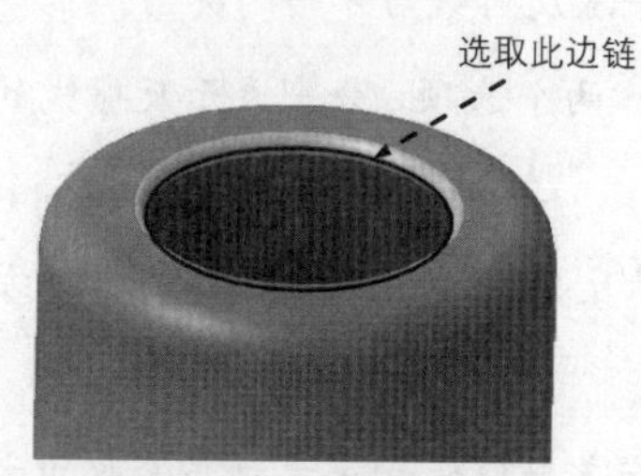

图 13.4.1 选取边链

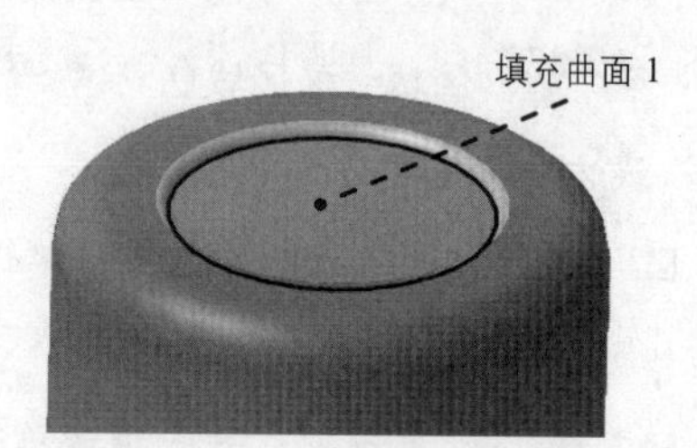

图 13.4.2 创建填充曲面 1

13.4.2 拉伸曲面

步骤 01 打开文件 D:\catrt20\work\ch13.04.02\abs-control-cover.CATProduct。

步骤 02 激活零件。在特征树中双击 MoldedPart (MoldedPart.1) 节点下的 MoldedPart，确定在“型芯型腔设计”工作台。

步骤 03 新建几何图形集。

（1）选择命令。选择下拉菜单 插入 → 几何图形集... 命令，系统弹出“插入几何图形集”对话框。

（2）在系统弹出对话框的 名称: 文本框中输入文件名“Parting_surface”，接受 父级: 文本框中的默认MoldedPart选项，然后单击 确定 按钮。

步骤04 选择下拉菜单 插入 → Surfaces ▸ → Parting Surface... 命令，系统弹出图 13.4.3 所示的“Parting surface Definition”对话框。

步骤05 在绘图区中选取零件模型，此时在零件模型上会显示许多边界点，如图 13.4.4 所示。

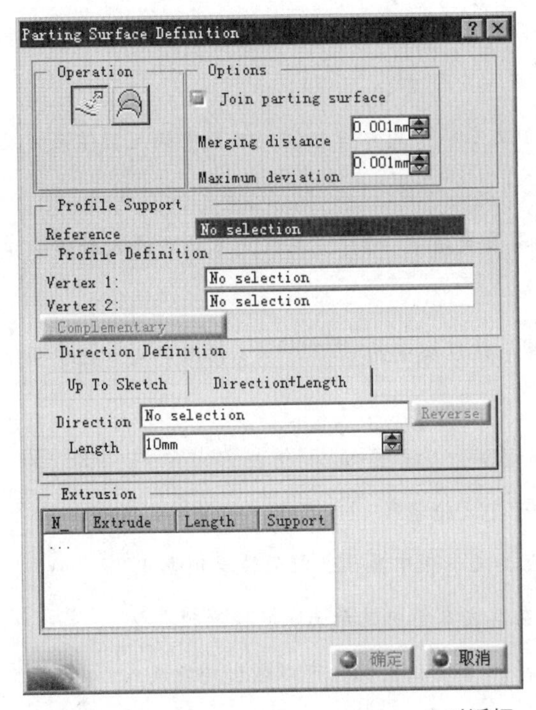

图 13.4.3 “Parting Surface Definition”对话框

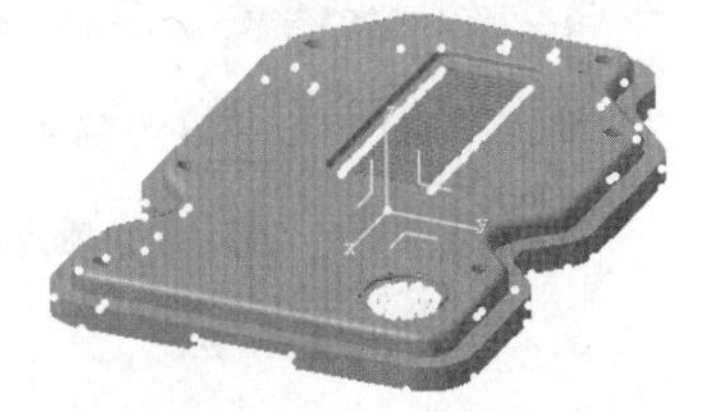
图 13.4.4 边界点

步骤06 创建拉伸 1。

（1）选取拉伸边界点。在零件模型中分别选取图 13.4.5 所示的点 1 和点 2 作为拉伸边界点。

（2）定义拉伸方向和长度。在该对话框中选择 Direction+Length 选项卡，然后在 Length 文本框中输入数值 50，按 Enter 键，在坐标系中选取“y 轴”（主坐标系中），结果如图 13.4.6 所示。

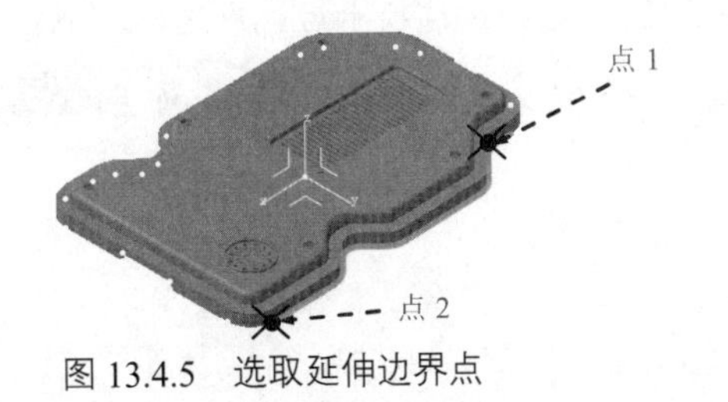

图 13.4.5 选取延伸边界点

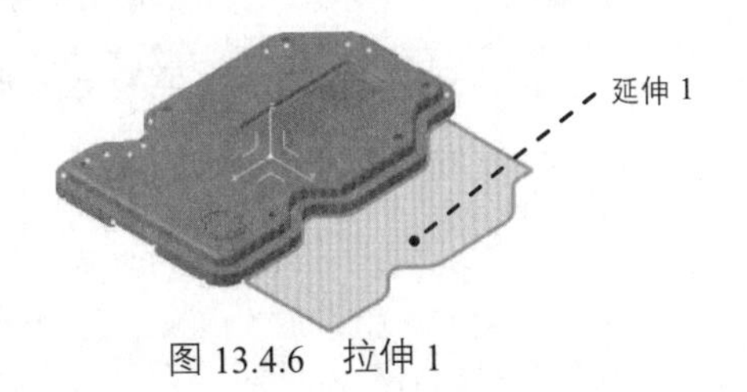

图 13.4.6 拉伸 1

图 13.4.3 所示的"Parting Surface Definition"对话框中部分选项的说明如下。

◆ Operation（操作）区域：该区域中包括（拉伸）和（放样）两个选项，单击按钮后，系统会弹出另一个对话框，可进行放样操作。

◆ Options（选项）区域：该区域中包括 Join parting surface、Merging distance 和 Maximum deviation 三个选项。

● Join parting surface（连接分型面）复选框：选中该复选框，可将创建的拉伸分型面自动合并。

● Merging distance（合并间距）文本框：用户可在该文本框中输入数值来定义合并的间距。

● Maximum deviation 文本框（偏离最大值）：用户可在该文本框中输入数值来定义偏离的最大值。

◆ Profile Support（轮廓对象）区域：该区域中的 Reference（涉及）文本框中显示选取的要拉伸的对象。

◆ Profile Definition（定义轮廓）区域：该区域中包括 Vertex 1:、Vertex 2: 和 Complementary 三项，用于定义轮廓线。

● Vertex 1: 文本框（顶点 1）：在其文本框中显示选取的轮廓顶点 1。

● Vertex 2: 文本框（顶点 2）：在其文本框中显示选取的轮廓顶点 2。

● Complementary（补充）：单击该按钮，可以增加轮廓顶点。

◆ Direction Definition（定义方向）区域：该区域中包括 Up To Sketch 和 Direction+Length 两个选项卡，用于定义拉伸的方向和距离。

● Up To Sketch 选项卡（直到草图）：选择该选项卡后，可选取草图的一条边线为拉伸终止对象。但首先应绘制，如图 13.4.7 所示的草图（在"xy 平面"绘制），选取图 13.4.5 所示的边界点，然后选取图 13.4.8 所示的草图线，结果如图 13.4.9 所示。

● Direction+Length 选项卡（方向和长度）：选择该选项卡后，应选取一个轴为拉伸方向，然后在 Length 文本框中输入一数值来定义拉伸的长度；单击 Reverse 按钮，可更改拉伸方向。

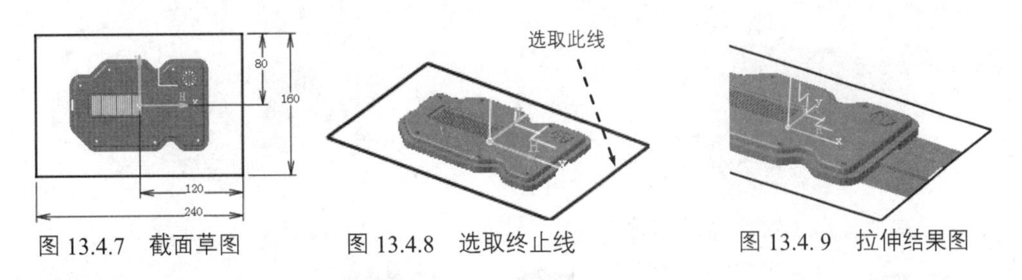

图 13.4.7 截面草图　　图 13.4.8 选取终止线　　图 13.4.9 拉伸结果图

步骤 07 创建拉伸 2。单击 Vertex 1: 文本框使之激活，在零件模型中分别选取图 13.4.10 所示的点 1 和点 2 作为拉伸边界点；在该对话框中选择 Direction+Length 选项卡，然后在坐标系中选择“x 轴”(主坐标系中)，在 Length 文本框中输入数值 50，单击 Reverse 按钮，结果如图 13.4.11 所示。

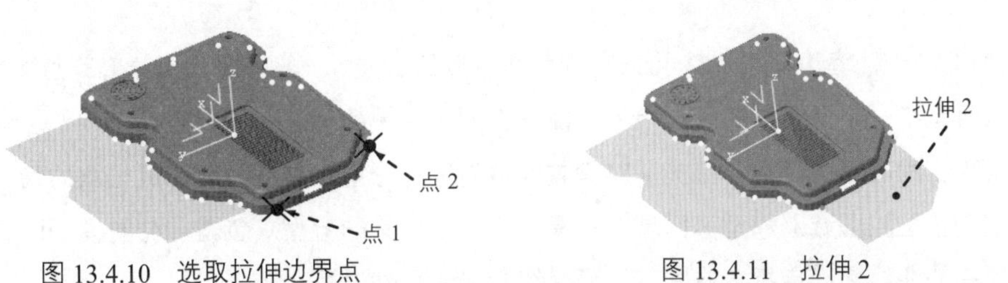

图 13.4.10 选取拉伸边界点　　图 13.4.11 拉伸 2

步骤 08 创建拉伸 3。单击 Vertex 1: 文本框使之激活，在零件模型中分别选取图 13.4.12 所示的点 1 和点 2 作为拉伸边界点；在该对话框中选择 Direction+Length 选项卡，然后在坐标系中选取“y 轴”(主坐标系中)，在 Length 文本框中输入数值 50，单击 Reverse 按钮，结果如图 13.4.13 所示。

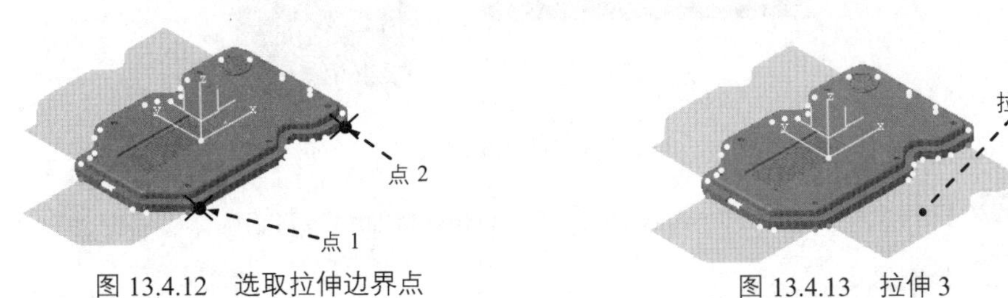

图 13.4.12 选取拉伸边界点　　图 13.4.13 拉伸 3

步骤 09 创建拉伸 4。单击 Vertex 1: 文本框使之激活，在零件模型中分别选取图 13.4.14 所示的点 1 和点 2 作为拉伸边界点；在该对话框中选择 Direction+Length 选项卡，然后在坐标系中选取“x 轴”(主坐标系中)，在 Length 文本框中输入数值 50，结果如图 13.4.15 所示。

步骤 10 在“Parting Surface Definition”对话框中单击 确定 按钮，完成拉伸曲面的创建。

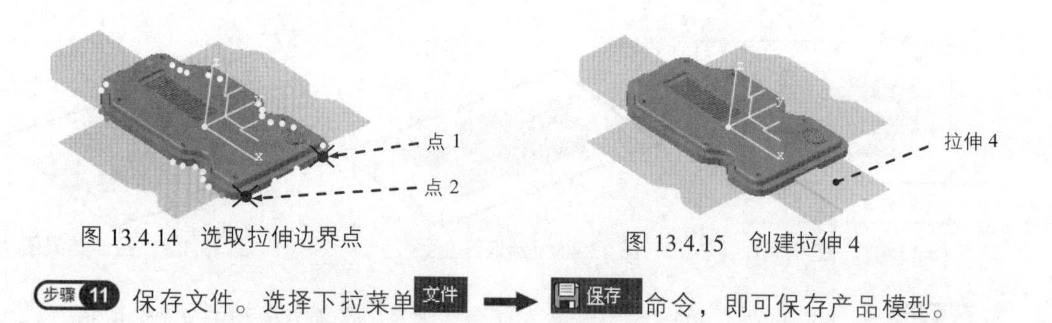

图 13.4.14　选取拉伸边界点　　　　图 13.4.15　创建拉伸 4

步骤 11 保存文件。选择下拉菜单 文件 → 保存 命令，即可保存产品模型。

13.5　型芯/型腔区域工具

13.5.1　分割模型区域

使用“分割模型区域”命令可以完成曲面分割的创建，一般主要用于分割跨越区域面（跨越区域面是指一部分在型芯区域而另一部分在型腔区域的面，如图 13.5.1 所示）。对于产品模型上存在的跨越区域面：首先，对跨越区域面进行分割；其次，将完成分割的跨越区域面分别定义在型腔区域上和型芯区域上；最后，完成模具的分型。创建“分割模型区域”一般通过现有的曲线来确定拆分方式，下面介绍其一般创建过程。

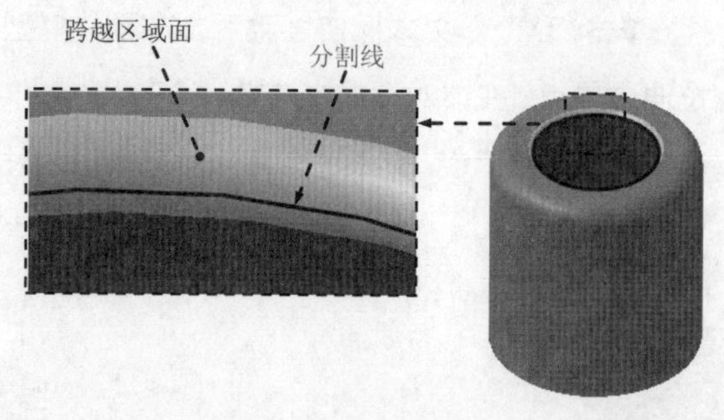

图 13.5.1　创建反射线

步骤 01 打开文件 D:\catrt20\work\ch13.05.01\MoldedPart.CATPart。

步骤 02 分割区域。

（1）选择命令。选择下拉菜单 插入 → Pulling Direction ▸ → Split Mold Area... 命令，系统弹出图 13.5.2 所示的“Split Mold Area”对话框。

（2）选取要分割的面。在 Propagation type 下拉列表中选择 Point continuity 选项，选取图 13.5.1 所示的跨越区域的面。

（3）选取分割曲线。单击以激活 Cutting Element 文本框，然后选取图 13.5.1 所示的分割线。

（4）在该对话框中单击 应用 按钮，然后单击 Switch Destination 按钮，在 Element Destination 区域选择 分割.2 Other.1 选项，然后在 Destination 的下拉列表中选择 Cavity.1，单击 Change Destination 按钮，结果如图 13.5.3 所示。

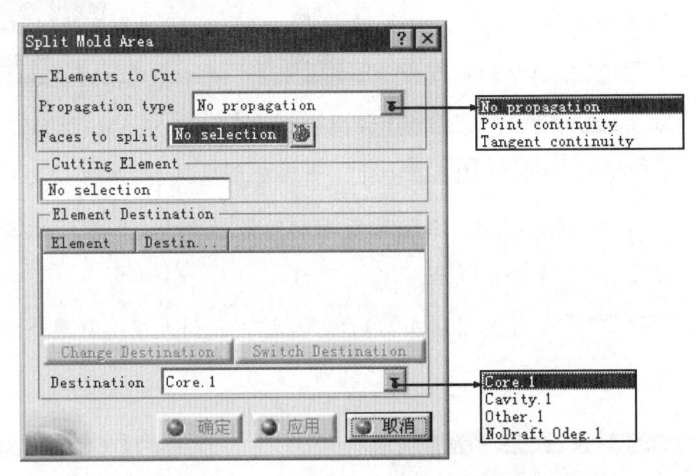

图 13.5.2 “Split Mold Area”对话框

（5）接受系统默认的分割后区域，在该对话框中单击 确定 按钮，完成分割区域的创建。

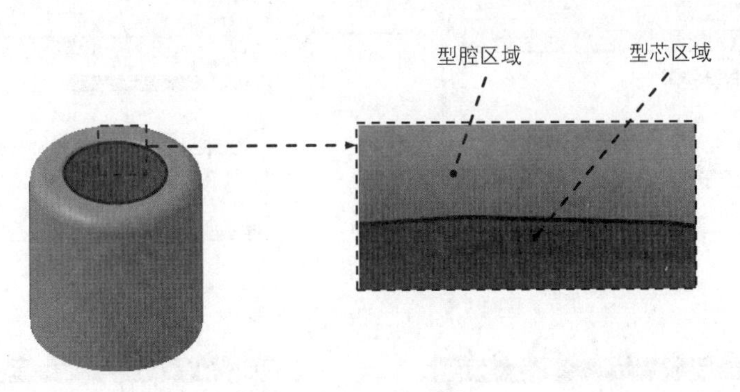

图 13.5.3 分割后的区域

图 13.5.2 所示的“Split Mold Area”对话框中各选项的说明如下。

◆ Elements to Cut（被分割元素）区域：该区域中包括 Propagation type 和 Faces to split 两种选项。

- Propagation type（选取类型）下拉列表：该选项的下拉列表中包括 No propagation、Point continuity 和 Tangent continuity 三种选项，用于定义在选取被分割曲面时的传播连续类型。
- Faces to split（被分割面）文本框：该选项的文本框中用于选取要分割的面。

◆ Cutting Element（分割元素）区域：该区域中显示用于分割面的元素。

◆ Element Destination（分割后元素）区域：该区域中显示分割后面的新区域，该区域包括 Change Destination 、 Switch Destination 和 Destination 三个选项。

- Change Destination 按钮（改变目标区域）：单击该按钮，可以更改分割后的某个区域。例如：如果选择图 13.5.4a 所示的 分割.2 Core.1 选项，然后在 Destination 的下拉列表中选择 Cavity.1 选项（也可以右击 分割.2 Cavity.1 选项），单击 Change Destination 按钮，结果如图 13.5.4b 所示。
- Switch Destination 按钮（交换目标区域）：单击该按钮，可以交换分割后的区域。如：在图 13.5.5a 所示的对话框中单击 Switch Destination 按钮，结果如图 13.5.5b 所示。
- Destination（目标区域）：用户可在该下拉列表中选择某个区域来进行区域的改变。

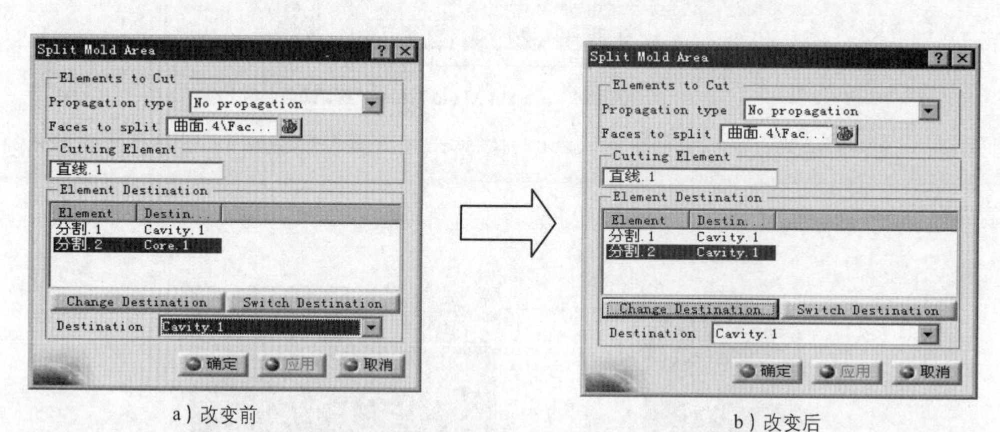

a）改变前　　b）改变后

图 13.5.4　改变目标区域

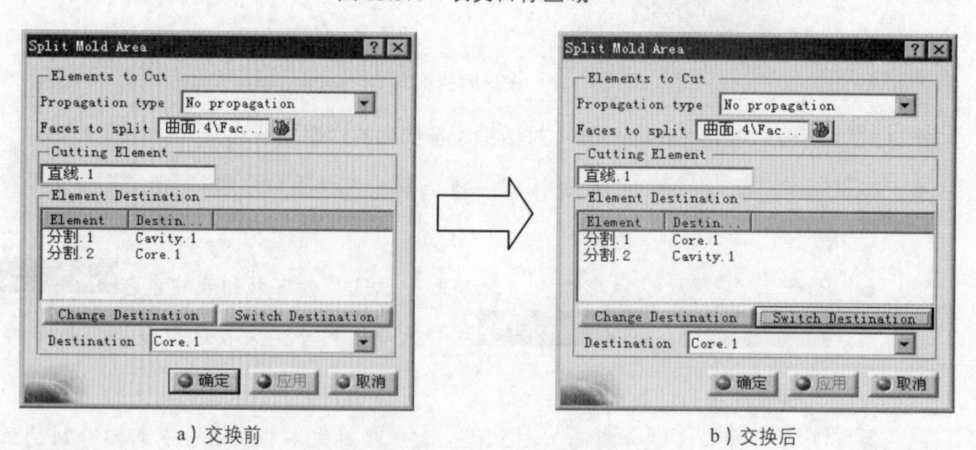

a）交换前　　b）交换后

图 13.5.5　交换目标区域

13.5.2 移动元素

移动元素是指从一个区域向另一个区域转移元素。下面以图13.5.6所示的模型为例，讲述移动元素的一般操作过程。

步骤01 打开文件D:\catrt20\work\ch13.05.02\MoldedPart.CATPart。

步骤02 选择命令。选择下拉菜单 插入 → Pulling Direction ▸ → Transfer... 命令，系统弹出“Transfer Element”对话框。

步骤03 定义型芯区域。在该对话框的Destination的下拉列表中选择Core.1选项，然后选取图13.5.6所示的面。

步骤04 定义型腔区域。在该对话框的Destination下拉列表中选择Cavity.1选项，然后选取图13.5.7所示的面。

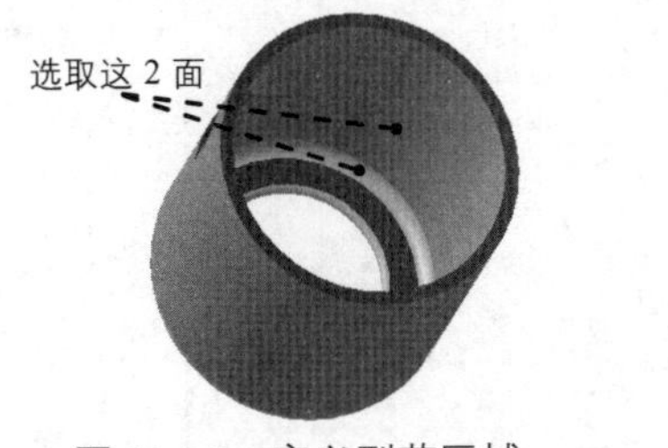

图13.5.6 定义型芯区域

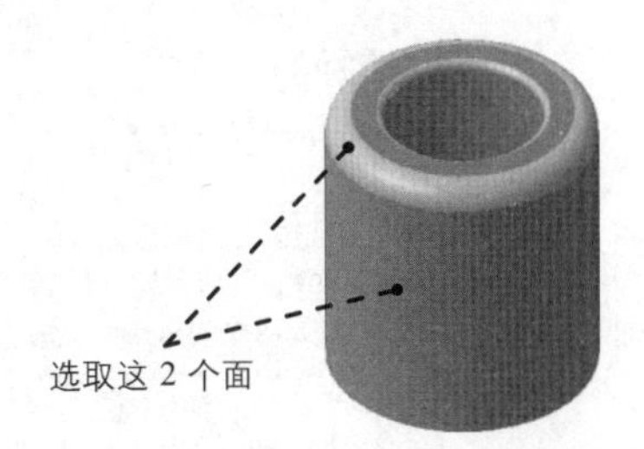

图13.5.7 定义型腔区域

步骤05 在“Transfer Element”对话框中单击 确定 按钮，结果如图13.5.8所示。

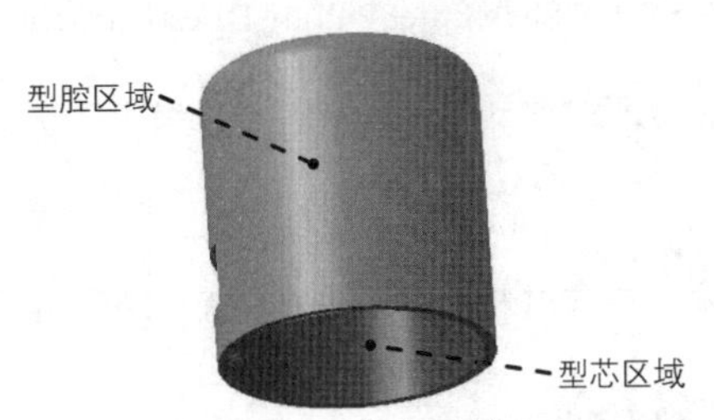

图13.5.8 定义区域

13.5.3 定义滑块开模方向

滑块的开模方向是模型零件上青绿色的区域，此开模方向为次要的开模方向；在定义滑块开模方向之前应先定义主开模方向。下面以一个模型为例，讲述定义滑块开模方向的一般操作过程。

步骤01 打开文件D:\catrt20\work\ch13.05.03\MoldedPart.CATPart。

步骤 02 选择命令。选择下拉菜单 插入 → Pulling Direction ▸ → Slider Lifter... 命令，系统弹出图 13.5.9 所示的“Slide Lifter Pulling Direction Definition”对话框。

图 13.5.9 所示的“Slide Lifter Pulling Direction Definition”对话框中部分选项的说明如下。

- Areas to Extract（抽取面积）区域：该区域用于显示模型各个区域的颜色。
  - ☑ Slider/Lifter（滑块）：此滑块区显示为黄色。

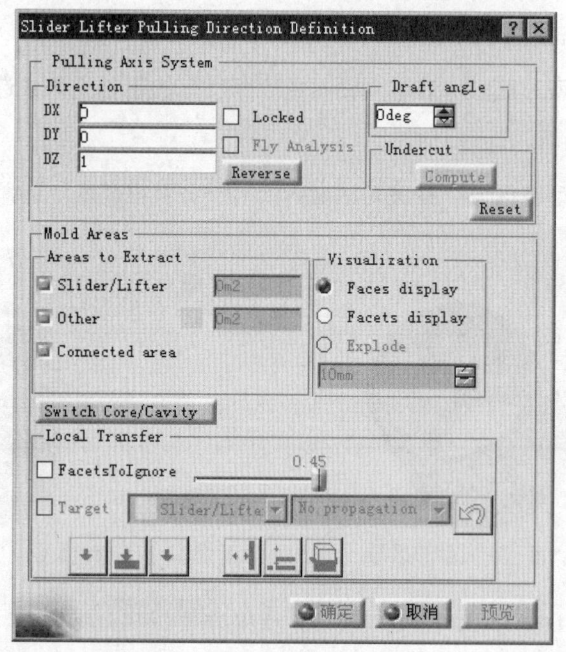

图 13.5.9 “Slide Lifter Pulling Direction Definition”对话框

步骤 03 锁定开模方向。在 Direction 区域的 DX 、DY 和 DZ 文本框中分别输入数值 0、-1 和 0，然后选中 Locked 复选框。

步骤 04 选取滑块区域。在零件模型中选取图 13.5.10 所示的滑块区域。

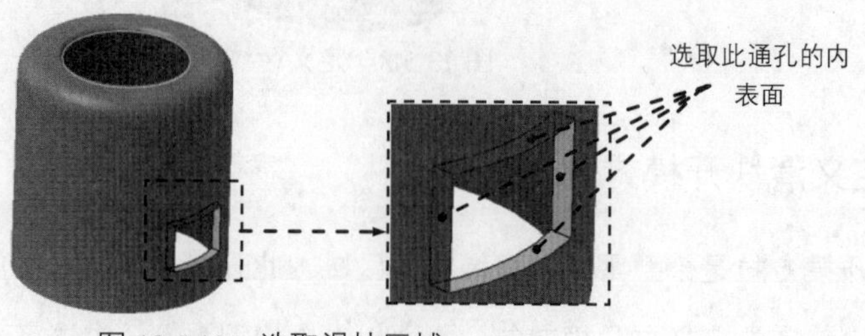

图 13.5.10 选取滑块区域

步骤 05 分解区域视图。在 Visualization 区域中选中 Explode 单选项，并在其下的文本框中输入数值 30，单击 预览 按钮，结果如图 13.5.11 所示，选中 Faces display 单选项。

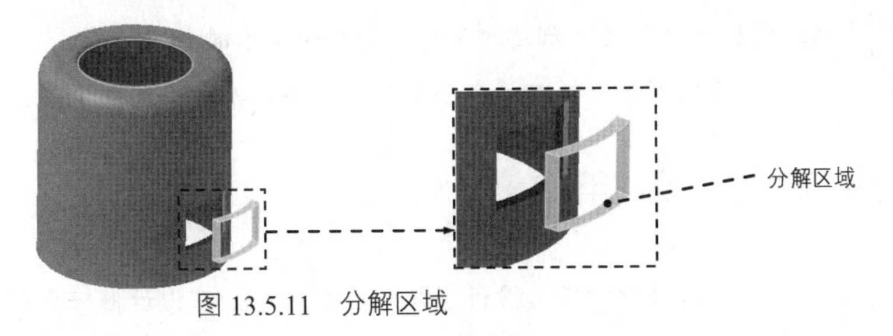

图 13.5.11　分解区域

步骤 06 在该对话框中单击 确定 按钮，此时系统弹出图 13.5.12 所示的“Slide/Lifter Pulling Direction”进程条，同时在特征树的轴系统下会显示图 13.5.13 所示的滑块坐标系。

图 13.5.12　“Slide/Lifter Pulling Direction”进程条

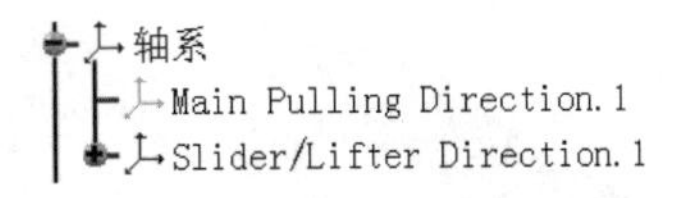

图 13.5.13　滑块坐标系

说明：在进行滑块开模方向定义时，用户也可以采用移动指南针到产品上的方法（指南针的 Z 轴指向就为当前的开模方向），若此时的 Z 轴指向不正确，还可以通过双击指南针来进行设置，系统会弹出“用于指南针操作的参数”对话框，读者可设置如图 13.5.14 所示的参数，然后单击 应用 按钮，然后单击 关闭 按钮在“Slide/Lifter Pulling Direction Definition”对话框中锁定坐标系。当用户需要定义某个坐标系时，可以在特征树中右击该坐标，然后在系统弹出的快捷菜单中选择 定义工作对象 命令，将其坐标系定义为工作对象。

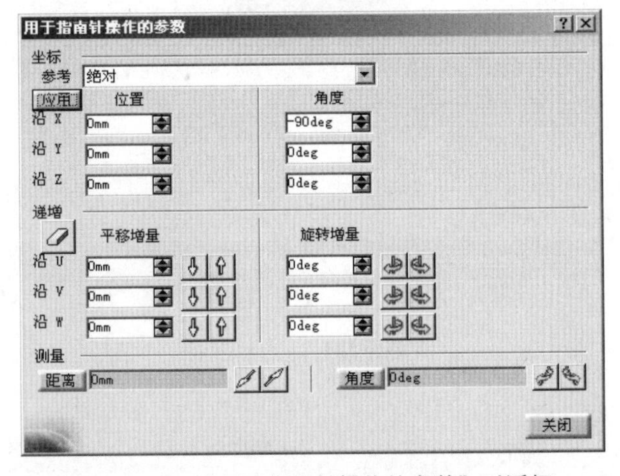

图 13.5.14　“用于指南针操作的参数”对话框

图 13.5.14 所示的“用于指南针操作的参数”对话框中部分区域的说明如下。

- ◆ 位置区域：该区域用于定义创建的坐标系与主坐标系的相对位置。
- ◆ 角度区域：该区域用于定义创建的坐标系与主坐标系的旋转角度。

13.6 模具设计综合应用案例

本实例将介绍一个塑料外壳的模具设计过程（图 13.6.1）。在设计此模具时，难点在于定义型芯区域面和型腔区域面（也就是怎样去确定产品模型的最大轮廓），主要设计过程包括破孔处的补面、分型面的创建、斜顶滑块的设计和型芯/型腔的创建。通过本例的学习，读者能掌握基本的模具设计方法。

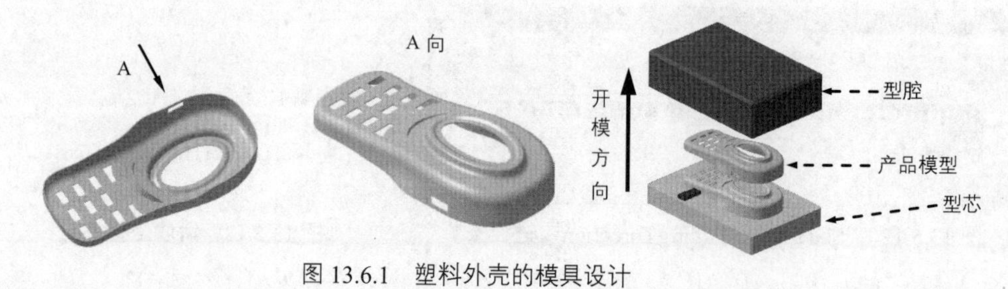

图 13.6.1 塑料外壳的模具设计

本案例的详细操作过程请参见随书光盘中 video\ch13\文件下的语音视频讲解文件。模型文件为 D:\catrt20\work\ch13.06\plastic-cover-mold。

第 14 章　数控加工与编程

14.1　数控加工与编程基础

14.1.1　进入数控加工工作台

启动 CATIA V5 后，选择下拉菜单 开始 ➡ 加工 子菜单下的对应命令（图 14.1.1），系统即可进入加工工作台。

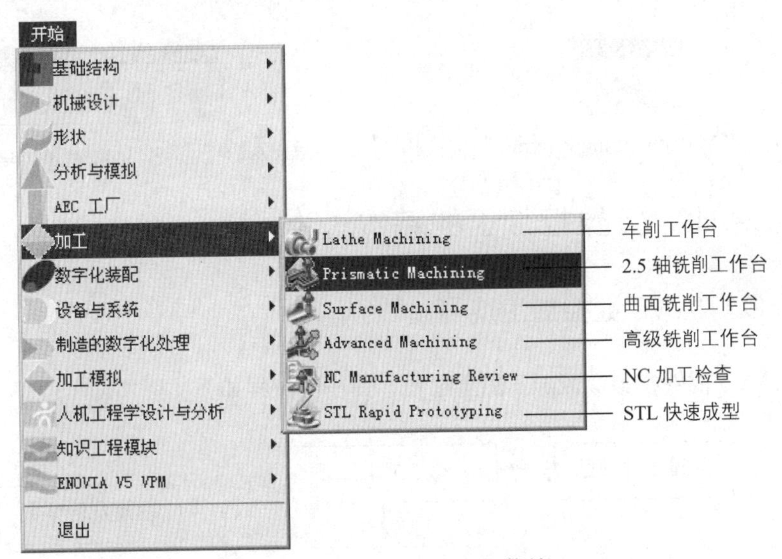

图 14.1.1　加工子菜单

14.1.2　数控加工命令及工具栏

插入 下拉菜单是加工工作台中的主要菜单，依赖于用户所选择的加工工作台，其内容会有所变化，其中绝大部分命令都以快捷按钮方式出现在屏幕的工具栏中。下面仅以 2.5 轴平面铣削工作台来简单说明其常用的工具栏（图 14.1.2~图 14.1.9）。

图 14.1.2　“Machining Operations” 工具栏

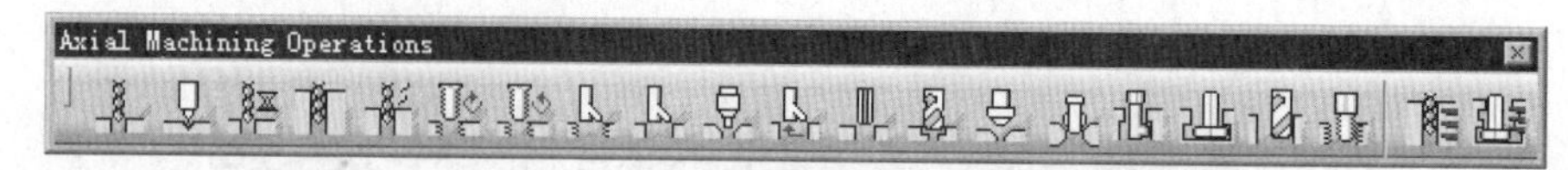

图 14.1.3 “Axial Maching Operations”工具栏

图 14.1.4 “Multi-Pockets Operations”工具栏

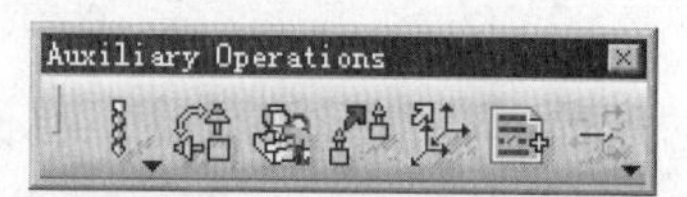

图 14.1.5 “Auxiliary Operations”工具栏

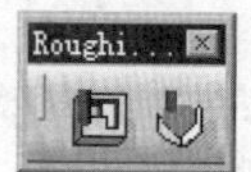

图 14.1.6 “Roughing Operations”工具栏

图 14.1.7 “Maching Features”工具栏

图 14.1.8 “Manufacturing Program”工具栏

图 14.1.9 “NC Output Management”工具栏

14.2 CATIA V5 数控加工的基本过程

14.2.1 CATIA V5 数控加工流程

CATIA V5 能够模拟数控加工的全过程，其一般流程如下（图 14.2.1）。

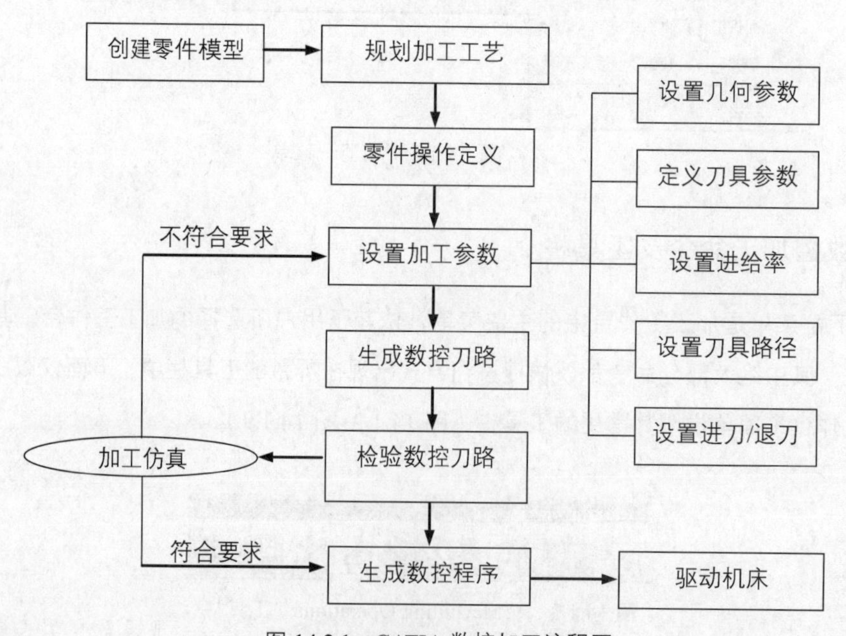

图 14.2.1 CATIA 数控加工流程图

（1）创建制造模型（包括目标加工零件以及毛坯零件）。

（2）规划加工工艺。

（3）零件操作定义（包括设置机床、夹具、加工坐标系、零件和毛坯等）。

（4）设置加工参数（包括几何参数、刀具参数、进给率以及刀具路径参数等）。

（5）生成数控刀路。

（6）检验数控刀路。

（7）利用后处理器生成数控程序。

14.2.2 进入加工工作台

步骤 01 打开模型文件。选择下拉菜单 文件 → 打开... 命令，系统弹出“选择文件”对话框。在“查找范围”下拉列表中选择文件目录 D:\catrt20\work\ch14.02，然后在中间的列表框中选择文件 Pocket-Mill.CATPart，单击 打开(O) 按钮，系统打开模型，如图 14.2.2 所示的。

步骤 02 进入加工模块。选择下拉菜单 开始 → 加工 → Surface Machining 命令，系统进入曲面铣削加工工作台。

说明： 这里进入“Surface Machining（曲面铣削加工）”工作台是为了创建毛坯。

14.2.3 定义毛坯零件

一般在进行加工前，应该先建立一个毛坯零件。在加工结束时，毛坯零件的几何参数应与目标加工零件的几何参数一致。毛坯零件可以通过在加工工作台中创建或者装配的方法来引入，本例介绍创建毛坯的一般步骤。

步骤 01 选择命令。在图 14.2.3 所示的“Geometry Management”工具栏中单击“Creates rough stock”按钮，系统弹出“Rough Stock”对话框。

图 14.2.2 目标加工零件

图 14.2.3 “Geometry Management”工具栏

步骤 02 选择毛坯参照。在特征树中单击“Pocket-Mill”下的 Blank 节点，在系统弹出的对话框中单击 是(Y) 按钮，然后在图形区中选取图 14.2.2 所示的目标加工零件作为参照，系统自动创建一个毛坯零件，且在“Rough Stock”对话框中显示毛坯零件的尺寸参数，如图 14.2.4 所示。

步骤 03 单击“Rough Stock”对话框中的 确定 按钮，完成毛坯零件的创建(图 14.2.5)。

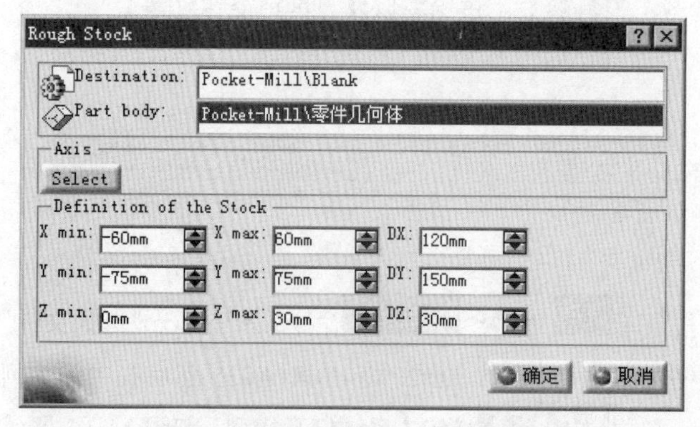

图 14.2.4 “Rough Stock”对话框

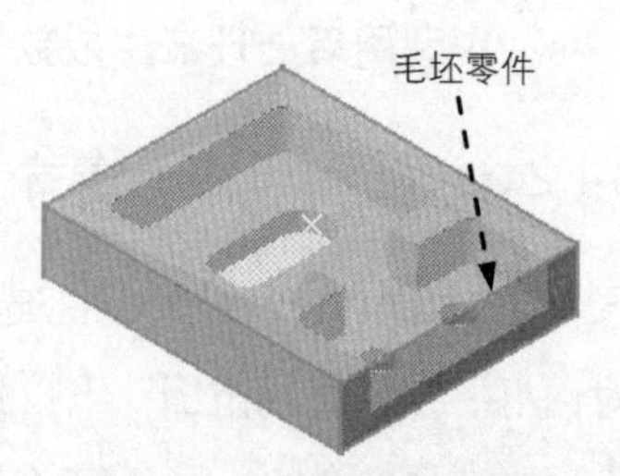

图 14.2.5 创建毛坯零件

14.2.4 定义零件操作

定义零件操作主要包括选择数控机床、定义加工坐标系、定义毛坯零件及目标加工零件等内容。定义零件操作的一般步骤如下。

步骤 01 在特征树中双击 Part Operation.1 节点，系统弹出图 14.2.6 所示的“Part Operation”对话框。

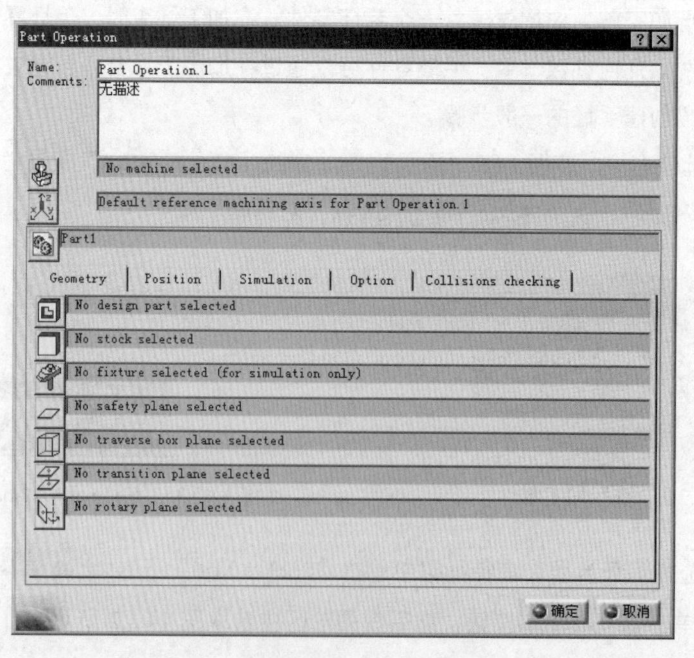

图 14.2.6 “Part Operation”对话框

图 14.2.6 所示“Part Operation”对话框中各按钮的说明如下。

- ◆ 按钮：用于选择数控机床和设置机床参数。
- ◆ 按钮：设定加工坐标系。
- ◆ 按钮：加入一个装配模型文件或一个加工目标模型文件。
- ◆ 按钮：选择目标加工零件。
- ◆ 按钮：选择毛坯零件。
- ◆ 按钮：选择夹具。
- ◆ 按钮：设定安全平面。
- ◆ 按钮：选定五个平面定义一个整体的阻碍体。
- ◆ 按钮：选定一个平面作为零件整体移动平面。
- ◆ 按钮：选定一个平面作为零件整体旋转平面。

步骤 02 选择数控机床。单击“Part Operation”对话框中的按钮，系统弹出图 14.2.7 所示的“Machine Editor”对话框，单击其中的“3-axis Machine”按钮，然后单击 确定 按钮，完成机床的选择。

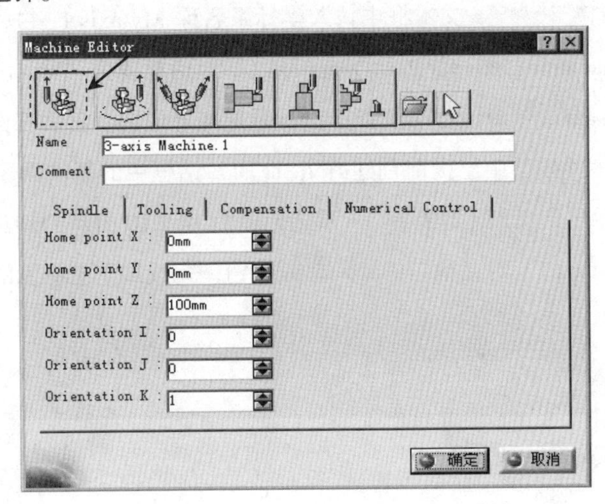

图 14.2.7 “Machine Editor”对话框

图 14.2.7 所示的“Machine Editor”对话框中的各选项说明如下。

- ◆ ：三轴联动机床。
- ◆ ：带旋转工作台的三轴联动机床。
- ◆ ：五轴联动机床。
- ◆ ：卧式车床。
- ◆ ：立式车床。

- ◆ ：多滑座车床。
- ◆ ：单击该按钮后，在弹出的“选择文件”对话框中选择所需要的机床文件。
- ◆ ：单击该按钮后，在特征树上选择用户创建的机床。

步骤 03 定义加工坐标系。

（1）单击“Part Operation”对话框中的按钮，系统弹出图 14.2.8 所示的“Default reference machining axis for Part Operation.1”对话框。

图 14.2.8 “Default reference machining axis for Part Operation.1”对话框

（2）在对话框的 Axis Name : 文本框中输入坐标系名称 My-axis.1 并按下 Enter 键，此时，“Default reference machining axis for Part Operation.1”对话框变为“My-axis.1”对话框。

（3）单击“My-axis.1”对话框中的加工坐标系原点感应区，然后在图形区选取图 14.2.9 所示的点（此点在零件模型中已提前创建好），此时对话框中的基准面、基准轴和原点均由红色变为绿色（表明已定义加工坐标系），系统创建图 14.2.10 所示的加工坐标系。

（4）单击“My-axis.1”对话框中的 确定 按钮，完成加工坐标系的设置。

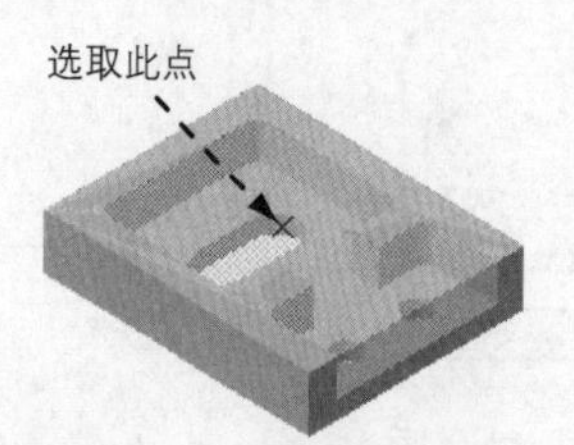

图 14.2.9 选取参照点

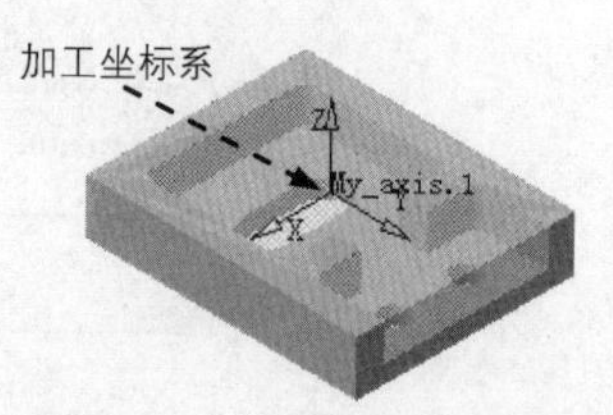

图 14.2.10 创建加工坐标系

步骤 04 定义目标加工零件。单击“Part Operation”对话框中的按钮，在图 14.2.11 所示的特征树中选取“零件几何体”作为目标加工零件。在图形区空白处双击，系统回到“Part Operation”对话框。

步骤 05 定义毛坯零件。单击“Part Operation”对话框中的按钮，在特征树中选取“Blank”作为毛坯零件。在图形区空白处双击，系统回到“Part Operation”对话框。

说明：此处设置的毛坯用于生成刀路后的加工仿真。

步骤 06　定义安全平面。

（1）单击“Part Operation”对话框中的按钮，在图形区选取图 14.2.12 所示的面（毛坯零件的上表面）为安全平面参照，系统创建图 14.2.12 所示的安全平面。

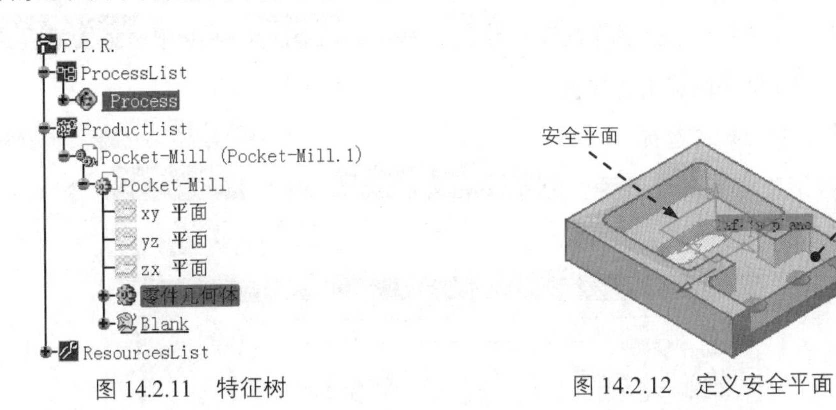

图 14.2.11　特征树

图 14.2.12　定义安全平面

（2）右击系统创建的安全平面，系统弹出图 14.2.13 所示的快捷菜单，选择其中的 Offset... 命令，系统弹出图 14.2.14 所示的“Edit Parameter”对话框，在其中的 Thickness 文本框中输入数值 20。

（3）单击“Edit Parameter”对话框中的 确定 按钮，完成安全平面设置。

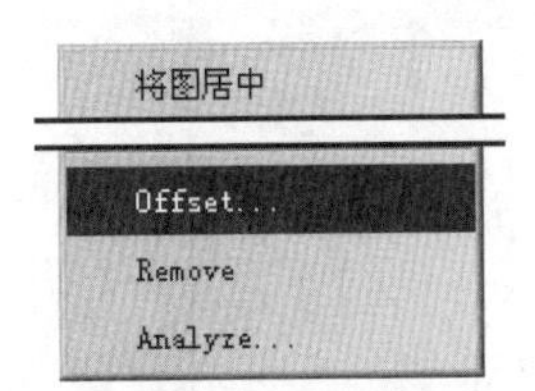

图 14.2.13　快捷菜单

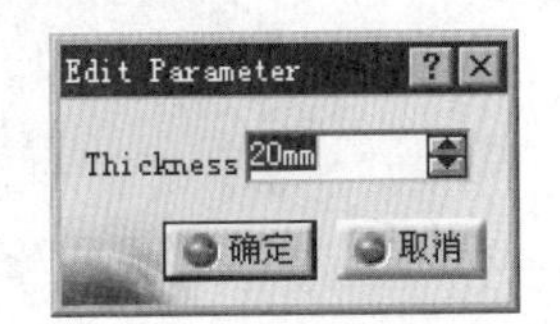

图 14.2.14　“Edit Parameter”对话框

步骤 07　定义换刀点。在“Part Operation”对话框中单击 Position 选项卡，然后在 Tool Change Point 区域的 X :、Y :、Z : 文本框中分别输入数值 0、0、100（图 14.2.15），设置的换刀点如图 14.2.16 所示。

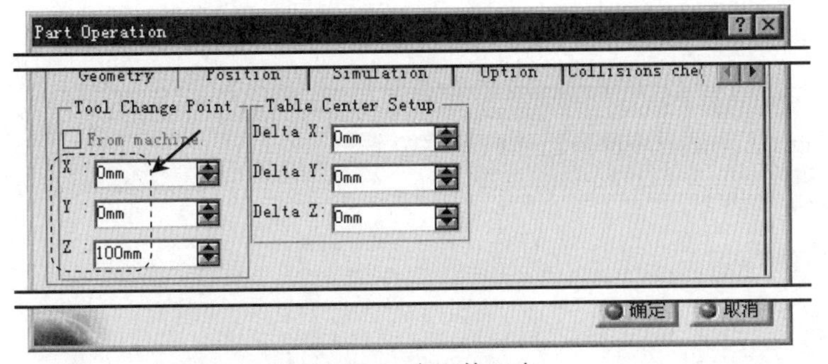

图 14.2.15　定义换刀点

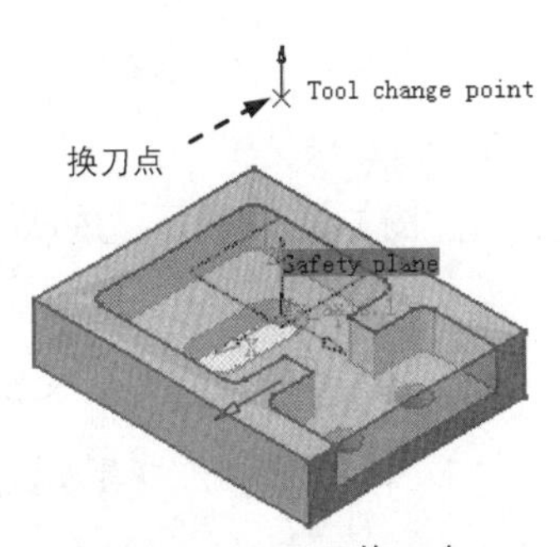

图 14.2.16　显示换刀点

步骤 08 单击“Part Operation”对话框中的 确定 按钮，完成零件操作的定义。

14.2.5 定义几何参数

首先定义加工的区域、设置加工余量等相关参数，设置几何参数的一般过程如下。

步骤 01 切换工作台。选择下拉菜单 开始 → 加工 → Prismatic Machining 命令，系统进入 2.5 轴铣削加工工作台。

步骤 02 在特征树中选择“Part Operation.1”节点下的 Manufacturing Program.1 节点，然后选择下拉菜单 插入 → Machining Operations → Pocketing 命令，系统弹出图 14.2.17 所示的“Pocketing.1”对话框。

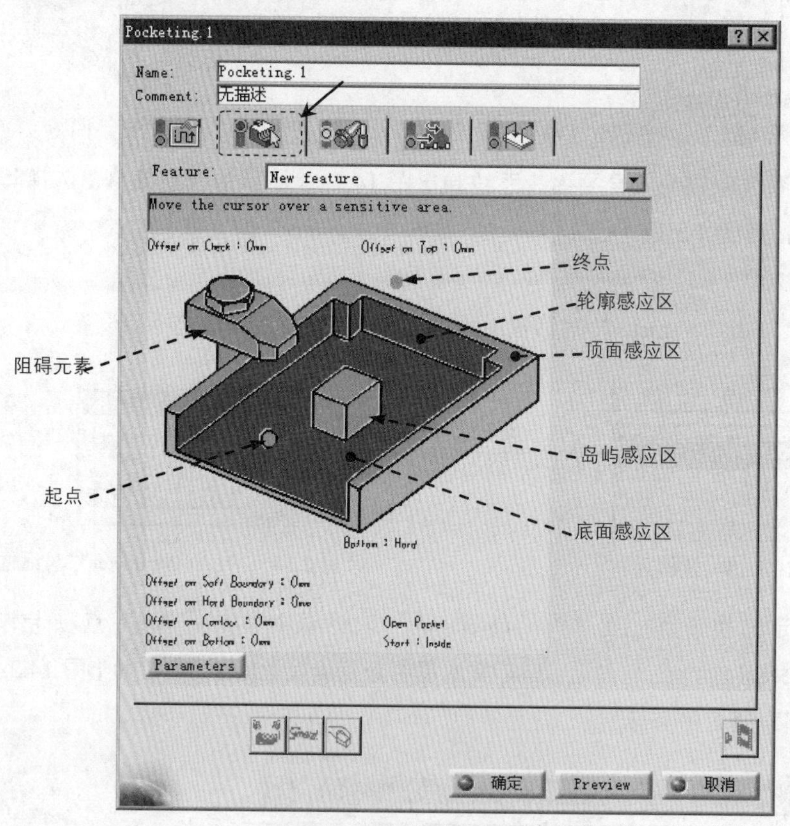

图 14.2.17 “Pocketing.1”对话框

图 14.2.17 所示“Pocketing.1”对话框中部分选项的说明如下。

- ◆ ：刀具路径参数选项卡。
- ◆ ：几何参数选项卡。
- ◆ ：刀具参数选项卡。

- : 进给率选项卡。
- : 进刀/退刀路径选项卡。
- Offset on Check : 0mm (Offset on Check: 0mm): 双击该图标后，在弹出的对话框中可以设置阻碍元素或夹具的偏置量。
- Offset on Top : 0mm (Offset on Top: 0mm): 双击该图标后，在弹出的对话框中可以设置顶面的偏置量。
- Offset on Hard Boundary : 0mm (Offset on Hard Boundary: 0mm): 双击该图标后，在弹出的对话框中可以设置硬边界的偏置量。
- Offset on Contour : 0mm (Offset on Contour: 0mm): 双击该图标后，在弹出的对话框中可以设置软边界、硬边界或孤岛的偏置量。
- Offset on Bottom : 0mm (Offset on Bottom: 0mm): 双击该图标后，在弹出的对话框中可以设置底面的偏置量。
- Bottom : Hard (Bottom: Hard): 单击该图标可以在软底面及硬底面之间切换。

步骤03 定义加工底面。

为了便于选取零件表面，可将毛坯暂时隐藏。方法是在特征树中右击 Blank 节点，在弹出的快捷菜单中选择 隐藏/显示 命令即可。

(1) 将鼠标移动到“Pocketing.1”对话框中的底面感应区上，该区域的颜色从深红色变为橙黄色，在该区域单击，对话框消失，系统要求用户选择一个平面作为型腔加工的区域。

(2) 在该图形区选取图 14.2.18 所示的零件底面，系统返回到“Pocketing.1”对话框，此时“Pocketing.1”对话框中底面感应区和轮廓感应区的颜色变为深绿色，表明已定义了底面和轮廓。

步骤04 定义加工顶面。单击“Pocketing.1”对话框中的顶面感应区，然后在图形区选取图 14.2.19 所示的零件上平面为顶面，系统返回到“Pocketing.1”对话框，此时“Pocketing.1”对话框中顶面感应区的颜色变为深绿色。

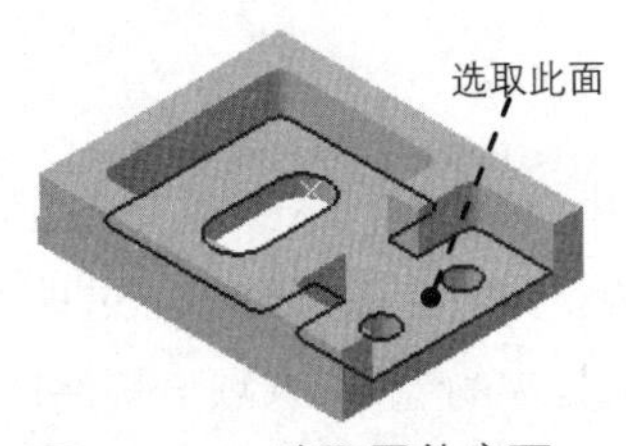

图 14.2.18 选取零件底面

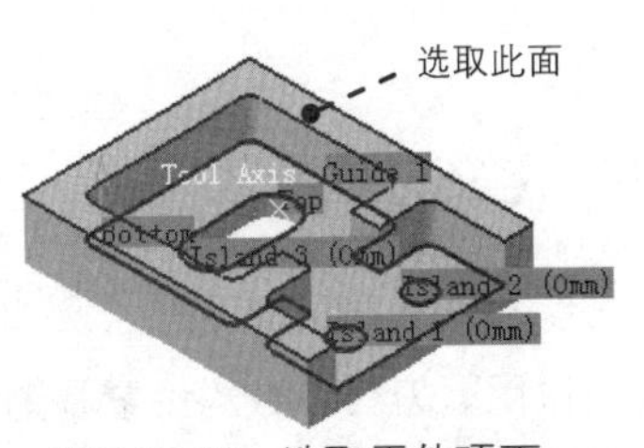

图 14.2.19 选取零件顶面

步骤 05 移除不需要的岛屿。在图形区中对应的“Island 1(0mm)”字样上右击，在系统弹出的快捷菜单中选择Remove Island 1命令，即可将该岛屿移除；参照此操作方法，将其余的两个岛屿移除，结果如图 14.2.20 所示。

- 由于系统默认开启岛屿探测（Island Detection）和轮廓探测（Contour Detection）功能，所以在定义型腔底面后，系统自动判断型腔的轮廓。当开启岛屿探测（Island Detection）功能时，系统会将选择的底面上的所有孔和凸台判断为岛屿。
- 关闭岛屿探测（Island Detection）和轮廓探测（Contour Detection）的方法是在“Pocketing.1”对话框中的底面感应区右击，在弹出的快捷菜单（图 14.2.21）中取消选中Island Detection和Contour Detection复选框。

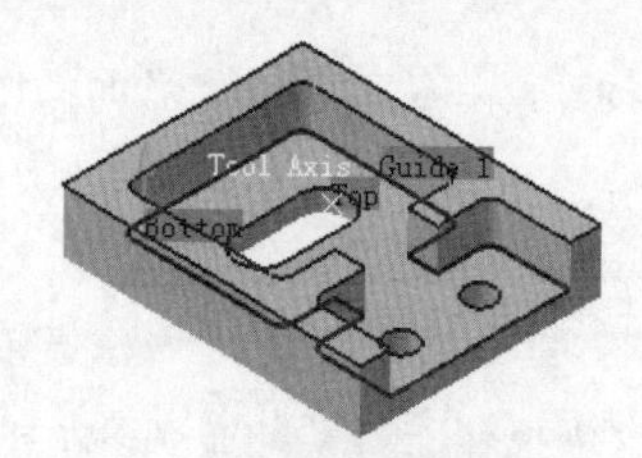

图 14.2.20 移除底面的岛屿

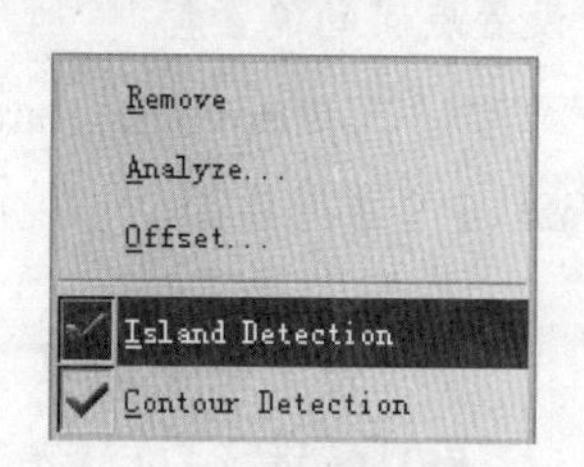

图 14.2.21 快捷菜单

步骤 06 定义进刀点参数。单击“Pocketing.1”对话框中的Start : Inside（Start：Inside）字样，使其变为Start : Outside（Start：Outside）字样；然后双击对话框中对应的“0mm”字样，在系统弹出的“Edit Parameter”对话框中输入值 3，单击确定按钮，完成进刀点设置。

步骤 07 定义余量参数。

（1）双击“Pocketing.1”对话框中的Offset on Contour : 0mm（Offset on Contour：0mm）字样，然后在系统弹出的“Edit Parameter”对话框中输入值 0.5，单击确定按钮，完成侧面余量设置。

（2）双击“Pocketing.1”对话框中的Offset on Bottom : 0mm（Offset on Bottom：0mm）字样，然后在系统弹出的“Edit Parameter”对话框中输入值 0.2，单击确定按钮，完成底面余量设置。

14.2.6 定义刀具参数

刀具参数需要根据加工方法及加工区域来确定刀具的参数，这在整个加工过程中起着非常重要的作用。刀具参数的设置是通过“Pocketing”对话框中的选项卡来完成的。

步骤 01 进入刀具参数选项卡。在“Pocketing.1”对话框中单击选项卡（图 14.2.22）。

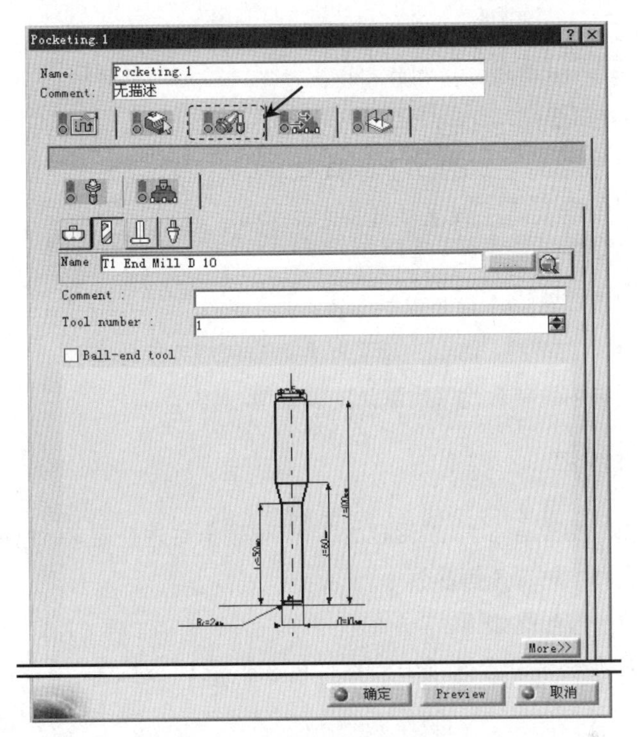

图 14.2.22 “刀具参数”选项卡

步骤 02 选择刀具类型。在“Pocketing.1”对话框中单击按钮，选择立铣刀为加工刀具。

步骤 03 刀具命名。在“Pocketing.1”对话框的 Name 文本框中输入“T1 End Mill D 10”。

步骤 04 定义刀具参数。

（1）在“Pocketing.1”对话框中单击 More>> 按钮，单击 Geometry 选项卡，然后设置图 14.2.23 所示的刀具参数。

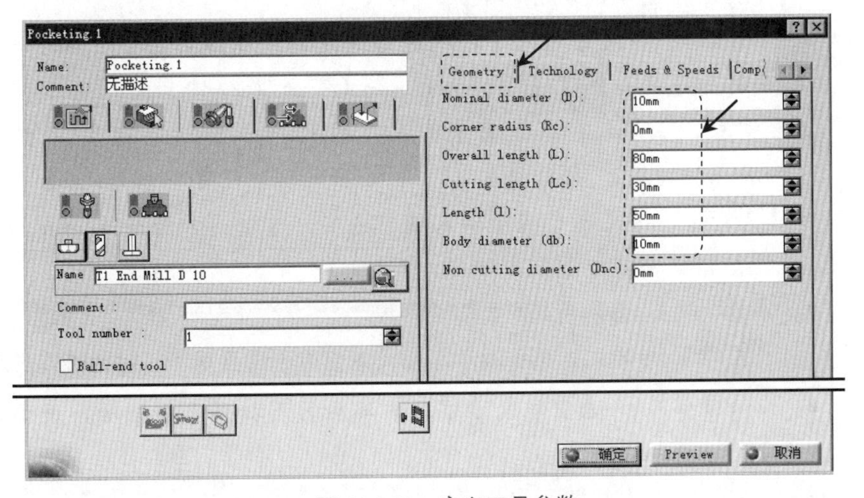

图 14.2.23 定义刀具参数

图 14.2.23 所示 Geometry （一般）选项卡中各选项的说明如下。

- ◆ Nominal diameter (D): 设置刀具公称直径。
- ◆ Corner radius (Rc): 设置刀具圆角半径。
- ◆ Overall length (L): 设置刀具总长度。
- ◆ Cutting length (Lc): 设置刀刃长度。
- ◆ Length (l): 设置刀具长度。
- ◆ Body diameter (db): 设置刀柄直径。
- ◆ Non cutting diameter (Dnc): 设置刀具去除切削刃后的直径。

（2）其他选项卡中的参数均采用默认的设置值。

14.2.7 定义进给率

进给率可以在“Pocketing.1”对话框的 选项卡中进行定义，包括定义进给速度、切削速度、退刀速度和主轴转速等参数。

定义进给率的一般步骤如下。

步骤 01 进入进给率设置选项卡。在“Pocketing.1”对话框中单击 选项卡（图 14.2.24）。

步骤 02 设置进给率。分别在“Pocketing.1”对话框 Feedrate 和 Spindle Speed 区域中取消选中 Automatic compute from tooling Feeds and Speeds 复选框，然后在“Pocketing.1”对话框的 选项卡中设置图 14.2.24 所示的参数。

图 14.2.24 所示“进给率”选项卡中各选项的说明如下。

- ◆ 用户可通过 Feedrate 区域设置刀具进给率参数，主要参数如下。
  - ● 选中 Automatic compute from tooling Feeds and Speeds 复选框后，系统将自动设置刀具进给速率的所有参数。
  - ● Approach: 该文本框用于输入进给速度，即刀具从安全平面移动到工件表面时的速度，单位通常为 mm_min（毫米/每分钟）。
  - ● Machining: 该文本框用于输入刀具切削工件时的速度，单位通常为 mm_min（毫米/每分钟）。
  - ● Retract: 该文本框用于输入退刀速度，单位通常为 mm_min（毫米/每分钟）。
  - ● Finishing: 当取消选中 Automatic compute from tooling Feeds and Speeds 复选框后，Finishing: 后的文本框被激活，此文本框用于设置精加工时的进刀速度。
  - ● Transition: 选中该复选框后，其后的下拉列表被激活，用于设置区域间跨越时的进给速度。

- Slowdown rate: 该文本框用于设置降速比率。
- Unit: 通过此下拉列表可以选择进给速度的单位。

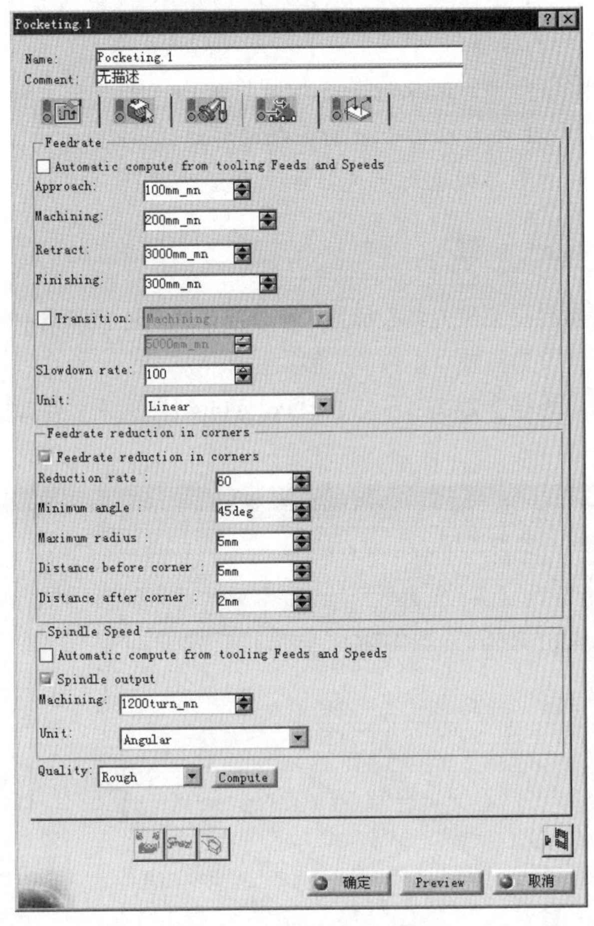

图 14.2.24 “进给率”选项卡

◆ 在 Feedrate reduction in corners 区域中可设置加工拐角时降低进给率的一些参数，主要参数如下。

- Feedrate reduction in corners: 选中该复选框后，Feedrate reduction in corners 区域中的参数则被激活。
- Reduction rate : 此文本框用于设置降低进给速度的比率值。
- Minimum angle : 此文本框用于设置降低进给速度的最小角度值。
- Maximum radius : 此文本框用于设置降低进给速度的最大半径值。
- Distance before corner : 此文本框中的数值表示加工拐角前多远开始降低进给速度。
- Distance after corner : 此文本框中的数值表示加工拐角后多远开始恢复进

给速度。

◆ 在 Spindle Speed 区域中可设置主轴参数，主要参数如下。
- Automatic compute from tooling Feeds and Speeds ：选中该复选框后，系统会自动设置主轴的转速。
- Spindle output ：选中该复选框后，用户可自定义主轴参数。
- Machining: 此文本框用于控制主轴的转速。
- Unit: ：该下拉列表用于选择主轴转速的单位。

14.2.8 定义刀具路径参数

定义刀具路径参数就是定义刀具在加工过程中所走的轨迹，根据不同的加工方法，刀具的路径也有所不同。定义刀具路径参数的一般过程如下。

步骤 01 进入刀具路径参数选项卡。在“Pocketing.1”对话框中单击 选项卡（图 14.2.25）。

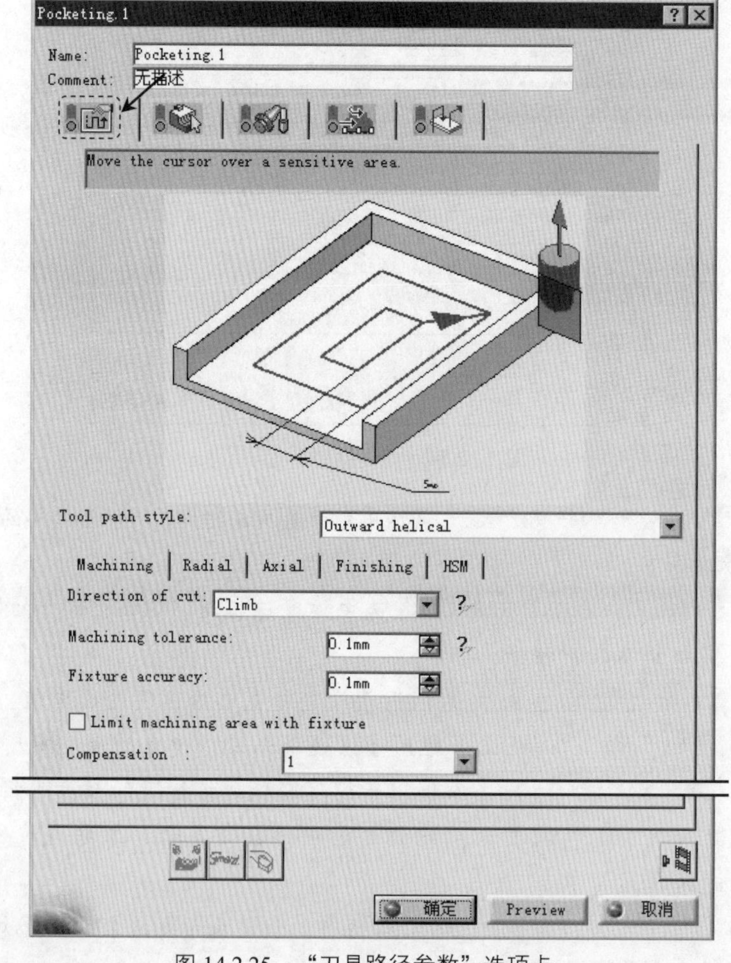

图 14.2.25 “刀具路径参数”选项卡

图 14.2.25 所示的“刀具路径参数”选项卡中的各项说明如下。

◆ Tool path style: 此下拉列表提供了刀具的 3 种切削类型。
  - Outward helical: 由里向外螺旋铣削，生成的刀具路径如图 14.2.26 所示。
  - Inward helical: 由外向里螺旋铣削。刀具路径如图 14.2.27 所示。
  - Back and forth: 往复铣削，生成的刀具路径如图 14.2.28 所示。
  - Offset on part One-Way 选项：沿部件偏移单方向铣削，生成的刀具路径可参看本例最终结果。
  - Offset on part Zig-Zag 选项：沿部件偏移往复铣削。此时的刀具路径如图 14.2.29 所示。

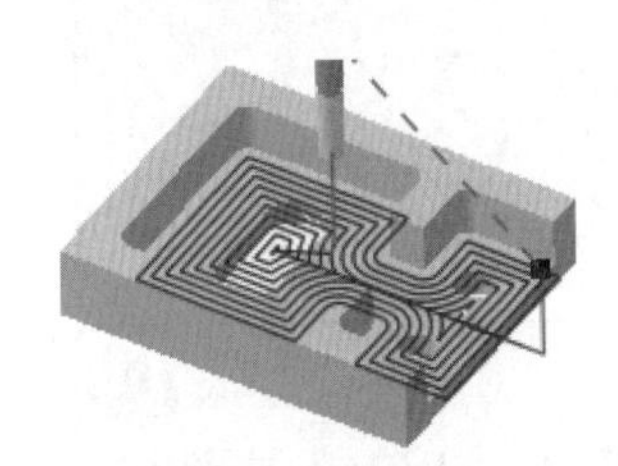

图 14.2.26 刀具路径（一）

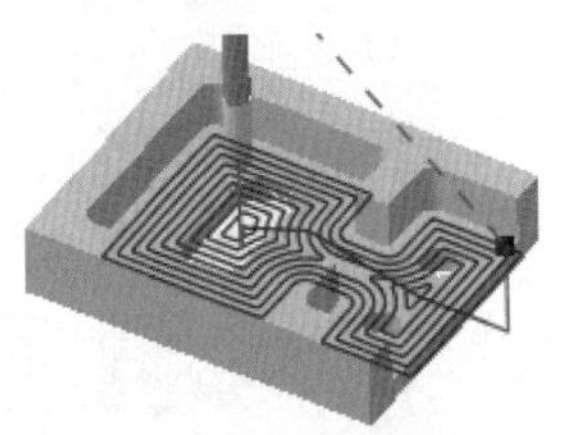

图 14.2.27 刀具路径（二）

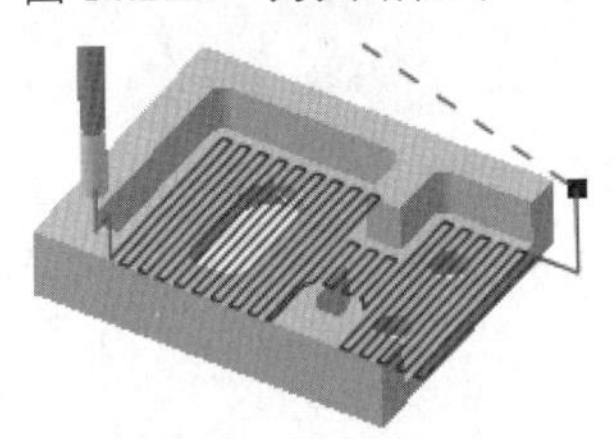

图 14.2.28 刀具路径（三）

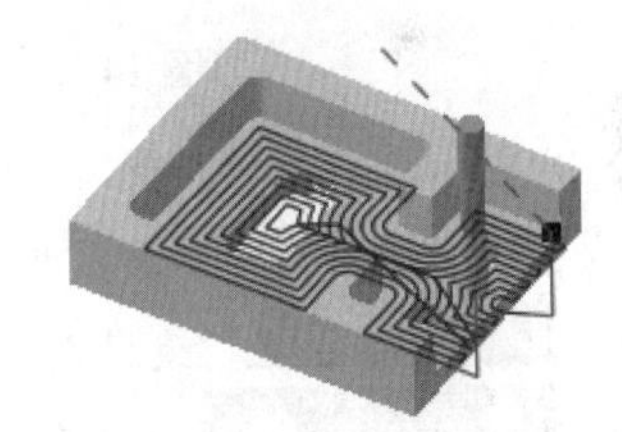

图 14.2.29 刀具路径（四）

◆ Machining（加工）：选项卡中各参数的说明如下。
  - Direction of cut: 此下拉列表提供了两种铣削方式，即 Climb（顺铣）和 Conventional（逆铣）。
  - Machining tolerance: 此文本框用于设置刀具理论轨迹相对于计算轨迹允许的最大偏差值。
  - Fixture accuracy: 此文本框用于设置夹具厚度公差。
  - Compensation :（刀具补偿）：用于设置刀具的补偿号。

步骤 02 定义刀具路径类型。在“Pocketing.1”对话框的 Tool path style: 下拉列表中选择 Offset on part One-Way 选项。

步骤 03 定义“Machining（切削）”参数。在“Pocketing.1”对话框中单击 Machining 选项卡，然后在 Direction of cut: 下拉列表中选择 Climb 选项，其他选项采用系统默认设置值。

步骤 04 定义“Radial（径向）”参数。单击 Radial 选项卡，然后在 Mode: 下拉列表中选择Tool diameter ratio选项，其他参数设置图 14.2.30 所示。

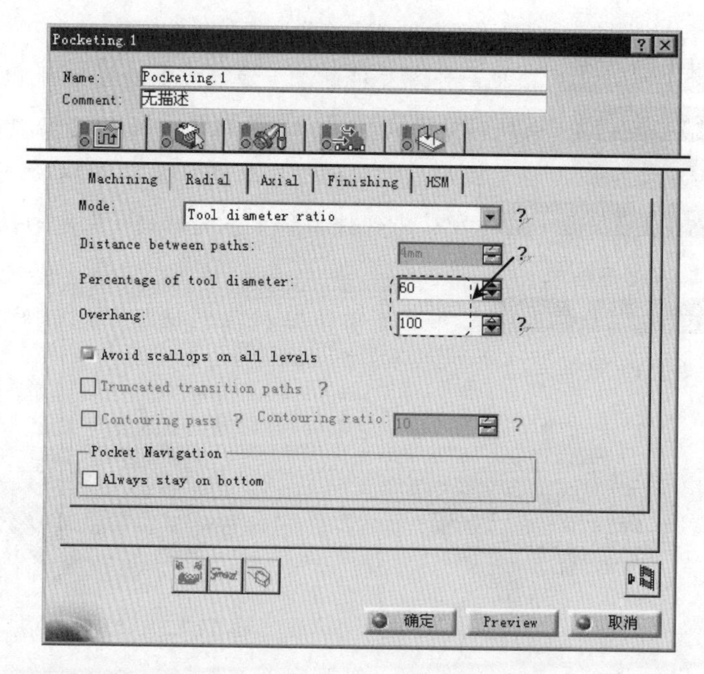

图 14.2.30　定义“Radial（径向）”参数

图 14.2.30 所示 Radial （径向）选项卡中各选项的说明如下。

- Mode: 下拉列表用于设置两个连续轨迹之间的距离，系统提供了以下三种方式。
  - Maximum distance：最大距离。
  - Tool diameter ratio：刀具直径比例。
  - Stepover ratio：步进比例。
- Distance between paths:：用于定义两条刀路轨迹之间的距离。
- Percentage of tool diameter:：在 Mode: 下拉列表中选择 Tool diameter ratio 或 Stepover ratio 选项时，该文本框被激活，此时用刀具直径的比例来设置两条轨迹之间的距离。
- Overhang:：用于设置当加工到边界时刀具处于加工面之外的部分，使用刀具的直径比例表示。
- □ Avoid scallops on all levels：选中该选项后，可以避免在所有切削层中留下余料。

步骤 05 定义“Axial（轴向）”参数。单击 Axial 选项卡，然后在 Mode: 下拉列表中选择Number of levels选项，在 Number of levels: 文本框中输入数值 10，其他选项采用系统默认设置值（图 14.2.31）。

图 14.2.31 所示 Axial （轴向）选项卡中各参数的说明如下。

◆ Mode:：此下拉列表提供了以下三个选项。
- Maximum depth of cut：最大背吃刀量。
- Number of levels：分层切削。
- Number of levels without top：不计算顶层的分层切削。

◆ Maximum depth of cut:：在 Mode: 下拉列表中选择 Maximum depth of cut 或 Number of levels without top 选项时，该文本框则被激活，用于设置每次的最大背吃刀量或顶层的最大背吃刀量。

◆ Number of levels:：在 Mode: 下拉列表中选择 Number of levels 或 Number of levels without top 选项时，该文本框则被激活，用于设置分层数。

◆ Automatic draft angle:：用于设置自动拔模角度。

◆ Breakthrough:：用于在软底面时，设置刀具在轴向穿透底面的距离。

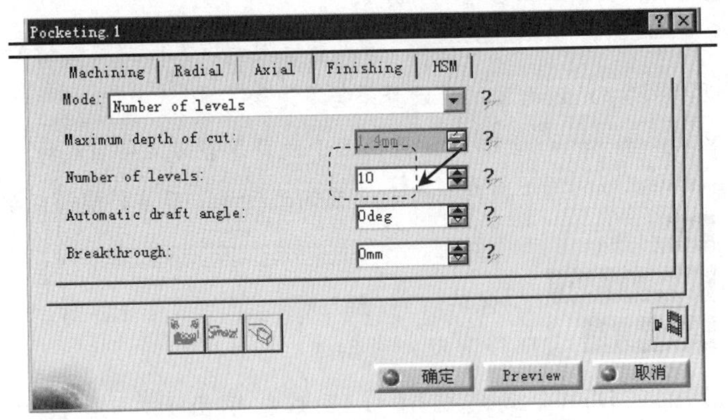

图 14.2.31 定义“Axial（轴向）”参数

步骤 06 定义“Finishing（精加工）”参数。单击 Finishing 选项卡，然后在 Mode: 下拉列表中选择 Finish bottom only 选项，其他参数设置图 14.2.32 所示。

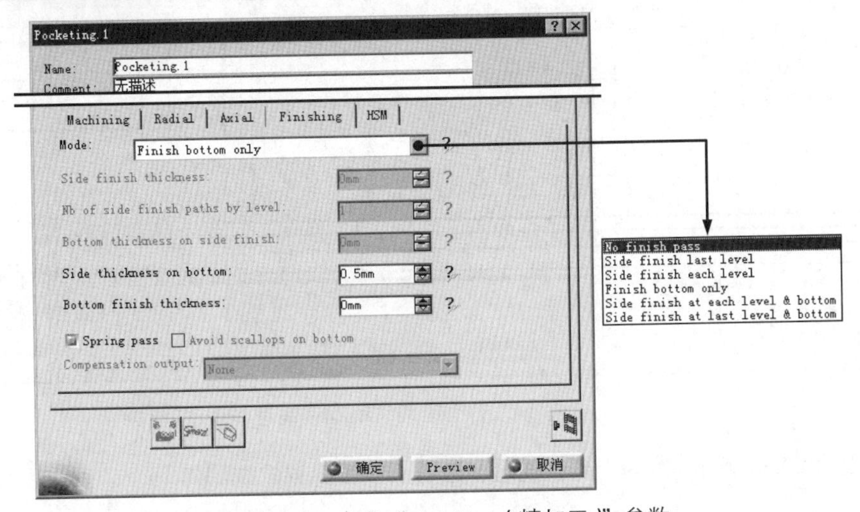

图 14.2.32 定义“Finishing（精加工）”参数

图 14.2.32 所示 Finishing （精加工）选项卡中各参数的说明如下。

◆ Mode:：此下拉列表中提供了精加工的如下几种模式。
  - No finish pass：无精加工进给。
  - Side finish last level：在最后一层时进行侧面精加工。
  - Side finish each level：每层都进行侧面精加工。
  - Finish bottom only：仅加工底面。
  - Side finish at each level & bottom：每层都精加工侧面及底面。
  - Side finish at last level & bottom：仅在最后一层及底面进行侧面精加工。

◆ Side finish thickness:：该文本框用来设置保留侧面精加工的厚度。

◆ Nb of side finish paths by level:：该文本框在分层进给加工时用于设置每层粗加工进给包括的侧面精加工进给的分层数。

◆ Bottom thickness on side finish:：该文本框用来设置保留底面精加工的厚度。

◆ Spring pass：该选项用于设置是否有进给。

◆ Avoid scallops on bottom：该选项用于设置是否防止底面残料。

◆ Compensation output:下拉列表用于设置侧面精加工刀具补偿，主要有 3 个选项。
  - None：无补偿。
  - 2D radial profile：2D 径向轮廓补偿。
  - 2D radial tip：2D 径向刀尖补偿。

步骤 07 定义“HSM（高速铣削）”参数。单击 HSM 选项卡，然后取消选中 High Speed Milling 复选框（图 14.2.33）。

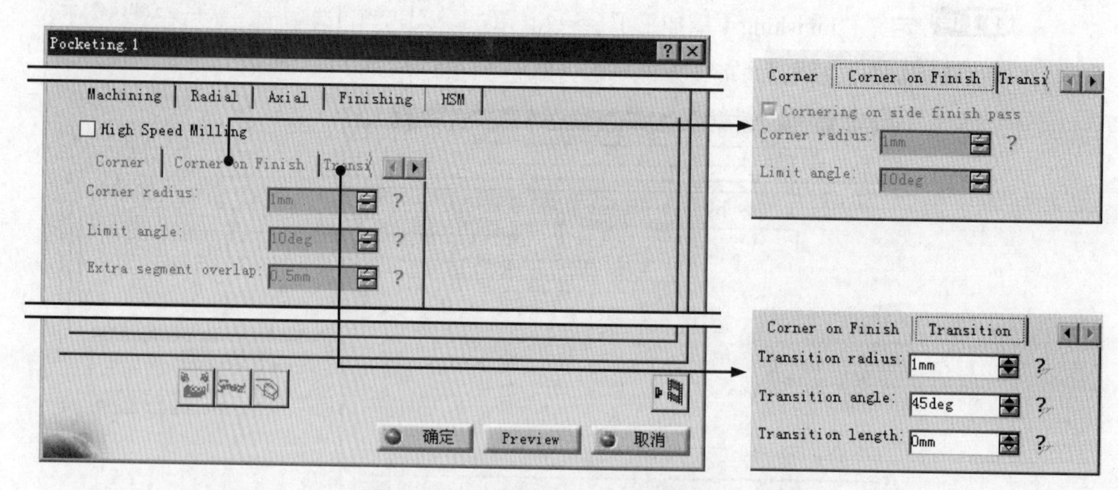

图 14.2.33 定义“HSM（高速铣削）”参数

图 14.2.33 所示 HSM （高速铣削）选项卡中各参数的说明如下。

◆ High Speed Milling：选中该选项则说明启用高速加工。

◆ Corner：在该选项卡中可以设置关于圆角的一些加工参数。

- Corner radius：该文本框用于设置高速加工拐角的圆角半径。
- Limit angle：该文本框用于设置高速加工圆角的最小角度。
- Extra segment overlap：该文本框用于设置高速加工圆角时所产生的额外路径的重叠长度。

◆ Corner on Finish：在该选项卡中可以设置圆角精加工的一些参数。

- Cornering on side finish pass：选中该选项，则指定在侧面精加工的轨迹上应用圆角加工轨迹。
- Corner radius：该文本框用于设置圆角的半径。
- Limit angle：该文本框用于设置圆角的角度。

◆ Transition：在该选项卡中可以设置关于圆角过渡的一些参数。

- Transition radius：该文本框用于设置当由结束轨迹移动到新轨迹时的开始及结束过渡圆角的半径值。
- Transition angle：该文本框用于设置当由结束轨迹移动到新轨迹时的开始及结束过渡圆角的角度值。
- Transition length：该文本框用于设置两条轨迹间过渡直线的最短长度。

14.2.9 定义进刀/退刀路径

进刀/退刀路径的定义在加工中是非常重要的。进刀/退刀路径设置的正确与否，对刀具的使用寿命以及所加工零件的质量都有着极大的影响。定义进刀/退刀路径的过程如下。

步骤 01 进入进刀/退刀路径选项卡。在“Pocketing.1”对话框中单击选项卡（图14.2.34）。

图 14.2.34 所示“进刀/退刀路径”选项卡中各选项的说明如下。

◆ Mode:（模式）：该下拉列表用于选择进刀/退刀模式。

- None：不对进刀或退刀路径进行设置。
- Build by user：进刀或退刀路径由用户自己定义。
- Horizontal horizontal axial：选择“水平-水平-轴向”进刀或退刀模式。
- Axial：选择“轴向”进刀或退刀模式。
- Ramping：选择“斜向”进刀或退刀模式。
- 图形选项区中各图标的说明如下（即 A1~A16）。

A1：相切运动。使用该按钮，可以添加一个与零件加工表面相切的进刀路径。

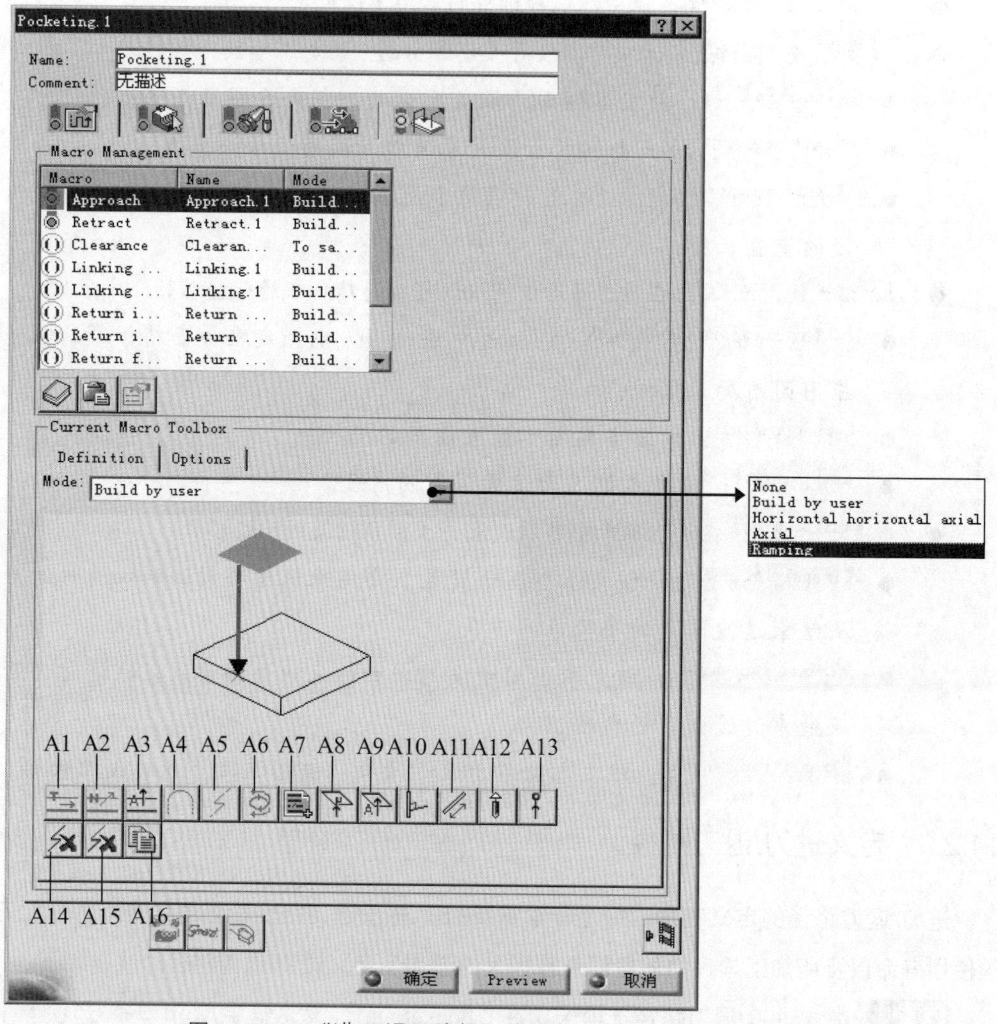

图 14.2.34 “进刀/退刀路径”选项卡

A2：垂直运动。使用该按钮，可以添加一个垂直于前一个已经添加的刀具运动的进刀路径。

A3：轴线运动。使用该按钮，可以增加一个与刀具轴线平行的进刀/退刀路径。

A4：圆弧运动。可以在其他运动（除轴线运动外）之前增加一条圆弧路径。

A5：斜向运动。使用该按钮，可以添加一个与水平面成一定角度的渐进斜线进刀。

A6：螺旋运动。单击该按钮，添加一个沿螺旋线运动的进刀路径。

A7：单击该按钮，可以根据文本文件中的点来设置退刀路径。

A8：垂直指定平面的运动。用于添加一个垂直于指定平面的直线运动。

A9：从安全平面开始的轴线运动。该按钮用于添加一个从指定安全平面开始的轴线方向的直线运动，若未指定安全平面，则该按钮不可用。

A10：垂直指定直线的运动。该按钮用于添加一个垂直于指定直线的直线运动。

A11：指定方向的直线运动。用于指定一条直线或者设置运动的失量来确定直线运动。

A12：刀具轴线方向。单击该按钮，可以选择一条直线或者设置一个矢量方向来确定刀具的轴线方向，这里只是确定刀具的方向，还需通过其他运动来设置进刀/退刀路径。

A13：从指定点运动。用于添加一条从指定点开始的直线运动。

A14：该按钮用于清除用户自定义的所有进刀/退刀运动。

A15：该按钮用于清除用户自定义的上一条进刀/退刀运动。

A16：单击该按钮，则复制进刀或退刀的设置应用于其他进刀或退刀（如连接进刀/退刀）。

步骤 02 定义进刀路径。

（1）激活进刀。在Macro Management区域的列表框中选择Approach，右击，从弹出的快捷菜单中选择Activate命令。

若弹出的快捷菜单中有Deactivate命令，说明此时就处于激活状态，无需再进行激活。

（2）在Macro Management区域的列表框中选择Approach，然后在Mode:下拉列表中选择Build by user选项，依次单击“remove all motions”按钮、“Add Tangent motion”按钮和“Add Axial motion up to a plane”按钮。

步骤 03 定义退刀路径。

（1）在Macro Management区域的列表框中选择Retract，然后在Mode:下拉列表中选择Build by user（用户自定义）选项。

（2）在“Pocketing.1”对话框中依次单击“remove all motions”按钮、“Add Tangent motion”按钮和“Add Axial motion up to a plane”按钮。

步骤 04 定义层间进刀路径。

（1）激活进刀。在Macro Management区域的列表框中选择Return between levels Approach，右击，从弹出的快捷菜单中选择Activate命令。

（2）在Mode:下拉列表中选择Build by user选项，依次单击“remove all motions”按钮、“Add Tangent motion”按钮。

步骤 05 定义层间退刀路径。

（1）在Macro Management区域的列表框中选择Return between levels Retract，然后在

Mode: 下拉列表中选择 Build by user 选项。

（2）在“Pocketing.1”对话框中依次单击“remove all motions”按钮、“Add Tangent motion”按钮。

14.2.10 刀路仿真

刀路仿真可以让用户直观地观察刀具的运动过程，以检验各项参数定义的合理性。刀路仿真的一般步骤如下。

步骤 01 在“Pocketing.1”对话框中单击“Tool Path Replay”按钮，系统弹出图 14.2.35 所示的“Pocketing.1”对话框，且在图形区显示刀路轨迹（图 14.2.36）。

图 14.2.35 所示“Pocketing.1”对话框中的部分选项说明如下。

◆ Tool animation：该区域包含控制刀具运动的按钮。

- ：刀具位置恢复到当前加工操作的切削起点。
- ：刀具运动向后播放。
- ：刀具运动停止播放。
- ：刀具运动向前播放。
- ：刀具位置恢复到当前加工操作的切削终点。
- 滑块：用于控制刀具运动的速度。

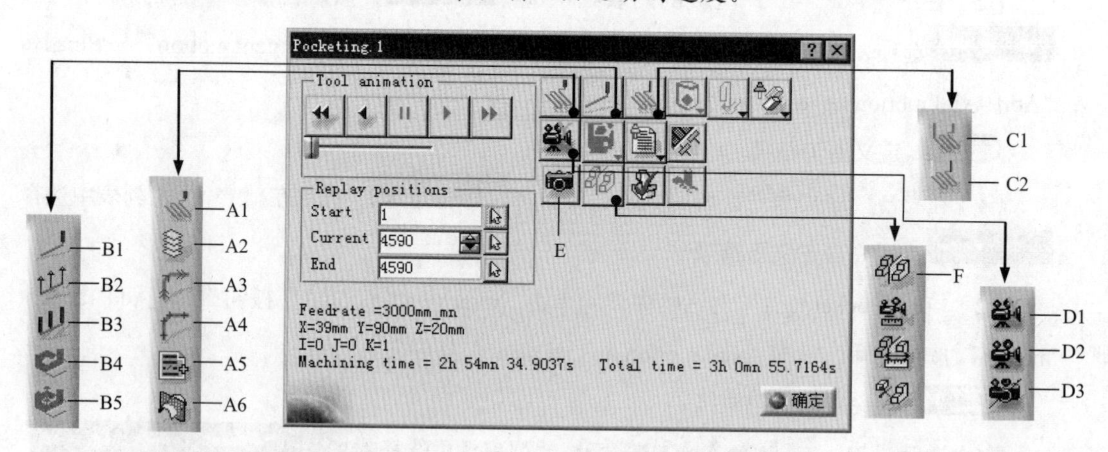

图 14.2.35 “Pocketing.1”对话框

◆ 加工仿真时刀路仿真的播放模式有以下六种。

A1：连续显示刀路。

A2：从平面到平面显示刀路。

A3：按不同的进给量显示刀路。

A4：从点到点显示刀路。

A5：按后置处理停止指令显示，该模式显示文字语句。

A6：显示选定截面上的刀具路径。

◆ 加工仿真时刀具运动过程中，刀具有以下五种显示模式。

B1：只在刀路当前切削点处显示刀具。

B2：在每一个刀位点处都显示刀具的轴线。

B3：在每一个刀位点处都显示刀具。

B4：只显示加工表面的刀路。

B5：只显示加工表面的刀路和刀具的轴线。

◆ 在刀路仿真时，其颜色显示模式有以下两种。

C1：刀路线条都用同一颜色显示，系统默认为绿色。

C2：刀路线条用不同的颜色显示，不同类型的刀路显示可以在“选项”对话框中进行设置。

◆ 切削过程仿真有如下三种模式。

D1：对从前一次的切削过程仿真文件保存的加工操作进行切削仿真。

D2：完成模式，对整个零件的加工操作或整个加工程序进行仿真。

D3：静态/动态模式，对于选择的某个加工操作，在该加工操作之前的加工操作只显示其加工结果，动态显示所选择的加工操作的切削过程。

◆ 加工结果拍照：单击 (图 14.2.35 中的“E”) 按钮，系统切换到拍照窗口，图形区中快速显示切削后的结果。

◆ 单击 F 按钮可以进行加工余量分析、过切分析和刀具碰撞分析。

步骤 02 在“Pocketing.1”对话框中单击按钮，然后单击按钮，观察刀具切割毛坯零件的运行情况，仿真结果如图 14.2.37 所示。

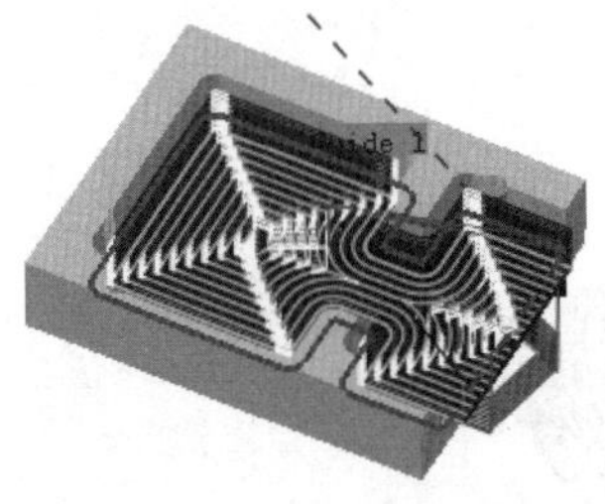

图 14.2.36 显示刀路轨迹

图 14.2.37 仿真结果

14.2.11 余量与过切检测

余量与过切检测用于分析加工后的零件是否有剩余材料、是否过切，然后修改加工参数，以达到所需的加工要求。余量与过切检测的一般步骤如下。

步骤 01 在“Pocketing.1”对话框中单击“Analyze”按钮，系统弹出图 14.2.38 所示的“Analysis”对话框（一）。

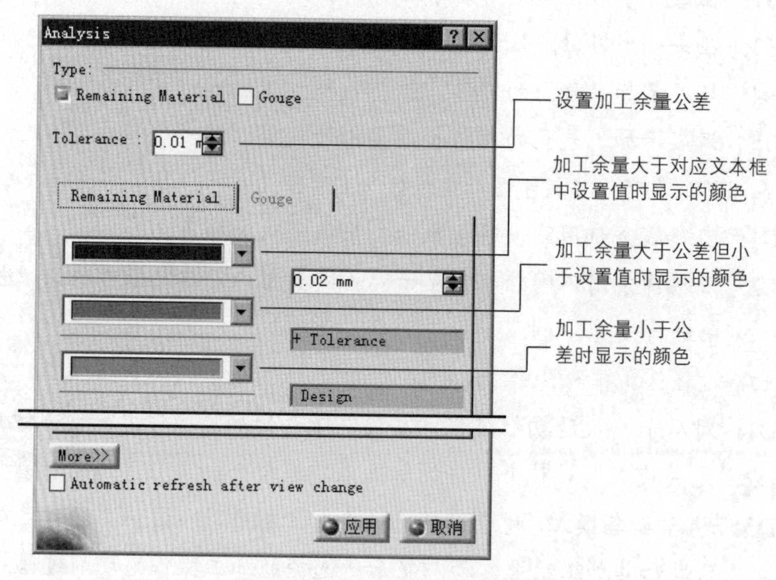

图 14.2.38 “Analysis”对话框（一）

步骤 02 余量检测。在“Analysis”对话框中选中 Remaining Material 复选框，取消选中 Gouge 复选框，单击 应用 按钮，图形区中高亮显示毛坯加工余量（图 14.2.39 所示存在加工余量）。

步骤 03 过切检测。在“Analysis”对话框中取消选中 Remaining Material 复选框，选中 Gouge 复选框（图 14.2.40），单击 应用 按钮，图形区中高亮显示毛坯加工过切情况（如图 14.2.41 所示，未出现过切）。

图 14.2.39 余量检测

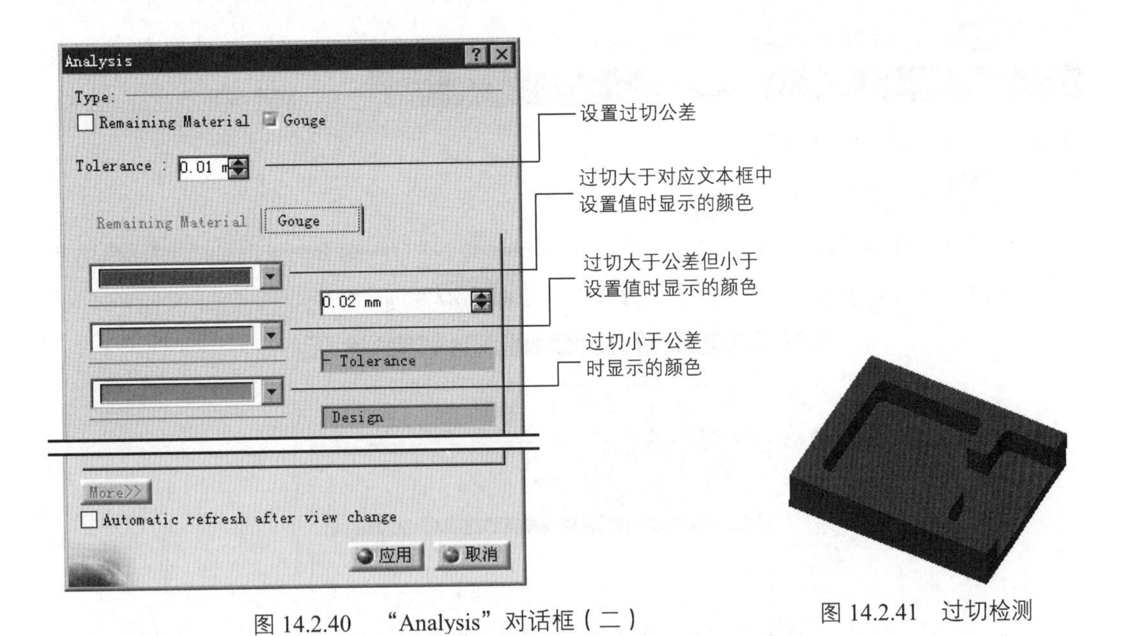

图 14.2.40 "Analysis"对话框（二）　　图 14.2.41 过切检测

步骤 04 在"Analysis"对话框中单击 取消 按钮，然后在"Pocketing.1"对话框中单击两次 确定 按钮。

14.2.12 后处理

后处理是为了将加工操作中的加工刀路转换为数控机床可以识别的数控程序（NC 代码）。后处理的一般操作过程如下。

步骤 01 选择下拉菜单 工具 → 选项... 命令，系统弹出图 14.2.42 所示的"选项"对话框。在左边的列表框中选择 加工 节点，然后单击 Output 选项卡，在 Post Processor and Controller Emulator Folder 区域中选择 IMS_ 单选项，单击 确定 按钮。

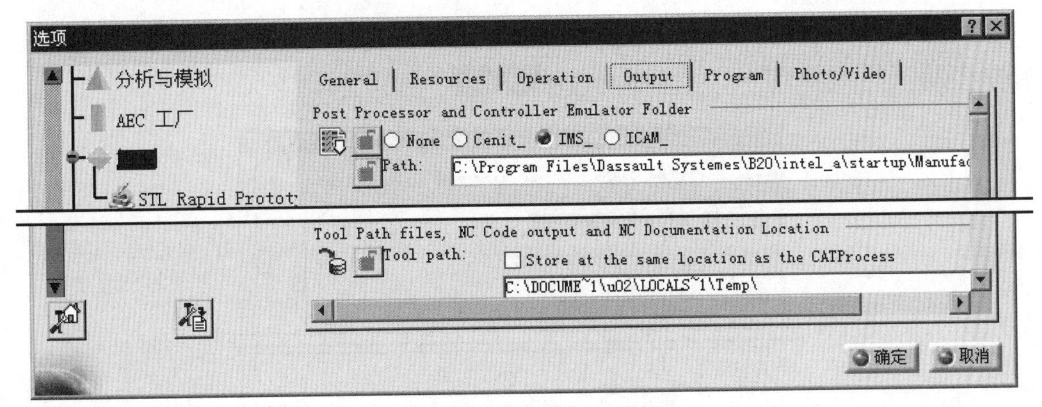

图 14.2.42 "选项"对话框

步骤 02 在特征树中右击“Manufacturing Program.1”，在弹出的快捷菜单中选择 Manufacturing Program.1 对象 → Generate NC Code Interactively 命令，系统弹出“Generate NC Output Interactively”对话框。

步骤 03 生成 NC 数据。

（1）选择数据类型。在图 14.2.43 所示的“Generate NC Output Interactively”对话框中单击 In/Out 选项卡，然后在 NC data type: 下拉列表中选择 NC Code 选项。

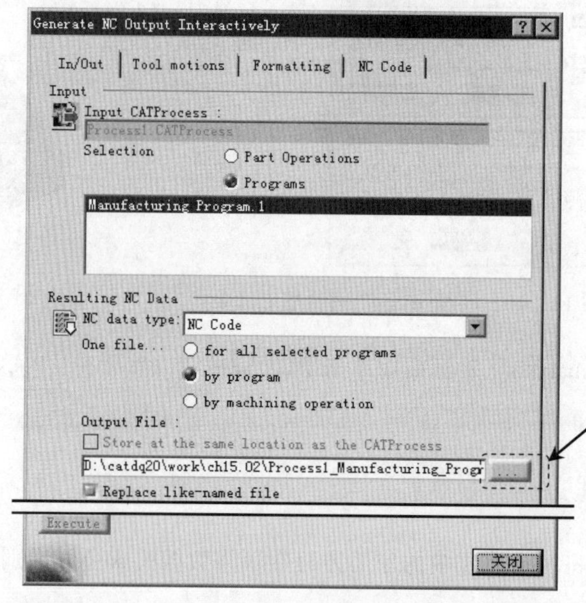

图 14.2.43 “Generate NC Output Interactively”对话框

（2）选择输出数据文件路径。单击 ... 按钮，系统弹出“另存为”对话框，在“保存在”下拉列表中选择目录 D:\catrt20\work\ch14.02，采用系统默认的文件名，单击 保存(S) 按钮完成输出数据的保存。

（3）选择后处理器。在“Generate NC Output Interactively”对话框中单击 NC Code 选项卡，然后在 IMS Post-processor file 下拉列表中选择 fanuc0（图 14.2.44）。

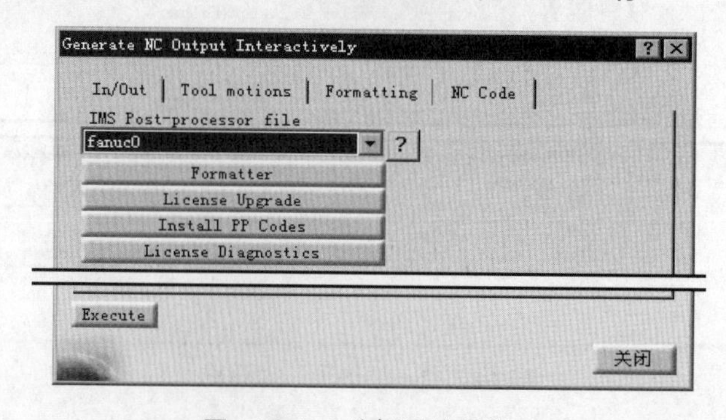

图 14.2.44 选择后处理器

（4）在“Generate NC Output Interactively”对话框中单击 Execute 按钮，此时系统弹出“IMSpost – Runtime Message” 对话框，采用默认程序编号，单击 Continue 按钮，系统再次弹出“Manufacturing Information”对话框，单击 确定 按钮，系统即在选择的目录中生成数据文件，然后单击 关闭 按钮。

步骤 04 查看刀位文件。用记事本打开文件 D:\catrt20\work\ch14.02\ Process1_Manufacturing_Program_1_I.aptsource（图 14.2.45）。

步骤 05 查看 NC 代码。用记事本打开文件 D:\catrt20\work\ch15.02\Process1_Manufacturing_Program_1.CATNCCode（图 13.2.46）。

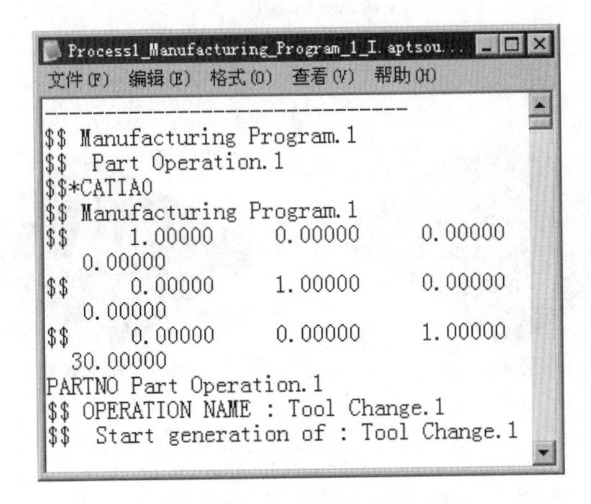

图 14.2.45 查看刀位文件

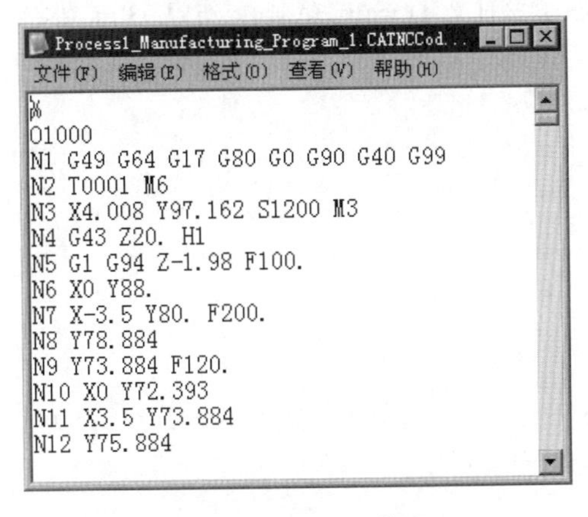

图 14.2.46 查看 NC 代码

步骤 06 保存文件。选择下拉菜单 文件 → 保存 命令即可保存文件。

14.3 数控加工与编程综合应用案例

本应用是一个简单凸模的加工实例，加工过程中使用了等高线粗加工、投影精加工、等高精加工以及腔槽铣削等加工方法，其加工工艺路线如图 14.3.1 所示。

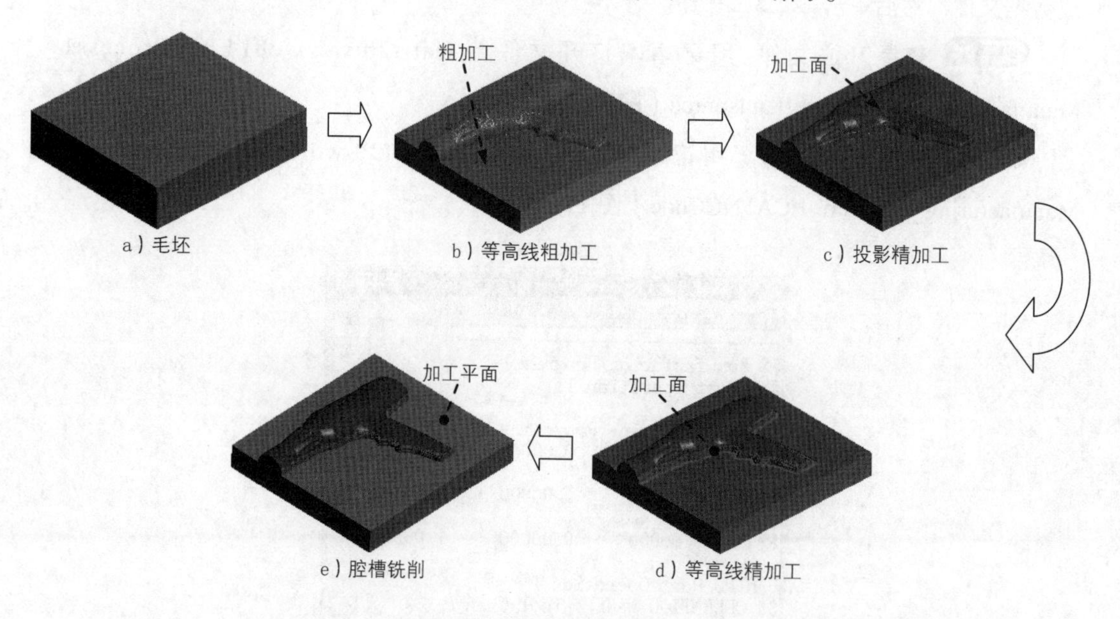

图 14.3.1 加工工艺路线

本案例的详细操作过程请参见随书光盘中 video\ch14\文件下的语音视频讲解文件。模型文件为 D:\catrt20\work\ch14.03\mold-ok。

第 15 章 运动仿真与分析

15.1 概　　述

电子样机（DMU，Digital Mock_UP）是对产品的真实化计算机模拟，满足各种各样的功能，提供用于工程设计、加工制造、产品拆装维护的模拟环境；是支持产品和流程、信息传递、决策制定的公共平台；覆盖产品从概念设计到维护服务的整个生命周期。电子样机应具有从产品设计、制造到产品维护各阶段所需的所有功能，为产品和流程开发以及从产品概念设计到产品维护整个产品生命周期的信息交流和决策提供一个平台。

CATIA V5 的电子样机功能由专门的模块完成，包括 DMU 浏览器、空间分析、运动机构、配件、2D 查看器、优化器等多种模块，从产品的造型、上下关联的并行设计环境、产品的功能分析、产品浏览和干涉检查、信息交流、产品可维护性分析、产品易用性分析、支持虚拟实现技术的实时仿真、多 CAX 支持、产品结构管理等各方面提供了完整的电子样机功能，能够完成与物理样机同样的分析、模拟功能，从而减少制作物理样机的费用，并能进行更多的设计方案验证。

15.2 DMU 工作台

15.2.1 进入 DMU 浏览器工作台

打开 CATIA 软件后，系统默认创建了一个装配文件，名称为 Product1，选择下拉菜单 开始 → 数字化装配 → DMU Navigator 命令，即可进入 DMU 浏览器工作台。

说明：如果选择 数字化装配 菜单下的其他选项，则会进入相应的 DMU 工作台。

15.2.2 工作台界面简介

打开文件 D:\catrt20\work\ch15.02\asm_cluth.CATProduct，进入 DMU 浏览器工作台。CATIA DMU 工作台包括下拉菜单区、工具栏区、信息区（命令联机帮助区）、特征树区、图形区及功能输入区等，如图 15.2.1 所示。

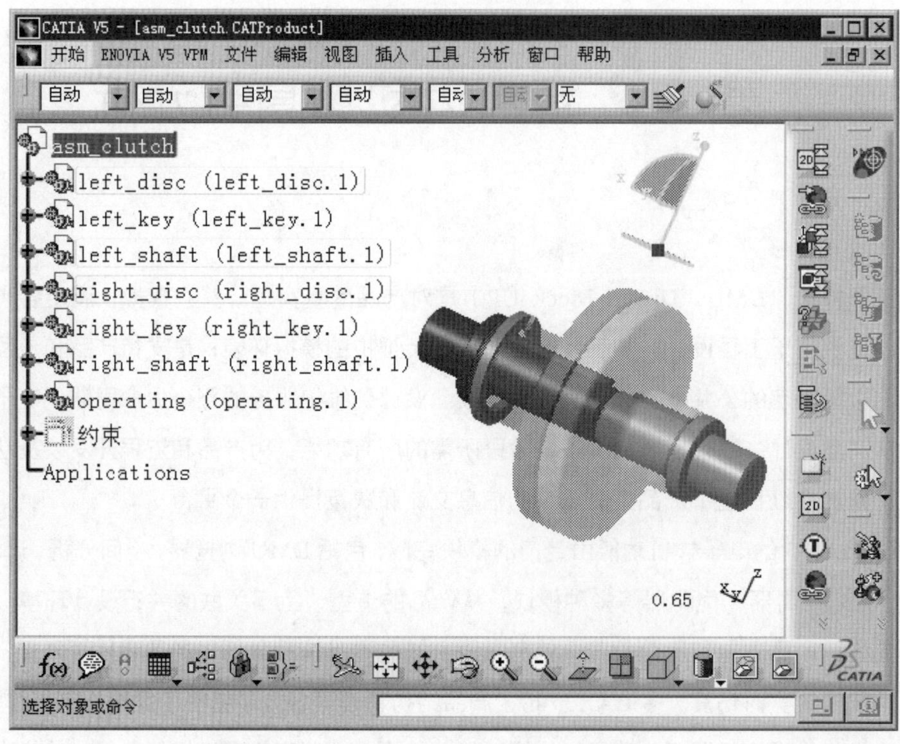

图 15.2.1 CATIA DMU 浏览器工作台界面

工具栏中的命令按钮为快速进入命令及设置工作环境提供了极大方便，用户根据实际情况可以定制工具栏。以下是 DMU 浏览器工作台的工具栏的功能介绍。

1. “DMU 审查浏览”工具栏

使用图 15.2.2 所示“DMU 审查浏览”工具栏中的命令，可以管理带 2D 标注的视图、转至超级链接、打开场景浏览器、进行空间查询和应用重新排序等。

2. “DMU 审查创建”工具栏

使用图 15.2.3 所示“DMU 审查创建”工具栏中的命令，可以创建审查、2D 标记、3D 批注、超级链接、产品组、增强型场景、展示和切割。

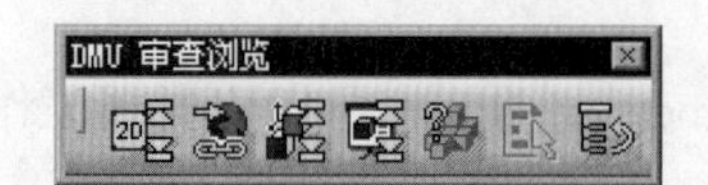

图 15.2.2 “DMU 审查浏览”工具栏

图 15.2.3 “DMU 审查创建”工具栏

3. “DMU 移动”工具栏

使用图 15.2.4 所示“DMU 移动”工具栏的命令，可以对组件平移或旋转、累积捕捉、对称和重置定位。

4. “DMU 一般动画”工具栏

使用图 15.2.5 所示“DMU 一般动画”工具栏的命令，主要用于动画的模拟播放、跟踪、编辑动画序列、设置碰撞检测和录制视点动画等。

图 15.2.4 “DMU 移动”工具栏

图 15.2.5 “DMU 一般动画”工具栏

5. “DMU 查看”工具栏

使用图 15.2.6 所示“DMU 查看”工具栏的命令，主要用于对产品的局部结构或细节进行查看、切换视图、放大、开启深度效果、显示或隐藏水平地线和创建光照效果。

图 15.2.6 “DMU 查看”工具栏

15.3 创建 2D 和 3D 标注

15.3.1 标注概述

在电子样机工作台中，可以直接在 3D 模型中，以目前的屏幕显示画面为基准面，绘制标注符号、图形与文字，对模型的解释性 2D 批注，也可创建与模型相接触的 3D 标注。此功能无需通过工程图或其他书面工具进行记录，让用户打开产品模型后，可以直接看到这些批注与标注，增进用户之间的沟通或帮助下游厂商了解上游设计的理念，简化信息传递流程。

15.3.2 创建 2D 标注

下面以一个实例来说明创建 2D 标注的一般过程。

步骤 01 打开文件 D:\catrt20\work\ch15.03.02\asm_bush_2d.CATProduct。

说明： 确认当前进入的是 DMU 浏览器工作台，此时工具栏中会显示图标。否则，可选择下拉菜单 开始 → 数字化装配 ▸ → DMU Navigator 命令，即可进入 DMU 浏览器工作台。

步骤 02 选择命令。在“DMU 审查创建”工具栏中单击 按钮（或选择 插入 → 带标注的视图 命令），此时系统弹出图 15.3.1 所示的“DMU 2D 标记”工具栏，同时特征树显示如图 15.3.2 所示。

图 15.3.1 “DMU 2D 标记”工具栏

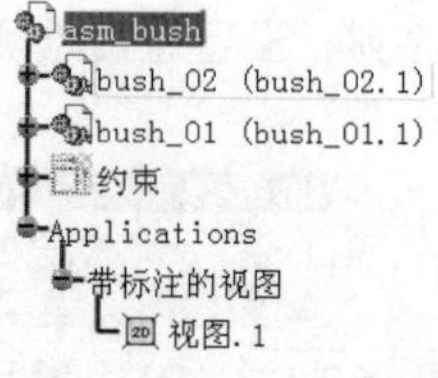

图 15.3.2 特征树

步骤 03 绘制直线。在“DMU 2D 标记”工具栏中选择 命令，在图 15.3.3a 所示的位置 1 按住左键鼠标不放，然后拖动鼠标指针到位置 2，绘制图 15.3.3b 所示的直线后，松开鼠标左键。

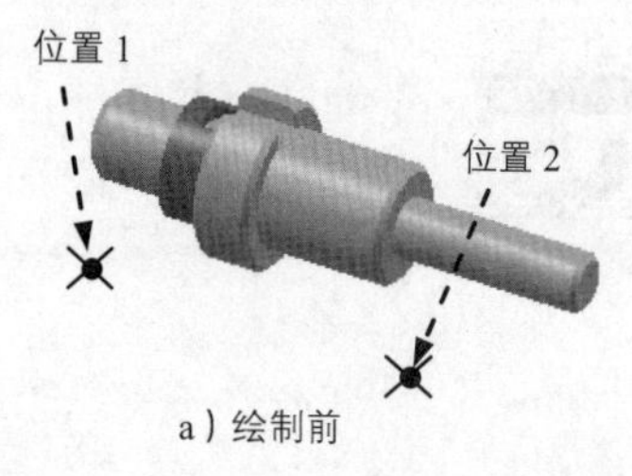

a）绘制前　　b）绘制后

图 15.3.3 绘制直线

步骤 04 绘制圆。在“DMU 2D 标记”工具栏中选择 命令，在图 15.3.4a 所示的位置 1 按住左键鼠标不放，然后拖动鼠标指针到位置 2，完成后选中刚刚创建的圆边线，在“图形属性”工具栏调整线条宽度为 3: 0.7 mm，结果如图 15.3.4b 所示。

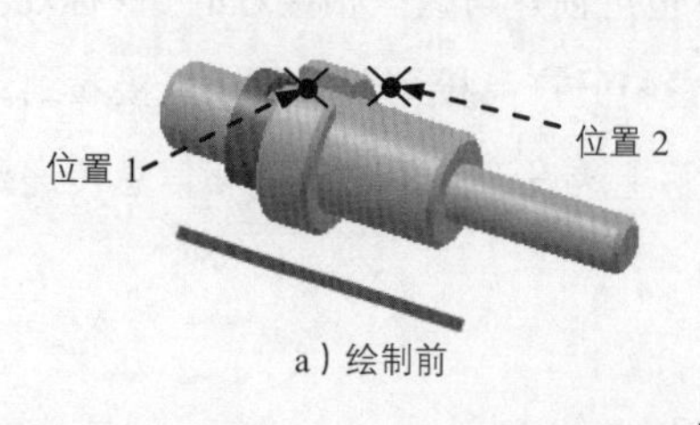

a）绘制前

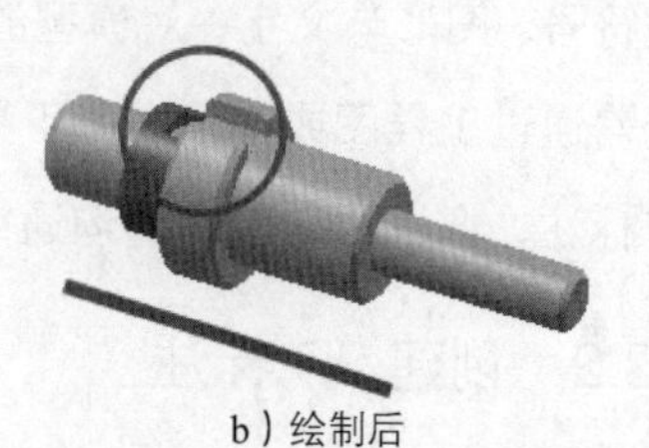

b）绘制后

图 15.3.4 绘制圆

步骤 05 绘制箭头。在“DMU 2D 标记”工具栏中选择 命令，在图 15.3.5a 所示的位置 1 按住左键鼠标不放，然后拖动鼠标指针到位置 2，完成后选中刚刚创建的箭头，在“图形属性”工具栏中调整线条宽度为 3: 0.7 mm，结果如图 15.3.5b 所示。

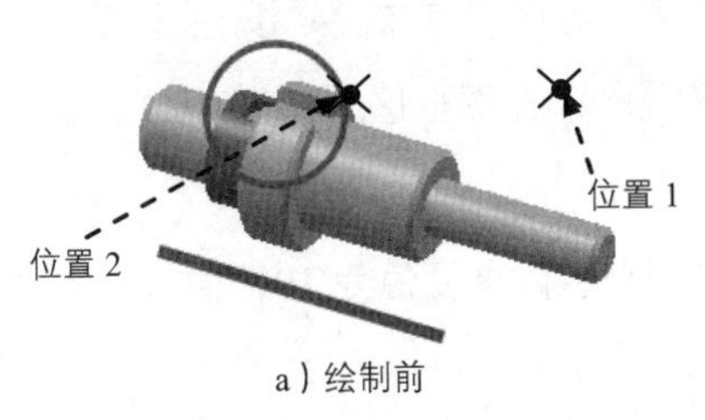

a）绘制前

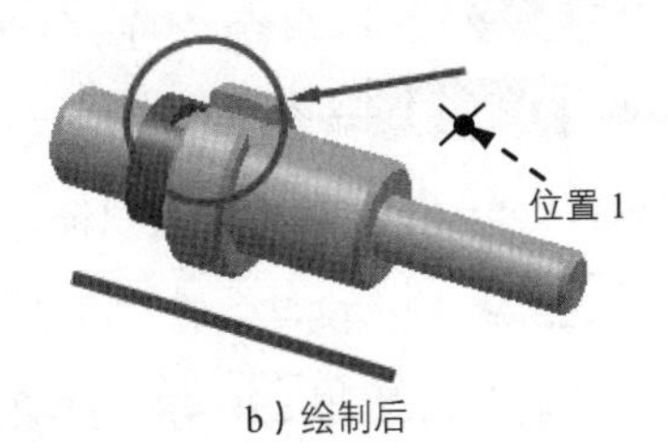

b）绘制后

图 15.3.5 绘制箭头

步骤 06 添加文本。在“DMU 2D 标记”工具栏中选择 T 命令，在图 15.3.5b 所示的位置 1 单击，此时系统弹出图 15.3.6 所示的“标注文本”对话框，在“文本属性”工具栏中调整字体高度值为 10，输入文本“配对”，然后单击 确定 按钮，结果如图 15.3.7 所示。

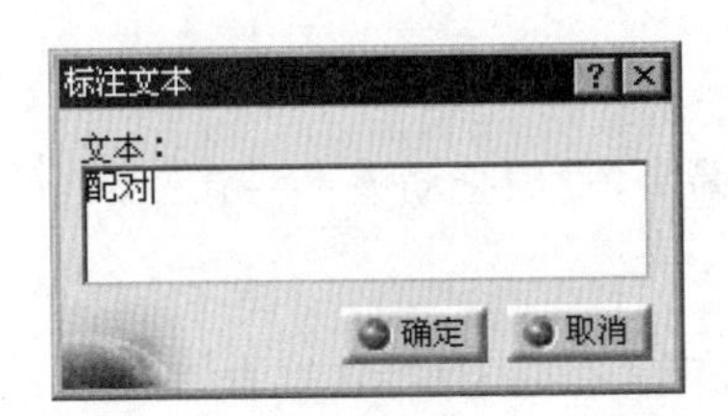

图 15.3.6 “标注文本”对话框

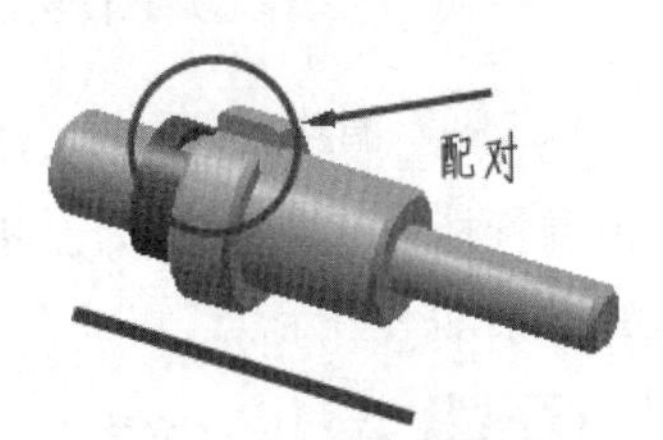

图 15.3.7 标注文本

步骤 07 完成标注。在“DMU 2D 标记”工具栏中选择命令，退出 2D 视图的创建。

说明：

- 通过“DMU 2D 标记”工具栏可以添加直线、徒手线、圆、箭头、矩形、文本、图片、声音等标注形式，单击按钮，可将当前 2D 视图的所有标注删除。
- 退出 2D 视图的标注后，可以在特征树上双击对应的 2D 视图节点，显示所有的标注内容并进行编辑。
- 在 2D 视图的编辑状态下，单击某个标记内容，此时会出现对应的一个或两个黑色方框，拖动方框可以改变标记的位置或大小。
- 在 2D 视图的编辑状态下，右击某个标记内容，在弹出的快捷菜单中选择 属性 命令，可以设定更多的属性参数。

15.3.3 创建 3D 标注

创建的 3D 标注必须与模型相接触，在旋转模型时，2D 标注会消失，而 3D 标注会始终处于可视状态。下面来介绍创建 3D 标注的一般过程。

步骤 01 打开文件 D:\catrt20\work\ch15.03.03\asm_bush_3d.CATProduct。

步骤 02 选择命令。在“DMU 审查创建”工具栏中单击按钮（或选择 插入 → 3D 标注 命令），此时系统提示 在查看器中选择对象，在图形区单击图 15.3.8 所示的位置选择轴零件，此时系统弹出“标注文本”对话框。

步骤 03 输入文字。在“文本属性”工具栏中调整字体高度值为 10，输入文本“表面渗碳”，然后单击 确定 按钮，结果如图 15.3.9 所示。

图 15.3.8 选择对象

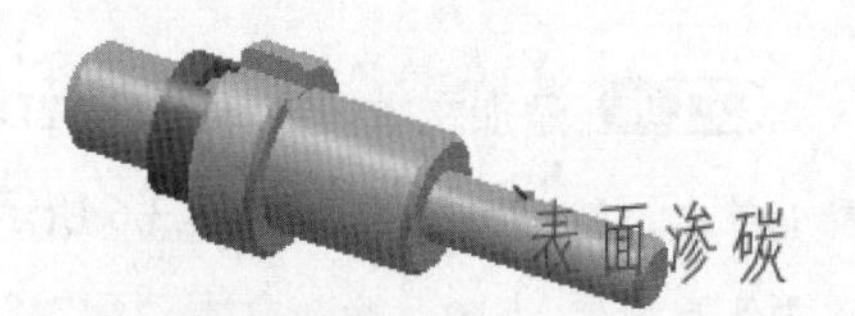

图 15.3.9 添加 3D 标注

步骤 04 调整文字位置。双击刚刚创建的标注文本，系统再次弹出“标注文本”对话框，移动鼠标指针到注释文本上，指针会出现绿色的十字箭头，此时拖动该十字箭头到新的位置，结果如图 15.3.10 所示。

步骤 05 在“标注文本”对话框中单击 确定 按钮，完成 3D 标注的添加。

说明：

- 在 3D 标注的编辑状态下，用户可以通过旋转模型来选择更加合适的标注位置，图 15.3.11 显示了模型旋转后的标注结果。

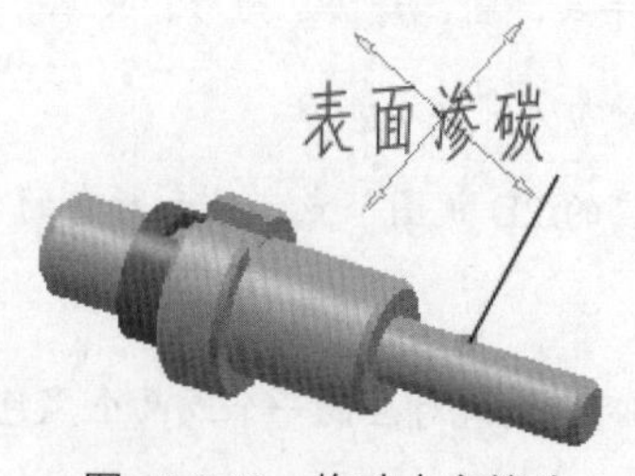

图 15.3.10 拖动十字箭头

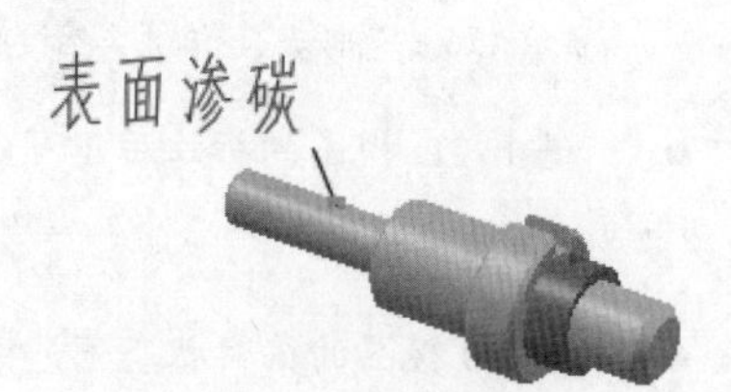

图 15.3.11 调整标注位置

15.4 创建增强型场景

场景是用来记录当前产品的显示画面，在一个保存的视点里，场景能够捕捉和存储组件在装配中的位置和状态，控制组件的显示和颜色，并创建三维的装配关系图，来明确产品的装配顺序等。

下面通过一个例子来说明创建增强型场景的一般操作过程。

步骤 01 打开文件 D:\catrt20\work\ch15.04\asm_clutch.CATProduct。

步骤 02 选择命令。在“DMU 审查创建”工具栏中单击按钮（或选择下拉菜单插入 → 增强型场景命令），此时系统弹出图 15.4.1 所示的“增强型场景”对话框。

步骤 03 在“增强型场景”对话框中取消选中 自动命名 选项，在名称：文本框中输入名称“场景 1”，单击确定按钮，系统进入“增强型场景”编辑环境。

说明：系统可能会弹出图 15.4.2 所示的“警告”对话框，此时单击关闭按钮即可。

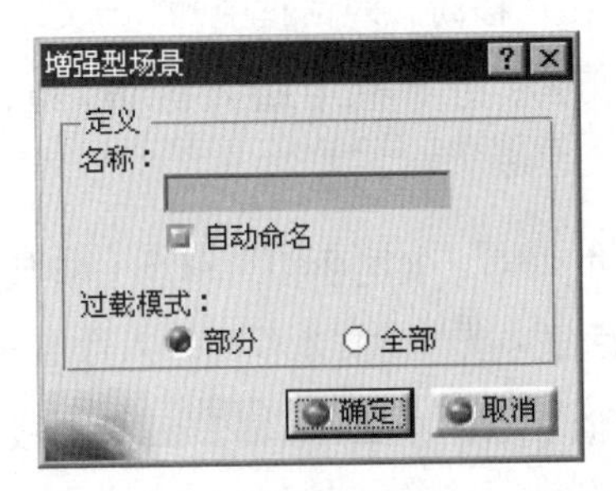

图 15.4.1 “增强型场景”对话框

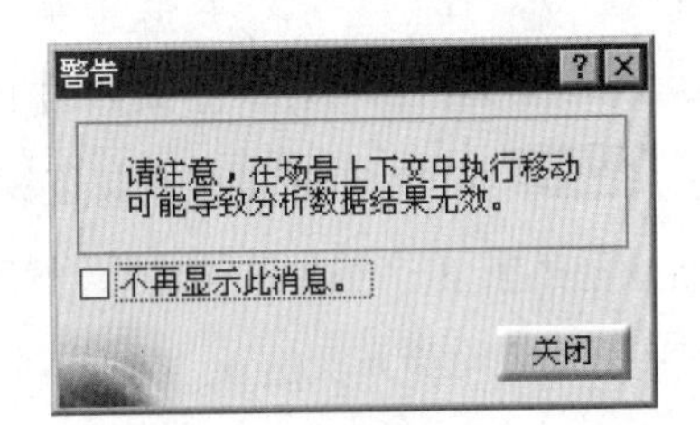

图 15.4.2 “警告”对话框

步骤 04 在“DMU 移动”工具栏中单击按钮（或选择下拉菜单工具 → 移动 → 平移或旋转命令），此时系统弹出图 15.4.3 所示的“移动”对话框。

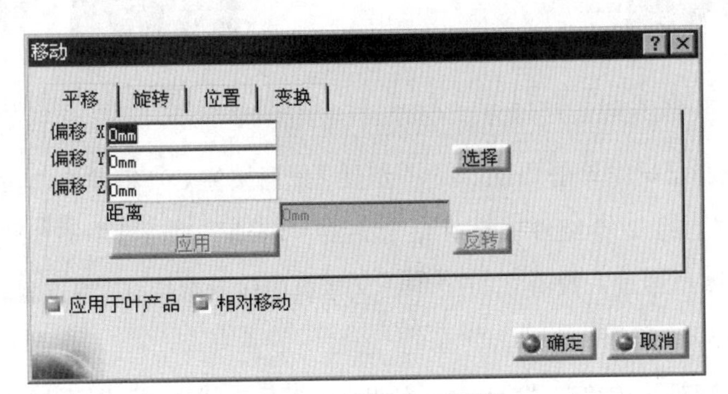

图 15.4.3 “移动”对话框

步骤 05 按住 Ctrl 键，在特征树中选择“left_key”“left_shaft”组件，然后在“移动”对话框中偏移 X 文本框中输入数值-50，其余偏移值保持为 0，单击应用按钮，结果如图 15.4.4b 所示。

a）移动前

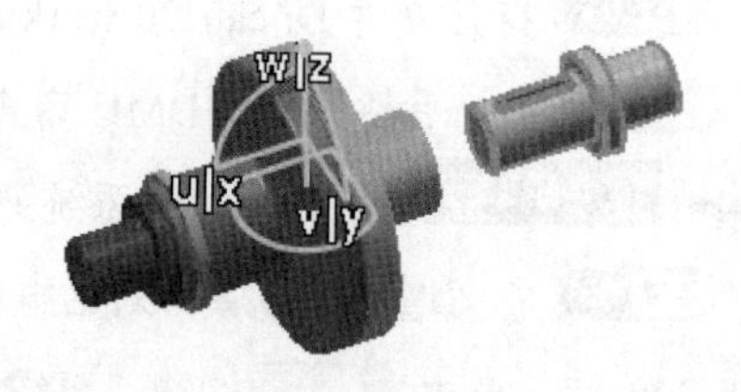

b）移动后

图 15.4.4 移动组件（一）

步骤 06 在特征树中单击“left_key”组件，然后在“移动”对话框中 偏移 X 文本框中输入数值 0，在 偏移 Y 文本框中输入数值 0，在 偏移 Z 文本框中输入数值 20，单击 应用 按钮，结果如图 15.4.5 所示。

步骤 07 按住 Shift 键，在特征树中依次单击“left_disc”“left_shaft”组件（此时应该是特征树上的前 3 个组件被选中），然后在“移动”对话框中 偏移 X 文本框中输入数值-40，在 偏移 Y 文本框中输入数值 0，在 偏移 Z 文本框中输入数值 0，单击 应用 按钮，结果如图 15.4.6 所示。

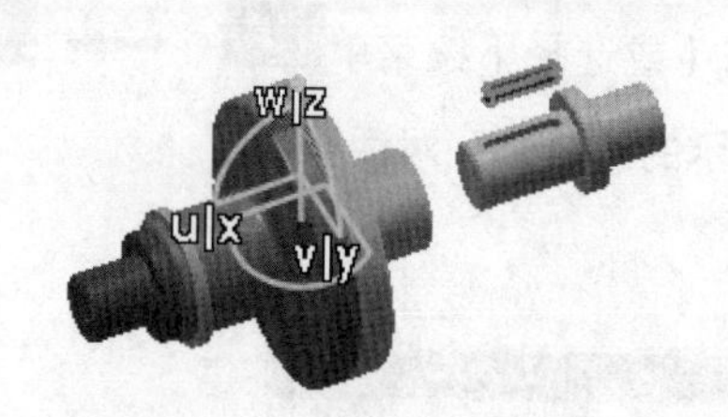

图 15.4.5 移动组件（二）

图 15.4.6 移动组件（三）

步骤 08 在特征树中单击“right_key”组件，然后按住 Ctrl 键单击“right_shaft”组件（此时应该是特征树上的 2 个组件被选中），然后在“移动”对话框中 偏移 X 文本框中输入数值 60，在 偏移 Y 文本框中输入数值 0，在 偏移 Z 文本框中输入数值 0，单击 应用 按钮，结果如图 15.4.7 所示。

步骤 09 在特征树中单击“right_key”组件，然后在“移动”对话框中 偏移 X 文本框中输入数值 0，在 偏移 Y 文本框中输入数值 0，在 偏移 Z 文本框中输入数值 20，单击 应用 按钮，结果如图 15.4.8 所示。

步骤 10 在特征树中单击“operating”组件，然后在“移动”对话框中 偏移 X 文本框中输入数值 0，在 偏移 Y 文本框中输入数值 0，在 偏移 Z 文本框中输入数值 60，单击 应用 按钮，结果如图 15.4.9 所示。

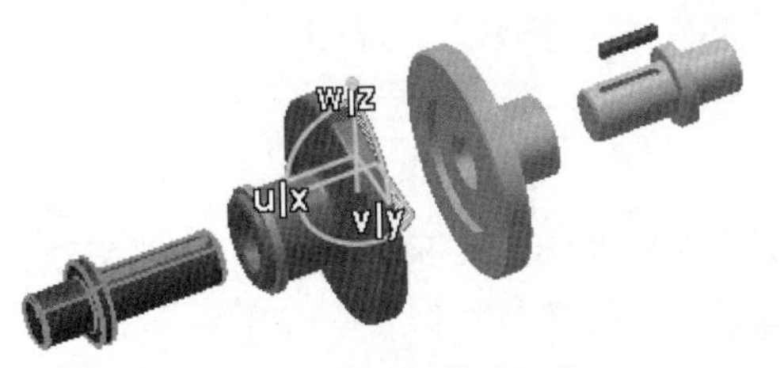

图 15.4.7 移动组件（四）

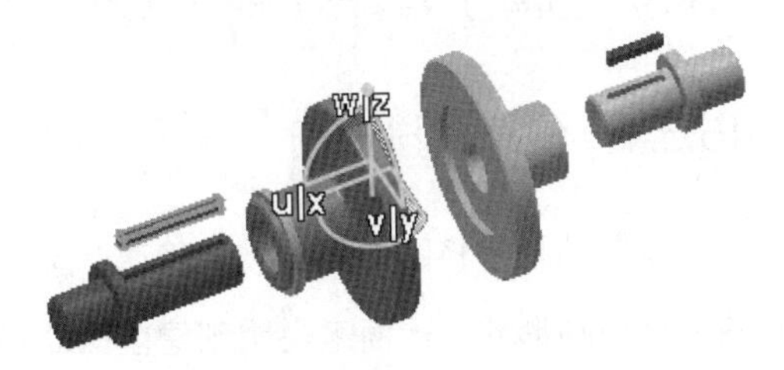

图 15.4.8 移动组件（五）

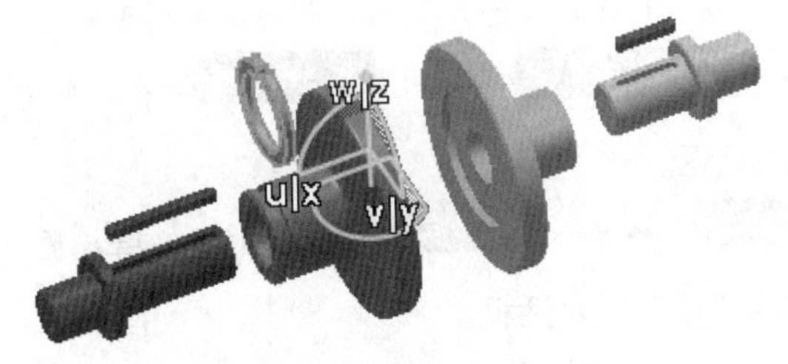

图 15.4.9 移动组件（六）

步骤 11 在“移动”对话框中单击 确定 按钮，完成组件的移动。

步骤 12 保存视点。旋转模型到图 15.4.10 所示的方位，然后在“增强型场景”工具栏中单击按钮，保存当前的视点。

说明： 保存视点后再次进入该场景的编辑环境时，系统将显示已经保存的视点。

图 15.4.10 保存视点

步骤 13 在“增强型场景”工具栏中单击按钮，退出场景的编辑环境。

步骤 14 应用场景到装配。在特征树中展开 Applications 节点，右击 场景1 节点，在弹出的快捷菜单中选择 场景1 对象 → 在装配上应用场景 → 应用整个场景 命令，此时产品装配体将按照场景中组件的位置发生移动。

说明： 用户可以选择 工具 → 移动 → 重置定位 命令，恢复组件的原始装配位置。

15.5 DMU 装配动画工具

15.5.1 创建模拟动画

模拟动画是将图形区的模型移动、旋转和缩放等操作步骤记录下来，从而可以重复观察的一种动画形式。下面来说明创建模拟动画的一般过程。

步骤 01 打开文件 D:\catrt20\work\ch15.05.01\asm_bush-01.CATProduct。

注意：确认当前进入的是“DMU 配件”工作台，此时工具栏中会显示图标。否则，可选择下拉菜单 开始 → 数字化装配 → DMU 配件 命令，即可进入 DMU 配件工作台。

步骤 02 创建组件的往返。

(1) 选择下拉菜单 插入 → 往返 命令，此时系统弹出图 15.5.1 所示的“编辑梭”对话框和图 15.5.2 所示的“预览”对话框。

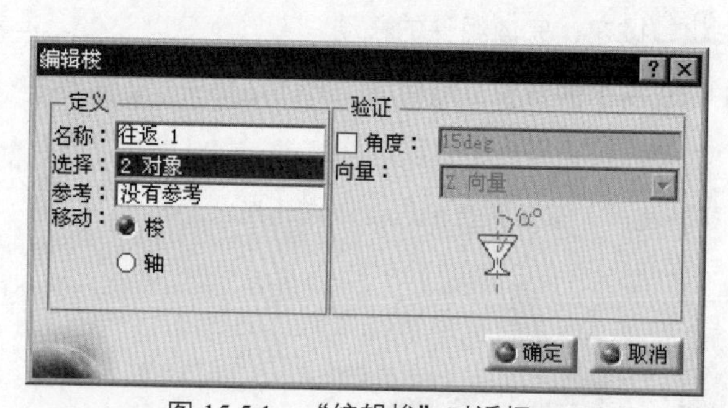

图 15.5.1 “编辑梭”对话框

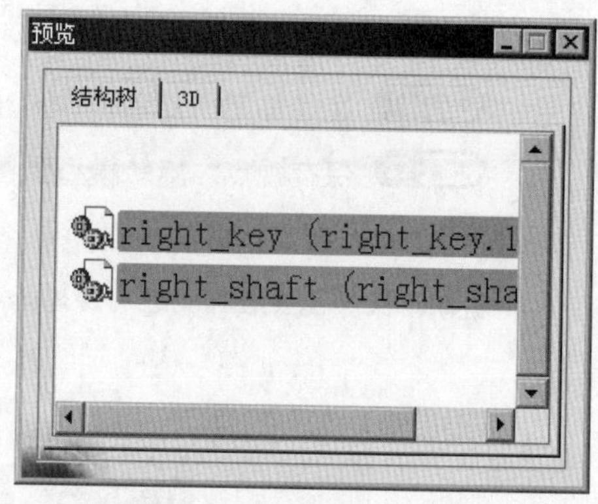

图 15.5.2 “预览”对话框

(2) 按住 Ctrl 键，在特征树中选取图 15.5.2 所示的“预览”对话框中的两个组件，其余参数采用默认设置值，在“编辑梭”对话框中单击 确定 按钮，完成往返的创建。

步骤 03 调整视图方位。在“视图”工具栏中单击按钮处的小三角，在弹出的菜单中选择选项，调整模型方位为右视图。

步骤 04 创建模拟。选择下拉菜单 插入 → 模拟 命令，此时系统弹出图 15.5.3 所示的“选择”对话框，在列表框中选择“往返.1”，然后单击 确定 按钮，系统弹出“预览”对话框和图 15.5.4 所示的“编辑模拟”对话框。

步骤 05 调整视图方位。在“视图”工具栏中单击按钮处的小三角，在弹出的菜单中选择选项，调整模型方位为等轴测视图，在“编辑模拟”对话框中单击 插入 按钮，记录当前的视点。

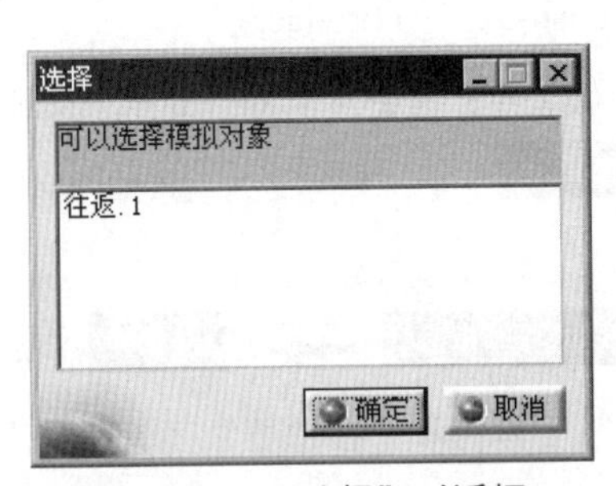

图 15.5.3 “选择”对话框

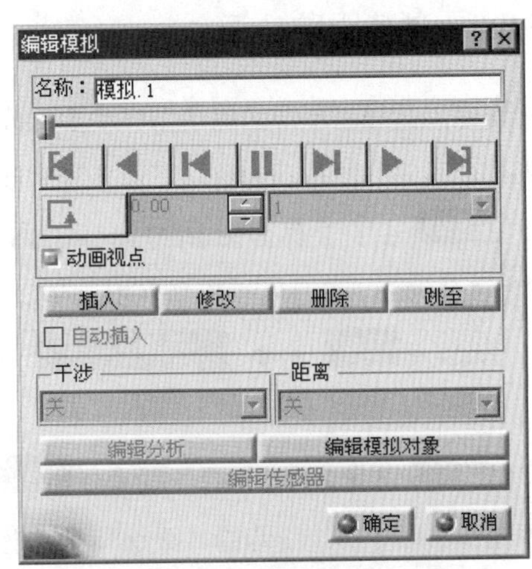

图 15.5.4 “编辑模拟”对话框

步骤 06 调整组件位置。此时在产品模型上会出现图 15.5.5 所示的指南针，拖动图 15.5.6 所示的指南针边线向左侧移动大约 70mm 的距离，此时组件 right_key 和 right_shaft 的位置发生相应的变化，在“编辑模拟”对话框中单击 插入 按钮，记录当前的视点。

说明： *用户也可以在此时系统弹出的“操作”工具栏中选择其他的操作工具，对往返 1 的对象进行必要的移动或旋转。*

图 15.5.5 等轴测视图方位

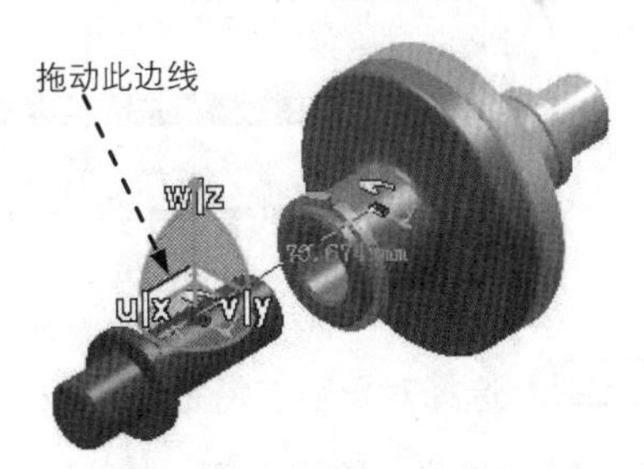

图 15.5.6 调整组件方位 1

步骤 07 参照步骤 05、步骤 06的操作方法，对模型进行放大、缩小的操作，并分别单击 插入 按钮。

步骤 08 在“编辑模拟”对话框中单击 按钮将时间滑块归零，在 1 下拉列表中选择内插步长为 0.02，确认选中 动画视点 复选框，然后单击 按钮播放模拟动画。

步骤 09 在“编辑模拟”对话框中单击 确定 按钮，完成操作。

15.5.2 创建跟踪动画

跟踪动画是将图形区的模型移动步骤分别记录下来，并保存成轨迹的形式，它是创建复杂装配动画序列的基础内容。下面来说明创建跟踪动画的一般过程。

步骤01 打开文件 D:\catrt20\work\ch15.05.02\asm_bush-02.CATProduct。

注意：确认当前进入的是“DMU 配件”工作台，此时工具栏中会显示图标。否则，可选择下拉菜单 开始 → 数字化装配 ▶ → DMU 配件 命令，即可进入 DMU 配件工作台。

步骤02 选择命令。选择下拉菜单 插入 → 序列和工作指令 ▶ → 跟踪 命令，此时系统弹出图 15.5.7 所示的“跟踪”对话框、“记录器”工具栏和“播放器”工具栏。

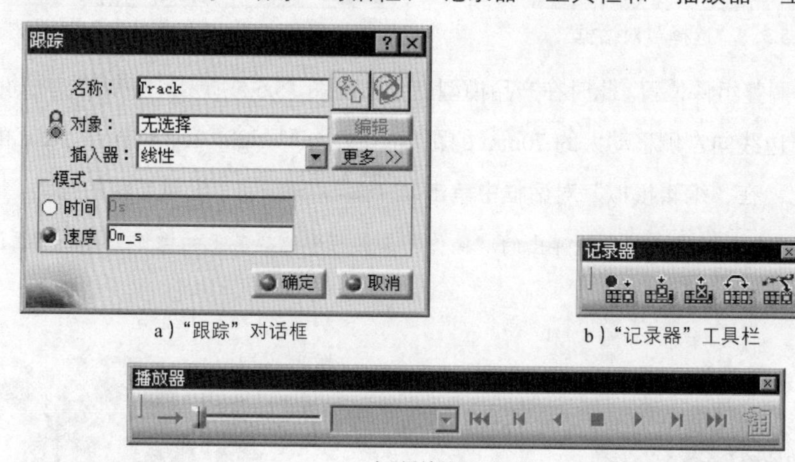

a)“跟踪”对话框　b)“记录器”工具栏

c)“播放器”工具栏

图 15.5.7 对话框

步骤03 选择对象。在特征树中选择组件“Operating”，此时该组件上会出现图 15.5.8 所示的指南针，同时系统弹出图 15.5.9 所示的“操作”工具栏。

图 15.5.8 选择对象

图 15.5.9 “操作”工具栏

步骤04 编辑位置参数。

（1）在“操作”工具栏中单击“编辑器”按钮，系统弹出图 15.5.10 所示的“用于指南针操作的参数”对话框，单击按钮重置增量参数，在 沿 U 文本框中输入数值 50，然后单击该文本框后面的按钮，此时组件 operaing 将移动到图 15.5.11 所示的位置，在“记录器”工具栏中单击“记录”按钮，记录此时的组件位置。

（2）在“用于指南针操作的参数”对话框中单击按钮重置增量参数，在 沿 V 文本框中输入数值 60，然后单击该文本框后面的按钮，此时组件 operaing 将移动到图 15.5.12 所示的位置；在“记录器”工具栏中单击“记录”按钮，记录此时的组件位置。

（3）在“用于指南针操作的参数”对话框中单击 关闭 按钮，完成组件位置的编辑。

步骤 05 编辑跟踪参数。在“跟踪”对话框中选中 时间 单选项，并在其后的文本框中输入数值 5，单击 确定 按钮，完成追踪 1 的创建。

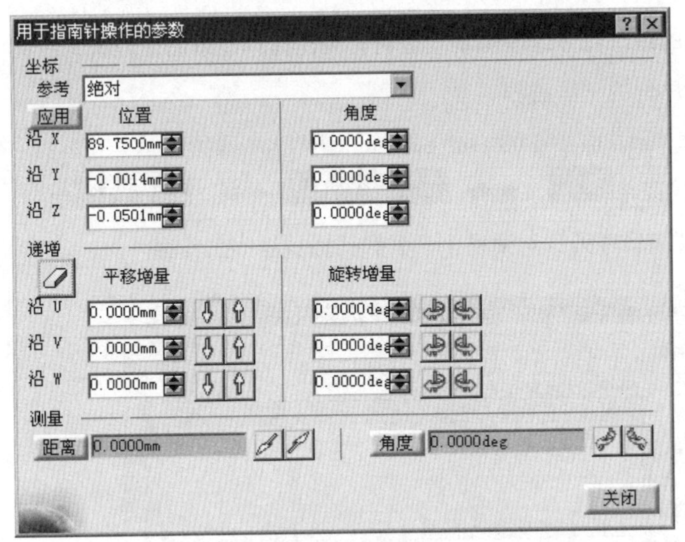

图 15.5.10　“用于指南针操作的参数”对话框

图 15.5.11　编辑位置 1

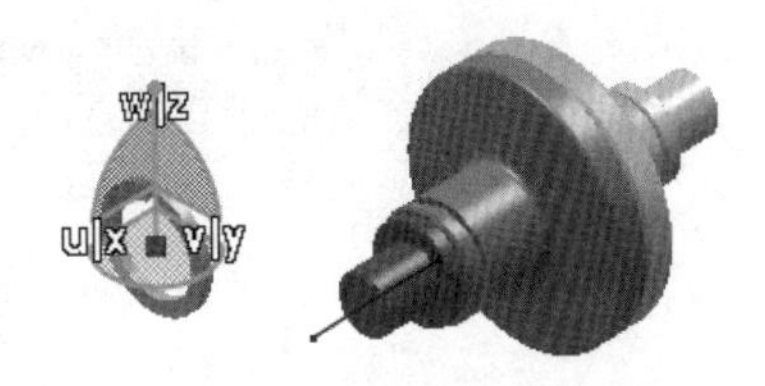

图 15.5.12　编辑位置 2

步骤 06 创建追踪 2。

（1）选择下拉菜单 插入 → 序列和工作指令 → 跟踪 命令，此时系统弹出“跟踪”对话框、“记录器”工具栏和“播放器”工具栏。在特征树中选择组件“right_shaft”，此时该组件上会出现绿色的指南针，同时系统弹出“操作”工具栏。

（2）在“操作”工具栏中单击“编辑器”按钮，系统弹出“用于指南针操作的参数”对话框，单击按钮重置增量参数，在 沿 U 文本框中输入数值 100，然后单击该文本框后面的按钮，此时组件 right_shaft 将移动到图 15.5.13 所示的位置，在“记录器”工具栏中单击“记录”按钮，记录此时的组件位置。

（3）在“用于指南针操作的参数”对话框中单击 关闭 按钮，完成组件位置的编辑。

（4） 在“跟踪”对话框中选中 时间 单选项，并在其后的文本框中输入数值 5，单击 确定 按钮，完成追踪 2 的创建。

图 15.5.13　编辑对象位置

15.5.3　编辑动画序列

编辑动画序列是将已经创建的追踪轨迹或模拟动画进行必要的排列，以便生成所需要的动画效果。下面来说明编辑动画序列的一般过程。

步骤 01 打开文件 D:\catrt20\work\ch15.05.03\asm_bush-03.CATProduct。

步骤 02 选择命令。选择下拉菜单 插入 → 序列和工作指令 ▸ → 编辑序列 命令，此时系统弹出图 15.5.14 所示的“编辑序列”对话框（一）和“播放器”工具栏。

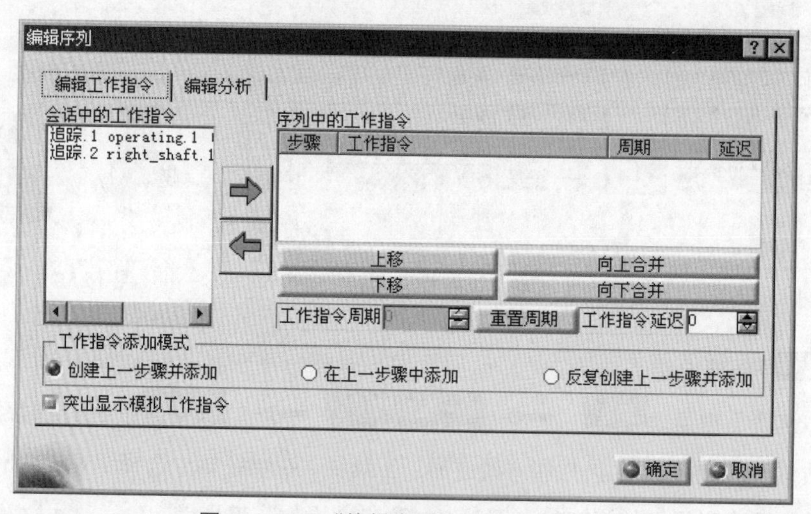

图 15.5.14　“编辑序列”对话框（一）

步骤 03 在“编辑序列”对话框的 会话中的工作指令 列表框选择“追踪.1”，然后单击 ➡ 按钮将其添加到 序列中的工作指令 列表框，参照此方法将“追踪.2”添加到 序列中的工作指令 列表框，此时对话框显示如图 15.5.15 所示。

步骤 04 观察动画。

（1）在“播放器”工具栏中单击 ▶ 按钮，观察组件的动画效果。

（2）在“编辑序列”对话框 序列中的工作指令 列表框中选中“追踪.2”，单击 上移 按钮，使其位于此列表框的最顶部。在“播放器”工具栏中依次单击和按钮，观察调整后组件的动画效果。

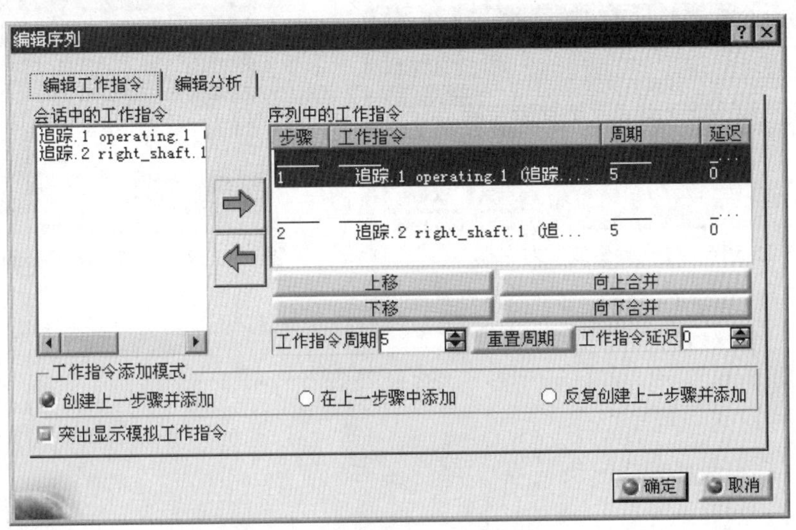

图 15.5.15 “编辑序列”对话框（二）

（3）在“编辑序列”对话框 序列中的工作指令 列表框中选中“追踪.2”，然后在 工作指令周期 文本框中输入数值 30；在 序列中的工作指令 列表框中选中“追踪.1”，然后在 工作指令延迟 文本框中输入数值 10；在“播放器”工具栏中依次单击和按钮，观察调整后组件的动画效果。

（4）在“编辑序列”对话框中单击 确定 按钮，完成序列的编辑。

15.5.4 生成动画视频

下面紧接着上一小节的操作，来介绍生成动画视频的一般操作方法。

步骤 01 选择命令。选择下列菜单 工具 → 模拟 → 生成视频 命令，系统弹出“播放器”工具栏。

步骤 02 选择模拟对象。在特征树中选择 序列.1 节点，系统弹出图 15.5.16 所示的“视频生成”对话框。

步骤 03 设置视频参数。在“视频生成”对话框中单击 设置 按钮，系统弹出图 15.5.17 所示的“Choose Compressor”对话框，这里采用系统默认的压缩程序，单击 确定 按钮。

步骤 04 定义文件名。在“视频生成”对话框中单击 文件名... 按钮，系统弹出“另存为”对话框，输入文件名称 DEMO，单击 保存(S) 按钮。

步骤 05 在“视频生成”对话框中单击 确定 按钮，系统开始生成视频。

图 15.5.16 “视频生成”对话框

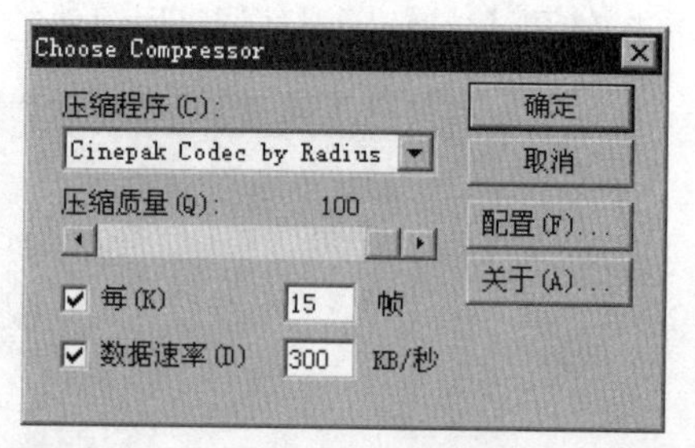

图 15.5.17 “Choose Compressor”对话框

读者意见反馈卡

尊敬的读者：

感谢您购买机械工业出版社出版的图书！

我们一直致力于CAD、CAPP、PDM、CAM和CAE等相关技术的跟踪，希望能将更多优秀作者的宝贵经验与技巧介绍给您。当然，我们的工作离不开您的支持。如果您在看完本书之后，有什么好的意见和建议，或是有一些感兴趣的技术话题，都可以直接与我联系。

策划编辑：丁锋

读者回馈活动：

为了感谢广大读者对兆迪科技图书的信任与支持，兆迪科技面向读者推出“免费送课”活动，即日起，读者凭有效购书证明，可领取价值100元的在线课程代金券1张，此券可在兆迪科技网校（http://www.zalldy.com/）免费换购在线课程1门，也可以在购买在线课程时抵扣现金。活动详情可以登录兆迪网校或者关注兆迪公众号查看。

兆迪网校

兆迪公众号

书名：《CATIA V5R20从入门到精通》

1. 读者个人资料：

姓名：________性别：___年龄：____职业：________职务：________学历：____

专业：_______单位名称：__________________办公电话：__________手机：___

QQ：________________________微信：__________E-mail：____________

2. 影响您购买本书的因素（可以选择多项）：

□内容　□作者　□价格

□朋友推荐　□出版社品牌　□书评广告

□工作单位（就读学校）指定　□内容提要、前言或目录　□封面封底

□购买了本书所属丛书中的其他图书　□其他__________

3. 您对本书的总体感觉：

□很好　□一般　□不好

4. 您认为本书的语言文字水平：

□很好　□一般　□不好

5. 您认为本书的版式编排：

□很好　□一般　□不好

6. 您认为CATIA其他哪些方面的内容是您所迫切需要的？

____

7. 其他哪些CAD/CAM/CAE方面的图书是您所需要的？

____

8. 您认为我们的图书在叙述方式、内容选择等方面还有哪些需要改进的？

____